半导体与集成电路关键技术丛书

氮化物半导体技术
——功率电子和光电子器件

[意] 法布里齐奥·罗卡福特
（Fabrizio Roccaforte）

[波] 迈克·莱辛斯基　　　　主编
（Mike Leszczynski）

李　晨	吴洪江	石　伟	万成安	
汪志强	王传声	赵小宁	毛登森	
胡小燕	王晓卫	王淑华	王　琛	
王　鹏	冯　媛	冯　慧	史　超	译
李　楠	李　静	李林森	李新昌	
孙晓峰	闫文敏	何　君	张济明	
黄灿金	姚凯义	高世伟	赵金霞	
	赵元英	唐林江	裴　蓉	

杨银堂　段宝兴　审校

机械工业出版社

近年来，以氮化镓（GaN）和碳化硅（SiC）等宽禁带半导体化合物为代表的第三代半导体材料引发全球瞩目。这些第三代半导体具备耐高温、耐高压、高频率、大功率等优势，研究和利用这些半导体是助力社会节能减排并实现"双碳"目标的重要发展方向。

本书概述了氮化物半导体及其在功率电子和光电子器件中的应用，解释了这些材料的物理特性及其生长方法，详细讨论了它们在高电子迁移率晶体管、垂直型功率器件、发光二极管、激光二极管和垂直腔面发射激光器中的应用。本书进一步研究了这些材料的可靠性问题，并提出了将它们与 2D 材料结合用于新型高频和高功率器件的前景。

本书具有较好的指导性和借鉴性，可作为功率电子和光电子器件领域研究人员和工程人员的参考用书。

北京市版权局著作权合同登记　图字：01-2022-1908 号。

图书在版编目（CIP）数据

氮化物半导体技术：功率电子和光电子器件/（意）法布里齐奥·罗卡福特，（波）迈克·莱辛斯基主编；李晨等译. —北京：机械工业出版社，2023.4
（半导体与集成电路关键技术丛书）
书名原文：Nitride Semiconductor Technology-Power Electronics and Optoelectronic Devices
ISBN 978-7-111-72873-3

Ⅰ.①氮…　Ⅱ.①法…②迈…③李…　Ⅲ.①氮化物-半导体材料-研究　Ⅳ.①TN304

中国国家版本馆 CIP 数据核字（2023）第 052702 号

机械工业出版社（北京市百万庄大街 22 号　邮政编码 100037）
策划编辑：付承桂　　　　　责任编辑：杨　琼
责任校对：樊钟英　贾立萍　封面设计：马精明
责任印制：单爱军
北京虎彩文化传播有限公司印刷
2023 年 7 月第 1 版第 1 次印刷
169mm×239mm·26 印张·12 插页·490 千字
标准书号：ISBN 978-7-111-72873-3
定价：189.00 元

电话服务　　　　　　　　　网络服务
客服电话：010- 88361066　机 工 官 网：www.cmpbook.com
　　　　　010- 88379833　机 工 官 博：weibo.com/cmp1952
　　　　　010- 68326294　金 书 网：www.golden-book.com
封底无防伪标均为盗版　　机工教育服务网：www.cmpedu.com

序

　　微电子技术显著推动了信息化社会的发展，尽管目前硅材料占了整个半导体材料的绝大部分（90%以上），但第三代宽禁带与超宽禁带半导体由于其优异的性能越来越得到重视，其中宽禁带半导体商用化程度越来越高，在航空、航天和国防装备等领域的应用也有了很大的进展，包括氮化镓、碳化硅等，而超宽禁带半导体包括金刚石、氧化镓和氮化铝等研究也有了进展。

　　在第三代宽禁带半导体技术领域中，研究发现氮化镓（GaN）及其相关材料（如三元 AlGaN、InGaN 和四元 InAlGaN）由于其独特的优异性能已经广泛用于光电子器件中；本书通过对多层异质结工艺、不同新型垂直器件结构、AlGaN/GaN 和 InAlN/GaN 器件的失效机制、最新的分布式反馈（DFB）氮化物激光器和垂直腔面发射激光器（VCSEL）等关键技术问题的研究和探索，使得"氮化镓化"取得了很多里程碑式的进步，也正是因为这些进步引领了电子和光电子器件关键技术的革新，一些有前景的氮化物半导体将在下一代功率器件中开始崭露头角，如功率电子中引入 GaN 基材料可以提高器件的效率并有效减少电力损耗。因此在未来发展中，氮化物器件相比于其他化合物半导体显得有更好的发展前景。氮化镓基技术对于现代电子学和光电子学的变革和发展进程将产生重大影响，"氮化镓化"将推动现代社会在光电子器件、功率电子和高频电子领域的应用。

　　成立于 2010 年 4 月的中咨高技术咨询中心有限公司（高技术中心）是中国国际工程咨询有限公司（中咨公司）的全资子公司，为推动国内第三代宽禁带半导体技术，瞄准技术前沿，组建相关专家进行本书的译校工作。希望本书对从事第三代宽禁带与超宽禁带半导体技术研究的学者、研究人员和高校学生提供有益的帮助，并提供新的思路和探索科学问题的方法，共同推动第三代宽禁带与超宽禁带半导体技术的发展。

郝　跃

2023 年 2 月 18 日

原书前言

如今，氮化镓（GaN）和其他相关材料（三元 AlGaN、InGaN 以及四元 InAlGaN）广泛应用于光电子器件制造。此外，这些氮化物中有一些可以用作半导体材料，应用于高效节能的电子器件。因此，对于现代电子学和光电子学的变革和发展，人们常半开玩笑地将其称作"GaN 化"。

多位业界一流专家对本书的编写贡献了宝贵意见。我们希望通过本书对 GaN 基技术在功率电子和光电子器件两大领域的最新发展情况进行整体介绍。

本书第 1 章整体介绍了 GaN 及相关材料的性能及应用。首先介绍了历史背景，讨论氮化物研究史上的里程碑事件。其次着重介绍了 InGaN 量子阱和 AlGaN/GaN 异质结构，二者对于发光二极管（LED）、激光二极管（LD）和高电子迁移率晶体管（HEMT）至关重要。最后介绍了氮化物材料在光电子器件、功率电子和高频电子领域的应用，本书的其他章节还会对相应的关键问题进行详细阐释。

典型的氮基器件由多层异质结构构成，该结构需要在合适的基体上进行外延生长。因此，第 2 章的开头部分就讨论了一些最新研究的 GaN 晶体生长工艺。随后，本章介绍了生长 GaN 最常用的外延法，即金属有机物气相外延（MOVPE），本章还介绍了 MOVPE 过程中外延温度、异质衬底沉积造成的影响、降低高穿透位错密度的方法，以及提高导电性，制造 p 型半导体掺杂技术的难点。本章有一部分专门介绍 InGaN 量子阱，量子阱在发光器件领域有重要的应用价值，但在分解的组分均匀性和热稳定性方面，仍然存在严重的问题。

关于高频电子方面，当前对于毫米波（mmW）带宽 30~300GHz 的研究热度持续攀升，因为其短波长和宽频带的特点，能使更小的器件发挥更好的性能。无线通信系统正扩展至更高频段。但是，为了成功应用毫米波频谱，还需解决若干问题。本书的第 3 章专门介绍了 GaN 基器件在毫米波方面的应用，预期的应用范围包括高功率放大器、宽带放大器和 5G 无线网络。对不同 GaN 基材料在毫米波频谱的应用设计进行介绍，能体现其高频应用方面的优势和局限性。本章还对器件设计和毫米波 GaN 器件制造进行了分析。本章的最后对单片微波集成电路（MMIC）功率放大器进行了整体介绍。

GaN 还被视为功率电子领域颇具前景的半导体材料。由于二维电子气（2DEG）特性，AlGaN/GaN HEMT 常用作常开型器件。然而，很多功率电子系统需要常关型晶体管。因此，第 4 章回顾了当前常关型 GaN HEMT 技术。首先，简单介绍制备 HEMT 的"共源-共栅"技术，重点关注该方法的优势和局限性。随后阐释凹栅 HEMT 技术和氟技术 HEMT，重点关注凹栅混合金属绝缘半导体高电子迁移率晶体管（MIS HEMT）和 p 型 GaN 栅 HEMT。以上都是当前最具前景和最稳定的常关型 GaN HEMT 制造技术。本章还将讨论上述技术（如异质结构设计、栅极介电层、金属栅极）最关键的问题。

对于功率电子领域，为了降低导通电阻并增大电流能力，相较于水平结构，垂直型器件拓扑结构更受青睐。因此，第 5 章对基于体 GaN 衬底的垂直型器件进行了概述。GaN 技术领域，过去 10 年所开发的二端器件和三端器件，垂直型结构独领风骚，处于主导地位。本章还特别讨论了两种不同的垂直型器件，分别是电流孔径垂直电子晶体管（CAVET）和氧化栅层间场效应晶体管（OGFET），这是一种可再生沟槽金属氧化物半导体场效应晶体管（MOSFET）。此外，本章还介绍了碰撞电离系数的最新研究。

如果没有对稳定性和可靠性问题的深入研究，基于 GaN 的射频、微波以及毫米波功率放大器应用就不可能得到发展。GaN HEMT 的可靠性问题极为重要，第 6 章对 GaN HEMT 在射频、微波以及功率开关晶体管中的最重要可靠性问题进行了讨论。讨论射频 AlGaN/GaN HEMT 和 InAlN/GaN HEMT 的失效模式以及机制，重点关注与栅极边缘、热电子以及热声子相关的失效模式和热效应。对于功率开关器件，本章介绍了 GaN 缓冲层的碳掺杂对缓冲层动态导通电阻和随时间变化的介质击穿的影响。最后，本章讨论了常关 p 型 GaN HEMT 的栅极退化与 GaN MIS HEMT 阈值电压不稳定性问题。

GaN 基半导体能发射的波长范围很广，发光范围覆盖紫外至黄绿光，因此是制造光电子器件的绝佳材料。第 7 章探讨了 GaN 基 LED。在过去 15 年中，LED 取得了巨大进步，达到了重构和重新定义人工照明的地步。然而，LED 领域仍存在问题：电流较大时，LED 发光效率就会降低。此外，这些器件在光质［比如显色指数（CRI）和相关色温（CCT）］方面的全部潜力，仍然可以通过现有的或替代的方案加以改进，本章对此进行了讨论。AlGaN 深紫外发光二极管（DUV LED）具有广泛的潜在应用，包括消毒、水净化等。然而，与 InGaN 蓝光 LED 相比，AlGaN DUV LED 的效率仍然很低。本章介绍了提高 AlGaN DUV LED 内量子效率（IQE）、电注入效率（EIE）和光提取效率（LEE）的方法。

第 8 章介绍了通过等离子体辅助分子束外延（PAMBE）生长Ⅲ族氮化物激光二极管（LD）的最新进展。本章介绍了 PAMBE 的生长基本原理，探究宽 InGaN 量子阱中的载流子复合，并介绍通过激发态的高效跃迁路径模型来解释实验观察结果。此外，本章还介绍了通过 PAMBE 生长的激光器的可靠性。最后，本章讨论了隧道结（TJ）及其在器件方面的应用。

第 9 章介绍了氮化物半导体激光器的历史、发展过程遇到的科技挑战，以及对其未来的展望。本章还特别介绍了最新的分布式反馈（DFB）氮化物激光器及其可能的应用场景，以及少有人知，但是与激光器密切相关的超辐射发光二极管和半导体光放大器。

第 10 章讨论了垂直腔面发射激光器（VCSEL）。VCSEL 有许多优势，包括占地面积小、低发散角的圆形光束、晶圆级测试、密集的二维阵列、良好的性价比以及较容易与光学元件耦合。蓝绿光 VCSEL 在可见光通信、全彩显示和微激光投影仪等应用中尤为重要。特别值得一提的是，基于 InGaN 量子点（QD）和量子阱（QW）的不同 VCSEL 概念，本章还讨论了 VCSEL 的发展现状，以及不同器件的设计方法。

最后，第 11 章展示了 2D 材料（石墨烯和 MoS_2）与氮化物半导体在电子学和光电子学方面的最新进展。本章还将两类材料的优势和局限性考虑在内，讨论了用两种材料制作异质结的最新方法。随后，本章呈现了基于 2D 材料/氮化物异质结构电子器件的几个实例，如 Gr 基热电子晶体管（HET）、用于太赫兹的 Al(Ga)N/GaN 发射器，以及用于超低功耗数字电子的 p^+ 型 MoS_2/n^+ 型 GaN 异质结的带间隧道二极管。本章还讨论了基于 2D 材料与 GaN 集成的光电子器件（LED 和光电探测器）。

希望读者能喜欢本书，并且在功率电子和光电子器件领域不断学习探索，发现更多关于氮化物半导体的新知识。

法布里齐奥·罗卡福特和迈克·莱辛斯基
2020 年 3 月于意大利卡塔尼亚和波兰华沙

原书致谢

我们要感谢对撰写本书期间进行持续讨论交流的所有作者。也感谢他们对我们频繁提出的规定截稿时间耐心地合作。其中，特别说明一点，感谢我们意大利国家研究委员会微电子与微系统研究所（CNR-IMM）的同事和波兰科学院高压物理研究所（Unipress-PAS）的同事热情地接受了这项辛苦的工作。

此外，我们要感谢 2017—2019 年 CNR-PAS 合作协议双边项目 ETNA "新型 AlGaN/GaN 异质结构的能源效率" 和意大利共和国与波兰共和国 2019—2020 年双边项目 GaNIMEDE "氮化镓创新微电子器件" 的支持。

最后，特别感谢 Wiley 出版社的编辑和工作人员，他们一直协助我们编著本书，并在出版过程中进行了认真审稿。

目 录

第 1 章

氮化镓材料的性能及应用

Fabrizio Roccaforte[1]和 **Mike Leszczynski**[2,3]

1 意大利国家研究委员会微电子与微系统研究所（CNR-IMM）

2 波兰科学院高压物理研究所（Unipress-PAS）

3 TopGaN Sp. z o. o.

1.1 历史背景

几十年以来，氮化镓（GaN）及其相关材料（如三元 AlGaN、InGaN 和四元 InAlGaN）已经广泛用于光电子器件中。此外，一些有前景的其他氮化物半导体也在下一代功率器件中开始崭露头角。事实上，在功率电子中引入 GaN 基材料可以提高器件的效率并且减少功率损耗。因此在未来几年中，氮化物器件的整体市场预期相比于其他化合物半导体而言会更好。

基于这些原因，人们半开玩笑地将现代电子学和光电子学的革命认为是"GaN 化"。

本书主要描述了应用于功率电子和光电子器件的氮化物半导体技术：晶体管、二极管、发光二极管和激光二极管等。由于氮化物很难生长和加工等原因，导致制作这些器件的过程变得很漫长且难度较大。本章介绍了氮化镓及相关材料的性能和应用。

"GaN 化"的历史可以追溯到 20 世纪 30 年代初，从那时起，"GaN 化"就取得了很多里程碑式的进步，也正是因为这些进步引领了电子和光电子器件关键技术的革新。以下总结了在研究氮化物的历史进程中所报道的关键节点：

1932 年：高温环境下在液体 Ga 上通入流动的 NH_3 首次合成了多晶 GaN[1]，证明这个材料在 800℃的氢气环境中可以稳定存在。

1938 年：通过 GaN 粉末研究了 GaN 的晶体结构[2]。

1969—1971 年：Maruska 和 Tietjen 两位研究人员[3]在蓝宝石衬底上用氢化物气相外延（HVPE）的方法生长了 GaN 层。由于这两种材料存在较大的晶格失配，因此所制备出的 GaN 外延层展现出较差的晶体质量。即便如此，利用所

1

制备的材料确定 GaN 是能带间隙为 3.39eV 的宽能带间隙半导体材料,并且制作了首个演示用 LED[4]。

1972 年:Manasevit 等人[5-6]首次利用金属有机物气相外延(MOVPE)生长了 GaN 层。这个方法形成了氮化物技术中最流行的一种工艺,并且在今天,全世界范围内有几千个反应器去生长 GaN 层。然而由于蓝宝石和 GaN 之间的晶格失配,导致所制备的 GaN 外延层仍然很粗糙。

1984 年:Karpinski 等人[7-8]通过对热力学的研究,找到了将镓放入氮溶液中生长大体积 GaN 晶体的方法(HPSG-高压溶液生长)。然而,这种生长办法需要极端的环境来避免 GaN 分解:约 1200℃ 和 10kbar⊖。这项工作阐明了熔体(即 Czochralski 或 Bridgman 方法)生长 GaN 晶体的不可行性,因为必须使用数十千巴且在高于 2500℃ 的温度下熔化 GaN。

1986 年:来自 Isamu Akasaki(名古屋大学)课题组的 Hiroshi Amano 取得了重大突破,即在 GaN 外延中引入低温 AlN 成核层[9]。Amano 和 Akasaki 通过所引入的成核层获得了光滑和透明的 GaN,并具有较好的晶体质量。

1989 年:Amano 等人[10]通过低能量电子辐照激活了 Mg 掺杂物,首次获得了 p 型 GaN。这种激活是将由金属有机物气相外延所获得的 GaN 层中固有存在的 Mg-H 键断裂来实现的(H 与 Mg 总是以 H-Mg 键的形式结合在一起)。

1990 年:Matsuoka 等人[11]首次成功生长了 InGaN 层,该层可以提供从 0.7eV(IR)到 3.5eV(UV)非常宽的光谱范围,涵盖了所有可见光的波长。

1991—1992 年:Shuji Nakamura 优化了利用 AlN 成核层在蓝宝石衬底生长 GaN 的条件。这项技术已经被大多数公司和实验室用于制造 LED 和其他器件。在蓝宝石上的 GaN 位错密度为 $10^8 \sim 10^9 \text{cm}^{-2}$。此外,在 600℃ 左右的氮气中进行退火可以使 p 型 GaN 实现电激活[12-13]。这些研究为 LED 和 LD 技术的发展铺平了道路。

1992 年:Nichia 开始研究蓝光 LED(450nm),很快就用作激发磷光剂产生白光。目前,这种 LED 的产量可达每天数百万个,创造了数十亿美元的市场。

1993 年:Asif Khan 等人[14]使用金属有机物气相外延法首次生长了 AlGaN/GaN 异质结。尽管所制备的晶体质量一般,但是在 AlGaN/GaN 界面处二维电子气(2DEG)的迁移率仍然达到 $600\text{cm}^2/(\text{V} \cdot \text{s})$。这一研究成果可以被视为氮化物高电子迁移率晶体管(HEMT)技术的开始[15]。

1996 年:Nakamura 等人[16]研究了第一个基于 InGaN 量子阱的紫色 LD(405nm)。该激光器是在蓝宝石衬底上制备的,很明显使用低缺陷密度的块状 GaN 衬底可以获得更好的器件性能。在那时,Nakamura 利用一小块使用高压溶液生长法制作的 GaN 晶体使 LD 的寿命从 300h 增加到了 3000h。

⊖ $1\text{bar} = 10^5 \text{Pa}$。——编辑注

1997 年：Bernardini 等人[17]确定了氮化物的自发极化和压电极化系数，这提高了对 AlGaN/GaN 异质结构物理机制的理解，并且为后续电子和光电子器件的优化铺平了道路。

1998 年：Guha 和 Bojarczuk 报道了第一个在硅衬底上利用分子束外延（MBE）生长的 LED 外延结构[18]。分子束外延相比于金属有机物气相外延有一些优势，比如在生长过程中不需要氢气，以及生长温度较低等。然而直到现在，大多数氮化物生长技术仍然是基于金属有机物气相外延来生长的。虽然 Guha 和 Bojarczuk 所生长的结构晶体质量很差，但这一工作引发了以硅晶圆为衬底的外延技术研究热潮。

1999 年：Ambacher 等人[19]提出了一种理论模型描述 AlGaN/GaN 异质结构界面二维电子气的特性。这个模型到今天仍然用于研究 GaN 的相关性质。同年，Sheppard 等人[20]报道了在碳化硅（SiC）衬底上生长 AlGaN/GaN 异质结构所制作的高功率微波 HEMT。

2000 年：Ibbetson 等人[21]进一步阐明了二维电子气的特性，即氮化物材料的表面态对源极电子的性质起重要的作用。

2001 年：Sumitomo Electric 从东京农业大学购买了 DEEP 方法（反锥体坑外延生长消除位错）[22-23]的专利，并利用 HVPE（氢化物气相外延）方法和小区域弯曲位错法在 GaAs 衬底生长了 GaN 单晶。该技术使 Sumitomo 开始在指定的激光条纹区域去制备低位错密度（$10^5 cm^{-2}$）的块状 GaN 衬底，并且后续由 Nichia 公司进行 LD 的商业生产。

2003 年：索尼公司基于 Nichia 公司生产的 405nm 激光二极管推出了蓝光 DVD。

2006 年：Saito 等人[24]和 Cai 等人[25]分别提出了凹槽栅结构和氟注入实现了常关型 AlGaN/GaN HEMT。

2007 年：来自松下公司的 Uemoto 等人[26]研发了第一款基于 P 型 GaN 栅极技术的常关型 HEMT。这个器件也被称为栅注入晶体管（GIT），这是因为 p 型 AlGaN 层空穴的注入调制了电导，最终增加了漏极电流。在 2009 年，EPC 基于此项技术推出了第一批商业化的器件。

2008 年：台湾大学的 Tien-Chang Lu[27]及其同事制备了第一台可以在低温下工作的氮化镓基垂直腔面发射激光器（VCSEL）。

2012 年：Tripathy 等人[28]基于 200mm 的 Si（111）衬底生长了 AlGaN/GaN 异质结构。在大面积硅晶圆上生长这种异质结构成为可能，为硅 CMOS 集成 GaN HEMT 器件开辟了道路。

2013 年：Iveland 等人[29]通过实验证实了"下降效应"（LED 中高注入电流时效率下降）与俄歇电子有关。

2013 年：通过改进等比缩小技术的设备研制了截止频率 f_t 超过 450GHz 的

超高频 GaN 基 HEMT[30]。

2014 年：诺贝尔物理学奖授予三位日本科学家（Isamu Akasaki, Hiroshi Amano 和 Shuji Nakamura），因为其发明了蓝光二极管，并且实现了明亮且节能的白光源（www. nobelprize. org/prizes/physics/2014/summary）。

2014 年：在 200mm 硅衬底上实现了低漏电流、高阻断电压（825V）和高阈值电压（2.4V）常关型凹槽栅 Al_2O_3/AlGaN/GaN MOS-HEMT[31]。

2015—2017 年：Transphorm[32] 基于级联配置向市场推出了第一款高压（600V）常关型 GaN HEMT。此外，松下和英飞凌[33-35]基于改进的 p-GaN 栅极 HEMT 技术推出了首款完全符合工业标准的"真正"常关型器件。

2017 年：Haller 等人[36]给出了在 InGaN 量子阱之前高温生长形成点缺陷的模型，解释了它们对 LED 效率的不利影响。

2017 年：LG Innotek 向市场推出了 100mW 万能接头 LED。

2017 年：Mei 等人[37]研制了覆盖绿光间隙的量子点腔面发射激光器。

2019 年：Zhang 等人[38]研制了在室温和脉冲模式下工作的 271.8nm LD。

1.2　氮化物的基本性质

氮化物半导体（GaN，AlGaN，InAlN，InGaN，InAlGaN，AlN 等）拥有很多特性，这些特性使得它们可以在光电子和微电子领域具有很好的性能。表 1.1 列出了 GaN 和其他氮化物，以及其他半导体的物理特性对比，主要是在材料生长、光电子学、功率和高频电子学方面的比较。

表 1.1　GaN 和其他氮化物，以及其他半导体相比的特性及其在材料生长、
光电子学、功率和高频电子学中的影响[39-48]

特　　性		参数/范围	与其他半导体相比
材料生长	密度，ρ	6.1g/cm³（GaN）	由于高熔点和低分解温度，氮化物晶体（体材料和外延材料）在低温下进行生长。因此，晶体（衬底）不能像其他半导体一样从熔体中生长。此外，低温生长的外延层存在大量缺陷
	原子密度	4.37×10²²个原子/cm³（GaN）	
	熔点	在 60kbar 下，GaN 是 2573℃　InN 是 1100℃，AlN 是 2200℃	
	1bar 下分解温度	GaN 是 900℃，InN 是 600℃	
	位错对 InGaN 量子阱发光度和小电流下电子散射的影响较小		蓝绿 GaN 基 LED 和 HEMT 可以用其他衬底来制造（Si、金刚石和碳化硅）

（续）

特　性		参数/范围	与其他半导体相比
材料生长	滑移系统<11$\bar{2}$3><11$\bar{2}$2><11$\bar{2}$3><1$\bar{1}$01>的高临界 Peierls-Nabarro 剪切应力	29.8~54.7GPa	位错在压力或光照下不会移动（与其他Ⅲ-Ⅴ材料一样，与位错运动相关的光电子器件不会发生退化）
光电子学	直接能带间隙	从 0.7eV（InN）到 6.1eV（AlN）	氮化物的光谱主要在绿、蓝和紫外范围。虽然Ⅱ-Ⅵ族化合物半导体也有类似光谱，但是它们由于易碎性导致难以被用于制作器件。在红和红外的光谱范围内，基于 GaAs 和 InP 的器件具有更高的效率
功率/高频电子学	内建电场	多达 2MV/cm（INGaN/GaN）	强大的内建电场增加了电子和空穴的空间分离，从而降低了光电子器件中辐射复合的效率
	宽能带间隙，E_g	从 3.4eV（GaN）到 6.1eV（AlN）	为 GaN 基材料在高压、高功率和高温下的电子器件应用提供了可能，与 SiC 材料（未来有可能是 Ga_2O_3 和金刚石）进行竞争。高缺陷密度仍然阻碍了高电场强度的充分利用
	临界电场，E_{CR}	3~3.75MV/cm（GaN）	
	电子亲和力，χ	3.1~4.1eV（GaN）	
	介电常数，ε_r	9.5（GaN）	
	本征载流子浓度，n_i	室温下约等于 $10^{-10}cm^{-3}$（GaN）	如果提高 GaN 的材料质量，则可以实现低漏电流和高工作温度
	电子饱和速度，v	$3\times10^7cm/s$（GaN）	与传统的 GaAs 技术相比，能够制造在高频下运行的器件
	电子迁移率，μ_n	1100~2000$cm^2/(V\cdot s)$（GaN，AlGaN/GaN）	
	热导率，κ	1.3~2.1W/（cm·K）（GaN）	热导率高于 Si，但明显低于 SiC 和金刚石，这使得散热成为设计 GaN 基功率器件所需要考虑的一个问题

可以看出，这些材料在光电子和功率电子方面表现出多种优势，这主要与它们的直接能带间隙、宽能带间隙（WBG）和高临界电场有关。然而，也有一些特点使得材料的生长和器件的制造技术变得非常困难。所提到的这些特点都将在以下各节以及本书的其他章节中进行更详细的讨论。

1.2.1 微观结构及相关问题

氮化物材料微观结构的特殊性主要由三个因素决定：1）GaN、AlN 和 InN 主要的结晶形式是纤锌矿结构，导致有高的内建电场；2）衬底和外延层之间，也就是形成器件外延结构的层之间存在较大的晶格失配；3）低生长温度。

氮化物半导体在常温常压下的热力学稳定晶相为六方纤锌矿结构。GaN 的纤锌矿晶体结构如图 1.1 所示，其中以粗线突出显示的是 GaN 晶胞，由晶格参数 a_0（3.189Å）和 c_0（5.185Å）来表征[50-51]。Ga 和 N 原子排列在两个互相贯穿的六方密排晶格中，位移为 3/8 c_0。

在六方纤锌矿结构中，GaN 在 [0001] 方向（也就是 c 轴）上没有反转对称性。因此，可以区分 GaN 晶体的两种不同取向，即 Ga 面（见图 1.1a）和 N 面（见图 1.1b），这取决于材料是在 Ga 还是 N 的顶部生长。这两个面具有不同的化学性质：Ga 在化学上更具有惰性，并且在生长过程中有不同的表现（Ga 面包含更容易的受体，而 N 面包含更容易的供体[52]）。

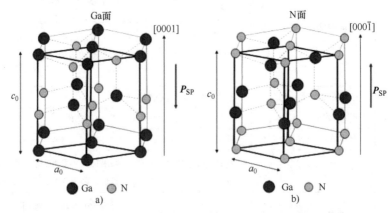

图 1.1　Ga 面 a）和 N 面 b）GaN 六方晶体结构示意图。粗线代表晶胞，虚线代表 Ga-N 键。给出了这两种情况下的自发极化矢量（P_{SP}）（资料来源：经 Roccaforte 等人许可转载[49]。版权所有© 2018，意大利物理学会）

共价键允许每个原子以四面体形式与另一种类型的四个原子结合。此外，由于 Ga 和 N 原子的电负性差异较大，因此也存在离子贡献。由于氮原子比镓原子具有更高的电负性，所以 Ga 和 N 原子会分别表现出阴离子和阳离子的特性，从而会沿 c 轴方向产生自发极化 P_{SP}[53]。

即使在没有应力的情况下，自发极化也同样存在。自发极化的强度取决于晶体的不对称程度。事实上，自发极化随着 c_0/a_0 比率的减少而增大。例如，一个 c_0/a_0 比率为 1.6259 的 GaN 晶体相比于 c_0/a_0 比率为 1.6010 的 AlN 晶体来说，有更低的自发极化，GaN 为 $-0.029C/m^2$ 而 AlN 为 $-0.081C/m^{2[17]}$。如图 1.1 所示，负的极化数值表明自发极化矢量方向与 [0001] 方向相反[17,50]。值得注意的是，外部应力可以改变结构的理想状态，并且 c_0/a_0 比率可以诱发额外的压电极化 P_{PE}。这对于 AlGaN/GaN 异质结构中二维电子气的形成特别重要，这一点将在 1.2.4 节中进行讨论。

对于制造功率器件和光电子器件（二极管、晶体管、LED 和 LD），外延结构必须生长在相应的衬底上。晶格参数对于确定衬底材料用于 GaN 外延的适合性很重要。表 1.2 列出了 AlN、GaN 和 InN 的晶格参数。

表 1.2　AlN、GaN 和 InN 的晶格参数表[50,54-56]

参　数	AlN	GaN	InN
a_0/Å	3.1113	3.1878	3.537
c_0/Å	4.9814	5.1850	5.703

在文献中，由于材料缺陷浓度的差异，导致 InN 和 AlN 晶格常数有不同的数值。此外，许多论文将氮化物的晶格参数与热膨胀系数（TEC）相关联，由于热膨胀系数随温度变化，因此会导致所报道的晶格参数有误差[56-58]。

由于 GaN 和 AlN 的单晶非常小并且昂贵，因此大多数关于氮化物的技术和研究都是基于异质衬底上外延生长[59]。

表 1.3 列出了 GaN 和其他最常见的异质衬底之间的晶格失配和热失配，例如蓝宝石（Al_2O_3）衬底、硅（Si）衬底和碳化硅（SiC）衬底。表中还列出了在这些衬底上生长的 GaN 层中所测量的位错密度范围、可能的器件设计（横向或纵向）以及材料的应用领域。

表 1.3　GaN 和其他最常见的异质衬底（Al_2O_3，Si 和 SiC）之间的晶格失配和热失配

不同衬底上 GaN 层的性能和应用	GaN-on-Al_2O_3	GaN-on-SiC	GaN-on-Si	GaN-on-GaN
晶格失配（%）	16	3.5	−17	0
热失配系数，a_0（%）	−34	21.4	53.5	0
位错密度/cm^{-2}	$10^7 \sim 10^8$	$10^7 \sim 10^8$	$10^8 \sim 10^9$	$10^3 \sim 10^6$
器件布局	横向	横向	横向	横向和纵向
主要应用领域	光电子	高频电子和光电子	高频、功率电子	高频、功率电子和光电子

注：关于 GaN 外延器件（位错密度，可能器件类型和应用领域）的相关信息也被报道[43,59-61]。

蓝宝石衬底常用于光电子领域中 GaN 异质外延。然而，GaN 与 Al_2O_3 衬底

之间有着较大的晶格失配（16%）和热失配（-34%），这导致在蓝宝石衬底上外延生长 GaN 会产生较高的位错密度。因此，选用晶格失配仅有 3.5% 的六方碳化硅（6H/4H-SiC）是一个更好的选择。第一个用于电力开关的 GaN 晶体管是在蓝宝石衬底的（0111）c 面以及碳化硅（6H-SiC 和 4H-SiC）的（0001）面所制作的[20,39,62]。然而，尽管在 SiC 衬底上生长 GaN 层有较小的晶格失配，但仍存在很高的位错密度（$10^7 \sim 10^8 cm^{-2}$）[63]。此外，碳化硅衬底的高成本一直以来都是在消费电子中引入该技术的一个限制因素。

近十年来，人们一直致力于在硅衬底上制备 GaN[60]。事实上，相对于金刚石与碳化硅衬底，硅衬底更便宜，晶格结构更完美，并且衬底的尺寸更大，使其更具有可用性。然而，硅（111）衬底与 GaN（0001）之间有较大的晶格失配（-17%），因此产生较大的位错密度（$10^9 cm^{-2}$）。

GaN 与衬底之间热膨胀系数的差异在外延工艺中也起着重要作用，因此，对器件有源层的最终质量起着重要作用。蓝宝石有着比 GaN 更高的热膨胀系数，导致生长的 GaN 层中存在残余压应力，而 SiC 和 Si 的热膨胀系数较小，导致生长的 GaN 层中存在残余张应力[64]。残余应力的值取决于生长条件，在一定的生长温度下，GaN 层并没有完全松弛导致晶粒凝聚会发生应变[65]。

为了克服残余应变的问题，几种"应变管理"技术被应用以减小 GaN 外延层中的裂纹（比如用 AlN 或者分级的 AlGaN 缓冲层，AlN/GaN 超晶格或者对衬底采用精密的光刻制版技术[39,66]）。在此背景下，GaN 材料外延生长的快速发展促使制备了直径达 200mm 电子级大面积 GaN-on-Si 异质结构，并且具有高效率和小型化的功率器件已经在这些材料上实现[28,31,66-67]。

显而易见的是，块状 GaN 是制造 GaN 外延和器件最理想的衬底。事实上，使用块状 GaN 可以很明显地减少位错密度（减少至 $10^3 \sim 10^6 cm^{-2}$）[61]。到目前为止，一些衬底被用来制造 LD。另外，可以制造垂直器件的可能性使其成为功率电子应用的一大优势。然而，直到现在，高成本和用于商业衬底的直径小，阻碍了大面积 GaN 功率器件的广泛应用[61]。

晶格失配不仅存在于 GaN 的异质外延，也存在于同质外延。事实上，据报道，GaN 中的自由电子会使其晶格扩张[68]。例如，浓度为 $5 \times 10^{19} cm^{-3}$ 的自由电子可以使 GaN 的晶格扩张 0.3%。尽管晶格扩张似乎不明显，但是在块状 GaN 生长过程中可以导致很严重的问题，因为不同的晶面含有不同的杂质（主要是氧），并含有不同的自由电子浓度。

大多数情况下，氮化物都是在 <0001> 方向生长的，这是得到氮化物良好晶体质量最合理的一种方法。此外，当在这个方向生长的材料进行 p 型掺杂时更有效率[69]。然而，其他的生长方向在 LED 中的内建电场、分离的电子和空穴更小。因此，已经尝试使用取向为<10$\bar{1}$0>的非极性方向和<11$\bar{2}$2>的半极性方向的 GaN 衬底或模板来提高光电器件的效率。尽管进行了大量的研究工作，但非极性或半极性器件外延结构的优势尚未得到证实，目前几乎所有商业器件都是在极性晶圆上构建的。

外延中很少使用轴向方向。大多数情况下，在阶梯流生长模式中采用切边的衬底去生长外延层[70]。从不同的角度来看，衬底切边会影响外延层的性质，例如点缺陷的形成、InGaN 层中铟的掺入、晶格畸变和表面粗糙度。Suski 等人[71]制造了具有高空穴浓度的 GaN:Mg 生长在切边的 Ga 面 GaN 衬底。Sarzyński 等人[72]观察到在切边的 Ga 面 GaN 衬底上生长的 InGaN 铟含量会降低。另外，Krysko 等人[73]报道了应力外延层的三斜形变。此外，表面形态受切角的影响，在切角 N 面的 GaN 衬底上生长的 GaN 层中观察到较小的粗糙度[74]。

所有工作在可见光发射区的光电子器件都是基于 InGaN 量子阱制造的，但是由于与 GaN 的晶格失配大且生长温度低，因此导致极难生长。在这种情况下，广泛讨论的问题就是在量子阱中铟的空间涨落[75-77]，这些涨落可能出现在纳米、微米甚至毫米尺度上。

举一个在 InGaN/GaN 量子阱中铟涨落的例子，图 1.2 展示了高空间分辨率的二次离子质谱（SIMS）。它们的幅度和尺寸很大程度上取决于生长条件、位错密度以及层的形态（例如局部平台宽度）[72]。

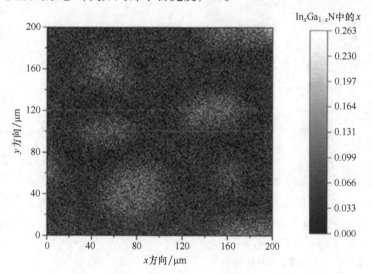

图 1.2　二次离子质谱图展示了 In 在 InGaN/GaN 量子阱中的横向分布。垂直坐标是 In 在 In$_x$Ga$_{1-x}$N 中的掺杂浓度（资料来源：经 Michałowski 等人许可转载[77]。版权所有© 2019，皇家化学学会）

对于 InGaN，应当特别注意氢对铟掺杂的影响。事实上，即使少量的氢也能显著地降低铟的掺杂[78-80]。然而，氢可以使得表面光滑，因此可以用于 InGaN 或 GaN 势垒的生长。表面越光滑，铟波动越小。

InGaN 层和量子阱在高温下会发生变化。例如，当过度生长 p 型 GaN 时，尽管在低温下 InGaN 层可能会变得均匀，但温度升高（>900℃）会导致 InGaN 分解。这两种现象的发生都是由于铟很容易进行扩散导致的，并且很有可能是通过镓空位进行扩散。第 2 章将讨论这种现象。

当 InGaN 层的厚度超过应变和厚度的临界值时，它们会因失配位错而变得松弛[81]。图 1.3 显示了 InGaN 中的位错。

值得注意的是，InGaN 层的弛豫不仅是塑性的（通过位错发射），而且在三维纳米物体表面也有弹性（形态差）。因此，InGaN 的弛豫不应该仅仅使用 X 射线衍射（XRD）来观察，也应该使用原子力显微镜（AFM）、透射电镜（TEM）和缺陷选择性腐蚀（DES）来观察。

用于功率和高频的氮化物晶体管都是基于 AlGaN 层制作的，比如 UV 发射器。AlGaN 层的主要微观结构问题是它们在 GaN 上生长时由于拉伸应变而容易产生裂纹（例如 AlGaN/GaN 异质结构晶体管）。图 1.4 显示了在 GaN 上生长厚 AlGaN 层的光学显微镜图像，可以看到表面存在裂纹。

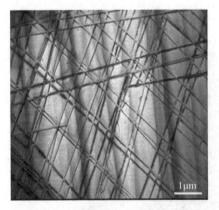

图 1.3　分子束外延生长的 50nm 厚 InGaN 层透射电镜平面图像，其中衍射矢量为 g_{11-20}，In 的含量为 20%（资料来源：由 Johanna Moneta 提供）

图 1.4　生长在 GaN 衬底上 220nm 厚的 $Al_{0.27}Ga_{0.73}N$ 层光学显微镜视图

为了避免开裂，采用横向图形化[82]或柔顺层[83]技术来解决这一问题。

裂纹显然是硅衬底上进行 GaN 异质外延的一个严重问题，因为它们可以充当散射中心，降低载流子迁移率，从而降低晶体管的性能。在这种情况下，已经报道了几种方法消除 Si（111）衬底上生长 AlGaN/GaN 异质结构产生的裂纹并提高晶体质量，例如在 AlN 缓冲层和 GaN 之间采用分级的 $Al_xGa_{1-x}N$ 过渡层或者引入 AlGaN/GaN 超晶格[84]。

虽然扩展缺陷（如位错）可以很容易地被检测到，并且它们的密度可以使用选择性刻蚀、X 射线衍射或透射电镜来测量，但点缺陷的检测要困难得多。可以使用正电子湮没来测量 Ga 空位（类似受体的缺陷），但仅限于厚层情况（非量子阱）。但是在氮空位的情况下，没有直接的方法来检测这些缺陷。因此，基于存在点缺陷的间接假设，只能使用理论模型来解释氮化物的各种性质，例如原子的扩散、光度或电学性质。

总之，用于光电子和功率电子的氮化物半导体具有复杂的微观结构，其特点是存在大量的缺陷：位错、点缺陷、形貌差、非均匀应变、非均匀电场和非均匀原子分布。所有这些缺陷都不是相互独立的，并且可能会影响光学和电学特性。更有甚者，所有这些缺陷都取决于生长参数（温度、压力、气流量和反应物几何形状等）。因此，复杂的微观结构以及大量的生长参数使得晶体质量的优化对于 GaN 和相关氮化物来说是一个非常具有挑战性的问题。

1.2.2　光学性质

氮化物的直接能带间隙宽度从 0.7eV（InN）到 3.4eV（GaN），再到 6.1eV（AlN）范围。因此，它们涵盖了从红外（1770nm）到可见光范围，直到远紫外（约 200nm）的光谱范围[85]。图 1.5 显示了能带间隙与 In 面晶格参数的函数关系。对于三元氮化物 $A_xB_{1-x}N$，能带间隙不随成分 x 线性变化，但遵循唯象表达式：

$$E_g^{A_xB_{1-x}N}(x) = xE_g^A + (1-x)E_g^B - x(1-x)b \qquad (1.1)$$

式中，b 是弯曲系数，单位为 eV，定义为抛物线项的系数。b 为正值时表示向下，而 b 为负值则表示在能带间隙 E_g 对组成 x 的依赖性中向上。

通常使用发射技术来测量大多数氮化物的能带间隙（以及弯曲系数），例如光致发光（PL）和阴极发光（CL）。

对于光电子学来说，最重要的材料是 InGaN 的量子阱和量子线。这些量子阱的光学性质已经在数千篇论文中报道，但它们仍然有许多性质未被揭示。对于 InGaN，报道的弯曲系数 b 值在 1.4～2.8eV 之间[86]。如此大的跨度与 InGaN 性质的可变性有关，比如 In 波动和不均匀量子阱厚度，以及 1.2.1 节所提到的性质。合金成分的不均匀，甚至合金中固有的空穴局域化[87]都会引发强斯托克斯位移，导致能带间隙被低估[88]。Moses 和 Van de Walle[89]认为弯曲系数 b 和 InGaN 的组分有关。

另一方面，AlGaN 合金对于光电子学、功率电子学和高频电子学都至关重要。对于 AlGaN 合金来说，所报道的弯曲系数 b 值在 $-0.8\sim2.6\mathrm{eV}$ 之间，来自不同技术制备的 AlGaN 合金，其质量不同，合金成分范围很窄。Yun 等人[90]研究了 $\mathrm{Al}_x\mathrm{Ga}_{1-x}\mathrm{N}$ 能带间隙与 Al 浓度的关系，通过拟合方程（1.1），得到了一个弯曲系数 $b=1.0\mathrm{eV}$。

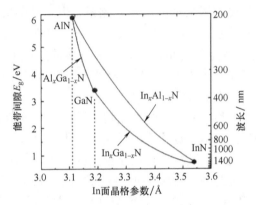

图 1.5　氮化物半导体（AlN、GaN、InN 和它们
的三元合金）能带间隙与 In 面晶格参数的
函数关系。右侧坐标轴是对应的波长

　　光学透射（OT）和光吸收（OA）法可以更好地测量氮化物的能带间隙。然而，要生长出满足两种测量所需的氮化物层（InGaN 和 AlGaN）厚度并不容易。另外，光学透射和光吸收这两种方法并没有考虑折射率的能量色散，折射率对能带间隙的贡献是不可以忽略的。可以满足能带间隙精确测量要求的替代测量方法是使用椭圆偏振光谱法[91]。该方法已用于估计氮化物的弯曲参数，在确定材料的复介电函数方面具有明显优势。

　　通常来说，氮化物的光致发光和阴极发光光谱由激子部分和缺陷相关部分组成[92]。例如，对于块状 GaN，以下是其典型的光谱特征：1）激子部分：自由激子和束缚激子；2）施主受主对；3）缺陷发光。GaN 的光致发光光谱如图 1.6 所示。

　　正如以上所述，即使是最简单的 GaN 化合物，也存在多种点缺陷和扩展缺陷，这些缺陷会影响光致发光峰的位置、半峰全宽（FWHM）和强度。Reschikov 和 Morkoç 研究了 GaN 的光学性质[93]。

　　三元或四元化合物的情况比 GaN 更复杂，因为可能要处理化学成分的波动。光致发光和阴极发光峰的主要信息是其波长的位置。对于 InGaN 量子阱，取决于以下几个因素：平均铟含量、铟波动、量子阱厚度（对于薄量子阱，存在蓝移的量子效应；对于厚量子阱、电子和空穴被电场分离，导致红移）、量子阱厚度变化和存在点缺陷。光致发光和阴极发光峰的位置也取决于励磁功率，这使得数据分析变得极其繁琐。然而，更麻烦的是光致发光/阴极发光峰值强度的分析。事实上，除上述原因之外，峰值强度还与量子阱周围的吸收以及少数载流子扩散长度有关。

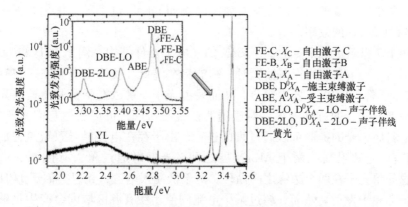

图 1.6　生长在蓝宝石衬底上的 GaN 层光致发光光谱。除了光谱的激子部分，在黄色区域（约 550nm）还存在一个宽峰，这可能与点缺陷（Ga 空位和碳杂质）有关（资料来源：由 Grzegorz Staszczak 所提供）

　　其他信息可以通过时间分辨光致发光（TRPL）和时间分辨阴极发光（TRCL）来获得。发光峰的衰减时间可以用电子和空穴的辐射以及非辐射复合来解释。实验发光衰减时间（τ）与辐射衰减时间（τ_r）和非辐射衰减时间（τ_{nr}）有关：

$$\frac{1}{\tau} = \frac{1}{\tau_r} + \frac{1}{\tau_{nr}} \tag{1.2}$$

　　对于二元化合物，可以在近乎完美的晶体中观察到较长的衰变时间。对于 InGaN 量子阱的特殊情况，铟的波动也可以导致长的衰减时间[94]。

　　许多关于光致发光和阴极发光的研究都是在不同温度或不同压力下进行的。随着压力的增加，氮化物的能带间隙增加，光学测量可以观测到压力使得一些能级进入能带间隙[95]。

　　通常，实验是在不同温度下进行的（4.2~300K），从以下关系中可以提取到内部量子效率 η（IQE）：

$$\eta = \frac{I(T)}{I(0)} \tag{1.3}$$

式中，$I(T)$ 和 $I(0)$ 分别是光致发光和阴极发光在给定温度 T 和 0K 处的强度。

　　同时，内部量子效率与辐射和非辐射衰减时间有关：

$$\frac{1}{\eta} = 1 + \frac{\tau_r}{\tau_{nr}} \tag{1.4}$$

因此，通过实验测量出 $I(0)$、$I(T)$ 和 τ 的值，用式（1.2）~式（1.4）可以确定出量子效率以及辐射和非辐射衰减时间（τ_r 和 τ_{nr}）。

然而，光致发光和阴极发光的数值取决于激励功率和靠近有源区的性质。因此，关于内部量子效率的光学有源区（例如 InGaN 量子阱）优化并不一定会提升 LED 和 LD 的效率。

图 1.7 显示了最常见的基于 GaN 的光电子器件结构，例如 LED 和 LD。就 LED 而言，当 p-n 结为正向偏置时，结的势垒降低，使得电子和空穴在有源区（如多量子阱，MQW）发生复合，从而发射光子。挑战在于要避免这些光子被吸收或者向错误的方向散射。对于透明蓝宝石衬底，可以通过它们来产生光。对于硅衬底，光的提取可以通过表面进行，由于存在电接触导致很难完成。就 LD 而言，光被限制在两个 AlGaN 层之间，光发射通过覆盖有镜面的边缘发生，这使得光子在两个边缘之间循环。对于低注入电流，光以类似于 LED 的方式进行非相干发射。然而，超过某个电流阈值，在有源区域内会产生足够高浓度的载流子，从而导致粒子数反转。在这种情况下，电子-空穴复合由这种光子辅助，并且在自发发射中占主导地位。

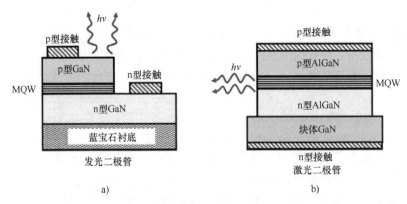

图 1.7　两种常见 GaN 光电子器件结构示意图：a）发光二极管（LED）和 b）边缘发射激光二极管（LD）。对于 LED，发光既可以通过背面也可以通过表面。对于 LD，光被限制两层之间，并在芯片两侧之间循环（见彩插）

有关 LED 和 LD 工作原理和相关技术的更多详细信息将在第 7~10 章中列出。

1.2.3　电学性质

GaN 具有优异的电学特性，使其成为电子器件制造有前途的材料。

首先，GaN 材料宽的能带间隙（$E_g = 3.4\text{eV}$）代表其有高的临界电场（$E_{CR} = 3~3.75\text{MV/cm}$），这是材料在不击穿的情况下可以承受的最大电场。如

1.3.2 节所述，高临界电场是实现高电压、低导通电阻和高效率电子器件的关键因素。还必须考虑半导体内部的温度效应，因为它们对载流子的产生和器件的电气特性有很大的影响。事实上，半导体器件的特性会随着温度的升高而降低，直到它们失去所需电路应用的功能。因此，需要精确控制载流子（电子和空穴）的浓度。然而，掺杂并不是半导体中载流子的唯一来源。事实上，即使在没有掺杂的情况下，每个半导体晶体中都会包含一定数量的热载流子。这些载流子称为本征载流子 n_i，它与温度 T 呈指数关系：

$$n_i = \sqrt{N_C N_V} \, e^{-\frac{E_g}{2kT}} \qquad (1.5)$$

式中，k 是玻尔兹曼常数；N_C 和 N_V 分别是导带顶和价带底的态密度。

图 1.8 显示了计算所得到的 GaN 本征载流子浓度 n_i 与温度的反比函数关系曲线[96]。为了比较，还计算了 SiC 和 Si 的载流子浓度值 n_i。

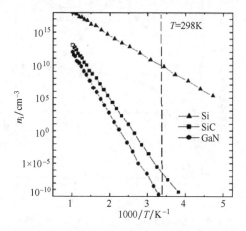

图 1.8　计算的 GaN 本征载流子浓度与温度的
倒数关系曲线。并且计算了 Si 和 SiC 的本征
载流子浓度。虚线表示室温（T = 298K）
（资料来源：经 Neudeck 等人许可转载，2002 年[96]
和 Baliga 等人许可转载，2005 年[97]）

值得注意的是，如果温度升高，例如 Si 中温度超过 300℃，本征载流子浓度将变得与掺杂浓度相当甚至更高。因此，材料的电学性能将受到本征载流子的不利影响，而不是受掺杂浓度的影响。从图 1.8 可以很明显地看出，SiC 和 GaN 本征载流子浓度比 Si 低得多。因此，即使在 600℃ 的温度下，它们也不会受固有载流子电导率问题的影响。通过图 1.8 可以看到，室温下（T = 298K）GaN 的本征载流子浓度比 Si 低 19 个数量级。由于具有很小的 n_i，所以产生的电流很小。因此，GaN 器件在理论上应该有一个相对于 Si 器件更低的漏电

流，并且能在更高的温度下工作。

然而，需要指出的是，这些考虑对于完美晶体是有效的。实际上，由于 GaN 和衬底之间存在较大的晶格不匹配，GaN 外延层中存在的材料缺陷（例如位错）通常会提供优先泄漏路径，这是实现 GaN 电子器件理想电学性能和低泄漏电流的主要障碍[98]。

图 1.9 显示了所计算得到的 GaN 电子速度和电场关系曲线[99]。如图所示，GaN 的峰值电子速度可以达到 $3 \times 10^7 \, cm/s$，并且饱和速度大约是 $1.5 \times 10^7 \, cm/s$，这些数值远远大于 GaAs 和 Si 材料。由于高的载流子饱和速度，因此很有可能缩短 GaN 电子器件的渡越时间，从而使得可以在高频下工作，这将在 1.2.4 节进行更详细的解释。

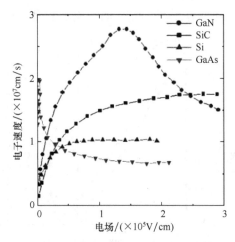

图 1.9 GaN 材料电子速度与电场关系曲线。为了比较，同时给出了 GaAs、Si 和 SiC 的相关数据（资料来源：经 Jain 等人许可转载，2000 年[99]、Sze 和 Ng 许可转载，2007 年[100]）

GaN 的热导率预计在一定的范围内变化 $[1.3 \sim 2.1 \, W/(cm \cdot K)]$，并且取决于缺陷密度。这个数值低于 SiC。因此，SiC 比 GaN 更适于高温应用。事实上，必须要合理地处理 GaN 器件的散热问题，这些将在第 6 章和第 11 章进行讨论。

由于以上所提到的性能，可以发现 GaN 器件具备很明显的优势，比如可以在高压、高频和高温下应用。为了突出这些优势，图 1.10 用"雷达图"总结了 GaN 与 SiC 和 Si 的电学特性。值得一提的是，报告的材料特性可能因不同的参考文献而不同。然而，"雷达图"显示出了这种材料的巨大潜力。

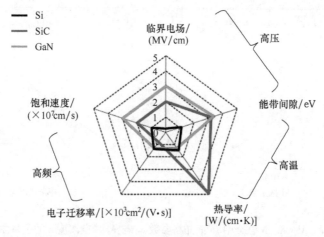

图 1.10　GaN 与 SiC 和 Si 材料物理和电学性能对比 "雷达图"

1.2.4　AlGaN/GaN 异质结构中的二维电子气（2DEG）

氮化物材料最有趣的特征之一是可以设计具有一定光学和电学特性的合金和异质结构。$Al_xGa_{1-x}N$ 合金是六方晶体，可以通过用 Al 原子替换 GaN 晶格中的 Ga 原子来得到。如 1.2.2 节所述，$Al_xGa_{1-x}N$ 合金的一个重要特性是可以通过改变 Al 的浓度来调整晶格参数和能带间隙。

$Al_xGa_{1-x}N$ 合金平面内晶格参数 a_0^{AlGaN} 和 Al 的掺杂浓度有如下关系式[19]

$$a_0^{AlGaN}(x) = xa_0^{AlN} + (1-x)a_0^{GaN} \qquad (1.6)$$

式中，a_0^{GaN} 和 a_0^{AlN} 分别是 GaN 和 AlN 的晶格参数。

另一方面来说，$Al_xGa_{1-x}N$ 合金的能带间隙 $E_g^{AlGaN}(x)$ 可以写成 GaN 能带间隙 E_g^{GaN} 和 AlN 能带间隙 E_g^{AlN} 的函数[101]：

$$E_g^{AlGaN}(x) = xE_g^{AlN} + (1-x)E_g^{GaN} - x(1-x)1.0\,eV \qquad (1.7)$$

式中，$b = 1.0\,eV$ 是 AlGaN 合金的弯曲系数[90]。

$Al_xGa_{1-x}N$ 合金中 In 面晶格参数 a_0 与 Al 掺杂浓度 x 的关系和能带间隙 E_g 与 Al 掺杂浓度 x 的关系曲线如图 1.11 所示。

在 GaN 衬底上沿 [0001] 晶体学方向生长薄 $Al_xGa_{1-x}N$ 势垒层，可以形成 AlGaN/GaN 异质结构。由于这两种材料的能带间隙不同，所以在能带图上会出现不连续的情况。此外，GaN 和 $Al_xGa_{1-x}N$（$a_0^{GaN} > a_0^{AlGaN}$）之间的晶格失配将会在 $Al_xGa_{1-x}N$ 势垒层中引起拉伸应变，以补偿晶格失配。图 1.12 示意性地描述了这种情况，分别显示了 AlGaN 和 GaN 晶体以及应变 AlGaN/GaN 异质结构。

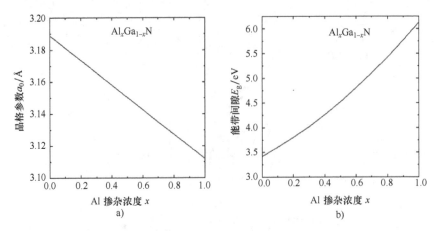

图 1.11 $Al_xGa_{1-x}N$ 合金中 In 面晶格参数 a_0 与 Al 掺杂浓度 x 的关系曲线 a）；
能带间隙 E_g 与 Al 掺杂浓度 x 的关系曲线 b）（资料来源：经 Roccaforte 等人
许可转载[49]。版权所有© 2018，意大利物理学会）

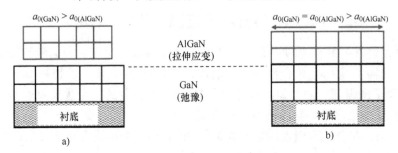

图 1.12 AlGaN 和 GaN 晶体示意图 a）和形成的 AlGaN/GaN 异质结构 b）。
在 GaN 上生长 AlGaN 层后，会产生拉伸应变来补偿两种材料之间的晶格
失配（资料来源：经 Roccaforte 等人[49]许可转载。版权所有© 2018，
意大利物理学会）

在应变 AlGaN/GaN 异质结构中，沿 c 轴将产生压电极化 P_{PE}，由参考文献
[19] 给出：

$$P_{PE} = e_{33}\varepsilon_z + e_{31}(\varepsilon_x + \varepsilon_y) \tag{1.8}$$

式中，e_{33} 和 e_{31} 是压电系数；$\varepsilon_z = (c - c_0)/c_0$ 是沿着 c 轴的应变；$\varepsilon_x = \varepsilon_y = (a - a_0)/a_0$ 是各向同性平面内的应变；并且 a_0 和 c_0 是等效晶格常数。

沿着 c 轴的压电极化可以表示为

$$P_{PE} = 2\frac{a - a_0}{a_0}\left(e_{31} - e_{33}\frac{C_{13}}{C_{33}}\right) \tag{1.9}$$

式中，C_{13} 和 C_{33} 是材料的弹性常数。

由于这一项 $[e_{31} - e_{33}(c_{13}/c_{33})]$ 在 $Al_xGa_{1-x}N$ 合金的任何 Al 掺杂浓度范围内

均为负值，因此对于拉伸应变来说压电极化是负的，对于压缩应变来说是正的。所以，对于具有拉伸应变，AlGaN 势垒层的 Ga 面 AlGaN/GaN 异质结构，压电极化 P_{PE} 为负并且方向与自发极化 P_{SP} 平行（指向 GaN 衬底），如图 1.13a 所示。

存在于 AlGaN/GaN 界面的极化梯度决定了极化诱导电荷密度，而这又取决于掺入 Al 原子的浓度 x：

$$|\sigma(x)| = |[P_{SP}(Al_xGa_{1-x}N) + P_{PE}(Al_xGa_{1-x}N) - P_{SP}(GaN)]| \qquad (1.10)$$

因此，为了保持系统中的电荷平衡，自由电子将倾向于补偿 AlGaN/GaN 界面处的极化感应电荷密度，从而产生了二维电子气。二维电子气积累在 AlGaN/GaN 界面的势阱中（见图 1.13b）。

Ibbetson 等人[21]报道，式（1.10）中的极化诱导电荷 $\sigma(x)$ 代表偶极子，其对 AlGaN/GaN 系统中总电荷的净贡献为零。因此，我们无法对费米能级在 AlGaN 自由表面的位置做出假设，二维电子气的存在可以通过电子从类施主表面态 $\sigma_{surface}$ 位于能量 E_D 的表面到位于 GaN 中较低能量的空态转移来解释[21]。

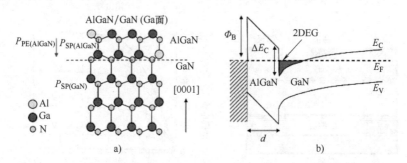

图 1.13   a) AlGaN/GaN 异质结构示意图，并且标注了自发极化和压电极化
矢量；b) AlGaN/GaN 异质结能带结构图。界面处量子阱中存在的二维电子
气如箭头所示（资料来源：经 Roccaforte 等人[49]许可转载。版权所有©
2018，意大利物理学会）

然而，由于材料表面不是自由的，因此实际器件中的情况不同。事实上，在 AlGaN 器件中，会在 AlGaN 表面形成肖特基金属电极，并应用偏压来调节二维电子气的载流子浓度 n_s。在肖特基金属的存在下，二维电子气的最大载流子密度可以表示为[19]

$$n_s(x) = \frac{\sigma(x)}{q} - \left[\frac{\varepsilon_0\varepsilon_{AlGaN}(x)}{d_{AlGaN}q^2}\right] \cdot [q\Phi_B(x) + E_F(x) - \Delta E_C(x)] \qquad (1.11)$$

式中，d_{AlGaN} 是 $Al_xGa_{1-x}N$ 势垒层的厚度；ε_{AlGaN} 是它的介电常数；$q\Phi_B$ 是金属接触的肖特基势垒高度；E_F 是相对于 GaN 导带边缘能量费米能级的位置；ΔE_C 是 AlGaN/GaN 界面处的导带偏移量。

一般来说，AlGaN/GaN 异质结构中产生的二维电子气密度约为 $10^{13}cm^{-2}$，并且迁移率在 $1000～2000cm^2/(V·s)$ 范围内。

HEMT 器件的工作机理就是基于在 AlGaN/GaN 异质结构中存在的二维电子气。HEMT 技术将在本书的其他章节广泛讨论。该器件结构图如图 1.14a 所示。特别注意的是，在传统 AlGaN/GaN HEMT 中，存在于源极和漏极之间的二维电子气形成的电流，将通过施加到晶体管栅极肖特基接触的负偏压来进行调制。

当二维电子气存在于 AlGaN/GaN 异质结构，并且界面处的费米能级位于导带最小值之上（见图 1.13b）时，称这种器件为"常开型"，当栅极电压为 0V（$V_g=0$），电流将在源极和漏极之间流动。一个典型的输出 I_{DS}-V_{DS} 特性曲线如图 1.14b 所示。HEMT 的输出电流可以通过对栅极施加负偏压进行调制，直到费米能级被拉低到 AlGaN 的导带边缘以下，并且沟道中的二维电子气耗尽时达到"阈值电压"（V_{th}）。

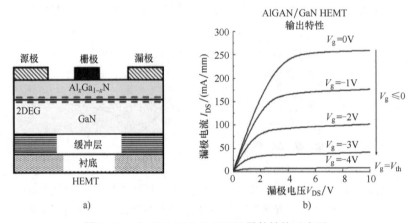

图 1.14　a）AlGaN/GaN HEMT 器件结构示意图；
b）器件输出 I_{DS}-V_{DS} 特性曲线（见彩插）

AlGaN/GaN HEMT 的阈值电压 V_{th} 取决于异质结构的性质（如 AlGaN 的厚度和掺杂，Al 的浓度），阈值电压可以表示为[102]

$$V_{th}(x) = \Phi_B(x) + E_F(x) - \Delta E_C(x) - \frac{qN_D d^2_{AlGaN}}{2\varepsilon_0 \varepsilon_{AlGaN}(x)} - \frac{\sigma(x)}{\varepsilon_0 \varepsilon_{AlGaN}(x)} d_{AlGaN} \qquad (1.12)$$

式中，N_D 是 AlGaN 势垒层的掺杂浓度，单位是原子/cm³。

在常开型 HEMT 中，AlGaN 势垒层的厚度一般为 20～25nm，并且 Al 的掺杂比例 x 在 0.25～0.30 范围之间。这种 AlGaN/GaN 异质结构中二维电子气的浓度为 $(0.7～1)×10^{13}cm^{-2}$，阈值电压在 -4V 左右。然而，在功率电子应用中，"常关型"器件（阈值电压大于 0）是首选[103-105]。参考文献［106］给出了常关型 HEMT 的最新技术。这个重要的内容将在第 4 章讨论。

由于 AlGaN/GaN 异质结构中二维电子气具有高的电子饱和速度和高的迁移率，所以可以实现高开关频率 HEMT 器件。事实上，对于高频应用，需要缩短开关晶体管源极和漏极之间 L_{sd} 内的渡越时间。

考虑到长度为 L_{sd} 内电子渡越时间，截止频率 f_T（电流增益为 1 时）可以写成

$$f_T = \frac{1}{2\pi\tau} = \frac{v_{sat}}{2\pi L_{sd}} \tag{1.13}$$

同时也可以用跨导 g_m 和栅电容 C_g 来表示：

$$f_T = \frac{g_m}{2\pi C_g} \tag{1.14}$$

假设 GaN 的饱和电子速度，通过式（1.13）可以推断出亚微米栅极的 HEMT 能够在毫米波（mmW）频率范围内工作[30]。

GaN 基 HEMT 中使用肖特基接触作为栅极可能会限制器件的关态特性（即泄漏电流）和最大栅极电压摆幅（即导通状态下的电流能力）。因此，在栅极下方引入绝缘层是基于 GaN HEMT 技术的常见解决方案，特别是对于高压应用。采用绝缘栅极 GaN HEMT 通常称为金属-绝缘-半导体高电子迁移率晶体管（MI-SHEMT）。与绝缘栅 HEMT 相关的问题将在下面的章节中讨论。

最后需要考虑的是用于 GaN 基异质结构的 HEMT。如今，用于高功率和高频 GaN 基 HEMT 主要由 AlGaN/GaN 异质结构制备。然而，AlGaN 阻挡层中存在的拉应力以及弛豫效应可能限制异质结构的设计。这一方面对于高频应用尤为重要，在这些应用中，需要更薄的阻挡层来提高栅极调制能力，并增加器件的跨导。因此，三元合金 $In_xAl_{1-x}N$ 是代替 AlGaN 作为阻挡层的一种很有前途的选择，InN 摩尔组分比例为 17% 左右的三元合金与 GaN 的晶格比较匹配[107]。在这个组分中，应力和压电极化不存在，从而可以提高异质结构的稳定性[108]。即使在没有压电极化的情况下，自发极化差异引起的二维电子气电荷密度也大于常规 AlGaN/GaN 异质结构中的电荷密度。这将导致更高的输出电流和更高的功率密度[108]。显然，如第 6 章所述，InAlN/GaN HEMT 中实现的高电流密度会导致显著的自热效应，必须面对这种效应，以缓解对器件可靠性的不利影响。

AlN/GaN 异质结构对于制作高频（mmW）HEMT 特别有利。事实上，使用超薄 AlN 势垒（例如 3nm）确保了亚微米器件的缩小而不会导致二维电子气的退化[109-110]。第 3 章将考虑高频 AlN/GaN HEMT 的设计和关键制作步骤。

1.3　GaN 基材料的应用

GaN 基材料和异质结构在功率器件和光电子器件中都有广泛的应用。本节将简要概述 GaN 器件的一些应用，并讨论一些相关的物理和相应的技术问题。

这些概念将有助于理解本节中有关的器件和其他章节内容。

1.3.1 光电子器件

自 20 世纪 80 年代以来，在氮化物基光电子器件方面取得的科技成就已经引领并正在引领新的数十亿市场创造。图 1.15 举例说明了氮化物基光电子器件（LED 和 LD）在一些消费市场的应用（一般照明、汽车、视频投影等）。

白光 LED 已经在照明领域掀起了一场革命，并极大地降低了能源消耗。然而，白光 LED 仍然不是基于红-绿-蓝（RGB）光源，这是由于绿色 LED 的效率太低导致的。相反，白光 LED 是使用蓝光 LED 照明荧光粉来激发更长波长的光形成的。这种白光 LED 已变得非常流行，因为它们被用作灯泡或圣诞树照明，而且在大多数计算机屏幕中也是如此。

蓝光 LED 的开关速度比白炽灯泡快得多，因此可以使用光来传输信息（LiFi 而不是 WiFi）。使用蓝光 LD 可以实现更快的调制（与 LED 相比，是 LED 的 10 倍）。最有可能的是，基于氮化物的 LED 和 LD 将广泛用于智慧城市，以控制交通和其他人的活动，同时进行照明。

蓝光 LD 大多用于蓝光光盘的录制和播放。然而，氮化物 LD 有许多其他应用，例如，它们可用于激发磷光剂获得白光。到目前为止，这种前照灯已被生产和安装到豪华汽车上。

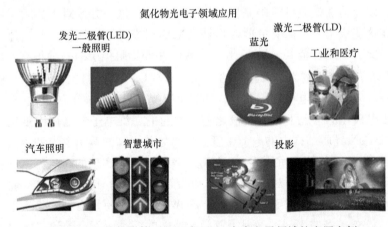

图 1.15　氮化物器件（LED 和 LD）在光电子领域的应用实例

照明和 LiFi 虽然有数百亿欧元规模的市场，但更大的市场将是红-绿-蓝（RGB）屏幕和电影放映机（蓝色和绿色发光器是基于氮化物实现的，红色发光器是基于砷化物和磷化物实现的）。这些红-绿-蓝投影仪的大小各不相同，最小的用于移动电话，中等的用于电视机，最大的用于广告牌和电影院。

基于 LED 的红-绿-蓝屏幕已经被安装在户外广告牌上，而且每一个都包含数以万计的 LED。但是，对于电视机、计算机屏幕和手机，需要的像素要小得多。这项技术已经基本成熟，红-绿-蓝的微 LED 将很快取代其他技术。

使用红-绿-蓝 LD 可以获得超高分辨率的彩色投影仪，以及在不使用任何护目镜的情况下创建 3D 图像。

第三个（在照明和红-绿-蓝投影仪之后）基于 GaN 的 LD 的巨大市场，可能是通过塑料光纤进行的"最后一英里"Tbit/s 通信。这种光纤可以传输 490nm 的光，与玻璃波导相比，它有便宜、轻和抗冲击等优势。因此，它们是战舰和军用车辆的首选。进而，每一所房子、飞机和汽车等都可以安装这种塑料光纤来传输数据。然而，由于特殊信号处理的问题，"最后一英里"市场是否会发展目前尚不清楚。

蓝光和绿光 LD 非常有趣的应用是在量子技术[111]方面。LD 用于将原子冷却到微开尔文温度并在原子钟中激发这些原子，具有皮秒级的测量精度。这种时钟将使全球定位系统能够高精度地测量位置，并建造用于地质学和探测埋藏物体的重力仪。

此外，氮化物二极管还有其他一些市场，例如在医药、环保以及铜和金的焊接方面。

蓝色和绿色光源是在 InGaN 量子阱中产生的，而使用 AlGaN 则可以获得紫外线。许多实验室最近在 260~280nm LED 技术方面取得的成就为水、空气和食品消毒，这打开了有趣的应用前景[112]。

就 LD 而言，截至 2019 年，研发水平显示的最短波长为 340nm[113]，而商用器件的工作波长范围为 370~380nm。直到最近，Z. Zhang 等人[38]研制了一种在脉冲模式下发射 271.8nm 的深紫外器件。该器件外延在块状 AlN 晶体上，且通过极化诱导实现了 p 型掺杂。这种深紫外 LD 器件的参数（高电压和高阈值电流）虽然仍然远远落后于蓝/绿范围发光的器件，但这一成就将为深紫外 LD 铺平道路，它将通过波导用于医疗消毒或癌症治疗。

尽管"GaN 化"在光电子领域取得了惊人的成功，但仍有许多挑战需要克服。

蓝光和绿光 LED 的性能是由三种现象决定的：效率下降（随着驱动电流的增加），绿色缺口（InGaN 量子阱中，效率随着铟含量的增加而逐渐降低），电势下降（增加电压以增加电流）。Han 等人[114]对这三种现象做出了很好的讨论。

另一方面，对于氮化物 LD，还有很多问题需要解决。GaN 衬底的晶体质量低、尺寸小、价格高是阻碍蓝绿 LD 技术快速发展的主要障碍。正如 1.2.1 节所提到的，大多数关于氮化物的研究和技术都是基于其他衬底所展开的，比如蓝宝石衬底和硅衬底。GaN 与这些衬底之间的晶格参数和热膨胀差异不仅导致了非常高的位错密度，而且还导致晶圆弯曲，这反过来又使光刻变得非常困难。块状 GaN 衬底被认为是光电子器件的未来，尤其是在长寿命 LD。如今，这种衬底由世界上许多公司制造（Sciocs，圣戈班 Lumilog，右川，Nanowin，Ammono，住友等）。然而，这些晶圆含有大密度的位错（$10^4 \sim 10^7 \text{cm}^{-2}$），尽管 4in$^{\ominus}$ 和 6in 已经进入市场，但是这些晶圆的尺寸通常被限制在 2in。GaN 衬底的价格比 GaAs 或者 SiC 高 10 倍，甚至比蓝宝石高 100 倍。

另一种技术限制是绿色区域较低的电光转换效率，这与 InGaN 晶体质量和 p 型掺杂差，以及低温生长 GaN 有关。

最后，AlGaN p 型掺杂差相关的深紫外区域缺乏受激发射，以及点缺陷的存在是当前 LD 技术发展的瓶颈。

这些问题将在第 7~10 章进行讨论。

1.3.2 功率电子器件和高频电子器件

功率电子技术是致力于功率控制和管理的关键技术。功率电子系统的首要目标是以最优的形式来为用户负载提供电能（在电流、电压和频率等方面）。因此，功率电子器件在我们社会的许多领域每天都在使用，例如，用于计算机、工业电机驱动、混合动力汽车（HEV）中的能量转换系统和可再生能源逆变器电源。

最近几十年，Si 由于其丰富的自然资源、低廉的成本、优良的晶体质量和成熟的器件加工工艺等优势，已经成为功率器件的首选半导体材料。然而，今天 Si 功率器件已经达到了材料固有限制的极限，并且在实际的应用中存在巨大的功率损耗。因此，功率电子能源效率的提高是我们社会降低全球能源消耗的挑战之一。在这种情况下，引入新的半导体技术以克服当前 Si 器件的局限是必要的。

由于优越的电学性能，宽禁带半导体被认为是未来功率器件节能的首选材料[39]。其中，虽然 SiC[115] 在晶体质量和器件成熟度方面最适合，但 GaN 及相关合金也非常有前景。目前仍存在许多问题，阻碍了它们在功率电子中的充分利用。

图 1.16 说明了低压、中压和高压 GaN 在功率电子领域的应用。为了便于比较，本图还列出了宽禁带半导体 SiC 的应用范围。

根据市场分析人员目前的看法，GaN 更适合低/中压范围（200~600V），其中包含消费电子的部分市场（例如计算机电源和音频放大器）。在这个电压范围内，该材料是替代现有 Si 器件的最佳候选材料。600~900V 电压范围也很重要，因为它涵盖了电动汽车（EV）和混合动力汽车（HEV）的转换器和可再生能源的转换器。在这里，GaN 有望与 SiC 竞争或者共存。在更高的电压下（大于 1200V，比如工业应用，火车/轮船运输和电网），4H-SiC 由于具有更好的材料质量和器件可靠性，被认为是较好的选择。未来 GaN 材料在高压器件方面的应用很大程度上取决于材料质量的提高和基于块状 GaN 垂直器件的发展。

$\ominus$　1in = 0.0254m。——编辑注

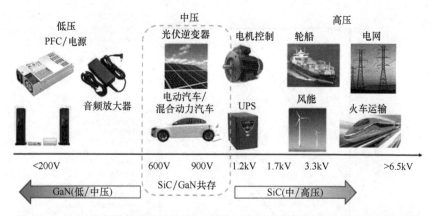

图 1.16　GaN 功率器件潜在应用与电压关系，同时列出了 SiC 的应用领域以供比较（资料来源：经 Roccaforte 等人[106]许可转载。版权所有© 2019，作者；被 MDPI，Basel，Switzerland 许可。参考文献［106］是根据知识共享署名许可的条款和条件发布的开放访问文章）

　　总体来说，考虑到单极功率器件的情况，比导通电阻可以近似用器件漂移区来计算[97]：

$$R_{\mathrm{ON}} \cong \frac{4 B_{\mathrm{V}}^2}{\varepsilon_0 \varepsilon_{\mathrm{GaN}} \mu_{\mathrm{n}} E_{\mathrm{CR}}^3} \tag{1.15}$$

式中，B_{V} 是击穿电压；$\varepsilon_{\mathrm{GaN}}$ 是 GaN 的介电常数；μ_{n} 是电子迁移率；E_{CR} 是材料临界击穿电场。

　　GaN 材料高的临界电场 E_{CR} 可以使得所制造的器件使用很薄的漂移区来承担高电压。因此将会减小器件的比导通电阻 R_{ON}，并且通过很小的器件尺寸就可以达到所需要的电流。低的比导通电阻可以为开关器件带来低功耗，这满足功率电子系统可以达到更高能源效率的要求。

　　图 1.17 显示了 Si、SiC 和 GaN 三种单极器件击穿电压 B_{V} 与比导通电阻 R_{ON} 之间的理论矛盾关系。本图还收集了关于 GaN HEMT（常开型和常关型）的文献数据。

　　从图 1.17 中可以推断，理论极限仍未达到。最新数据与理论极限之间的差异可能与材料质量和器件加工中存在的问题有关[45,49,116,117]。

　　对于任何电子器件来说，金属/半导体接触都是其组成的重要部分。尤其对于 GaN 器件，形成较小接触电阻的欧姆接触，和一定势垒的肖特基接触并具有小的漏电流对于减小器件损耗和提升器件稳定性很重要[118]。

　　对于 GaN 和相关合金，形成较小接触电阻的欧姆接触是一个挑战。事实上，宽禁带半导体的金属/半导体接触势垒大于 Si，因此想要获得较低接触电阻（$10^{-6} \sim 10^{-4} \Omega \cdot \mathrm{cm}^2$）是困难的。Greco 等人[119]在一篇很好的评论中报道了几种金属化方案作为与 n 型 GaN 的欧姆接触。

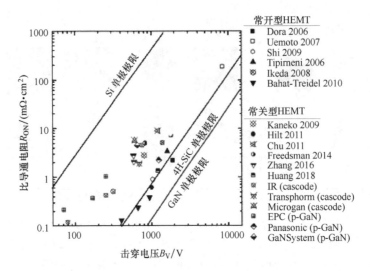

图 1.17　Si、SiC 和 GaN 三种单极器件击穿电压 B_V 和比导通电阻
R_{ON} 之间的理论矛盾关系。本图还收集了关于 GaN HEMT（常开型
和常关型）的文献数据[45,49,116]

　　总体来说，采用了几种金属层的堆叠[120]，这些堆叠层由沉积在 GaN 上的
低功函数金属（Ti）和上方的覆盖层（Al）所组成。然后，退火过程中加入阻
挡层以限制金属（Ni、Ti、Pt、Pd、Mo 等）之间的相互扩散，并且覆盖帽层
（Au）防止氧化。

　　最近，由于有使用 Si CMOS 设备制造 GaN 器件的可能性，人们对于在大面
积 Si 衬底上生长 GaN 异质结构的兴趣越来越大。在此背景下，为防止污染并使
GaN 技术与 Si CMOS 兼容，实施"无金"金属化方案成为必要。

　　在 p 型 GaN 基材料上，由于高金属/GaN 势垒和 p 型掺杂的高电离能，使
得欧姆接触的形成更具挑战性[121]。对于 p 型 GaN，为了形成欧姆接触，人们研
究了各种金属化方案[119]。高功函数金属（Ni、Pt 和 Pd）是首选，因为它们会
与 p 型半导体形成较低的肖特基势垒。然后在顶部沉积一层贵金属（Au 和 Ag）
帽层以防止氧化。在 p 型 GaN 的欧姆接触中，Ni/Au 双分子层是一种非常常见
的结构。有趣的是在氧气中进行退火将有利于 p 型 GaN 欧姆接触的形
成[122]，其复杂的机制在文献中被广泛讨论。

　　关于 GaN 基 LED、LD 和 HEMT 器件中，接触的重要作用将在本书的很多
章节中提到。

　　肖特基接触用作 GaN HEMT 的栅极金属以调节二维电子气的浓度，Ni、Pt
和 Au 是最广泛使用的金属。然而，GaN 上的肖特基势垒经常受到非理想性问题
和高泄漏电流的影响，这限制了功率晶体管中的栅极电压摆幅。因此，介质材

料可以被用来作为肖特基栅并且减小漏电流[123]。更有甚者，电介质作为表面钝化非常重要，以限制 GaN HEMT[124-127]中由电子在器件表面或缓冲层中被俘获引起的所谓 "电流崩塌" 现象。一些介质（SiN_x、SiO_2、Al_2O_3 等）作为 GaN HEMT 的栅极绝缘层和钝化层被广泛研究[123,128]。因为高可靠性是功率电子器件的重要要求。例如，GaN 晶体管中阈值电压不稳定在电源开关的应用中是有害的。缓冲层或栅极电介质中的界面处发生电荷俘获效应通常是 V_{th} 不稳定性的原因[129]。通常，V_{th} 正偏会导致器件导通电阻下降，而 V_{th} 向负方向偏移会导致器件不能关断。与 GaN 电子器件相关的可靠性问题将在第 6 章中介绍。

正如 1.2.4 节所描述的一样，HEMT 的工作机理是基于存在的二维电子气导电沟道，使得器件为常开型。因此，器件的电流可以通过施加在肖特基栅极上的负偏压所调制。然而，在功率器件的应用中，通常常关型器件是首选，因为它们的栅极驱动电路更简单并且运行更安全[103-106]。因此，学术界和工业界都致力于发展常关型 GaN 技术。

从物理角度来看，想要获得常关型 HEMT 器件，必须通过采用适当的近表面处理或工程技术来修改栅极附近的区域。文献已经报道了一些方法实现常关型 GaN 基 HEMT，最常见的方法是 p 型 GaN 栅和凹槽栅混合 MISHEMT。所有这些技术的优点和缺点将在第 4 章中详细讨论。

在工作频率方面，由于波长减小和频带较宽，对毫米波频带的关注正在稳步增加，从而使更小的组件具有更高的性能。事实上，由于一些新兴应用的需要，无线通信系统正在扩展到更高的频率。在这个背景下，GaN 基器件是高功率放大器、宽带放大器和 5G 无线通信网络的最佳选择。然而，需要克服几方面技术挑战来实现最佳的器件性能，这些将在第 3 章进行讨论。

显然，GaN 基 HEMT 的高频性能最终会受到器件沟道横向尺寸的限制。在这个背景下，二维材料与氮化物的集成，为 HEMT 之外的替代器件开辟了道路，以实现超高频率。举一个例子，热电子晶体管（HET）是一种基于热电子通过超薄层的横向传输器件。正如将在第 11 章讨论的内容，具有 Al(Ga) N/GaN 异质结构的石墨烯结已被证明可能实现在太赫兹频率范围内工作的垂直 HET 器件。

最终值得一提的是，GaN 电子学主要由生长在异质衬底上的 AlGaN/GaN 异质结构上的横向晶体管组成。然而，基于块状 GaN 的垂直器件在功率电子中也非常需要。事实上，垂直结构可以通过增加漂移区的厚度来提高击穿电压，同时可以保持芯片尺寸不变。此外，垂直 GaN 器件中的最大电场远离表面而移动到体内，从而能够最大限度地减少电子俘获现象并消除电流崩塌。更重要的是，由于块状材料具有更低的 R_{ON}、更高的电流能力和更高的热导率，高质量块状 GaN 晶体上的垂直器件可以实现比横向器件更高的功率密度。第 5 章将讨论垂直 GaN 器件的现状和前景。

1.4 总结

本章主要概述了 GaN 基材料的主要物理、光学和电学性能。直接能带间隙，以及通过调整化合物成分获得所需波长，是氮化物半导体在光电子领域成果应用的关键。然而，AlGaN/GaN 异质结构的电场强度和压电方面的突出特性，使得这类半导体成为下一代功率和高频器件的主要候选材料。

尽管 GaN 基器件（LED、LD 和晶体管）已经融入我们的生活中，但是在材料生长和器件加工等方面仍有许多值得深入研究的课题。

致 谢

作者非常感谢他的同事和其他章节的合作者，感谢他们在本书准备过程中所付出的努力。这项工作是位于卡塔尼亚的意大利国家研究委员会微电子和微系统研究所（CNR-IMM）和位于华沙的波兰科学院高压物理研究所（Unipress-PAS）长期合作的成果。特别是，作者要感谢 2017—2019 年 CNR-PAS 合作协议中的双边项目 ETNA "通过新型 AlGaN/GaN 异质结构提高能源效率" 和 2019—2020 年意大利共和国和波兰共和国科技合作执行计划中的双边项目 GaNIMEDE "氮化镓新型微电子器件"。

参 考 文 献

1 Johnson, W.C., Parsons, J.B., and Crew, M.C. (1932). Nitrogen compounds of gallium – III. gallium nitride. *J. Phys. Chem.* 36: 2651–2654.

2 Juza, R. and Hahn, H. (1938). Über die Kristallstrukturen von Cu₃N, GaN und InN metallamide und metallnitride. *Z. Anorg. Allg. Chem.* 239: 282–287.

3 Maruska, H.P. and Tietjen, J.J. (1969). The preparation and properties of vapor-deposited single-crystalline GaN. *Appl. Phys. Lett.* 15: 327–329.

4 Maruska, H.P., Stevenson, D.A., and Pankove, J.I. (1973). Violet luminescence of Mg-doped GaN. *Appl. Phys. Lett.* 22: 303–305.

5 Manasevit, H.M., Erdmann, F.M., and Simpson, W.I. (1971). The use of metalorganics in the preparation of semiconductor materials – IV. The nitrides of aluminum and gallium. *J. Electrochem. Soc.* 118: 1864–1868.

6 Manasevit, H.M. (1972). The use of metalorganics in the preparation of semiconductor materials: growth on insulating substrates. *J. Cryst. Growth* 13–14: 306–314.

7 Karpinski, J., Jun, J., and Porowski, S. (1984). Equilibrium pressure of N₂ over GaN and high-pressure solution growth of GaN. *J. Cryst. Growth* 66: 1–10.

8 Karpinski, J. and Porowski, S. (1984). High-pressure thermodynamics of GaN. *J. Cryst. Growth* 66: 11–20.

9　Amano, H., Sawaki, N., Akasaki, I., and Toyoda, Y. (1986). Metalorganic vapor phase epitaxial growth of a high quality GaN film using an AlN buffer layer. *Appl. Phys. Lett.* 48: 353–355.

10　Amano, H., Kito, M., Hiramatsu, K., and Akasaki, I. (1989). P-type conduction in Mg-doped GaN treated with low-energy electron beam irradiation (LEEBI). *Jpn. J. Appl. Phys.* 28: L2112–L2114.

11　Matsuoka, T., Tanaka, H., Sasaki, T., and Katsui, A. (1990). Gallium arsenide and related comp. *Inst. Phys. Conf. Ser.* 106: 141.

12　Nakamura, S., Senoh, M., and Mukai, T. (1991). High-power GaN P–N junction blue-light-emitting diodes. *Jpn. J. Appl. Phys.* 30, 1991: L1708–L1711.

13　Nakamura, S., Mukai, T., Senoh, M., and Iwasa, N. (1992). Thermal annealing effects on P-type Mg-doped GaN films. *Jpn. J. Appl. Phys.* 31: L139–L142.

14　Asif Khan, M., Van Hove, J.M., Kuznia, J.N., and Olson, D.T. (1991). High electron mobility GaN/Al$_x$Ga$_{1-x}$N heterostructures grown by low-pressure metalorganic chemical vapor deposition. *Appl. Phys. Lett.* 58: 2408–2410.

15　Aisf Khan, M., Bhattarai, A.R., Kuznia, J.N., and Olson, D.T. (1993). High electron mobility transistor based on a GaN/Al$_x$Ga$_{1-x}$N heterojunction. *Appl. Phys. Lett.* 63: 1214–1215.

16　Nakamura, S., Senoh, M., Nagahama, S. et al. (1996). InGaN-based multi-quantum-well-structure laser diodes. *Jpn. J. Appl. Phys.* 35: L74–L76.

17　Bernardini, F., Fiorentini, V., and Vanderbilt, D. (1997). Spontaneous polarization and piezoelectric constants of III–V nitrides. *Phys. Rev. B* 56: R10024–R10027.

18　Guha, S. and Bojarczuk, N.A. (1998). Ultraviolet and violet GaN light emitting diodes on silicon. *Appl. Phys. Lett.* 72: 415–417.

19　Ambacher, O., Smart, J., Shealy, J. et al. (1999). Two-dimensional electron gases induced by spontaneous and piezoelectric polarization charges in N- and Ga-face AlGaN/GaN heterostructures. *J. Appl. Phys.* 85: 3222–3233.

20　Sheppard, S.T., Doverspike, K., Pribble, W.L. et al. (1999). High-power microwave GaN/AlGaN HEMT's on semi-insulating silicon carbide substrates. *IEEE Electron Device Lett.* 20: 161–163.

21　Ibbetson, J.P., Fini, P.T., Ness, K.D. et al. (2000). Polarization effects, surface states, and the source of electrons in AlGaN/GaN heterostructure field effect transistors. *Appl. Phys. Lett.* 77: 250–252.

22　Motoki, K., Okahisa, T., Matsumoto, N. et al. (2001). Preparation of large freestanding GaN substrates by hydride vapor phase epitaxy using GaAs as a starting substrate. *Jpn. J. Appl. Phys.* 40: L140–L143.

23　Motoki, K. (2010). Development of gallium nitride substrates. *SEI Tech. Rev.* 70: 28–35.

24　Saito, W., Takada, Y., Kuraguchi, M. et al. (2006). Recessed-gate structure approach toward normally-off high-voltage AlGaN/GaN HEMT for power electronics applications. *IEEE Electron Device Lett.* 53: 356–362.

25　Cai, Y., Zhou, Y., Lau, K.M., and Chen, K.J. (2006). Control of threshold voltage of AlGaN/GaN HEMTs by fluoride-based plasma treatment: from depletion mode to enhancement mode. *IEEE Electron Device Lett.* 53: 2207–2215.

26 Uemoto, Y., Hikita, M., Ueno, H. et al. (2007). Gate injection transistor (GIT) – a normally-off AlGaN/GaN power transistor using conductivity modulation. *IEEE Trans. Electron Devices* 54: 3393–3399.

27 Lu, T.-C., Kao, C.-C., Kuo, H.-C. et al. (2008). CW lasing of current injection blue GaN-based vertical cavity surface emitting laser. *Appl. Phys. Lett.* 92 (2008): 141102.

28 Tripathy, S., Lin, V.K.X., Tan, J.P.Y. et al. (2012). AlGaN/GaN two-dimensional-electron gas heterostructures on 200 mm diameter Si(111). *Appl. Phys. Lett.* 101: 082110.

29 Iveland, J., Martinelli, L., Peretti, J. et al. (2013). Direct measurement of Auger electrons emitted from a semiconductor light-emitting diode under electrical injection: identification of the dominant mechanism for efficiency droop. *Phys. Rev. Lett.* 110: 177406.

30 Shinohara, K., Regan, D.C., Tang, Y. et al. (2013). Scaling of GaN HEMTs and Schottky diodes for submillimeter-wave MMIC applications. *IEEE Trans. Electron Devices* 60 (10): 2982–2996.

31 Freedsman, J.J., Egawa, T., Yamaoka, Y. et al. (2014). Normally-OFF Al_2O_3/AlGaN/GaN MOS-HEMT on 8 in. Si with low leakage current and high breakdown voltage (825 V). *Appl. Phys. Express* 7: 041003.

32 Kikkawa, T., Hosoda, T., Shono, K. et al. (2015). Commercialization and reliability of 600 V GaN power switches. Proceedings of IEEE International Reliability Physics Symposium (IRPS 2015), Monterey, CA (19–23 April 2015), 6C.1.1.

33 Kaneko, S., Kuroda, M., Yanagihara, M. et al. (2015). Current-collapse-free operations up to 850 V by GaN-GIT utilizing hole injection from drain. Proceedings of the 27th International Symposium on Power Semiconductor Devices & IC's (ISPSD2015), Kowloon Shangri-La, Hong Kong (10–14 May 2015), pp. 41–44.

34 Tanaka, K., Morita, T., Umeda, H. et al. (2015). Suppression of current collapse by hole injection from drain in a normally-off GaN-based hybrid-drain-embedded gate injection transistor. *Appl. Phys. Lett.* 107 (16): 163502.

35 Tanaka, K., Morita, T., Ishida, M. et al. (2017). Reliability of hybrid-drain-embedded gate injection transistor. Proceedings of IEEE International Reliability Physics Symposium (IRPS 2017), Monterey, CA (2–6 April 2017), 4B-2.1.

36 Haller, C., Carlin, J.-F., Jacopin, G. et al. (2017). Burying non-radiative defects in InGaN underlayer to increase InGaN/GaN quantum well efficiency. *Appl. Phys. Lett.* 111: 262101.

37 Mei, Y., Weng, G.-E., Zhang, B.-P. et al. (2017). Quantum dot vertical-cavity surface-emitting lasers covering the 'green gap'. *Light Sci. Appl.* 6: e16199. https://doi.org/10.1038/lsa.2016.199.

38 Zhang, Z., Kushimoto, M., Sakai, T. et al. (2019). A 271.8 nm deep ultraviolet laser diode for room temperature operation. *Appl. Phys. Express* 12 (12): 124003.

39 Ren, F. and Zolper, J.C. (2003). *Wide Band Gap Electronic Devices*. Singapore: World Scientific.

40 Pearton, S.J., Abernathy, C.R., and Ren, F. (2006). *Gallium Nitride Processing for Electronics, Sensors and Spintronics*. Springer Verlag-London Ltd.

41 Quai, R. (2008). *Gallium Nitride Electronics*. Berlin Heidelberg: Springer-Verlag.

42 Meneghini, M., Meneghesso, G., and Zanoni, E. (2017). *Power GaN Devices – Materials, Applications and Reliability*. Switzerland: Springer International Publishing.

43 Roccaforte, F., Giannazzo, F., Iucolano, F. et al. (2010). Surface and interface issues in wide band gap semiconductor electronics. *Appl. Surf. Sci.* 256: 5727–5735.

44 Kizilyalli, I.C., Edwards, A.P., Nie, H. et al. (2013). High voltage vertical GaN p–n diodes with avalanche capability. *IEEE Trans. Electron Devices* 60: 3067–3070.

45 Roccaforte, F., Fiorenza, P., Greco, G. et al. (2014). Challenges for energy efficient wide band gap semiconductor power devices. *Phys. Status Solidi (a)* 211: 2063–2071.

46 Grabowski, S.P., Schneider, M., Nienhaus, H. et al. (2001). Electron affinity of $Al_xGa_{1-x}N$ (0001) surfaces. *Appl. Phys. Lett.* 78: 2503–2505.

47 Cook, T.E., Fulton, C.C., Mecouch, W.J. et al. (2003). Band offset measurements of the Si_3N_4/GaN (0001) interface. *J. Appl. Phys.* 94: 3949–3953.

48 Caldas, P.G., Silva, E.M., Prioli, R. et al. (2017). Plasticity and optical properties of GaN under highly localized nanoindentation stress fields. *J. Appl. Phys.* 121: 125105.

49 Roccaforte, F., Fiorenza, P., Lo Nigro, R. et al. (2018). Physics and technology of gallium nitride materials for power electronics. *Riv. Nuovo Cimento* 41: 625–681.

50 Leszczyński, M., Teisseyre, H., Suski, T. et al. (1996). Lattice parameters of gallium nitride. *Appl. Phys. Lett.* 69: 73–75.

51 Darakchieva, V., Monemar, B., and Usui, A. (2007). On the lattice parameters of GaN. *Appl. Phys. Lett.* 91: 031911.

52 Arehart, A., Homan, T., Wong, M.H. et al. (2010). Impact of N- and Ga-face polarity on the incorporation of deep levels in n-type GaN grown by molecular beam epitaxy. *Appl. Phys. Lett.* 96: 242112.

53 Yu, E.T., Dang, X.Z., Asbeck, P.M. et al. (1999). Spontaneous and piezoelectric polarization effects in III–V nitride heterostructures. *J. Vac. Sci. Technol. B* 17: 1742–1749.

54 Taniyasu, Y., Kasu, M., and Kobayashi, N. (2001). Lattice parameters of wurtzite $Al_xSi_{1-x}N$ ternary alloys. *Appl. Phys. Lett.* 79: 4351–4353.

55 Nilsson, D., Janzén, E., and Kakanakova-Georgieva, A. (2016). Lattice parameters of AlN bulk, homoepitaxial and heteroepitaxial material. *J. Phys. D. Appl. Phys.* 49: 175108.

56 Paszkowicz, W., Adamczyk, J., Krukowski, S. et al. (1999). Lattice parameters, density and thermal expansion of InN microcrystals grown by the reaction of nitrogen plasma with liquid indium. *Philos. Mag. A* 79: 1145–1154.

57 Kröncke, H., Figge, S., Epelbaum, B.M., and Hommel, D. (2008). Determination of the temperature dependent thermal expansion coefficients of bulk AlN by HRXRD. *Acta Phys. Pol. A* 114: 1193–1200.

58 Leszczyński, M., Suski, T., Teisseyre, H. et al. (1994). Thermal expansion of gallium nitride. *J. Appl. Phys.* 76: 4909–4911.

59 Liu, L. and Edgar, J.H. (2002). Substrates for gallium nitride epitaxy. *Mater. Sci. Eng. R* 37: 61–127.

60 Krost, A. and Dadgar, A. (2002). GaN-based optoelectronics on silicon substrates. *Mater. Sci. Eng. B* 93: 77–84.

61 Kizilyalli, I.C., Bui-Quanga, P., Disney, D. et al. (2015). Reliability studies of vertical GaN devices based on bulk GaN substrates. *Microelectron. Reliab.* 55: 1654–1661.

62 Zhang, N.Q., Moran, B., DenBaars, S.P., Mishra, U.K., Wang, X.W., Ma, T.P. (2001). Effects of surface traps on breakdown voltage and switching speed of GaN power switching HEMTs. Technical Digest – International Electron Devices Meeting, 2001 (IEDM '01), Washington, DC (2–5 December 2001) pp. 589–592.

63 Lee, C.D., Sagar, A., Feenstra, R.M. et al. (2001). Growth of GaN on SiC(0001) by molecular beam epitaxy. *Phys. Status Solidi (a)* 188: 595–599.

64 Choi, S., Heller, E., Dorsey, D. et al. (2013). Analysis of the residual stress distribution in AlGaN/GaN high electron mobility transistor. *J. Appl. Phys.* 113: 093510.

65 Böttcher, T., Einfeldt, S., Figge, S. et al. (2001). The role of high-temperature island coalescence in the development of stresses in GaN films. *Appl. Phys. Lett.* 78: 1976–1978.

66 Ishida, M., Ueda, T., Tanaka, T., and Ueda, D. (2013). GaN on Si technologies for power switching devices. *IEEE Trans. Electron Devices* 60: 3053–3059.

67 Chen, K.J., Häberlen, O., Lidow, A. et al. (2017). GaN-on-Si power technology: devices and applications. *IEEE Trans. Electron Devices* 64: 779–795.

68 Leszczyński, M., Prystawko, P., Suski, T. et al. (1999). Lattice parameters of GaN single crystals, homoepitaxial layers and heteroepitaxial layers on sapphire. *J. Alloys Compd.* 286: 271–275.

69 Prystawko, P., Leszczyński, M., Beaumont, B. et al. (1998). Doping of homoepitaxial GaN layers. *Phys. Status Solidi B* 210: 437–443.

70 Sarzynski, M., Leszczyńki, M., Krysko, M. et al. (2012). Influence of GaN substrate off-cut on properties of InGaN and AlGaN layers. *Cryst. Res. Technol.* 47: 321–328.

71 Suski, T., Staszczak, G., Grzanka, S. et al. (2010). Hole carrier concentration and photoluminescence in magnesium doped InGaN and GaN grown on sapphire and GaN misoriented substrates. *J. Appl. Phys.* 108: 023516.

72 Sarzyński, M., Suski, T., Staszczak, G. et al. (2012). Lateral control of indium content and wavelength of III–nitride diode lasers by means of GaN substrate patterning. *Appl. Phys. Express* 5: 021001.

73 Krysko, M., Domagala, J.Z., Czernecki, R., and Leszczyński, M. (2013). Triclinic deformation of InGaN layers grown on vicinal surface of GaN (00.1) substrates. *J. Appl. Phys.* 114: 113512.

74 Zauner, A., Aret, E., Enckevort, W. et al. (2002). Homo-epitaxial growth on the N-face of GaN single crystals: the influence of the misorientation on the surface morphology. *J. Cryst. Growth* 240: 14–21.

75 Smeeton, T., Kappers, M., Barnard, J. et al. (2003). Electron-beam-induced strain within InGaN quantum wells: false indium "cluster" detection in the transmission electron microscope. *Appl. Phys. Lett.* 83: 5419–5421.

76 Baloch, K.H., Johnston-Peck, A.C., Kisslinger, K. et al. (2013). Revisiting the "In-clustering" question in InGaN through the use of aberration-corrected electron microscopy below the knock-on threshold. *Appl. Phys. Lett.* 102: 191910.

77 Michałowski, P., Grzanka, E., Grzanka, S. et al. (2019). Indium concentration fluctuations in InGaN/GaN quantum wells. *J. Anal. At. Spectrom.* 34: 1718–1723.

78 Suihkonen, S., Svensk, O., Lang, T. et al. (2007). The effect of InGaN/GaN MQw hydrogen treatment and threading dislocation optimization on GaN LED efficiency. *J. Cryst. Growth* 298: 740–743.

79 Czernecki, R., Grzanka, E., Smalc-Koziorowska, J. et al. (2015). Effect of hydrogen during growth of quantum barriers on the properties of InGaN quantum wells. *J. Cryst. Growth* 414: 38–41.

80 Czernecki, R., Grzanka, E., Strak, P. et al. (2017). Influence of hydrogen pre-growth flow on indium incorporation into InGaN layers. *J. Cryst. Growth* 464: 123–126.

81 Hestroffer, K., Wu, F., Li, H. et al. (2015). Relaxed c-plane InGaN layers for the growth of strain-reduced InGaN quantum wells. *Semicond. Sci. Technol.* 30: 105015.

82 Sarzynski, M., Krysko, M., Targowski, G. et al. (2006). Elimination of AlGaN epilayer cracking by spatially patterned AlN mask. *Appl. Phys. Lett.* 88: 121124.

83 Cicek, E., McClintock, R., Vashaei, Z. et al. (2013). Crack-free AlGaN for solar-blind focal plane arrays through reduced area epitaxy. *Appl. Phys. Lett.* 102: 051102.

84 Arslan, E., Ozturk, M.K., Teke, A. et al. (2008). Buffer optimization for crack-free GaN epitaxial layers grown on Si(111)substrate by MOCVD. *J. Phys. D. Appl. Phys.* 41: 155317.

85 Schubert, E.F. (2006). *Light-Emitting Diodes*, 2e. New York: Cambridge University Press.

86 Orsal, G., El Gmili, Y., Fressengeas, N. et al. (2014). Bandgap energy bowing parameter of strained and relaxed InGaN layers. *Opt. Mater. Express* 4: 1030–1041.

87 Gu, G.-H., Jang, D.-H., Nam, K.-B., and Park, C.-G. (2013). Composition fluctuation of In and well-width fluctuation in InGaN/GaN multiple quantum wells in light-emitting diode devices. *Microsc. Microanal.* 19 (S5): 99–104.

88 Ochalski, T.J., Gil, B., Bigenwald, P. et al. (2001). Dual contribution to the stokes shift in InGaN–GaN quantum wells. *Phys. Status Solidi B* 228 (1): 111–114.

89 Moses, P.G. and Van de Walle, C.G. (2010). Band bowing and band align-ment in InGaN alloys. *Appl. Phys. Lett.* 96: 021908.

90 Yun, F., Reschikov, M.A., He, L. et al. (2002). Energy band bowing parameter in $Al_xGa_{1-x}N$ alloys. *J. Appl. Phys.* 92 (8): 4837–4839.

91 Kazazis, S.A., Papadomanolaki, E., Androulidaki, M. et al. (2018). Optical properties of InGaN thin films in the entire composition range. *J. Appl. Phys.* 123: 125101.

92 Paskov, P.P. and Monemar, B. (2018). Optical properties of III-nitride semi-conductors. *Handbook of GaN Semiconductor Materials and Devices.* Bi, W.W., Kuo, H-C., Ku, P-C., Shen, B. Edts. CRC Press/Taylor & Francis Group, Boca Raton, FL, pag. 83.

93 Reschikov, M.A. and Morkoç, H. (2005). Luminescence properties of defects in GaN. *J. Appl. Phys.* 97: 061301.

94 Wang, Y.J., Xu, S.J., Zhao, D.G. et al. (2006). Non-exponential photolumi-nescence decay dynamics of localized carriers in disordered InGaN/GaN quantum wells: the role of localization length. *Opt. Express* 14 (26): 13151–13157.

95 Perlin, P., Suski, T., Teisseyre, H. et al. (1995). Towards the identification of the dominant donor in GaN. *Phys. Rev. Lett.* 75: 296–299.

96 Neudeck, P.G., Okojie, R.S., and Chen, L.-Y. (2002). High temperature electronics – a role for wide bandgap semiconductors? *Proc. IEEE* 90: 1065–1076.

97 Baliga, B.J. (2005). *Silicon Carbide Power Devices.* Singapore: World Scientific Publishing.

98 Arehart, R., Moran, B., Speck, J.S. et al. (2006). Effect of threading disloca-tion density on Ni/n-GaN Schottky diode I–V characteristics. *J. Appl. Phys.* 100: 023709.

99 Jain, S.C., Willander, M., Narayan, J., and Van Overstraeten, R. (2000). III-nitrides: growth, characterization and properties. *Appl. Phys. Rev.* 87: 965–1006.

100 Sze, M.S. and Ng, K.K. (2007). *Physics of Semiconductor Devices*, 3e. Hobo-ken, NJ: Wiley.

101 Brunner, D., Angerer, H., Bustarret, E. et al. (1997). Optical constants of epitaxial AlGaN films and their temperature dependence. *J. Appl. Phys.* 82: 5090–5096.

102 Asgari, A. and Kalafi, M. (2006). The control of two-dimensional-electron-gas density and mobility in AlGaN/GaN heterostructures with Schottky gate. *Mater. Sci. Eng. C* 26: 898–901.

103 Chen, K.J. and Zhou, C. (2011). Enhancement-mode AlGaN/GaN HEMT and MIS-HEMT technology. *Phys. Status Solidi (a)* 208: 434–438.

104 Su, M., Chen, C., and Rajan, S. (2013). Prospects for the application of GaN power devices in hybrid electric vehicle drive systems. *Semicond. Sci. Technol.* 28: 074012.

105 Scott, M.J., Fu, L., Zhang, X. et al. (2013). Merits of gallium nitride based power conversion. *Semicond. Sci. Technol.* 28: 074013.

106 Roccaforte, F., Greco, G., Fiorenza, P., and Iucolano, F. (2019). An overview of normally-off GaN-based high electron mobility transistors. *Materials* 12: 1599.

107 Carlin, J.-F. and Ilegems, M. (2003). High-quality AlInN for high index contrast Bragg mirrors lattice matched to GaN. *Appl. Phys. Lett.* 83: 668–670.

108 Medjdoub, F., Carlin, J.F., Gaquière, C. et al. (2008). Status of the emerging InAlN/GaN power HEMT technology. *The Open Electr. Electron. Eng. J.* 2: 1–7.

109 Medjdoub, F., Zegaoui, M., Waldhoff, N. et al. (2011). Above 600 mS/mm transconductance with 2.3 A/mm drain current density AlN/GaN high-electron-mobility transistors grown on silicon. *Appl. Phys. Express* 4: 064106.

110 Harrouche, K., Kabouche, R., Okada, E., and Medjdoub, F. (2019). High performance and highly robust AlN/GaN HEMTs for millimeter-wave operation. *IEEE J. Electron Devices Soc.* 7: 1145–1150.

111 Najda, S.P., Perlin, P., Suski, T. et al. (2017). AlGaInN diode-laser technology for optical clocks and atom interferometry. *J. Phys. Conf. Ser.* 810: 012052.

112 Nyangaresi, P.O., Qin, Y., Chen, G. et al. (2018). Effects of single and combined UV-LEDs on inactivation and subsequent reactivation of *E. coli* in water disinfection. *Water Res.* 147: 331–341.

113 Yamashita, Y., Kuwabara, M., Torii, K., and Yoshida, H. (2013). A 340-nm-band ultraviolet laser diode composed of GaN well layers. *Opt. Express* 21 (3): 3133–3137.

114 Han, D.P., Kamiyama, S., Takeuchi, T. et al. (2019). Understanding inefficiencies in blue and green LEDs. *Compd. Semicond.* 25 (3): 56–61.

115 Kimoto, T. and Cooper, J.A. (2014). *Fundamentals of Silicon Carbide Technology: Growth, Characterization, Devices and Applications*. Singapore: Wiley.

116 Amano, H., Baines, Y., Borga, M. et al. (2018). The 2018 GaN power electronics roadmap. *J. Phys. D. Appl. Phys.* 51: 163001.

117 Roccaforte, F., Fiorenza, P., Greco, G. et al. (2018). Emerging trends in wide band gap semiconductors (SiC and GaN) technology for power devices. *Microelectron. Eng.* 187–188: 66–77.

118 Chung, J.W., Roberts, J.C., Piner, E.L., and Palacios, T. (2008). Effect of gate leakage in the subthreshold characteristics of AlGaN/GaN HEMTs. *IEEE Electron Device Lett.* 29: 1196–1198.

119 Greco, G., Iucolano, F., and Roccaforte, F. (2016). Ohmic contacts to gallium nitride materials. *Appl. Surf. Sci.* 383: 324–345.

120 Mohammad, S.N. (2004). Contact mechanisms and design principles for alloyed Ohmic contacts to n-GaN. *J. Appl. Phys.* 95: 7940–7953.

121 Roccaforte, F., Frazzetto, A., Greco, G. et al. (2012). Critical issues for interfaces to p-type SiC and GaN in power devices. *Appl. Surf. Sci.* 258: 8324–8333.

122 Greco, G., Prystawko, P., Leszczyński, M. et al. (2011). Electro-structural evolution and Schottky barrier height in annealed Au/Ni contacts onto p-GaN. *J. Appl. Phys.* 110: 123703.

123 Roccaforte, F., Fiorenza, P., Greco, G. et al. (2014). Recent advances on dielectrics technology for SiC and GaN power devices. *Appl. Surf. Sci.* 301: 9–18.

124 Daumiller, I., Theron, D., Gaquière, C. et al. (2001). Current instabilities in GaN-based devices. *IEEE Electron Device Lett.* 22: 62–64.

125 Binari, S.C., Ikossi, K., Roussos, J.A. et al. (2001). Trapping effects and microwave power performance in AlGaN/GaN HEMTs. *IEEE Trans. Electron Devices* 48: 465–471.

126 Vetury, R., Zhang, N.Q., Keller, S., and Mishra, U.K. (2001). The impact of surface states on the DC and RF characteristics of AlGaN/GaN HFETs. *IEEE Trans. Electron Devices* 48: 560–566.

127 Meneghesso, G., Verzellesi, G., Pierobon, R. et al. (2004). Surface-related drain current dispersion effects in AlGaN-GaN HEMTs. *IEEE Trans. Electron Devices* 51: 1554–1561.

128 Hashizume, T., Nishiguchi, K., Kanekia, S. et al. (2018). State of the art on gate insulation and surface passivation for GaN-based power HEMTs. *Mater. Sci. Semicond. Process.* 78: 85–95.

129 Meneghesso, G., Meneghini, M., De Santi, C. et al. (2018). Positive and negative threshold voltage instabilities in GaN-based transistors. *Microelectron. Reliab.* 80: 257–265.

第 2 章

GaN 基材料：衬底、金属有机物气相外延和量子阱

Ferdinand Scholz[1]，**Michal Bockowski**[2,3]和 **Ewa Grzanka**[2]

1 德国乌尔姆大学功能纳米系统研究所
2 波兰科学院高压物理研究所（Unipress-PAS）
3 日本名古屋大学，可持续发展材料与系统研究所未来电子综合研究中心

2.1 引言

20 世纪 50 年代，化合物半导体因其在电子和光电子器件中的应用而成为科学研究的热点，而光电子器件的发展主要由大部分直接能带结构材料驱动。而且很快，这些材料的一个很有前景的特性被发现：异质结构设计的可能性，通过异质结构设计可以满足许多与器件相关的特定要求，例如载流子限域和光子限域。因此，需要开发相应异质结构的外延方法。然而，早期只有简单的外延方法可用，例如液相外延（LPE）和（氢化物或氯化物基）气相外延（VPE）。通过这些方法，异质结构的形成是非常困难的，对许多材料组合来说甚至是不可能的。在 LPE 中，不同材料沉积的顺序取决于这些材料的热力学相图，这限制了某些组合的外延，某些所需组合中后期沉积的顶层会导致已生长层的溶解，尤其是Ⅲ-Ⅴ化合物中所需的金属（VPE 中），只有在反应器中以金属氯化物的形式原位生成后才被输送至衬底（见 2.2.1 节）。

异质结构的需求是发展外延方法的强大动力，在这种方法中，形成半导体层所需的所有元素都可以被单独或独立地提供和控制，从而发展出金属有机物气相外延（MOVPE），它利用特定的化合物来传输所需的元素。分子束外延（MBE）中的元素被蒸发到超高真空腔室中。事实证明，这两种方法都非常成功地推动了复杂器件［如发光二极管（LED）、激光二极管（LD）和晶体管］的发展，在这些器件中，异质结构的特性能够实现优异的器件性能。氮化物能成为研究焦

点，很明显与研究和掌握这类材料相关的一些基本外延技术密切相关。

然而，缺乏合适的方法生长 GaN 块体晶体，块体晶体是制作用于外延生长异质结构器件所需的衬底。由于 GaN 的热化学性质——非常高的熔化温度和该温度下非常大的平衡蒸汽压，使得一些应用于其他半导体（如 Si、GaAs 和 InP）的经典方法，如直拉法或垂直梯度冷却法，不能应用于 GaN 块体晶体生长。这就是为什么本章首先描述一些避免这个问题的方法（见 2.2 节）。特别是，检测到基于氢化物的气相外延（Hydride Vapor Phase Epitaxy，HVPE）可以提供几十到 $100\mu m/h$ 的快速生长速率后，经典的氢化物气相外延出现了转机[1]。因此，通过 HVPE 可以在合理的时间内生长非常厚的外延 GaN 层来解决这个问题。此外，本节还讨论了其他一些制备 GaN 晶圆的方法，尤其是氨热晶体生长方法。

然后聚焦 MOVPE 方法，该方法被证明对氮化物异质结构具有极高的重要性（见 2.3 节）。本章概述了这种方法的基本原理，包括在异质衬底上的生长。这种生长受限于外延层中形成的缺陷密度；因此，已经研究了具体的方法来尽量减少缺陷密度。

GaInN 量子阱（QW）对于发光器件来说尤为重要，但它会产生额外的问题。这就是为什么 2.4 节专门讨论这种异质结构。除了解决影响 InGaN/GaN 量子阱微观结构的生长条件和缺陷等问题外，我们将特别关注量子阱的成分不均匀性和分解问题。

2.2 块体 GaN 生长

本节将描述块体 GaN 晶体生长技术的现状。目前，有三种方法可用于 GaN 结晶。其中，钠通量和氨热晶体生长属于溶液生长。第三种方法是 HVPE（有时也称为"卤化物"气相外延），涉及气相结晶。由于 HVPE 的高生长速率，通常用于获得块体 GaN。由于 HVPE-GaN 主要沉积在异质衬底（蓝宝石和砷化镓）上，因此可以生长直径达 6in 的晶圆，但是它们的结构质量很差，晶体平面发生弯曲，从这种方法获得的晶圆容易发生塑性变形。因此，不可能在整个表面上获得一致晶向的材料，而这是器件特性的关键要求。这个问题可以通过使用结晶质量非常高的天然晶体作为 HVPE 生长的"籽晶"来克服，沉积的 GaN 具有低线位错密度（TDD，$\leq 10^5 cm^{-2}$）和绝对平坦的晶面。然而，应当注意的是，所有讨论的方法仅能获得几毫米厚的 GaN。到目前为止，还没有研究者证明高质量块体 GaN 晶体每束可以产生几十个晶圆，而且也没有一种生长厚层的简单技术。原因将在本节详细讨论。

2.2.1 氢化物气相外延（HVPE）

如上所述，HVPE 是一种气相结晶的方法。波兰科学院高压物理研究所

（IHPP PAS）使用的水平 HVPE 反应器如图 2.1 所示。在反应器的低温区
（800~900℃），盐酸（HCl）与镓反应生成氯化镓（GaCl）。GaCl 由载气（主
要是 N_2、H_2 或其混合物）输送至高温区。在 1000~1100℃ 温度范围，GaCl 与氨
（NH_3）反应合成（结晶）GaN。如图 2.1 所示，NH_3 单独直接流向晶体生长区。
过饱和是结晶的驱动力，在给定温度下，它是由生长过程中 GaCl 的平衡分
压，以及 GaCl 和 NH_3 流量的实际输入分压之间的差值产生的。GaN 可以在原
生或异质衬底上结晶。常使用 MOVPE GaN/蓝宝石或带有 GaN 低温缓冲层的
GaAs 衬底[2-3]作为异质衬底。HVPE-GaN 技术中生长的主要晶体方向是［0001］
方向（c 方向）。

与其他方法相比，c 方向的 HVPE-GaN 结晶有两个显著优势：高生长速率
和高纯度[4-6]。平均速率可以高于 100μm/h。新结晶的 GaN 可以是高纯度
的，含有来自反应气体或反应器固体元素（例如石英）的无意掺杂。浓度低于
10^{17}cm^{-3}的氧和硅常在 HVPE GaN 材料中发现。使用硅或锗获得高导电晶体，使
用铁、碳或锰获得半绝缘晶体的掺杂，这些工艺在 HVPE 中得到了很好的发
展，参考文献［7-11］对这些内容进行了详细讨论。

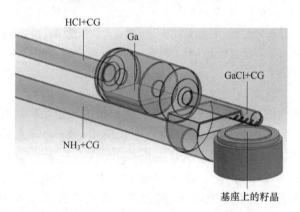

图 2.1 IHPP PAS 采用的卧式 HVPE 反应器示意图：GaCl
通过喷头式石英喷嘴输送到反应区，NH_3 由与基座位于
同一水平面的石英喷嘴供应，CG 为载气

HVPE 是制备 GaN 衬底最常用的方法。HVPE GaN 晶圆的主要供应商包括
日本的 SCIOCS 住友化学公司、三菱化学公司、住友电气工业和 Furukawa（古
川）公司，以及来自中国的纳诺温（Nanowin）和法国圣戈班的卢米洛。GaN
衬底由无衬底（FS）HVPE-GaN 晶体制成，生长在异质籽晶上。如上所述，在
异质衬底上进行 HVPE-GaN 沉积可以获得大直径 GaN 晶体，但是，它们的晶面
是弯曲的（见图 2.2a）。这是由于异质衬底和氮化物层之间大的晶格常数和热
膨胀系数差异造成的。当在 2in 蓝宝石上生长 GaN 时（典型形态如图 2.2b 所

示），晶面弯曲半径通常达到 5m 量级。晶体也会发生塑性形变并具有位错束[12]。这就是为什么 FS HVPE-GaN 不用做进一步倍增或块体 GaN 生长的"籽晶"的原因。晶体的质量也不可能改善。受限于较小晶面曲率半径的发展，导致了大于 2in FS HVPE-GaN 衬底的量产缺乏。严重的弯曲阻碍了电子或光电子器件研究的进程。GaN 衬底的晶向位错一致性对于 AlInGaN 异质结构的外延和均匀掺杂很重要。外延层的结构质量和掺杂剂的掺入取决于衬底位错程度[13-15]。

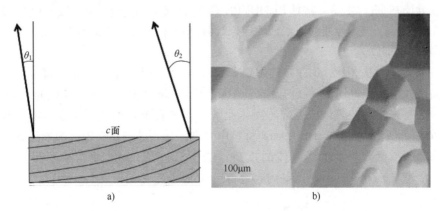

图 2.2　a）异质衬底上生长的 HVPE-GaN 晶面弯曲示意图，包括晶向位错 θ 角的不一致性；b）异质衬底上生长的 HVPE-GaN 典型形态（MOVPE-GaN/蓝宝石模板），许多六边形小丘，与 TDD 相关的刻蚀坑密度（EPD）约为 10^6cm^{-2}

　　避免晶面弯曲的技巧是以三维（3D）生长模式开始结晶过程，并通过改变过饱和度，及时将其转换为二维（2D）生长模式。Geng 等人证明了该解决方案[16]，通过在初始结晶阶段引入 3D 生长来降低固有应变。3D GaN 层的厚度控制着晶片的弯曲（见图 2.3a）。图 2.3b 显示了在蓝宝石衬底上沉积 HVPE-GaN 的横截面（m 平面）图像。3D 生长模式清晰可见。随着 GaN 厚度的增加，生长模式变为 2D。通过剥离工艺，HVPE-GaN 与 MOVPE-GaN/蓝宝石分离。GaN 衬底制备过程中，通过研磨和抛光从晶体中去除以 3D 生长模式生长的材料。

2.2.2　钠助溶剂生长法

　　图 2.4 显示了钠助溶剂生长法示意图。在氮气压力 [$(5\sim50)\times10^5\text{Pa}$] 和低于 1000℃ 恒温下，镓（27%）和钠（73%）在坩埚中混合。钠增加了助溶剂中原子氮的溶解度[17]，类似于其他地方详细描述的高氮压力溶液（HNPS）生长方法[18]，氮分子在助溶剂表面解离并溶解到其中。溶液上方的高压氮气确保了助溶剂中氮的过饱和，即相对于助溶剂中的（Na/Ga-GaN-N_2）相，氮气压力的值高于平衡压力。质量传输由机械搅拌助溶剂引起的对流进行控制[17]。

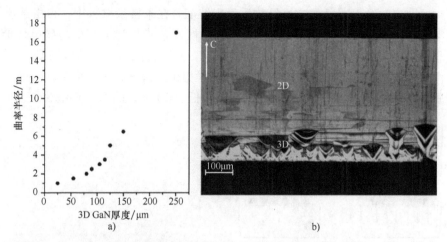

图 2.3　a）对于 FS HVPE GaN，曲率半径（晶体平面的弯曲）相对于 3D GaN 层厚度的函数（参见本文中的描述）（资料来源：IHPP PAS 的数据）；b）MOVPE-GaN/蓝宝石上生长的 GaN 横截面光学显微镜图像。样品被光刻，该技术中刻蚀速率取决于材料中的自由载流子浓度，并且可以看到具有不同电学特性的晶体区域，而且显示了 3D 和 2D 生长模式

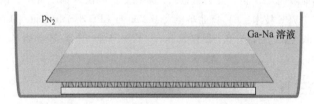

图 2.4　钠助溶剂生长法示意图，c 方向结晶以低于 $50\mu m/h$ 的速率进行（资料来源：由 Y. Mori 和 M. Imanishi 提供）

结晶过程在放置于坩埚底部的异质籽晶（主要是 MOVPE-GaN/蓝宝石衬底）上进行。在过去的 20 年中，钠助溶剂法有多种实施路径。如今，主要使用"点籽晶"技术[19]。MOVPE-GaN/蓝宝石衬底被图形化为 GaN "点籽晶"（最大直径为 1mm）。在结晶过程开始时，所有籽晶都在 c 方向生长，形成金字塔形结晶。这对应于 HVPE 技术中的 3D 模式（见图 2.3b）。为了从 3D 模式切换到 2D 模式，当 GaN 为金字塔形时，将籽晶从溶液中拉出。然后，Na-Ga 溶液仅保留在金字塔之间，横向生长得到增强。

由于金字塔之间仅有少量溶液，所以衬底应再次浸入溶液中。重复上拉和浸入过程，直到 GaN 表面变平。然后，在 2D 生长模式下继续结晶。所述的方案如图 2.5a 所示。图 2.5b 显示了一个 2in 透明 GaN 晶体，弯曲半径大于 30m，其基于 3D 生长模式通过钠助溶剂生长并与籽晶分离。

钠助溶剂 GaN 晶体具有高结构质量和纯度。在未掺杂材料中，自由载流子浓度不高于 $10^{16}\,cm^{-3}$，主要掺杂是氧。故意性掺杂锗是为了获得高导电性的 n 型晶体。文献中少有关于半绝缘材料的报道。但已经证明，钠助溶剂 GaN 可以用作 HVPE 生长的籽晶。SCIOCS 和大阪大学提出并首先获得了结果，获得了结构质量高、晶体平坦且刻蚀坑密度（EPD）低于 $10^{5}\,cm^{-2}$ 的 HVPE-GaN[20]。

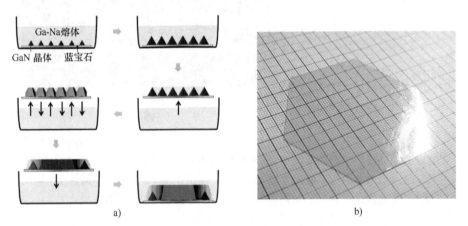

图 2.5　a）钠助溶剂 GaN 生长方法示意图，采用上拉和浸入程序将生长模式从 3D 更改为 2D，类似于 HVPE 技术；b）弯曲半径大于 30m 且 EPD 小于 $10^{5}\,cm^{-2}$ 的 2in 透明 GaN 晶体，基于 3D 生长模式与籽晶分离，网格线 1mm（资料来源：由 Y. Mori 和 M. Imanishi 提供）

2.2.3　氨热生长

GaN 的氨热结晶类似于石英的水热生长。在氨热法的情况下，使用超临界氨代替水。该工艺的方案如下：在高压区域以 GaN 为原料，将其溶解在超临界氨中。

溶解的原料被输送到第二个区域，在那里溶液处于过饱和态，并在天然籽晶上发生 GaN 结晶。在两个区域之间施加适当的温度梯度，可以实现对流质量输运。矿化剂被添加到氨中，以加速其分解并提高 GaN 的溶解性。可以在碱性或酸性环境下进行生长，其类型显然取决于矿化剂的选择。在氨酸法生长中，卤素化合物充当矿化剂，而在氨碱法中，使用碱金属或其酰胺[18]。在后者中，还观察到溶解度的负温度系数效应[21]。GaN 的化学传输从低温溶解区（含原料）直接传输到高温结晶区（含晶种），这是逆溶解性的结果。碱性和酸性氨热生长法的方案分别如图 2.6a 和 b 所示。

目前有几个公司和研究机构正在研究氨热法，如六点材料公司（美国）[22]、加利福尼亚大学圣塔芭芭拉分校（美国）[23]、埃朗根及斯图加特大学（德国）[24]、三菱化学公司（日本）[25]、东北大学（日本）[26]，及京瓷（前 Soraa，Inc.，

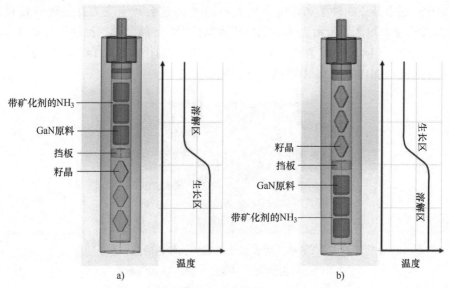

图 2.6 氨热法示意图：a）碱性和 b）酸性

美国/日本)[27]，IHPP PAS（前身为波兰阿莫诺股份有限公司)[28]一直且仍在为该领域做重大贡献。其结晶方法基于氨热法，在 500~600℃ 温度范围及 0.3~0.4GPa 之间的压力下进行。如图 2.7 所示，它由两部分组成：（一）晶种增大：这是通过利用非极性和/或半极性方向的侧向结晶实现的（图 2.7a 中的深灰色区域）。（二）籽晶生长（垂直生长）：这部分主要集中在垂直方向的生长（沿 c 轴，图 2.7b 中的浅灰色部分）。沉积的 GaN 具有非常平坦的晶面和 $5\times10^4 cm^{-2}$ 量级的 EPD。

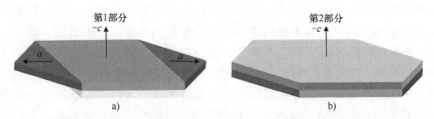

图 2.7 氨热结晶的两个主要步骤：a）侧向生长；b）籽晶生长（垂直生长）。箭头
显示特定晶体区域的生长方向；第一部分中生长的晶体在第二部分中用作籽晶

如图 2.7 所示，在 a-$[11\bar{2}0]$、m-$[10\bar{1}0]$ 和 $-c$-$[000\bar{1}]$ 晶向上主导生长。$+c$-$[0001]$方向的结晶被视为寄生结晶。为了避免这种情况，籽晶使用了特殊的支架。因此，暴露出 $(000\bar{1})$ 晶面，而相反的 (0001) 晶面被遮掩。其中一个最重要的因素限制了氨热氮化镓（Am-GaN)-c 晶向的结晶生长（图 2.7 中的第 2 部分），晶体的边缘横向生长和沉积的各向异性有关。结果表明，非极性面和

（0001）面中杂质的种类和浓度有很大不同[28]。这会产生应力并最终导致材料的塑性形变。图2.8所示为Am-GaN晶体生长中的c晶向。三种衬底（n型自由载流子浓度为$1×10^{19}\,cm^{-3}$和$1×10^{18}\,cm^{-3}$，室温下电阻率高于$1×10^8\,\Omega\cdot cm$的半绝缘材料）在IHPP PAS中由氨热结晶制备GaN。

图2.8 氨热法生长的GaN晶体，颜色的差异源于
不同的自由载流子浓度。左侧：$1×10^{19}\,cm^{-3}$；
右侧：$1×10^{18}\,cm^{-3}$；网格线：1mm

如图2.8所示，氨热GaN晶体呈圆形。将其从六角形改为圆形可以沉积更厚。如果生长过程仅发生在一个晶面上，Am-GaN可以生长更长时间，而保持高结构质量。如前所述，由于不同晶面杂质的掺入程度不同，侧向晶面的出现会导致晶体边缘形成应力变形。在HVPE技术中可以观察到相同的现象。Fujito等人[29]证明了如果在圆形衬底上开始生长，HVPE-GaN晶体会形成十二边形。形成晶向侧面（10$\bar{1}$1）和（10$\bar{2}$2）m面以及晶向侧面（11$\bar{2}$2）a面。通过侧面生长形成的塌陷形状减小了c面的尺寸。Sochacki等人[30]报道了HVPE结晶过程中侧壁的横向过度生长。研究发现，横向过度生长的晶体比c面上的氧浓度高2个数量级。高含量的掺杂剂会导致晶格常数的增加。结果表明，晶格参数a和c在侧向生长的GaN中均增加[31]。通过拉曼光谱研究沉积在天然籽晶上的HVPE-GaN在c方向上的应变[32]。侧向过度生长区域的应力为200MPa。由此得出结论，GaN的侧向生长导致晶体中靠近边缘形成较大应力。这种应力比籽晶层和沉积层之间的晶格失配应力（接近2MPa）要大得多。多年来，人们一直认为，如果用高质量的天然籽晶代替异质籽晶，就有可能生长出真正的块体HVPE-GaN。然而，事实证明这非常困难。据报道，在1in Am-GaN衬底上，HVPE-GaN晶体生长的速率高达$350\mu m/h$[33]，HVPE-GaN晶体的生长厚度达2mm。整个表面上观察到很少或只有一个小丘（见图2.9a）。氨热籽晶几乎完美的结构质量反映在HVPE层上。尽管如此，获得更厚的晶圆会受到横向生长和各向异性结晶的限制（见图2.9b）。

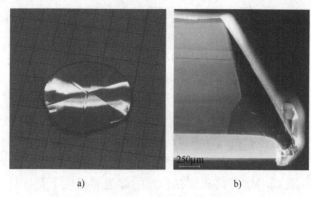

a)　　　　　　　　　　　　b)

图 2.9　a）在 Am-GaN 籽晶上生长的 HVPE-GaN 的典型
形态，在晶体的整个生长表面上有几个小丘，网格线为
1mm；b）HVPE-GaN 晶体边缘 *m* 面截面荧光图像，
横向过度生长的部分清晰可见，这部分在生长的晶体中
产生了很大的应力

　　似乎在 HVPE 中只有一个生长面（*c* 面）应该稳定并在任意时间段内生长。根据 Sitar 教授的研究[34]，这种情况可以通过控制晶体周围的热场来实现。通过适应热场来改变其平衡的六边形以达到其最终生长形状。HexaTech 网报道了通过物理气相传输（PVT）进行氮化铝（AlN）生长的工艺。在设计的热场作用下，AlN 晶体从籽晶生长变为圆形。当晶体达到恒定的热场，它们就会恢复由表面能量决定的平衡形状，形成各种晶面。这清楚地表明，平衡形状可以通过适当的热场设计来克服。由此，晶体将跟随热场并在垂直于等温线的方向上生长。所以，PVT 和 HVPE 方法中过饱和的形成存在很大差异。过饱和度是晶体与其环境之间存在的热力学势差。PVT 情况下，它就是生长表面的温度分布。对于 HVPE，则应考虑所有种类蒸汽的反应。

2.3　金属有机物气相外延生长

　　正如本章导言中所提到的，20 世纪 60 年代外延方法十分匮乏，而这为化合物半导体异质结构中的层序设计提供了自由。尽管已经充分考虑气相外延方法，但它仍无法解决这个问题，因为元素周期表的三（Ⅲ）族和五（Ⅴ）族所需的元素或多或少本身都不是气体，而且在许多情况下，室温或室温附近的固体不挥发特性阻碍了它们作为单独的气流或独立控制。一种可能的解决方案是将所有元素加热到蒸发温度，这促使了分子束外延方法（MBE）的发展（见第 8 章）。然而，这种方法需要一个非常复杂和敏感的系统。这就是为什么科学家们考虑传统的气相沉积方法。对于 V 族元素，通过将它们的气态氢化物（PH_3、

AsH_3 和 NH_3）引入外延过程来解决问题。然而，对于所需的Ⅲ族金属（Al、Ga、In 等），没有稳定的气体化合物可用。

按照哈罗德·马纳塞维特（Harold Manasevit）的独创性想法，在合理的环境温度条件下，金属有机化合物[35]不是气态，而是液态或固态，但其具有相当高的蒸汽压，通常为几百个帕斯卡（见表 2.1）。典型的例子是三甲基镓（TMGa，$(CH_3)_3Ga$）以及含 In 和 Al 的对应物。通过稳定温度确保蒸汽压力后，该蒸汽可通过惰性载气（大多数情况下为氢气），输送至外延反应器，但在某些情况下也可以是氮气或其他气体，2.3.6 节在液体中鼓泡（见图 2.10 左下部分）。TMIn 或 Cp_2Mg 等前驱体在合理的起泡器温度下是固体，需要特别注意的是：它们应以粉末形式进入起泡器；此外，已针对此类前驱体开发了特定的起泡器设计[41]。

表 2.1　氮化物 MOVPE 中主要使用的金属有机化合物物理性质

金属有机化合物	简称	化学式	熔点/℃	常数 A/K	常数 B/Pa	特定温度下的蒸汽压	参考文献
三甲基镓	TMGa	$Ga(CH_3)_3$	-16	3921	$1.56×10^{10}$	9030Pa（在 0℃）	[36]
三乙基镓	TEGa	$Ga(C_2H_5)_3$	-82	5826	$1.95×10^{11}$	368Pa（在 17℃）	[37]
三甲基铟	TMIn	$In(CH_3)_3$	88	7474	$1.64×10^{13}$	105Pa（在 17℃）	[38]
三甲基铝	TMAl	$Al(CH_3)_3$	15.4	4914	$2.23×10^{10}$	976Pa（在 17℃）	[36]
双环戊二烯镁	Cp_2Mg	$(C_5H_5)_2Mg$	176	8110	$3.77×10^{12}$	2.7Pa（在 17℃）	[39]

注：蒸汽压常数 A 和 B 可由方程 $p=B·e^{-A/T}$ 求得。注意蒸汽压随着分子量的增加而下降。TMAl 的蒸汽压非常小，因为这种化合物蒸发成二聚体分子 $[Al(CH_3)_3]_2$[40]。

现在，这种新颖的 MOVPE 方法确实满足了上述要求，即形成复杂Ⅲ-Ⅴ化合物和异质结构所需的每一种元素都可以作为单独的、独立可控的气流供应到生长室（见图 2.10）。感兴趣的读者可以在参考文献［40，42-44］中找到更多关于 MOVPE 基础知识的详细信息。我们在这里集中讨论 MOVPE 应用于 GaN 和相关化合物半导体时的特殊特性。

2.3.1　氮化物 MOVPE 基础知识

GaN 因其宽能带间隙，长期以来一直是有希望实现短波长光发射器件的备选材料。这就是为什么马纳塞维特（Manasevit）已经应用新研发的方法"MOVPE"生长这种材料[45]，尽管生长结果不是很成功。然而，这些早期的实验清楚地表明，GaN 可以使用类似于 GaAs 和其他砷化物或磷化物的 MOVPE 方法来生长。生长过程的基本差异（除 2.3.2~2.3.6 节讨论的其他一些问题外）

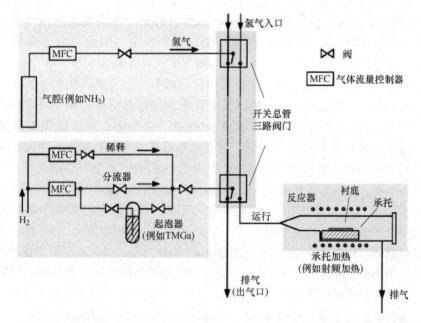

图 2.10　MOVPE 系统结构原理示意图。为简化起见，金属有机物和氢化物只显示了一个通道，而实际系统可能包括 5~10 个金属有机通道和几个氢化物通道。掺杂通道基本相似，但可能包含所谓的双稀释配置（见 2.3.5 节）

主要是由氮化物的强结合键和最简单的氮前驱体 NH_3（氨）的化学稳定性引起的，这两者均是由氮化学性质直接导致的结果，氮作为一个非常小的原子，形成了非常稳定的化合物。

　　一方面，只有温度在 900℃ 以上，NH_3 最重要的部分才进行热裂解[46]。然而，它主要分解为惰性的 N_2 和 H_2。在典型的生长温度下，只有一小部分 NH_3 可以到达衬底表面，通过非关联性吸附促进 GaN 生长[47]，并明显地通过 GaN 表面进行催化加强[46]。此外，GaN MOVPE 通常需要超过 1000 的 V-Ⅲ 比（V族和Ⅲ族前驱体的摩尔流量比）。当氮化合物需要更大的摩尔流量比时，生长温度也需要更低（见 2.3.6 节）。

　　另一方面，GaN 及其相关化合物的热力学强稳定性也需要非常高的生长温度，因为到达生长表面的原子需要足够的迁移率，才能在表面迁移到适合于结合的位置，从而形成晶体缺陷最少的结构。

　　这两个要求导致 GaN 的典型生长温度至少为 1000℃，比砷化物和磷化物的生长温度高 200~300℃。

　　不幸的是，这样的高温导致了另一个典型的 MOVPE 问题，即Ⅲ族和V族前驱体之间发生气相寄生预反应（参见参考文献 [48]），这导致大量前驱体损失并对外延层质量产生负面影响。这就是为什么 GaN 通常在低压下（大多数情况下为 100hPa 左右）生长的原因之一。因为这种寄生反应被有效地抑制。然而，在生长含铝层时，TMAl 更容易与氨发生预反应。因此，铝含量较高的 AlGaN 需要更低的压力，尤其是在较高温度下生长时（见 2.3.6 节）。

如第 1 章所述，氮化物与砷化物和磷化物的另一个主要区别在于衬底，对于任何外延工艺，建议使用与生长层具有几乎相同晶体特性（结晶对称性和晶格常数）的衬底，以使衬底-外延层界面处不产生缺陷。对于砷化物和磷化物，典型的衬底材料为 GaAs 和 InP。这些材料可以相当容易地生长为大小合适的块体衬底（例如，直径为 6~8in。长度为几十厘米），而且可以通过切片和抛光来制备晶圆。然后选择外延层，使其具有与衬底相同的晶格常数。因此，对于 GaN 来说，自然的衬底选择是 GaN 本身。然而，由于其超过 2500℃ 的极高熔点，以及更严重的是，在这个温度下，至少 3GPa 的平衡蒸汽压，如不然，很难按照常规晶体生长技术生长出合理尺寸的 GaN 块体衬底。目前正在研究各种方法来解决这个问题，详见 2.2 节。此外，这样的氮化镓晶圆非常昂贵，对于 LED 或晶体管等最简单的器件应用来说，并不是一个好的选择。这就是为什么这些应用使用了更便宜的"异质"衬底。2.3.2 节将讨论这个问题以及相应的挑战。

由于 MOVPE 设备和相关工艺的稳定发展，已取得了以下的优异成果（近年来在异质衬底上实现）。一个重要的贡献必须归功于原位表征工具的发展，这些工具也是所有现代 MOVPE 反应器的标准工具。与 MBE 不同，在 MBE 中原位分析主要依赖于材料束与生长表面的相互作用，如"高能电子衍射反射"（RHEED），因为处于超高真空条件下所以很容易发生，而光学方法在 MOVPE 中最为成功（参见参考文献［49］）。对于 GaN 生长，主要有三个参数可以以良好的精度进行测量（见图 2.11）：

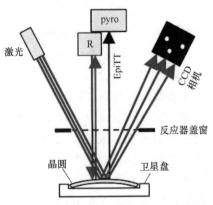

1）通过分析反射探测光的强度来测量生长层的平整度。

2）通过分析表面和外延层-衬底界面反射的信号干涉图来测量生长速率。

3）通过分析生长表面的红外发射光谱来测量晶圆表面温度。

4）通过测量两个或三个探针激光束的反射角来测量外延结构的应变，从而测量晶圆弯曲。

图 2.11 在 MOVPE 过程中，原位测量生长层数据的装置（示意图）：由反射信号（"R"）确定的平面度和生长速率；通过高温测量分析晶圆或承托表面的温度（"pyro"），以及通过分析几束反射激光束（激光和电荷耦合器件［CCD］相机）的偏差来测量曲率（资料来源：Maaßdorf 等人，2013 年[50]。经 AIP 出版社许可转载）

这些测量对优化异质衬底上 GaN 异质结构做出了重大贡献。

对于Ⅲ族氮化物的 MOVPE 生长，基本上相同的 MOVPE 设备可用于其他Ⅲ-Ⅴ化合物。主要区别在于，对于 GaN 生长所需的生长温度非常高，为 1000~1100℃；对于 AlN 需要的温度更高（见 2.3.6 节）。许多情况下，通过射频感应加热实现，而一些反应器也使用承托的电阻加热。由于大面积沉积产业的需要，多晶圆反应器在当今市场上占据主导地位。从国际上发展的许多反应器变体中，本节简要讨论三种反应器（请参阅参考文献［51］）：

1）行星式反应器（见图 2.12，请参阅参考文献［52-54］）：这在概念上是一个水平反应器，因为反应气体水平流过晶圆。几个晶圆被布置在围绕中央进气口的圆形承托上。气体在晶圆上呈放射状流动。为了补偿反应物气体消耗，提高生长速率和成分均匀，在生长过程中，每个放置在所谓卫星盘上的晶圆会旋转；更进一步，整个主承托旋转。对于尺寸在 2~8in 之间的晶圆，晶圆的数量在 5 到几十之间。如此大的面积上，通过专门的工艺优化实现了各层优异的均匀性，并得到了前面提到的光学原位表征工具的支持，从而在一定程度上可以对每个晶圆进行测量。

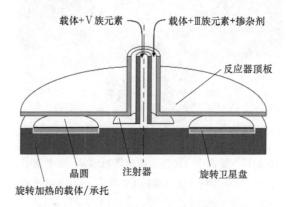

图 2.12　AIXTRON 行星式反应器示意图。贴在卫星盘上的晶圆由 "气箔旋转"[52] 诱导单独旋转，而主承托通过机械驱动旋转（资料来源：由 AIXTRON 提供）

2）紧密耦合莲蓬头反应器（见图 2.13，见参考文献［54，56，57］）：这种反应器的主气流从反应室顶部类似莲蓬头的入口垂直流向下方的晶圆。较大直径（8in 或更大）的单个晶圆或多个晶圆可以放置在旋转的承托上。通过调节喷头不同径向区域的气体流量，可以很好地控制层的均匀性，这也得到了原位表征工具的进一步支持[54,57]。类似地，通过调整承托下方的几个径向电阻加热器，可以优化晶圆上的温度使其均匀。此外，莲蓬头和晶圆之间的距离有很重要的作用。现代反应器，即使在外延过程中，其间距也可以轻松调整。

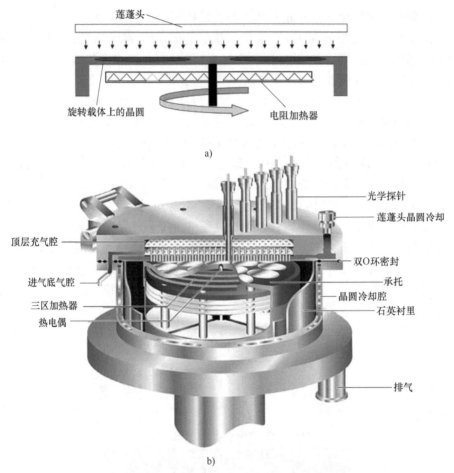

图 2.13 紧密耦合莲蓬头反应器原理 a) 和示意图 b)

（资料来源：a) AIXTRON 和 b) Gibart 2004[55]。经 IOP 出版社许可转载）

3）涡轮盘反应器（见参考文献 [58-59]）：该装置也基于从顶部到底部的垂直气流。然而，通过高速旋转承托（100~3000r/min）可以获得优异的层间特性。这种快速旋转导致在衬底表面形成均匀的气体层，显著增强了层的均匀性。因此，为了优化外延生长，承托转速是一个可以进一步优化的变量[60]。

在这些反应器中，特别关注的是Ⅲ族金属有机前驱体与氨在物理上分开进入生长室（见图 2.12），这有助于进一步抑制上述讨论的寄生预反应[48]。

2.3.2　异质衬底上外延

如上所述，具有与 GaN 相同晶体特性的衬底将是最佳选择。然而，其他边界条件进一步降低了选择：

1）GaN 沉积条件下的晶圆稳定性，即主要为高温稳定性。

2）更大面积的高结晶完美性和均匀性。

3）制备表面干净晶圆的可能性（即预处理表面不会因氧化而发生变化或变化极小）。

4）合理的价格，即合理尺寸下块体衬底的可制造性。

直观来看，这些要求使许多具有合适晶体特性的潜在材料不合格。关于这个问题的详细讨论见参考文献［61］。近年来，只有少数材料证明了其作为 GaN 外延晶圆的适用性，包括蓝宝石、SiC 和 Si。在这里，我们简要讨论使用这些异质衬底时需要考虑的关键问题。表 2.2 列出了它们最重要的晶体性质。

表 2.2　蓝宝石、SiC 和 Si 的晶体数据对外延生长非常重要

材料	晶体结构	典型面取向	平面内晶格常数/nm	平面内热扩张系数/K^{-1}
GaN	六方	c 面	0.3189[62]	5.6×10^{-6}
蓝宝石	菱方	c 面	0.476[62]	7.3×10^{-6}[61]
SiC	六方	c 面	0.308[62]	4.5×10^{-6}[61]
Si	立方	$\{111\}$	0.384	3.6×10^{-6}

注：热膨胀系数的数据代表平均值，因为这种特性通常随温度显著变化。

资料来源：参考文献［63］中的蓝宝石数据和参考文献［64］中的 Si 数据。

2.3.2.1　蓝宝石作为异质衬底

最常用的异质衬底材料无疑是蓝宝石（Al_2O_3），它首先被 Manasevit 等人应用[45]。与 GaN 类似，蓝宝石具有六边形对称性。然而，它的晶格常数与 GaN 大不相同。大多数应用中，蓝宝石的 c 面被用作晶圆表面。查看相关数据表我们发现，平面内 a 晶格常数的失配超过 30%，这对异质外延结构来说似乎明显超出了合理范围。幸运的是，当在蓝宝石上生长 GaN 时，我们观察到外延晶格旋转 30°，可将面内晶格失配降低到 15% 左右，现在 GaN 的每第二个晶格点都相当于一个蓝宝石晶格点[65]。然而，这种旋转使得不可能通过切割蓝宝石-氮化镓结构来建立良好的垂直面，而这一垂直面将是氮化镓基法布里-珀罗（Fabry-Pérot）激光二极管所需的反射镜。

此外，这种大的晶格失配导致在衬底-外延层界面上产生所谓的"穿线位错"（TD），通常垂直于生长表面，面密度超过 10^{12} cm^{-2}，这种位错不满足任何器件的应用。因此，在蓝宝石衬底上生长低缺陷密度 GaN 还需要其他复杂的方法。

对于这个问题，我们接触到第一项伟大发明是 Akasaki 及其同事在 30 多年前做的工作，它将 GaN 质量向前推进了一大步，并获得了 2014 年诺贝尔奖：类似于 Si 上 GaAs 生长[66]，Amano 等人设计了一种由 AlN 制成的低温成核层[67]。

　　几年后，Nakamura 通过使用 GaN 低温成核层取得了类似的良好结果[68]。这种成核层通常在 400~800℃温度下的沉积厚度为 10~20nm（对 GaN 有较低的成核温度，对 AlN 有较高的成核温度）。它们具有类似多晶甚至非晶的结构，在衬底和随后生长的 GaN 层之间提供了一种隔离。随后对成核层[69-70]进行适当退火，接着在约 1000℃的高温下生长，能快速提高产品质量，在几百纳米厚度实现 $10^9 cm^{-2}$ TDD[65]。另外，通过对 AlN 成核层进行轻微氧化，可以获得更好的结果[71-73]。

　　尽管两种成核层都可以获得类似的质量，但生长在顶部的 GaN 层通常有不同的应变状态，主要取决于成核层沉积的细节过程。可以通过用 X 射线衍射（XRD）进行测量，分析 GaN 主体层 c 晶格常数的变化。对于这种双轴应变，弹性张量（胡克张量）C 的各个分量与平面内晶格常数 a 相关：

$$\frac{\Delta c}{c} = \varepsilon_\perp = -2\frac{C_{13}}{C_{33}}\frac{\Delta a}{a} = -2\frac{C_{13}}{C_{33}}\varepsilon_\parallel \qquad (2.1)$$

　　此外，GaN 的能带间隙以及施主束缚激子峰（D^0X）的位置、纯 GaN 在低温下的主要信号（见图 2.14），均随应变改变，这为应变测量提供了另一种简单的方法。

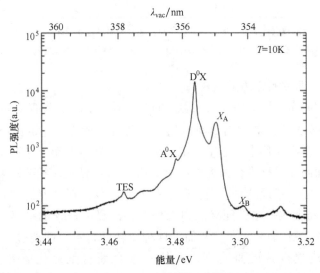

图 2.14　AlN：O 成核层和原位沉积的 SiN 纳米掩模层上，MOVPE 生长约 2μm 厚 GaN 层时的低温（10K）光致发光光谱（见 2.3.4 节）。注意，在 3.486eV 处，束缚激子峰（D^0X）的峰宽很窄，只有 870μeV（资料来源：Hertkorn 等人，2007 年[72]。经 Elsevier 许可转载）

　　这种应变（室温或低温下）主要有两个来源：1）GaN 主体层沉积期间产生的应变，以及 2）在外延后冷却期间由 GaN 和蓝宝石的热膨胀系数差异引起的应变。两者都会导致双轴应变，即应变产生的应力作用于基底-外延层界面。典型温度差为 1000℃ 与室温，后者可引起压缩应变，应变贡献约为 $\varepsilon = 1.3 \times 10^{-3}$，导致 D^0X 峰从未应变 GaN 的 3.47eV 转移到更高的能量，最高可达 25meV。因此，如果 GaN 主体层在未被应变的情况下生长，这种应变在冷却后的样品中可导致 D^0X 峰位置在低温（接近液 He 温度）下约为 3.495eV。

一个似乎普遍的趋势是 GaN 成核层导致压应变减少，表明主体层在拉伸应变下生长，然后在冷却过程中得到补偿[74]。一种可能的解释是，生长过程中 GaN 在衬底上成核。当各 GaN 岛状物相互接触并合并时，GaN 的表面粗糙度会降低，导致拉应力形成[75]。应变的大小依据与 GaN 岛状物的不同而异[76]。

当然，GaN 最令人印象深刻的特点之一在于，即使有如此高的位错密度，也可以实现一定性能的 LED，这些研究主要是由 Nakamura 等人在 20 世纪 90 年代初[77]发展的。本书其他章节对此进行了更详细的讨论。然而，一个主要目标是进一步减少异质衬底上的 TDD。我们将在本章后面讨论一些成功的方法。

2.3.2.2　SiC 和 Si 上 GaN

上述讨论了一系列有希望作为 GaN 外延衬底的其他材料（见参考文献 [61] 和其中的参考文献）。然而，它们中许多无法达到预期。除了蓝宝石，只有 Si 和 SiC 被成功证明非常适合生长 GaN 异质结构和器件；因此，这里将简要讨论这些问题。

人们对 SiC 的期望源于它的材料特性与 GaN 的材料特性相差不远：即通常以六方对称方式结晶，其晶格常数仅比 GaN 小约 3%，而且 SiC 是一种热稳定性和化学稳定性非常高的晶体，能带间隙约为 3eV。与蓝宝石不同，SiC 为半导体，特别是它的导电性可以通过掺杂在很大范围内变化。后者特别适用于光电子器件，其中导电衬底能在背面形成良好的砷化、磷化 LED 和激光器的 n 接触。c 面 SiC 上生长的 GaN，其面内晶体取向与衬底的面内晶体取向相同，这使得激光镜面的裂片成为一项相当简单的任务。另一方面，SiC 具有良好的半绝缘性能，可作为 GaN 基场效应晶体管的衬底。此外，其高导热系数约为 5W/(cm·K)，特别适用于大功率器件。SiC 的最大缺点仍然是其昂贵的价格，至少比同等的蓝宝石晶圆高 20 倍左右。

SiC 的高价格因素成为采用 Si 作为 GaN 衬底的主要驱动力，由于传统电子应用几十年的发展，Si 材料很容易获得高质量和大尺寸的晶圆，且价格低廉。此外，如此大的晶圆尺寸（8~12in）可以简化外延生长后的任何器件处理，能够使用（甚至更老一代）复杂的 Si 工艺设备也是该方案的加分项。

另一方面，Si 的基本性质似乎对 GaN 外延非常不利，即晶格失配高达 20% 左右，热膨胀系数的失配进一步降低了 Si 作为 GaN 外延衬底的适用性（见表 2.2）。Si 的低能带间隙可能会给 GaN 基光电子器件带来问题，因为产生的光会被衬底吸收。实际上，硅是立方结构。幸运的是，它的 {111} 面与 GaN 的 c 面相当兼容。

这两种材料具有一些共通之处。在 GaN 外延生长上，Si 是主要（或唯一）的成分，涉及两个基本问题，首先，Si 很容易与氮前驱体反应形成 Si_xN_y，这是一种可能阻碍 GaN 进一步生长的介电材料（见 2.3.4 节）；其次，更高的温度下 Ga 和 Si 形成一种合金，这也会导致 GaN 生长受到抑制，甚至通过消耗衬底形成 Ga-Si 聚集，这也是众所周知的"熔融回蚀"问题，并导致多晶 GaN 生长。⊖

因此，这些衬底上的任何外延生长都应该首先在衬底表面覆盖一层抑制寄生反应的层。事实上，AlN 是一个不错的选择，除了不含 Ga 之外，Al-N 键比 Si-N 键更容易形成，从而防止了 SiN 夹层的形成[78]。

在 SiC 衬底上，已证明能够在相当高的温度下沉积单个 AlN 成核层并实现 GaN 基场效应晶体管所需的高质量后续生长（见参考文献 [79-80] 和其他文献）。厚度通常在 40~200nm 之间，比蓝宝石上的 AlN 成核层厚得多。然而，由于其大的能带间隙，该层是电绝缘的，因此会阻止形成光电器件所需的背面电接触。所以，$Al_xGa_{1-x}N$ 也被研究作为缓冲层。令人惊讶的是，即使少量的 Al（$x>8\%$），也不会发生与 Ga 相关的熔融回蚀，并且已经实现了良好的 GaN 层和器件性能。[81-82]

硅基外延生长 GaN 更具挑战性。生长通常从 AlN 层开始，这解决了熔融回蚀问题。然后，剩下的主要问题是热膨胀系数不匹配导致的拉伸应变（见表 2.2），如果没有补偿，即使厚度为几百纳米，也会导致顶部 GaN 层严重开裂。近年来，科学家们通过引入包括单层生长温度的特定变化多层 $Al_xGa_{1-x}N\text{-}Al_yGa_{1-y}N$ 异质结构和超晶格来应对这一问题。例如，Lin 等人通过调整 GaN 层的厚度来优化 80 周期 AlN-GaN 超晶格的应变情况[83]。Zhang 和 Liu 最近发表了一篇关于此类方法的综述文章[78]。另一个例子，Dadgar 等人在具有七层缓冲薄 AlN 层的 6in 硅晶圆衬底上，实现了无裂纹总外延层厚度达 14.3μm。其中最后一层纯 GaN 层为 4.5μm[84]。这些非常好的结果需要持续的优化步骤，这将在 2.3.4 节中详细讨论。它们能够在硅衬底上实现出色的 GaN 器件性能，尤其是场效应晶体管（高电子迁移率晶体管，HEMT）[85]。因此，这种器件的商业化正在迅速发展。

2.3.3　通过 ELOG、FACELO 等方法减少缺陷

由于与上述提到的所有这些异质衬底存在巨大的晶格失配，如上所述，造成 GaN 外延层通常具有较大的位错密度。因此，如何降低此类位错密度是近年

⊖　请注意，与 GaN 相比，当在 Si 上生成 GaAs 时，在显著较低的温度下不会出现此类问题[66]。

来的研究重点。这些方法的一个基本思想是通过一个中间缓冲阻挡层来阻碍线位错的进一步发展。

这些缺陷对激光二极管特别有害，Nakamura 等人应用"外延横向生长"（ELOG）方法（见图 2.15），MOVPE 生长激光二极管的 GaN 缓冲层[86]，已经应用于 GaAs VPE[87]、LPE[88] 以及 GaN HVPE[89]。Nakamura 等人实现了 TDD 的显著降低，从而大大提高了激光二极管的寿命。这种方法的工作原理如下：首先，在 GaN 缓冲层上覆盖一层介质掩模（例如 SiO₂），然后通过传统的光学光刻技术将其构造成条形几何结构。随后的外延过程中，GaN 只在掩模开口的 GaN 亚层区域成核。从开口中生长出来后，横向扩展到掩模上，并最终合并成一个缺陷较少的层[90-93]。据报道，缺陷较少的区域，位错密度低于 $10^6 \mathrm{cm}^{-2}$[94]。

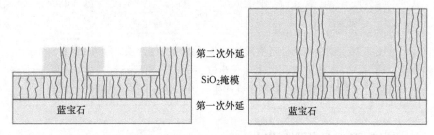

第二次外延

SiO₂掩模

第一次外延

蓝宝石　　　　蓝宝石

图 2.15　横向外延过度生长：GaN 缓冲层上沉积条纹掩模后，GaN 从条纹开口中生长（左），并通过横向生长合并（右）。螺纹位错继续在条纹开口垂直发展，而过度生长的区域仍然几乎没有缺陷

ELOG 在掩模区域提供高质量的 GaN，在掩模开口上留下相当宽的高密度位错条纹。因此，敏感器件（如激光二极管）应该置于缺陷较少的区域。这个问题可以通过"侧面辅助外延横向过度生长"（FACELO）方法来克服[95]。这种情况下，选择第二次 GaN 生长的工艺参数，使三角形条纹主要通过促进垂直生长从掩模开口中生长出来（见图 2.16）。当这些三角形完全长出后，生长参数改变为有利于横向生长。这迫使原先垂直生长的位错在掩模区域上弯曲和横向生长。因此，它们不再穿到最后的表面，于是可以获得缺陷非常少的表面。据报道，整个表面的缺陷密度在 $2\times10^7 \mathrm{cm}^{-2}$ 以下，在合并边界[55]的区域，缺陷密度下降到 $5\times10^6 \mathrm{cm}^{-2}$。两个开口的横向生长面相遇处，只形成一种很薄的缺陷条纹。这种缺陷条纹可以通过设计 FACELO 掩模来抑制，该掩模具有六边形蜂窝状网格，可使 2D 横向过度生长，并最终形成位错密度低于 $10^6 \mathrm{cm}^{-2}$ 的非常均匀的表面[96]。

有些课题团队已经将 ELOG 条纹图样刻蚀到 GaN 缓冲区中，称这种方法为"沟槽横向过度生长"（LOFT）。晶体成核与生长是在刻蚀过程中暴露出的 GaN

垂直侧壁上。Chen 等人通过这种方法获得了 $6 \times 10^7 cm^{-2}$ 的位错密度[97]。当进一步刻蚀到异质衬底时（例如蓝宝石），在蓝宝石脊上留下 GaN 条纹，这种方法被命名为 "Pendeo-Epitaxy"[98]。现在，后续步骤中不再需要介质掩模。第二种是在形成的沟槽垂直侧壁上成核 GaN，也制成了一种缺陷很少的材料，因为它可以在不与衬底接触的情况下生长。

近年来，科研工作者研究了这些方法的许多变体。对于感兴趣的读者，可参考 P. Gibart[55]发表的一篇综述。这些方法现在也成功应用于更具有挑战性的材料，如 AlN[99]。

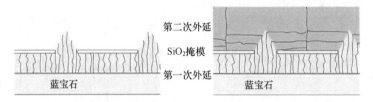

图 2.16 侧面辅助外延横向过度生长：GaN 缓冲层上沉积条纹掩模后，GaN 从条纹开口中生长出来，形成三角形条纹（左）。然后，改变生长模式，有利于横向生长，这引起了位错的弯曲（右）

2.3.4 原位 ELOG 沉积 SiN

2.3.3 节中讨论的方法都有一个共同的问题，即需要相当复杂的多步骤处理，甚至包括两个外延步骤。因此，这些方法不太适合工业生产。这导致了 MOVPE 过程中原位沉积合适掩模层的研究（见参考文献[100-102]），获得了一个相当简单的过程，称为 "原位 ELOG"[103]。

"原位 ELOG" 过程简要描述如下：优化生长薄 GaN 缓冲层（在异质衬底上，例如蓝宝石）后，将 TMGa 供应中断。相反地，SiH_4 被引入反应器，该气体通常在 MOVPE 仪器中使用，因为 n 型掺杂需要 SiH_4（见 2.3.5 节）。SiH_4 与氨水一起会形成一层薄薄的 SiN 掩模层，其厚度应小于单分子层，即形成一个多孔 SiN 层。然后，恢复 GaN 层的生长。假设该层仅在多孔 SiN 层开口处成核，那么 GaN 层的大部分被屏蔽，导致线位错阻塞。最初，通过原位粗糙度分析（见 2.3.1 节），第二层 GaN 显示出相当粗糙的形态，但在几百纳米生长后变平。对于厚度为 $1 \sim 2 \mu m$ 的层，经过仔细的工艺优化后[104]可以实现位错密度小于 $2 \times 10^8 cm^{-2}$ 的高质量 GaN 层（见图 2.14）。通过这些研究，我们发现了 SiN 纳米掩模层的最佳位置，即衬底上方 $100 \sim 300 nm$ 处。而其他研究也表明，GaN 开始成核生长之前，直接在蓝宝石晶圆表面沉积 SiN 原位纳米掩模层时，也获得了位错非常少的层[105]。

2.3.5　氮化物掺杂

与大多数其他外延方法相比，MOVPE 的一大优点在于，如果有足够的前驱体存在，外延层的掺杂可以很容易地实现并且得到很好的控制。与主要成分类似，金属有机化合物用于金属掺杂剂，而对于许多 n 型掺杂剂，可以使用氢化物。

对于 GaN 及其三元体的 n 型掺杂，最常见的掺杂剂是硅（Si），它被掺入晶体中的一个金属位置，主要使用的前驱体分别为气态 SiH_4 和 Si_2H_6。正常MOVPE 条件下，Si 的掺入效率非常高。因此，这些氢化物通常作为强稀释气体混合物提供，例如，在 N_2 或 H_2 中比例为 0.1%，甚至更低。为增加掺杂通道的动态性，使掺杂浓度范围在低 $10^{17} cm^{-3}$ 和中 $10^{19} cm^{-3}$ 或更高，大多数情况下，各自的掺杂通道构造为双稀释通道：流出前驱体容器的气体（见图 2.10）与载气流混合。只有一部分混合物被送入反应器，而另一部分则直接进入排气口，所有这些都由质量流量和压力控制器控制。

总之，可以很容易地实现 GaN 的 Si 掺杂。由于 Si 扩散，而且其他有害影响可以忽略不计，因此它的数量可以很好地控制，并且可以实现突变的掺杂剖面。所以，当结构化子层过度生长时，高 Si 掺杂层可用作标记层来监测生长过程。我们已使用这种方法[106]来优化前文讨论的 FACELO 过程（见 2.3.3 节）。

然而，Si 在 GaN[107]中导致拉伸应变，这甚至可能导致外延层出现裂纹。这显然是由掺杂剂原子的某些相互作用和线位错[108-109]引起的，因为缺陷少的 GaN产生的应变显著减少。无论如何，这个问题引发了对锗（Ge）作为替代 n 型掺杂剂的研究，在类似或更高的掺杂浓度下，Ge 不会产生显著的应变[110]，从而使 Ge 掺杂浓度明显高于 $10^{20} cm^{-3}$[111]。典型的锗前驱体是锗烷（GeH_4）或金属有机锗化合物，如异丁基锗烷。但是，Ge 的掺杂效率明显低于 Si[111-112]。因此，对于大多数不需要太高的掺杂浓度的光电和电子器件，Si 仍然是首选的掺杂剂，因为它似乎更容易处理。

相反地，GaN 的 p 型掺杂仍然被认为是一个巨大的挑战。尽管所有潜在的掺杂元素，如 Be、Cd、Zn 或 Mg 都已被研究过[113-114]，直到 20 世纪 80 年代末，这一目标才得以实现。1989 年，Akasaki 及其同事通过检测到 Mg 可以被"激活"成为 GaN 的受体，这为另一项伟大的发明做出了贡献。他们最初通过在二次电子显微镜中进行一种称为"LEEBI"（低能电子束辐照）的过程实现了这种激活[115]。几年后，Nakamura 等人[116]证明，这种激活也可以通过在无氢气氛中对GaN：Mg 进行热退火来实现（见图 2.17a），而随后在含氢气氛中进行退火则再次形成 GaN 的半绝缘特性（见图 2.17b）。然后他们发现，在含氢气氛中加入的 Mg 与晶体中的氢原子形成复合物，使其受主态失效[117]。在 MOVPE

中，这种钝化被认为是不可避免的，尤其是使用 NH_3 作为氮前驱体，并且需要随后的热退火步骤（或 LEEBI），迫使氢扩散出晶体，将 GaN：Mg 转变为 p 型导电性。在其他Ⅲ-Ⅴ化合物中也观察到了类似的效果[118]。最近的研究表明，氢似乎对将 Mg 的掺入效率至少提高到 $10^{19}\mathrm{cm}^{-3}$ 而发挥有益的作用[119]。因此，钝化是可以接受的，因为它可以在外延生长后被轻易地减轻。

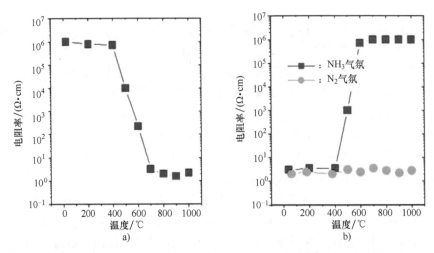

图 2.17　无氢气氛中通过退火进行镁去钝化。a）GaN：Mg电阻率是退火温度的函数（资料来源：Nakamura 等[116]，版权所有 1992，日本物理学会和日本应用物理学会）；b）如果导电层在 NH_3 中退火，则由于氢的扩散，电阻率再次增加（资料来源：Nakamura 等人[117]。版权所有 1992，日本物理学会和日本应用物理学会）

直到今天，Mg 仍然是 GaN 中唯一能产生合理 p 型导电性的元素，因为与上述其他预期元素相比，它的电离能最小（见参考文献［120］）。由于该能量仍然达到 $180\sim220\mathrm{meV}$（文献尚未完全确定该值），即使在完全去钝化的 GaN：Mg 中，也只有一小部分受体原子在室温下电离。然后，通常可以在 Mg 浓度为 $10^{19}\mathrm{cm}^{-3}$ 的 GaN 层中发现 $10^{17}\mathrm{cm}^{-3}$ 的空穴浓度，其迁移率为 $10\sim15\mathrm{cm}^2/(\mathrm{V}\cdot\mathrm{s})$，以及不超过约 2S/cm 的电导率。较高的 Mg 浓度不会进一步增加 p 型导电性[121]（见图 2.18），但可能会导致反转畴的发展（见参考文献［122］），严重降低此类层的结晶质量。

通常，Mg 以双环戊二烯基镁（Cp_2Mg）的形式提供，这是一种金属有机前驱体，在室温下为固体，蒸汽压相当低（见表 2.1），因此其使用不太方便。其他镁金属有机物的蒸汽压更低。

Mg 掺杂的另一个固有问题是不能实现突变的掺杂剖面。只有在打开和关闭前驱体流时，Mg 浓度才会逐渐变化。此外，在 GaN：Mg 生长后未掺杂层中可以

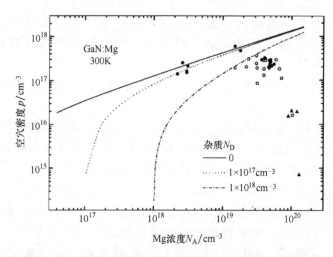

图 2.18　室温霍尔效应测量的GaN：Mg中空穴浓度：三条曲线对应
杂质补偿模型中计算的三个剩余施主密度的空穴密度，如图例所示
（资料来源：Kaufmann 等人，2000 年[121]。经美国物理学会许可转载）

发现强 Mg 掺杂，这种效应被称为"记忆效应"。这些问题一个能普遍接受的解释为：镁前驱体倾向于黏在气管和反应器壁上[123-124]。因此，这些壁吸附需要在完全的前驱体流打开后到达衬底之前饱和，从而导致一些掺杂的延迟，并且它们在关闭后充当进一步的掺杂供应。这些影响可以通过优化各反应器部件的几何形状和温度来最小化[125]，但似乎无法完全避免。此外，Mg 从后来生长的 p 顶层扩散回 LED 的有源区[126-127]。生长过程中，由于 Mg 偏析，上侧的轮廓进一步退化。特别是，通过降低 p 层生长的温度和开关时间，可以改善大多数 p-n 器件的开启开关特性，相关梯度也可以改善[126]。

2.3.6　其他二元和三元氮化物生长

到目前为止，主要描述了氮化合物半导体中最重要和最典型的代表性氮化物 MOVPE 生长。这一节将简要讨论生成 AlN 和 InN 二元化合物的一些与生长相关的问题，以及本书更重要的课题，即由所有这些二元组成的三元化合物 $Al_xGa_{1-x}N$、$In_xGa_{1-x}N$ 与 $Al_{1-x}In_xN$。

AlN 的 MOVPE 生长是在与 GaN 类似的条件下进行的。一个主要的区别在于晶体中 Al 的结合键更强，因此，到达生长表面的 Al 流动性比 Ga 小。这种热诱导的表面迁移流动性是原子在表面上找到最佳掺杂位置的重要先决条件，因此也是生长无缺陷外延层的重要先决条件。所以，AlN 通常需要比 GaN 更高的生长温度[128]。然而，过高的温度条件会出现其他问题[129]，尤其是 TMAl 和 NH_3 之间的寄生气相反应。尽管仍有许多研究继续在寻找最佳生长条件，但比

GaN 高 100℃ 左右的温度似乎是一个很好的折中方案。虽然针对 AlN 的生长，2.3.3 节讨论的类似过程被大量研究，但外延层仍然具有相当低的质量，即更高的位错密度。最近，AlN 缓冲层生长后在 1600℃ 以上的高温退火有助于在异质衬底上获得优质的 AlN 层[130-131]，其主要作为深紫外 LED 结构的缓冲层。

将 GaN 与 AlN 混合可以得到 $Al_x Ga_{1-x} N$，这是一种非常有趣的三元半导体，其能带间隙可以在两个二元材料之间变化，即 3.4~6.0eV 之间。因此，它不仅在许多光电子和电子器件结构中用作阻挡材料，而且可以在紫外发光器件中用作活性材料。在 MOVPE 中，这些层的组成可以通过各自的金属有机前驱体流相当容易地控制。至少对于低 Al 组分，可以接受与 GaN 类似的生长条件，这些前驱体流的摩尔比与固体中的 Al/Ga 比大致相同（考虑到 TMAl 的二聚体特征，见表 2.1）。对于更高 Al 含量，应在最佳 GaN 和最佳 AlN 生长条件之间进行折中；特别是使用更高的生长温度。然而，将出现以下几个问题：

1）TMAl 比 TMGa 更易发生反应；因此，在 MOVPE 室中，与 NH_3 寄生气相反应作为 Al 掺入的损失机制变得非常重要（见参考文献 [132-133]）。通过将反应器压力显著降低到 100hPa 以下，可以在一定程度上避免这种情况。此外，进入 MOVPE 反应器的前驱体入口和接收器之间的短距离有助于使紧密耦合喷射反应器（见 2.3.1 节）成为一个不错的选择[134]。

2）较高的生长温度可能会导致三元层中 GaN 组分显著分解（见图 2.19），从而导致生长速率低的富 Al 层生长。正如 Lundin 等人[133]所观察到的，相应的反应可能对前驱体流动和温度有复杂的依赖性。

3）作为生长温度的折中方案，Al 表面迁移率的降低越来越成为一个问题。

如今，MOVPE 可以在整个成分范围内或多或少生长出高质量的 AlGaN 层，主要受缓冲层质量限制（GaN 用于低 x 值，AlN 用于高 x 值）。此外，还有一些固有的材料问题，比如高能带间隙实现良好的 n 型和 p 型导电性的挑战，但这些问题超出了我们与 MOVPE 相关的章节。

二元氮化物中最低能带间隙约为 $0.67eV$[138]的 InN 似乎仍然是 MOVPE 生长中最困难的。与 AlN 相反，由于 InN 分解温度非常低，因此需要极低的生长温度（550~600℃）（见图 2.19）[135,139]。由于 NH_3 在这些温度下的轻微分解[46]，在高 V-Ⅲ 比率下只能建立较低的生长速率[140]。更糟糕的是，氢（即使是从 NH_3 中分解出来的氢）也会导致 InN 的严重腐蚀[141-142]。此外，由于生长温度较低，In 的表面迁移长度很小，难以生长出高质量的材料。因此，InN 生长研究的一个主要问题是如何在不过度强化上述其他问题的情况下提高生长温度。

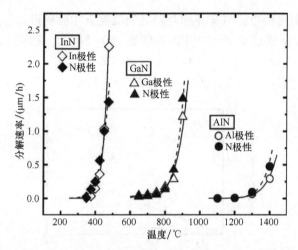

图 2.19　在流动 H$_2$ 下，InN[135]、GaN[136] 和 AlN 层[137] 分解
速率与温度的关系：空心符号表示金属极性，实心符号
表示 N 极性（资料来源：Togashi 等人[135]。
版权所有© 2009，John Wiley 和 Sons）

由于氮化物 GaN 和 InN 的本征能带间隙，In$_x$Ga$_{1-x}$N 可以覆盖 360～1850nm 的大光谱范围，尤其包括整个可见光谱范围。因此，它被大量用作短波 LED 和激光二极管的有源材料（主要是绿色到蓝色，而长波被磷化物和砷化物覆盖）。由于其极大的重要性，2.4 节将专门讨论 InGaN 量子阱。在这里，我们简要讨论与外延生长直接相关的一些挑战：

1）由于 GaN 和 InN 的晶格常数相差约 11%，合理的 In 含量 InGaN 与 GaN 晶格失配率至少为 1.0%～1.5%（对于 In 含量 x 为 0.1～0.15）。这种失配意味着只能有相当薄的层，即 InGaN 量子阱可以在 GaN 上应变生长（InGaN 按照 GaN 的晶格结构进行生长，即 InGaN 层中有应力，但未释放）。

2）由于氮化物形成的六方晶体没有反转对称性，因此它们具有很强的压电特性。因为它们的晶体结构，而表现出自发极化。因此，生长在 c 面 GaN 的应变 InGaN 量子阱产生了每厘米几百万电子伏的巨大内部电场（实际上主要由应变压电特性引起，而 GaN-InGaN 界面的自发极化非常小）。特别是在量子阱中，导致了量子约束斯塔克效应（QCSE，见第 1 章和第 8 章）。致使量子阱中电子和空穴波函数分离，从而降低辐射跃迁概率[143]。后者可能是绿色发光二极管的效率仍然低于蓝色发光二极管的原因之一。

3）GaN 和 InN 之间的巨大材料差异也导致了 In$_x$Ga$_{1-x}$N 在中间组分显示出间隙混溶问题[144]。因此，并非所有潜在的可用波长范围都能充分达到。

4）如上所述，InGaN 的生长也需要在 GaN 和 InN 最佳生长条件之间折中。

由于 InN 有分解的趋势，只有在相对较低的温度下才能获得具有显著 In 含量的 InGaN 层，至少比最佳 GaN MOVPE 条件低 200~300℃。即使如此，气相中的 In-Ga 比率也必须比其在固体中的值大得多（见图 2.20）。另一方面，如上所述，更高的温度最适合为金属提供足够的表面迁移率。

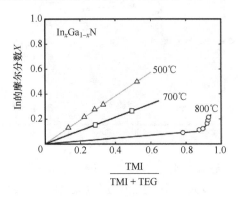

图 2.20　In$_x$Ga$_{1-x}$N 固体成分与 MOVPE 中的摩尔气相成分（资料来源：Matsuoka 等人，1992 年[145]。经 Springer Nature 许可转载）

5）当氢存在时，这种分解趋势尤其强烈[146]（见图 2.21）。显然，挥发性 InH 在这种条件下形成[141]。这就是为什么 InGaN 量子阱需要在尽可能无氢的环境中生长，这需要氮作为载气，而氨释放的氢仍然必须存在。此外，In 的掺杂效率取决于生长速率[147]。因此，需要对温度、生长速率、V-Ⅲ 比率和其他重要的 MOVPE 参数进行仔细优化，以获得质量最好且缺陷少的外延层。

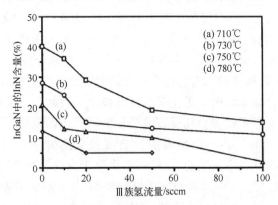

图 2.21　由 θ-2θ XRD 标定的 InGaN 中 InN 的百分比，与生长温度（a）710℃、（b）730℃、（c）750℃和（d）780℃条件下氢流量的函数（资料来源：Piner 等人，1997 年[146]。经 AIP 出版社许可转载）

6）已经生长的 InGaN 层有限热稳定性也对后期生长层的生长温度有一些限制，例如光电子器件所需的（Al）GaN 势垒。

由于需要较低的生长温度，因此降低了表面迁移率，从而导致 InGaN 选择了较低的生长速率（仅 100nm/h）。此外，因气相中需要小的 Ga/In 比，只允许少量摩尔 Ga 前驱体流动。同时，由于 TMGa 具有巨大的蒸汽压，因此不容易建立这种低 Ga 流量（见表 2.1）。这就是为什么 TEGa 通常被用作 InGaN 生长的 Ga 前驱体。

2.4 节将对所有这些问题进行更详细的讨论。

这些二元材料的第三种可能组合 $Al_{1-x}In_xN$ 具有重要的科技意义，因为它可以使晶格匹配异质结构具有显著的能带间隙差异：对于 $x \approx 0.18$，其晶格常数与 GaN 相同，但能带间隙较大。此外，由于极化特性也可以通过组分进行调节，这为极化匹配结构提供了可能。注意，由于 GaN 的自发极化，晶格匹配异质结构仍然显示出一些内部电场，当然压电场为零。这使其成为 GaN 基 HEMT 中无应力阻挡材料的候选（见第 3 章和第 6 章）。

然而，这种材料是外延生长最困难的三元材料，因为它由两个极端的二元材料 InN 和 AlN 组成，InN 部分的有效沉积需要低温，但 AlN 部分需要非常高的温度。类似地，其他生长参数也遵循相反的趋势。此外，参考文献［148-150］估计其间隙混溶问题甚至比 InGaN 更严重。这就是为什么外延生长 AlInN 层的质量相当低，使得许多特性的精确测定非常困难。能带间隙对 x 成分的依赖性，即弓形参数仍在研究（见参考文献［151］）。

由于上述讨论的 InN 解吸问题，AlInN MOVPE 在与 InGaN[152] 相近的温度条件下进行，尽管温度略高，且也以 N_2 为载气[153]，即在 InGaN 和 AlGaN 生长条件之间取一些折中，具体取决于所需的 AlInN 组分。

除了这些基本的生长问题外，一些研究小组还在其 AlInN 层中发现了大量的 Ga，这可能是由于之前的生长在 MOVPE 反应器中的沉积（见参考文献［154-155］）。这种寄生效应似乎尤其发生在紧密耦合的喷射反应器中。

InGaN 和 AlInN 的结合产生了四元材料 $Al_xGa_{1-x-y}In_yN$。现在又有了一个合成自由度，这为独立调整晶格失配和能带间隙或偏振提供了可能。目前已研究了在 LED 和 HEMT 方面的应用（见参考文献［156-157］）。然而，随着上述讨论的生长问题进一步增多[158]，使获得这些有吸引力的材料特性变得很难控制。

2.4　InGaN 量子阱的生长及分解

2.4.1　InGaN 量子阱在极化、非极化以及半极化 GaN 衬底上的生长

InGaN 为基础的多量子阱广泛应用于绿色、蓝色以及近紫外 LED 和 LD 器件

的有源部分[159]。改变量子阱中 In 元素的成分可以改变光的波长（见图 2.22）。

发光波长以及效率取决于 In 的成分、存在的缺陷、量子阱以及量子势垒的宽度、器件结构以及 In 元素在量子阱中分布的均匀性[161-164]。In 元素在阱中的均匀性将在 2.4.2 节中讨论。In 成分对于如量子阱生长速率以及生长温度这一类生长条件十分敏感[165]（对于后者，见图 2.23）。In 掺入的生长速率强烈依赖于其他参数，如生长温度、载气、V/Ⅲ 比和生长压力[166]。这些参数相互依赖，使得 InGaN 量子阱的 MOVPE 生长成为一个关键的问题。

InGaN 量子阱中的 In 含量也取决于 GaN 衬底的刃型位错[167-168]。由于原子步进流动较慢，较高的刃型位错导致较低的 In 含量。这种现象部分解释了 In 的不均匀性，因为 InGaN 的表面总是粗糙的。增加量子阱中 In 掺入的另一个有效方法是在部分或完全弛豫的 InGaN 赝衬底上生长（见参考文献［169］）。后续的 InGaN 多量子阱生长中，较大的晶格参数导致较高的 In 掺入效率。

许多研究小组发现，In 的成分随 NH_3 流速的增加而增加[170-172]。不幸的是，根据生长过程中的压力，NH_3 可能会发生分解成 N_2 和 H_2 的情况，并由于 H_2 浓度较高而导致阱内 In 含量降低。研究者广泛讨论了 H_2 对 InGaN 量子阱生长的影响[173-174]。一方面，氢改善了生长层（InGaN 和 GaN）的形态，但另一方面降低了阱中的 In 含量（见图 2.21 和相应的讨论），即使它仅在 GaN 量子势垒生长期间使用[173]。

优化 InGaN/GaN 量子阱/量子势垒有源区的一种常用方法是在比 InGaN 量子阱更高的温度下生长量子势垒。这减少了点缺陷和扩展缺陷[175]，也影响了 InGaN 量子阱中阱和势垒之间的界面形态和/或 In 分布[176]。Oliver 等人[175] 发现，量子阱生长温度升高会导致阱的一些宽度波动，对内部量子效率的影响比 GaN 量子阱质量的改善更为显著。2.4.2 节还讨论了宽度波动导致的效率提高。

许多研究小组（见参考文献［176-177］）指出，InGaN/GaN 量子阱的微观结构主要由 V 形凹坑和/或沟槽缺陷控制。V 形凹坑或 V 形缺陷是倒六角形金字塔形状，在穿过 InGaN 量子阱的螺旋位错上成核，侧壁由 {10$\bar{1}$1} 面形成。Shiojiri 等人在考虑了 GaN 的生长动力学和 TD 核心周围应变场中 In 原子的偏析后，描述了它们的形成机制[178]。量子势垒生长时，较低的生长温度 GaN 表现出以 N 原子终止的 {10$\bar{1}$1} 面。N 表面在较低的温度和较高的 V/Ⅲ 比下稳定，这是 MOVPE 生长层的典型情况。这些 {10$\bar{1}$1} 面在较高的生长温度下变得不稳定，因为 N 表面原子不稳定。这意味着随着反应器温度的降低，{10$\bar{1}$1} N 表面的生长速率降低，(0001)-Ga 表面的生长速率增加。然后，如果出现干扰 (0001) 层生长的掩蔽，则终止将发生在六个 {10$\bar{1}$1} 平面上，这六个平面将成为 V 形凹坑的侧壁。这种掩蔽实际上是 V 形凹坑的核心，可能是由 In 原子引起的，In 原子在 TD 核心周围的应变场中分离。它可以阻止 Ga 原子在

$\{10\bar{1}1\}$ 平面上迁移，形成光滑的单层，从而导致 $\{10\bar{1}1\}$ 平面上 InGaN/GaN 生长的终止，该平面成为 V 形凹坑的侧壁。由于 $\{10\bar{1}1\}$ 面上的生长速率低于（0001）面上的生长速率，因此 InGaN/GaN 多量子阱在侧壁上的生长厚度较小。在后续 GaN 覆盖层的生长过程中，V 形凹坑可以被掩埋，然后并入 V 形缺陷的 TD 被接收到上层。除铟外，隔离氧等污染物也可作为此类掩蔽材料（V 形凹坑的核）[179]。

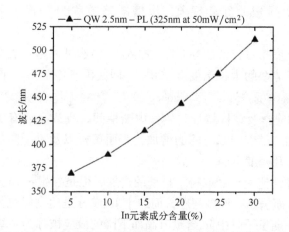

图 2.22　发射光波长与量子阱中 In 元素成分含量的关系。
使用软件 SiLENSe[160] 计算获得

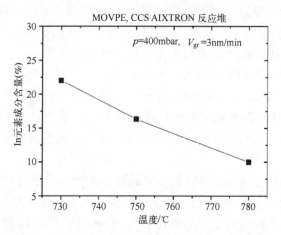

图 2.23　量子阱中 In 元素成分含量与生长温度的关系
（资料来源：Robert Czernecki）

沟槽缺陷由具有 <1$\bar{1}$00> 取向堆叠不匹配边界（SMB）的基平面堆叠位错（BSF）组成，这些位错在 V 形沟槽的尖端终止[180]。它们在低温下形成于

InGaN 量子阱向 GaN 量子势垒生长的转变过程中[181-183]。Sahonta 等人[184]曾报道这些沟槽可能会产生同等水平或低于周边表面的复合中心能级，并且在一些情况下其局部阴极发光峰呈现出红移现象。它们的形成似乎调控了铟的扩散或者掺杂过程，这导致了 InGaN 更高的生长速率并由此在沟槽缺陷中形成更厚的量子阱，但这并没有改变 GaN 量子势垒的生长速率。InGaN 量子阱更高的生长速率可以同时解释红移，以及沟槽中出现复合中心这两个现象。在许多出版物中，由于沟槽中强烈的红移现象，沟槽缺陷被称为"含 V 形缺陷的 In 夹杂物"[181]。

即使是在温度相对较低的 800℃，加入 H_2 仍然可以阻止表/界面态的退化。此外，提升量子势垒的生长温度至 900℃，即使没有添加 H_2，同样可以阻止夹杂物以及 V 形缺陷的产生[183]。Cheong 等人[185]的工作表明，生长中断会影响 InGaN 量子阱的光学及结构特性。生长中断期间，Ⅲ族金属有机源在 InGaN 阱的生长前后关闭。随着中断时间的增加，表面偏析以及量子阱的厚度减少，但 V 形缺陷的尺寸及密度不变。

尽管在器件性能上已经取得了显著的进展，但是在生长 In 成分接近或高于 20%的量子阱方面仍然有许多问题，而这个 In 成分是达到绿色光谱范围所必需的。外量子效率随量子阱中 In 含量升高而下降的效应被称为"绿隙"[186-187]。关于这种效应的成因仍然处于讨论之中，由于晶格错配形成拉应力而导致的极大内压电场（见 2.3.6 节）、俄歇复合以及点缺陷都被作为主要研究因素。此外，In 浓度的增加导致了表面粗糙，以及 InGaN/GaN 界面的破坏[188]。为了减小"绿隙"，人们研究了不同的方法。Tian 等人[188]建议通过将二维或三维岛状生长模式改为步进流模式来优化表面形貌，极大提高了内量子效率。这可以使用刃型位错 0.5°GaN 衬底来实现。Shmidt 等人[189]同样研究了表面形貌、In 成分随机波动以及 InGaN 量子阱绿光发光光学性质之间的强烈关系。另一个减小"绿隙"的方法是使用两到三个交错排列的 InGaN 量子阱，例如，使用温度梯度法生长量子阱。这些设计提高了电子-空穴波函数的重叠，由此提高了辐射复合率。

为了避免晶格位错在 c 方向上形成的强压电场以及由此产生的量子限制斯塔克效应（见第 1 章和第 8 章），许多课题组付出了大量的努力去优化 InGaN 量子阱在非极化和半极化衬底上的生长[192]。Wernicke 等人[193]对 InGaN 量子阱在各种平面上的生长进行了系统性研究，包括非极化（10$\bar{1}$0）以及半极化（10$\bar{1}$2）、（11$\bar{2}$2）、（10$\bar{1}$1）以及（20$\bar{2}$1），主要结论如下：

1）In 的掺入与平面的取向有强烈的依赖性。（10$\bar{1}$1）平面上生长的量子阱具有最高的 In 含量，（11$\bar{2}$2）平面上生长的 In 含量稍低，（20$\bar{2}$1）平面上进一步减弱。在 670~780℃生长温度范围内，（10$\bar{1}$0）以及（10$\bar{1}$2）平面上 In 含量与（20$\bar{2}$1）平面上的情况类似。对 c 平面（0001）上的生长结果进行比较表明，低于 710℃ 时，所有平面中，此平面上的 In 含量最低，但在 710℃ 之上，其结果与（20$\bar{2}$1）平面上的情况类似或比之稍高。

2）（10$\bar{1}$1）和（11$\bar{2}$2）平面上生长量子阱时，最低的发光能量可以简单地通过较高的 In 掺入量来阐释。当阐释其他所研究平面上发光能量的不同时，必须考虑应力以及量子限制斯塔克效应的影响。

Zhao 等人[194]报道了在不同取向平面尤其是具有不同极性平面上生长 InGaN 量子阱的结果。他们观察到在 Ga 极化表面（20$\bar{2}$1）以及（30$\bar{3}$1）上的 In 掺入量要比在 N 极化表面（20$\bar{2}$1）以及（30$\bar{3}$1）上的高。这与之前报道的 Ga 极化以及 N 极化 c 平面会展现出不同的 In 掺入量的研究完全一致[195]。

2.4.2　铟含量分布波动的原因

InGaN 量子阱中 In 成分的不均一性以及它对 LED 与 LD 光学性质的影响已经广泛讨论了超过 20 多年[196-199]。In 含量高的区域，能带间隙低于平均水平。因此，激子与载流子在空间上会分布于这些区域[199-200]。

以下几种机制可能会造成 In 含量的起伏，包括应力诱导[201-202]、旋节线分解[144]、局部刃型位错或者成分牵拉效应[203]。In 含量的起伏在生长平面（横向方向）以及沿着生长（垂直）方向上都被观察到。热力学的计算显示，在至少 1250℃ 的临界温度，In-N 和 Ga-N 原子间距离的巨大差异会产生较大的不混溶性间隙[144]。因此，为实现显著 In 掺入，InGaN 量子阱在所需的生长温度下并不稳定，这导致了局部偏析甚至在量子阱横向方向形成点状结构[163-164,204]。沿着垂直生长方向已经观察到了一个成分牵拉效应，涉及将 In 原子从 InGaN 点阵排斥到表面以满足位错的应变，该应变的产生是由于 GaN 的生长[205]。这种效应对量子阱宽度起伏也有巨大的影响[206]。InGaAs 生长表面的 In 成分起伏的主要原因包括：1）相对较弱的 InN 键[176]；2）极端情形下，由于氨源的不足导致在 InGaN 表面形成 In 滴[206-207]。此外，位错以及层错导致富 In 析出物的形成[176,181,208-209]。

许多技术被用于研究这种 In 含量的波动，这些技术包括：间接方法，例如 X 射线光电子能谱分析（XPS）[210]、高分辨率 X 射线衍射（HR-XRD）[211]、光致发光（PL）以及时间可分辨光致发光[212]、反射式高能电子衍射（RHEED）[213]、CL[176,181]、原子力显微镜（AFM）[176,181]，以及直接的方法，如二次粒子质谱（SIMS）[214]、透射电子显微镜（TEM）[215]和三维原子探针层析成像（3DAPT）[216]。根据其各自对结果的解释，已经可以在纳米尺度（见图 2.24）甚至微米尺度上建立 In 成分波动的模型。

关于 InGaN 量子阱中 In 成分波动的最重要信息来自电子显微镜。Duxbury

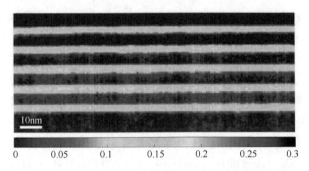

图 2.24 InGaN 多量子阱中 In 涨落可以在纳米尺度，扫描透射
电子显微镜（STEM）图像（资料来源：Artur Lachowski）

等人[215]利用这项技术，结合空间高分辨率 X 射线分析，显示了 InGaN/GaN 量子阱中 In 偏析的直接证据。此外，他们还观察到，位错附近成分的波动越来越明显。成分波动区域的大小在 10~20nm 之间，且使用 MOVPE 生长的样品，In 偏差高达平均成分的 20%。通过高角度环形暗场（扫描式）显微镜（HAADF-STEM）和 Z 对比成像，Jinschek 等人[217]发现了量子阱中存在 1~3nm 宽的富 In 团簇，其标称 In 含量在 30%~40% 之间，将局部能带间隙缩小至 2.65eV。Potin 等人[218]使用高分辨率透射电子显微镜（HRTEM）和基于 HRTEM 晶格条纹图像的晶格图像数字分析（DALI）方法，比较了通过 MBE 和 MOVPE 生长的 InGaN 量子阱中的 In 分布。他们在两种样品中发现了相似的横向 In 波动。In 的浓度在小范围内变化，即横向尺寸为 3nm（MBE）和 4nm（MOVPE）的富 In 团簇，以及几十纳米的更大范围内变化，其归因于相分离。结果表明，在 MBE 和 MOVPE 样品中，In 在生长方向上的分布存在显著差异。

Cho 等人[208]揭示了随着量子阱数目的增加，In 在 $In_{0.31}Ga_{0.69}N$ 量子阱中偏析尺寸与密度增加，同时还产生了诸如位错以及层错等结构缺陷。使用 HRTEM 结合 AFM 和能量色散 X 射线光谱（EDX），以及 XRD 表征，揭示了 InGaN 量子阱中的 In 成分含量波动对温度的依赖性。研究显示，圆盘状的富 In 团簇局限于 In 含量相对较低的量子阱中。此外，在 V 形缺陷附近还形成了直径为 5~12nm 的富 In 集聚。

Pantzas 等人[219]描述了横向 In 含量波动对衬底类型的一些依赖性。在半体衬底上，In 组分的横向和纵向均匀性分别为 1.0% 和 1.5%，而在蓝宝石衬底上生长的量子阱，HAADF-STEM 结果显示，几纳米范围内，横向组分的变化范围从 16%~34%。

然而，这种 In 成分波动的电子显微镜研究必须非常小心，因为 InGaN 对加速电子束极为敏感。这一问题已在许多文献中进行了广泛讨论[209,216,220]。Humphreys[216]研究表明，InGaN 量子阱中的富 In 团簇通过 TEM 中的电子束产生。

然而，不能排除 In 波动较小的可能性。因此，需要直接的方法来表征原子尺度上 In 的成分波动[209,216]。原子探针层析成像（APT）可以分析单个原子，不仅可以在亚纳米尺度上提供成分信息，还可以提供结构信息，这一点更为重要，因为载流子局部化不仅源于阱内 In 成分波动，也源于 InGaN 阱宽的波动[209,216,221-222]，另见 2.4.1 节。InGaN 量子阱的单层阱宽起伏提供的局域化能量约为 60meV，足以在室温下局域化激子[216]。因此，InGaN 量子阱上界面的粗糙度至关重要，这可能会影响 InGaN 基器件的效率[209]。关于 In 成分波动的存在，过去和现在的文献提供了完全不同的信息。Humphreys[216]通过 APT 分析表明，In 原子均匀分布在 InGaN 量子阱内部，没有任何团簇。相反，Yang 等人[223]也使用 APT 分析观察到了纳米尺度上随机分布的波动，而 Wu 等人[224]甚至在这种波动中发现了一些周期性。

生长条件与 InGaN 中 In 成分波动的确切关系尚不清楚。不同生长条件下，很多研究小组已经报道了横向和纵向波动。显然，很难将它们与特定的生长参数联系起来。Karpov 及其同事[225]通过模型计算表明，In 成分的分布对 InGaN 量子阱的 MOVPE 生长参数（如压力和生长速率）不太敏感。因此，需要更详细的方法来最大限度地减少波动对生长的负面影响，尤其对于绿光发射器[225-226]。例如，Zhen Deng 等人[227]在 InGaN 阱生长之前使用 In 预沉积（IP）获得了均匀的 In 空间分布。

如 Yang 等人[223]所述，当 In 成分均匀时，对多量子阱 LED 进行了许多模拟研究。然而，这样的模拟与实验数据存在巨大偏差。Wu 等人[224]和后来的 Yang 等人[223]发现，如果将 APT 测得的随机 In 成分波动放入 LED 量子阱模拟中，可以获得与观察到的发射光谱一致的结果。研究还发现，考虑到纳米 In 涨落，LED 电学和光学特性（如载流子传输、辐射和俄歇复合，以及效率下降）的模拟结果得到了极大改善。

MOVPE 中，InGaN 量子阱必须在 700～800℃温度下生长（见 2.3.6 节），而在 900℃以上的更高温度条件下，可以获得具有 Mg 掺杂的良好 p 型层。较低温度条件下，Mg 被 O 和 N 空位钝化[228]。低空穴浓度不仅会导致更高的电阻率，还会导致空穴注入量子阱的效果不佳，从而导致光发射器的效率低。因此，希望在高温下生长 LED 和激光二极管的 p 型势垒层，但这会影响量子阱。这个问题将在接下来的章节中讨论。

2.4.3 InGaN 量子阱的均质化

热处理过程中，In 的波动会发生变化。Chuo 等人[229]报道称，900℃经过短时间（达 15min）退火后，InGaN 量子阱 In 含量为 23%～40%时，随着退火时间的延长，发光峰先红移、后蓝移。该实验数据可以通过 In 原子从富 In 区向外扩散到周围的晶格来解释。TEM 分析证实，900℃ 时"点状"结构的密度降低，InGaN 量子阱的分解尚未发生。这有力地表明，在分解之前，量子阱内部的 In 原子发生了一些均质化过程。

我们的研究也证实了这种均质化过程。In 含量为 18% 的 InGaN 量子阱在830℃、880℃、900℃ 和 930℃ 不同外延温度下过度生长 p 型层。随着 p 型层生长温度升高至 900℃，室温下的电致发光（EL）测量结果显示波长降低（见图 2.25a）。波长的变化伴随着电致发光峰半高宽（FWHM）的减小（见图 2.25b）。HR-XRD 测量结果证实，900℃ 下生长的 p 型层样品中，具有较低平均 In 含量的优质量子阱，这与发射光谱波长的减少非常一致。

此外，与温度有关的光致发光测量显示，830℃ 下生长的 p 型层样品中，量子阱线光谱位置呈"s 形"，这表明量子阱中存在 In 成分波动，而 900℃ 下生长的 p 型层样品没有表现出"s 形"。这些结果证实了富 In 波动的减少，即 InGaN 量子阱内部的均质化，类似于参考文献［229］中的观察结果。930℃ 的 p 型层生长的样品中，观察到了量子阱的分解。

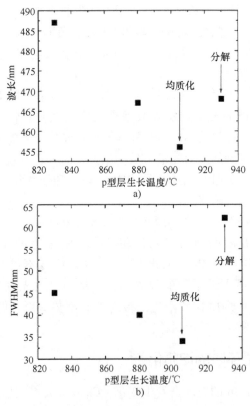

图 2.25 不同温度下生长的 p 型层多量子阱电
致发光测量结果：a）波长；b）FWHM

2.4.4　量子阱的分解

如 2.4.3 节所述，当高温下 p 型 GaN 过度生长时，InGaN 量子阱会分解。InGaN/GaN 量子阱的不同晶向，例如极性（0001）平面[230]和半极性（2021）平面[231]，均观察到了这种热降解。

可以使用各种分析方法，如 PL、EL 和 CL，以及 HR-XRD 和 TEM 在不同尺度上观察到这种现象，包括纳米（TEM）、几微米（CL）和百微米（PL、EL 和 CL），这使得实验非常辛苦。

微米尺度上，热降解会导致可见的黑暗区域，例如阴极发光测量[232]。纳米尺度上，热降解区域由扩展的孔隙（平均直径为 50nm）组成，通常由高 In 含量材料薄层包围，内部含有金属夹杂物[230,232]。

文献中提出的 InGaN 量子阱分解模型并不一致。一种说法侧重于丰富的 In 团簇，或存在 In 成分波动，这些团簇或成分波动可能暴露于高温时引发结构分解[230,233]。另一个提出的机制是基于 InGaN 量子阱中 InN 和 GaN 的相分离，然后 InN 区域分解为金属 In 和分子 N，这些元素从结构中蒸发出来，留下一些空隙[232]。然而，这种机制也不太可能发生，因为在 In 含量低于 25% 的应变 InGaN 层中不应发生相分离[234]。考虑到参考文献 ［235-236］ 给出的结果，量子阱下方和 InGaN 量子阱内横向层的点缺陷扩散是影响量子阱分解的因素。

In 含量和分解温度之间存在很强的相关性。图 2.26 显示了两个样品的比较，两个样品的量子阱厚度相同，均为 2.7nm，但含量不同，分别为 15% 和 20%。样品在 930℃ 退火 30min。可以看出，在该温度下，In 含量较低的样品没有降解。

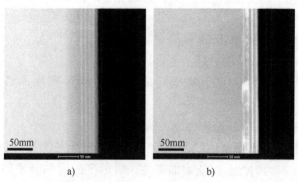

图 2.26　InGaN 多量子阱的 TEM 形貌图：a）发射蓝光（In 含量约 15%）；b）930℃热应力 30min 后发射绿光（In 含量超过 20%）

文献提出了几种抑制 InGaN 量子阱分解的方法,如下:

1)降低 p 型层的生长温度[237]。光学(EL)和结构(HR-XRD 和 TEM)性能测量表明,900℃下生长的 p 型层结构量子阱质量良好且均匀。此外,Oh 等人[237]展示了在 525nm 处高质量发光的 LED 结构,其中 p 型层是在 900℃生长。

2)减小 InGaN 量子阱厚度[238]。InGaN/GaN 多量子阱中,In 含量均为 20%以上,但不同的量子阱厚度为 3.2nm(见图 2.27a)和 1.2nm(见图 2.27b),可以观察到 930℃下热应力 30min 后,较薄的量子阱仍然没有分解(见图 2.27)。不幸的是,较薄的量子阱发射波长较短的光,这是因为量子阱的量子化更强,QCSE 的影响更小[239]。因此,对于绿色发光器件,量子阱变窄不能直接防止分解。

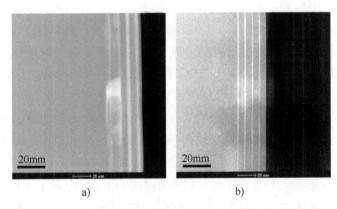

图 2.27 In 含量略高于 20%的 InGaN 多量子阱 TEM 形貌图:
a)QW 厚度 3.2nm(发射绿光);b)QW 厚度 1.2nm
(发射蓝光),均在 930℃热应力 30min 后

3)降低 InGaN 层的生长速率[240-241]。

4)在 TDD 密度较低的衬底上生长[242]。

5)在量子阱和 GaN 量子势垒层之间生长 GaN 帽层,势垒生长期间添加 H_2[243]。

6)量子势垒生长中的温度梯度[244]。

应该强调的是上述讨论的问题,除了降低 p 型生长温度外,还与量子阱内部和/或表面 In 不均匀性的可能增加有关。阱厚度的增加会增加 In 分布的不均匀性,也会增加应力分布,导致较厚量子阱的热稳定性变差。降低生长速率有助于抑制富 In 团簇的形成,从而抑制量子阱的分解。如 2.4.2 节所述,由于位错密度较低,块体 GaN 衬底上的 In 成分波动不太明显,这也会抑制分解。关于后两点，在量子阱生长过程中，使用 H_2 或温度梯度在量子阱上方生长 GaN 覆盖层可减少量子阱表面的 In 偏析以及 V 形凹坑密度。因此，它直接提高 InGaN 量子阱的热稳定性。

最有趣的特征（见图 2.26 和图 2.27）是 InGaN 多量子阱的分解通常从第一个量子阱开始。为了解释这一现象，我们尽了最大努力来检测第一个和后续量子阱之间的差异，但所有的实验结果都表明，第一个 InGaN 量子阱与后续量子阱没有什么不同。这有力地支持了前面提到的论点，即量子阱下方和 InGaN 量子阱内横向层的点缺陷扩散应该是影响量子阱分解的因素。

2.5　总结

本章介绍并简要讨论了 HVPE、钠助溶剂和氨热结晶 GaN 方法。所有这些方法似乎都非常有希望用于 GaN 生长和制备高质量的 GaN 衬底，并做进一步的应用。由于 GaN-on-GaN 技术发展的需求，氮化物的结晶成为进一步发展大功率、高频电子和光电器件的关键问题。主要目标是设计一种在 GaN 生长中克服晶体平衡形状的工艺，并能够形成真正的块体 GaN 晶体。目前，这三种技术已经为这一突破性成就做好了准备。

此外，本章还讨论了 MOVPE 作为生长 GaN 基异质结构最重要的方法。除了一些基础知识外，我们主要关注 GaN 特有的问题，以及如何克服这些问题，包括异质衬底生长时的减少缺陷、p 型掺杂，以及三元和四元材料的生长。

最后，本章重点讨论了 InGaN 量子阱的生长和微观结构，因为它们对光电器件特别重要，但与 GaN 和 AlGaN 相比，InGaN 量子阱外延生长过程中表现出非常特殊的问题。本章讨论了 In 组分起伏的起源及其对光学性质的影响，以及高温处理过程中 In 组分起伏的变化。此外，还讨论了量子阱分解的问题和可能的原因。

致　谢

感谢 M. Heuken（AIXTRON AG）提供了一些数据。2.2 节中的研究得到了海军部海军研究办公室（ONRG-NICOP-N62909-17-12004）的支持，波兰国家科学中心通过 2017/25/B/ST5/02897 和 2018/29/B/ST5/00338 项目提供了支持，以及欧洲联盟波兰科学基金会的团队技术计划发展基金（POIR.04.04.00-00-5CEB/17-00）的支持。2.4 节讨论的内容是由波兰国家科学中心在欧洲国家区域的发展基金（POIR.04.04.00-00-3C81/16），波兰国家科学中心第 2018/

29/B/ST5/00623 号，以及国家研发项目中心编号为 WPC/20/DefeGaN/2018 共同资助的项目。

参 考 文 献

1 Grüter, K., Deschler, M., Jürgensen, H. et al. (1989). Deposition of high quality GaAs films at fast rates in the LP-CVD system. *J. Cryst. Growth* 94: 607–612.

2 Oshima, Y., Yoshida, T., Eri, T. et al. (2010). Freestanding GaN wafers by hydride vapor phase epitaxy using void-assisted separation technology. In: *Technology of Gallium Nitride Crystal Growth* (eds. D. Ehrentraut, E. Meissner and M. Bockowski), 79–96. Berlin, Heidelberg: Springer-Verlag.

3 Motoki, K. (2010). Development of GaN substrates. *SEI Tech. Rev.* 70: 28–35.

4 Fujikura, H., Konno, T., Yoshida, T., and Horikiri, F. (2017). Hydride-vapor-phase epitaxial growth of highly pure GaN layers with smooth as-grown surfaces on freestanding GaN substrates. *Jpn. J. Appl. Phys.* 56 (8): 0855031.

5 Yoshida, T., Oshima, Y., Watanabe, K. et al. (2011). Ultrahigh-speed growth of GaN by hydride vapor phase epitaxy. *Phys. Status Solidi C* 8 (7–8): 2110–2112.

6 Sochacki, T., Amilusik, M., Fijalkowski, M. et al. (2014). Examination of growth rate during hydride vapor phase epitaxy of GaN on ammonothermal GaN seeds. *J. Cryst. Growth* 407: 52–57.

7 Oshima, Y., Yoshida, T., Watanabe, K., and Mishima, T. (2010). Properties of Ge-doped, high-quality bulk GaN crystals fabricated by hydride vapor phase epitaxy. *J. Cryst. Growth* 312 (24): 3569–3573.

8 Richter, E., Gridneva, E., Weyers, M., and Tränkle, G. (2016). Fe-doping in hydride vapor-phase epitaxy for semi-insulating gallium nitride. *J. Cryst. Growth* 456: 97–100.

9 Xu, K., Wang, J.F., and Ren, G.Q. (2015). Progress in bulk GaN growth. *Chin. Phys. B* 24 (6): 066105.

10 Iwinska, M., Piotrzkowski, R., Litwin-Staszewska, E. et al. (2016). Highly resistive C-doped hydride vapor phase epitaxy-GaN grown on ammonothermally crystallized GaN seeds. *Appl. Phys. Express* 10 (1): 011003.

11 Iwinska, M., Zajac, M., Lucznik, B. et al. (2019). Iron and manganese as dopants used in the crystallization of highly resistive HVPE-GaN on native seeds. *Jpn. J. Appl. Phys.* 58 (SC): SC1047.

12 Kirste, L., Danilewsky, A.N., Sochacki, T. et al. (2015). Synchrotron white-beam X-ray topography analysis of the defect structure of HVPE-GaN substrates. *ECS J. Solid State Sci. Technol.* 4 (8): P324–P330.

13 Keller, S., Suh, C.S., Fichtenbaum, N.A. et al. (2008). Influence of the substrate misorientation on the properties of N-polar InGaN/GaN and AlGaN/GaN heterostructures. *Appl. Phys. Lett.* 104: 093510.

14 Suski, T., Litwin-Staszewska, E., Piotrzkowski, R. et al. (2008). Substrate misorientation induced strong increase in the hole concentration in Mg doped GaN grown by metalorganic vapor phase epitaxy. *Appl. Phys. Lett.* 93 (17): 172117.

15 Liu, Z., Nitta, S., Robin, Y. et al. (2019). Corrigendum to "morphological study of InGaN on GaN substrate by supersaturation" [J. Cryst. Growth 508 (2019) 58–65]. *J. Cryst. Growth* 514: 13.

16 Geng, H., Sunakawa, H., Sumi, N. et al. (2012). Growth and strain characterization of high quality GaN crystal by HVPE. *J. Cryst. Growth* 350 (1): 44–49.

17 Mori, Y., Imade, M., Maruyama, M. et al. (2015). Growth of bulk nitrides from a Na flux. In: *Handbook of Crystal Growth*, Chapter 13, 2e (ed. P. Rudolph), 505–533. Boston, MA: Elsevier.

18 Ehrentraut, D. and Bockowski, M. (2015). High-pressure, high-temperature solution growth and ammonothermal synthesis of gallium nitride crystals. In: *Handbook of Crystal Growth*, Chapter 15, 2e (ed. P. Rudolph), 577–619. Boston, MA: Elsevier.

19 Imanishi, M., Murakami, K., Yamada, T. et al. (2019). Promotion of lateral growth of GaN crystals on point seeds by extraction of substrates from melt in the Na-flux method. *Appl. Phys. Express* 12 (4): 045508.

20 Imanishi, M., Yoshida, T., Kitamura, T. et al. (2017). Homoepitaxial hydride vapor phase epitaxy growth on GaN wafers manufactured by the Na-flux method. *Cryst. Growth Des.* 17 (7): 3806–3811.

21 Doradziński, R., Dwiliński, R., Garczyński, J. et al. (2010). Ammonothermal growth of GaN under ammono-basic conditions. In: *Technology of Gallium Nitride Crystal Growth* (eds. D. Ehrentraut, E. Meissner and M. Bockowski), 137–160. Berlin, Heidelberg: Springer-Verlag.

22 Hashimoto, T., Letts, E.R., Key, D., and Jordan, B. (2019). Two inch GaN substrates fabricated by the near equilibrium ammonothermal (NEAT) method. *Jpn. J. Appl. Phys.* 58 (SC): SC1005.

23 Pimputkar, S., Kawabata, S., Speck, J.S., and Nakamura, S. (2014). Improved growth rates and purity of basic ammonothermal GaN. *J. Cryst. Growth* 403: 7–17.

24 Schimmel, S., Duchstein, P., Steigerwald, T.G. et al. (2018). In situ X-ray monitoring of transport and chemistry of Ga-containing intermediates under ammonothermal growth conditions of GaN. *J. Cryst. Growth* 498: 214–223.

25 Mikawa, Y., Ishinabe, T., Kawabata, S. et al. (2015). Ammonothermal growth of polar and non-polar bulk GaN crystal. In: *Gallium Nitride Materials and Devices X* (eds. J.I. Chyi, H. Fujioka and H. Morkoç), 1–6. International Society for Optics and Photonics, SPIE.

26 Bao, Q., Hashimoto, T., Sato, F. et al. (2013). Acidic ammonothermal growth of GaN crystals using GaN powder as a nutrient. *CrystEngComm* 15: 5382–5386.

27 Ehrentraut, D., Pakalapati, R.T., Kamber, D.S. et al. (2013). High quality, low cost ammonothermal bulk GaN substrates. *Jpn. J. Appl. Phys.* 52 (8S): 08JA01.

28 Zajac, M., Kucharski, R., Grabianska, K. et al. (2018). Basic ammonothermal growth of gallium nitride – state of the art, challenges, perspectives. *Prog. Cryst. Growth Charact. Mater.* 64 (3): 63–74.

29 Fujito, K., Kubo, S., Nagaoka, H. et al. (2009). Bulk GaN crystals grown by HVPE. *J. Cryst. Growth* 311: 3011–3014.

30 Sochacki, T., Amilusik, M., Fijalkowski, M. et al. (2015). Examination of defects and the seed's critical thickness in HVPE-GaN growth on ammonothermal GaN seed. *Phys. Status Solidi B* 252 (5): 1172–1179.

31 Domagala, J.Z., Smalc-Koziorowska, J., Iwinska, M. et al. (2016). Influence of edge-grown HVPE GaN on the structural quality of c-plane oriented HVPE-GaN grown on ammonothermal GaN substrates. *J. Cryst. Growth* 456: 80–85.

32 Amilusik, M., Wlodarczyk, D., Suchocki, A., and Bockowski, M. (2019). Micro-Raman studies of strain in bulk GaN crystals grown by hydride vapor phase epitaxy on ammonothermal GaN seeds. *Jpn. J. Appl. Phys.* 58 (SC): SCCB32.

33 Bockowski, M., Iwinska, M., Amilusik, M. et al. (2016). Challenges and future perspectives in HVPE-GaN growth on ammonothermal GaN seeds. *Semicond. Sci. Technol.* 31 (9): 093002.

34 Sitar, Z. (2017). Private Communication.

35 Manasevit, H.M. (1968). Single-crystal gallium arsenide on insulating substrates. *Appl. Phys. Lett.* 12 (4): 156–159.

36 Zilko, J.L. (2001). Metal organic chemical vapor deposition: technology and equipment. In: *Handbook of Thin Film Deposition Processes and Techniques*, Chapter 4, 2e (ed. K. Seshan), 151–203. Norwich, NY: William Andrew Publishing.

37 Kayser, O., Heinecke, H., Brauers, A. et al. (1988). Vapour pressures of MOCVD precursors. *Chemtronics* 3: 90–93.

38 Shenai, D.V., Timmons, M.L., DiCarlo, R.L. et al. (2003). Correlation of vapor pressure equation and film properties with trimethylindium purity for the MOVPE grown III–V compounds. *J. Cryst. Growth* 248: 91–98.

39 Lewis, C.R., Dietze, W.T., and Ludowise, M.J. (1983). The growth of magnesium-doped GaAs by the OM-VPE process. *J. Electron. Mater.* 12 (3): 507–524.

40 Stringfellow, G.B. (1999). *Organometallic Vapor Phase Epitaxy*, 2e. San Diego, CA: Academic Press.

41 Andre, C., El-Zein, N., and Tran, N. (2007). Bubbler for constant vapor delivery of a solid chemical. *J. Cryst. Growth* 298: 168–171.

42 Scholz, F. (2017). *Compound Semiconductors: Physics, Technology and Device Concepts*. Singapore: Pan Stanford Publishing.

43 Scholz, F. (2020). MOVPE of group-III heterostructures for optoelectronic applications. *Cryst. Res. Technol.* 55: 1900027. DOI: https://doi.org/10.1002/crat.201900027.

44 Irvine, S. and Capper, P. (eds.) (2019). *Metalorganic Vapor Phase Epitaxy (MOVPE): Growth, Materials Properties, and Applications*. Boston, MA: Wiley.

45 Manasevit, H.M., Erdmann, F.M., and Simpson, W.I. (1971). The use of met-alorganics in the preparation of semiconductor materials: IV. The nitrides of aluminum and gallium. *J. Electrochem. Soc.* 118 (11): 1864–1868.

46 Liu, S.S. and Stevenson, D.A. (1978). Growth kinetics and catalytic effects in the vapor phase epitaxy of gallium nitride. *J. Electrochem. Soc.* 125 (7): 1161–1169.

47 Beaumont, B., Gibart, P., and Faurie, J.P. (1995). Nitrogen precursors in metalorganic vapor phase epitaxy of (Al,Ga)N. *J. Cryst. Growth* 156 (3): 140–146.

48 Watson, I.M. (2013). Metal organic vapour phase epitaxy of AlN, GaN, InN and their alloys: a key chemical technology for advanced device applications. *Coord. Chem. Rev.* 257 (13): 2120–2141.

49 Brown, A.S. and Losurdo, M. (2015). In situ characterization of epitaxy. In: *Handbook of Crystal Growth*, Chapter 29, 2e (ed. T.F. Kuech), 1169–1209. Boston, MA: North-Holland.

50 Maaßdorf, A., Zeimer, U., Grenzer, J., and Weyers, M. (2013). Linear thermal expansion coefficient determination using in situ curvature and temperature dependent X-ray diffraction measurements applied to metalorganic vapor phase epitaxy-grown AlGaAs. *J. Appl. Phys.* 114 (3): 033501.

51 Yang, F. (2014). Modern metal-organic chemical vapor deposition (MOCVD) reactors and growing nitride-based materials. In: *Nitride Semiconductor Light-Emitting Diodes (LEDs)*, Chapter 2 (eds. J. Huang, H.C. Kuo and S.C. Shen), 27–65. Sawston, Cambridge, UK: Woodhead Publishing.

52 Frijlink, P. (1988). A new versatile, large size MOVPE reactor. *J. Cryst. Growth* 93 (1): 207–215.

53 Christiansen, K., Luenenbuerger, M., Schineller, B. et al. (2002). Advances in MOCVD technology for research, development and mass production of compound semiconductor devices. *Opto-Electron. Rev.* 10 (4): 237–242.

54 Dauelsberg, M., Martin, C., Protzmann, H. et al. (2007). Modeling and process design of III-nitride MOVPE at near-atmospheric pressure in close coupled showerhead and planetary reactors. *J. Cryst. Growth* 298: 418–424.

55 Gibart, P. (2004). Metal organic vapour phase epitaxy of GaN and lateral overgrowth. *Rep. Prog. Phys.* 67 (5): 667–715.

56 Van der Stricht, W., Moerman, I., Demeester, P. et al. (1997). Study of GaN and InGaN films grown by metalorganic chemical vapour deposition. *J. Cryst. Growth* 170 (1): 344–348.

57 Boyd, A.R., Degroote, S., Leys, M. et al. (2009). Growth of GaN/AlGaN on 200 mm diameter silicon (111) wafers by MOCVD. *Phys. Status Solidi C* 6 (S2): S1045–S1048.

58 Tompa, G., McKee, M., Beckham, C. et al. (1988). A parametric investigation of GaAs epitaxial growth uniformity in a high speed, rotating-disk MOCVD reactor. *J. Cryst. Growth* 93 (1): 220–227.

59 Tompa, G.S., Zawadzki, P.A., Mckee, M. et al. (1993). Development and implementation of large area, economical rotating disk reactor technology for metalorganic chemical vapor deposition. *MRS Proc.* 335: 241.

60 Vigdorovich, E.N. (2016). Improving the functional characteristics of gallium nitride during vapor phase epitaxy. *Semiconductors* 50 (13): 1697–1701.

61 Kukushkin, S.A., Osipov, A.V., Bessolov, V.N. et al. (2008). Substrates for epitaxy of GaN: new materials and techniques. *Rev. Adv. Mater. Sci.* 17: 1–32.

62 Liu, L. and Edgar, J.H. (2002). Substrates for gallium nitride epitaxy. *Mater. Sci. Eng., R* 37 (3): 61–127.

63 Miyagawa, C., Kobayashi, T., Taishi, T., and Hoshikawa, K. (2013). Demonstration of crack-free c-axis sapphire crystal growth using the vertical Bridgman method. *J. Cryst. Growth* 372: 95–99.

64 Watanabe, H., Yamada, N., and Okaji, M. (2004). Linear thermal expansion coefficient of silicon from 293 to 1000 K. *Int. J. Thermophys.* 25 (1): 221–236.

65 Akasaki, I., Amano, H., Koide, Y. et al. (1989). Effects of AlN buffer layer on crystallographic structure and on electrical and optical properties of GaN and $Ga_{1-x}Al_xN$ ($0 < x \leqslant 0.4$) films grown on sapphire substrate by MOVPE. *J. Cryst. Growth* 98 (1): 209–219.

66 Akiyama, M., Kawarada, Y., and Kaminishi, K. (1984). Growth of GaAs on Si by MOVCD. *J. Cryst. Growth* 68: 21–26.

67 Amano, H., Sawaki, N., Akasaki, I., and Toyoda, Y. (1986). Metalorganic vapor phase epitaxial growth of a high quality GaN film using an AlN buffer layer. *Appl. Phys. Lett.* 48 (5): 353–355.

68 Nakamura, S. (1991). GaN growth using GaN buffer layer. *Jpn. J. Appl. Phys.* 30 (10A): L1705–L1707.

69 Koleske, D., Coltrin, M., Cross, K. et al. (2004). Understanding GaN nucleation layer evolution on sapphire. *J. Cryst. Growth* 273 (1): 86–99.

70 Lorenz, K., Gonsalves, M., Kim, W. et al. (2000). Comparative study of GaN and AlN nucleation layers and their role in growth of GaN on sapphire by metalorganic chemical vapor deposition. *Appl. Phys. Lett.* 77 (21): 3391–3393.

71 Kuhn, B. and Scholz, F. (2001). An oxygen doped nucleation layer for the growth of high optical quality GaN on sapphire. *Phys. Status Solidi A* 188 (2): 629–633.

72 Hertkorn, J., Brückner, P., Thapa, S.B. et al. (2007). Optimization of nucleation and buffer layer growth for improved GaN quality. *J. Cryst. Growth* 308 (1): 30–36.

73 Bläsing, J., Krost, A., Hertkorn, J. et al. (2009). Oxygen induced strain field homogenization in AlN nucleation layers and its impact on GaN grown by metal organic vapor phase epitaxy on sapphire: an X-ray diffraction study. *J. Appl. Phys.* 105: 033504.

74 Hearne, S., Chason, E., Han, J. et al. (1999). Stress evolution during metalorganic chemical vapor deposition of GaN. *Appl. Phys. Lett.* 74 (3): 356–358.

75 Raghavan, S., Acord, J., and Redwing, J.M. (2005). In situ observation of coalescence-related tensile stresses during metalorganic chemical vapor deposition of GaN on sapphire. *Appl. Phys. Lett.* 86 (26): 261907.

76 Böttcher, T., Einfeldt, S., Figge, S. et al. (2001). The role of high-temperature island coalescence in the development of stresses in GaN films. *Appl. Phys. Lett.* 78 (14): 1976–1978.

77 Nakamura, S., Mukai, T., and Senoh, M. (1994). Candela-class high-brightness InGaN/AlGaN double-heterostructure blue-light-emitting diodes. *Appl. Phys. Lett.* 64 (13): 1687–1689.

78 Zhang, B. and Liu, Y. (2014). A review of GaN-based optoelectronic devices on silicon substrate. *Chin. Sci. Bull.* 59 (12): 1251–1275.

79 Warren Weeks, T., Bremser, M.D., Ailey, K.S. et al. (1995). GaN thin films deposited via organometallic vapor phase epitaxy on a (6H)–SiC(0001) using high-temperature monocrystalline AlN buffer layers. *Appl. Phys. Lett.* 67 (3): 401–403.

80 Bassim, N., Twigg, M., Eddy, C. Jr., et al. (2005). Lowered dislocation densities in uniform GaN layers grown on step-free (0001) 4H-SiC mesa surfaces. *Appl. Phys. Lett.* 86 (2): 021902.

81 Boeykens, S., Leys, M., Germain, M. et al. (2004). Influence of AlGaN nucleation layers on structural and electrical properties of GaN on 4H–SiC. *J. Cryst. Growth* 272 (1): 312–317.

82 Cui, S., Zhang, Y., Huang, Z. et al. (2017). The property optimization of n-GaN films grown on n-SiC substrates by incorporating a SiN$_x$ interlayer. *J. Mater. Sci. - Mater. Electron.* 28 (8): 6008–6014.

83 Lin, P.J., Huang, S.Y., Wang, W.K. et al. (2016). Controlling the stress of growing GaN on 150-mm Si (111) in an AlN/GaN strained layer superlattice. *Appl. Surf. Sci.* 362: 434–440.

84 Dadgar, A., Hempel, T., Bläsing, J. et al. (2011). Improving GaN-on-silicon properties for GaN device epitaxy. *Phys. Status Solidi C* 8 (5): 1503–1508.

85 Zhang, Y., Dadgar, A., and Palacios, T. (2018). Gallium nitride vertical power devices on foreign substrates: a review and outlook. *J. Phys. D: Appl. Phys.* 51 (27): 273001.

86 Nakamura, S., Senoh, M., Nagahama, S. et al. (1997). InGaN/GaN/AlGaN-based laser diodes with modulation-doped strained-layer superlattices. *Jpn. J. Appl. Phys.* 36 (12A): L1568–L1571.

87 McClelland, R.W., Bozler, C.O., and Fan, J.C.C. (1980). A technique for producing epitaxial films on reuseable substrates. *Appl. Phys. Lett.* 37 (6): 560–562.

88 Ujiie, Y. and Nishinaga, T. (1989). Epitaxial lateral overgrowth of GaAs on a Si substrate. *Jpn. J. Appl. Phys.* 28 (Part 2, No. 3): L337–L339.

89 Usui, A., Sunakawa, H., Sakai, A., and Yamaguchi, A.A. (1997). Thick GaN epitaxial growth with low dislocation density by hydride vapor phase epitaxy. *Jpn. J. Appl. Phys.* 36 (Part 2, No. 7B): L899–L902.

90 Craven, M.D., Lim, S.H., Wu, F. et al. (2002). Threading dislocation reduction via laterally overgrown nonpolar (1120) a-plane GaN. *Appl. Phys. Lett.* 81 (7): 1201–1203.

91 Johnston, C.F., Kappers, M.J., Moram, M.A. et al. (2009). Assessment of defect reduction methods for nonpolar a-plane GaN grown on r-plane sapphire. *J. Cryst. Growth* 311: 3295–3299.

92 Chen, C., Yang, J., Wang, H. et al. (2003). Lateral epitaxial overgrowth of fully coalesced a-plane GaN on r-plane sapphire. *Jpn. J. Appl. Phys.* 42 (6B): L640–L642.

93 Ni, X., Özgür, Ü., Morkoç, H. et al. (2007). Epitaxial lateral overgrowth of a-plane GaN by metalorganic chemical vapor deposition. *J. Appl. Phys.* 102 (5): 053506.

94 Zheleva, T.S., Nam, O.H., Ashmawi, W.M. et al. (2001). Lateral epitaxy and dislocation density reduction in selectively grown GaN structures. *J. Cryst. Growth* 222 (4): 706–718.

95 Hiramatsu, K., Nishiyama, K., Onishi, M. et al. (2000). Fabrication and characterization of low defect density GaN using facet-controlled epitaxial lateral overgrowth (FACELO). *J. Cryst. Growth* 221: 316–326.

96 Jazi, M.A., Meisch, T., Klein, M., and Scholz, F. (2015). Defect reduction in GaN regrown on hexagonal mask structure by facet assisted lateral overgrowth. *J. Cryst. Growth* 429: 13–18.

97 Chen, Y., Schneider, R., Wang, S.Y. et al. (1999). Dislocation reduction in GaN thin films via lateral overgrowth from trenches. *Appl. Phys. Lett.* 75 (14): 2062–2063.

98 Zheleva, T.S., Smith, S.A., Thomson, D.B. et al. (1999). Pendeo-epitaxy: a new approach for lateral growth of gallium nitride films. *J. Electron. Mater.* 28 (4): L5–L8.

99 Kueller, V., Knauer, A., Brunner, F. et al. (2011). Growth of AlGaN and AlN on patterned AlN/sapphire templates. *J. Cryst. Growth* 315 (1): 200–203.

100 Vennéguès, P., Beaumont, B., Haffouz, S. et al. (1998). Influence of in situ sapphire surface preparation and carrier gas on the growth mode of GaN in MOVPE. *J. Cryst. Growth* 187 (2): 167–177.

101 Tanaka, S., Takeuchi, M., and Aoyagi, Y. (2000). Anti-surfactant in III-nitride epitaxy–quantum dot formation and dislocation termination. *Jpn. J. Appl. Phys.* 39 (Part 2, No. 8B): L831–L834.

102 Contreras, O., Ponce, F.A., Christen, J. et al. (2002). Dislocation annihilation by silicon delta-doping in GaN epitaxy on Si. *Appl. Phys. Lett.* 81 (25): 4712–4714.

103 Datta, R. and Humphreys, C.J. (2006). Mechanisms of bending of threading dislocations in MOVPE-grown GaN on (0001) sapphire. *Phys. Status Solidi C* 3 (6): 1750–1753.

104 Hertkorn, J., Lipski, F., Brückner, P. et al. (2008). Process optimization for the effective reduction of threading dislocations in MOVPE grown GaN using in situ deposited SiN_x masks. *J. Cryst. Growth* 310 (23): 4867–4870.

105 Sakai, S., Wang, T., Morishima, Y., and Naoi, Y. (2000). A new method of reducing dislocation density in GaN layer grown on sapphire substrate by MOVPE. *J. Cryst. Growth* 221: 334–337.

106 Habel, F., Brückner, P., and Scholz, F. (2004). Marker layers for the development of a multistep GaN FACELO process. *J. Cryst. Growth* 272 (1–4): 515–519.

107 Romano, L.T., Van de Walle, C.G., Ager, J.W. et al. (2000). Effect of Si doping on strain, cracking, and microstructure in GaN thin films grown by metalorganic chemical vapor deposition. *J. Appl. Phys.* 87 (11): 7745–7752.

108 Forghani, K., Schade, L., Schwarz, U.T. et al. (2012). Strain and defects in Si-doped AlGaN epitaxial layers. *J. Appl. Phys.* 112: 093102.

109 Weinrich, J., Mogilatenko, A., Brunner, F. et al. (2019). Extra half-plane shortening of dislocations as an origin of tensile strain in Si-doped (Al)GaN. *J. Appl. Phys.* 126 (8): 085701.

110 Dadgar, A., Bläsing, J., Diez, A., and Krost, A. (2011). Crack-free, highly conducting GaN layers on Si substrates by Ge doping. *Appl. Phys. Express* 4 (1): 011001.

111 Fritze, S., Dadgar, A., Witte, H. et al. (2012). High Si and Ge n-type doping of GaN doping - limits and impact on stress. *Appl. Phys. Lett.* 100 (12): 122104.

112 Nakamura, S., Mukai, T., and Senoh, M. (1992). Si- and Ge-doped GaN films grown with GaN buffer layers. *Jpn. J. Appl. Phys.* 31 (Part 1, No. 9A): 2883–2888.

113 Ilegems, M., Dingle, R., and Logan, R.A. (1972). Luminescence of Zn- and Cd-doped GaN. *J. Appl. Phys.* 43 (9): 3797–3800.

114 Ilegems, M. and Dingle, R. (1973). Luminescence of Be- and Mg-doped GaN. *J. Appl. Phys.* 44 (9): 4234–4235.

115 Amano, H., Kito, M., Hiramatsu, K., and Akasaki, I. (1989). P-type conduction in Mg-doped GaN treated with low-energy electron beam irradiation (LEEBI). *Jpn. J. Appl. Phys.* 28: L2112–L2114.

116 Nakamura, S., Mukai, T., Senoh, M., and Iwasa, N. (1992). Thermal annealing effects of p-type Mg-doped GaN films. *Jpn. J. Appl. Phys.* 31: L139–L142.

117 Nakamura, S., Iwasa, N., Senoh, M., and Mukai, T. (1992). Hole compensation mechanism of p-type GaN films. *Jpn. J. Appl. Phys.* 31 (Part 1, No. 5A): 1258–1266.

118 Antell, G.R., Briggs, A.T.R., Butler, B.R. et al. (1988). Passivation of zinc acceptors in InP by atomic hydrogen coming from arsine during metalorganic vapor phase epitaxy. *Appl. Phys. Lett.* 53 (9): 758–760.

119 Castiglia, A., Carlin, J.F., and Grandjean, N. (2011). Role of stable and metastable Mg–H complexes in p-type GaN for cw blue laser diodes. *Appl. Phys. Lett.* 98 (21): 213505.

120 Fischer, S., Wetzel, C., Haller, E.E., and Meyer, B.K. (1995). On p-type doping in GaN–acceptor binding energies. *Appl. Phys. Lett.* 67 (9): 1298–1300.

121 Kaufmann, U., Schlotter, P., Obloh, H. et al. (2000). Hole conductivity and compensation in epitaxial GaN:Mg layers. *Phys. Rev. B* 62 (16): 10867–10872.

122 Martínez-Criado, G., Cros, A., Cantarero, A. et al. (2003). Study of inversion domain pyramids formed during the GaN:Mg growth. *Semicond. Sci. Technol.* 47 (3): 565–568.

123 Ohba, Y. and Hatano, A. (1994). A study on strong memory effects for Mg doping in GaN metalorganic chemical vapor deposition. *J. Cryst. Growth* 145 (1): 214–218.

124 Kuech, T., Wang, P.J., Tischler, M. et al. (1988). The control and modeling of doping profiles and transients in MOVPE growth. *J. Cryst. Growth* 93 (1): 624–630.

125 Köhler, K., Gutt, R., Müller, S. et al. (2011). Reactor dependent starting transients of doping profiles in MOVPE grown GaN. *J. Cryst. Growth* 321 (1): 15–18.

126 Köhler, K., Stephan, T., Perona, A. et al. (2005). Control of the Mg doping profile in III-N light-emitting diodes and its effect on the electroluminescence efficiency. *J. Appl. Phys.* 97: 104914.

127 Köhler, K., Gutt, R., Wiegert, J., and Kirste, L. (2013). Diffusion of Mg dopant in metal-organic vapor-phase epitaxy grown GaN and $Al_xGa_{1-x}N$. *J. Appl. Phys.* 113 (7): 073514.

128 Imura, M., Nakano, K., Fujimoto, N. et al. (2006). High-temperature metal-organic vapor phase epitaxial growth of AlN on sapphire by multi transition growth mode method varying V/III ratio. *Jpn. J. Appl. Phys.* 45 (11): 8639–8643.

129 Kakanakova-Georgieva, A., Nilsson, D., and Janzén, E. (2012). High-quality AlN layers grown by hot-wall MOCVD at reduced temperatures. *J. Cryst. Growth* 338 (1): 52–56.

130 Miyake, H., Nishio, G., Suzuki, S. et al. (2016). Annealing of an AlN buffer layer in N_2–CO for growth of a high-quality AlN film on sapphire. *Appl. Phys. Express* 9 (2): 025501.

131 Itokazu, Y., Kuwaba, S., Jo, M. et al. (2019). Influence of the nucleation conditions on the quality of AlN layers with high-temperature annealing and regrowth processes. *Jpn. J. Appl. Phys.* 58 (SC): SC1056.

132 Coltrin, M.E., Creighton, J.R., and Mitchell, C.C. (2006). Modeling the parasitic chemical reactions of AlGaN organometallic vapor-phase epitaxy. *J. Cryst. Growth* 287 (2): 566–571.

133 Lundin, W., Nikolaev, A., Rozhavskaya, M. et al. (2013). Fast AlGaN growth in a whole composition range in planetary reactor. *J. Cryst. Growth* 370: 7–11.

134 Stellmach, J., Pristovsek, M., Savaş, Ö. et al. (2011). High aluminium content and high growth rates of AlGaN in a close-coupled showerhead MOVPE reactor. *J. Cryst. Growth* 315 (1): 229–232.

135 Togashi, R., Kamoshita, T., Adachi, H. et al. (2009). Investigation of polarity dependent InN{0001} decomposition in N_2 and H_2 ambient. *Phys. Status Solidi C* 6 (S2): S372–S375.

136 Mayumi, M., Satoh, F., Kumagai, Y. et al. (2002). Influence of lattice polarity on wurtzite GaN{0001} decomposition as studied by in situ gravimetric monitoring method. *J. Cryst. Growth* 237–239: 1143–1147.

137 Kumagai, Y., Akiyama, K., Togashi, R. et al. (2007). Polarity dependence of AlN 0001 decomposition in flowing H_2. *J. Cryst. Growth* 305 (2): 366–371.

138 Walukiewicz, W., Ager, J.W., Yu, K.M. et al. (2006). Structure and electronic properties of InN and In-rich group III-nitride alloys. *J. Phys. D: Appl. Phys.* 39 (5): R83–R99.

139 Matsuoka, T., Sasaki, T., and Katsui, A. (1990). Growth and properties of a wide-gap semiconductor InGaN. *Optoelectron.-Devices Technol.* 5 (1): 53–64.

140 Drago, M., Vogt, P., and Richter, W. (2006). MOVPE growth of InN with ammonia on sapphire. *Phys. Status Solidi A* 203 (1): 116–126.

141 Koukitu, A., Taki, T., Takahashi, N., and Seki, H. (1999). Thermodynamic study on the role of hydrogen during the MOVPE growth of group III nitrides. *J. Cryst. Growth* 197 (1): 99–105.

142 Maleyre, B., Briot, O., and Ruffenach, S. (2004). MOVPE growth of InN films and quantum dots. *J. Cryst. Growth* 269 (1): 15–21.

143 Im, J.S., Kollmer, H., Off, J. et al. (1998). Reduction of oscillator strength due to piezoelectric fields in GaN/Al$_x$Ga$_{1-x}$N quantum wells. *Phys. Rev. B* 57 (16): R9435–R9438.

144 Ho, I. and Stringfellow, G.B. (1996). Solid phase immiscibility in GaInN. *Appl. Phys. Lett.* 69 (18): 2701–2703.

145 Matsuoka, T., Yoshimoto, N., Sasaki, T., and Katsui, A. (1992). Wide-gap semiconductor InGaN and InGaAlN grown by MOVPE. *J. Electron. Mater.* 21: 157–163.

146 Piner, E.L., Behbehani, M.K., El-Masry, N.A. et al. (1997). Effect of hydrogen on the indium incorporation in InGaN epitaxial films. *Appl. Phys. Lett.* 70: 461–463.

147 Keller, S., Keller, B.P., Kapolnek, D. et al. (1996). Growth and characterization of bulk InGaN films and quantum wells. *Appl. Phys. Lett.* 68 (22): 3147–3149.

148 Ferhat, M. and Bechstedt, F. (2002). First-principles calculations of gap bowing in In$_x$Ga$_{1-x}$N and In$_x$Al$_{1-x}$N alloys: relation to structural and thermodynamic properties. *Phys. Rev. B* 65: 075213.

149 Deibuk, V.G. and Voznyi, A.V. (2005). Thermodynamic stability and redistribution of charges in ternary AlGaN, InGaN, and InAlN alloys. *Semiconductors* 39 (6): 623–628.

150 Zhao, G., Xu, X., Li, H. et al. (2016). The immiscibility of InAlN ternary alloy. *Sci. Rep.* 6: 26600.

151 Schulz, S., Caro, M.A., Tan, L.T. et al. (2013). Composition-dependent band gap and band-edge bowing in AlInN: a combined theoretical and experimental study. *Appl. Phys. Express* 6 (12): 121001.

152 Takeuchi, T., Kamiyama, S., Iwaya, M., and Akasaki, I. (2018). GaN-based vertical-cavity surface-emitting lasers with AlInN/GaN distributed Bragg reflectors. *Rep. Prog. Phys.* 82 (1): 012502.

153 Sadler, T.C., Kappers, M.J., and Oliver, R.A. (2011). The impact of hydrogen on indium incorporation and surface accumulation in InAlN epitaxy. *J. Cryst. Growth* 331 (1): 4–7.

154 Smith, M.D., Taylor, E., Sadler, T.C. et al. (2014). Determination of Ga auto-incorporation in nominal InAlN epilayers grown by MOCVD. *J. Mater. Chem. C* 2: 5787–5792.

155 Choi, S., Kim, H.J., Lochner, Z. et al. (2014). Origins of unintentional incorporation of gallium in AlInN layers during epitaxial growth, part I: Growth of AlInN on AlN and effects of prior coating. *J. Cryst. Growth* 388: 137–142.

156 Ahl, J.P., Hertkorn, J., Koch, H. et al. (2014). Morphology, growth mode and indium incorporation of MOVPE grown InGaN and AlInGaN: a comparison. *J. Cryst. Growth* 398: 33–39.

157 Hahn, H., Reuters, B., Wille, A. et al. (2012). First polarization-engineered compressively strained AlInGaN barrier enhancement-mode MISH-FET. *Semicond. Sci. Technol.* 27 (5): 055004.

158 Loganathan, R., Balaji, M., Prabakaran, K. et al. (2015). The effect of growth temperature on structural quality of AlInGaN/AlN/GaN heterostructures grown by MOCVD. *J. Mater. Sci. - Mater. Electron.* 26 (7): 5373–5380.

159 Nakamura, S., Pearton, S., and Fasol, G. (2000). *The Blue Laser Diode - The Complete Story*. Berlin: Springer Nature.

160 *SiLENSe Laser Edition* version 5.4, build date: Feb7, 2013 (2013). http://www .str-soft.com (accessed 13 March 2020).

161 Chichibu, S.F., Abare, A.C., Mack, M.P. et al. (1999). Optical properties of InGaN quantum wells. *Mater. Sci. Eng., B* 59 (1–3): 298–306.

162 Nakamura, S. (1998). The roles of structural imperfections in InGaN-based blue light-emitting diodes and laser diodes. *Science* 281 (5379): 956–961.

163 Ponce, F.A. and Bour, D.P. (1997). Nitride-based semiconductors for blue and green light-emitting devices. *Nature* 386 (6623): 351–359.

164 O'Donnell, K.P. (2001). Mystery wrapped in an enigma: optical properties of InGaN alloys. *Phys. Status Solidi A* 183 (1): 117–120.

165 Dupuis, R.D. (1997). Epitaxial growth of III-V nitride semiconductors by metalorganic chemical vapor deposition. *J. Cryst. Growth* 178 (1–2): 56–73.

166 Dworzak, M., Periera, T.S., Bügler, M. et al. (2007). Gain mechanisms in field-free InGaN layers grown on sapphire and bulk GaN substrate. *Phys. Status Solidi RRL* 1 (4): 141–143.

167 Sarzyński, M., Suski, T., Staszczak, G. et al. (2012). Lateral control of indium content and wavelength of III-nitride diode lasers by means of GaN substrate patterning. *Appl. Phys. Express* 5 (2): 021001.

168 Dróżdż, P.A., Korona, K.P., Sarzyński, M. et al. (2016). Photoluminescence of InGaN/GaN quantum wells grown on c-plane substrates with locally variable miscut. *Phys. Status Solidi B* 253 (2): 284–291.

169 Even, A., Laval, G., Ledoux, O. et al. (2017). Enhanced In incorporation in full InGaN heterostructure grown on relaxed InGaN pseudo-substrate. *Appl. Phys. Lett.* 110 (26): 262103.

170 Yang, J., Zhao, D.G., Jiang, D.S. et al. (2017). Increasing the indium incorporation efficiency during InGaN layer growth by suppressing the dissociation of NH_3. *Superlattices Microstruct.* 102: 35–39.

171 Li, J., Liu, Z., Liu, Z. et al. (2016). Advances and prospects in nitrides based light-emitting-diodes. *J. Semicond.* 37 (6): 61001.

172 Kim, S., Lee, K., Lee, H. et al. (2003). The influence of ammonia pre-heating to InGaN films grown by TPIS-MOCVD. *J. Cryst. Growth* 247 (1–2): 55–61.

173 Czernecki, R., Grzanka, E., Smalc-Koziorowska, J. et al. (2015). Effect of hydrogen during growth of quantum barriers on the properties of InGaN quantum wells. *J. Cryst. Growth* 414: 38–41.

174 Suihkonen, S., Lang, T., Svensk, O. et al. (2007). Control of the morphology of InGaN/GaN quantum wells grown by metalorganic chemical vapor deposition. *J. Cryst. Growth* 300 (2): 324–329.

175 Oliver, R.A., Massabuau, F.C.-P., Kappers, M.J. et al. (2013). The impact of gross well width fluctuations on the efficiency of GaN-based light emitting diodes. *Appl. Phys. Lett.* 103 (14): 141114.

176 Ting, S.M., Ramer, J.C., Florescu, D.I. et al. (2003). Morphological evolution of InGaN/GaN quantum-well heterostructures grown by metalorganic chemical vapor deposition. *J. Appl. Phys.* 94 (3): 1461–1467.

177 Massabuau, F.C., Davies, M.J., Oehler, F. et al. (2014). The impact of trench defects in InGaN/GaN light emitting diodes and implications for the "green gap" problem. *Appl. Phys. Lett.* 105 (11): 112110.

178 Shiojiri, M., Chuo, C.C., Hsu, J.T. et al. (2006). Structure and formation mechanism of V defects in multiple InGaN/GaN quantum well layers. *J. Appl. Phys.* 99 (7): 073505.

179 Liliental-Weber, Z., Chen, Y., Ruvimov, S., and Washburn, J. (1997). Formation mechanism of nanotubes in GaN. *Phys. Rev. Lett.* 79 (15): 2835–2838.

180 Massabuau, F.C.P., Sahonta, S.L., Trinh-Xuan, L. et al. (2012). Morphological, structural, and emission characterization of trench defects in InGaN/GaN quantum well structures. *Appl. Phys. Lett.* 101 (21): 212107.

181 Florescu, D.I., Ting, S.M., Ramer, J.C. et al. (2003). Investigation of V-defects and embedded inclusions in InGaN/GaN multiple quantum wells grown by metal organic chemical vapor deposition on (0001) sapphire. *Appl. Phys. Lett.* 83 (1): 33–35.

182 Kumar, M.S., Lee, Y.S., Park, J.Y. et al. (2009). Surface morphological studies of green InGaN/GaN multi-quantum wells grown by using MOCVD. *Mater. Chem. Phys.* 113 (1): 192–195.

183 Smalc-Koziorowska, J., Grzanka, E., Czernecki, R. et al. (2015). Elimination of trench defects and V-pits from InGaN/GaN structures. *Appl. Phys. Lett.* 106 (10): 101905.

184 Sahonta, S.L., Kappers, M.J., Zhu, D. et al. (2013). Properties of trench defects in InGaN/GaN quantum well structures. *Phys. Status Solidi A* 210 (1): 195–198.

185 Cheong, M.G., Suh, E.K., and Lee, H.J. (2002). Properties of InGaN/GaN quantum wells and blue light emitting diodes. *J. Lumin.* 99 (3): 265–272.

186 Alhassan, A.I., Young, N.G., Farrell, R.M. et al. (2018). Development of high performance green c-plane III-nitride light-emitting diodes. *Opt. Express* 26 (5): 5591–5601.

187 Nippert, F., Karpov, S.Y., Callsen, G. et al. (2016). Temperature-dependent recombination coefficients in InGaN light-emitting diodes: hole localization, Auger processes, and the green gap. *Appl. Phys. Lett.* 109 (16): 161103.

188 Tian, A., Liu, J., Zhang, L. et al. (2017). Significant increase of quantum efficiency of green InGaN quantum well by realizing step-flow growth. *Appl. Phys. Lett.* 111 (11): 112102. https://doi.org/10.1063/1.5001185.

189 Shmidt, N.M., Chernyakov, A.E., Tal'nishnih, N.A. et al. (2019). The impact of the surface morphology on optical features of the green emitting InGaN/GaN multiple quantum wells. *J. Cryst. Growth* 520: 82–84.

190 Zhao, H., Liu, G., Li, X. et al. (2009). Growths of staggered InGaN quantum wells light-emitting diodes emitting at 520–525 nm employing graded-temperature profile. *Opt. InfoBase Conf. Pap.* 95 (6): 61104.

191 Jönen, H., Rossow, U., Bremers, H. et al. (2011). Indium incorporation in GaInN/GaN quantum well structures on polar and nonpolar surfaces. *Phys. Status Solidi B* 248 (3): 600–604.

192 Scholz, F. (2012). Semipolar GaN grown on foreign substrates: a review. *Semicond. Sci. Technol.* 27: 024002.

193 Wernicke, T., Schade, L., Netzel, C. et al. (2012). Indium incorporation and emission wavelength of polar, nonpolar and semipolar InGaN quantum wells. *Semicond. Sci. Technol.* 27 (2): 024014.

194 Zhao, Y., Yan, Q., Huang, C.-Y. et al. (2012). Indium incorporation and emission properties of nonpolar and semipolar InGaN quantum wells. *Appl. Phys. Lett.* 100 (20): 201108.

195 Keller, S., Fichtenbaum, N.A., Furukawa, M. et al. (2007). Growth and characterization of N-polar InGaN-GaN multiquantum wells. *Appl. Phys. Lett.* 90 (19): 191908.

196 Kwon, Y.H., Gainer, G.H., Bidnyk, S. et al. (1999). Structural and optical characteristics of $In_xGa_{1-x}N$/GaN multiple quantum wells with different In compositions. *Appl. Phys. Lett.* 75 (17): 2545–2547.

197 Jiang, H., Minsky, M., Keller, S. et al. (1999). Photoluminescence and photoluminescence excitation spectra of $In_{0.2}Ga_{0.8}$N-GaN quantum wells: comparison between experimental and theoretical studies. *IEEE J. Quantum Electron.* 35 (10): 1483–1490.

198 Chichibu, S., Sota, T., Wada, K., and Nakamura, S. (1998). Exciton localization in InGaN quantum well devices. *J. Vac. Sci. Technol., B* 16 (4): 2204–2214.

199 Ruterana, P., Kret, S., Vivet, A. et al. (2002). Composition fluctuation in InGaN quantum wells made from molecular beam or metalorganic vapor phase epitaxial layers. *J. Appl. Phys.* 91 (11): 8979–8985.

200 Cheng, Y.C., Lin, E.-C., Wu, C.-M. et al. (2004). Nanostructures and carrier localization behaviors of green-luminescence InGaN/GaN quantum-well structures of various silicon-doping conditions. *Appl. Phys. Lett.* 84 (14): 2506–2508.

201 Tachibana, K., Someya, T., and Arakawa, Y. (1999). Nanometer-scale InGaN self-assembled quantum dots grown by metalorganic chemical vapor deposition. *Appl. Phys. Lett.* 74 (3): 383–385.

202 Tersoff, J. (1998). Enhanced nucleation and enrichment of strained-alloy quantum dots. *Phys. Rev. Lett.* 81 (15): 3183–3186.

203 Hiramatsu, K., Kawaguchi, Y., Shimizu, M. et al. (1997). The composition pulling effect in MOVPE grown InGaN on GaN and AlGaN and its TEM characterization. *MRS Internet J. Nitride Semicond. Res.* 2: e6.

204 Narukawa, Y., Kawakami, Y., Funato, M. et al. (1997). Role of self-formed InGaN quantum dots for exciton localization in the purple laser diode emitting at 420 nm. *Appl. Phys. Lett.* 70 (8): 981.

205 Shimizu, M., Kawaguchi, Y., Hiramatsu, K., and Sawaki, N. (1997). Metalorganic vapor phase epitaxy of thick InGaN on sapphire substrate. *Jpn. J. Appl. Phys.* 36 (Part 1, No. 6A): 3381–3384.

206 Dussaigne, A., Damilano, B., Grandjean, N., and Massies, J. (2002). Indium surface segregation in InGaN/GaN quantum wells. *Int. Conf. Mol. Beam Epitaxy* 251 (1): 151–152.

207 Ou, J., Chen, W.K., Lin, H.C. et al. (1998). An elucidation of solid incorporation of InGaN grown by metalorganic vapor phase epitaxy. *Jpn. J. Appl. Phys.* 37 (Part 2, No. 6A): L633–L636.

208 Cho, H.K., Lee, J.Y., Kim, C.S., and Yang, G.M. (2002). Influence of strain relaxation on structural and optical characteristics of InGaN/GaN multiple quantum wells with high indium composition. *J. Appl. Phys.* 91 (3): 1166–1170.

209 Gu, G.H., Jang, D.H., Nam, K.B., and Park, C.G. (2013). Composition fluctuation of In and well-width fluctuation in InGaN/GaN multiple quantum wells in light-emitting diode devices. *Microsc. Microanal.* 19 (Suppl. 5): 99–104.

210 Moison, J.M., Houzay, F., Barthe, F. et al. (1991). Surface segregation in III-V alloys. *J. Cryst. Growth* 111 (1–4): 141–150.

211 Krysko, M. and Leszczynski, M. (2007). Quantification of In clustering in InGaN-GaN multi-quantum-wells by analysis of X-ray diffraction data. *Appl. Phys. Lett.* 91 (6): 061915.

212 Pophristic, M., Long, F.H., Tran, C. et al. (1998). Time-resolved photoluminescence measurements of InGaN light-emitting diodes. *Appl. Phys. Lett.* 73 (24): 3550–3552.

213 Gérard, J.M. and D'Anterroches, C. (1995). Growth of InGaAs/GaAs heterostructures with abrupt interfaces on the monolayer scale. *J. Cryst. Growth* 150: 467–472.

214 Michałowski, P.P., Grzanka, E., Grzanka, S. et al. (2019). Indium concentration fluctuations in InGaN/GaN quantum wells. *J. Anal. At. Spectrom.* 34 (8): 1718–1723.

215 Duxbury, N., Bangert, U., Dawson, P. et al. (2000). Indium segregation in InGaN quantum-well structures. *Appl. Phys. Lett.* 76 (12): 1600–1602.

216 Humphreys, C.J. (2007). Does In form In-rich clusters in InGaN quantum wells? *Philos. Mag.* 87 (13): 1971–1982.

217 Jinschek, J., Erni, R., Gardner, N. et al. (2006). Local indium segregation and band gap variations in high efficiency green light emitting InGaN/GaN diodes. *Solid State Commun.* 137 (4): 230–234.

218 Potin, V., Hahn, E., Rosenauer, A. et al. (2004). Comparison of the In distribution in InGaN/GaN quantum well structures grown by molecular beam epitaxy and metalorganic vapor phase epitaxy. *J. Cryst. Growth* 262 (1–4): 145–150.

219 Pantzas, K., Patriarche, G., Troadec, D. et al. (2015). Role of compositional fluctuations and their suppression on the strain and luminescence of InGaN alloys. *J. Appl. Phys.* 117 (5): 055705.

220 Kret, S., Dłużewski, P., Szczepańska, A. et al. (2007). Homogenous indium distribution in InGaN/GaN laser active structure grown by LP-MOCVD on bulk GaN crystal revealed by transmission electron microscopy and X-ray diffraction. *Nanotechnology* 18 (46): 465707.

221 Grandjean, N., Damilano, B., and Massies, J. (2001). Group-III nitride quantum heterostructures grown by molecular beam epitaxy. *J. Phys. Condens. Matter* 13 (32): 6945–6960.

222 Brandt, O., Waltereit, P., Jahn, U. et al. (2002). Impact of In bulk and surface segregation on the optical properties of (In,Ga)N/GaN multiple quantum wells. *Phys. Status Solidi A* 192 (1): 5–13.

223 Yang, T.J., Shivaraman, R., Speck, J.S., and Wu, Y.R. (2014). The influence of random indium alloy fluctuations in indium gallium nitride quantum wells on the device behavior. *J. Appl. Phys.* 116 (11): 113104.

224 Wu, Y.R., Shivaraman, R., Wang, K.C., and Speck, J.S. (2012). Analyzing the physical properties of InGaN multiple quantum well light emitting diodes from nano scale structure. *Appl. Phys. Lett.* 101 (8): 083505.

225 Talalaev, R.A., Karpov, S.Y., Evstratov, I.Y., and Makarov, Y.N. (2002). Indium segregation in MOVPE grown InGaN-based heterostructures. *Phys. Status Solidi C* 192 (1): 311–314.

226 Karpov, S.Y. (2017). Carrier localization in InGaN by composition fluctuations: implication to the "green gap". *Photonics Res.* 5 (2): A7–A12.

227 Deng, Z., Jiang, Y., Wang, W. et al. (2014). Indium segregation measured in InGaN quantum well layer. *Sci. Rep.* 4: 6734.

228 Liu, N.X., Wang, H.B., Liu, J.P. et al. (2006). Growth of p-GaN at low temperature and its properties as light emitting diodes. *Wuli Xuebao/Acta Phys. Sin.* 55 (3): 1424–1429.

229 Chuo, C.C., Chang, M.N., Pan, F.M. et al. (2002). Effect of composition inhomogeneity on the photoluminescence of InGaN/GaN multiple quantum wells upon thermal annealing. *Appl. Phys. Lett.* 80 (7): 1138–1140.

230 Li, Z., Liu, J., Feng, M. et al. (2013). Suppression of thermal degradation of InGaN/GaN quantum wells in green laser diode structures during the epitaxial growth. *Appl. Phys. Lett.* 103 (15): 152109.

231 Hardy, M.T., Wu, F., Huang, C.Y. et al. (2014). Impact of p-GaN thermal damage and barrier composition on semipolar green laser diodes. *IEEE Photonics Technol. Lett.* 26 (1): 43–46.

232 Hoffmann, V., Mogilatenko, A., Zeimer, U. et al. (2015). In-situ observation of InGaN quantum well decomposition during growth of laser diodes. *Cryst. Res. Technol.* 50 (6): 499–503.

233 Liu, J., Liang, H., Zheng, X. et al. (2017). Degradation mechanism of crystalline quality and luminescence in $In_{0.42}Ga_{0.58}N$/GaN double heterostructures with porous InGaN layer. *J. Phys. Chem. C* 121 (33): 18095–18101.

234 Tessarek, C., Figge, S., Aschenbrenner, T. et al. (2011). Strong phase separation of strained $In_xGa_{1-x}N$ layers due to spinodal and binodal decomposition: formation of stable quantum dots. *Phys. Rev. B* 83 (11): 115316.

235 Haller, C., Carlin, J.F., Jacopin, G. et al. (2018). GaN surface as the source of non-radiative defects in InGaN/GaN quantum wells. *Appl. Phys. Lett.* 113 (11): 111106.

236 Haller, C., Carlin, J.F., Jacopin, G. et al. (2017). Burying non-radiative defects in InGaN underlayer to increase InGaN/GaN quantum well efficiency. *Appl. Phys. Lett.* 111 (26): 262101.

237 Oh, M.S., Kwon, M.K., Park, I.K. et al. (2006). Improvement of green LED by growing p-GaN on $In_{0.25}GaN$/GaN MQWs at low temperature. *J. Cryst. Growth* 289 (1): 107–112.

238 Moon, Y.T., Kim, D.J., Song, K.M. et al. (2001). Effects of thermal and hydrogen treatment on indium segregation in InGaN/GaN multiple quantum wells. *J. Appl. Phys.* 89 (11): 6514–6518.

239 Ryou, J.H., Lee, W., Limb, J. et al. (2008). Control of quantum-confined Stark effect in InGaNGaN multiple quantum well active region by p-type layer for III-nitride-based visible light emitting diodes. *Appl. Phys. Lett.* 92 (10): 101113.

240 Hikosaka, T., Shioda, T., Harada, Y. et al. (2011). Impact of InGaN growth conditions on structural stability under high temperature process in InGaN/GaN multiple quantum wells. *Phys. Status Solidi C* 8 (7–8): 2016–2018.

241 Zhao, Y., Wu, F., Huang, C.Y. et al. (2013). Suppressing void defects in long wavelength semipolar (2021) InGaN quantum wells by growth rate optimization. *Appl. Phys. Lett.* 102 (9): 091905.

242 Yang, J., Zhao, D.G., Jiang, D.S. et al. (2018). Improvement of thermal stability of InGaN/GaN multiple-quantum-well by reducing the density of threading dislocations. *Opt. Mater.* 85: 14–17.

243 Ishikawa, H., Nakada, N., Mori, M. et al. (2001). Suppression of GaInN/GaN multi-quantum-well decomposition during growth of light-emitting-diode structure. *Jpn. J. Appl. Phys. Lett.* 40 (11 A): L1170–L1172.

244 Zhou, K., Ikeda, M., Liu, J. et al. (2017). Thermal degradation of InGaN/GaN quantum wells in blue laser diode structure during the epitaxial growth. In: *International Conference on Optoelectronics and Microelectronics Technology and Application*, vol. 10244 (eds. Y. Su, C. Xie, S. Yu, et al.), 102441X. International Society for Optics and Photonics, SPIE.

第 3 章

毫米波用 GaN 基 HEMT

Kathia Harrouche 和 **Farid Medjdoub**

法国微电子与纳米技术研究所（IEMN-CNRS）

3.1 引言

今天，由于毫米波（mmW）频段（30～300GHz）的短波长和宽频带特性，人们对它的关注日益提升，它可以使组件更小并具有更高的性能。无线通信系统正在扩展到更高的频率，设计人员需要为许多新兴应用提供高带宽。然而，为了更好地使用毫米波谱，人们需要克服一些挑战。基于Ⅲ-Ⅴ族半导体的单片微波集成电路（MMIC），是满足毫米波范围需求的关键。高频微波集成电路所需的性能包括：高功率、高效率、小尺寸和低成本等。氮化镓（GaN）是该框架中最有前景的半导体之一。

在此应用背景下，本章将重点介绍毫米波应用的 GaN 器件。主要应用包括高功率放大器（PA）、宽带放大器和第五代（5G）无线网络。本章将讨论毫米波应用中的多种 GaN 基材料，说明其在高频应用中的优缺点。并对毫米波 GaN 器件的设计和制造进行分析。最后，将对单片微波集成电路功率放大器进行阐述。

3.2 GaN 毫米波器件的主要应用

随着 GaN HEMT（高电子迁移率晶体管）器件性能的提升，其已经在下一代各种毫米波电路中得到应用。如第 1 章所述，GaN 具有宽禁带、高电子迁移率和高击穿电压等特性，是一种非常有前景的材料，可用于实现高功率、高效率和带宽大的电路。这些优势不仅对微型固态高功率放大器很有吸引力，而且对未来 5G 蜂窝通信的发射机设计也很有吸引力。图 3.1 显示了截至 2022年，人们对 GaN 应用领域进行的投资。GaN 技术应用投资将随着时间的推移继续增长，直到 2022 年达到 25 亿美元。这种增长的原因是 GaN 将在许多应用中发挥重要作用，并被视为一项战略技术。

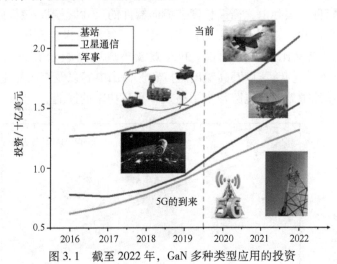

图 3.1　截至 2022 年，GaN 多种类型应用的投资

3.2.1　高功率应用

半导体器件制造和加工技术的创新，以及持续进展打破了单片微波集成电路在毫米波频段方面应用的限制。在这些频段下工作的单片微波集成电路组件将用于提高辐射计、通信系统接收器和雷达收发器的灵敏度和性能。1976 年报道了第一个单片微波集成电路[1]，此后其在输出功率、增益和工作频率方面不断取得进展。最近的文献表明，基于 Si 的单片微波集成电路，例如互补金属氧化物半导体（CMOS）-绝缘体上硅（SOI）-堆积型单片微波集成电路，以及将功率结合的硅锗（SiGe）单片微波集成电路，可以在高频下实现相对较高的功率。因此，它们可以在低于 Ka 波段的高功率中应用。然而，在较高频率下，与 GaN 基器件相比，基于 Si 的单片微波集成电路仅限于提供必要的输出功率。高功率放大器在毫米波范围内使用主要基于Ⅲ-V族材料，例如砷化镓（GaAs）[2-4]和磷化铟（InP）[5-7] HEMT。尽管它们表现出色，但基于 InP 和 GaAs 的毫米波功率放大器在饱和功率水平方面也受限于击穿电压和漏极偏置。性能优异的 GaN HEMT 已证明在毫米波范围内具有高功率特性，其超过任何其他技术 5 ~ 10 倍[8]。与 Si、GaAs 和 InP 材料相比，GaN 在高温下具有稳定的性质。GaN 基单片微波集成电路在毫米波固态功率放大器（SSPA）领域实现了突破，并实现了以前由于固态功率放大器输出功率限制和行波管放大器（TWTA）大尺寸而无法实现的新应用。

在毫米波频率范围内工作的 GaN 基 HEMT 高功率放大器已被证明可工作在 W 波段。图 3.2 显示了主要的半导体器件在输出功率和工作频率方面的限制。据报道，最先进的功率级放大器在连续波（CW）条件下，在 Ka 波段[9-11]和 W

波段[8,12-20]分别为10W和3W。正如预期情况，由于器件小型化，输出功率在较高频率下会降低。实际上，栅极长度和横向器件的尺寸（栅极-漏极距离）是高频的关键参数。此外，为了达到高输出功率，必须给漏极加高压，这通常与器件的缩小比例成反比。然而，GaN单片微波集成电路组合在W波段实现了5.2W输出功率[21]。GaN以其高输出阻抗和低输出电容以及高击穿电压而闻名。这些特性给单片微波集成电路带来了高效率和高功率的性能。

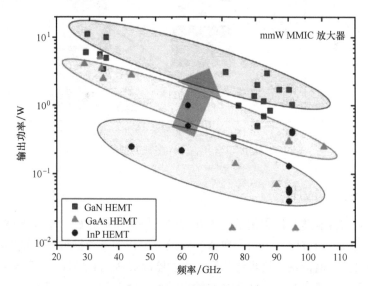

图3.2　基于各种半导体晶体管技术的单片微波集成电路
放大器在CW下的输出功率

3.2.2　宽带放大器

　　近年来，GaN基毫米波单片微波集成电路的应用将功率放大器的性能推向了一个新的水平。对于许多应用，例如需要集成多种功能并减少组件数量和尺寸的仪器或通信系统，覆盖带宽大的射频（RF）功率放大器是非常有价值的。迄今为止，覆盖宽频率范围的系统需要多个窄带功率放大器。这些放大器通过开关或三工器连接。在任何一种情况下，附加电路都会引入损耗，因此，这样的系统不是首选的。为了降低成本和系统的复杂性，需要用一个覆盖多个频段的单宽带功率放大器来代替多个放大器。GaN基宽带功率放大器单片微波集成电路是用于军事和无线通信等众多应用的关键组件。对于5G，GaN单片微波集成电路有望广泛部署在蜂窝基站中，可以减小尺寸并提高系统集成度。因此，单片微波集成电路必须降低损耗及缩小尺寸，以便确保高的效率和带宽。

　　功率放大器的性能评估基于五个关键参数：效率、输出功率、线性度、增益和带宽。近年来，功率放大器有了新的研究和重大进展。功率放大器的最佳性能取决于目标线性度、效率和输出功率。在传统的操作类别（A、B、AB 和 C）中，功率放大器的运用类似于电压控制的电流源。然而，最近引起很多关注的另一个方面是使用所谓的开关模式概念（如 D、E 和 F 类）来提高放大器效率，目标是达到 70% 甚至更高的漏极效率[22]。

图 3.3 总结了最先进的宽带高功率毫米波 GaN 单片微波集成电路。这些结果表明基于 GaN 的高功率放大器在提高固态功率水平的同时又能够保持高宽带。据报道，宽带 GaN 单片微波集成电路最高可达 140GHz，输出功率范围为 32~38GHz[10]上的 10W 到 90~140GHz[27]上的 47mW。尽管这些单片微波集成电路的功率水平具有很大吸引力，但最高功率水平依然受窄的带宽影响。然而，通过使用片上行波功率组合器电路技术，Quinstar 提出了使用 GaN 单片微波集成电路可达到数瓦的输出功率，其带宽接近整个 W 波段[28]。另一种能够实现具有高增益、高带宽放大器的技术是非均匀分布式功率放大器（NDPA）。该放大器在驱动器级使用双栅极 HEMT NDPA，可在较宽的带宽下提高整体放大器的增益。IAF 报告了 NDPA MMIC，其频率范围为 6~37GHz 和 8~42GHz，输出功率为 1W 和 500mW，相应的功率增益分别高了 11dB 和 8dB[29-30]。

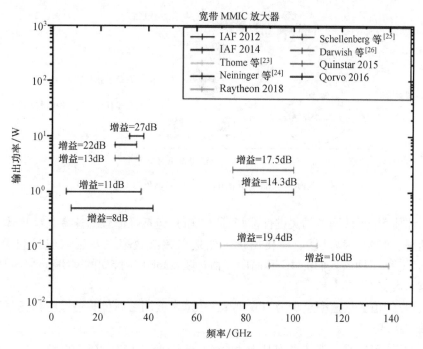

图 3.3　宽带单片微波集成电路放大器的输出功率[10,23-30]

3.2.3　5G

不断增长的数据传输速率和移动通信连接数量为我们的日常生活带来了不错的体验。目前，无线通信前沿正在从当前的第四代（4G）转向即将到来的5G 时代。国际各大通信公司和制造商都在竞相展现 5G 能力和特性，同时这也为毫米波技术铺平道路。无线宽带和无线网络突出了 5G 开创性的一面，5G 不仅适用于电信行业，也适用于机器人、汽车、工厂自动化、医疗保健和教育等广泛的领域。尽管 5G 的功能和用例广泛多样，但如图 3.4 所示，5G 的使用最初可能会通过三个场景解决少数几个突出的用例：超可靠低时延通信（uRLLC）、增强型移动宽带（eMBB）和海量机器类通信（mMTC）。在 5G 的保护伞下，这些应用具有截然不同的系统级性能要求，例如时延、移动性、用户数量和数据速率。

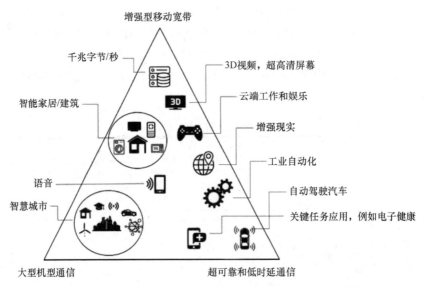

图 3.4　国际移动通信提出的一些使用场景（IMT）-2020[31]

评估 5G 无线网络的关键性能指标（KPI）包括峰值数据速率、用户体验数据速率、时延、移动性、连接密度、能量和频谱效率以及区域流量容量[31]。表 3.1 总结了面向人们的 4G 和面向万物互联（IoE）的 5G 的网络特性。目标包括以下内容：

1）峰值数据速率至少为 20Gbit/s，在毫米波网络回传等一些特殊场景下是4G 的 10 倍。

2）用户体验数据速率为 0.1Gbit/s，是 4G 的 10 倍。在热点情况下，用户体验的数据速率预计会达到更高的值（例如 1Gbit/s 室内）。

表 3.1 4G 和 5G 的网络特性

		4G	5G
使用场景		MBB	eMMB uRLLC mMTC
应用		高清视频 语音 移动电视 移动网络 移动支付	VR/AR/360°视频 UHD 视频 V2X IoT 智慧城市/工厂/家庭 远程医疗 可穿戴设备
KPI	峰值数据速率	100Mbit/s	20Gbit/s
	经验数据速率	10Mbit/s	0.1Gbit/s
	频谱效率	1 倍	4G 的 3 倍
	网络能效	1 倍	4G 的 10~100 倍
	区域交通容量（Mbit/s/m^2）	0.1	10
	连接密度（设备/km^2）	10^5	10^6
	时延（ms）	10	1
	迁移率（km/h）	350	500
技术		OFDM MIMO Turbo code 载波聚合 HetNet D2D 通信 免费频段	毫米波通信 大规模 MIMO LDPC 和极化码 灵活的架构 超高密度网络 云/雾/边缘=计算 SDN/NFV/网络分片

注：VR，虚拟现实；AR，增强现实；UHD，超高清；V2X，万物互联；IoT，物联网；OFDM，正交
频分复用；MIMO，多输入多输出；HetNet，异构网络；D2D，设备到设备；LDPC，低密度奇偶
校验码；SDN，软件定义网络；NFV，网络功能虚拟化。

3）与 4G 相比，能效提高 3 倍，频率提高 10~100 倍。

4）1ms 的无线时延和高达 500km/h 的高移动性，这将为自动驾驶等 uRLLC
场景提供可接受的服务质量（QoS）。

5）连接密度是 4G 的 10 倍。这将达到 10^6 器件/km^2，例如 mMTC 场景和高
达 10Mbit/s/m^2 的区域流量容量。

3.2.3.1 5G GaN

与当前的 4G LTE 网络相比，未来 eMBB 的 5G 网络以 20Gbit/s 的峰值数据

速率为目标，这代表了 10 倍的提升。新波形以及多输入多输出（MIMO）、波束成形和毫米波技术被认为是 5G 的关键特性，可在能量和频谱效率方面实现出色的网络性能。毫米波频率的 MIMO 对硬件设计提出了重大挑战，因为需要毫米波前端模块以支持波束成形功能。这给 5G 网络高性能 PA 的开发带来了新的挑战。先进的 PA 架构随着 GaN 技术的发展而发展，以满足越来越高的系统级要求，尤其是在效率、功率、电平和调制带宽方面。GaN 将超越用于 5G 网络应用的传统半导体材料，在恶劣的环境下以高频率、集成化和低成本运行。这些特性可在高频范围内实现高效率和高功率 PA 性能，从而实现低成本、宽带宽和小尺寸的基站系统。[32]

3.2.3.2　GaN 基站 PA

为满足 5G 应用对功率放大器的应用要求，器件工艺选择和电路配置至关重要。5G 的几个关键方向已经显现。反过来，硅在 6GHz 以下仍占优势，但在更高的频率下，GaN 越来越有吸引力。另一方面，频段的范围分配将决定收发器硬件的设计和实现。然而，高数据速率的可用频段仅限于微波范围。这就是为什么需要毫米波频率来扩展当前的 4G 频段。最近，在这个领域中已经报道了各种 GaN PA，其具有更高带宽和更复杂的调制信号来用于实现更高的数据速率。此外，在多频段、多模式操作下，人们对效率的需求也在增加。例如 Doherty 放大器、包络跟踪（ET）放大器和基于 GaN 的数字发射器[33-35]。在开发毫米波 5G 的同时，将首先使用相同的 MIMO 波束成形技术在低于 6GHz 的 5G 系统上实施，虽然频率更低，但技术上可行性更高[36]。5G 通信网络不仅针对低于 6GHz 的频段设计，还针对高于 24GHz（mmW）的频段设计。许多低于 6GHz 5G MIMO 系统已在 3.3GHz、4.2GHz 和 2.14GHz[36-37]上进行了演示。在毫米波中，已经提出了几种 GaN PA。表 3.2 总结了 PA 在不同频率下的一些性能结果，尤其是在 5G 应用中的 Ka 波段。

随着人们对数据速率的要求不断增加，现代通信网络以牺牲 PA 效率为代价，使用具有高功率平均比（PAR）的高带宽调制方案。在高 PAR 下，PA 为了输出实现所需的线性度，必须在饱和点回落。此外，PA 的最大输出功率必须降低，使整个信号维持在线性区域内，导致效率降低[38]。一种解决方案是使用先进的 PA 架构，以便在保持高线性度的同时提高 PA 效率。典型的案例是基于 D 类和 S 类的 Doherty 放大器、ET、异相和开关模式 PA。

Doherty PA 技术使用有源负载调制，是一种很有前景的架构，可提高回落的效率和线性度。使用 GaN 技术覆盖多频带频率范围的 Doherty 放大器已被证明具有高达 Ka 频带的高效率[36,38,42-43]。此外，基于动态调制的 ET PA 在提高 PA 效率方面表现也不错。在这种情况下，为了在回落区域保持高效率，包络放大器动态调制 RF PA 的电源电压。这两种先进的 PA 架构将继续主导需要多频段和高效率的 5G 射频和毫米波应用。尽管如此，带宽和线性度仍然是 Doherty 和 ET PA 技术中最重要的限制之一。为了克服这些问题，已经提出了几种技术，包括数字预失真（DPD）技术[38,44]。该框架的另一个最新进展是使用非线性组件（LINC）PA 架构的线性放大，这对 5G 系统很有吸引力，因为它具有为 PAR 信号提供高效率和大峰值的强大潜力[45]。

表 3.2　5G 应用中不同 PA 的性能比较[33,36,38-42]

参考文献	类　　型	尺　　寸	f/GHz	P_{OUT}/dBm	PAE（%）	PAR/dBm	增益/dB
[33]	PA	2.9mm×1.7mm	26.5~29.5	36.9~38	17.9~23	NA	NA
[36]	Doherty PA	1.8mm×1.7mm	28	36	51	NA	30
[39]	开关模式 PA	NA	28~39	24.3	59	NA	8.2
[40]	PA	3.8mm×6.2mm	26~28	43.3~41.6	19.8~13.2	NA	NA
[41]	HPA	3.4mm×3.3mm	26.5~29	39	25	NA	21.1~24
[38]	Doherty	3.4mm×2mm	23	36.9	27	29.4	15.4
[42]	Doherty PA	2.7mm×1.6mm	27.5~29.5	35.6	25.5	NA	NA

尽管提出了这些方法，但为了满足 5G 无线通信网络的实际要求，如毫米波、高线性度、高输出功率、高带宽和小尺寸，PA 性能仍有很大的提升空间。GaN HEMT 是最适合功率放大器的器件之一，肯定会作为 5G 无线通信的宽带技术发挥重要作用。

3.2.3.3　迈向 6G

5G 网络系统已被定义为 IoE 应用的关键。在毫米波无线通信的研究投入和 5G 初步测试的成功确保了 5G 无线网络的商业化和预先部署，预计将在 2020 年继续增加[31]。5G 系统基本上在 24~71GHz 之间的高频下运行，将解决目前仅限于 6GHz 以下频率的 4G 蜂窝通信系统的频段不足。尽管正在上市的 5G 系统将支持基本的 IoE 应用，但无线回传、虚拟现实（VR）/增强现实（AR）和太空旅行等新应用数量的增加使得它们能否满足目前的新兴服务是个问题。这也激发了人们向第六代（6G）网络发展的动力。

最近的研究已经确定了可能定义 6G 的关键技术。大约未来 10 年[46]，6G 无线通信将运用在太赫兹设备。评估 6G 无线网络的关键品质因数包括 1Tbit/s 的峰值数据速率，它是 5G 的 100 倍，时延为 10~100μs，能效比 5G 高 10~100 倍。10 年内 6G 在亚太赫兹方面可达到成熟水平，可以使该技术成为强大的推动者。

3.3 用于毫米波的 GaN 材料应用设计

从历史上看，基于 MMIC 的半导体技术的进步导致了性能的持续提升。与许多射频应用的其他技术相比，GaN 代表了一个飞跃。20 世纪 90 年代初期，GaN 的使用已被公认为是解决高功率和高频要求的潜在技术[47]。

3.3.1 与其他射频器件的材料性能对比

图 3.5 显示了广泛使用的毫米波半导体材料特性及 GaN 材料在高频和高功率应用中的优势。由于其优异的特性，GaN 技术被公认为是一种革命性材料，其能带间隙达到 3.4eV，超过 InP、GaAs 和 Si 的 3 倍，从而具有更高的击穿电压和更高的工作电压。GaN 的高饱和电子速度 $2.5 \times 10^7 \mathrm{cm/s}$ 是 GaN 另一个具有吸引力的特性，电子速度与电流密度有关。因此，GaN 能够在高压下产生大电流。因为功率是电压和电流的函数，理想的高功率器件具有宽能带间隙和高电子速度。此外，如第 1 章所述，基于 GaN 的异质结构可提供 $(1 \sim 2) \times 10^3 \mathrm{cm}^2/(\mathrm{V \cdot s})$ 的高电子迁移率，从而实现低导通电阻。所以，可以在高频下实现高功率及高效率（PAE）。GaN 的热导率 $[1.3 \sim 2.1\mathrm{W}/(\mathrm{cm \cdot K})]$ 远高于 GaAs 和 InP。热导率是与器件功耗直接相关的关键因素。使用约翰逊品质因数（JFoM）对各种材料进行比较，清楚地证明了 GaN HEMT 优于同类材料[48-49]。

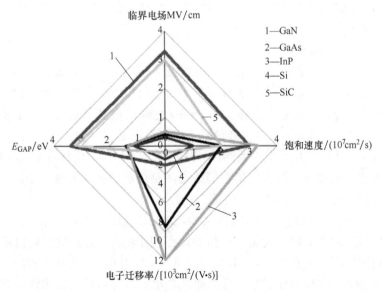

图 3.5　毫米波半导体材料特性

　　除了器件性能外，器件的可靠性也至关重要。对于在漏极高偏置下提供高性能的小型器件，器件可靠性主要限制于高电场峰值和结处的高温。场板技术已在微波范围内成功使用，通过优化电场峰值来提高器件的可靠性。然而，这种方法不能真正用于毫米波器件，因为高度感应的寄生电容会降低增益。在技术开发的早期阶段评估可靠性至关重要。测试通常在特定的操作和环境条件（如温度、电压、电流等）下在给定的持续时间内进行。人们已经研究了高温条件下的可靠性和性能[50]。GaN 毫米波 HEMT 可以在高结温下表现稳定的器件性能。[51-56]

　　图 3.6 显示了一个在 40GHz 工作频率下的 AlN/GaN HEMT 射频监测示例，该结构具有栅极长度 $L_g = 110\text{nm}$ 和栅极到漏极距离 $L_{gd} = 1.5\mu\text{m}$。这些器件已在 24h 内进行了测试，基板温度高达 140℃（对应于结温 250℃ 以上），在 $V_{DS} = 20\text{V}$ 时以 4h 为步长。具有 P_{OUT} 的高 PAE（50%）在 40GHz 时大约 3W/mm 保持稳定（见图 3.6a），栅极和漏极的漏电流没有增加（见图 3.6b）。

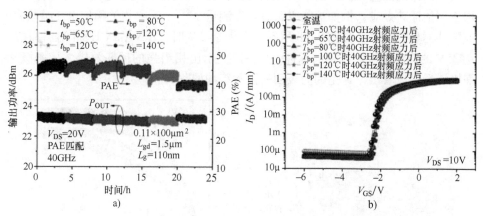

图 3.6　a）140℃ 下 24h 的输出功率和 PAE 监测；b）应力前后的传输特性
（资料来源：https：//ieeexplore. ieee. org/stamp/stamp. jsp？tp＝&arnumber＝
8894405. Licensed under CC-BY 4. 0）

　　GaN 不仅非常适合高功率和高频率，而且还使得芯片尺寸更小、成本更低。迄今为止报道的 GaN MMIC 的功率密度是 GaAs MMIC 的 5 倍多且尺寸更小[15,52,57]。如图 3.7 所示，与 GaAs pHEMT MMIC 相比，GaN MMIC 可减少 82%，同时提供 4 倍以上的功率密度。因此，GaN MMIC 可以提供更高的效率，因为在 MMIC 和模块级别降低了片上组合损耗。这就是为什么 GaN MMIC 将彻底改变毫米波 SSPA 领域并实现以前由于 SSPA 功率有限或 TWTA 尺寸大和成本高而无法实现的新应用。

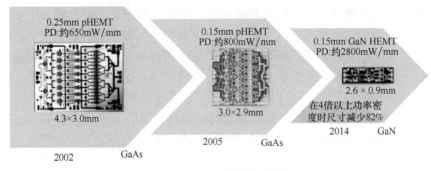

图 3.7　MMIC 与其他技术的比较

　　然而，GaN HEMT 仍然受到两个重要现象的困扰，特别是在器件尺寸较小时：俘获效应和自热可直接导致电流崩塌和翘曲效应，从而降低器件性能[58-59]。如图 3.8a 所示，在器件不同位置发生的俘获效应主要与生长和器件加工过程中引起的晶体缺陷有关。表面[60-61]或缓冲区俘获[62]通常取决于电场。有几种技术用于评估俘获效应，例如深能级瞬态光谱测量[63-64]、温度相关阈值电压分析[65]或脉冲测量[54,63,66]。如图 3.8b 所示，在 $V_{GS} = 2V$ 时，AlN/GaN HEMT 器件在高达 25V 的静态漏极电压下的脉冲 I-V 特性显示出相当强的俘获效应，从栅极和漏极滞后可以看出，这是因为表面残留和缓冲的陷阱。

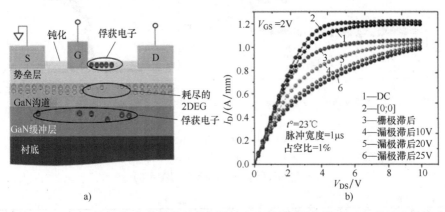

图 3.8　a) AlN/GaN HEMT 的横截面示意图，显示了电子俘获位置；b) 具有各种静态偏置点的脉冲 I_D-V_{DS} 特性：冷点：$V_{DS0} = 0V$，$V_{GS0} = 0V$，栅极滞后：$V_{DS0} = 0V$，$V_{GS0} = -6V$；和漏极滞后：$V_{DS0} = 10 \sim 25V$，$V_{GS0} = -6V$（资料来源：Harrouche 等人，2019 年[54]）（见彩插）

　　俘获/去俘获机制会引起电寄生效应，例如电流崩塌和翘曲效应，如图 3.9a 所示。多项研究表明，电流崩塌效应与高电场下存在陷阱和热电子注入缓冲层有关[59]。还表明，使用光瞬态测量电流崩塌归因于在栅极下方和栅极-漏极区域中的俘获[67]。由俘获机制引起的另一个电寄生效应是增加漏极电流的翘曲效应，导致夹断电压向更负的电压移动。目前已经提出了几种解释[68]：碰撞电离和随后的空穴积累导致表面或沟道/衬底界面的变化，俘获/去俘获的深能级场[69]，以及碰撞电离和深能级的综合效应，通过产生的空穴引起表面状态、缓冲层或沟道/衬底界面深能级的改变[70]。其他研究报告表明，GaN HEMT 中的翘曲效应与碰撞电离以及栅极下方外延层中慢陷阱存在有关，可能会进入 GaN 缓冲层[71-72]。

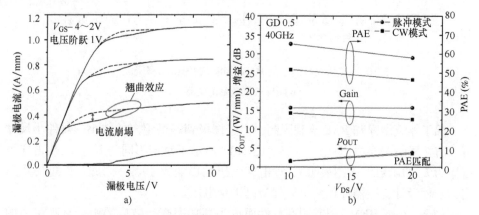

图 3.9　I-V 特性显示了由于电子俘获 a）和 CW（圆形）和脉冲（方形）输出功率密度、PAE 和小信号增益导致的电流崩塌和翘曲效应，作为 40GHz 时 AlN/GaN HEMT 的 V_{DS} 的函数 b）（资料来源：Harrouche 等人，2019 年[54]）

图 3.9b 显示了大信号 CW 和脉冲模式在 40GHz 下的输出功率密度、PAE，以及作为 AlN/GaN HEMT V_{DS} 函数小信号增益之间的比较。CW 和脉冲模式之间的性能差距，特别是对于 PAE，证实了陷阱存在于这些器件。这就是为什么材料质量和相关工艺的优化技术是必要的，以尽量减少俘获效应。国际上已经采取了许多方法来降低由于电子俘获引起的寄生效应，例如：

1）使用 SiN 钝化（Si_3N_4）改善栅极滞后[58,63,73]。

2）优化外延生长条件以抑制深能级陷阱进入缓冲层[74]。

3）使用栅场板技术优化栅极电场[75]或使用 SiN 钝化大大降低表面态，这是提高射频性能的关键。

高频需要减小器件尺寸以提高 GaN HEMT 的增益和频率性能。图 3.10 显示了作为频率函数的 GaN HEMT 的 PAE 和 P_{OUT} 基准。据报道，Q 波段的效率高达 60%，P_{OUT} 高达 8W/mm[54]。然而，在较高频率下，GaN HEMT 的效率仍然受到限制，主要是因为增益不足。在 W 波段，迄今为止报告的最高 PAE 为 27.8%[76]。如图 3.10a 所示，PAE 随频率降低，而 P_{OUT} 保持在 8W/mm 以上（见图 3.10b）。毫米波 GaN 器件当前面临的主要挑战是在高频下保持高 PAE 以及高的鲁棒性。

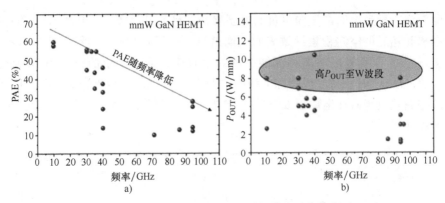

图 3.10　a）GaN HEMT 的 PAE 和相关的输出功率密度（P_{OUT}）；
b）与工作频率的关系

除了俘获增强和 PAE 受到限制，由于栅极到漏极距离的减小，器件小尺寸可以直接影响击穿电压（V_{BK}）[77]。图 3.11 显示了对于不同的 L_{gd}，三端击穿电压作为 L_g 的函数。该图表明 L_{gd} 对击穿电压的影响大于 L_g。因此，通过使用适当的器件设计，短器件仍然可以保持高击穿电压。

如今，GaN HEMT 因其固有特性而成为高功率毫米波应用中最具吸引力的电子器件。高功率和高频 GaN HEMT 性能在毫米波范围内不断提高。然而，稳定性和可靠性仍在研究中，因为按比例缩小的器件都需要证明高稳定性、可重复性和均匀性。

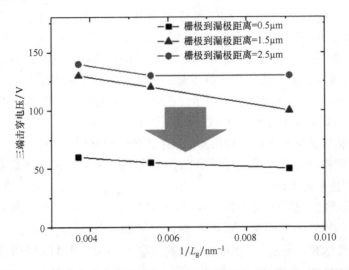

图 3.11　AlN/GaN HEMT 的三端击穿电压与栅极长度和栅极到漏极距离
（0.5μm、1.5μm 和 2.5μm）的函数关系

3.3.2　射频器件中的特殊材料

基于Ⅲ族氮化物材料的 GaN HEMT 外延异质结构由宽能带间隙势垒层（AlN、InAlN、InAlGaN 或 AlGaN）、GaN 沟道和使用金属有机物化学气相沉积（MOCVD）或分子束外延（MBE）沉积在衬底顶部生长的 GaN 缓冲层组成。基于 GaN 的 HEMT 通常从下到上按如下方式生长：

衬底：通常基于 AlN，可以减小缓冲层和衬底之间的晶格失配，从而获得高质量的 GaN 异质外延。

GaN 缓冲层：应该是高质量的，以避免形成深陷阱能级；通过使用背势垒或通过掺入受主型掺杂（例如碳（C）或铁（Fe）以增加电阻率）将高电子限制在沟道中。

GaN 沟道：通常不掺杂以允许高电子传输，沟道的厚度是电子限域和俘获效应之间权衡的一部分。

势垒层：基于 AlGaN 的微波器件，用于毫米波范围，最好是超薄器件和富 Al 材料，以避免可能影响器件可靠性的栅极凹槽。厚度和合金成分是机械应变和压电极化的关键参数，也定义了二维电子气（2DEG）密度[78]。

SiN 帽层：能够防止异质界面富 Al 势垒/GaN 沟道的应力松弛并钝化表面状态，以减少 DC（直流）对 RF 的分散效应[79-80]。

图 3.12a 显示了一个 AlN/GaN HEMT 横截面，其中包括 10nm SiN 覆盖层、3nm AlN 超薄势垒、100nm GaN 通道、碳掺杂 GaN 缓冲层和生长在 SiC 衬底上的 AlN 成核层。图 3.12b 显示了通过 MOCVD 生长的结构的透射电子显微镜（TEM）结果。

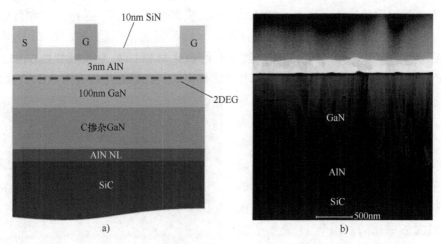

图 3.12　a）MOCVD 生长的具有 3nm AlN 势垒层 AlN/GaN/SiC 横截面；
b）透射电子显微镜（TEM）结果（见彩插）

GaN 和 AlN 之间的高自发极化导致高载流子面密度[81]，这与势垒/沟道界面处合金成分的梯度相关，产生了越来越多的自由载流子进入势垒层。这导致强烈的电子散射和减少了 2DEG 的移动性[82]。图 3.13 显示了基于 SiC 衬底生长的不同势垒层 GaN HEMT 结构的电学特性。室温霍尔测量表明，对于 AlN 势垒层，使用 AlGaN 势垒层获得的 $1 \times 10^{13} \, \mathrm{cm}^{-2}$ 的面电荷密度可以增加到 $1.9 \times 10^{13} \, \mathrm{cm}^{-2}$。此外，随着从相当低的 Al 含量（<25%）AlGaN 势垒层到 AlN 势垒层的载流子面密度增加，2DEG 迁移率从 $2000 \mathrm{cm}^2/(\mathrm{V \cdot s})$ 降低到约 $1000 \mathrm{cm}^2/(\mathrm{V \cdot s})$。

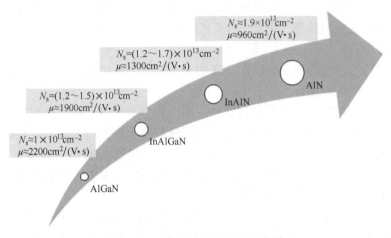

图 3.13　不同势垒层的 2DEG 特性

如第 1 章和第 2 章所述，GaN 技术的一个重要方面是衬底材料。衬底的选择取决于可用的尺寸、成本、热导率、热膨胀系数（CTE）、晶格失配和目标应用。由于在大晶圆直径上仍然无法使用块体 GaN 衬底，因此 GaN HEMT 通常生长在 SiC、Si 和蓝宝石上。然而，蓝宝石的热导率和 CTE 及晶格常数较低，与 GaN 存在显著的不匹配。Si 衬底具有许多优点，例如与先进的 CMOS 工艺兼容、大晶圆直径的可用性以及不错的热导率。然而，它也受到与 GaN 晶格失配的影响，如位错。最近报道的数据证实，SiC 是 GaN 毫米波功率器件最具吸引力的衬底，因为它与 GaN 的晶格失配低且热导率高，是任何其他材料无法可比的。图 3.14 显示了生长在 SiC 上的 GaN TEM 图像，显示了相当低的位错密度。

图 3.14　SiC 上生长的 GaN TEM 图像结果

3.4　毫米波 GaN 器件的设计与制造

3.4.1　各种 GaN 器件关键工艺步骤

3.4.1.1　小尺寸毫米波器件

为了提高高频性能，需要减小 GaN HEMT 器件的尺寸。这些优化不仅需要外延结构也要用一些处理步骤，如欧姆接触和栅模型。通过使用更短的栅极长度可以减少电子传输时间。然而，应保持大于 15 的高纵横比 L_g/a（栅极长度/栅极到沟道距离）以及高载流子密度 N_s[83]。这可以防止短沟道效应，同时提高由以下等式定义的 F_t/F_{max} 比率：

$$F_t = \frac{g_m}{2\pi(C_{gs}+C_{gd})}, F_{max} = \frac{F_t}{2(R_g+R_{ds})^{1/2}} \tag{3.1}$$

式中，g_m、C_{gs}、C_{gd}、R_g 和 R_{ds} 分别是跨导、栅源电容、栅漏电容、栅电阻和漏源电阻。为了增加 F_{max}，需要优化包括 F_t 和寄生参数（如 R_g 和 C_{gd}）在内的每个参数。经过多年研究，迄今为止报道的最佳 F_t 和 F_{max} 约为 450GHz（见图 3.15）。这些性能是通过创新的器件技术实现的，例如 T 形栅极[84]、n+-GaN 欧姆接触再生长技术[85]、自对准栅极工艺[86]和垂直扩展外延技术[84]等。

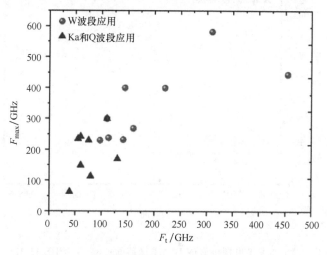

图 3.15　最大振荡频率（F_{max}）作为 GaN HEMT
截止频率（F_t）的函数

3.4.1.2　T 形栅极设计

当减小栅极长度时，T 形栅极广泛用于实现低栅极电阻和寄生电容[87]。对于较短的器件，寄生元件变得至关重要。事实上，频率性能目前主要受短沟道效应和寄生因素的限制。图 3.16a 显示了 GaN HEMT 的横截面，说明了寄生元件和减小了栅极长度的 T 形栅极的优点，这基本上能够实现高射频性能[84]。此外，栅极长度的减少导致 F_t 显著增加，高达 450GHz，栅极长度为 40nm，如图 3.16b所示。

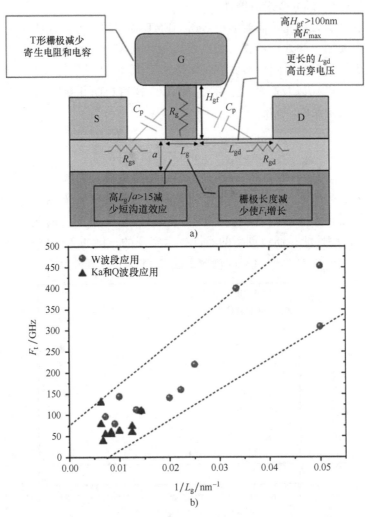

图 3.16　a）T 形栅极 GaN HEMT 横截面；b）GaN HEMT 截止
频率（F_t）与栅极长度（L_g）的比例关系（见彩插）

3.4.1.3　先进欧姆接触技术

对于毫米波应用，必须采用低接触电阻以最大限度地降低总寄生电阻并提高器件性能。然而，由于Ⅲ族氮化物 HEMT 异质结构的宽能带间隙，很难实现低接触电阻。此外，势垒层的高电位，特别是在使用高 Al 含量时，可能会导致高接触电阻[88]。传统的平面欧姆接触是最简单和低成本的方法，它是通过将复杂的金属叠层合金化，然后在最佳温度下退火形成的。然而，高温退火通常会导致严重的横向欧姆金属扩散以及粗糙的金属表面。典型的接触电阻为 0.25 ~ 0.5Ω·mm，寄生电阻与器件比例缩小成正比。为了降低接触电阻，已经研究了几种方法，例如凹欧姆接触能够降低温度并因此获得更好的接触[89-90]；金属化之前的离子注入[91]；表面处理[92]和再生长欧姆接触通过 MBE 技术获得[84]。在这些方法中，再生长的 n+-GaN 欧姆接触是最有希望将寄生电阻降至最低的技术。欧姆接触再生长方法可以实现 n+-GaN 和 2DEG 层之间的直接接触，从而降低界面电阻[86]。文献报道已经证明了可以获得非常低的接触电阻[93-94]。正如预期的那样，高电子迁移率和高载流子面密度的结合降低了栅源之间的电阻，从而实现了优良的器件性能，使得这种设计对毫米波应用具有吸引力。

3.4.1.4　N 极性 GaN HEMT

传统的 GaN HEMT 通常以 Ga 极性取向设计，其中 2DEG 形成在势垒层/沟道界面处，而极化在 N 极性异质结构中反转，如图 3.17 所示。N 极性结构包括几方面优点，例如，由于在异质界面上方感应 2DEG 而具有低接触电阻，以及由于沟道下方的背势垒而具有出色的电子限域能力。N 极性 GaN 器件的研究，以及加利福尼亚大学圣塔芭芭拉分校（UCSB）报告的最新结果表明，毫米波功率应用的改进潜力巨大。Wienecke 等人报道了使用具有深栅极凹槽的 N 极

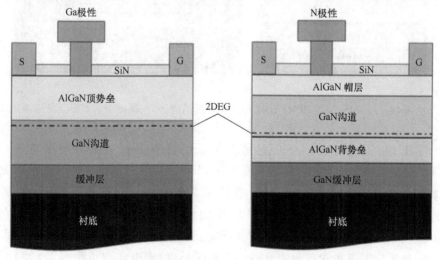

图 3.17　Ga 极性和 N 极性 HEMT 器件横截面示意图（见彩插）

性 GaN 帽层 MISHEMT（金属绝缘高电子迁移率晶体管）以控制频率分散效应[95]，在 94GHz 时的输出功率密度为 6.7W/mm，PAE 为 14.4%。Romanczyk 等人使用自对准栅获得凹槽，证明了高击穿电压和 8W/mm 的高功率密度，94GHz 时获得 28% 的 PAE[96]。可以注意到，在恶劣条件下器件的可靠性仍然需要用这个配置系统来证明。

3.4.1.5 基于 AlN 的器件性能

图 3.18 显示了 Hughes 研究实验室（HRL）制备的 4G 非对称自对准 T 形栅极 GaN HEMT 的外延结构和横截面示意图。栅极长度为 20nm，并使用了欧姆接触再生长技术，该技术允许 n^+ 型 GaN 与 2DEG 直接接触，从而实现 $0.026\Omega \cdot mm$ 极低的界面电阻。使用超薄低于 5nm AlN 势垒层，可提供高电子密度 n_s，同时保持高纵横比 L_g/a。$L_{gs} = 30nm$ 的非对称自对准栅极和 $L_{gd} = 80nm$ 实现击穿电压为 17V。可以实现 454GHz 的 F_t 和 444GHz 的 F_{max}[97] 高 RF 性能。具有 40nm 栅极长度的相同器件在 W 波段实现了大信号。输出功率为 1.37W，在 83GHz 时 PAE 为 27%[19]。此外，渐变沟道 AlGaN/GaN HEMT 在毫米波范围内表现出巨大潜力。30GHz 大信号测量结果显示 PAE 为 72%，输出功率为 2W/mm[98]。

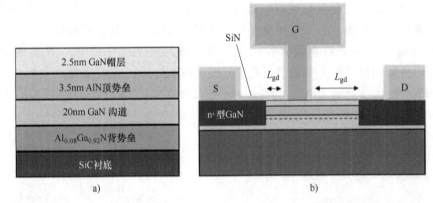

图 3.18　a）AlN/GaN HEMT HRL Gen-Ⅳ 外延结构；b）横截面示意图（见彩插）

图 3.19a 是基于 GaN/SiC 衬底上生长的具有 3nm AlN 势垒层 AlN/GaN HEMT 横截面结构示意图。HEMT 覆盖有 10nm SiN 层，用作早期钝化和减少俘获效应。图 3.19b 所示的 T 形栅极长度为 110nm，三种不同的 L_{gd} 分别为 0.5μm、1.5μm 和 2.5μm，击穿电压分别为 50V、100V 和 130V。对于 $L_g = 110nm$ 和 $L_{gd} = 0.5μm$，在 $V_{ds} = 20V$ 时实现了 63/300GHz 的 F_t/F_{max}。接近 5 的 F_t/F_{max} 比率归因于非常有利的纵横比：栅极长度/栅极到沟道距离（>25）。已经在 Q 波段和 W 波段进行了大信号应用。图 3.20a 显示了 2×50μm 晶体管在

40GHz 时的典型脉冲功率性能，$L_{gd} = 1.5\mu m$，饱和输出功率为 5.3W/mm，峰值 PAE 在 $V_{ds} = 30V$ 时高于 60%，在 $V_{ds} = 40V$ 时饱和输出功率为 8.3W/mm，峰值 PAE 大约为 50%。尽管存在俘获效应，但在 CW 模式下，高达 $V_{ds} = 40V$ 的情况下仍可获得大约 50% 的高 PAE，如图 3.20b 所示。此外，随后在相同器件上实现了 94GHz 的 CW 大信号表征。在 $V_{ds} = 20V$ 时，PAE 为 14.3%，可获得 4W/mm 的高输出功率（见图 3.21）[54]。

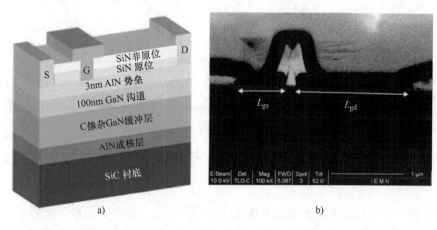

图 3.19　a）AlN/GaN HEMT 横截面示意图；
b）110nm T 形栅极聚焦离子束（FIB）视图（见彩插）

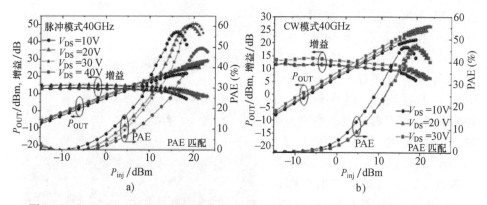

图 3.20　2×50μm AlN/GaN HEMT（$L_g = 110nm$，GD = 1.5μm）在 $V_{DS} = 10$、20、30 和 40V* 时的 a）脉冲和 b）CW 功率性能。*仅表示功率匹配

3.4.1.6　InAlGaN 基器件性能

图 3.22 显示了富士通 80nm 栅极长度 InAlGaN/GaN HEMT 横截面示意图。InAlGaN 势垒层用于避免表面凹坑的形成，因此与三元 InAlN 相比降低了栅极漏

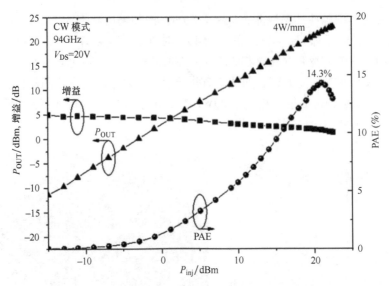

图 3.21　AlN/GaN HEMT 2×25μm CW 功率性能，
$L_g = 110nm$，$GD = 0.5μm$，$V_{DS} = 20V$

电流（I_g），这可以提高击穿电压和器件可靠性[53]。此外，InAlGaN 势垒层具有高 2DEG 密度和高电子迁移率。已使用双 SiN 钝化层来消除电流崩塌。采用偏置垂直栅降低电场而不降低高频性能。96GHz 负载测量显示，脉冲模式操作条

件下，$V_{ds} = 20V$ 时具有 3.0W/mm 的高输出功率。此外，改进的具有 80nm 栅极长度 InAlGaN/GaN HEMT，可以从 S 到 W 波段的宽频率范围内高功率工作，使用再生长的 n^+-GaN 接触层，以及 InGaN 背势垒来减少关态漏极泄漏电流，通过 AlGaN 势垒层实现接近 $2 \times 10^{13} cm^{-2}$ 的高 2DEG。此外，为了降低热阻并进一步提高输出功率密度，还引入了金刚石散热。这种 InAlGaN/GaN MMIC 放大器的最大脉冲输出功率密度在 94GHz 时为 4.5W/mm[99]。该功率放大器可以用于无线回程通信。

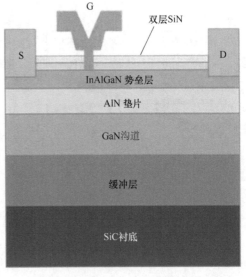

图 3.22　InAlGaN/GaN HEMT 器件
横截面示意图（见彩插）

3.4.2　先进的毫米波 GaN 晶体管

图 3.23 显示了作为 P_{OUT} 函数的 PAE 基准，适用于毫米波范围直至 W 波段的 GaN HEMT。2005 年，T. Palacios 等人报告了使用 L_g = 160nm 的 AlGaN/GaN HEMT，40GHz 时创纪录的 Q 波段 P_{OUT} 为 10.5W/mm，PAE 为 33%，其中 PAE 受到限制主要是因为线性增益为 6dB[100]。J. S. Moon 等人报道了 30GHz 的凹槽栅和场板 AlGaN/GaN HEMT，P_{OUT} 为 5.7W/mm，PAE 为 45%[101]。同样在 40GHz，F. Medjdoub 等人证明 AlN/GaN HEMT 在脉冲模式中，V_{DS} = 10V 时具有 65% 的 PAE，V_{DS} = 40V 时具有 8.3W/mm 的高 P_{OUT}[54]。因此，与其他技术相比，GaN HEMT 可以实现更高的效率和 P_{OUT} 高达 W 波段。为了满足 W 波段要求，在短栅极长度（小于 100nm）、高 F_t/F_{max} 和低接触电阻方面已经做出了许多努力。Micovic 等人在 HRL 2006 年报道了第一款具有高性能的 W 波段 GaN 晶体管（14% 的效率和 2.1W/mm P_{OUT}）[102]。Mikiyama 等人在富士通实验室开发了 80nm 肖特基栅极 InAlGaN/GaN HEMT，96GHz 条件下可提供超过 3W/mm 的高功率密度[53]。最近，F. Medjdoub 等人使用 AlN/GaN HEMT 证明了在 94GHz 时 4W/mm 的 P_{OUT} 与 14% 的 PAE[54]。尽管这些传统的 GaN HEMT 结构是在 Ga 极性异质结构上开发的，但 UCSB 最近的研究表明 N 极性异质结构的出现，94GHz 时可提供 28% 的效率和 8W/mm 的 P_{OUT}[96]。可以肯定的是最佳技术选择不仅基于性能，还基于恶劣条件下的器件可靠性。这将决定在不久的将来，基于 GaN 结构的器件将最适合毫米波应用。

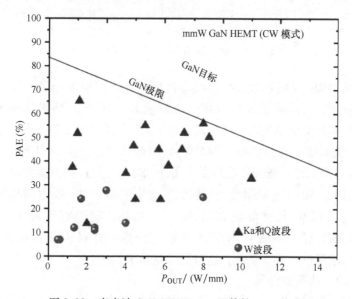

图 3.23　毫米波 GaN HEMT P_{OUT} 函数的 PAE 基准

3.5 MMIC 功率放大器概述

3.5.1 基于Ⅲ-N 器件的 MMIC 技术

3.5.1.1 基于Ⅲ-Ⅴ材料的 MMIC 技术

基于Ⅲ-Ⅴ半导体技术的 MMIC 是满足毫米波应用要求的关键组成部分之一。单片意味着完整制造的电路建立在单片半导体材料上，例如 GaAs、InP、SiGe 或 GaN，从而形成高度集成和紧凑的器件。尽管迄今为止已经报道了基于高性能毫米波 GaAs 和 InP 的 MMIC，但这些传统半导体技术限制了毫米波应用不断增加的带宽和功率要求。GaN 是一种潜在的解决方案，可以满足通信和卫星通信应用的 RF 毫米波发射机要求[47]。例如，GaN 器件因其低噪声性能和稳定性而用于恶劣环境的接收器应用中。因此，基于 GaN 的器件可以涵盖混频、低噪声放大器、功率放大器和高频开关等任何 MMIC 中。图 3.24 显示了无线通信中 RF 发送和接收模块中的典型元件示例。发射/接收模块内部有两个关键组件，即 PA 和低噪声放大器（LNA）。除了这些组件之外，毫米波模块中还集成了不同的发送/接收功能，包括振荡器、滤波器、线性混频器、转换器和射频开关[103]。

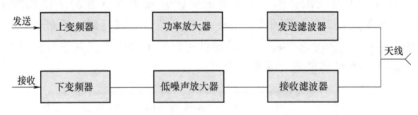

图 3.24 通信基站射频发射/接收示意图

毫米波 MMIC 系统不仅需要提供高性能，还需要提供低成本和小尺寸。与有源器件一起，标准无源元件也用于电路实现，如金属-绝缘体-金属（MIM）电容器、金属蒸发薄膜电阻、体电阻和通孔[104]。许多代工厂使用特定技术来实现 MMIC，例如接地共面波导（GCPW）、微带传输线技术，以及用于 3D 互连的 Cu 镶嵌多层工艺。微带传输线主要用于 MMIC，并且在更高频率下变得更加关键[105]。用于 3D 互连的铜镶嵌多层工艺提供了高功率、高电流和低损耗的无源元件[106]。GCPW 允许低电感接地[107]。此外，对于宽带应用，共面波导（CPW）能够实现比微带技术更低的频率分散，并且由于没有孔和背面处理，因此制造简单且成本更低，这有利于毫米波操作。

3.5.1.2 功率放大器

功率放大器和电路设计被广泛研究用于毫米波应用。下一代功率 MMIC 的主要挑战是实现高达 100GHz 的高输出功率以及高 PAE，以降低功耗。

用于功率放大器的 A、A/B 和 C 类 GaN MMIC：功率放大器分为线性 A 类和用于模拟设计的非线性 A/B 和 C。每个类别都有其优点和缺点，因为它们通常会产生权衡[103]。A 类具有高功率密度，更好的线性度但效率较低。实际上，在 A 类中，静态漏极电流是最大漏极电流的一半，从而导致高功率密度，因此功耗很大[108]。A/B 类非常流行，静态漏极电流被设置为与线性度和效率之间折中相对应的最佳值。最后，C 类操作也受到线性度的限制，它通常用于窄带应用、驱动放大器[109]，以及整流器模式以提高效率[110]。

用于开关放大器的 D、E 和 F 类 GaN MMIC：GaN 放大器用于 D、E 和 F 类开关模式，以提高效率。D 类通常用于低频下工作的放大器。E 类放大器旨在降低射频切换期间的功率损耗。理想 E 类放大器是一种开关模式电路，它结合了零耗散功率、零电压开关和电压开关的零导数[111]。E 类对应于高效调谐开关功率放大器。在 F 类放大器中，开发了一种谐波调谐技术，以进一步提高 A 类和 A/B 类设计之外的性能[112-113]。因此，F 类放大器可以在更高的频率下工作，但受到电路复杂性和调谐要求的限制。

3.5.1.3　低噪声放大器

第一级放大器的噪声性能会影响接收器噪声系数（NF），从而影响其灵敏度。低噪声放大器（LNA）的目的是放大来自天线的小功率信号，同时最大限度地减少信噪比。LNA 位于射频接收器模块的第一级，是一个关键元件，因为它的噪声性能在级联射频接收器系统中占主导地位。LNA 的品质因数包括高增益（通常>20dB）和低 NF（<2dB）以获得更高的线性度。GaN 是有希望实现这一整体品质因数的候选者。它们可以在低功率输入下提供良好的灵敏度和合理的增益，从而在高功率水平下提供良好的线性度。已经报道了几种不同频率下基于 GaN 工作的 LNA。对于 Ka 波段（27~40GHz），使用 GaN HEMT T4-A 代 HRL 技术在 37GHz 下测量到的 NF 低至 1dB，增益为 24dB[114]。频带（100MHz~45GHz）中，低噪声栅极无端接共源共栅分布式放大器 GaN MMIC 在 130MHz~26GHz 范围内表现出 10dB 的增益和 1.6~3dB 的 NF[115]。在高频下，使用 AlGaN/GaN HEMT 技术的高线性 LNA MMIC 在 84GHz 时报告了 25dB 的增益和 5.6 的 NF[116]。LNA 所需的 NF 在 1~5dB 范围内。与基于Ⅲ-Ⅴ材料的其他技术相比，文献中报道的基于 GaN 的 LNA 设计具有更低的 NF，这证明 GaN 有望用于下一代接收器设计。

3.5.2　从 Ka 波段到 D 波段频率的 MMIC 示例

图 3.25 提供了具有不同设计的最先进毫米波 GaN MMIC 示例。图 3.25a 显示了三级 Ka 波段设计照片[11]，芯片尺寸为（1.74×3.24）mm²。MMIC 技术是基于 SiC 衬底上制造的 0.15μm 栅长 AlGaN/GaN HEMT。平衡三级在 CW 操作下的测量结果

表明，在 28~31GHz 之间，输出功率为 9.5~11W，相关 PAE 为 26%~30%。对于单端放大器，测量结果显示在相似频率范围内的输出功率为 5.8~6.4W，PAE 为 28%~34%。图 3.25b 显示了 Ka 波段 0.15μm AlGaN/GaN HEMT MMIC 放大器。栅极间距经过优化设计以获得最大输出功率。所设计的放大器为两级单端放大器，尺寸为 (3.8×6.2) mm²。CW 操作下输出功率为 20W，PAE 在 26.5GHz 时为 19%。在 26~28GHz 频率范围内，输出功率大于 15W，相关的 PAE 为 13%[40]。图 3.25c 显示了使用 80nm InAlGaN/GaN HEMT[13] 制造的 W 波段 GaN PA MMIC。MMIC 由两级级联单元组成，每个级联单元有两个晶体管，栅极长度相同，以实现高增益和低损耗匹配电路。MMIC 的尺寸为 (2×1.8) mm²。在 86GHz 下具有 CW 大信号特性。在 $V_{ds} =$ 20V 时，最大输出功率密度为 3.6W/mm，PAE 为 12.3%。图 3.25d 显示了使用 100nm T 形栅极 AlGaN/GaN HEMT 的 D 波段 PA MMIC。有源器件的 S 参数显示 F_t 为 100GHz，F_{max} 约为 300GHz。MMIC 由四个主动匹配的共源共栅极组成，MMIC 的尺寸为 (3.75×2.0) mm²。大信号测量结果显示，在 120GHz、$V_{ds} =$ 15V 时，最大输出功率密度为 1.4W/mm，相关的 PAE 为 11.5%[107]。

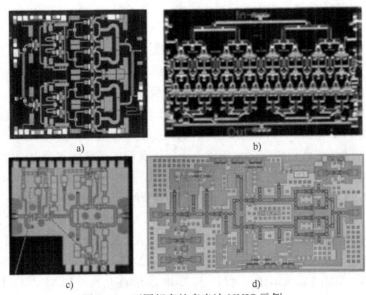

图 3.25 不同频率的毫米波 MMIC 示例：
a)，b) Ka 波段；c) W 波段和 d) D 波段

3.6 总结

如今，基于 GaN 的 HEMT 正在成为毫米波应用的关键技术。由于优良的材料特性，性能优越的 GaN 器件设计，包括在高功率、高效率、可靠性和小尺寸

在内的性能急剧提升。这些性能非常适合众多毫米波功率应用，例如用于 5G、6G 无线网络的波束成形技术以及用于 W 波段及更高频率的功率放大器 MMIC。因此，GaN 将在包括 5G 和卫星通信在内的先进射频和毫米波应用中发挥重要作用。热管理将是确保所需器件可靠性的主要挑战，尤其是使用小尺寸元件时，而且热管理还是对表面和体内陷阱的完全控制。

参 考 文 献

1　Pengelly, R.S. and Turner, J.A. (1976). Monolithic broadband GaAs F.E.T. amplifiers. *Electron. Lett.* 12: 10.

2　Aust, M.V., Sharma, A.K., Fordham, O. et al. (2006). A 2.8-W Q-band high-efficiency power amplifier. *IEEE J. Solid State Circuits* 41 (10): 2241–2247.

3　Kong, K.K., Nguyen, B., Nayak, S., and Kao, M. (2005). Ka-band MMIC high power amplifier (4 W at 30 GHz) with record compact size. IEEE Compound Semiconductor Integrated Circuit Symposium, Palm Springs, CA, USA (30 October-2 November 2005), pp. 232–235.

4　Campbell, C.F., Dumka, D.C., Kao, M., and Fanning, D.M. (2011). High efficiency Ka-band power amplifier MMIC utilizing a high voltage dual field plate GaAs pHEMT process. IEEE Compound Semiconductor Integrated Circuit Symposium, pp. 1–4.

5　Liu, S.M.J., Tang, O.S.A., Kong, W., et al. (1999). High efficiency monolithic InP HEMT V-band power amplifier. IEEE Gallium Arsenide Integrated Circuit Symposium, Monterey, CA, USA (17–20 October 1999), pp. 145–147.

6　Chen, Y.C., Ingram, D.L., Lai, R. et al. (1998). A 95-GHz InP HEMT MMIC amplifier with 427-mW power output. *IEEE Microw. Guid. Wave Lett.* 8 (11): 399–401.

7　Chen, Y.C., Ingram, D.L., Yamauchi, D., et al. (1999). A single chip 1-W InP HEMT V-band module. IEEE Gallium Arsenide Integrated Circuit Symposium, Monterey, CA, USA (17–20 October 1999) pp. 149–152.

8　Fung, A., Ward, J., Chattopadhyay, G. et al. (2011). Power combined gallium nitride amplifier with 3 watt output power at 87 GHz. *IEEE J. Solid State Circuits* 41.

9　Chavarkar, P.M. and Parikb, P. (2003). 3.5-watt AlGaNlGaN HEMTs and amplifiers at 35 GHz. IEEE International Electron Devices Meeting, Washington, DC, USA (8–10 December 2003), pp. 579–582.

10　Chen, S., Nayak, S., Campbell, C., and Reese, E. (2016). High efficiency 5W/10W 32–38 GHz power amplifier MMICs utilizing advanced 0.15 μm GaN HEMT technology. IEEE Compound Semiconductor Integrated Circuit Symposium, Austin, TX, USA (23–26 October 2016), pp. 1–4.

11 Campbell, C.F., Liu, Y., Kao, M., and Nayak, S. (2013). High efficiency Ka-band gallium nitride power amplifier MMICs. IEEE International Conference on Microwaves, Communication Antennas and Electronic Systems, Tel Aviv, Israel (21–23 October 2013), pp. 1–5.

12 Masuda, S., Ohki, T., Makiyama, K., et al. (2009). GaN MMIC amplifiers for W-band transceivers. European Microwave Conference, Rome, Italy (29 September–1 October 2009), pp. 1796–1799.

13 Niida, Y., Kamada, Y., Ohki, T., et al. (2016). 3.6 W/mm high power density W-band InAlGaN/GaN HEMT MMIC power amplifier. 2016 IEEE Topical Conference on Power Amplifiers for Wireless and Radio Applications (PAWR), Austin, TX, USA (24–27 January 2016), pp. 24–26.

14 Micovic, M., Kurdoghlian, A., Shinohara, K., et al. (2010). W-band GaN MMIC with 842 mW output power at 88 GHz. IEEE MTT-S International Microwave Symposium, Anaheim, CA, USA (23–28 May 2010), pp. 237–239.

15 Brown, A., Brown, K., Chen, J., et al. (2011). W-band GaN power amplifier MMICs. IEEE MTT-S International Microwave Symposium, Baltimore, MD, USA (5–10 June 2011), pp. 1–4.

16 Brown, D.F., Williams, A., Shinohara, K., et al. (2011). W-band power performance of AlGaN/GaN DHFETs with regrown n^+-GaN Ohmic contacts by MBE. IEEE International Electron Devices Meeting, Washington, DC, USA (5–7 December 2011), pp. 461–464.

17 Schwantuschke, D., Godejohann, B.J., Brückner, P., et al. (2018). mm-Wave operation of AlN/GaN-devices and MMICs at V- & W-band. 2018 22nd International Microwave and Radar Conference, Poznan, Poland (14–17 May 2018), pp. 238–241.

18 Brown, A., Brown, K., Chen, J., et al. (2012). High power, high efficiency E-band GaN amplifier MMICs. IEEE International Conference on Wireless Information Technology and systems, Maui, HI, USA (11–16 November 2012), pp. 1–4.

19 Margomenos, A., Kurdoghlian, A., Micovic, M., et al. (2014). GaN technology for E, W and G-band applications. IEEE Compound Semiconductor Integrated Circuit Symposium, La Jolla, CA, USA (19–22 October 2014), pp. 1–4.

20 Micovic, M., Kurdoghlian, A., Moyer, H.P., et al. (2008). GaN MMIC PAs for E-band (71 GHz–95 GHz) radio. IEEE Compound Semiconductor Integrated Circuit Symposium, Monterey, CA, USA (12–15 October 2008), pp. 1–4.

21 Schellenberg, J., Watkins, E., Micovic, M., et al. (2010). W-band, 5 W solid-state power amplifier/combiner. IEEE MTT-S International Microwave Symposium, Anaheim, CA, USA (23–28 May 2010), pp. 240–243.

22 Carrubba, V., Akmal, M., Quay, R. et al. (2012). The continuous inverse class-F mode with resistive second-harmonic impedance. *IEEE Trans. Microwave Theory Tech.* 60 (6): 1928–1936.

23 Thome, F., Leuther, A., Schlechtweg, M., and Ambacher, O. (2018). Broadband high-power W-band amplifier MMICs based on stacked-HEMT unit cells. *IEEE Trans. Microw. Theory Tech.* 66 (3): 1312–1318.

24 Neininger, P., John, L., Br, P., and Friesicke, C. (2019). Design, analysis and evaluation of a broadband high-power amplifier for Ka-band frequencies. In:

IEEE MTT-S International Microwave Symposium, Boston, MA (2–7 June 2019), 564–567.

25 Schellenberg, J., Kim, B., and Phan, T. (2013). W-band, broadband 2W GaN MMIC. IEEE MTT-S International Microwave Symposium, Seattle, WA (2-7 June 2013).

26 Darwish, A.M., Boutros, K., Luo, B., Huebschman, B., et al. (2006). 4-watt Ka-B and AlGaN / GaN power amplifier MMIC. IEEE MTT-S International Microwave Symposium Digest, San Francisco, CA (11–16 June 2006), pp. 730–733.

27 Fung, A., Samoska, L., Kangaslahti, P., et al. (2018). Gallium nitride amplifiers beyond W-band. IEEE Radio and Wireless Symposium, Anaheim, CA, USA (15–18 January 2018), pp. 150–153.

28 Schellenberg, J., Tran, A., Bui, L., et al. (2016). 37 W, 75–100 GHz GaN power amplifier. IEEE MTT-S International Microwave Symposium, San Francisco, CA, USA (22–27 May 2016), pp. 81–84.

29 Dennler, P., Br, P., Schlechtweg, M., and Ambacher, O. (2014). Watt-level non-uniform distributed 6–37 GHz power amplifier MMIC with dual-gate driver stage in GaN technology. IEEE Topical Conference on Power Amplifiers for Wireless and Radio Applications, Newport Beach, CA, USA (19–23 January 2014), pp. 37–39.

30 Dennler, P., Schwantuschke, D., and Ambacher, O. (2012). 8–42 GHz GaN non-uniform distributed power amplifier MMICs in microstrip technology. IEEE MTT-S International Microwave Symposium Digest, Montreal, QC, Canada (17–22 June 2012).

31 IMT Vision–Framework and overall objectives of the future development of IMT for 2020 and beyond. Online. https://www.itu.int/dms_pubrec/itu-r/rec/m/R-REC-M.2083-0-201509-I!!PDF-E.pdf.

32 5G Semiconductor Solutions – Infrastructure and Fixed Wireless Access. June 2018. Online. https://www.qorvo.com/resources/d/5g-semiconductor-solutions-infrastructure-and-fixed-wireless-access-ebook.

33 Nakatani, K., Yamaguchi, Y., Komatsuzaki, Y., and Shinjo, S. (2019). Millimeter-wave GaN power amplifier MMICs for 5G application. IEEE International Symposium on Circuits and Systems, Sapporo, Japan (26–29 May 2019), pp. 6–9.

34 Lie, D.Y.C., Mayeda, J.C., and Lopez, J. (2017). Highly efficient 5G linear power amplifiers (PA) design challenges. International Symposium on VLSI Design, Automation and Test,Hsinchu, Taiwan (24–27 April 2017), pp. 1–3.

35 Popovic, Z. (2017). Amping up the PA for 5G: efficient GaN power amplifiers with dynamic supplies. *IEEE Microw. Mag.* 18 (3): 137–149.

36 Yuk, K., Branner, G.R., and Cui, C. (2017). Future directions for GaN in 5G and satellite communications. IEEE 60th International Midwest Symposium on Circuits and Systems, Boston, MA, USA (6–9 August 2017), pp. 803–806.

37 Pelk, M.J., Neo, W.C.E., Gajadharsing, J.R. et al. (2008). A high-efficiency 100-W GaN three-way doherty amplifier for base-station applications. *IEEE Trans. Microwave Theory Tech.* 56 (7): 1582–1591.

38 Campbell, C.F., Tran, K., Kao, M., and Nayak, S. (2012). A K-band 5W Doherty amplifier MMIC utilizing 0.15 μm GaN on SiC HEMT technology.

2012 IEEE Compound Semiconductor Integrated Circuit Symposium, La Jolla, CA, USA (14–17 October 2012), pp. 1–4.

39 Micovic, M., Brown, D.F., Regan, D., et al. (2016). High frequency GaN HEMTs for RF MMIC applications. IEEE International Electron Devices Meeting, San Francisco, CA, USA (3–7 December 2016), pp. 3.3.1–3.3.4.

40 Yamaguchi, Y., Kamioka, J., Hangai, M., et al. (2017). A CW 20W Ka-band GaN high power MMIC amplifier with a gate pitch designed by using one-finger large signal models. IEEE Compound Semiconductor Integrated Circuit Symposium CSIC'05, Miami, FL, USA (22–25 October 2017), pp. 5–8.

41 Noh, Y., Choi, Y., and Yom, I. (2015). Ka-band GaN power amplifier MMIC chipset for satellite and 5G cellular communications. IEEE Fourth Asia-Pacific Conference on Antennas and Propagation, Kuta, Indonesia (30 June–3 July 2015), pp. 453–456.

42 Nakatani, K., Yamaguchi, Y., Komatsuzaki, Y., and Sakata, S. (2018). A Ka-band high efficiency Doherty power amplifier MMIC using GaN-HEMT for 5G application. IEEE MTT-S International Microwave Workshop Series on 5G Hardware and System Technologies, Dublin, Ireland (30–31 August 2018), pp. 1–3.

43 Coffey, M., Momenroodaki, P., Zai, A., and Popovi, Z. (2015). A 4.2-W 10-GHz GaN MMIC Doherty power amplifier. IEEE Compound Semiconductor Integrated Circuit Symposium, New Orleans, LA, USA (11–14 October 2015).

44 Cheng, Q., Zhu, S., and Wu, H. (2013). Investigating the global trend of RF power amplifiers with the arrival of 5G. IEEE International Wireless Symposium (IWS 2015), Shenzhen, China (30 March–1 April 2015), pp. 1–4.

45 Tmoya, K., Kazumi, S., and Kunihiro, K. (2014). GaN HEMT high efficiency power amplifiers for 4G/5G mobile communication base stations. IEEE Asia-Pacific Microwave Conference, Sendai, Japan (4–7 November 2014), pp. 6–9.

46 Zhang, Z., Xiao, Y., Ma, Z. et al. (2019). 6G wireless networks: vision, requirements, architecture, and key technologies. *IEEE Veh. Technol. Mag.* 14 (3): 28–41.

47 Runton, D.W., Trabert, B., Shealy, J.B., and Vetury, R. (2013). History of GaN. *IEEE Microw. Mag.* 14 (3): 82–93.

48 Arulkumaran, S. and Vicknesh, S. (2013). Enhanced breakdown voltage with high Johnson's HEMTs on silicon by $(NH_4)_2S_x$ treatment. *IEEE Electron Device Lett.* 34 (11): 1364–1366.

49 Huang, S., Wei, K., Liu, G. et al. (2014). High-f_{max} High Johnson's figure-of-merit 0.2-μm gate AlGaN/GaN HEMTs on silicon substrate with AlN/SiN$_x$ passivation. *IEEE Electron Device Lett.* 35 (3): 315–317.

50 Zanoni, E. (2017). GaN HEMT reliability research – a white paper. University of Padua. pp. 1–61.

51 Nayak, S., Kao, M., Chen, H., et al. (2015). 0.15 μm GaN MMIC manufacturing technology for 2–50 GHz power applications. CS ManTech Conference, Scottsdale, AZ, USA (18–21 May 2015), pp. 43–46.

52 Whelan, C.S., Kolias, N.J., Brierley, S., et al. (2012). GaN technology for radars. CS ManTech Conference, Boston, MA, USA (23–26 April 2012).

53 Makiyama, K., Ozaki, S., Ohki, T., et al. (2015). Collapse-free high power InAlGaN/GaN-HEMT with 3 W/mm at 96 GHz. IEEE International Electron Devices Meeting, pp. 9.1.1–9.1.4.

54 Harrouche, K., Kabouche, R., Okada, E., and Medjdoub, F. (2019). High performance and highly robust AlN/GaN HEMTs for millimeter-wave operation. *IEEE J. Electron Devices Soc.* 7: 1145–1150.

55 Meneghesso, G., Verzellesi, G., Danesin, F. et al. (2008). Reliability of GaN high-electron-mobility transistors: state of the art and perspectives. *IEEE Trans. Device Mater. Reliab.* 8 (2): 332–343.

56 Meneghesso, G., Meneghini, M., Tazzoli, A. et al. (2010). Reliability issues of gallium nitride high electron mobility transistors. *Int. J. Microw. Wirel. Technol.* 2 (1): 39–50.

57 Ono, N., Senju, T., and Takagi, K. (2018). 53% PAE 32W miniaturized X-band GaN HEMT power amplifier MMICs. Asia-Pacific Microwave Conference, Kyoto, Japan (6–9 November 2018), pp. 557–559.

58 Binari, S.C., Ikossi, K., Roussos, J.A. et al. (2001). Trapping effects and microwave power performance. *IEEE Trans. Electron Devices* 48 (3): 465–471.

59 Binari, S.C., Klein, P.B., and Kazior, T.E. (2002). Trapping effects in GaN and SiC microwave FETs. *Proc. IEEE* 90 (6): 1048–1058.

60 Vetury, R., Zhang, N.Q., Keller, S., and Mishra, U.K. (2001). The impact of surface states on the DC and RF characteristics of AlGaN/GaN HFETs. *IEEE Trans. Electron Devices* 48 (3): 560–566.

61 Mitrofanov, O. and Manfra, M. (2003). Mechanisms of gate lag in GaN/AlGaN/GaN high electron mobility transistors. *Superlattice. Microst.* 34: 33–53.

62 Faqir, M., Verzellesi, G., Chini, A. et al. (2008). Mechanisms of RF current collapse in AlGaN–GaN high electron mobility transistors. *IEEE Trans. Device Mater. Reliab.* 8 (2): 240–247.

63 Zhang, A.P., Rowland, L.B., Kaminsky, E.B. et al. (2003). Correlation of device performance and defects in AlGaN/GaN high-electron mobility transistors. *J. Electron. Mater.* 32 (5): 388–394.

64 Kim, H., Vertiatchikh, A., Thompson, R.M. et al. (2003). Hot electron induced degradation of undoped AlGaN/GaN HFETs. *Microelectron. Reliab.* 43 (6): 823–827.

65 Kordoš, P., Donoval, D., Florovič, M. et al. (2008). Investigation of trap effects in AlGaN/GaN field-effect transistors by temperature dependent threshold voltage analysis. *Appl. Phys. Lett.* 92 (5): 1–4.

66 Kabouche, R., Pecheux, R., Harrouche, K. et al. (2019). High efficiency AlN/GaN HEMTs for Q-band applications with an improved thermal dissipation. *Int. J. High Speed Electron. Syst.* 28: 1–2.

67 Meneghesso, G., Chini, A., Zanoni, E., et al. (2000). Diagnosis of trapping phenomena in GaN MESFETs. International Electron Devices Meeting, San Francisco, CA, USA (10–13 December 2000), pp. 389–392.

68 Haruyama, J., Negishi, H., Nishimura, Y., and Nashimoto, Y. (1997). Substrate-related kink effects with a strong light-sensitivity in AlGaAs/InGaAs pHEMT. *IEEE Trans. Electron Devices* 44 (1): 25–33.

69 Wang, M. and Chen, K.J. (2011). Kink effect in AlGaN/GaN HEMTs induced by drain and gate pumping. *IEEE Electron Device Lett.* 32 (4): 482–484.

70 Mazzanti, A., Verzellesi, G., Canali, C. et al. (2002). Physics-based explanation of kink dynamics in AlGaAs/GaAs HFETs. *IEEE Electron Device Lett.* 23 (7): 383–385.

71 Sun, H.F. and Bolognesi, C.R. (2007). Anomalous behavior of heterostructure field-effect transistors at cryogenic temperatures: from current collapse to current enhancement with cooling anomalous behavior of AlGaN/GaN heterostructure field-effect. *Appl. Phys. Lett.* 90 (12): 123505.

72 Lin, C., Wang, W., Lin, P. et al. (2005). Transient pulsed analysis on GaN HEMTs at cryogenic temperatures. *IEEE Electron Device Lett.* 26 (10): 710–712.

73 Green, B.M., Chu, K.K., Chumbes, E.M. et al. (2000). The effect of surface passivation on the microwave characteristics of undoped AlGaN/GaN HEMT's. *IEEE Electron Device Lett.* 21 (6): 268–270.

74 Fujimoto, H., Saito, W., Yoshioka, A., et al. (2008). Wafer quality target for current-collapse-free GaN-HEMTs in high voltage applications. CS MANTECH Conference, Chicago, IL, USA (14–17 April 2008).

75 Wu, Y., Saxler, A., Moore, M. et al. (2004). 30-W/mm GaN HEMTs by field plate optimization. *IEEE Electron Device Lett.* 25 (3): 117–119.

76 Romanczyk, B., Guidry, M., Wienecke, S., et al. (2016). W-band N-polar GaN MISHEMTs with high power and record 27.8% efficiency at 94 GHz. IEEE International Electron Devices Meeting, San Francisco, CA, USA (3–7 December 2016), pp. 67–70.

77 Hickman, A., Chaudhuri, R., Bader, S.J. et al. (2019). High breakdown voltage in RF AlN/GaN/AlN quantum well HEMTs. *IEEE Electron Device Lett.* 40 (8): 1293–1296.

78 Smorchkova, I.P., Chen, L., Mates, T. et al. (2001). AlN /GaN and (Al, Ga) N/AlN/GaN two-dimensional electron gas structures grown by plasma-assisted molecular-beam epitaxy. *J. Appl. Phys.* 90 (10): 5196–5201.

79 Cheng, K., Leys, M., Derluyn, J. et al. (2007). AlGaN/GaN HEMT grown on large size silicon substrates by MOVPE capped with in-situ deposited Si_3N_4. *J. Cryst. Growth* 298: 822–825.

80 Tadjer, M.J., Anderson, T.J., Hobart, K.D. et al. (2010). Electrical and optical characterization of AlGaN/GaN HEMTs with in situ and ex situ deposited SiN_x layers. *J. Electron. Mater.* 39 (11): 2452–2458.

81 Eastman, L.F., Tilak, V., Smart, J. et al. (2001). Undoped AlGaN/GaN HEMTs for microwave power amplification. *IEEE Trans. Electron Devices* 48 (3): 479–485.

82 Ambacher, O., Smart, J., Shealy, J.R. et al. (1999). Two-dimensional electron gases induced by spontaneous and piezoelectric polarization charges in N- and Ga-face AlGaN/GaN heterostructures. *J. Appl. Phys.* 85 (6): 3222–3233.

83 Jessen, G.H., Fitch, R.C., Gillespie, J.K. et al. (2007). Short-channel effect limitations on high-frequency operation of AlGaN/GaN HEMTs for T-gate devices. *IEEE Trans. Electron Devices* 54 (10): 2589–2597.

84 Shinohara, K., Regan, D.C., Tang, Y. et al. (2013). Scaling of GaN HEMTs and Schottky diodes for submillimeter-wave MMIC applications. *IEEE Trans. Electron Devices* 60 (10): 2982–2996.

85 Milosavljevic, I., Shinohara, K., Regan, D. et al. (2010). Vertically scaled GaN/AlN DH-HEMTs with regrown n^+-GaN Ohmic contacts by MBE. *Device Res. Conf. - Conf. Dig. DRC.* 54: 159–160.

86 Shinohara, K., Regan, D., Corrion, A., et al. (2012). Self-aligned-gate GaN-HEMTs with heavily-doped n^+ GaN Ohmic contacts to 2DEG. IEEE International Electron Devices Meeting, San Francisco, CA, USA (10–13 December 2012), pp. 27.2.1–27.2.4.

87 Chung, J.W., Hoke, W.E., Chumbes, E.M. et al. (2010). AlGaN/GaN HEMT with 300-GHz f_{max}. *IEEE Electron Device Lett.* 31 (3): 195–197.

88 Shinohara, K., Corrion, A., Regan, D., et al. (2010). 220 GHz f_T and 400 GHz f_{max} in 40-nm GaN DH-HEMTs with re-grown Ohmic. IEEE International Electron Devices Meeting, San Francisco, CA, USA (6–8 December 2010), pp. 30.1.1–30.1.4.

89 Lin, Y.K., Bergsten, J., Leong, H. et al. (2018). A versatile low-resistance Ohmic contact process with Ohmic recess and low-temperature annealing for GaN HEMTs. *Semicond. Sci. Technol.* 33 (9): 095019.

90 Buttari, D., Chini, A., Palacios, T. et al. (2003). Origin of etch delay time in Cl_2 dry etching of AlGaN/GaN structures. *Appl. Phys. Lett.* 83 (23): 4779–4781.

91 Wong, M.H., Pei, Y., Palacios, T. et al. (2007). Low nonalloyed Ohmic contact resistance to nitride high electron mobility transistors using N-face growth. *Appl. Phys. Lett.* 91 (23): 1–4.

92 Selvanathan, D., Zhou, L., Kumar, V., and Adesida, I. (2002). Low resistance Ti/Al/Mo/Au Ohmic contacts for AlGaN/GaN heterostructure field effect transistors. *Phys. Status Solidi Appl. Res.* 194 (2): 583–586.

93 Guo, J., Li, G., Faria, F. et al. (2012). MBE-regrown Ohmics in InAlN HEMTs with a regrowth interface resistance of 0.05 Ωmm. *IEEE Electron Device Lett.* 33 (4): 525–527.

94 Yue, Y., Hu, Z., Guo, J. et al. (2012). InAlN/AlN/GaN HEMTs with regrown Ohmic contacts and f_T of 370 GHz. *IEEE Electron Device Lett.* 33 (7): 988–990.

95 Wienecke, S., Romanczyk, B., Guidry, M. et al. (2017). N-polar GaN cap MISHEMT with record power density exceeding 6.5 W/mm at 94 GHz. *IEEE Electron Device Lett.* 38 (3): 359–362.

96 Romanczyk, B., Wienecke, S., Guidry, M. et al. (2018). Demonstration of constant 8 W/mm power density at 10, 30, and 94 GHz in state-of-the-art millimeter-wave N-polar GaN MISHEMTs. *IEEE Trans. Electron Devices* 65 (1): 45–50.

97 Tang, Y., Shinohara, K., Regan, D. et al. (2015). Ultrahigh-speed GaN high-electron-mobility transistors with f_T/f_{max} of 454/444 GHz. *IEEE Electron Device Lett.* 36 (6): 549–551.

98 Moon, J., Wong, J., Grabar, B., et al. (2019). High-speed linear GaN technology with a record efficiency in Ka-band. The European Microwave Conference, Paris, France (30 September–1 October 2019), pp. 57–59.

99 Kotani, J., Yamada, A., Ohki, T., et al. (2018). Recent advancement of GaN HEMT with InAlGaN barrier layer and future prospects of AlN-based electron devices. IEEE International Electron Devices Meeting, San Francisco, CA, USA (1–5 December 2018), pp. 30.4.1–30.4.4.

100 Palacios, T., Member, S., Chakraborty, A. et al. (2005). High-power AlGaN/GaN HEMTs for Ka-band applications. *IEEE Electron Device Lett.* 26 (11): 781–783.

101 Moon, J.S., Wu, S., Wong, D. et al. (2005). Gate-recessed AlGaN – GaN HEMTs for high-performance millimeter-wave applications. *IEEE Electron Device Lett.* 26 (6): 348–350.

102 Micovic, M., Kurdoghlian, A., Hashimoto, P., et al. (2006). GaN HFET for W-band power applications. IEEE International Electron Devices Meeting, San Francisco, CA, USA (11–13 December 2006), pp. 5–7.

103 Quay, R. (2014). *Group III-Nitride Monolithically Microwave Integrated Circuits (MMICs)* (ed. F. Medjdoub), 372. CRC Press, 19 December 2017.

104 Pengelly, R.S., Wood, S.M., Milligan, J.W. et al. (2012). A review of GaN on SiC high electron-mobility power transistors and MMICs. *IEEE Trans. Microwave Theory Tech.* 60 (2): 1764–1783.

105 Kolias, N.J., Whelan, C.S., Kazior, T.E., et al. (2010). GaN technology for microwave and millimeter wave applications. IEEE MTT-S International Microwave Symposium, Anaheim, CA, USA (23–28 May 2010), pp. 1222–1225.

106 Margomenos, A., Micovic, M., Butler, C., et al. (2013). Low loss, Cu damascene interconnects and passives compatible with GaN MMIC. IEEE MTT-S International Microwave Symposium Digest, Seattle, WA, USA (2–7 June 2013), pp. 1–4.

107 Cwiklinski, M., Brückner, P., Leone, S., et al. (2019). D-band and G-band high-performance. IEEE Transactions on Microwave Theory and Techniques (December 2019), pp. 1–10.

108 Inoue, K., Sano, S., Tateno, Y., et al. (2010). Development of gallium nitride high electron mobility transistors for cellular base stations. SEI Technical Review, pp. 88–93.

109 Santhakumar, R., Thibeault, B., Member, S. et al. (2011). Two-stage high-gain high-power distributed amplifier using dual-gate GaN HEMTs. *IEEE Trans. Microwave Theory Tech.* 59 (8): 2059–2063.

110 Litchfield, M., Schafer, S., Reveyrand, T., and Popovic, Z. (2014). High-efficiency X-band MMIC GaN power amplifiers operating as rectifiers. IEEE MTT-S International Microwave Symposium, Tampa, FL, USA (1–6 June 2014), pp. 1–4.

111 Kee, S.D., Aoki, I., Hajimiri, A., and Rutledge, D. (2003). The class-E/F family of ZVS switching amplifiers. *IEEE Trans. Microwave Theory Tech.* 51 (6): 1677–1690.

112 Senju, T., Takagi, K., and Kimura, H. (2018). A 2 W 45% PAE X-band GaN HEMT class-F MMIC power amplifier. Asia-Pacific Microwave Conference, Kyoto, Japan (6–9 November 2018), pp. 956–958.

113 Gao, S., Xu, H., Mishra, U.K., and Barbara, S. (2006). MMIC class-F power amplifiers using field-plated AlGaN/GaN HEMTs. IEEE Compound Semiconductor Integrated Circuit Symposium, San Antonio, TX, USA (12–15 November 2006), pp. 81–84.

114 Micovic, M., Brown, D., Regan, D., et al. (2016). Ka-band LNA MMIC's realized in $f_{max} > 580$ GHz GaN HEMT technology. IEEE Compound Semiconductor Integrated Circuit Symposium (CSICS), Austin, TX, USA (23–26 Oct. 2016), pp. 1–4.

115 Kobayashi, K.W., Denninghoff, D., and Miller, D. (2015). A novel 100 MHz–45 GHz GaN HEMT low noise non-gate-terminated distributed amplifier based on a 6-inch 0.15 m GaN–SiC mm-wave process technology. 2015 IEEE Compound Semiconductor Integrated Circuit Symposium, New Orleans, LA, USA (11–14 October 2015), pp. 1–4.

116 Masslerl, H., Wagnerl, S., and Brucknerl, P. (2011). A highly linear 84 GHz low noise amplifier MMIC In AlGaN/GaN HEMT technology 1. IEEE MTT-S International Microwave Workshop Series on Millimeter Wave Integration Technologies, Sitges, Spain (15–16 September 2011), pp. 144–147.

第 4 章

常关型 GaN HEMT 技术

Giuseppe Greco[1], Patrick Fiorenza[1], Ferdinando Lucolano[2]和 Fabrizio Roccaforte[1]

1 意大利国家研究委员会微电子与微系统研究所（CNR-IMM）
2 意法半导体

4.1 引言

GaN 材料最有趣的特点之一是在异质结构（如 AlGaN/GaN、AlN/GaN 和 InAlN/GaN）中存在二维电子气（2DEG），这为制造高电子迁移率晶体管（HEMT）提供了可能[1]。由于存在具有高电荷密度和高迁移率的 2DEG，AlGaN/GaN HEMT 本质上是常开器件，这些器件非常适用于高频应用。事实上，5G 技术已成为当今大型半导体公司开发 Si 基 GaN HEMT 的驱动力，并主要应用于射频、微波和毫米波（mmW）的功率放大器和高效率器件中[2]。

然而，GaN 也是一种适用于功率电子的材料。特别在开关电源应用中，首选采用常关晶体管，这不仅是为了简化栅极驱动结构，而且也是为了安全考虑[3-5]。事实上，如果栅极驱动失效，栅极偏置电压为零，常关 HEMT 就会切换到断开状态，从而避免电路烧毁。显然，这比让开关保持在导通状态更安全。因此，过去的 10 年，研究人员做出很多努力以探索开发可靠的常关型 GaN HEMT 技术的可行途径。

从物理角度，为了实现器件常关工作，阈值电压（V_{th}）必须向正偏置方向偏移。实际上，为了实现这一目标，必须对 GaN 异质结构中栅极接触下方的区域进行适当的调整。

本章将重点讨论在 GaN 异质结构上实现常关型 HEMT 最常见和可行的方法。

虽然"共源-共栅"结构将 Si MOSFET 与常开型 GaN HEMT 结合起来，可以实现芯片的常关工作，但许多应用都要求"真正的"常关 GaN HEMT。

第一种实现"真正的"常关 GaN HEMT 的方法是减薄 AlGaN 势垒层（凹栅）或在栅区引入氟离子。尽管这两种方法都能引起阈值电压的正向偏移，但也表现出了一些局限性，这样就推动了技术向更稳定的解决方案发展。

　　器件结构的自然演变是制作凹栅金属-绝缘层-半导体高电子迁移率晶体管（MIS HEMT）。这些器件一直是业界的关注所在，但与阈值电压控制和电介质可靠性有关的一些问题阻碍了其商业化的发展。

　　常关型 HEMT 技术的真正突破是 p 型 GaN 栅 HEMT 的实现，它可以获得稳定的正阈值电压，而且不受绝缘栅器件不稳定性问题的影响。事实上，p 型 GaN 栅 HEMT 是当前市场上唯一的 HEMT "共源-共栅" 结构解决方案。

　　文献中还提出了其他 "非常规" 的解决方案，以实现常关型 GaN HEMT。虽然这些方法离实际应用还有一定距离，但本章最后会提到它们，以便为理解 GaN HEMT 技术背后的物理特性提供帮助。

4.1.1　AlGaN/GaN HEMT 阈值电压

　　为了获得常关型 AlGaN/GaN HEMT，需要精确控制 2DEG 的面电荷密度（n_s）。图 4.1 显示了传统 HEMT 的肖特基栅区 AlGaN/GaN 异质结构的导带图。器件的阈值电压（V_{th}）定义为耗尽栅区下方 2DEG 所需的栅压。

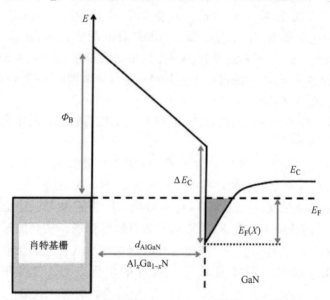

图 4.1　HEMT 肖特基栅区 AlGaN/GaN 异质结构导带示意图

　　AlGaN/GaN HEMT 中，阈值电压 V_{th} 取决于异质结构的不同特性（GaN 缓冲层掺杂、极化电荷、势垒层厚度等），通常用式（4.1）来描述[6]：

$$V_{th}(x) = \Phi_B(x) + E_F(x) - \Delta E_C(x) - \frac{\sigma(x)}{\varepsilon_0 \varepsilon_{AlGaN}(x)} d_{AlGaN} - \frac{qN_D}{2\varepsilon_0 \varepsilon_{AlGaN}(x)} (d_{AlGaN})^2$$

（4.1）

式中，$\varPhi_B$是金属/AlGaN 肖特基势垒高度；$E_F(x)$是本征费米能级和 GaN 导带底之间的能级差（取决于 2DEG 的面电荷密度[7]）；σ 是极化电荷，只取决于 Al 组分 x[7]；而 d_{AlGaN}、N_D 和 ε_{AlGaN} 分别是势垒层厚度、掺杂浓度和介电常数。

对于常开型 HEMT 的典型 AlGaN/GaN 异质结构，$d_{AlGaN} = 20nm$，$x = 25\%$，N_D 约为 $1\times10^{17} cm^{-3}$，考虑到势垒高度 $\varPhi_B = 1eV$，使用式（4.1）可以预估出阈值电压 $V_{th} = -4.6V$。

式（4.1）明确给出了 V_{th} 可以调整的主要参数，以使 V_{th} 向正值偏移。

金属/AlGaN 肖特基势垒高度 $\varPhi_B$ 的增加会引起阈值电压 V_{th} 的正偏移。然而，金属/AlGaN 势垒高度的典型值限制在 0.8~1.2eV 范围[8-10]。因此，通过最大限度地提高金属栅极的势垒高度，仅可以获得 0.4eV 的 V_{th} 正向偏移。基于这些考虑，显然，对金属栅极的肖特基势垒高度进行调整并不是获得常关型器件的一个有效解决方案。

改变 Al 的组分 x 和 AlGaN 势垒层的厚度 d_{AlGaN} 会使阈值电压 V_{th} 产生更明显的变化。例如，对于 $d_{AlGaN} = 20nm$ 的 AlGaN/GaN 异质结构，将 Al 组分 x 从 25% 减少到 10% 会导致 V_{th} 从 -4.6V 增大到 -1.2V。此外，对于 Al 组分 $x = 25\%$，将 AlGaN 的厚度从 20nm 减少到 10nm，V_{th} 将会从 -4.6V 增大到 -1.9V。然而，随着 AlGaN 势垒层厚度 d_{AlGaN} 的下降，2DEG 面电荷密度 n_s 也会下降（见式（1.11））。因此，d_{AlGaN} 不能减少到低于几纳米的临界厚度[11]。4.3.1 节所述的凹栅 HEMT 是基于 d_{AlGaN} 的减薄设计，其特点是只减薄栅区下的 AlGaN，而不会耗尽器件接入区的 2DEG。

式（4.1）中 $E_F(x)$ 的值取决于 2DEG 的面电荷密度，通常会随着面电荷密度的增加而增加[7]。

正如第 1 章讨论的，极化电荷（σ）取决于自发极化（P_{SP}）和压电极化（P_{PE}），而 AlGaN 势垒层中的这些参数是由 Al 组分 x 决定的[7]。

AlGaN 的掺杂浓度（N_D）对 V_{th} 也有影响，因为它决定了势垒层的导带弯曲[14]。此外，随着施主浓度 N_D 的增加，会引起极化场，从而加深势阱并增加 2DEG 的浓度[15]。这种情况下，通过 AlGaN 势垒层引入额外的负电荷（如氟离子）消耗 2DEG 是另一种实现 V_{th} 正向偏移的可行方案，这将在 4.3.2 节中讨论。

虽然使用较高的金属/AlGaN 势垒高度只能产生小的 V_{th} 正向偏移，但在 AlGaN/GaN 异质结构栅极的顶部使用 p 型 GaN 层可以提高 AlGaN 的导带，提高值与 GaN 能带间隙（3.4eV）相当。因此，4.3.4 节所讨论的 p 型 GaN 栅 HEMT 是在 GaN 基异质结构中获得正阈值电压的最有效途径之一。

最后值得一提的是，其他电荷的存在，如俘获在表面和缓冲层中的电荷，也会对 GaN HEMT 的阈值电压 V_{th} 的实验结果产生很大影响。这些库仑效应在式（4.1）中并没有考虑，因此，用 V_{th} 的分析表达式推算实验数据非常困难。

4.2 GaN HEMT "共源-共栅" 结构

在商业市场要求的推动下，一些公司（IR、夏普和 Transphorm）通过使用所谓的 "共源-共栅" 结构，避免了实现单芯片常关型 GaN HEMT 的难点。这种结构最初由 Baliga 提出，目的是在 4H-SiC 晶体管（JFET）上获得稳定的正向阈值电压[16]。第一款高压（HV，600V）常关型 GaN HEMT "共源-共栅" 结构已在 2015 年由 Transphorm 公司投放市场[17]。

"共源-共栅" 结构中，一个高压常开型 GaN HEMT 与一个低压（LV）常关型 Si MOSFET 串联在一起。图 4.2 示意了常关型 GaN HEMT "共源-共栅" 结构的等效电路图和同一封装中相连的两个器件。

使用这种结构，GaN HEMT 的栅源电压（V_{GS}）等于 Si MOSFET 的源漏电压（V_{DS}）。然后，GaN HEMT 关断和开启状态之间的切换就可以很容易地由常关型 Si MOSFET 控制。这两个器件在导通状态下共享相同的沟道电流，而在关断状态下，这两个器件之间分布了阻断电压。

对 Si MOSFET 施加一个高于其阈值电压的正栅极偏置电压将会开启该器件。此时，GaN HEMT 的栅极电压接近于零，然后，这个常开晶体管被开启。由于这两个器件串联，导通状态下，相同的沟道电流流经这两个器件。

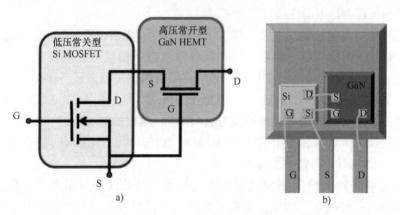

图 4.2 a) "共源-共栅" 常关型 GaN HEMT 等效电路，一个高压 GaN HEMT 和一个低压 Si MOSFET 相连接；b) 两个器件连接在一个封装中的示意图

此外，当 Si MOSFET 通过去除栅极电压关断时，施加在漏极上的偏压会在 GaN HEMT 上产生一个负的栅源电压，有助于耗尽 HEMT 沟道中的 2DEG。然后，该器件处于关断状态，漏极电压的进一步增加将使 GaN HEMT 进一步关断。

因此，由于 GaN 的高临界电场，可以通过"共源-共栅"结构得到高击穿电压。实际上，600V 的 GaN HEMT"共源-共栅"结构中，大部分的偏压都降落在 GaN HEMT 上，而低压 Si MOSFET 增加的电阻非常低（约占总电阻的 3%）。另一方面，如果额定电压降低到 50V，GaN HEMT 的导通电阻就会下降。因此，Si MOSFET 的导通电阻在总导通电阻中所占的百分比增加。图 4.3 显示了商用

GaN HEMT"共源-共栅"结构中，Si MOSFET 的导通电阻占总导通电阻的比例与额定电压的关系[18]。因此，GaN HEMT"共源-共栅"结构首选电压等级为 600V 和 900V。

GaN HEMT"共源-共栅"结构的优点之一是由 Si MOSFET 提供保护，以避免 GaN 栅极击穿。例如，对于 600V 的常开型 GaN HEMT，栅极击穿电压约为 -35V。因此，使用 30V 的 Si MOSFET 可以关闭 GaN HEMT，同时在 GaN HEMT 的关断电压和 V_{th} 之间留出一些安全余量。

此外，从可靠性的角度来看，相对于其他常关型 GaN 的方法（如 p 型 GaN HEMT 和凹栅 MIS HEMT），"共源-共栅"

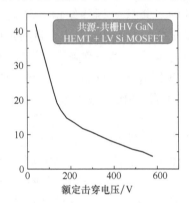

图 4.3 常关型 GaN HEMT"共源-共栅"结构中 Si MOSFET 的导通电阻百分比（资料来源：经 Lidow 等人许可转载，2014 年[18]。版权所有© 2014，Wiley VCH）

结构是一个更稳定的解决方案。事实上，由于"共源-共栅"结构使用的是常开型 HEMT，因为栅极电压为零，所以在导通状态下栅极上的电场很低。与此不同的是，"真正的"常关型 HEMT，必须应用栅极正偏压来开启器件，从而导致许多可靠性问题[19]。这就解释了对标准鉴定程序（JEDEC，AEC-Q100/101）的重要测试之一，即对高温栅极偏置（HTGB）测试的所有批评[20]。

最后，如 4.3 节所述，常开型 HEMT"共源-共栅"结构的制造比"真正的"常关型 GaN HEMT 的制造要简单。

虽然"共源-共栅"结构具有由传统的 Si MOSFET 驱动的优势，但这种解决方案也有一些缺点。例如，这两个器件的串联增加了封装的复杂性，并引入了影响系统开关性能的寄生电感。实际上，通常这两个芯片在封装内用导线连接或以平面结构连接（见图 4.2b）。那么，HEMT"共源-共栅"结构的开关性能在很大程度上与封装中的寄生电感有关，特别是两个裸片之间的寄生电感，也与两者的结电容匹配程度有关。如果电感太高，或者电容匹配不好，开关损耗就会显著增加[21]。

此外，在 HEMT"共源-共栅"结构中，由于串联了 Si 器件，"纯 GaN"器

件所具有的高温工作的优势就会丧失[22]。

因此，功率电子市场需要采用"真正的"常关型 HEMT 的解决方案，世界各国的半导体公司正在努力研发这种技术。

4.3 "真正的"常关型 HEMT 技术

4.3.1 凹栅 HEMT

在 GaN 基 HEMT 技术中使用凹栅接触，一直是业界研究 AlGaN/GaN 异质结构一个具有吸引力的话题。早期，研究者制造了凹栅 HEMT 以减小寄生电阻并实现高跨导[23-26]。另外，通过在栅极下方进行等离子体刻蚀获得凹栅可使阈值电压 V_{th} 产生正向偏移[27-28]。事实上，从式（4.1）可以推导出，AlGaN 势垒层厚度 d_{AlGaN} 的减小会导致 2DEG 薄层载流子浓度下降，从而使 V_{th} 发生正向偏移。

图 4.4 所示为凹栅 AlGaN/GaN HEMT 示意图，其中栅极接触下面通过等离子体刻蚀工艺减薄 AlGaN 势垒。显然，在这种结构中，虽然 2DEG 沟道在栅极下面被耗尽，但在器件接入区域（源-栅和栅-漏），保留了高电荷密度 2DEG，并具有低电阻。

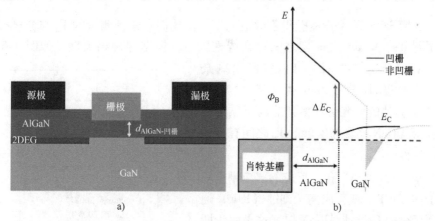

图 4.4　a）凹栅常关型 AlGaN/GaN HEMT 截面示意图；b）势垒层凹陷之前（虚线）和之后（连续线）栅区下 AlGaN/GaN 异质结构导带图（见彩插）

Saito 等[29] 提出了凹栅概念，证明了通过将 AlGaN 的厚度从 30nm 减小到 9.5nm，就有可能实现相当大的 V_{th} 正向偏移（即从 -4 ~ -0.14V）。许多其他的研究工作[16-17,30-35] 也报道了在 0.1 ~ 0.5V 范围内取得的 V_{th} 正偏移，这主要是将栅极接触下面的 AlGaN 厚度保持在 6.5 ~ 13nm 之间。表 4.1 显示了一组凹栅

GaN HEMT 的文献数据。显然，V_{th} 值与 AlGaN 的剩余厚度之间的关系并非简单直接关联，因为这些实验是在具有不同 Al 组分 x 的异质结构上进行的。此外，金属/AlGaN 界面的质量受凹栅等离子体刻蚀条件的强烈影响，其对 V_{th} 的最终影响难以量化。然而，从表 4.1 可以看出，凹栅 HEMT 中的 V_{th} 值总是接近于零（在 0.05~0.5V 范围内）。

表 4.1　凹栅 AlGaN/GaN HEMT 器件相关文献资料汇总

AlGaN 厚度 d_{AlGaN}/nm	Al 组分 x（%）	阈值电压 V_{th}/V	栅凹陷工艺后的剩余 AlGaN 厚度/nm	栅凹陷工艺后的阈值电压 V_{th}/V	参考文献
10	10	–	–	+0.05	[27]
18	25	–	–	+0.075	[28]
30	25	−4.42	9.5	−0.14	[29]
25	33	−4.2	13	+0.1	[30]
22	27	−2.2	7	+0.47	[31]
38	35	−0.6	10	+0.51	[32]
22	22	−2.7	6.5	+0.1	[33]
25	25	−1.5	3	−0.1	[34]
25	25	−4	10	+0.5	[35]

　　虽然 Saito 等[29]没有获得正阈值电压，但他们观察到测量的 V_{th} 与栅极接触下面剩余的 AlGaN 层厚度之间存在线性关系。根据这种相关性，如图 4.5 所示，Al 组分为 25% 时，可以推断出剩余 AlGaN 厚度小于 8.2nm 时为常关型条件[29]。其他的研究也观察到等离子体刻蚀后剩余 AlGaN 厚度与实验的 V_{th} 之间有类似的相关性[31,34]。

　　基于 Cl_2 或 BCl_3 化学反应的感应耦合等离子体（ICP）或反应离子刻蚀（RIE）通常用于刻蚀 GaN 或 AlGaN 层，这是用于凹栅 HEMT 的常规工艺[36]。然而，对凹陷的 AlGaN 层厚度进行纳米级控制并达到所需的 V_{th} 并不容易。事实上，等离子体刻蚀引起的凹栅区域损伤是该技术的一个重大问题，可能导致栅极泄漏电流或器件开态电阻增大[30-33,37]。

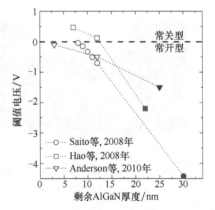

图 4.5　阈值电压（V_{th}）实验值与凹栅 AlGaN/GaN HEMT 器件剩余 AlGaN 势垒层厚度的关系（资料来源于参考文献 [29, 31, 34]）

为了克服凹栅区等离子体刻蚀的缺点，一个可能的解决方案是采用 AlGaN 势垒层选择性区域生长（SAG）技术[38]。该技术中首先要制作一个具有非常薄 AlGaN 势垒层的 AlGaN/GaN 异质结构，然后在该器件的接入区采用额外的 AlGaN SAG 工艺。通过这种方式，可以避免栅区暴露在等离子体刻蚀过程中。He 等人[35] 比较了分别用标准 ICP 工艺和 AlGaN SAG 工艺制备的凹栅常关型 HEMT 器件特性变化。

尽管用 SAG 方法获得的阈值电压（$V_{th} = 0.4V$）与标准 ICP 工艺获得的阈值电压（$V_{th} = 0.5V$）相当，但由于 SAG 避免了栅极下的等离子体刻蚀，从而可使栅极泄漏电流更小，饱和电流 I_{Dmax} 和跨导值 g_m 更高。

4.3.2　氟技术 HEMT

在栅区引入负电荷是另一种可能的方法，可使 V_{th} 正向移动并获得常关型 HEMT。

这个概念最早由 Cai 等人提出[39]，他们通过在 AlGaN/GaN 异质结构中使用 CF_4 等离子体工艺引入氟（F）离子来控制阈值电压 V_{th}。通过二次离子质谱法（SIMS）[40] 验证了样品中存在 F 元素。

图 4.6 显示了一个 F 注入的 HEMT 横截面示意图，以及用于解释内在物理原理的结构导带图。当在栅极下的 AlGaN 势垒层内引入一定量的不可移动负电荷（例如通过等离子体或离子注入）时（见图 4.6a），这些固定电荷将以静电方式耗尽沟道区的 2DEG。

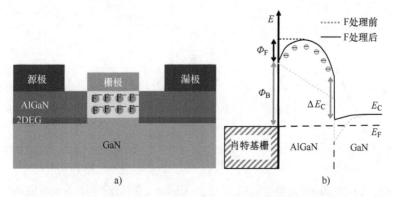

图 4.6　a）常关型 F 注入 AlGaN/GaN HEMT 器件横截面示意图；b）F 注入 HEMT 结构导带图（连续线），同时也显示了 F 处理前 AlGaN/GaN 异质结构的导带图以进行比较（虚线）（见彩插）

F 是元素周期表中电负性最强的元素之一。当 F 被引入 AlGaN 的间隙位置，并靠近邻近的原子（Al、Ga 或 N）时，它常会捕获一个自由电子，成为一个负的固定电荷。注入 AlGaN 势垒层的固定负 F 离子将使 AlGaN 的电势提高一个额外的量 Φ_F，从而耗尽 2DEG 中的电子。因此，阈值电压 V_{th} 将向正向偏移，并达到常关状态。图 4.6b 说明了这种情况，并比较了 AlGaN/GaN 异质结构经氟化物处理前后的导带图。

为了分析 F 的加入对阈值电压 V_{th} 的影响，式（4.1）的最后一项可以用近似的形式改写为 $\frac{q\ (N_D-N_F)}{2\varepsilon_{AlGaN}}(d_{AlGaN})^2$，即包括由均匀分布的 F 离子浓度 N_F 引起的静电效应[39]。为此，有可能预估出一个掺 F 的 HEMT 器件，AlGaN 层中不同 F 离子浓度时的阈值电压值，如图 4.7 所示。在此计算中，假定 AlGaN 层的 Al 组分 $x=30\%$，AlGaN 势垒层厚度 $d_{AlGaN}=20nm$，以及势垒高度 $\Phi_B=1eV$。

在这些条件下，器件从常开到常关的过渡行为发生在 F 离子浓度 $N_F=1.6\times10^{19}cm^{-3}$ 时。这个值对应的势垒层厚度为 20nm，载流子浓度为 $3.2\times10^{13}cm^{-2}$。

Cai 等人[39]也报道了类似的结果，他们估算 F 离子薄层浓度约为 $3\times10^{13}cm^{-2}$，以补偿 AlGaN 载流子掺杂浓度 N_D 和极化诱导电荷 σ。

F 注入栅技术中，等离子体工艺条件非常重要，因为它们影响所制造器件的最终性能。Cai 等人[39]研究了不同 CF_4 等离子体注入的功率 90~200W 和持续时间 20~180s，证明了获得阈值电压 $V_{th}=0.9$ 的可能性[39,41]。图 4.8 显示了在两种不同异质结构上，基于 F 等离子体不同功率条件下，即 90W 和 150W，阈值

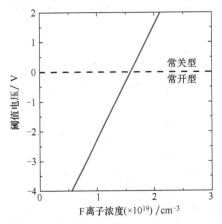

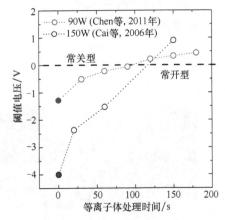

图 4.7　F 注入 GaN HEMT 阈值电压 V_{th} 计算值与注入 F 离子浓度的函数关系，计算中设定的参数：Al 组分 $x=30\%$；AlGaN 势垒层厚度 $d_{AlGaN}=20nm$；势垒高度设定为 $\Phi_B=1eV$。在这些条件下，该器件的常关状态发生在 F 离子浓度 $N_F=1.6\times10^{19}cm^{-3}$ 的情况

图 4.8　在两种不同的异质结构上进行 F 等离子体处理，获得的阈值电压 V_{th} 与等离子体工艺持续时间的函数（资料来源于参考文献［39，41］）

电压 V_{th} 与工艺持续时间的函数关系[39,41]。在这两种情况下，未经处理的异质结构阈值电压 V_{th} 不同，这取决于其特性。然而，由于注入的 F 离子数量增加，V_{th} 随着等离子体工艺的持续时间而增大。另一方面，等离子体注入功率的增大使 F 离子能够更深注入 AlGaN 层内。显然，固定负电荷必须尽可能地靠近 2DEG 沟道，以便有效耗尽 2DEG 并最大限度地提高 V_{th}。此外，当等离子体功率增加时，V_{th} 值变化得更快。

F 注入的 HEMT 中也观察到了一个有趣的现象，即栅极漏电流减少了 4 个数量级（从 $10^{-2} \sim 10^{-6}$ A/mm）[39]。这可以用固定负电荷的静电效应来解释，即导致了 AlGaN 的导带向上弯曲，并在正向和反向偏压下，均能产生额外的势垒 Φ_F 并导致栅极二极管电流流动（见图 4.6b）。

然而，氟化物处理对肖特基接触的影响存在争议。例如，Chu 等人[42]解释了 CF_4 等离子体处理后栅极泄漏电流的减少与绝缘表面层的形成有关，该绝缘表面层使表面态发生钝化，并减少了复合电流和隧穿电流[43]。此外，还有可能在等离子体工艺过程中产生非挥发性 F 基化合物，并作为绝缘表面层阻挡了栅极泄漏电流[44]。事实上，F 处理后的 AlGaN/GaN 异质结构的 TEM 显微照片显示出相当数量的晶体缺陷[45]，从而表明存在一个高电阻富缺陷区。

这种情况下，通过导电原子力显微镜（C-AFM）进行局部电流测量，监测了 F 等离子体工艺对 AlGaN/GaN 异质结构电性能的影响[45]。在这个实验中，如图 4.9a~d 所示，首先将 AlGaN/GaN 异质结构表面进行光刻胶硬掩模涂敷和图形曝光处理，再使一些区域选择性地暴露在 CHF_3 等离子体环境中，最后将光刻胶硬掩模去除后，用 C-AFM 进行扫描。从图 4.9e 可以看出，暴露于 CHF_3 等离子体工艺的样品表面区域，栅极泄漏电流明显减少。这一证据与其他研究者观察到的电流减少一致，这可能与 2DEG 有关，也可能与由等离子体诱导而增加的 AlGaN 局部电阻有关。

对于实际采用了 F 处理的常关型 GaN HEMT 器件，热稳定性是另一个重要的问题。事实上，所有经 F 离子处理的 GaN HEMT 的共同点是漏极电流下降，这与 2DEG 沟道迁移率减小相关。这种情况下，显示中等温度的热退火过程（例如 400℃，10min）有可能修复等离子体引起的损伤，并部分恢复（约 76%）漏极电流[39]。

由于可能性错综复杂，F 注入的物理机制及其在 AlGaN/GaN 异质结构中的稳定性仍然是一个有待解决的问题[46]。事实上，热退火过程不仅有助于恢复等离子体刻蚀导致的晶体损伤，而且还可影响异质结构中 F 离子的分布。特别是，AlGaN 或 GaN 中的 F 扩散是一个由 Ga 空位协助的过程[47]。因此，退火过程中，F 离子常常向 Ga 空位浓度较高的区域扩散，即朝向 AlGaN 表面，那里有大量等离子体工艺过程产生的缺陷[48]。另一方面，通过增加退火时间，大量的

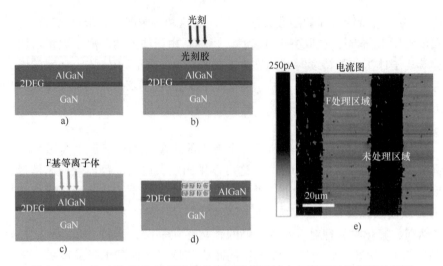

图 4.9　a～d）AlGaN/GaN 异质结构表面选择区域中 F 离子工艺步骤示意图；
e）样品的 C-AFM 电流图，显示出 F 处理区域和未处理区域之间有不同的
电行为（资料来源：经 Greco 等人许可转载[45]。参考文献［45］是一篇根据
知识共享署名许可条款发布的开放性获取文章，版权归作者所有；
许可证持有人 Springer）（见彩插）

Ga 空位被湮灭，从而停止了 F 扩散，并在 AlGaN 层中得到稳定的固定负电荷[48]。当然，位错等扩展缺陷也可影响扩散过程，使得难以精确控制 F 注入 AlGaN/GaN HEMT 的阈值电压[49]。

能量为 10～50keV，剂量为 1×10^{12} cm^{-2} 的 ^{19}F^{+} 离子注入，也被用作将 F 引入 AlGaN/GaN 异质结构中的等离子体工艺[50]。特别是，50keV 的光束能量产生了深约 64nm 的 F 浓度峰值。更低的注入能量使 F 浓度峰值向更接近 AlGaN/GaN 界面的位置迁移。值得注意的是，由于注入实现了更深的 F 浓度曲线，采用 F 离子注入方法比采用等离子体处理方法提高了 V_{th} 的稳定性[50]。另一方面，通过等离子体处理获得的较高 F 浓度可更有效地耗尽 2DEG，从而得到了更大的正向阈值电压偏移。

最近，Shen 等[51]使用 AlF$_3$ 作为扩散源，在 AlGaN 势垒层的栅区引入 F 离子。特别是，在 AlGaN 表面蒸发了一层 AlF$_3$，并在 N$_2$ 中退火，退火后采用湿法刻蚀去除 AlF$_3$ 层。通过这种方法，F 离子可以达到约 20nm 的扩散深度，从而实现了从-2.5～1.8V 的相当大的正向 V_{th} 偏移。

采用 F 离子注入技术实现常关型 HEMT 器件的发展是将 F 化作用与局部的 AlGaN 栅极凹陷相结合。Liu 等人[52]使用可控 CF$_4$ 等离子体刻蚀减小栅极下面的 AlGaN 层厚度，同时在栅区引入固定负电荷。通过这种方法，有可能获得阈值电压 V_{th} = 0.6V，以及从室温到 200℃ 范围不错的常关型器件工作热稳定性。

显然，基于 GaN 的 HEMT 器件中，栅极泄漏电流可能是一个严重的问题。因此，在金属栅极下面增加绝缘层是减少栅极泄漏电流的常用方法，形成所谓的 MIS HEMT[53]。然而，一般来说，在 MIS HEMT 中引入栅绝缘层与肖特基栅标准 HEMT 相比，会使阈值电压发生变化[54]。Roberts 等人[55] 在 AlGaN/GaN MIS HEMT 中引入了 F 化物注入技术，使用原子层沉积（ALD）生长 Al_2O_3 绝缘层进行原位 F 化物掺杂。特别是在 ALD 过程中进行 Al_2O_3 层的原位 F 化，并与栅极区域的 F 离子注入技术相结合，实现了 V_{th} = 2.35V 的正向阈值电压。

另一方面，Zhang 等人[56] 证明，通过精确控制 F 等离子体 AlGaN 刻蚀和栅绝缘层（Al_2O_3）的厚度可以调节 V_{th}。事实上，在这种方法中，由 F 处理引入的负电荷补偿了栅绝缘层中存在的正电荷。

所有这些问题在凹栅混合 MIS HEMT 技术中至关重要，4.3.3 节将有更详细的说明。

4.3.3 凹栅混合 MIS HEMT

凹栅混合 MIS HEMT 中，通过等离子体刻蚀工艺去除栅极下面的 AlGaN 势垒层，然后用绝缘层和栅极覆盖凹陷区域。图 4.10 说明了这种器件的原理，并显示了凹栅区的导带图。这种器件通常被称为"混合"型，因为它可以看作由金属-绝缘-半导体（MIS）栅控制的晶体管（即 AlGaN 势垒层和 2DEG 已被耗尽）与两个接入区的串联，其中 AlGaN/GaN 异质结构没有改变。由于 2DEG 在凹栅区被耗尽，因此这样的晶体管是一个常关型结构。所以，必须对 MIS 栅极施加正向偏压，以使在凹陷区积累负电荷，从而实现源极和漏极之间的电流传导。

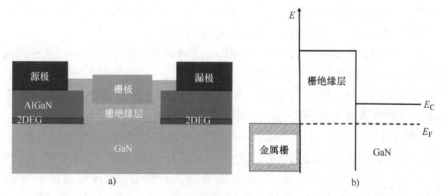

图 4.10 a）常关凹栅混合 GaN MIS HEMT 截面示意图；b）凹栅区导带示意图（见彩插）

最早的研究讨论了该器件在功率开关应用中的潜力和局限性，2008—2010年的参考文献报道了使用 SiO_2 作为栅绝缘层凹栅混合 MIS HEMT 的 V_{th} 高达

2V，$R_{ON} < 10m\Omega \cdot cm^{2[57-62]}$。之后，Freedsman 等人[63]证明了在大面积（200mm）Si 衬底上，使用 Al_2O_3 层作为栅极绝缘层制备具有高击穿电压和低漏电流的凹栅混合 MIS HEMT 的可行性，这样的结构才取得了一些进展。

如前所述，绝缘栅沟道是凹栅混合 MIS HEMT 的主要部分，器件的总导通电阻 $R_{ON\_(MIS\ HEMT)}$ 由不同电阻贡献的总和计算得到。

$$R_{ON\_(MIS\ HEMT)} = 2R_C + R_{SG\_(2DEG)} + R_{GD\_(2DEG)} + R_{ch} \qquad (4.2)$$

式中，R_C 是源/漏电极的接触电阻；$R_{SG\_(2DEG)}$ 和 $R_{GD\_(2DEG)}$ 是接入电阻；R_{ch} 是凹陷沟道即 2DEG 已经被耗尽区域的电阻。

沟道电阻 R_{ch}，以 $\Omega \cdot mm$ 表示，可以写成

$$R_{ch} = \frac{L_g}{q n_{ch} \mu_{ch}} \qquad (4.3)$$

式中，L_g 是凹栅长度；n_{ch} 和 μ_{ch} 分别是凹陷沟道区域的积累面电荷密度和载流子迁移率；q 是基本电荷。因此，这个电阻取决于沟道长度 L_g，以及凹陷沟道中移动电子的面电荷密度和迁移率。

显而易见，栅区去除的 2DEG 对整个器件 $R_{ON\_(MIS\ HEMT)}$ 有很大的影响。为了明确这一点，需要量化器件凹栅沟道中积累的面电荷密度 n_{ch}。该电荷密度可表示为 $n_{ch} = C_{ox} \times (V_{GS} - V_{th})$，其中 C_{ox} 是栅极绝缘层的积累电容。以 50nm 厚的 SiO_2 栅极绝缘层（$\varepsilon_{SiO_2} = 3.9$）为例，其氧化物电容 $C_{ox} = 6.9 \times 10^{-8} F/cm^2$，对于远高于阈值电压的栅极偏压（即 $V_{GS} - V_{th} = 4 \sim 6V$），积累的面电荷密度 n_{ch} 为 $(2.7 \sim 4.1) \times 10^{12} cm^{-2}$ 之间。这些值显然比 2DEG 中的有效面电荷密度低得多。因此，凹栅混合 MIS HEMT 在导通电阻和饱和漏电流方面受到限制。此外，如后面所述，MIS HEMT 的凹栅沟道中的电子迁移率通常也比 2DEG 的迁移率低。

因此，对于具有固定栅长 L_g 的晶体管，相对于其他不去除 2DEG 的技术方案，凹栅混合 MIS HEMT 预计会有更大的导通电阻。

图 4.11 显示了凹栅混合 MIS HEMT 的总导通电阻 $R_{ON\_(MIS\ HEMT)}$ 在不同沟道迁移率下，作为栅长 L_g 函数的计算值（见图 4.11a）；以及对于不同栅长 L_g，作为沟道迁移率 μ_{ch} 的函数的计算值（见图 4.11b）。这种计算中假设源漏间距为 10μm，接触电阻 $R_C = 0.5\Omega \cdot mm$，半导体面电阻 $R_{SH} = 400\Omega/sq$。

从图 4.11a 中可以看出，对于一个给定的沟道迁移率 μ_{ch}，$R_{ON\_(MIS\ HEMT)}$ 随栅极长度 L_g 的增大而线性增加。此外，对于给定的栅长 L_g（见图 4.11b），$R_{ON\_(MIS\ HEMT)}$ 随沟道迁移率 μ_{ch} 的增大而变小，直到 μ_{ch} 达到更高值时出现饱和，这时凹栅沟道电阻 R_{ch} 相对于其他贡献因子（R_C、$R_{SG\_(2DEG)}$ 和 $R_{GD\_(2DEG)}$）来说就不再重要。

凹栅沟道的物理和电子特性（即绝缘层/GaN 界面的粗糙度和电子质量）对沟道迁移率 μ_{ch} 有重大影响，因此也对器件的总导通电阻 $R_{ON\_(MIS\ HEMT)}$ 有较大影响。

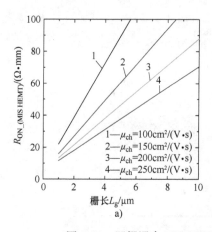 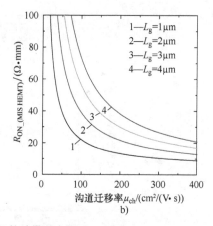

图 4.11　凹栅混合 MIS HEMT 的总导通电阻 $R_{ON\_(MIS\ HEMT)}$：

a）在不同沟道迁移率下，作为栅长 L_g 函数的计算值；

b）对于不同栅长 L_g，作为沟道迁移率 μ_{ch} 的函数的计算值

参考文献 [53，64-65] 中有几种材料用作凹栅混合 MIS HEMT 的栅绝缘层（SiO_2、SiN、Al_2O_3、AlN/SiN 等）。器件工作条件下，栅长 $1\sim2\mu m$ 的晶体管导通电阻 $R_{ON\_(MIS\ HEMT)}$ 值为 $7.2\sim22\Omega\cdot mm$[66-70]。

迁移率这个参数通常用于描述沟道特性，在凹栅混合 GaN MIS HEMT 中，场效应迁移率 μ_{FE} 定义为

$$\mu_{FE}=\frac{L_g}{WC_{ox}V_{DS}}g_m \tag{4.4}$$

式中，L_g 是栅长；W 是栅宽；C_{ox} 是栅氧化层的单位电容；V_{DS} 是源漏偏置电压；g_m 是器件跨导。

参考文献 [70] 报道的凹栅混合 GaN MIS HEMT 最大场效应迁移率变化范围很广，从 $30\sim250cm^2/(V\cdot s)$，阈值电压 V_{th} 值为 $1\sim2V$。

图 4.12 显示了分别用 SiO_2、AlN/SiN、SiN 和 Al_2O_3 作为栅极绝缘层制备的凹栅混合 GaN MIS HEMT 场效应沟道迁移率 μ_{FE}。可以看出，场效应迁移率曲线 μ_{FE} 随着栅极偏置电压 V_{GS} 的增大而增大，达到峰值 $\mu_{FE(peak)}$，然后在高电场下减小。可以看出，相对于 AlN/SiN [约 $180cm^2/(V\cdot s)$][72]、SiN [约 $110cm^2/(V\cdot s)$][73] 或 SiO_2 [约 $110cm^2/(V\cdot s)$][74]，使用 Al_2O_3 作为栅极绝缘层的凹栅混合 GaN MIS HEMT 具有更高的迁移率峰值 [约 $225cm^2/(V\cdot s)$][71]。而 Al_2O_3/GaN 和 SiN/GaN MIS HEMT 在较高的 $V_{GS}-V_{th}$ 值时，迁移率下降，且斜率较大。电场下的迁移行为通常与绝缘层/GaN 凹槽界面上限制电流传输的不同散射机制有关。

这种情况下，监测沟道迁移率对温度的依赖性可以提供关于限制凹栅 MIS

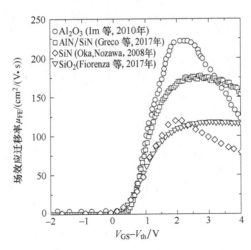

图 4.12　使用 SiO_2、AlN/SiN、SiN 和 Al_2O_3 作为栅极绝缘层的
凹栅混合 GaN MIS HEMT 场效应迁移率 μ_{FE} 与 $V_{GS}-V_{th}$ 的
函数关系（数据来源于参考文献 [71-74]）

HEMT 中电流传输物理机制的有用信息。最近，Fiorenza 等人[74]从 Pérez-Tomás 等人[75-77]提出的 GaN MOSFET 和常开型 MIS HEMT 的模型出发，研究了采用 SiO_2 作为栅极绝缘层凹栅混合 MIS HEMT 的场效应迁移率。特别对于常关型凹栅混合 MIS HEMT，具体情况已经适应了不同温度对迁移率的影响，其中当栅极处于积累条件时，沟道中出现了感应电子[70]。

图 4.13 显示了凹栅 SiO_2/GaN MIS HEMT 的峰值迁移率 $\mu_{FE(peak)}$ 与测量温度的函数。可以看到，$\mu_{FE(peak)}$ 的实验值随测量温度的升高略有下降。与标准 MOSFET 类似，沟道迁移率在 Matthiessen（马蒂森）规则中由不同散射来表示，即体迁移率 μ_B、声子散射 μ_{AC}、表面粗糙度散射 μ_{SR} 和由于界面电荷引起的库仑散射 μ_C[76]。利用界面俘获电荷的实验值（$Q_{trap}=1.35\times10^{12}\,cm^{-2}$）和凹槽 GaN 表面的方均根粗糙度（RMS = 0.15nm），研究者获得了与实验温度具有相关一致性的总迁移率 μ_{TOT}。

从这一分析可以得出，限制沟道中载流子传输的主要因素是表面粗糙度散射 μ_{SR}、声子散射 μ_{AC} 和库仑散射 μ_C。因此，优化凹槽沟道中的电介质/GaN 界面，即粗糙度和界面陷阱密度，是优化器件迁移率及后续 R_{ON} 的根本问题。

栅极绝缘层的质量是凹栅 MIS HEMT 技术中的一个关键问题，也是器件特性稳定的关键。事实上，当器件受到正偏压或负偏压时，位于绝缘层/GaN 界面不同位置和/或能带间隙中具有不同能量位置的俘获态会导致阈值电压 V_{th} 不稳定。特别是正偏压和/或负偏压，可能会改变位于绝缘层/GaN 界面和/或栅极绝缘层[78,82]中慢界面陷阱[79-81]的数量。

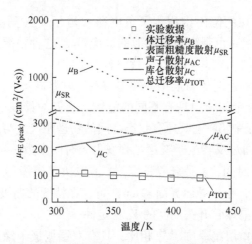

图 4.13　场效应迁移率峰值 $\mu_{\text{FE(peak)}}$（实验数据）是凹栅混合
SiO$_2$/GaN MIS HEMT 温度的函数。实验数据考虑了体迁移率 μ_{B}、
表面粗糙度散射 μ_{SR}、声子散射 μ_{AC} 和库仑散射 μ_{C} 的综合作用
（资料来源：经 Fiorenza 等人许可转载[74]。版权所有© 2017，IEEE）

例如，图 4.14a 显示了采用 Al$_2$O$_3$/AlN 作为栅极绝缘层，凹栅混合 GaN MIS
HEMT 在 V_{G} = 12V 的栅极正偏压作用 10μs 前后的转移特性[83]。

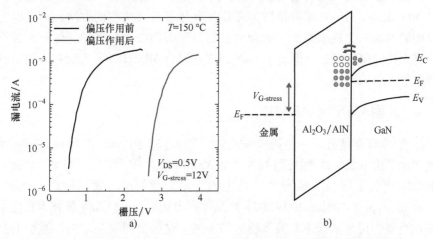

图 4.14　a）凹栅混合 Al$_2$O$_3$/AlN/GaN MIS HEMT 在 12V 栅极正偏压作用 10μs
前后的转移特性 I_{DS}-V_{GS}；b）器件在正偏压下发生的俘获效应导带示意图
（资料来源：经 Acurio 等人许可转载[83]。版权所有© 2017，Elsevier Ltd）

可以看出，在 12V 过电压应力作用下，测量到的器件转移特性相对于原始
器件在正方向上有明显的偏移，阈值电压偏移 ΔV_{th} = 2.13V。这种正向偏移表明

栅极绝缘层中已存在的陷阱内积累了负电荷（电子）（见图 4.14b）。当使用 SiO_2 作为栅极绝缘层时也观察到了类似的效应[84]。这种情况下，通过施加负电压可以完全恢复由应力引起的 ΔV_{th}，这将释放电子[84]。

存在的这些俘获态与绝缘层中的缺陷有关，这些缺陷可以位于 GaN 界面的不同位置和/或在能带间隙中具有不同的能级。它们的俘获/释放特性时间常数 τ 取决于半导体衬底中陷阱与其原有状态之间的物理距离。与绝缘层-半导体界面相距 x 的陷阱可以通过反转电子隧穿过程发射，时间常数 $\tau \approx \tau_0 \exp(x/\lambda)$，其中 τ_0 是绝缘层的特征时间，λ 是衰减长度，λ 值取决于绝缘层/GaN 势垒高度[85]。更深的陷阱（例如，距半导体界面>1nm）可以在持续的栅极应力期间带电，并且可能会显著影响晶体管开关期间的 V_{th} 稳定性。

有趣的是，与单层绝缘层[78,84]相比，具有双层栅极绝缘层[72,83]的凹栅混合 MIS HEMT 中观察到更明显和更快的电荷俘获过程。

最后，凹栅 MIS HEMT 技术的进一步发展是在栅极区域下方实施 F 处理。事实上，正如 4.3.2 节所讨论的，F 注入引入了负电荷，从而有可能引起阈值电压的正向偏移。

特别是 Zhang 等人[56]证明，在 Al_2O_3 绝缘层 MIS HEMT 中通过 CF_4 等离子体刻蚀方法使 AlGaN 势垒层产生部分凹陷，以补偿 Al_2O_3 栅极绝缘层的固定正电荷，并在不影响最大驱动电流的情况下获得高达 4V 的 V_{th}[56]。综上所述，凹栅混合 MIS HEMT 是一种很有希望实现 GaN 晶体管常关工作的方法，而且因为其与稳固的 MOSFET 技术相似，这种方法正引起人们极大的兴趣。然而，尽管文献中有大量的研究报道，但基于 GaN 的凹栅混合 MIS HEMT 还没有达到足够的成熟水平而引入市场。

4.3.4　p 型 GaN 栅 HEMT

尽管 2000 年就有了一些初步研究工作[86]，但直到 2007 年 Uemoto 等人才清楚地演示了由 p 型 GaN 栅控制的常关型 AlGaN/GaN HEMT[87]。目前，p 型 GaN 栅 HEMT 代表了市场上唯一的"真正的"常关型解决方案。EPC（https://epc-co.com/epc）将低压 100~200V 产品推向市场后，p 型 GaN 栅技术已经引起了其他重要公司（如松下和英飞凌）的关注，这些公司实现了一些重要的技术突破，几年内将完全验证并使高达 650V 的产品实现商业化[88-89]。

要了解常关 p 型 GaN HEMT 的工作原理，需要考虑能带结构。图 4.15 显示了 p 型 GaN 栅 HEMT 横截面示意图和 p 型 GaN/AlGaN/GaN 异质结构导带图。

可以看出，AlGaN/GaN 异质结构顶部引入 p 型 GaN 层，可将 AlGaN 的导带提高到能量与 GaN 的能带间隙（3.4eV）相当的费米能级以上，随之而来的是耗尽 2DEG。因此，使用 p 型 GaN/AlGaN/GaN 系统可以实现常关状态。

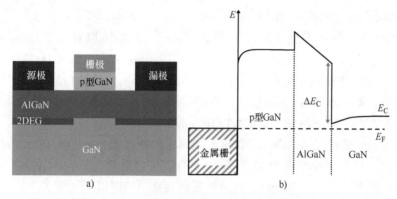

图 4.15   a）p 型 GaN 栅 HEMT 横截面示意图；
b）p 型 GaN/AlGaN/GaN 异质结构导带图（见彩插）

在这种结构中，p 型 GaN 栅由可选择的等离子体刻蚀工艺刻蚀出边界，该工艺从接入区移除 p 型 GaN 层，到达下面的 AlGaN 势垒层。

虽然 p 型 GaN HEMT 的工作原理可能看起来很简单，但在 AlGaN/GaN 异质结构顶部引入 p 型 GaN 层并不足以确保常关特性。更准确地讲，p 型 GaN 常关型器件的制造取决于几个参数，例如异质结构特性、p 型 GaN 刻蚀和掺杂、栅极接触和热退火[90]。

首先，异质结构的适当选择对于有效地消耗界面上的 2DEG 至关重要。因此，为了获得器件的正阈值电压，必须适当选择 p 型 GaN 的受主浓度（N_A）、AlGaN 势垒层的厚度（d_{AlGaN}）和 Al 组分（x），以及 AlGaN 和 GaN 层中的过剩施主浓度。

关于 p 型 GaN 层，众所周知，形成 p 型导电率是 GaN 技术中长期存在的问题[91]。镁（Mg）是 GaN 的一种 p 型掺杂剂，在氮化物晶格中取代 Ga 并充当受主。然而，由于受主的高电离能为 150~200meV，很难在 p 型 GaN 层中获得高浓度空穴[92-93]。一般的理解是，需要高掺杂的 p 型 GaN（$>10^{18}cm^{-3}$）来有效损耗 2DEG。

Efthymiou 等人最近研究了 p 型 GaN 掺杂水平对 p 型 GaN/AlGaN/GaN 异质结构能带的影响[94]。TCAD 模拟结果显明，当 p 型 GaN 掺杂水平在 10^{17} ~ $10^{18}cm^{-3}$ 范围内时，阈值电压 V_{th} 首先增加，而当 $N_A > 6 \times 10^{18}cm^{-3}$ 时，阈值电压 V_{th} 略有降低[94]。事实上，虽然调节 AlGaN/GaN 导带所需的正电压最初随着 p 型 GaN 掺杂水平的增大而增加，但在足够高的掺杂水平下，金属/p 型 GaN 界面处的耗尽区变得非常狭窄，从而增强了空穴隧穿势垒的能力。因此，栅极偏置电压的进一步增加并不会导致耗尽区进一步扩大，而只会导致 AlGaN/GaN 导带向费米能级偏移。通常，p 型 GaN 栅 HEMT 中使用的 p 型 GaN 层厚度为

50～100nm，掺杂水平 N_A 为 10^{18}～10^{19} cm^{-3}。

AlGaN 势垒层的厚度（d_{AlGaN}）和 Al 组分（x）的选取对 p 型 GaN/AlGaN/GaN 异质结构的电特性有很大影响[90]。为了表明这一点，图 4.16 显示了由一维泊松-薛定谔方程进行模拟的 p 型 GaN/AlGaN/GaN 异质结构导带图。所有模拟情况中，使用厚度为 50nm 且 $N_A = 6 \times 10^{18} cm^{-3}$ 的 p 型 GaN，AlGaN 和 GaN 层的 n 型掺杂水平分别为 $1 \times 10^{16} cm^{-3}$ 和 $1 \times 10^{15} cm^{-3}$。

图 4.16a 显示了 AlGaN 为 10nm 和 20nm 两种厚度的 p 型 GaN/AlGaN/GaN 异质结构，其中 AlGaN 层中 Al 组分 $x = 20\%$。可以看到，只有在 AlGaN 势垒层较薄的情况下（$d_{AlGaN} = 10nm$），导带被提高到费米能级以上（常关态），而对于较厚的 AlGaN 势垒层（20nm），界面上仍然存在 2DEG。另一方面，图 4.16b 显示了 AlGaN 势垒层厚度为 20nm 的异质结构在两种不同 Al 组分 x 值（10% 和 20%）下的情况。只有当 Al 组分较低（$x = 10\%$）时，导带被提高到费米能级以上（常关态），而 Al 组分 $x = 20\%$ 时，2DEG 仍然存在。

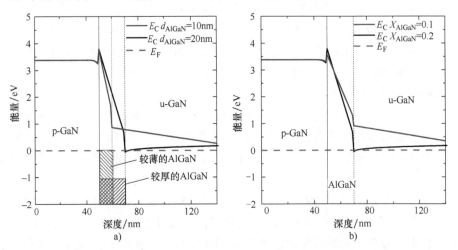

图 4.16　p 型 GaN/AlGaN/GaN 异质结构模拟导带图：a）两种不同的 AlGaN 厚度（10nm 和 20nm）；b）两种不同 Al 组分值（10% 和 20%）

Uemoto 等人观察到一个有趣的物理效应[87]，即从 p 型 AlGaN 栅极向 AlGaN/GaN 界面注入空穴，可以获得足够高的栅极偏置，将这样的器件定义为栅极注入晶体管（GIT）。

图 4.17a 解释了常关 p 型 AlGaN/n-AlGaN/GaN GIT 的工作原理。在该器件中，由于 p 型 AlGaN 层的存在，2DEG 沟道在栅极接触下方被中断。因此，需要高于阈值电压 V_{th} 的正栅极偏置电压恢复 AlGaN/GaN 界面处的 2DEG，从而实现沟道导通。通过进一步提高栅极偏置电压高于 p 型 GaN/AlGaN 结的内建电压（V_F），空穴从 p 型 AlGaN 层注入界面，2DEG 得到了恢复。这种情况下，为了

保持材料的电中性，注入的空穴被界面处 2DEG 的等量电子所平衡。此时，当电子在施加的偏压驱动下向漏极移动时，由于空穴的迁移率较低（大约比电子迁移率低 2 个数量级），空穴仍留在栅极区域。当空穴注入开始时，这种电导率调制导致漏电流 I_D 进一步增大，而栅电流保持较低。可以看出，跨导曲线 g_m 中出现的第二个峰值表明发生了空穴注入（见图 4.17b）[87]，在标准 HEMT 中通常没有这种情况。

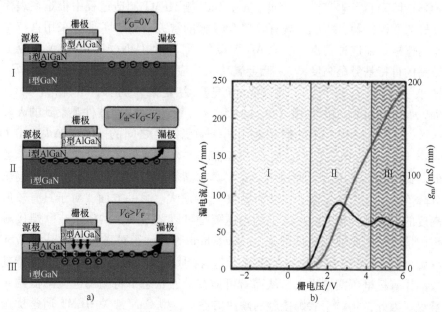

图 4.17　a）栅极注入晶体管（GIT）常关 p 型 AlGaN/n-AlGaN/GaN 工作原理示意图；
b）器件的相应漏电流和跨导 g_m（资料来源：经 Greco 等人许可转载[90]。
版权所有© 2018，Elsevier Ltd）（见彩插）

GaN 基 GIT 的开关工作存在一个缺点，即在高漏电压（>600V）下动态导通电阻（"电流崩塌"）会增大[95-96]。为了克服这个问题，开发了混合漏极嵌入式栅极注入晶体管（HD-GIT）[97-98]。HD-GIT 中，在栅极和漏极之间引入了一个额外的 p 型 GaN 区域，在关闭状态下引发空穴注入。值得注意的是，该器件为了维持 p 型 GaN 漏极下方的 2DEG，使用了较厚的 AlGaN 势垒层，而常关工作是由 p 型 GaN 栅极下方的 AlGaN 势垒层凹陷实现的。该技术允许从 p 型 GaN 漏极注入空穴，可以在开关过程中有效释放被捕获的电子[97-98]。这样，高漏电压（>600V）情况下，动态导通电阻在快速开关过程中仍然保持很低。有关 HD-GIT 可靠性方面的更多细节将在第 6 章中讨论。

p 型 GaN 栅 HEMT 最重要的组成部分之一无疑是金属栅。事实上，金属/p

型 GaN 势垒的电学性质会对阈值电压 V_{th} 和器件漏电流产生很大的影响[99-101]。

一般来说首要的问题为，是否必须使用欧姆接触或肖特基接触作为 p 型 GaN 层上的栅极。Uemoto 等人的初始工作中[87]，基于 Pd（钯）的欧姆接触用作栅极以改善空穴注入和电导调制。然而，其中也并未说明金属/p 型 GaN 电极形成的具体过程。事实上，在 p 型 GaN 层上获得良好的欧姆接触是一项复杂的工作，需要在氧气氛中进行特定的退火工艺[102]，而这反过来可能对下层的 2DEG 产生不良影响[103-104]。因此，p 型 GaN 栅 HEMT 制造过程中很难在表面形成良好的欧姆接触。所以，具有 p 型 GaN 栅的常关型 HEMT 通常采用肖特基金属作为栅极。在这种情况下，TCAD 模拟预测，p 型 GaN/AlGaN/GaN 系统上具有较高的肖特基势垒高度 Φ_B，低金属功函数应该能够获得较高的阈值电压 V_{th} 和较低的栅漏电流[94,99]。但实际情况更为复杂，例如，W 栅（$\Phi_{m(W)} = 4.6eV$，$V_{th} = 3.1V$）和 Ni 栅（$\Phi_{m(Ni)} = 5.2eV$，$V_{th} = 1.3V$）器件观察到的大阈值电压差（$\Delta V_{th} = 1.8V$）不能简单地用两个功函数值之间的能量差 $\Delta \Phi_m = 0.6eV$ 来解释[99]。事实上，金属/p 型 GaN 界面上产生的耗尽区宽度随金属功函数的降低（即势垒高度增大）而增大。对于具有高势垒高度的金属栅，正栅偏压将部分降落在更宽的耗尽区上，从而导致 V_{th} 的增大。另一方面，对于具有较低势垒高度的金属栅，较薄耗尽区上的电压降是可以忽略的，类似于在欧姆接触中发生的情况，因此导致较低的 V_{th}。Meneghini 等人已经对肖特基（基于 WSiN）和欧姆（Ni/Au）金属栅进行了比较[105]。特别是，使用基于 WSiN 的肖特基栅导致晶体管栅电压摆幅增大，从而有可能在导通状态下将栅漏电流降低约 4 个数量级。因此，相对于欧姆接触的解决方案，p 型 GaN 常关 HEMT 通常优选使用肖特基栅接触。

表 4.2 是一组关于常关 p 型 GaN 栅 HEMT 的文献数据。可以看出，参考文献［87，99-101，105-114］已经研究了几种金属作为 p 型 GaN HEMT 的栅接触。然而，由于许多参数（半导体表面缺陷、金属沉积技术、表面制备、退火条件等）都会影响金属/p 型 GaN 势垒高度，因此无法推断 V_{th} 与金属功函数具有明确的相关性。

Lee 等人认为，具有较低功函数的金属会导致较高的 V_{th}，但会减小输出电流[100]。由于 TiN 在 Si 工艺中广泛使用，且与 GaN 接触时具有良好的热稳定性，因此常被用作 p 型 GaN 栅接触。尤其是 TiN 可以采用"自对准"方法。这种情况下，首先将 TiN 图形化并用作硬掩模，从接入区去除 p 型 GaN 层，然后作为器件的栅极。Lükens 等人也给出了一种自对准工艺[106]，使用封装在 SiO_x 帽层和 AlO_x 侧壁空间上的 Mo 金属栅作为退火或干法刻蚀过程中的保护。

如前所述，通过选择性等离子体刻蚀获得 p 型 GaN 栅的边界，即必须移除接入区的 p 型 GaN，只保留栅极下面的 p 型 GaN。"自对准"工艺中，金属栅在制作流程开始时沉积（"前栅"），用作 p 型 GaN 边界刻蚀的硬掩模，然后作为金属电极留在 p 型 GaN 上。这种方法明显简化了器件的制备流程。然而，这种情况下，源极和漏极欧姆接触必须随后制作，因此通常需要较高的退火温度（>800℃）[115]。这种热处理方法会导致金属栅与 p 型 GaN 之间发生热反应，从而使势垒的电性能变差。Greco 等比较了"前栅"工艺和"后栅"工艺[101]，在"前栅"工艺中，采用 Ti/Al 金属栅接触作为 p 型 GaN 干法刻蚀的硬掩模，然后对欧姆接触进行退火（800℃），而在"后栅"工艺中，将 Ti/Al 栅极接触放在流程末尾进行边界刻蚀[101]。从器件的转移特性可以看出，采用非退火 Ti/Al 金属栅（"后栅"工艺）可得到 $V_{th} = 1.5V$，如图 4.18 所示。另一方面，由于退火时 Al/Ti/p 型 GaN 系统的结构发生变化，800℃ 金属栅退火（"前栅"工艺）使得 V_{th} 负偏移和漏电流增大。特别是，800℃ 退火后，Al/Ti/p 型 GaN 系统中的势垒高度从 2.08eV 降到了 1.60eV[116]。

表 4.2　关于常关 p 型 GaN 栅 HEMT 的文献数据汇总

金属栅极	p 型 GaN 厚度/nm	p 型 GaN 掺杂/cm^{-3}	阈值电压 V_{th}/V	最大栅极偏置电压/V	参考文献
Pd	100（Al$_{15}$GaN）	$N_A = 1 \times 10^{18}$	1	6	[87]
Ni	100	$N_A = 2 \times 10^{19}$	1.23	7	[99]
W	100	$N_A = 1 \times 10^{19}$	3.0	10	[99]
Mo/Ti/Au	60	$N_A \approx 2 \times 10^{18}$	1.9	10	[100]
Ni/Au	60	$N_A \approx 2 \times 10^{18}$	1.8	10	[100]
Ti/Au	60	$N_A \approx 2 \times 10^{18}$	1.7	6	[100]
Ti/Al	50	$N_A = 3 \times 10^{19}$	1.5	10	[101]
WSiN	N. A.	未给出 N_A	1.87	11	[105]
Mo/Ni	80	$N_A = 3 \times 10^{19}$	1.08	10	[106]
Ni/Au	50	$N_A = 3 \times 10^{18}$	0.48	8	[107]
Pd/Au	70	未给出 N_A	1.0	5	[108]
Ti/Au	70	未给出 N_A	1.2	6	[109]
TiN	70	$N_A = 1 \times 10^{18}$	1.6	10	[110]
TiN	70	未给出 N_A	2.1	9.5	[111]
Ni/Au	95	$N_A = 3 \times 10^{19}$	1.5	9	[112]
Ni/Au	70	$p = 3 \times 10^{19}$	1.75	10	[113]
Ni/Au	70	$p = 1 \times 10^{18}$	1.75	8	[114]

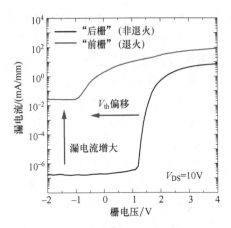

图 4.18 采用"后栅工艺"（非退火）和"前栅工艺"（800℃下退火）
制备的常关 p 型 GaN 栅 HEMT, $V_{DS} = 10V$ 下的转移特性（I_{DS} 与 V_{GS}）
（资料来源：经 Roccaforte 等人许可转载[22]。版权所有©
2019, licensee MDPI, Basel, Switzerland）

p 型 GaN 栅 HEMT 的一个重要品质因数是击穿前可施加到栅极上的最大偏置电压。实际上，在栅极正偏置电压下，金属/p 型 GaN 结为反向偏置，因此使耗尽区进一步扩大。在这些条件下，2DEG 沟道的电子通过 AlGaN 被注入 p 型 GaN 层，电子将由反偏耗尽区的高电场进一步加速。当穿过耗尽区的电子从电场中获得足够能量时，就会产生雪崩击穿。Wu 等人[110]证实了该效应，发现栅击穿电压随温度升高而增大。实际中，雪崩击穿时栅击穿的温度系数通常为正。图 4.19 显示了 p 型 GaN 栅 HEMT 的最大施加栅极偏置电压与阈值电压的关系。

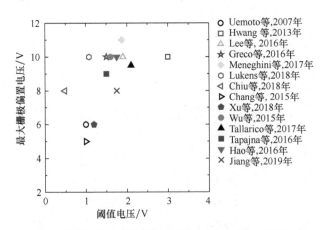

图 4.19 不同 p 型 GaN 栅 HEMT 的最大施加栅极偏置电压与
阈值电压的关系（资料来源：表 4.2 数据）

在常关 p 型 GaN 栅 HEMT 中，通常采用 ICP 和 RIE 工艺去除 p 型 GaN 层。然而，实现光滑的表面形态、低损伤和可控的刻蚀速率非常必要。基于这个原因，去除 p 型 GaN 层工艺成为制造常关 p 型 GaN 栅 HEMT 的一个关键步骤。因此，文献中提出了一些可供选择的方法以避免对 p 型 GaN 进行等离子体刻蚀。图 4.20 显示了标准解决方案（p 型 GaN 刻蚀）和两种可供选择的方案，即 p 型 GaN 选择性生长及 H 等离子处理。

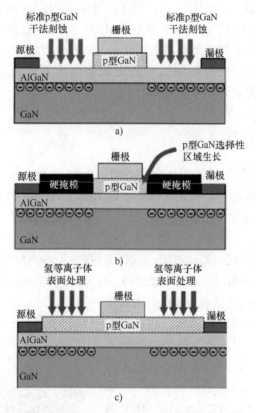

图 4.20　由不同工艺制备的常关 p 型 GaN HEMT 横截面
示意图：a) 标准 p 型 GaN 干法刻蚀工艺；b) p 型 GaN
选择性区域生长（SAG）；c) 氢等离子体表面处理以
实现局部 Mg 钝化（资料来源：经 Greco 等人许可
转载[90]。版权所有© 2018，Elsevier）（见彩插）

避免等离子体刻蚀的"理想"解决方案是在栅极区域进行 p 型 GaN 选择性外延生长（见图 4.20b）。实际上，SAG 在非合金欧姆接触[117-118]、凹栅 MIS HEMT 结构[68,119]、光电子纳米结构（发光二极管和激光二极管）[120-121]制造等其他技术中最常用。但是，这种方法显示出一些局限性，如硬掩模的性质和几何图形[122-123]、生长温度[124-125]，以及反应炉压力[126]。不过，Yuliang 等人[127]采用选择性 MOCVD 生长具有 SiO₂ 硬掩模 p 型 GaN 层，得到了从 -3.95 ~ -0.35V 的 V_{th} 正偏移。尽管表面形态光滑，但硬掩模侧壁的生长并不均匀[128]。显然，需要进一步优化该工艺以得到更大的 V_{th} 偏移和稳定的常关型器件工作，并在生长层实现均匀的厚度和掺杂。

另一种很有吸引力的方法是对 p 型 GaN 表面进行氢化处理取代 p 型 GaN 刻蚀工艺（见图 4.20c）。实际上，氢原子能够形成 Mg-H 中性复合物补偿 GaN 中的 p 型掺杂，从而钝化 p 型 GaN 层中的 Mg 受主[113]。这种情况下，p 型 GaN 层的导带能够选择性地拉低到费米能级以下，从而恢复接入区 AlGaN/GaN 界面处的 2DEG。用这种方法制备的器件在最大栅电压摆幅为 6V，阈值电压 V_{th} = 1.75V 时，电流密度为 188mA/mm。

4.4 其他方法

4.2 节和 4.3 节所描述的技术方法用于实现 GaN HEMT 的常关工作是最为常见和可行的。然而，文献还探讨了实现 HEMT 常关工作的其他方法。尽管这些研究结果往往与实际应用相差甚远，但从中也可得到一些值得关注的物理现象。

一种方法是氧化 AlGaN/GaN 异质结构中的 AlGaN 势垒层，这在表面钝化[129-130]或器件隔离[131]等方面也有过研究。例如，Roccaforte 等人[103-104]证明，将局部 AlGaN 表面在 900℃ 下热氧化数小时后，可用于 2DEG 隔离，尽管形成的氧化层厚度不足以达到 AlGaN/GaN 的界面深度。显然，需要对局部表面氧化进行精确控制以适合 2DEG 的性质，例如，采用快速氧化工艺。图 4.21 显示了 900℃ 氧气中经快速热退火 10min 后的 AlGaN 层 TEM 图像[132]。可以看出，该过程形成了均匀的 1.5nm 厚的晶状氧化层。具有相近 Al 组分的 AlGaN 合金文献数据表明，该氧化层由 Al₂O₃ 和 Ga₂O₃ 组成[133-135]。将这种可控的热氧化工艺用于 GaN HEMT，使阈值电压 V_{th} 产生了正偏移，不过这导致器件的电流显著降低，阻碍了在实际器件中的应用[132]。

图 4.21 900℃ 快速热氧化 10min 后 AlGaN 层的高分辨 TEM 图像。可见形成了薄（1.5nm）氧化表面层（资料来源：经 Greco 等人许可转载[132]。版权所有© 2014，IOP 出版社）

另外，Chang 等人[136]证明，可以通过栅极区域局部等离子体氧化制作常关型 AlN/GaN HEMT。这种情况下，采用低射频功率（20~40W）氧等离子体处理将 AlN 层的表面转化为 Al_2O_3，并将 AlN 的厚度降低到临界厚度以下，这与凹栅 HEMT 中的情况相似。图 4.22 所示为该工艺的示意图。显然，长时间的氧化处理在栅极区域形成了较厚的氧化层，并进一步耗尽了 2DEG（可获得更大的正 V_{th}）。然而，2DEG 密度的减小使得沟道电阻增大，从而导致器件的饱和漏电流变得更小。

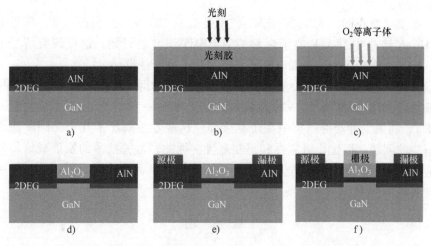

图 4.22　采用局部氧等离子体处理制作常关型 AlN/GaN HEMT 工艺流程（见彩插）

Mizutani 等人[137]使用 p 型 $In_{0.23}Ga_{0.77}N$ 取代 p 型 GaN 作为帽层，以提高 AlGaN/GaN 界面的导带，并耗尽栅极区域的 2DEG。这种方法中，InGaN 帽层中的极化感应场和 p 型 InGaN 中的负电荷使得 $V_{th}=1.2V$。而且，由于采用 InGaN 作为帽层，异质结构中的势垒高度较高，因此这种器件的漏电流也将减小。

最后，另一种实现常关型 HEMT 的方法是在 AlGaN/GaN 异质结构上制作氧化镍（NiO_x）层。晶状 NiO_x 成功用于绝缘层以减小 HEMT 结构的肖特基接触漏电流[138-139]。但是，在某些生长和后退火情况下，NiO_x 层可表现出 p 型半导体特性。因此，可考虑用这种材料替代常关型 HEMT 中的 p 型 GaN。尤其是 Kaneko 等人[140]通过将 NiO/Ni/Au 栅极和凹槽 AlGaN 栅极区域结合，获得的 GaN HEMT 可实现 $V_{th}=0.8V$。不过，NiO 薄膜实现 p 型半导体特性的后退火条件很难控制，并且会对 2DEG 沟道产生不利的影响。

4.5 总结

本章阐述了制作常关型 GaN HEMT 的主要技术方法。发展可靠的常关型 HEMT 技术是 GaN 晶体管大规模进入功率半导体市场十分关键的一步。

常开型 HEMT 可同 Si MOSFET 以"共源-共栅"的方式实现常关型器件。但是，这种结构显示出一些与应用电压有关的缺点，以及由复杂封装所引起的寄生效应。

实现"真正的"常关型 HEMT 技术是基于 AlGaN 层的表面改性。凹栅方法和 AlGaN 势垒中引入 F 离子是常关型 HEMT 研究的开始。这些研究清楚地表明，提高阈值电压和减小漏电流需要进一步改进器件设计。

目前，"真正的"常关型 HEMT 技术主要针对两种器件，即 p 型 GaN 栅和凹栅混合 MIS HEMT。第一种是目前市场上唯一一种"真正的"常关型 GaN HEMT，而第二种器件尚集中在研发层面。这些方法揭示了几个必须解决而尚未解决的问题，以优化可靠性和可制造性。因此，常关技术的发展或许将取决于应用对象，即 p 型 GaN 栅更适合中低电压应用，而凹栅混合 MIS HEMT 更适合较高电压应用。

致　谢

感谢这些年来参与常关型 GaN HEMT 研究的所有研究者：F. Giannazzo, R. Lo Nigro, S. Di Franco, E. Schilirò, M. Spera（CNR-IMM, 意大利）, A. Patti, S. Reina 和 A. Parisi（ST 公司, 意大利）, M. Leszczyński, P. Prystawko 和 P. Kruszewski（Unipress-PAS 公司, 波兰）。

这项工作得到了意大利教育、大学和研究部（MIUR）在国家项目 PON Ele-GaNTe（ARS01_ 01007：基于 GaN 技术的电子器件）的部分支持。

参 考 文 献

1 Aisf Khan, M., Bhattarai, A.R., Kuznia, J.N., and Olson, D.T. (1993). High electron mobility transistor based on a GaN/Al$_x$Ga$_{1-x}$N heterojunction. *Appl. Phys. Lett.* 63: 1214–1215.

2 Iucolano, F. and Boles, T. (2019). GaN-on-Si HEMTs for wireless base stations. *Mater. Sci. Semicond. Process.* 98: 100–105.

3 Chen, K.J. and Zhou, C. (2011). Enhancement-mode AlGaN/GaN HEMT and MIS-HEMT technology. *Phys. Status Solidi A* 208: 434.

4 Su, M., Chen, C., and Rajan, S. (2013). Prospects for the application of GaN power devices in hybrid electric vehicle drive systems. *Semicond. Sci. Technol.* 28: 074012.

5 Scott, M.J., Fu, L., Zhang, X. et al. (2013). Merits of gallium nitride based power conversion. *Semicond. Sci. Technol.* 28: 074013.

6 Asgari, A. and Kalafi, M. (2006). The control of two-dimensional-electron-gas density and mobility in AlGaN/GaN heterostructures with Schottky gate. *Mater. Sci. Eng., C* 26: 898–901.

7 Ambacher, O., Smart, J., Shealy, J.R. et al. (1999). Two-dimensional electron gases induced by spontaneous and piezoelectric polarization charges in N- and Ga-face AlGaN/GaN heterostructures. *J. Appl. Phys.* 85: 3222–3233.

8 Yu, L.S., Xing, Q.J., Qiao, D. et al. (1998). Ni and Ti Schottky barriers on n-AlGaN grown on SiC substrates. *Appl. Phys. Lett.* 73: 3917.

9 Qiao, D., Yu, L.S., Lau, S.S. et al. (2000). Dependence of Ni/AlGaN Schottky barrier height on Al mole fraction. *J. Appl. Phys.* 87: 801.

10 Roccaforte, F., Giannazzo, F., Iucolano, F. et al. (2010). Surface and interface issues in wide band gap semiconductor electronics. *Appl.Surf. Sci.* 256: 5727–5735.

11 Ibbetson, J.P., Fini, P.T., Ness, K.D. et al. (2000). Polarization effects, surface states, and the source of electrons in AlGaN/GaN heterostructure field effect transistors. *Appl. Phys. Lett.* 77: 250.

12 Vurgaftman, I., Meyer, J.R., and Ram-Mohan, L.R. (2001). Band parameters for III–V compound semiconductors and their alloys. *J. Appl. Phys.* 89: 5815–5875.

13 Martin, G., Strite, S., Botchkaev, A. et al. (1994). Valence-band discontinuity between GaN and AlN measured by X-ray photoemission spectroscopy. *Appl. Phys. Lett.* 65: 610.

14 Chu, R.M., Zhou, Y.G., Zheng, Y.D. et al. (2001). Influence of doping on the two-dimensional electron gas distribution in AlGaN/GaN heterostructure transistors. *Appl. Phys. Lett.* 79: 2270.

15 Di Carlo, A., Sala, F.D., Lugli, P. et al. (2000). Doping screening of polarization fields in nitride heterostructures. *Appl. Phys. Lett.* 76: 3950.

16 Baliga, B.J. (2005). *Silicon Carbide Power Devices*. Singapore: World Scientific Publising.

17 Kikkawa, T., Hosoda, T., Shono, K. et al. (2015). Commercialization and reliability of 600 V GaN power switches. Proceedings of IEEE International Reliability Physics Symposium (IRPS2015), Monterey, CA (19–23 April 2015), pp. 6C.1.1.

18 Lidow, A., Strydom, J., de Rooij, M., and Reutsch, D. (2014). *GaN Transistors for Efficient Power Conversion*. Chichester, UK: Wiley.

19 Dalcanale, S., Meneghini, M., Tajalli, A. et al. (2017). GaN-based MIS-HEMTs: impact of cascode-mode high temperature source current stress on NBTI shift. Proceedings of IEEE International Reliability Physics Symposium Monterey, CA (2–6 April 2017), pp. 4B.1.1–5.

20 McPherson, J.W. (2018). Brief history of JEDEC qualification standards for silicon technology and their applicability (?) to WBG semiconductors. IEEE International Reliability Physics Symposium (IRPS) Burlingame, CA (11–15 March 2018), pp. 3B.1–1.

21 Jones, E.A., Wang, F.F., and Costinett, D. (2016). Review of commercial GaN power devices and GaN-based converter design challenges. *IEEE J. Emerging*

Sel Top. Power Electron. 4: 707–719. https://doi.org/10.1109/JESTPE.2016 .2582685.

22 Roccaforte, F., Greco, G., Fiorenza, P., and Iucolano, F. (2019). An overview of normally-off GaN-based high electron mobility transistors. *Materials* 12: 1599.

23 Chen, C.H., Keller, S., Haberer, E.D. et al. (1999). Cl reactive ion etching for gate recessing of AlGaN/GaN field-effect transistor. *J. Vac. Sci. Technol., B* 17: 2755–2758.

24 Egawa, T., Zhao, G.Y., Ishikawa, H. et al. (2001). Characterizations of recessed gate AlGaN/GaN HEMTs on sapphire. *IEEE Trans. Electron Devices* 48: 603–608.

25 Binari, S.C. (1997). GaN FET's for microwave and high-temperature applications. *Solid State Electron.* 41: 177–180.

26 Burm, J., Schaff, W.J., Martin, G.H. et al. (1997). Recessed gate GaN MOD-FETs. *Solid State Electron.* 41: 247–250.

27 Aisf Khan, M., Chen, Q., Sun, C.J. et al. (1996). Enhancement and depletion mode GaN/AlGaN heterostructure field effect transistors. *Appl. Phys. Lett.* 68: 514–516.

28 Kumar, V., Kuliev, A., Tanaka, T. et al. (2003). High transconductance enhancement-mode AlGaN/GaN HEMTs on SiC substrate. *Electron. Lett.* 39: 1758.

29 Saito, W., Takada, Y., Kuraguchi, M. et al. (2006). Recessed-gate structure approach toward normally off high-voltage AlGaN/GaN HEMT for power electronics applications. *IEEE Electron Device Lett.* 53: 356.

30 Palacios, T., Suh, C.S., Chakraborty, A. et al. (2006). High-performance E-mode AlGaN/GaN HEMTs. *IEEE Electron Device Lett.* 27: 428.

31 Hao, Y., Chong, W., Ni, J.Y. et al. (2008). Development and characteristic analysis of enhancement-mode recessed-gate AlGaN/GaN HEMT. *Sci. China, Ser. E: Technol. Sci.* 51: 784.

32 Adachi, T., Deguchi, T., Nakagawa, A. et al. (2008). High-performance E-mode AlGaN/GaN HEMTs with LT-GaN cap layer using gate recess techniques. Proceedings of IEEE Device Research Conference, Santa Barbara, CA, (23–25 June 2008), p. 129.

33 Maroldt, S., Haupt, C., Pletschen, W. et al. (2009). Gate-recessed AlGaN/GaN based enhancement mode high electron mobility transistors for high frequency operation. *Jpn. J. Appl. Phys.* 48: 04C083.

34 Anderson, T.J., Tadjer, M.J., Mastro, M.A. et al. (2010). Characterization of recessed-gate AlGaN/GaN HEMTs as a function of etch depth. *J. Electron. Mater.* 39: 478–481.

35 He, Z., Li, J., Wen, Y. et al. (2012). Comparison of two types of recessed-gate normally-off AlGaN/GaN heterostructure field effect transistors. *Jpn. J. Appl. Phys.* 51: 054103.

36 Pearton, S.J., Shul, R.J., and Ren, F. (2000). A review of dry etching of GaN and related materials. *MRS Internet J. Nitride Semicond. Res.* 5: 11.

37 Micovic, M., Tsen, T., Hu, M. et al. (2005). GaN enhancement/depletion-mode FET logic for mixed signal applications. *Electron. Lett.* 41: 1081.

38 Wen, Y.H., He, Z.Y., Li, J.L. et al. (2011). Enhancement-mode AlGaN/GaN heterostructure field effect transistors fabricated by selective area growth technique. *Appl. Phys. Lett.* 98: 072108.

39 Cai, Y., Cheng, Z., Tang, W.C.W. et al. (2006). Control of threshold voltage of AlGaN/GaNHEMTs by fluoride-based plasma treatment: from depletion mode to enhancement mode. *IEEE Trans. Electron Devices* 53: 2207.

40 Cai, Y., Zhou, Y., Chen, K.J., and Lau, K.M. (2005). High-performance enhancement-mode AlGaN/GaN HEMTs using fluoride-based plasma treatment. *IEEE Electron Device Lett.* 26: 435–437.

41 Chen, K.J., Yuan, L., Wang, M.J. et al. (2011). Physics of fluorine plasma ion implantation for GaN normally-off HEMT technology. IEEE IEDM Technical Digest, Washington, DC (5–7 December 2011), pp. 19.4.1–19.4.4.

42 Chu, R., Shen, L., Fichtenbaum, N. et al. (2008). Plasma treatment for leakage reduction in AlGaN/GaN and GaN Schottky contacts. *IEEE Electron Device Lett.* 29: 297–299.

43 Stringfellow, G.B. (1976). Effect of surface treatment on surface recombination velocity and diode leakage current in GaP. *J. Vac. Sci. Technol., A* 13: 908–913.

44 Chu, R., Suh, C.S., Wong, M.H. et al. (2007). Impact of CF_4 plasma treatment on GaN. *IEEE Electron Device Lett.* 28: 781.

45 Greco, G., Giannazzo, F., Frazzetto, A. et al. (2011). Near-surface processing on AlGaN/GaN heterostructures: a nanoscale electrical and structural characterization. *Nanoscale Res. Lett.* 6: 132.

46 Yuan, L., Wang, M.J., and Chen, K.J. (2008). Defect formation and annealing behaviors of fluorine-implanted GaN layers revealed by positron annihilation spectroscopy. *J. Appl. Phys.* 104: 116106.

47 Yi, C.W., Wang, R.N., Huang, W. et al. (2007). Reliability of enhancement-mode AlGaN/GaN HEMTs fabricated by fluorine plasma treatment. IEEE IEDM Technical Digest, Washington, DC (10–12 December 2007), pp. 389–392.

48 Wang, M.J., Yuan, L., Chen, K.J. et al. (2009). Diffusion mechanism and the thermal stability of fluorine ions in GaN after ion implantation. *J. Appl. Phys.* 105: 083519.

49 Lorenz, A., Derluyn, J., Das, J. et al. (2009). Influence of thermal anneal steps on the current collapse of fluorine treated enhancement mode SiN/AlGaN/GaN HEMTs. *Phys. Status Solidi C* 6: S996–S998.

50 Tadjer, M.J., Horcajo, S.M., Anderson, T.J. et al. (2011). Temperature and time dependent threshold voltage characterization of AlGaN/GaN high electron mobility transistors. *Phys. Status Solidi C* 8: 2233.

51 Shen, F., Hao, R., Song, L. et al. (2019). Enhancement mode AlGaN/GaN HEMTs by fluorine ion thermal diffusion with high V_{th} stability. *Appl. Phys. Express* 12: 066501.

52 Liu, C., Yang, S., Liu, S.H. et al. (2015). Thermally stable enhancement-mode GaN metal-isolator-semiconductor high-electron-mobility transistor with partially recessed fluorine-implanted barrier. *IEEE Electron Device Lett.* 36: 318–323.

53 Roccaforte, F., Fiorenza, P., Greco, G. et al. (2014). Recent advances on dielectrics technology for SiC and GaN power devices. *Appl. Surf. Sci.* 301: 9–18.

54 Roccaforte, F., Fiorenza, P., Greco, G. et al. (2014). Challenges for energy efficient wide band gap semiconductor power devices. *Phys. Status Solidi A* 211: 2063–2071.

55 Roberts, J., Chalker, P., Lee, K. et al. (2016). Control of threshold voltage in E-mode and D-mode GaN-on-Si metal-insulator-semiconductor heterostructure field effect transistors by in-situ fluorine doping of atomic layer deposition Al_2O_3 gate dielectrics. *Appl. Phys. Lett.* 108: 072901.

56 Zhang, Y., Sun, M., Joglekar, S.J. et al. (2013). Threshold voltage control by gate oxide thickness in fluorinated GaN metal-oxide-semiconductor high-electron-mobility transistors. *Appl. Phys. Lett.* 103: 033524.

57 Huang, W., Li, Z., Chow, T.P. et al. (2008). Enahancement-mode GaN hybrid MOS-HEMT with $R_{on,sp}$ of $20\,m\Omega\,cm^2$. Proceedings of International Symposium on Power Semiconductor Devices & ICs, Orlando, USA (18–22 May 2008), pp. 295–298.

58 Tang, K., Li, Z., Chow, T.P. et al. (2009). Enhancement-mode GaN hybrid MOS-HEMTs with breakdown voltage of 1300 V. Proceedings of International Symposium on Power Semiconductor Devices & ICs, Orlando, USA (18–22 May 2008), pp. 279–282.

59 Kambayashi, H., Satoh, Y., Ootomo, S. et al. (2010). Over 100 A operation normally-off AlGaN/GaN hybrid MOS-HFET on Si substrate with high-breakdown voltage. *Solid State Electron.* 54: 660–664.

60 Lu, B., Saadat, O.I., and Palacios, T. (2010). High-performance integrated dual-gate AlGaN/GaN enhancement-mode transistor. *IEEE Electron Device Lett.* 31: 990–992.

61 Li, Z. and Chow, T.P. (2011). Channel scaling of hybrid GaN MOS-HEMTs. *Solid State Electron.* 56: 111–115.

62 Ikeda, N., Tamura, R., Kokawa, T. et al. (2011). Over 1.7 kV normally-off GaN hybrid MOS-HFETs with a lower on-resistance on a Si substrate. Proceedings of the 23rd International Symposium on Power Semiconductor Devices and IC's (ISPSD2011), San Diego, CA (23–26 May 2011), pp. 284–287.

63 Freedsman, J.J., Egawa, T., Yamaoka, Y. et al. (2014). Normally-OFF Al_2O_3/AlGaN/GaN MOS-HEMT on 8 in. Si with low leakage current and high breakdown voltage (825 V). *Appl. Phys. Express* 7: 041003.

64 Yatabe, Z., Asubar, J.T., and Hashizume, T. (2016). Insulated gate and surface passivation structures for GaN-based power transistors. *J. Phys. D: Appl. Phys.* 49: 393001.

65 Hashizume, T., Nishiguchi, K., Kaneki, S. et al. (2018). State of the art on gate insulation and surface passivation for GaN-based power HEMTs. *Mater. Sci. Semicond. Process.* 78: 85.

66 Wang, Y., Wang, M., Xie, B. et al. (2013). High-performance normally-off MOSFET using a wet etching-based gate recess technique. *IEEE Electron Device Lett.* 34: 1370.

67 Wang, M., Wang, Y., Zhang, C. et al. (2014). 900 V/1.6 mΩ cm^2 normally off Al$_2$O$_3$/GaN MOSFET on silicon substrate. *IEEE Trans. Electron Devices* 61: 2035.

68 Yao, Y., He, Z., Yang, F. et al. (2014). Normally-off GaN recessed-gate MOS-FET fabricated by selective area growth technique. *Appl. Phys. Express* 7: 016502.

69 Hua, M., Zhang, Z., Wei, J. et al. (2016) Integration of LPCVD-SiN$_x$ gate dielectric with recessed-gate E-mode GaN MIS-FETs: toward high performance, high stability and long TDDB lifetime. Proceedings of International Electron Device Meeting 2016, San Francisco, CA (3–7 December 2016), pp. 260–263.

70 Roccaforte, F., Fiorenza, P., Greco, G. et al. (2018). Emerging trends in wide band gap semiconductors (SiC and GaN) technology for power devices. *Microelectron. Eng.* 66: 187–188.

71 Im, K.-S., Ha, J.-B., Kim, K.-W. et al. (2010). Normally off GaN MOSFET based on AlGaN/GaN heterostructure with extremely high 2DEG density grown on silicon substrate. *IEEE Electron Device Lett.* 31: 192.

72 Greco, G., Fiorenza, P., Iucolano, F. et al. (2017). Conduction mechanisms at interface of AlN/SiN dielectric stacks with AlGaN/GaN heterostructures for normally-off high electron mobility transistors: correlating device behavior with nanoscale interfaces properties. *ACS Appl. Mater. Interfaces* 9: 35383–35390.

73 Oka, T. and Nozawa, T. (2008). AlGaN/GaN recessed MIS-gate HFET with high-threshold-voltage normally-off operation for power electronics applications. *IEEE Electron Device Lett.* 29: 668–670.

74 Fiorenza, P., Greco, G., Iucolano, F. et al. (2017). Channel mobility in GaN hybrid MOS-HEMT using SiO$_2$ as gate insulator. *IEEE Trans. Electron Devices* 64: 2893.

75 Peréz-Tomàs, A., Placidi, M., Perpiñà, X. et al. (2009). GaN metal-oxide-semiconductor field-effect transistor inversion channel mobility modeling. *J. Appl. Phys.* 105: 114510.

76 Pérez-Tomás, A., Placidi, M., Baron, N. et al. (2009). GaN transistor characteristics at elevated temperatures. *J. Appl. Phys.* 106: 074519.

77 Pérez-Tomás, A. and Fontserè, A. (2011). AlGaN/GaN hybrid MOS-HEMT analytical mobility model. *Solid State Electron.* 56: 201.

78 Fiorenza, P., Greco, G., Giannazzo, F. et al. (2017). Effects of interface states and near interface traps on the threshold voltage stability of GaN and SiC transistors employing SiO$_2$ as gate dielectric. *J. Vac. Sci. Technol., B* 35: 01A101.

79 Fiorenza, P., Greco, G., Iucolano, F. et al. (2015). Slow and fast traps in metal-oxide-semiconductor capacitors fabricated on recessed AlGaN/GaN heterostructures. *Appl. Phys. Lett.* 106: 142903.

80 Yuan, Y., Wang, L., Yu, B. et al. (2011). A distributed model for border traps in Al_2O_3 InGaAs MOS devices. *IEEE Electron Device Lett.* 32: 485.

81 Bisi, D., Chan, S.H., Liu, X. et al. (2016). On trapping mechanisms at oxide-traps in Al_2O_3/GaN metal-oxide-semiconductor capacitors. *Appl. Phys. Lett.* 108: 112104.

82 Meneghesso, G., Meneghini, M., De Santi, C. et al. (2018). Positive and negative threshold voltage instabilities in GaN-based transistors. *Microelectron. Reliab.* 80: 257.

83 Acurio, E., Crupi, F., Magnone, P. et al. (2017). Impact of AlN layer sandwiched between the GaN and the Al_2O_3 layers on the performance and reliability of recessed AlGaN/GaN MOS-HEMTs. *Microelectron. Eng.* 178: 42–47.

84 Acurio, E., Crupi, F., Magnone, P. et al. (2017). On recoverable behavior of PBTI in AlGaN/GaN MOS-HEMT. *Solid State Electron.* 132: 49.

85 Fiorenza, P., Greco, G., Fisichella, G. et al. (2013). High permittivity cerium oxide thin films on AlGaN/GaN heterostructures. *Appl. Phys. Lett.* 103: 112905.

86 Hu, X., Simin, G., Yang, J. et al. (2000). Enhancement mode AlGaN/GaN HFET with selectively grown pn junction gate. *Electron. Lett.* 36: 753–754.

87 Uemoto, Y., Hikita, M., Ueno, H. et al. (2007). Gate injection transistor (GIT) – a normally-off AlGaN/GaN power transistor using conductivity modulation. *IEEE Trans. Electron Devices* 54: 3393–3399.

88 Kaneko, S., Kuroda, M., Yanagihara, M. et al. (2015). Current-collapse-free operations up to 850 V by GaN-GIT utilizing Hole Injection from drain. Proceedings of the 27th International Symposium on Power Semiconductor Devices and IC's (ISPSD2015), Kowloon Shangri-La, Hong Kong (10–14 May 2015), pp. 41–44.

89 Tanaka, K., Morita, T., Ishida, M. et al. (2017). Reliability of hybrid-drain-embedded gate injection transistor. Proceedings of IEEE International Reliability Physics Symposium (IRPS2017), Monterey, CA (2–6 April 2017), pp. 4B-2.1.

90 Greco, G., Iucolano, F., and Roccaforte, F. (2018). Review of technology for normally-off HEMTs with p-GaN gate. *Mater. Sci. Semicond. Process.* 78: 96–106.

91 Nakamura, S., Iwata, N., Senoh, M., and Mukai, T. (1992). Hole compensation mechanism of P-type GaN films. *Jpn. J. Appl. Phys.* 31: 1258.

92 Kozodoy, P., Xing, H., DenBaars, S.P. et al. (2000). Heavy doping effects in Mg-doped GaN. *J. Appl. Phys.* 87: 1832.

93 Roccaforte, F., Frazzetto, A., Greco, G. et al. (2012). Critical issues for interfaces to p-type SiC and GaN in power devices. *Appl. Surf. Sci.* 258: 8324–8333.

94　Efthymiou, L., Longobardi, G., Camuso, G. et al. (2017). On the physical operation and optimization of the p-GaN gate in normally-off GaN HEMT devices. *Appl. Phys. Lett.* 110: 123502.

95　Moens, P., Liu, C. Banerjee, A. et al. (2014). An industrial process for 650 V rated GaN-on-Si power devices using in-situ SiN as a gate dielectric. Proceedings of IEEE 26th International Symposium on Power Semiconductor Devices and IC's (ISPSD), p. 314.

96　Saito, W., Nitta, T., Kakiuchi, Y. et al. (2010). Influence of electric field upon current collapse phenomena and reliability in high voltage GaN-HEMTs. Proceedings of International Symposium on Power Semiconductor Devices and ICs 2010, Hiroshima, Japan (6–10 June 2010), pp. 339–342.

97　Tanaka, K., Morita, T., Umeda, H. et al. (2015). Suppression of current collapse by hole injection from drain in a normally-off GaN based hybrid-drain-embedded gate injection transistor. *Appl. Phys. Lett.* 107: 163502.

98　Kaneko, S., Kuroda, M., Yanagihara, M. et al. (2015). Current-collapse-free operations up to 850 V by GaN-GIT utilizing hole injection from drain. Proceedings of International Symposium on Power Semiconductor Devices and ICs (ISPSD'15), Kowloon Shangri-La, Hong Kong (10–14 May 2015), p. 41

99　Hwang, I., Kim, J., Choi, H.S. et al. (2013). p-GaN gate HEMTs with tungsten gate metal for high threshold voltage and low gate current. *IEEE Electron Device Lett.* 34: 202–204.

100　Lee, F., Su, L.Y., Wang, C.H. et al. (2015). Impact of gate metal on the performance of p-GaN/AlGaN high electron mobility transistors. *IEEE Electron Device Lett.* 36: 232–234.

101　Greco, G., Iucolano, F., Di Franco, S. et al. (2016). Effects of annealing treatments on the properties of Al/Ti/p-GaN interfaces for normally OFF p-GaN HEMTs. *IEEE Trans. Electron Devices* 63: 2735–2741.

102　Greco, G., Prystawko, P., Leszczynski, M. et al. (2011). Electro-structural evolution and Schottky barrier height in annealed Au/Ni contacts onto p-GaN. *J. Appl. Phys.* 110: 123703.

103　Roccaforte, F., Giannazzo, F., Iucolano, F. et al. (2008). Two-dimensional electron gas insulation by local surface thin thermal oxidation in AlGaN/GaN heterostructures. *Appl. Phys. Lett.* 92: 252101.

104　Roccaforte, F., Giannazzo, F., Iucolano, F. et al. (2009). Electrical behavior of AlGaN/GaN heterostuctures upon high-temperature selective oxidation. *J. Appl. Phys.* 106: 023703.

105　Meneghini, M., Hilt, O., Würfl, J., and Meneghesso, G. (2017). Technology and reliability of normally-off GaN HEMTs with p-type gate. *Energies* 10: 153.

106　Lükens, G., Hanhn, H., Kalisch, H., and Vescan, A. (2018). Self-aligned process for selectively etched p-GaN-gated AlGaN/GaN-on-Si HFETs. *IEEE Trans. Electron Devices* 65: 3732–3738.

107　Chiu, H.C., Chang, Y.S., Li, B.H. et al. (2018). High-performance normally off p-GaN gate HEMT with composite $AlN/Al_{0.17}Ga_{0.83}N/Al_{0.3}Ga_{0.7}N$ barrier layers design. *J. Electron Devices Soc.* 6: 201–206.

108 Chang, T.F., Hsiao, T.C., Huang, C.F. et al. (2015). Phenomenon of drain current instability on p-GaN gate AlGaN/GaN HEMTs. *IEEE Trans. Electron Devices* 62: 339–345.

109 Xu, N., Hao, R., Chen, F. et al. (2018). Gate leakage mechanisms in normally off p-GaN/AlGaN/GaN high electron mobility transistors. *Appl. Phys. Lett.* 113: 152104.

110 Wu, T.L., Marcon, D., You, S. et al. (2015). Forward bias gate breakdown mechanism in enhancement-mode p-GaN gate AlGaN/GaN high-electron mobility transistors. *IEEE Electron Device Lett.* 36: 1001–1003.

111 Tallarico, A.N., Stoffels, S., Magnone, P. et al. (2017). Investigation of the p-GaN gate breakdown in forward-biased GaN-based power HEMTs. *IEEE Electron Device Lett.* 38: 99–102.

112 Tapajna, M., Hilt, O., Bahat-Treidel, E. et al. (2016). Gate reliability investigation in normally-off p-type-GaN Cap/AlGaN/GaN HEMTs under forward bias stress. *IEEE Electron Device Lett.* 37: 385–388.

113 Hao, R., Fu, K., Yu, G. et al. (2017). Normally-off p-GaN/AlGaN/GaN high electron mobility transistors using hydrogen plasma treatment. *Appl. Phys. Lett.* 109: 152106.

114 Jiang, H., Zhu, R., Lyu, Q., and Lau, K.M. (2019). High-voltage p-GaN HEMTs with OFF-state blocking capability after gate breakdown. *IEEE Electron Device Lett.* 40: 530–533.

115 Greco, G., Iucolano, F., and Roccaforte, F. (2016). Ohmic contacts to gallium nitride materials. *Appl. Surf. Sci.* 383: 324–345.

116 Roccaforte, F., Vivona, M., Greco, G. et al. (2017). Ti/Al-based contacts to p-type SiC and GaN for power device applications. *Phys. Status Solidi A* 214: 1600357.

117 Heikman, S., Keller, S., DenBaars, S., and Mishra, U. (2001). Mass transport regrowth of GaN for Ohmic contacts to AlGaN/GaN. *Appl. Phys. Lett.* 78: 2876–2878.

118 Joglekar, S., Azize, M., Beeler, M. et al. (2016). Impact of recess etching and surface treatments on Ohmic contacts regrown by molecular-beam epitaxy for AlGaN/GaN high electron mobility transistors. *Appl. Phys. Lett.* 109: 041602.

119 Zheng, Y., Yang, F., He, L. et al. (2016). Al_2O_3/β-$Ga_2O_3(-201)$ interface improvement through piranha pretreatment and postdeposition annealing. *IEEE Electron Device Lett.* 37: 1193.

120 Yang, J.W., Lunev, A., Simin, G. et al. (2000). Selective area deposited blue GaN–InGaN multiple-quantum well light emitting diodes over silicon substrates. *Appl. Phys. Lett.* 76: 273.

121 Puybaret, R., Patriarche, G., Jordan, M.B. et al. (2016). Nanoselective area growth of GaN by metalorganic vapor phase epitaxy on 4H–SiC using epitaxial graphene as a mask. *Appl. Phys. Lett.* 108: 103105.

122 Kato, Y., Kitamura, S., Hiramatsu, K., and Sawaki, N. (1994). Selective growth of wurtzite GaN and $Al_xGa_{1-x}N$ on GaN/sapphire substrates by metalorganic vapor phase epitaxy. *J. Cryst. Growth* 144: 133.

123 Nam, O.H., Bremser, M.D., Zheleva, T.S., and Davis, R.F. (1997). Lateral epitaxy of low defect density GaN layers via organometallic vapor phase epitaxy. *Appl. Phys. Lett.* 71: 2638.

124 Kitamura, S., Hiramatsu, K., and Sawaki, N. (1995). Fabrication of GaN hexagonal pyramids on dot-patterned GaN/sapphire substrates via selective metalorganic vapor phase epitaxy. *Jpn. J. Appl. Phys.* 34: L1184.

125 Marchand, H., Ibbetson, J.P., Fini, P.T. et al. (1998). Fast lateral epitaxial overgrowth of gallium nitride by metalorganic chemical vapor deposition using a two-step process. *MRS Proc.* 537: G4.5.

126 Hiramatsu, K., Nishiyama, K., Motogaito, A. et al. (1999). Recent progress in selective area growth and epitaxial lateral overgrowth of III-nitrides: effects of reactor pressure in MOVPE growth. *Phys. Status Solidi A* 176: 535–543.

127 Yuliang, H., Lian, Z., Zhe, C. et al. (2016). AlGaN/GaN high electron mobility transistors with selective area grown p-GaN gates. *J. Semicond.* 37: 114002.

128 Heikman, S., Keller, S., Denbaars, S.P. et al. (2003). Non-planar selective area growth and characterization of GaN and AlGaN. *Jpn. J. Appl. Phys.* 42: 6276–6628.

129 Taking, S., MacFarlane, D., and Wasige, E. (2011). AlN/GaN MOS-HEMTs with thermally grown Al_2O_3 passivation. *IEEE Trans. Electron Devices* 58: 1418.

130 Tajima, M., Kotani, J., and Hashizume, T. (2009). Effects of surface oxidation of AlGaN on DC characteristics of AlGaN/GaN high-electron-mobility transistors. *Jpn. J. Appl. Phys.* 48: 020203.

131 Masato, H., Ikeda, Y., Matsuno, T. et al. (2000). Novel high drain breakdown voltage AlGaN/GaN HFETs using selective thermal oxidation process. Proceedings of International Electron Devices Meeting, San Francisco, CA (10–13 December 2000), p. 377

132 Greco, G., Fiorenza, P., Giannazzo, F. et al. (2014). Nanoscale electrical and structural modification induced by rapid thermal oxidation of AlGaN/GaN heterostructures. *Nanotechnology* 25: 025201.

133 Higashiwaki, M., Chowdhury, S., Swenson, B.L., and Mishra, U.K. (2010). Effects of oxidation on surface chemical states and barrier height of AlGaN/GaN heterostructures. *Appl. Phys. Lett.* 97: 222104.

134 Jang, H.W., Lee, M.K., Shin, H.J., and Lee, J.L. (2003). Investigation of oxygen incorporation in AlGaN/GaN heterostructures. *Phys. Status Solidi C*: 2456.

135 Chiu, H.-C., Yang, C.-W., Chen, C.-H. et al. (2011). Characterization of enhancement-mode AlGaN/GaN high electron mobility transistor using N_2O plasma oxidation technology. *Appl. Phys. Lett.* 99: 153508.

136 Chang, C.Y., Pearton, S.J., Lo, C.F. et al. (2009). Development of enhancement mode AlN/GaN high electron mobility transistors. *Appl. Phys. Lett.* 94: 263505.

137 Mizutani, T., Yamada, H., Kishimoto, S., and Nakamura, F. (2013). Normally off AlGaN/GaN high electron mobility transistors with p-InGaNcap layer. *J. Appl. Phys.* 113: 034502.

138 Roccaforte, F., Greco, G., Fiorenza, P. et al. (2012). Epitaxial NiO gate dielectric on AlGaN/GaN heterostructures. *Appl. Phys. Lett.* 100: 063511.

139 Fiorenza, P., Greco, G., Giannazzo, G. et al. (2012). Poole–Frenkel emission in epitaxial nickel oxide on AlGaN/GaN heterostructures. *Appl. Phys. Lett.* 101: 172901.

140 Kaneko, N., Machida, O., Yanagihara, M. et al. (2009). Normally-off AlGaN/GaN HFET using NiO_x gate with recess. Proceedings of International Symposium on Power Semiconductor Devices and ICs, Barcelona, Spain (14–18 June 2009), pp. 25–28.

第 5 章

垂直型 GaN 功率器件

Srabanti Chowdhury 和 **Dong Ji**

美国斯坦福大学电气工程系

5.1 引言

本章将介绍垂直型 GaN 器件发展的现状。随着 GaN 体单晶衬底（通常称为"体 GaN"）的成熟，垂直型 GaN 器件取得了令人瞩目的发展。因此，从材料的角度，GaN 体材料的结晶是最具挑战性的工艺。正如第 2 章详细讨论的，近 10 年来，自支撑 GaN 衬底的质量有了显著提高，为 6in 材料的生长、制造及器件性能评估提供了更好的发展平台。

本章将讨论 CAVET（电流孔径垂直电子晶体管）和 MOSFET（金属-氧化物-半导体场效应晶体管）两种不同类型的器件，并重点介绍再生长沟槽 MOSFET，也称作氧化物栅层间场效应晶体管（OGFET）。此外，还将讨论一些关于碰撞电离系数的最新研究，这些发现为 GaN 研究带来了非常有益的补充。通过新型器件设计和高质量材料制造器件推进了这些基础研究。

5.2 用于功率转换的垂直型 GaN 器件

以二极管和晶体管为代表的固态器件是功率转换的基础，对社会和经济有直接的影响，有助于节约能源，并有望在未来 15 年使功率电子领域的市场规模达到惊人的 100 亿美元。

GaN 技术是一个不断扩展的研究课题，有望解决一些 Si 无法解决的功率转换难题。采用高电子迁移率晶体管（HEMT）构建的中压（650~900V）器件，已可以在更高频率（100kHz~1MHz）下驱动电路，并消除热沉或减少冷却需求，从而降低系统级波形因子。这足以激发人们对 GaN 器件的研究兴趣，以满足功率转换的需求。然而，在功率转换中，工作在额定电压（1kV 及以上）

的单个芯片需要达到提供大电流（50A 及以上）的标准要求。特别是当市场趋势青睐于电动汽车和其他电动交通工具时，GaN 必须充分发挥其优势，以提供比 Si 甚至 SiC 功率密度更高的大功率解决方案。

垂直型器件的材料价格合理，物理特性优异（可实现最高的阻断电场、场迁移率等），因此已成为功率器件工程师的优先选择。我们的工作集中在不同特点的垂直型器件上，如电流孔径垂直电子晶体管（CAVET）[1-6]、静电感应晶体管（SIT）[7-8]，以及沟道中具有再生长 GaN 夹层的 MOSFET[9-10]。这主要由于最大载流和电压阻断的限制，一种器件无法适用于所有的应用。不过，在每个电压等级中，GaN 都能提供出色的性能指标。在过去的 5 年中，研究者在垂直型 GaN 器件方面取得了很多优异的成果，其中无离散 CAVET 实现了 MOSFET 中最高的沟道迁移率 [$185cm^2/(V \cdot s)$] [10]，阻断电压为 1.4kV，导通电阻小于 $2.8m\Omega \cdot cm^2$。另一项研究中，文献显示了具有类晶体管输出特性的 SIT，它可以在没有任何 p 型 GaN 或介电材料的条件下工作，但尚未了解它的最佳工作电压范围[7-8]。

所有这些器件的拓扑结构推动了 GaN 在功率转换中的应用，并为 Ga_2O_3、金刚石和 AlN 等宽禁带材料的应用开辟了道路。最后将讨论基础研究的作用，这也很重要。对材料和器件的基础研究从 GaN 的雪崩电致发光（EL）观测的结果讨论开始，再到利用同质结构对 GaN 的电子和空穴碰撞电离系数进行实验测定，这些研究有助于开启高压开关的设计，以及其他领域研究[11-14]。最近的一项研究发现，利用基于 GaN 同质生长结构，并具有雪崩能力的 p-n 二极管（PND），通过实验确定了 GaN 的碰撞电离系数。得到的空穴碰撞电离系数 $\beta(E) = 4.39 \times 10^6 exp(-1.8 \times 10^7/E)$ cm^{-1}，电子碰撞电离系数 $\alpha(E) = 2.11 \times 10^9 exp(-3.689 \times 10^7/E)$ cm^{-1}[12]。

5.3 垂直型 GaN 晶体管

本节将讨论两种不同类型的体 GaN 垂直晶体管，即 CAVET 和 OGFET（基于沟槽和再生长技术的 MOSFET 变形）。

5.3.1 电流孔径垂直电子晶体管（CAVET）

CAVET 是垂直型 GaN 器件，在其设计中充分利用了基于偏振的二维电子气（2DEG）[15]。这种 CAVET 由 2DEG 感生沟道来承载电流，使用厚同质外延生长漂移区保持高阻断电压。通常采用两种方法制作 CAVET：1）平面型 CAVET[1-2,4]；2）沟槽型 CAVET[3,6]。平面型 CAVET 在 c 面制作 AlGaN/GaN 2DEG 沟道，可实现高电子密度和高迁移率。沟槽型 CAVET 在半极性平面上制作沟道，沟道的电子密度取决于沟槽侧壁的斜率，换句话说，就是阈值电压与沟槽斜率呈函数关系。

2008 年报道了首款基于 GaN 体衬底的 GaN 功率 CAVET，其电流阻挡层（CBL）采用 Mg 离子注入工艺制作[1]。器件工艺包括：采用金属有机化学气相沉积技术（MOCVD）在导电型 GaN 体衬底上生长 n 型 GaN，然后使用选择区 Mg 离子注入形成 CBL，以阻挡来自孔径区（而非其他通道）的电流。对于特殊的结构，顶层 AlGaN/GaN 还需要使用分子束外延（MBE）进行再次生长。自从 Chowdhury 等人报道了首款高压 CAVET[2]（开关特性包括击穿电压为 300V，$R_{on,sp}$ 为 $2.2m\Omega \cdot cm^2$）之后，CAVET 器件的发展取得了长足进步，如 2014 年 Avogy 公司的 H. Nie 等人推出了一款 1.5kV 体衬底结型场效应晶体管（JFET）（CAVET 的一种变形）[16]。如图 5.1 所示，CAVET 的一个重要特点是采用埋式峰值电场实现无离散 I-V 特性。

传统 GaN CAVET 通常使用 Mg 注入 p 型 GaN 制作 CBL，因此再生长过程中 Mg 的外扩散成为一项重要的工艺挑战。首先，由于 Mg 扩散进入沟道，导致沟道电阻急剧升高，因此耗尽了 2DEG。为了防止 Mg 扩散进入再生长沟道，必须限制 CAVET 中沟道的再生长温度，使其依赖低温生长工艺完成。但使用低温 MOCVD 再生长工艺通常无法制作出高质量材料。虽然已证实 MBE 再生过程可成功阻止 Mg 扩散，但在富金属生长的条件下，制作垂直高电导率通道可能会使器件出现短路。制作 MBE 再生长沟道需要将样品长时间暴露在大气环境中，由于工艺限制，去除再生长界面的环境污染物存在一定的困难。2007 年，Chowdhury 等人[17]首次发现再生长界面含有 Si，他们对界面上的 Si 进行了充分研究，观察到高浓度 Si（浓度约为 $10^{13}cm^{-2}$），将其暴露于紫外臭氧（对界面处的 Si 元素进行氧化处理），再用氢氟酸浸泡才能去除。再生长界面存在 Si 容易引起寄生沟道效应，对器件性能产生危害。

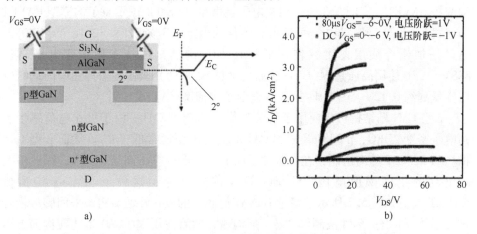

图 5.1　a）导通状态下 GaN CAVET 的截面图和导带图；b）首次显示了
GaN 垂直型器件（CAVET）的无离散漏极特性对其开关性能的影响
（资料来源：经 Chowdhury 等人许可转载[2]，版权所有 2012，IEEE）（见彩插）

MOCVD 低温流量调制外延工艺可作为一种替代技术，但以这种方法制作出来的材料质量是否适合大电流、高电压器件应用尚不明确。

为解决上述 Mg 注入工艺出现的问题，可在传统 CAVET 中引入槽栅结构，如图 5.2 所示[3,6]。沟槽型 CAVET 采用 MOCVD 生长的 Mg 掺杂 p 型 GaN 作为 CBL，取代了 Mg 注入 p 型 GaN CBL，在沟槽侧壁再生长 AlGaN/GaN 作为沟道。沟槽侧壁的倾角决定了沟道的极化程度：90°角表示非极性平面；45°角表示半极性平面。沟槽型 CAVET 的阈值电压可以根据不同沟槽侧壁倾角进行调整。沟槽型 CAVET 的作用类似于沟槽型 MOSFET，只不过后者没有 AlGaN/GaN 沟道。在传统沟槽型 MOSFET 中，沟道由氧化层和 p 型半导体之间的反型层构成，反型层的电子迁移率受与界面粗糙度相关的散射限制，通常不超过

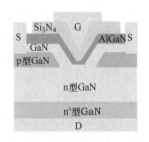

图 5.2　沟槽型 CAVET 示意图（见彩插）

$50cm^2/$（V·s）。而沟槽型 CAVET 的沟道由 2DEG 构成，有效利用了 HEMT 结构的高迁移率特性，理想状态下沟槽型 CAVET 的沟道迁移率可高达 $1690cm^2/$（V·s）[18]。

对于 GaN 器件，虽然目前还没有高可靠氧化层技术，但是过去的 10 年中，随着 GaN HEMT 的发展，研究者发现，AlGaN/GaN 结构上原位生长 Si_3N_4 具有低界面陷阱，这一点对提高器件可靠性来说十分关键。沟槽型 CAVET 也是利用成熟的 HEMT 栅介质技术抑制栅极漏电。

2016 年，Ji 等人报道了首款 GaN 体衬底上生长的金属-绝缘-半导体（MIS）沟槽栅 CAVET[3]。图 5.3 通过扫描电子显微镜（SEM）图示意了沟槽型 CAVET 的埋式 p-n 结。受栅-漏击穿的限制，器件的击穿电压为 225V。2018 年，Ji 等人通过增加栅介质层厚度并使用低损伤 RIE 沟槽刻蚀技术使击穿电压高达 880V[6]，并使用高质量 MOCVD 法原位生长 Si_3N_4 栅介质使传输特性中的迟滞电压降低到约 0.12V。图 5.4~图 5.6 显示了沟槽型 CAVET 特性。

p 型 GaN 栅结构广泛应用于常关型横向 GaN HEMT。由于极化电荷感生了高电子密度 2DEG，p 型 GaN 栅 HEMT 的阈值电压通常低于 2V。然而 p 型 GaN 槽栅型 CAVET 的沟道制作在半极性平面上，且击穿电压高于 1.7kV，因此可实现更高的正向阈值电压。Shibata 等人首先讨论了这种 p 型 GaN 沟槽栅 CAVET[18]，如图 5.7 所示。基于 GaN 体衬底上的 p-n 外延结构，采用感应耦合等离子体（ICP）刻蚀法制作"V"形沟槽，然后使用 MOCVD 工艺在沟槽上再生长 p 型 GaN/AlGaN/GaN 三层结构。由于沟道制作于半极性平面而非 c 平面，阈值电压正向漂移为 1.5V。$13\mu m$ 厚漂移区的正向阈值电压高达 2.5V，击穿电压为 1700V，且比导通电阻较低，仅为 $1m\Omega·cm^2$。

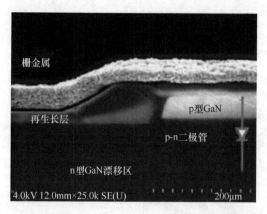

图 5.3 通过 SEM 获得的 MIS 沟槽栅 CAVET 侧面轮廓图
（资料来源：经 Ji 等人许可转载[3]。版权所有 2017，IEEE）

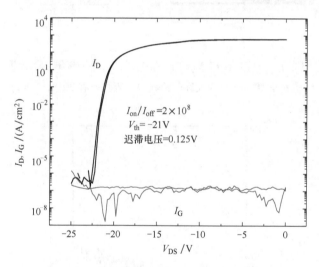

图 5.4 沟槽型 CAVET 双扫描 I_D-V_{DS} 传输特性
（资料来源：经 Ji 等人许可转载[6]。版权所有 2018，IEEE）

5.3.2 垂直型 GaN MOSFET

垂直型 GaN MOSFET 是 GaN 器件的另一个分支，其常关型设计具有良好的器件特性，克服了 GaN 基 HEMT 设计的某些明显缺陷。

目前有三种类型的垂直型 MOSFET：1）无再生长沟槽型 MOSFET[19-23]；2）再生长沟槽型 MOSFET[9,10,24-27]；3）鳍型 MOSFET[28-30]。本节将主要讨论再生长沟槽型 MOSFET，即 OGFET。

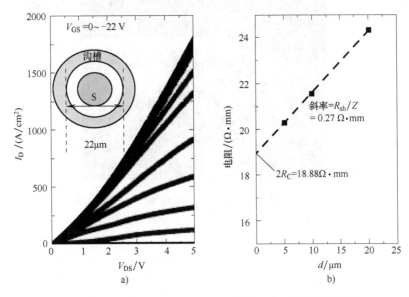

图 5.5　a）沟槽型 CAVET 的 I_D-V_{DS}特性；b）接触电阻分析
（资料来源：经 Ji 等人许可转载[6]。版权所有 2018，IEEE）

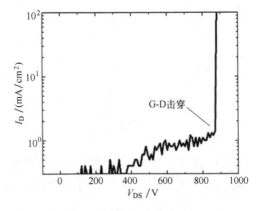

图 5.6　沟槽型 CAVET 关态特性
（资料来源：经 Ji 等人许可转载[6]。版权所有 2018，IEEE）

　　图 5.8 显示了一种垂直型 GaN MOSFET 结构。这种器件的一个关键特征是，位于源极和漏极之间的 p-n 结由 p 型基区和 n 型漂移区构成。器件的击穿电压取决于主 p-n 结的反向特性。部分 n⁺ 型源区位于 p 型基区上，而 n⁺ 型源区和 p 型基区之间的结与源极相连，通过消除 n-p-n 开路基效应可以提高击穿电压。器件沟道位于刻蚀侧壁上，由 MOS 结构的反型层构成。

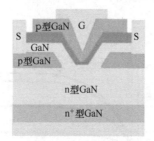

图 5.7　具有 p 型 GaN 栅极层的沟槽型 CAVET（见彩插）

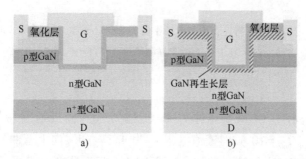

图 5.8　a）GaN MOSFET 结构；b）GaN OGFET 结构（见彩插）

与 CAVET 结构相比，MOSFET 结构有两个基本优势：1）MOSFET 是一种高可靠常关型器件，阈值电压高达 2V 以上；2）不使用再生长工艺，降低了工艺难度，从而节约了成本和时间周期。MOSFET 的上述优势对垂直型 GaN 晶体管设计极具吸引力。然而沟道电子迁移率是 GaN MOSFET 面临的一项关键挑战，沟道电子迁移率受表面粗糙度和杂质散射的限制。另一个问题是沟道性能差会对器件的可靠性产生影响。如果没有高可靠性作为保障，GaN MOSFET 器件便无法得到普遍认可。

GaN OGFET 是传统沟槽型 MOSFET 的改良结构。与传统沟槽型 MOSFET 相比，OGFET 具有两个显著特征：1）使用非故意掺杂（UID）GaN 中间层作为沟道区，以增强沟道的电子迁移率，降低掺杂杂质的库仑散射效应；2）采用 MOCVD 法原位生长氧化层，可降低界面态，提高栅氧化层的可靠性。OGFET 的创新性在于不牺牲常关特性的前提下提高沟道的电子迁移率。

2016 年 Gupta 等人报道了首款基于蓝宝石衬底的 OGFET，该器件的 $R_{\text{on,sp}}$ 降低了 60%，而阈值电压保持在 2V 以上[24]。2017 年 Gupta 等人推出了一种 GaN 体衬底上制作的 OGFET，击穿电压高达 990V，$R_{\text{on,sp}}$ 低至 $2.6\text{m}\Omega \cdot \text{cm}^2$[25]。同年，Ji 等人报道了一种高性能 OGFET，器件的击穿电压高于 1.43kV，$R_{\text{on,sp}}$ 低至

$2.2m\Omega \cdot cm^{2[10]}$，其 *I-V* 特性如图 5.9 所示。

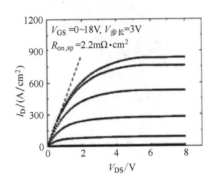

图 5.9　OGFET *I-V* 特性，饱和电流密度为 $850A/cm^2$，$R_{on,sp}$ 为 $2.2m\Omega \cdot cm^2$

（资料来源：经 Ji 等人许可转载[10]。版权所有 2017，IEEE）

图 5.10 显示了 OGFET 器件 I_D-V_{GS} 传输特性和栅极泄漏特性。当电流为 $10^{-4}A/cm^2$（$I_{on}/I_{off}=10^6$）时阈值电压 V_{th} 为 4.7V（V_{GS} 向上弯曲）。观察到顺时针迟滞 ΔV_{th} 为 0.3V。在 $I_D = 10^{-5} \sim 10^{-2}\ A/cm^2$ 范围内测得低亚阈值斜率为 283mV/dec。器件的关态特性如图 5.11 所示。由于使用场板结构减弱了刻蚀柱圆角处的电场，因而提高了器件的击穿电压。如图 5.11 所示，随着所用场板数的增加，峰值电场逐渐下降。

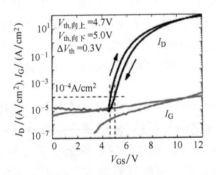

图 5.10　OGFET 传输特性（黑色曲线）和栅极泄漏特性（灰色曲线）。V_{GS} 曲线

向上和向下弯曲时阈值电压分别为 4.7V 和 5.0V（电流水平为 $10^{-4}A/cm^2$）。

当电流为 $10^{-5} \sim 10^{-2}A/cm^2$ 时测得的亚阈值斜率为 283mV/dec

（资料来源：经 Ji 等人许可转载[10]。版权所有 2017，IEEE）

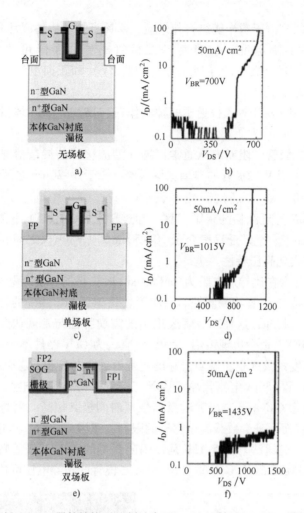

图 5.11 a) 无场板 OGFET 器件结构（只刻蚀台面）；b) 无场板 OGFET 器件关断状态特性；
c) 单场板 OGFET 器件结构；d) 单场板 OGFET 器件关断状态特性；e) 双场板 OGFET 器件
结构；f) 双场板 OGFET 器件关断状态特性。利用双场板结构可使击穿电压达到 1.4kV
（资料来源：经 Li 等人许可转载[10]。版权所有 2017，IEEE）（见彩插）

5.4 GaN 高压二极管

随着分立器件市场的不断扩大，肖特基势垒二极管（SBD）、结型双极肖特
基二极管（JBS），以及 PiN 二极管这类 SiC 高压二极管在功率领域的应用已超
越 Si 器件。

GaN 二极管在未来功率电子市场中，特别是在集成功率模块中的应用潜力

与 SiC 十分相似。由于费米能级钉扎效应，GaN 肖特基势垒通常介于 0.9~1.0V 之间，因此基于特定设计的肖特基二极管的导通压降可达 1~2V。由于 GaN p-i-n 二极管具有良好的导通压降（约为 3V）和正向电流密度特性，正受到业界越来越多的关注。

2013 年，Kizilyalli 等人报道了一种制作在"赝配"GaN 体衬底上的垂直型 p-n 二极管[31]。

这种 p-n 二极管的阻断电压通常根据 n 型漂移区的掺杂情况及厚度来确定和设计。0.6~1.7kV 二极管的典型漂移区厚度介于 6~20μm 之间，掺杂密度 N_D 为（1~3）×10^{16} cm^{-3}。通过原位生长 Mg 掺杂（5~10）×10^{19} cm^{-3} GaN 外延层，在 n 型 GaN 外延漂移区制作 p$^+$区。通过霍尔效应在 25℃ 下测得空穴浓度为（5~10）×10^{17} cm^{-3}，空穴迁移率介于 10~50cm^2/（V·s）之间。使用适当的边缘终端技术可实现高压特性。

Kizilyalli 等人在比导通电阻为 2mΩ·cm^2 时测得器件击穿电压为 2.6kV，这一结果证明 GaN 二极管功率器件的品质因数超越了 SiC 器件的理论极限值，如图 5.12a 所示。此外，这种二极管表现出的雪崩特性与常规认知截然相反。由于单极 GaN HEMT 很少出现雪崩，因此普遍认为 GaN 器件不会出现雪崩击穿。击穿电压的温度系数为正，说明击穿确实是由碰撞电离和雪崩引起的。Kizilyalli 等人使用 30ms 和 15mA 电流脉冲将 GaN 二极管驱动至雪崩击穿，雪崩能量高达 1000mJ。垂直型 GaN p-n 二极管的反向恢复时间极其短暂，就像研究者指出的"因为它受电容而不是少数载流子存储的限制，正因为如此，其开关特性超越了最高速度的 Si 二极管"。图 5.12b 是该团队获得的 GaN 二极管特征照片。最近 Ohta 等人[32]证实 GaN 上 GaN 垂直型 p-i-n 二极管的击穿电压可达 4.9kV。

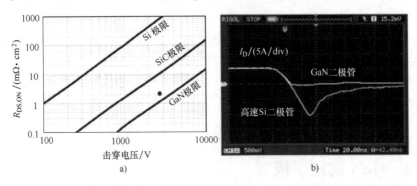

图 5.12　a）几种 p-i-n 功率二极管品质因数对比；b）垂直型 GaN p-n 二极管和 1200V 额定电压 Si 高速二极管双脉冲测试（资料来源：经 Kizilyalli 等人许可转载[31]，版权所有 2013，IEEE）

5.5 GaN p-n 二极管雪崩电致发光

要使 GaN 在功率电子领域的全部潜能得以开发和利用，其击穿特性必须接近理想值，且只受材料本征特性的限制。器件制作过程中应尽量规避产生早期击穿的根源，包括位错、杂质和界面。这需要提高外延生长水平，包括最大限度地降低位错，控制电离和非电离杂质，并提高器件制造技术，包括进行电场设计和维持洁净的界面。最近，低位错密度 GaN 体衬底的出现可能使 GaN 击穿电场接近极限值。通过使用高质量 GaN 衬底证实了 GaN p-n 结中出现的雪崩击穿是本征材料结击穿，而非早期表面击穿。

后续研究工作中，研究者使用简单的低功率刻蚀技术对台面边缘进行设计，使 GaN p-n 二极管达到雪崩击穿。先在 GaN 体衬底上生长 p-n 结，再进行 Mg 激活后退火，然后优化了刻蚀方案为台面制作出终端弧形边缘，如图 5.13 所示。

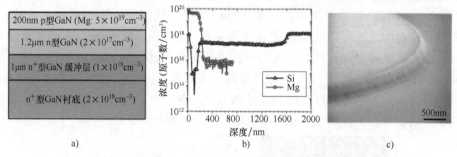

图 5.13　弧形台面边缘 GaN p-n 二极管：a）MOCVD 法生长的器件外延层；
b）通过二次离子质谱仪（SIMS）测得的掺杂浓度；c）刻蚀后台面边缘的 SEM
图像（资料来源：经 Mandal 等人许可转载[11]。版权所有 2018，IOP 出版社）

由于不含任何尖角，弧形边缘可避免产生早期尖峰电场，并能使器件达到本征击穿电场，从而导致碰撞电离。为了验证器件的击穿特性，对温度相关的反向 *I-V* 进行了测量，显示击穿电压随温度的升高而增大，这与碰撞电离感生载流子倍增的特征相同。三角形电场的峰值近似为 3mV/cm，接近 GaN 的理论击穿极限。

p-n 二极管的关键特性之一是雪崩击穿时的电致发光（EL）。雪崩开始时，沿台面边缘可观察到发光，如图 5.14a 所示。当二极管偏压至产生雪崩时，还继续发光。为了测量 EL 发射光谱，使用电压扫描和恒流限制对初始器件进行偏置。恒流方法确保二极管不会因为焦耳热而烧毁，而焦耳热在不受控制的雪崩击穿中是一种威胁。恒流下二极管的 EL 光谱如图 5.14b 所示。测量时使用了三种不同的电流限制值：100μA、1mA 和 10mA，检测到两个不同的光谱波长。在 GaN 能带间隙或低于 GaN 能带间隙值的位置观察到多个高强度峰（见图 5.14b），峰值的强度随着二极管中反向电流的增大而增大。

早先报道了在 Si 和 GaAs 材料中雪崩击穿时的光子发射。这些光子发射通常归因于 1) 电子-空穴对的带间复合 (BTBR); 2) 轫致辐射或制动辐射; 3) 间接带间发射[33]。而且在这些机制中,只有 BTBR 引起的辐射与反向电流呈等比变化。如图 5.14b 所示, GaN 雪崩二极管中也观察到了类似的等比变化情况,可以解释如下: 随着反向偏置电流限制值的增大,耗尽区的电场增强,从而通过碰撞电离产生了更多的载流子。增加的载流子浓度导致耗尽区产生了更多的复合。因此,随着反向电流从 $100\mu A$ 增加到 1mA 和 10mA, BTBR 的强度也增加。

因为漂移区中某些电子发生了亚能带间隙重组,因此在 1.9~2.7eV 之间发生了宽范围波长发射 (见图 5.14b)。p 型 GaN 中的宽范围发射归因于碳杂质水平 (C_N)[34]、镓空位 (V_{Ga}) 或氮空位 (V_N)[35]。因此,可以推断 1.9~2.7eV 之间的发射是通过多个陷阱能级产生的,并且不限于任何特定类型的缺陷。还观察到, RIE 产生的等离子体刻蚀损伤会在 GaN 中诱导形成 V_N 中心[36]。 V_N 中心的发射峰值约为 2.18eV[35],非常接近此处观察到的发射峰值。因此,台面侧壁中刻蚀引起的 V_N 也可能引起子能带间隙跃迁,从而产生宽范围的波长光谱。所以,沿台面边缘可以观察到宽范围的发光,如图 5.14a 所示。这一点通过对具有小金属接触面积,和大金属到台面边缘距离的器件进行测量得到了进一步验证。电致发光主要从台面周边观察到,这证实了发射来自刻蚀的侧壁区域。随着反向电流的增加,产生的载流子数量也增加,从而使台面边缘产生更多的复合。这也导致了发射强度随反向电流的增大而增大。

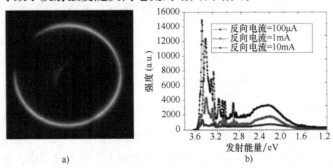

a)   b)

图 5.14   a) GaN p-n 二极管反向击穿电致发光; b) 测量的电致发光光谱
(资料来源: 经 Mandal 等人许可转载[11]。版权所有 2018, IOP 出版社)

5.6 GaN 的碰撞电离系数

Ji 等人使用图 5.15 描述的结构,通过实验得到 GaN 中电子和空穴的碰撞电离系数[12]。

该方法总结如下：

1）假设两个近似值：①$\beta\gg\alpha$（当电场<2.5MV/cm 时，根据蒙特卡罗模拟数据[37]），以及②由于 n-p 二极管中的掺杂密度低，n-p 二极管结构中的电场分布很均匀。

2）采用 n-p 二极管，根据①中的假设条件得出 β。碰撞电离积分方程可以简化为

$$1 - \frac{1}{M_p} = \int_0^W \beta e^{-\int_0^x \beta dx'} dx \tag{5.1}$$

β 可以写成

$$\beta = \frac{\ln M_p}{W} \tag{5.2}$$

3）p-n 二极管的光电流-暗电流会对两个系数（β 和 α）产生影响。

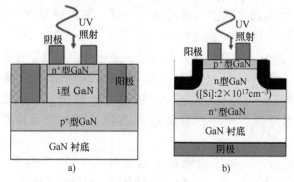

图 5.15　采用实验方法确定器件中 GaN 的碰撞电离系数：a）n-p 二极管；b）p-n 二极管（资料来源：经 Ji 等人许可转载[12]。版权所有 2019，AIP 出版）（见彩插）

4）因为 β 是在第 2）步得到的，所以电子的碰撞电离系数 α 可以写成 β 和 M_n 的函数。

$$\alpha = \frac{qN_D}{\varepsilon_0\varepsilon_s} \frac{1}{M_n} \frac{dM_n}{dE_m} - (M_n-1)\beta(E_m) \tag{5.3}$$

5）获得实验数据后，可采用线性外推法推算出整个电场的 β 和 α。这步很重要，符合 Chynoweth 定律[38]。推算出的 β 和 α 可以写成

$$\beta(E) = 4.39\times10^6\, e^{-1.8\times10^7 \frac{1}{E}}\,cm^{-1} \tag{5.4}$$

$$\alpha(E) = 2.11\times10^9\, e^{-3.689\times10^7 \frac{1}{E}}\,cm^{-1} \tag{5.5}$$

6）将 α 和 β 值代入方程可求得所有电压下的光电流。Matlab 中的全倍增方程［见式（5.6）和式（5.7）］没有采用假设条件，而采用了第 5）步用外推法得出的 α 和 β 值（见第 1）步）。

$$1 - \frac{1}{M_p} = \int_0^W \beta e^{-\int_0^x (\beta-\alpha)\,dx'}\,dx \tag{5.6}$$

$$1 - \frac{1}{M_n} = \int_0^W \alpha e^{-\int_x^W (\alpha-\beta)\,dx'}\,dx \tag{5.7}$$

7）因此得出了倍增因子，它既是电场的函数，也是电压的函数。使用该倍增因子可以重新求出光电流，与实验数据匹配良好，这一点证明，采用上述假设条件可推导出准确的 α 和 β 值。

为了测量由空穴引起的碰撞电离倍增量，在 n-p 二极管顶部 n^+-GaN 层使用波长为 350nm 的紫外激光（UVL）产生电子-空穴对。对于波长为 350nm 的 UVL，GaN 的吸收系数约为 $8 \times 10^4\,cm^{-1}$[39]。n-p 二极管和 p-n 二极管中顶部 n^+-GaN 和 p^+-GaN 层的厚度为 200nm，可确保 UVL 在顶层被吸收。当 n-p 二极管反向偏置时，只有 UVL 产生的空穴被扫入空间电荷区，而 UVL 产生的电子被阴极收集[40]。UVL 产生的空穴穿过高电场区，并获得足够的动能将束缚电子从价带碰撞到导带，碰撞电离过程中产生了电子-空穴对。接近击穿电压的高反向偏压下测量电流时，观察到空穴的倍增，并计算出空穴的碰撞电离系数。

采用 p-n 二极管测量电子引起的碰撞电离倍增和系数。紫外光照射下，UVL 产生的空穴被阳极收集，产生的电子被扫入空间电荷区，在此过程中会产生碰撞电离。电子的碰撞电离系数可通过测量由雪崩引起的反向电流得出。

图 5.16a 显示了 n-p 二极管在黑暗条件和 UVL 下的反向特性。高电场下，可以由 $(I_{UV}-I_{dark})/I_{UV,Init}$ 得出空穴引发的倍增（M_p），其中 $I_{UV,Init}$ 是初始光电流。空穴引起的倍增作为电场函数，如图 5.16b 所示，当电场超过 1.5MV/cm 时，会引起载流子倍增。

制作的 p-n 二极管在黑暗条件和 UV 照射下的反向特性如图 5.16c 所示。采用线性外推法确定初始电流，以研究反向偏压下增大耗尽区[41]。由电子引起的倍增如图 5.16d 所示。

在 n-p 二极管中，由于掺杂浓度约为 $10^{16}\,cm^{-3}$，因此可以认为电场是均匀的，误差小于 10%。由式（5.2）可获得空穴碰撞电离系数。

计算出的空穴碰撞电离系数作为反向电场的函数，如图 5.17a 所示。采用 Chynoweth 定律，由与空穴碰撞电离系数拟合的指数得出 $\beta(E) = 4.39 \times 10^6 \exp(-1.8 \times 10^7/E)\ cm^{-1}$。

在 p-n 二极管中，由于漂移区的掺杂密度为 $2.2 \times 10^{17}\,cm^{-3}$，因此会在漂移区产生三角形电场分布。由式（5.3）可获得电子碰撞电离系数。

电子碰撞电离系数可以表示为 $\alpha(E) = 2.11 \times 10^9 \exp(-3.689 \times 10^7/E)\ cm^{-1}$。测得的电子碰撞电离系数如图 5.17b 所示。

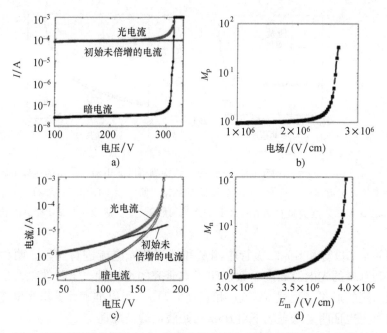

图 5.16　UVL 辅助法测得的倍增：a）紫外光照和暗光下分别测量 n-p 二极管的 *I-V* 特性；
b）测得的空穴引起的倍增与电场呈函数关系；c）紫外线照射和黑暗条件下分别测得
的 p-n 二极管 *I-V* 特性；d）测量的电子引起的倍增与电场呈函数关系
（资料来源：经 Ji 等人许可转载[12]。版权所有 2019，AIP 出版社）

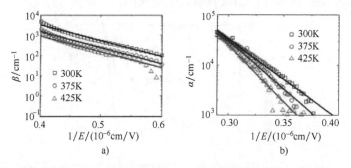

图 5.17　实验求得 GaN 的碰撞电离系数：a）GaN 的空穴碰撞电离系数；b）电子
碰撞电离系数。符号表示实验确定的数据，实线表示用 Chynoweth 定律拟合的数据
（资料来源：经 Ji 等人许可转载[12]。版权所有 2019，AIP 出版社）

为了验证分析，通过求解碰撞电离积分方程来计算 n-p 二极管和 p-n 二极
管结构中的倍增因子和光电流，其中采用外推的 α 和 β，未用任何假设条件
（见式 (5.6) 和式 (5.7)）。然后采用从解中获得的 M_n 和 M_p 来计算光电
流，如图 5.18 所示。

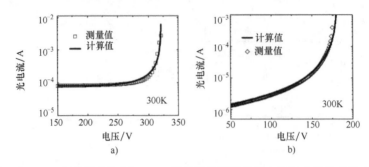

图 5.18　a）n-p 二极管结构和 b）p-n 二极管结构测得的光电流与求出的碰撞电离系数，计算获得的光电流比较。符号表示实验确定的数据，实线表示使用式（5.2）和式（5.4）计算的 α 和 β 数据（资料来源：经 Ji 等人许可转载[12]。版权所有 2019，AIP 出版）

　　将 n-p 二极管和 p-n 二极管中测量和计算的光电流进行比较。两种器件结构计算和测量的光电流高度一致证明了本研究的准确性。重要的是，使用倍增方程最通用的形式（见式（5.6）和式（5.7）），可以准确计算出光电流。验证过程实质上也证明了低电场下对 $\beta > \alpha$ 初始假设的正确性。

　　GaN[12]、Si[42] 和 SiC[43-44] 的碰撞电离系数比较如图 5.19 所示。显然，GaN 具有最低的碰撞电离系数。通过求解一维非穿通 p-n 结的碰撞电离积分方程，可以得出作为漂移区掺杂浓度函数的临界击穿电场，如图 5.20 所示，图中表明 GaN 具有最高临界电场。结合高电子迁移率和高临界电场特性，GaN 为下一代功率器件发展提供了一条极具前景的路线图。

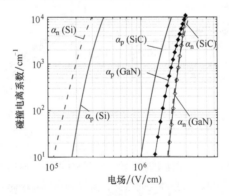

图 5.19　GaN、Si 和 SiC 的碰撞电离系数比较

　　撞击电离对预测建模的影响：通过近期公开的 TCAD 模型数据，从实验确定的碰撞电离系数准确得出击穿电压，就直接得到了碰撞电离研究结果。图 5.21 表示预测的击穿电压[22] 和实验结果[32,45-49] 比较曲线。将这些研究成果用于 TCAD 模型进行模拟分析将对器件设计产生非常显著的影响。

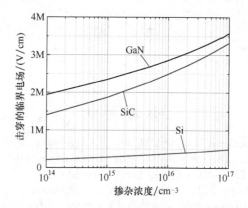

图 5.20　GaN、Si 和 SiC 的临界击穿电场比较

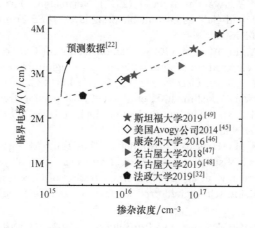

图 5.21　具有雪崩能力的 GaN p-n 二极管，根据求得的碰撞电离系数[22]
预测的临界电场和公开实验数据[32,45-49]得到的临界电场比较

5.7　总结

　　本章讨论了垂直型 GaN 功率器件，包括 CAVET 和 OGFET（MOSFET 的一种变形）等关键器件结构，以及 GaN 衬底上 GaN 器件雪崩击穿的物理特性。

　　迄今为止，这两种器件（CAVET 和 OGFET）在高低电压不同范围都表现出了优异的性能。虽然 CAVET 可能最适合高达 900V 左右的电压，但 OGFET 肯定会将极限值推至 1.2kV 甚至更高。本章讨论的一个关键成果是使用基于再生长技术能够使 GaN OGFET 的沟道迁移率达到 $185cm^2/$（V·s）。通过创新使 AlGaN/GaN 异质结构实现更高的沟道迁移率也是 CAVET 的一个关键优势。本章还对实验确定 GaN 碰撞电离系数的方法及其在建模中的作用进行了探讨。

致　　谢

感谢 SaptarshimAndal 博士和 Matthew Laurent 博士对 p-n 二极管雪崩电致发光研究的贡献。

参 考 文 献

1　Chowdhury, S., Swenson, B.L., and Mishra, U.K. (2008). Enhancement and depletion mode AlGaN/GaN CAVET with Mg-ion-implanted GaN as current blocking layer. *IEEE Electron Device Lett.* 29 (6): 543–545.

2　Chowdhury, S., Wong, M.H., Swenson, B.L., and Mishra, U.K. (2012). CAVET on bulk GaN substrates achieved with MBE-regrown AlGaN/GaN layers to suppress dispersion. *IEEE Electron Device Lett.* 33 (1): 41–43.

3　Ji, D., Laurent, M.A., Agarwal, A. et al. (2017). Normally OFF trench CAVET with active Mg-doped GaN as current blocking layer. *IEEE Trans. Electron Devices* 64 (3): 805–808.

4　Ji, D., Agarwal, A., Li, W. et al. (2018). Demonstration of GaN current aperture vertical electron transistors with aperture region formed by ion implantation. *IEEE Trans. Electron Devices* 65 (2): 483–487.

5　Mandal, S., Agarwal, A., Ahmadi, E. et al. (2017). Dispersion-free 450 V p GaN-gated CAVETs with Mg-ion implanted blocking layer. *IEEE Electron Device Lett.* 38 (7): 933–936.

6　Ji, D., Agarwal, A., Li, H. et al. (2018). 880 V/2.7 mΩ cm^2 MIS gate trench CAVET on bulk GaN substrates. *IEEE Electron Device Lett.* 39 (6): 863–865.

7　Li, W., Ji, D., Tanaka, R. et al. (2017). Demonstration of GaN static induction transistor (SIT) using self-aligned process. *IEEE J. Electron Device Society* 5 (6): 485–490.

8　Chun, J., Li, W., Agarwal, A., and Chowdhury, S. (2019). Schottky junction vertical channel GaN static induction transistor with sub-micrometer fin. *Adv. Electron. Mater.* 5 (1): 1800689.

9　Ji, D., Gupta, C., Agarwal, A. et al. (2018). Large-area in-situ oxide, GaN interlayer-based vertical trench MOSFET (OG-FET). *IEEE Electron Device Lett.* 39 (5): 711–714.

10　Ji, D., Gupta, C., Chan, S.H. et al. (2017). Demonstrating >1.4 kV OG-FET performance with a novel double field-plated geometry and the successful scaling of large-area devices. In: *Proceedings of IEEE Electron Devices Meeting (IEDM)*, 223–226. San Francisco, CA: IEEE.

11　Mandal, S., Kanathila, M., Pynn, C. et al. (2018). Observation and discussion of avalanche electroluminescence in GaN pn diodes offering a breakdown electric field of 3 MV/cm. *Semicond. Sci. Technol.* 33 (6): 065013.

12　Ji, D., Ercan, B., and Chowdhury, S. (2019). Experimental determination of impact ionization coefficients of electrons and holes in gallium nitride using homojunction structures. *Appl. Phys. Lett.* 115 (7): 073503.

13 Ji, D., Ercan, B., and Chowdhury, S. (2019). Experimental determination of hole impact ionization coefficient and saturation velocity in GaN. In: *Proceedings of Compound Semiconductor Week*, 1–2. Nara, Japan: IEEE.

14 Ji, D., Ercan, B., and Chowdhury, S. (2019). Experimental determination of velocity-field characteristic of holes in GaN. *IEEE Electron Device Lett.* 40 (12): 1–4.

15 Ben-Yaacov, I., Seck, Y.K., Mishra, U.K., and DenBaars, S.P. (2004). AlGaN/GaN current aperture vertical electron transistors with regrown channels. *J. Appl. Phys.* 95 (4): 2073.

16 Nie, H., Diduck, Q., Alvarez, B. et al. (2014). 1.5-kV and 2.2-mΩ-cm^2 vertical GaN transistors on bulk GaN substrates. *IEEE Electron Device Lett.* 35 (9): 939–941.

17 Chowdhury, S. (2010). AlGaN/GaN CAVETs for high power switching application. Doctoral Dissertation. University of California, Santa Barbara.

18 Shibata, D., Kajitani, R., Ogawa, M. et al. (2016). 1.7 kV/1.0 mΩ·cm^2 normally-off vertical GaN transistor on GaN substrate with regrown p-GaN/AlGaN/GaN semipolar gate structure. In: *Proceedings of IEEE Electron Devices Meeting (IEDM)*, 248–251. San Francisco, CA: IEEE.

19 Otake, H., Egami, S., Ohta, H. et al. (2007). GaN-based trench gate metal oxide semiconductor field effect transistors with over 100 cm^2/Vs channel mobility. *Jpn. J. Appl. Phys.* 46 (25): L599–L601.

20 Otake, H., Chikamatsu, K., Yamaguchi, A. et al. (2008). Vertical GaN-based trench gate metal oxide semiconductor field-effect transistors on GaN bulk substrates. *Appl. Phys. Express* 1 (1): 011105.

21 Oka, T., Ueno, Y., Ina, T., and Hasegawa, K. (2014). Vertical GaN-based trench metal oxide semiconductor field-effect transistors on a free-standing GaN substrate with blocking voltage of 1.6 kV. *Appl. Phys. Express* 7 (2): 021002.

22 Oka, T., Ina, T., Ueno, Y., and Nishii, J. (2015). 1.8 mΩ·cm^2 vertical GaN based trench metal oxide semiconductor field effect transistors on a free-standing GaN substrate for 1.2-kV-class operation. *Appl. Phys. Express* 8 (5): 05401.

23 Li, R., Cao, Y., Chen, M., and Chu, R. (2016). 600 V/1.7 Ω normally-off GaN vertical trench metal-oxide-semiconductor field-effect transistor. *IEEE Electron Device Lett.* 37 (11): 1466–1469.

24 Gupta, C., Chan, S.H., Enatsu, Y. et al. (2016). OG-FET: an in-situ oxide, GaN interlayer based vertical trench MOSFET. *IEEE Electron Device Lett.* 37 (12): 1601–1604.

25 Gupta, C., Lund, C., Chan, S.H. et al. (2017). In-situ oxide, GaN interlayer based vertical trench MOSFET (OG-FET) on bulk GaN substrates. *IEEE Electron Device Lett.* 38 (3): 353–355.

26 Ji, D., Gupta, C., Agarwal, A. et al. (2017). First report of scaling a normally-off in-situ oxide, GaN interlayer based vertical trench MOSFET (OG-FET). In: *Proceedings of Device Research Conference*, 1–2. South Bend, IN: IEEE.

27 Li, W., Nomoto, K., Lee, K. et al. (2018). Development of GaN vertical

trench-MOSFET with MBE regrown channel. *IEEE Trans. Electron Devices* 65 (6): 2558–2564.

28 Li, W. and Chowdhury, S. (2016). Design and fabrication of a 1.2 kV GaN-based MOS vertical transistor for single chip normally off operation. *Phys. Status Solidi A* 213 (10): 2714–2720.

29 Sun, M., Zhang, Y., Gao, X., and Palacios, T. (2017). High-performance GaN vertical fin power transistors on bulk GaN substrates. *IEEE Electron Device Lett.* 38 (4): 509–512.

30 Zhang, Y., Sun, M., Piedra, D. et al. (2017). 1200 V GaN vertical fin power field-effect transistors. In: *IEEE International Electron Devices Meeting*, 215–218. San Francisco, CA: IEEE.

31 Kizilyalli, I.C., Edwards, A., Nie, H. et al. (2013). High voltage vertical GaN p-n diodes with avalanche capability. *IEEE Trans. Electron Devices* 60 (10): 3067–3070.

32 Ohta, H., Asai, N., Horikiri, F. et al. (2019). 4.9 kV breakdown voltage vertical GaN p-n junction diodes with high avalanche capability. *Jpn. J. Appl. Phys.* 58 (SC): SCCD03.

33 Lahbabi, M. and Ahaitouf, A. (2004). Analysis of electroluminescence spectra of silicon and gallium arsenide p-n junctions in avalanche breakdown. *J. Appl. Phys.* 95 (4): 1822.

34 Lyons, J.L., Janotti, A., and Van de Walle, C.G. (2010). Carbon impurities and the yellow luminescence in GaN. *Appl. Phys. Lett.* 97 (15): 152108.

35 Yan, Q., Janotti, A., Scheffler, M., and Van de Walle, C.G. (2012). Role of nitrogen vacancies in the luminescence of Mg-doped GaN. *Appl. Phys. Lett.* 100 (14): 142110.

36 Cao, X.A., Pearton, S.J., Dang, G.T. et al. (2000). GaN n- and p-type Schottky diodes: effect of dry etch damage. *IEEE Trans. Electron Devices* 47 (7): 1320–1324.

37 Oguzman, I.H., Bellotti, E., and Brennan, K.F. (1997). Theory of hole initiated impact ionization in bulk zincblende and wurtzite GaN. *J. Appl. Phys.* 81 (12): 7827.

38 Chynoweth, A.G. (1958). Ionization rates for electrons and holes in silicon. *Phys. Rev.* 109 (3): 1537–1545.

39 Muth, J.F., Lee, J.H., Shmagin, I.K., and Kolbas, R.M. (1997). Absorption coefficient, energy gap, exciton binding energy, and recombination lifetime of GaN obtained from transmission measurements. *Appl. Phys. Lett.* 71 (18): 2572.

40 Sze, S.M. and Ng, K.K. (2006). *Physics of Semiconductor Devices*, 3e, 105. Hoboken), chapter 2: Wiley.

41 Niwa, H., Suda, J., and Kimoto, T. (2015). Impact ionization coefficients in 4H-SiC toward ultrahigh-voltage power devices. *IEEE Trans. Electron Devices* 62 (10): 3326–3333.

42 Baliga, B.J. (2008). *Fundamentals of Power Semiconductor Devices*. New York: Springer-Science. Section 2.1.5.

43 Konstantinov, A.O., Wahab, Q., Nordell, N., and Lindefelt, U. (1997). Ion-

ization rates and critical electric fields in 4H-SiC. *Appl. Phys. Lett.* 71 (1): 90.

44 Konstantinov, A.O., Wahab, Q., Nordell, N., and Lindefelt, U. (1998). Study of avalanche breakdown and impact ionization in 4H silicon carbide. *J. Electron. Mater.* 27 (4): 335–341.

45 Kizilyalli, I.C., Edwards, A.P., Aktas, O. et al. (2014). Vertical power p-n diodes based on bulk GaN. *IEEE Trans. Electron Devices* 62 (2): 414–422.

46 Nomoto, K., Song, B., Hu, Z. et al. (2016). 1.7-kV and 0.55-mΩ·cm^2 GaN p-n diodes on bulk GaN substrates with avalanche capability. *IEEE Electron Device Lett.* 37 (2): 161–164.

47 Maeda, T., Narita, T., Ueda, H. et al. (2018). Parallel-plane breakdown fields of 2.8–3.5 MV/cm in GaN-on-GaN p-n junction diodes with double-side-depleted shallow bevel termination. In: *Proceedings of IEEE Electron Devices Meeting (IEDM)*, 689–693. San Francisco, CA: IEEE.

48 Fukushima, H., Usami, S., Ogura, M. et al. (2019). Deeply and vertically etched butte structure of vertical GaN p–n diode with avalanche capability. *Jpn. J. Appl. Phys.* 12 (SC): SCCD25.

49 Ji, D., Li, S., Ercan, B. et al. (2020). Design and fabrication of ion-implanted moat etch termination resulting in 0.7 mΩ·cm^2/1500 V GaN diodes. *IEEE Electron Device Lett.* 41 (2): 264–267.

第 6 章

GaN 电子器件可靠性

Milan Ťapajna[1] 和 **Christian Koller**[2]

1 斯洛伐克科学院电气工程研究所（IEE-SAS）
2 奥地利汽车和工业电子有限公司（KAI）

6.1 引言

在功率、频率和效率方面，GaN 基电子器件比 Si 和 GaAs 基器件都具有前所未有的性能优势。GaN 高电子迁移率晶体管（HEMT）能提供高截止频率和高击穿（BD）电压，用于无线通信、卫星和雷达系统的高效功率放大器设计，这些系统已经商用了十几年。GaN HEMT 也是功率变换器系统开关器件的优秀候选。经过十几年巨大努力使得紧凑型 GaN 基高效功率变换器的开发进入市场[1]。除了具有成本效益外，提供改进性能的新技术还必须确保可靠运行，以成功实现商业化。尽管 GaN HEMT 已被证明是射频应用的可靠技术，但毫米波器件技术（见第 3 章）和增强型功率开关应用（见第 4 章）目前正进入这一阶段。为了充分利用 GaN 技术的潜力，一项关键任务是识别并详细了解具有特定应用设计的器件出现的退化机制。这是一个复杂的问题，因为 GaN 基材料的独特特性（宽能带间隙性质和压电性）以及器件中存在的高电场和功耗。此外，由于 GaN 异质结构生长在异质衬底上，器件的有源区通常包含相对较高密度的各种缺陷。这些促使在 GaN 基器件中观察到了新的失效机制，这些机制不同于 GaAs 和 InP 基化合物半导体。

在过去十几年中，射频 GaN HEMT 和单片微波集成电路（MMIC）的可靠性有了显著提高。这是通过大量的研究工作实现的，这些成果可以更好地理解 GaN HEMT 中的寄生散射效应和与电场集中相关的新失效模式，以及产生的热分布。此外，还引入了研究这些效应的定制表征技术。最近，GaN 功率开关 HEMT 的可靠性研究也进行了类似的工作。这些器件主要生长在 Si 衬底上，Si 衬底需要半绝缘 GaN 缓冲层，通常通过碳掺杂实现。然而，GaN 中的碳掺杂表现出相当复杂的行为，并且与开关过程中的动态导通电阻效应有关。需要采用复杂的器件设计来缓解这种寄生行为。人们还认识到，精确的寿命外推法需要动态测试序列，这类似于给定应用的真实工作条件。此外，已经确定了由渗流过程控制的击穿机制，以限制 GaN 开关 HEMT 的阻断能力，以及 p-GaN HEMT 在正向偏置下的栅极鲁棒性。已观察到带有绝缘栅极的晶体管大量存在阈值电压不稳定性。

6.1.1　GaN HEMT 的可靠性测试和失效分析

电子器件可靠性研究是跨学科的研究和设计，目的是找到在给定时间段（通常大于 20 年）内能够在不影响其性能的情况下运行操作的条件。可靠性研究基本上依赖于在特定应用条件和环境下监测器件失效率。器件失效通常以两种模式发生：1）电气参数随时间逐渐变化；2）突发灾难性故障或烧毁。尽管电子器件退化是一个复杂的过程，但失效率与时间的关系通常遵循图 6.1a 中所示的"浴缸形"曲线。在最初的"退化"阶段，由于器件总体中预先存在的缺陷，失效率很高。然后，失效率下降到定义有效运行寿命的恒定值，最后随着疲劳的发生再次增加。尽管可以很容易地检查老化过程中的器件失效，但在器件疲劳之前对大量器件进行监控是非常困难的。因此，通过特定条件或提高环境参数以加速器件失效的情况下，进行加速寿命试验。

最常见的情况是通过温度升高加速老化，寿命预测基于这样一个假设：器件的平均失效时间（MTTF），即 50%的失效率，随着结温（T_j）的升高而降低，并遵循 Arrhenius 依赖性（MTTF）约 $\exp(E_a/k_B T_j)$，其中 E_a 为激活能，k_B 为玻尔兹曼常数。在联合电子器件工程委员会（JEDEC）[3-4] 定义的标准高温工作寿命（HTOL）测试中，许多器件在几种高温下的"直流"（DC）、动态或射频条件下承受应力。根据失效标准定期测试器件的电气参数，如漏极（I_D）或栅极（I_G）电流、跨导（g_m）或射频输出功率。然后统计确定每个温度的 MTTF，并绘制为 $1/k_B T_j$ 的函数，其中斜率给出 E_a。该测试如图 6.1b 所示，比较了在直流和射频条件下进行的射频 AlGaN/GaN HEMT HTOL 测试数据。提取的 E_a 和无限温度下的虚拟寿命（截距）可用于推断实际最大工作结温 T_j 下的器件寿命。

寿命预测的 Arrhenius 模型与 Si 器件的退化模式（见表 6.1）以及 GaN HEMT 的扩散驱动模式（如肖特基栅金属扩散[7]和欧姆金属化退化[8]）密切相关。然而，Arrhenius 模型对 GaN-HEMT 寿命的预测存在局限性。已经报道了 GaN HEMT 的几种具有不同温度依赖性的新失效机制（见 6.2 节和 6.3 节），并且高温和应力条件下的主要失效机制不一定与工作条件下的失效机制相同。此外，这种方法在很大程度上取决于 T_j 的精确测定。这在 GaN HEMT 中尤其重要，因为通道附近可能存在高达 $100℃/\mu m$ 的热梯度[9]，这对常用技术的应用提出了质疑，例如红外热成像技术在 RF GaN HEMT 中用于通道温度测定（见 2.3 节）。

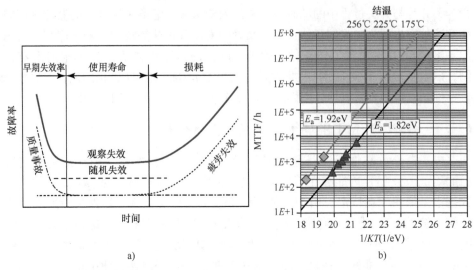

a)   b)

图6.1 a) 器件失效率对时间的典型依赖性，在可靠性领域称为"浴缸形"曲线；b) 在 $V_{DS} = 50V$、$I_D = 50mA$ 和结温 270~310℃ 条件下获得的直流高温工作寿命（HTOL）测试数据（黑色三角形符号，每个点代表 5~10 个测试器件）和 RF HTOL 结果（灰色菱形符号，每个点代表 4 个测试器件）。使用 Arrhenius 方程进行的外推和 E_a 测定，通过使用拉曼热成像测量验证的有限元热模型确定的 T_j 进行显示（资料来源：经 Pomeroy 等人[2]许可，重印了 b)。版权所有© 2015，Elsevier）

表6.1 Si 中各种失效机制的 MTTF 模型

失 效 机 理	寿 命 模 型
电迁移	$\text{MTTF} \propto I^{-N} \exp\left(E_a / (k_B T)\right)$
应力迁移	$\text{MTTF} \propto (T_0 - T)^{-N} \exp\left(E_a / (k_B T)\right)$
腐蚀	$\text{MTTF} \propto (\%RH)^{-N} \exp\left(E_a / (k_B T)\right)$
随时间变化的电击穿	$\text{MTTF} \propto \exp(-\gamma E_{ox}) \exp\left(E_a / (k_B T)\right)$
疲劳	$\text{MTTF} \propto (\Delta T - T_0)^{-N}$
可动离子	$\text{MTTF} \propto J_{ion}^{-1} \exp\left(E_a / (k_B T)\right)$
热载流子注入	$\text{MTTF} \propto (I_{sub}/W)^{-N} \exp\left(E_a / (k_B T)\right)$

来源：McPherson 2018[5] 和 McDonald 2018[6]。

为了确保电子器件的精确可靠性测试和寿命预测，需要几个步骤。首先，必须确定关键失效机制。表6.1左侧显示了 Si 电子器件中出现的 7 种关键失效机制。右侧显示了下一个步骤，即找到一个 MTTF 模型，该模型准确描述了每个失效模式的失效时间。基于过去 50 年获得的结果，制定了 JEDEC 和汽车电子委员会（AEC）等鉴定标准，定义了 Si 电源开关器件鉴定的试验应力条件、持续时间和样本大小（见表 6.2 中的示例性试验清单）。这些鉴定标准包括三类：静电放电（ESD）、封装和器件。尽管前两种器件技术在 GaN 和 Si 器件技术上相似，但由于晶体管形式和材料特性的不同，GaN 器件的类别也大不相同。因此，在本章中，我们只关注器件类别。图 6.2 中的 Si 超结器件横截面示意图说明了此类器件的 4 个区域，以及检验其可靠性的鉴定试验。尽管在 GaN 功率器件中，其中一些失效也可能以类似的形式发生，但器件的形式和材料明显不同，例如，图 6.2 中的失效模式编号①和②，这表明 p-n 体二极管和栅氧化层的各自失效不会在 GaN 中发生，因为在许多 GaN HEMT 中不存在这样的结构。相反，GaN 器件还有其他弱点，由于 GaN 功率器件的历史尚不成熟，获得的长期使用情况较少。

表 6.2　Si 功率器件的标准可靠性试验

	测试/标准	条　件	时　间	样品尺寸
TC	温度循环 JESD22 A104	$T=-55\sim150℃$	1000 次	3 批（次）×77 个
HTRB	高温反偏 JESD22 A108	$V=600V$ $T=150℃$	1000h	3 批（次）×77 个
HTS	高温储存寿命 JESD22 A103	$T=150℃$	1000h	3 批（次）×77 个
HTGS（+）	正高温栅应力 JESD22 A108	$I=50mA$	1000h	3 批（次）×77 个
HTGS（-）	负高温栅应力 JESD22 A108	$V=-10V$	1000h	3 批（次）×77 个
H3TRB	温度和湿度偏差 JESD22 A101	$V=-10V$ 湿度=85% $T=150℃$	1000h	3 批（次）×77 个
IOL	间歇运行寿命试验 JESD22 A105	$\Delta T=100℃$	15000 次	3 批（次）×77 个
ESD	ESD-HBM 和 CDM JS-001 和 JS-002		1000h	1 批（次）×3 个

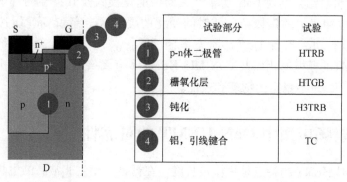

图 6.2　超结 MOSFET 的横截面示意图，确定了几种失效机制及其相关区域[6]（见彩插）

GaN 基材料的压电性和热电性、热应力和机械应力，在大电流下工作的电力器件密度和电场有望揭示新的退化机制。事实上，在夹断时，接近每厘米几兆伏的电场集中在栅极靠近漏极一侧，会触发物理栅极边缘退化，这是由机械应力和热应力的组合引起的。在导通状态下，极高能量的热电子会产生新的俘获态，使器件性能恶化，并在局部区域产生较大的功耗，这可能会导致热点和热应力的出现，从而可能导致器件结构的机械退化。6.2 节将简要回顾这些问题，重点介绍射频应用中 AlGaN/GaN 和 InAlN/GaN HEMT 的可靠性和热问题。对于失效分析，退化的器件通常通过光学、扫描电子显微镜（SEM）或透射电子显微镜（TEM）进行检查。在 GaN HEMT 中，电致发光（EL）显微镜可用于可视化器件的局部退化。因此，我们特别关注最近关于 GaN HEMT 中的 EL 起源。

几个研究小组已经报道[10-11]，功率 GaN HEMT 中的击穿机制显示出类似于时间依赖性介质击穿（TDDB）的特性，而不是大多数半导体的典型碰撞电离。这种机制通常用渗流模型来描述，一旦缺陷足够集中，应力诱发产生的缺陷就会形成贯穿结构的泄漏路径（见 3.1 节）。为了描述这一过程，测量了许多相同器件在不同偏压和温度下的击穿时间（t_{BD}）。然后用威布尔统计描述 t_{BD} 的分布，其中累积失效概率 F（t_{BD}）与 t_{BD} 相关，即 F（t_{BD}）$= 1-\exp$（$-t_{BD}/\eta$）$^{\beta}$[12]。在这里 η 是比例因子或分布值的 63.2%，β 是形状因子或 Weibull 斜率，与 t_{BD} 中的分布成比例。通过绘制 $\ln$ [$-\ln$（$1-F$（t_{BD}））]，也被称为 Weibit，作为 $\ln$（t_{BD}）的函数 β 和 η，可以通过将实验数据拟合成线性函数来提取。使用提取的 η 通过制定可靠性规范，即失效率百分比、栅面积、时间段、偏差和温度，可以估计最大可靠偏差的安全操作。Weibull 分布通常是双峰分布，对于源自外部缺陷的较短 t_{BD}，形状系数较低；对于材料中的固有缺陷，形状系数较高，具有较长 t_{BD} 特性。

6.3 节将总结目前对 GaN 功率开关器件退化模式及其特性的理解，重点研究了 GaN 缓冲区中的碳掺杂、随时间变化的缓冲区击穿和 GaN 缓冲区中的陷阱，从而影响功率器件的动态通态电阻（$R_{DS,ON}$）。最后，本节将回顾常关 p-GaN HEMT的栅极退化以及 GaN MIS HEMT（金属-绝缘体-半导体 HEMT）中阈值电压（V_{th}）不稳定的物理和表征。

6.2 射频应用中 GaN HEMT 的可靠性

RF GaN HEMT 的特点是短栅极长度，在栅极下产生非常高的电场，峰值位于栅极靠近漏极一侧。为了降低峰值电场，采用了使用 T 形和 G 形栅极以及源场板的设计方法。与材料缺陷（例如Ⅲ-N 表面和体陷阱（BT））和加工缺陷相关的退化模式可以通过适当的表面钝化和生长优化来抑制。相比之下，源于固有材料特性和操作器件条件的问题需要通过场缓解方法（热电子和自加热）或通过改变击穿条件（软击穿和硬击穿）来解决。在 GaN HEMT 中发现了几种新的退化模式，其中一些已在参考文献［13-17］中进行了综述。因此，我们将在 6.2.1 节中简要描述 AlGaN/GaN HEMT 最重要的可靠性问题，重点介绍频率分散、栅边缘物理退化、热电子相关退化和热效应。在 6.2.2 节中，将对 InAlN/GaN HEMT 可靠性研究进行综述，重点介绍热电子和热声子效应。

6.2.1　AlGaN/GaN HEMT

6.2.1.1　陷阱效应

由于初始的生长技术不成熟，频率分散效应已成为 AlGaN/GaN HEMT 的主要可靠性问题。频率分散效应代表了器件电参数（I_D、g_m 和 I_G）的时间变化，这是由器件不同工作区域的电活性缺陷俘获和发射载流子引起的。在俘获过程中，自由载流子失去其能量，并被由密度、半导体能带间隙中的能级和俘获截面所描述的缺陷所局限。在发射过程中，载流子必须获得足够的能量，以克服缺陷能级和导带/价带最小值/最大值给出的能量势垒。因此，发射过程和发射时间常数通常比俘获过程长得多，因为后者主要取决于自由载流子的利用率。

尽管在生长质量上有了很大的改善，Ⅲ-N 异质结构仍然具有相对高密度的体缺陷和表面/界面态。特别是，表面态通过将费米能级固定在高密度的陷阱能级，在定义非栅控势垒表面的表面电势方面起着至关重要的作用[17]。尽管最近重新讨论了这一概念（见 3.4 节），但许多研究表明，即使是钝化Ⅲ-N 表面，表面态密度在 $10^{12}\,\mathrm{eV^{-1}\,cm^{-2}}$ 范围内[18-20]。图 6.3a 描述了由空间上局限于漏极一侧接入区的表面状态引起的陷阱。正如 Vetury 等人[22]最初提出的，当器件在关断状态时，高栅极-漏极电压会诱导电子从栅极边缘注入表面状态。高密度的表面陷阱允许电子向漏极跳跃，从而使负电荷从栅极边缘延伸几十或数百纳米[23]，直到由于堆积负电荷的静电反馈达到稳态状态[15]。这些电子形成了众所周知的"虚栅"效应，扩展了二维电子气（2DEG）通道的耗尽区。当栅极偏置被切换到开启状态时，电子不能立即从陷阱中移除，并且通道的扩展虚拟栅极部分在由特征发射时间给出的一段时间内保持耗尽。电子从表面/界面态的动态发射导致瞬态 I_D，称为电流崩塌或栅极滞后效应，导致漏极电阻和峰值 g_m 的动态变化。

阻挡层中的体陷阱会导致更复杂的行为。位于栅极到漏极区域的器件可以俘获从栅极[15]注入的电子（见图 6.3a）和从沟道[24]注入的高能电子，从而影响横向电场分布，进而影响 $R_{\mathrm{DS,ON}}$ 和 g_m，类似于表面陷阱。相比之下，位于栅极下方势垒中的体陷阱可以俘获在关断状态（负栅极偏置，V_G）下从栅极注入的电子，导致负电荷积聚和 V_{th} 偏移（见图 6.3a）[25]。当 V_G 偏向开启状态时，这些陷阱的释放会引起动态 V_{th} 偏移，而不会对 $R_{DS,ON}$ 和 g_m 产生影响。类似地，分布在整个器件有源区的 GaN 缓冲层中的体陷阱会引起复杂的陷阱行为。在关断状态下，沟道电子被排斥到缓冲层中，并被体陷阱俘获[26]。当器件偏压回到开启状态时，被俘获的电子充当"背栅"，与平衡浓度相比减少了2DEG 数量，导致栅极下的 V_{th} 偏移，以及栅极-漏极区域的动态 $R_{DS,ON}$ 和 g_m 变化。

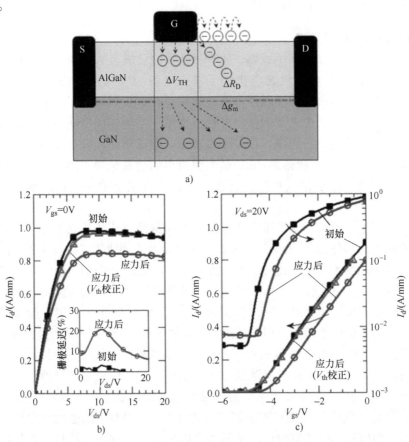

图 6.3 a）施加-V_G 后影响 V_{th}、R_D 和 g_m 的表面陷阱和体陷阱（在 AlGaN 势垒和 GaN 缓冲层中）示意图。AlGaN/GaN HEMT 在 $V_{DS}=30V$ 和 $V_{GS}=-5V$，并在 10h 非稳态应力前后的 b）直流输出和 c）传输特性。将 I-V 特性校正为 V_{th} 偏移后，可以在 I_D-V_{DS} 特性的线性部分推断出 $R_{DS,ON}$ 的显著退化。从非稳态应力前后测得的栅极延迟（插图）可以观察到动态 $R_{DS,ON}$ 的退化程度要大得多（资料来源：b）和 c）经 Tapajna 等人[21]许可重印。版权所有© 2010，IEEE）

　　GaN 基 HEMT 的俘获行为可以通过脉冲 I_D-V_{DS} 和 I_D-V_{GS} 特性（也称为栅极延迟测量）快速评估，其中在栅极脉冲模式下测量的 I-V 特性与直流特性进行比较。图 6.3b、c 中给出了一个例子，显示了射频 AlGaN/GaN HEMT 在非稳态应力前后的输出和传输特性[21]。虽然从直流测量（见图 6.3c）中观察到应力诱导的正 V_{th} 位移，表明栅极下产生陷阱，但栅极脉冲滞后测量（左面插图）也清楚地显示了动态 R_{DS} 退化，表明栅极-漏极接入区域中产生陷阱。探索陷阱效应的一种更全面的方法是使用具有不同静态偏置条件的双通道脉冲系统，也称为漏极压差测量。尽管脉冲 I-V 表征非常有效，但这些技术并没有提供任何有关陷阱特性的信息，这些陷阱会导致器件在应力作用下退化。为此，Joh 和 del Alamo[27] 基于等温深能级瞬态光谱（DLTS）中使用的原理，提出了一种能够提取陷阱能级能量和俘获截面的 I_D 瞬态技术。在不同温度下陷阱预填充后，以对数时间刻度测量瞬态 I_D。通过各种方法[21,27-28]分析测量的瞬态 I_D，以可视化陷阱能级的特征时间常数。I_D 瞬态技术已被许多研究小组成功应用于监测短期和长期压力器件的陷阱生成[16,28]。DLTS 还常用于分析块体 GaN 材料中的缺陷[29]，陷阱的表征[24]，以及监测 AlGaN/GaN HEMT 中应力诱导陷阱产生的可靠性研究[28]。

6.2.1.2　栅极边缘退化

　　当 AlGaN/GaN HEMT 在关断状态时，发现栅极边缘的高电场会导致特定的退化模式。正如 Joh 和 del Alamo[30] 首次观察到的那样，反向栅极偏置（V_{DS} = 0V）阶跃应力的应用可能会导致关断状态 I_G 突然不可逆地增加，并伴随 V_G 下的最大 I_D 和源漏电阻（R_S，R_D）退化，称为临界电压（V_{crit}），如图 6.4a 所示。根据 I_D 瞬态分析[34] 和电流 DLTS[35] 得出的结论，在开态应力器件中，不同 V_{crit} 下的质量退化也相同，并且与 0.5~0.6eV 能级下电流崩塌和陷阱产生的影响相关。Chowdhury 等人[32] 对 I_D 的突然退化进行了研究，其中通过 TEM 对提交 HTOL 测试的 RF AlGaN/GaN HEMT（250~320℃）进行了广泛分析。如图 6.4b 所示，观察到栅极靠近漏极一侧的材料退化，包含凹坑状缺陷，在某些情况下，凹坑下方出现裂纹。在其他地方，在坑中发现了氧气[36]。然后，其他研究证实了栅极边缘退化，其中反向 V_G 或关断状态阶跃应力下的 I_G 退化与 EL 显微镜观察到的局部热点的演变相关[37]。Bajo 等人[33] 证明了去除钝化层后，EL 热点的演变与导电原子力显微镜（AFM）测量的凹坑导电率之间存在一对一的相关性，如图 6.4c, d 所示。

　　反向 V_G 应力 AlGaN/GaN HEMT 上 I_G 的增加和陷阱的产生已被一种新的退化机制解释，称为逆压电效应[31]。该模型考虑了 GaN 基材料的压电性质以及 AlGaN 层上的高电场，该电场受到面内拉伸应力的影响，这源于 AlGaN 和 GaN 之间的晶格失配。在关态下（当 V_{DS}>0 时），电场的垂直分量增加，尤其是在

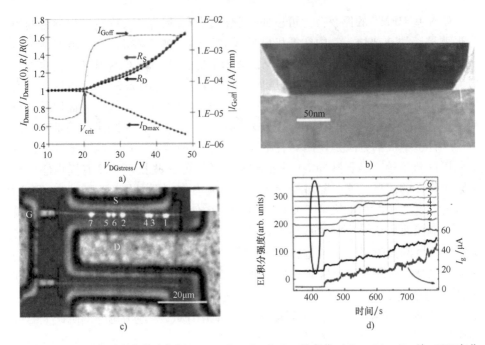

图 6.4　a）V_{GS} 阶跃应力实验期间 I_{Dmax}、R_S、R_D 和 I_{Goff} 的变化（$V_{DS}=0$）。V_{GS} 从 −10V 变化至 50V，步长为 1V（1min/步）（资料来源：经 Joh 等人许可转载[31]。版权所有© 2007，IEEE）。b）裂纹形成的应力器件的横截面高分辨率透射电子显微镜（HREM）照片。梯形形状定义了栅极金属；右侧朝向漏极（资料来源：经 Chowdhury 等人[32]许可转载。版权所有© 2008，IEEE）。c）EL 图像叠加在器件的白光图像上，在 $V_{GS}=15V$ 和 $V_{DS}=30V$ 的电压下持续 760s（只有正向偏压）。这些数字表示 EL 点的出现顺序。d）EL 积分强度作为 c）中每个 EL 点的应力时间的函数，以及所有 EL 点的 EL 积分强度之和。同时，I_G 作为应力时间的函数（资料来源：图 c）和 d）在 Bajo 等人[33]的许可下重印。版权所有© 2012，AIP 出版社）

栅极边缘靠近漏极一侧，这增强了 AlGaN 层中的拉伸应变。当系统中的某一应变水平或储存的弹性能达到临界水平时，在电场和初始应力最高的地方，AlGaN 势垒中会形成晶体缺陷。然后，这种缺陷会导致栅极电子注入增强，导致陷阱效应恶化。与逆压电效应相关的退化预计是电场驱动的。然而，当 AlGaN/GaN HEMT 在开启状态下工作时，情况更为复杂，因为热产生热梯度，GaN 中也存在热应力[38]。事实上，Ancona 等人[39]对 AlGaN/GaN HEMT 进行的详细全耦合电弹性 2D 仿真表明，与 AlGaN 中的其他地方相比，逆压电效应在栅极边缘增加了约 17% 的主应力。作者认为，这种应力升高会导致裂纹扩展，而裂纹形成的触发可能源于栅极的强电子注入。他们还指出，SiN 钝化层中的固有应力对 AlGaN 中应力的最大值有很大的影响。所有这些因素都可能是温度对退化器件的凹坑大小的影响[40]，即使在高电场下，非稳态应力器件中也没有形成凹坑或裂纹[41]，AlGaN 中存在明显晶体缺陷时，器件中 I_G 和 I_D 退化之间存在一些矛盾[36]。

AlGaN/GaN HEMT 的其他可靠性研究也显示了其他栅极边缘退化机制的出现，其特征不同于逆压电效应。Tapajna 等人[21]通过结合 EL、I-V 测量和 I_D 瞬态特性，研究了 GaN HEMT 在通态和非稳态应力下的早期退化。非稳态应力引起的退化归因于栅极边缘漏侧陷阱的产生；然而，研究发现，陷阱的产生遵循扩散过程。这些陷阱后来被认为与氧气在电场峰值处扩散到 AlGaN 层有关[42]。Makaram 等人[43]提出了一种研究被测器件结构损伤的有效方法，其中，当去除 SiN 钝化和电应力，栅极金属化后，通过 AFM 和 SEM 研究了 GaN 帽/AlGaN 层的表面。对于非稳态应力器件，在 $T = 150℃$ 时，观察到栅极-漏极电压 $V_{GD} < V_{crit}$ 的线性槽的形成，应力超过 V_{crit} 的器件出现深坑，伴随着 I_G 和 I_D 退化。$T = 25℃$ 时，应力产生的凹坑密度较低，这种电场诱导的扩散归因于电化学氧化或栅金属互扩散现象。Gao 等人[44]还报道了表面电场的氧化，通过俄歇光谱法观察到 AlGaN/GaN HEMT 中未钝化和 Al_2O_3 钝化表面的反向应力（$-V_G$），含有氧的线状和凹坑。在真空中受力的器件中，凹坑的形成大大减少。因此，正如 Li 等人[40]提出的那样，栅极边缘退化很可能代表了一个多步骤的失效过程：电化学反应引发的沟槽形成最终会导致表面凹坑的产生，从而增加 I_G。随后，热效应与逆压电效应结合产生裂纹并扩大缺陷区域，增加频率分散效应和 I_D 退化。

几位研究者[10-11]指出，如果在足够长的时间内施加恒定的反向 V_G，AlGaN/GaN RF HEMT 中的 I_G 退化甚至可能远低于 V_{crit}。Marcon 等人[10]报道了全面的 V_G 阶跃应力实验，证明了在 V_{crit} 下发生的随时间变化的栅极击穿电压和温度依赖性。结果表明，t_{BD} 遵循 Weibull 分布，表现出强烈的电压加速动力学和微弱的温度依赖性。这意味着 V_{crit} 仅与特定阶跃应力条件相关，更重要的是，I_G 退化代表了一种与电介质击穿类似的时间依赖性现象[12]。关断状态下的 I_G 退化归因于渗流模型，其中泄漏路径与 EL 热点相关，没有显著的 I_D 退化和结构外观损伤[36]。相比之下，在温度升高时，相同器件的通态应力导致含氧凹坑/裂纹的形成，强调了热应力对栅极边缘退化的重要影响。

6.2.1.3　热电子退化

当 GaN-HEMT 在高 V_{DS} 下处于导通状态时，沟道中的电子在高电场的加速下获得高能量。这些热电子可以与沟道中的晶格缺陷和热声子相互作用，导致 I_D 的不可逆退化。此外，热电子可以转移到势垒和钝化层中，在那里它们被俘获并增强俘获效应。表征 GaN HEMT 中热电子效应的常用方法是测量 EL 发光。如图 6.5a 所示，对于恒定的 V_{DS}，EL 强度显示出对 V_{GS} 的非单调依赖性[13]。

当 V_{GS} 高于 V_{th} 时，由于沟道中的热电子数量，首先 EL 强度增加，然后随着正向 V_{GS} 处电场（V_{GD}）的减小而降低，这表明发光量与沟道中电子密度和电场的乘积成正比。另一个将电致发光强度与热电子联系起来的特征是电致发光强度与 exp（$-1/（V_{DS}-V_{DSAT}）$）的线性关系，即 GaAs 场效应晶体管（FET）的 Chynoweth 定律[46]。因此，EL 强度成像可用于假设电场分布，允许监测陷阱产生引起的电场剖面中的应力诱导变化[21,47]。此外，Meneghini 等人[48]发现，开态应力器件的退化速率与根据测量的 EL 强度推断的晶体管沟道中热电子的数量之间存在依赖关系。

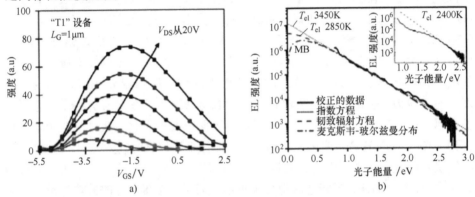

图 6.5　a）不同 V_{DS} 下（步长 2.4V），AlGaN/GaN HEMT 中的 EL 强度随 V_{GS} 从夹断（-5.5V）到 2.5V 的变化（资料来源：经 Meneghesso 等人许可转载[13]。版权所有 © 2008，IEEE）。b）使用用于 SiN$_x$ 钝化（黑色）的法布里-珀罗标准透射率进行校正后，在 V_{DS} = 20V 和 V_{GS} = 0V 下测量的 AlGaN/GaN HEMT 的 EL 光谱，使用简化指数方程（浅灰色虚线曲线）和韧致辐射的完整解析表达式（深灰色虚线曲线）进行拟合。麦克斯韦-玻尔兹曼分布（MB）也用于比较（黑色虚线曲线）。插图显示了实验数据的拟合，具有简单的指数依赖性，没有对光谱高能尾部的干涉条纹进行校正（资料来源：经 Brazzini 等人许可转载[45]。版权所有© 2016，IOP 出版社）

几个小组研究了操作的 GaN HEMT 中的 EL 发射光谱[49-50]。GaN 器件中的 EL 光谱形状仅显示出子带发射，其 EL 强度大致与 exp（$-C E_{ph}$）成正比，其中 C 是常数，E_{ph} 是发射光子的能量。由于该光谱的高能尾部遵循载流子 $f(E)$ 的麦克斯韦-玻尔兹曼分布约 exp（$-E/k_B T_e$），其斜率通常用于提取热电子温度 T_e[21,47]。已经发现 T_e 随着 V_{DS}（恒定 V_{GS}）近似线性增加，并且在电场最高的栅极靠近漏极一侧出现空间峰值[21]。T_e 和热电子数的组合（在半导通状态下最高，与 EL 强度成正比）允许评估应用于被测器件的"热电子应力"的严重性。

尽管 EL 发光显微镜和光谱学在评估热电子相关退化方面得到了广泛应用，但关于 EL 发光的起源仍存在争议。这主要是由于 EL 光谱受到与 GaN 器件多层异质结构相关的干涉条纹的影响。Gütle 等人[51]测量了 E_{ph} 范围为 1.2～3.2eV 的 EL 光谱，并基于观察到的主要 EL 机制与热电子辐射谷间跃迁相关的特征。最近，Brazzini 等人[45]对 0.8～2.8eV E_{ph} 范围内的干涉条纹进行了测量光谱校正分布，并获得了几乎无特征的光谱响应，如图 6.5b 所示。根据导出的解析表达式，EL 机制可归因于韧致辐射，即带电散射中心（例如点缺陷、带电位错和界面粗糙度）使热电子减速。不同晶片（因此缺陷中心的密度不同）和光偏振测量进一步支持了这种解释，显示了热电子的优先散射方向[45]。

已知热电子能提供足够的能量，将预先存在的缺陷转化为 GaAs 中的亚稳结构（众所周知的 EL2 缺陷），并从 SiO_2/Si 界面的钝化悬挂键释放 H 原子。利用第一原理密度泛函计算研究，系统地研究了热电子对氢化点缺陷的氢释放，作为一种可能的退化机制[52-54]。Puzyrev 等人[54]提出，氢化镓空位（$V_{Ga}H_x$）和氮抗蚀剂（$N_{Ga}H_x$，其中 $x=1，2，3$）中 H 的释放可以解释 GaN HEMT 中 I_D 的热电子相关退化。计算出的形成能表明，在富含氨的 MBE（分子束外延）或 MOCVD（金属有机物化学气相沉积）中生长时，氢化空位和位错比缺陷更有利，其中 H 在生长过程中容易获得。在典型的 n 型沟道 GaN HEMT 中，$V_{Ga}H_3$ 和 $N_{Ga}H_2$ 是中性缺陷，能带间隙中没有空能级，因为它们不能俘获载流子，也不能作为库仑散射中心，因此是良性的。然而，当热电子释放氢时，这些缺陷变成电活性缺陷，每个氢原子的剥离分别导致 $V_{Ga}H_3$ 和 $N_{Ga}H_2$ 受体数量的增加或减少。电荷俘获中心数量的增加会导致 I_D 退化，而多个受主之间的相互作用会影响器件的 V_{th} 偏移。从 $V_{Ga}H_3$ 络合物中去除氢原子并将其置于 H_2 分子中所需的能量为 2.2eV[52-54]。

6.2.2　InAlN/GaN HEMT

与 AlGaN/GaN 器件相比，InAlN/GaN HEMT 具有两个主要优势。首先，InAlN 可以与 GaN 晶格匹配生长，其 In 成分为 17%[55]。与 AlGaN/GaN 器件相比，由于这些器件中的逆压电效应较低，因此晶格应变的缺失自然而然可以增强可靠性。事实上，与 AlGaN/GaN 器件相比，在类似或更严重的应力条件下，任何栅极边缘区域的显著 I_G 或物理退化尚未报告。其次，InAlN 和 GaN 之间自发极化的巨大差异导致高 2DEG 密度（高达 2.5×10^{13} cm^{-2}），这意味着与 AlGaN/GaN 器件相比，InAlN/GaN HEMT 具有更高的电流密度和更高的输出功率。另一方面，高电流密度会导致相当大的自热效应，从而提高沟道温度。此外，由于更高的垂直电场分量与横向分量相加，与 AlGaN/GaN 器件相比，InAlN/GaN HEMT 中的热电子（以及由此产生的热声子）能量预计要高得多[56-57]。事实上，几个研究小组已经报道了主要的热电子和热声子相关退化机制[57-60]。因此，先进的缓解横向电场和热管理策略对于可靠的 InAlN/GaN 射频 HEMT 至关重要。

6.2.2.1　热电子退化

在第一批可靠性研究中，Kuzmik 等人[61]研究了晶格匹配 InAlN/GaN HEMT 在关态、半开态和反向栅极偏置应力下的早期退化。在所有应力条件下，仅观察到 $V_{GD} < 38V$ 的可逆变化，这归因于已有陷阱的俘获和发射。对于较高的 V_{GD}，在反向栅极偏压下，仅报告了 I_G 的暂时和可忽略的变化。然而，对于关态和半开态应力，观察到本征沟道电阻（一个数量级）的严重退化伴随着 I_D 的降低，这是由于 GaN 缓冲区和 InAlN/GaN 界面中的热电子形成了新的或电离预先存在的缺陷。热电子的影响后来通过 AlGaN/GaN 和 InAlN/GaN HEMT 中热电子分布的流体力学计算进行了研究[57]。分析了具有简单 GaN 缓冲结构［其中称为单量子阱（QW）］和 GaN/$Al_{0.04}Ga_{0.96}$N 背势垒结构（称为双 QW 异质结构）的器件。图 6.6 显示了单个 QW HEMT 的计算结果，比较了热电子密度及其 T_e 沿位于 QW 下方 11nm 处的 AlGaN/GaN 和 InAlN/GaN HEMT 沟道的分布。选择阻挡层的厚度（$Al_{0.22}Ga_{0.78}$N 为 22nm，$In_{0.17}Al_{0.83}$N 为 13nm），以便两个器件显示相同的 V_{th}。计算表明，对于 InAlN/GaN HEMT，在夹断（V_{DS} = 20V，V_{GS} = -8V）时，缓冲区中注入电子的最大能量有望达到约 20000K，而 AlGaN/GaN HEMT 的最大 T_e 约为 7000K。有人认为，InAlN/GaN HEMT 的高 T_e 源于更高的垂直电场（由更高的极化诱导的 2DEG 密度和更薄的势垒产生），该电场将沟道电子偏转到缓冲区中。因此，观察到的固有沟道电阻[61]退化阈值（V_{GD} 约为 38V）与缓冲区中密度相对较高的热电子导致缺陷脱氢有关，如图 6.6b 所示。在另一项研究[57]中，观察到双量子阱 HEMT 的热电子相关退化比单量子阱器件受到短期非稳态应力更小（V_{DS} = 20V，V_{GS} = -8V，1h）。与单量子阱 HEMT 相比，双量子阱 HEMT 的可靠性得到了提高，这归因于背势垒有效阻止了热电子注入缓冲区。尽管热电子在这两种结构中具有相似的能量，计算结果表明了这一点。

与 AlGaN/GaN 器件相比，InAlN/GaN 射频 HEMT 中的 T_e 更高，这一点也在基于 EL 光谱测量的实验中得到了证实[58]。图 6.7a 比较了 InAlN/GaN 和 AlGaN/GaN HEMT 上测得的具有类似几何形状的 EL 光谱。从简单的指数拟合到实验数据，对于 AlGaN/GaN HEMT，测定了 T_e 约为 2600K，而对于 InAlN/GaN 器件，测定了几乎两倍的 T_e（4700K）。流体动力学仿真也证实了后者，当考虑到集光体积效应时，最大 T_e（27000~29000K）的计算值相当高，与实验数据（4700~8000K）吻合得很好。InAlN/GaN 器件经受关断（V_{GS} = -7V）和半开（V_{GS} = -3V）状态应力（V_{GD} = 50V，75V，100V）表明，在所有偏压条件下，I_G 的退化可以忽略不计。然而，对于在半导通状态下受力的器件，观察到 I_D、固有沟道电阻和脉冲 I-V 特性的严重退化。这种退化模式清楚地表明了与热

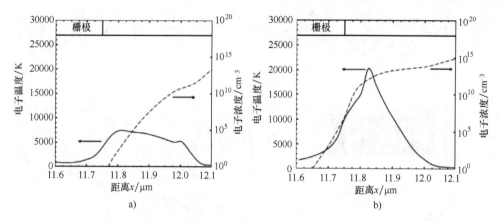

图 6.6　a) $Al_{0.22}Ga_{0.78}N$（22nm）/GaN 和 b) $In_{0.17}Al_{0.83}N$（14nm）/GaN 在 $V_{GS} = -8V$ 和 $V_{DS} = 20V$ 下缓冲层中沿着 GaN 沟道，距离界面 11nm 横截面的电子浓度和温度。器件的栅极长度为 0.25μm，源极到栅极和栅极到漏极的距离为 1.5μm（资料来源：经 Kuzmik 等人[57]许可转载。版权所有© 2012，日本应用物理学会）

电子相关的退化。退化机制归因于预先存在的氢化点缺陷（例如 Ga 空位和双空位）的脱氢，因为确定的热电子能量（>2eV）远远超过这些缺陷的脱氢的预测能量（分别为 2.2eV 和 2.0eV）[52-54]。

　　最近，Downey 等人[62]研究了射频 SiN_x/InAlN/GaN 金属-绝缘体-半导体（MIS）HEMT 的可靠性，该器件的栅极长度为 120nm，在 40GHz 的射频应力下，偏置在 AB 类中（$V_{DS} = 20V$）。虽然使用 3nm 和 6nm 厚的 SiN 栅介质时，输出功率只有轻微的下降（约 1dB），具有肖特基栅和 1nm 厚 SiN 电介质的器件在施加应力的前 10h 内迅速退化。输出功率降低与观察到的正 V_{GS} 下最大 I_D 和 g_m 的时间（紫外线照射后可恢复）减少有关，而观察到的 I_G 退化可忽略不计。仿真结果表明，随着 SiN 厚度从 6nm 减小到 1nm，栅极边缘横向场从 3.3MV/cm 增加到 5.2mV/cm，退化归因于栅极-漏极接入区中的热电子诱导陷阱。重要的是，一些器件在半导通状态下的直流操作中也受到了应力，其偏置条件类似于射频应力（$V_{DS} = 20V$，$I_D = 200mA/mm$）。在这两种情况下观察到 I_D 和 g_m 具有类似的退化，说明了 DC HTOL 测试对射频器件的适用性。

6.2.2.2　热声子的作用

　　热电子相关退化的另一种机制与高功率下工作的 GaN HEMT 沟道中的热声子有关[63]。热声子的产生源于 GaN 中强烈的电子-声子耦合，热电子主要通过纵向光学声子的发射而失去能量。然而，由于 LO 声子的群速度较低，它们仍然局限在沟道中，并且它们的能量耗散受到转换为具有较高群速度的其他模式的限制，例如纵向声学（LA）声子，这些声子随后扩散到远程散热器中。由于热电子

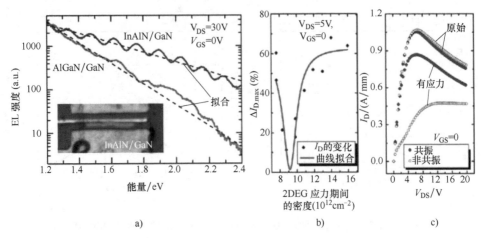

图 6.7　a）在 $V_{DS}=30V$ 和 $V_{GS}=0V$ 条件下工作的 InAlN/GaN 和参考 AlGaN/GaN HEMT 的 EL 光谱。光谱中的振荡与 Fabry-Perot 干涉条纹有关，因此也与失真有关。插图显示了 InAlN/GaN HEMT 的光学和 EL 图像重叠（资料来源：经 Tapajna 等人许可转载[58]。版权所有© 2014，IEEE）。b）在应力期间，应力引起的 I_D 与 2DEG 密度的变化，洛伦兹曲线与数据相符。c）在 $V_{DS}=20V$ 和 V_{GS} 偏压于热声子-等离子体共振（闭合菱形）和非共振（空心圆）前后，在 $V_{GS}=0V$ 下测量 InAlN/GaN HEMT 的相应 I_D-V_{DS} 特性（资料来源：图 b）和 c）在 Kayis 等人[59]的许可下重印。版权所有© 2011，AIP 出版社）

发射 LO 声子的速度快于它们在 LA 模式中的衰变速度，所以 LO 声子（热声子）的非平衡布居在沟道中形成，通常根据 LO 声子寿命来处理。如果 LO 声子寿命足够长，热声子的积累就会发生，并导致载流子散射增强和器件性能下降[56]。

LO 声子寿命取决于 GaN 和 2DEG 中的电子密度[63]，这由等离子体-LO 声子耦合模型[64]解释。对于具有 2DEG 的沟道，当等离子体和 LO 声子频率达到共振时，观察到最短的寿命，在低场时电子密度为 $6.5×10^{12}cm^{-2}$[63]，在高场时电子密度为 $9.3×10^{12}cm^{-2}$[65]。共振 2DEG 密度增强了 LO 声子衰变，反过来可以预期将信道退化降至最低。基于这个概念，Leach 等人[66]研究了晶体管退化率与晶格匹配 InAlN/GaN HEMT 的 2DEG 密度的关系。器件在 V_{GS} 从 $-3\sim-7V$ 范围内承受高场应力（$V_{DS}=20V$），对应于通过漏极的 $1500mA\cdot h/mm$ 的应力时间，退化的一个显著特征是监测到最大内径的减少。在约 $10^{13}cm^{-2}$ 的 2DEG 密度下，退化率表现出明显的最小值，与图 6.7b 所示类似，在较低的 2DEG 密度下受力的器件受到较低的功率密度，因此 T_j 较低。这一行为归因于热声子的积累，在声子-等离子体共振处退化最少，预计热声子的寿命最短。Kayis 等人[59]也给出了类似的结果，他们还分析了 InAlN/GaN HEMT 的退化率与 2DEG 密度的关系。如图 6.7c 所示，在 $9.2 \times 10^{12} \, cm^{-2}$ 的 2DEG 密度下观察到 I_D 的退化最小（见图 6.7b）。发现退化器件的低频相位噪声与最大 I_D 退化行为完全一致。虽然共振条件下相对较小的应力诱导噪声增加（12dB/Hz）归因于沟道中轻微的陷阱产生，但非共振应力器件的噪声增加则归因于阻挡层和沟道区域中更高的陷阱产生率。在这两项研究中，观察到的 I_G 退化可以忽略不计。最后，Zhu 等人[60]研究了 $In_{0.16}AlN_{0.84}/GaN$ HEMT 承受四种不同的应力条件的退化。在 200℃下进行的通态低场应力和反向栅极偏置应力下，可忽略的 I_D 和噪声谱密度退化。虽然关断状态下的高场应力导致电参数显著退化，但开启状态下的高场应力状态恶化最严重，导致最大 I_D 和 g_m 的严重退化，以及噪声谱密度的增加，这归因于固有沟道电阻的增加。这些结果清楚地表明了热电子和热声子效应导致的主沟道退化。

6.2.3　射频 GaN HEMT 中的热问题

RF GaN HEMT 设计用于高功率密度，最高可达 10W/mm。在导通状态下，高电流密度和电场的产物会导致焦耳自热，在沟道中产生温升。因此，在 GaN HEMT 中，峰值沟道温度（T_j）出现在栅极边缘附近漏极一侧，那里的电场最高。必须采用确保有效余热提取的设计策略，以去除产生的多余热量。最广泛使用的方法之一是使用具有足够高导热性的衬底（κ），这就是为什么高性能 RF GaN HEMT 通常在 SiC 衬底上制造。然而，在封装器件中，GaN 沟道和衬底之间以及芯片连接和载体之间的界面热传输需要仔细优化。虽然 T_j 可以通过热或热电-机械仿真计算（见参考文献［39］），但 GaN/SiC 转变（成核）层的热阻（R_{TH}）等一些关键参数取决于（通常是专有的）外延生长条件。这些参数通常是未知的，这会导致错误的 T_j 预测。此外，相对较高的 κ 材料组合，包括典型的 GaN-HEMT ［室温下 $\kappa_{GaN} \approx 1.6W/$（$cm \cdot K$）和 $\kappa_{SiC} \approx 4W/$（$cm \cdot K$）］ 导致以热点的形式产生局部的热量，并在其周围形成高的热梯度，这使得实验提取 T_j 具有挑战性。根据当前的标准[3]，T_j 通常使用器件有源区的红外成像和有限元（FE）热仿真的组合来确定。然而，红外成像是一种热成像技术，其基础是从器件表面（如 SiC 等红外透明衬底的体积）发射的热辐射的收集，其空间分辨率限制在所用波长的数量级上（$T = 250℃$ 时约为 $5.5 \mu m$）。因此，与热点体积相比，红外热成像测量的温度在很大体积上是平均的。即使借助热仿真，提取的 T_j 也可能被大大低估，从而导致器件寿命预测的不确定性。因此，在本节中，我们将简要介绍通常用于 T_j 测定的光学和电学技术，并重点介绍影响热性能的一些技术方面，以及对 GaN HEMT 可靠性测试的影响。

在光学方法中，micro-Raman 热成像是 GaN HEMT 中热效应表征最广泛使用的技术[9]。在典型配置中，器件的源极-栅极和栅极-漏极处受到亚能带间隙能量激光器的辐照，温度由 GaN E_2（高）和/或 A_1（低）声子模式的声子频率温度依赖性位移得出。由于声子位移还取决于 GaN 层中存在的内置机械应力和状态热弹性应力 [E_2（高）比 A_1（低）更敏感]，因此必须针对所研究的异质结构进行衬底温度升高（T_b）校准。操作器件中逆压电效应的影响也可以通过减去夹断条件下测得的声子位移来校正，或者在更高级的分析中，可以通过同时分析 E_2 和 A_1 声子模式来独立测量温度和双轴应力[38]。虽然可以获得亚微米（$0.5\sim0.7\mu m$）的横向分辨率，但测量的温度是整个 GaN 层厚度的平均值。表面温度（几十纳米）可以通过使用上述能带间隙激光器进行测量[67]。然后，通过将 GaN 层平均温度与实验数据拟合，从热仿真中获得 T_j。探测操作器件温度的其他光学方法包括热反射率映射，研究反射光振幅[68]或相移的温度依赖性变化（也称为瞬态干涉映射，TIM）[69]，以及利用带边发射的温度依赖性的微光致发光[70]。

T_j 测定的电气方法是无创、快速的，可以在广泛可用的特征器件上进行。其中大多数依赖于自加热和饱和 I_D（$\Delta I_{D,sat}$）变化之间的关系[71-73]。根据技术的不同，基于不同 T_b 下测量的 $I_{D,sat}$ 的校准变化，耗散功率和 $\Delta I_{D,sat}$ 或 $R_{DS,ON}$（在 DC[71]或脉冲模式[73]下测量）之间的线性关系用于确定 T_j。Kuzmík 等人[72]推导了一个简单的公式，该公式 $\Delta I_{D,sat} = -g_m(I_{D,sat}\Delta R_S + V_{th})$。使用 R_S、V_{th} 和 g_m 的校准温度依赖性（在不同 T_B 的 V_{DS} 下测量），T_j 可以从 DC 或脉冲 $\Delta I_{D,sat}$ 测量值迭代计算。所有这些技术在器件的整个有源区平均 T_j。Florovič 等人[74]最近对后一种方法进行了改进，推导出了沿器件宽度的沟道电位变化，从而可以确定 T_j 剖面。Pavlidis 等人[75]提出的栅极电阻测温方法利用了不同的原理。这里，使用连接到其中一个栅指的特殊设计结构，利用栅极金属化电阻的温度系数进行 T_j 测量。与 $\Delta I_{D,sat}$ 方法相比，该技术沿器件宽度平均了栅极金属的温度。

对于给定的耗散功率密度，T_j 主要取决于器件布局（栅极宽度和栅极间距）和产生的散热效率，对于横向 GaN 器件，这在很大程度上通过衬底发生。后者需要最小化构成管芯的外延层（GaN 沟道、衬底和这些层之间的热边界电阻（TBR））热阻，以及具有栅极外围的功率器件的管芯焊料和芯片载体的热阻。由于 GaN 通常生长在异质衬底上，因此它含有大量的螺纹位错，当密度高于 $10^7 cm^2$ 时，这些位错会对 GaN 层的热导率产生负面影响[76]。因此，在热管理中，必须同时考虑特定衬底的 GaN 外延质量（取决于晶格失配和热膨胀系数失配）和衬底本身的热导率。表 6.3 总结了这些参数以及通过 Raman 热成像测量的典型 GaN HEMT 热阻。这说明了为什么 SiC 是高性能功率射频应用的首选衬底，而 Si 对低成本应用具有吸引力的主要原因。在 SiC 上生长 GaN 时，需要特别注意成核层的热特性。Manoi 等人[79]使用 Raman 热成像技术分析了各种 AlGaN/GaN/SiC 晶片的有效 TBR（TBR_{eff}）。研究发现，除了由两种不同材料之间的声子失配引起的真实 TBR 外，AlN 成核层热导率的变化占 TBR_{eff} 主导地位（高达 4 倍），并且可以占 SiC HEMT 上 GaN 总 R_{TH} 的 30%。发现 TBR_{eff} 与温度有关，随界面温度升高而增加[79]。

表 6.3　报道了不同衬底上生长的 GaN 晶格失配、热膨胀系数失配、衬底热导率/温度依赖性以及 GaN HEMT 热阻

衬底材料	晶格失配（%）	热膨胀系数失配（%）[77]	25℃时的导热系数依赖性/[W/ (m·K)][9]	AlGaN/GaN HEMT 热阻/（℃mm/W）
GaN	0	0	$160\times (300/T)^{1.4}$	15[78]
蓝宝石	14	34	24	43[9]
4H-SiC	3.8	25	$420\times (300/T)^{1.4}$	15[9]
Si	−17	56	$130\times (300/T)^{1.5}$	25[9]

对于功率开关 p-GaN/AlGaN/GaN HEMT，在注入 Ar 的 SiC 衬底上生长了 $Al_{0.05}Ga_{0.95}N$ 缓冲层，也有类似的散热性能退化效应[80]。AlGaN 非故意掺杂缓冲层代替掺铁 GaN 可以提高开关器件的击穿电压，而不会对动态 $R_{DS,ON}$ 产生负面影响，同时 Ar 注入成本低的 n 型 SiC（与半绝缘 SiC 衬底相比）可以防止垂直击穿。图 6.8a 显示，根据以上电气技术确定的耗散功率密度范围为 4.4～4.7W/mm，瞬态运行下测得上升的平均 T_j 值[72]。显然，AlGaN 缓冲层和 Ar 注入的应用，显著影响了 AlGaN 缓冲层和 Ar 注入 SiC 组合器件的自加热效应，其温升最高。前者的影响可归因于众所周知的低 Al 成分 AlGaN 的导热系数急剧下降[82]，Ar 注入 SiC 对 T_j 上升的负面影响与生长过程中 Al 掺入的变化和/或 SiC 热导率的降低有关，因为注入诱导的缺陷声子散射增强[80]。

在研究中经常使用的 2～4 个叉指型小型器件中，热流量很低，由于加热体积小，大部分温降发生在模具上，而模具的热阻和测试夹具可以忽略不计。然而，在实际应用中使用的具有大栅极边缘的功率线阵中，器件布局（栅极宽度、栅极间距）和封装材料对结果有显著影响。通过所有组成层流向散热器的热量明显更高，不仅在模具上，而且在模具连接件、芯片载体和测试夹具（如果存在）上产生更高的温降。此外，所用材料导热系数的温度依赖性进一步增加。图 6.8b 显示了器件尺寸和相应热流量的影响，作为不同数量栅叉指耗散功率的函数[81]，仿真了封装器件中每一层对峰值 T_j 的不同贡献。这清楚地表明，在多叉指器件中，芯片连接和芯片载体材料的热阻对 T_j 的贡献几乎为 50%。最近的研究表明，与常用的 AuSn 焊料相比 [$\kappa\approx57W/ (m·K)$]，AuSi 或 Ag 烧结环氧树脂可以将所研究的 10 指 GaN/SiC 器件的 T_j 温升降低高达 4%。此外，用

银-金刚石复合材料代替通常用作芯片载体的 CuW 或 CuMo 合金，可以将这些器件中的 T_j 温升降低 12%[83]。这些效应强调了器件可靠性测试中 T_j 实验测定的必要性。

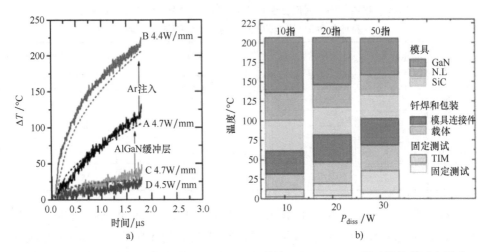

图 6.8　a）使用 AlGaN 非故意掺杂（A，B）和掺铁 GaN（C，D）缓冲结构的瞬态温升。箭头突出显示了不同技术设计在自热方面的变化。每个瞬态下都会标记功耗级别（资料来源：经 Kuzmík 等人许可转载[80]。版权所有© 2014，IEEE）。b）仿真了连接到测试夹具的不同封装尺寸 AlGaN/GaN HEMT（10 指、20 指和 50 指器件）各层之间的温降分布，显示了 GaN 层、成核层（NL）、SiC 衬底、芯片连接、芯片载体和测试夹具的贡献。选择总耗散功率密度，以获得所比较器件的相同峰值 T_j

（资料来源：M. Kuball 提供[81]）

在 RF GaN HEMT 的寿命预测中，理想情况下，应在实际 RF 条件下的许多器件上执行 HTOL。然而，由于 RF-HTOL 测试的复杂性，大量器件的寿命预测通常在直流状态下进行，使用偏置条件，从而产生与 RF 操作中类似的平均功耗。一个明显的问题是，这两种测试是否提供了相同的寿命预测。图 6.1b 给出了一个例子，其中射频和 DC-HTOL 测试给出了类似的 E_a；然而，在这两种情况下，可以推断出 Arrhenius 斜率之间的明显偏移，从而导致 RF-HTOL 的预计寿命比 DC-HTOL 试验更长。Pomeroy 等人[2]研究了 RF-HTOL 和 DC-HTOL 测试期间 AlGaN/GaN/SiC HEMT 中不同温度分布对观察到的 Arrhenius 数据偏移的可能影响。使用 Raman 热成像实验校准的电气和热模拟，将 B 类负载线操作的平均沟道温度与直流偏置点的沟道温度分布进行比较，匹配相同的功耗。仿真结果表明，在 $V_{DS} = 30V$ 时，两种情况下的横向温度分布略有差异，最大 T_j 仅略有下降（约 9%），与 $V_{DS} = 100V$ 的直流操作相比，负载线操作的差异源于直流模式下场板电极（V_{DS}>60V 时发生）的夹断，从而将电场和焦耳热扩展到漏极触点。相比之下，大部分热的贡献是围绕载重线中心的平均值（V_{DS} 约为50V），即低于磁场电极夹断电压。在任何情况下，DC-HTOL 和 RF-HTOL 测试之间 T_j 曲线的这种边缘差异都不能解释 Arrhenius 曲线图中观察到的偏移，并且这种影响不太可能由热效应引起。相反，图 6.1b 中所示的偏移量归因于两次试验选择的不同失效标准[2]。

6.3　GaN 功率开关器件的可靠性和鲁棒性

为了匹配功率器件与射频器件的不同应用，偏置序列和设计明显不同，这也会导致不同的失效模式。为了对 GaN 功率 HEMT 中可能的失效和退化模式进行概述和分类，必须考虑5 个不同的方面，并在后续章节中进行详细讨论：

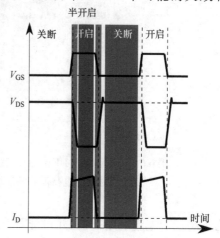

图 6.9　为硬开关应用的典型 V_{GS}、V_{DS} 和 I_D 波形。除了关断状态和开启状态外，还显示了同时高 V_{DS} 和 I_D 的开启期间的半开启状态

1）应力状态：大多数情况下，晶体管处于关断状态或开启状态，这很容易被复制以进行鉴定。这两种状态之间的转换，即开关，增加了复杂性。开关的准确轨迹取决于应用，不能通过一般测量进行测试。图 6.9 显示了同时存在大电流和高电压（半导通）的硬开关应用比没有这种半导通状态的软开关应用产生更严重的应力。GaN HEMT 在特定操作模式下的可靠性通常通过应用相关的应力测试进行，即 HTOL。

2）击穿与陷阱：图 6.10a 表明，一方面，GaN HEMT 的各个部分可以永久退化，并导致泄漏电流，最终可能导致破坏性击穿[84]。另一方面，如图 6.10b 所示，电荷可以被俘获，这通常是一个可循环的过程；然而，这也可能导致关键参数，如导通电阻不再符合规范[85]。复杂化的是这两个过程也会相互影响。例如，电荷俘获会导致导通电阻增加，从而导致热破坏，或者退化会产生缺陷，从而俘获电荷。

3）退化位置：图 6.10 显示了 HEMT 中易于退化和击穿以及俘获的区域。最重要的区域之一是缓冲区，这里定义为碳掺杂 GaN（GaN：C）+过渡层，它决定垂直漏-衬底击穿[84,86]和横向源-漏击穿[87]，以及与陷阱相关的问题，如动

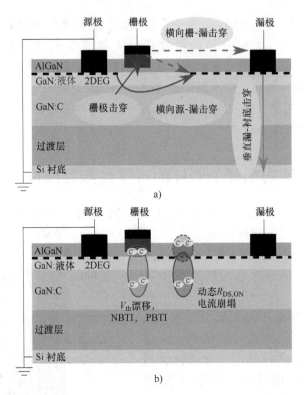

图 6.10 GaN-on-Si HEMT 的示意图横截面表明 a) 相关击穿路径以及
b) 容易发生电荷俘获的区域, 影响了器件性能 (见彩插)

态 $R_{DS,ON}$、电流崩塌[28], 并可能导致 V_{th} 漂移[88]。第二个重要区域是栅极堆栈, 它可能会退化并导致击穿[89-91], 但结合其底部界面, 它也可能导致与陷阱相关的问题, 如 V_{th} 漂移、负偏压温度不稳定性 (NBTI)[92] 和正偏压温度不稳定性 (PBTI)[88]。由于这些区域是最重要的, 6.3.1 节~6.3.3 节将更详细地介绍这些区域。还有其他失效模式, 如侧向栅漏击穿[16] 和 AlGaN 表面的陷阱[93] 或钝化[94], 这超出了本节的范围。

4) 器件设计: 虽然本书只涉及 HEMT, 但设计仍然特别关注栅极区域, 尽管对于关态器件相对简单, 开态器件其栅区结构更为复杂。常见的设计是图 6.11a中加入 p 掺杂 GaN 层的栅注入晶体管 (GIT) 或图 6.11b 中的 MIS 结构。

5) 环境: 大多数物理过程在不同程度上表现为环境变化依赖于温度, 但其他环境条件如过大的湿度也会对 HEMT 的可靠性产生影响。

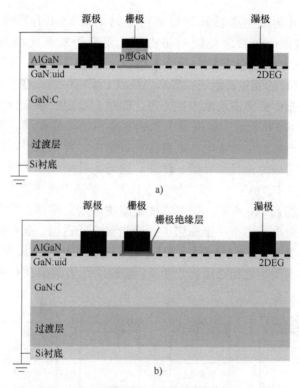

图 6.11　常开型 GaN-on-Si HEMT 两种最常见的栅极堆叠设计截面图：
a) p-GaN 栅和 b) MIS HEMT（见彩插）

6.3.1　掺碳 GaN 缓冲层中的寄生效应

6.3.1.1　碳掺杂绝缘 GaN 缓冲层

　　GaN 基功率半导体器件主要生长在导电性好的 Si 衬底上，其中 Si 衬底与源极接地。如图 6.10a 所示，GaN 缓冲层的绝缘效果不理想，容易在漏极和衬底之间以及漏极与源极之间产生过高的纵向和横向泄漏电流。因此，GaN 缓冲层需要具有良好的绝缘性。限制 GaN 缓冲层绝缘性能的主要问题在于 Si 杂质不可避免地会引入高浓度的背景施主[95]。如图 6.12a 所示，这些施主杂质能级接近导带，在导带中产生高浓度的自由电子，使原本未掺杂的 GaN 具有更强的导电性（n 型）。然而，加入碳掺杂剂可以有效补偿这些背景施主，碳掺杂将费米能级钉扎在价带上方约 0.7eV 位置处[96]。这种深费米能级使导带和价带中不存在自由电子和空穴，从而让 GaN：C 成为所谓的半绝缘态。

　　碳掺杂主要分布在 GaN 晶体的格点位置上，替位 Ga 格点原子（C_{Ga}）或 N 格点原子（C_N）。如图 6.12b 和 c 所示，C_{Ga} 作为施主杂质其能级接近导带[97]，而 C_N 作为受主杂质其能级在价带以上 $0.5 \sim 1.1eV$ 的范围内[98]。通常，缺陷能级远低于费米能级时被占据，而高于费米能级时未被占据。因此，像 C_{Ga} 这样的施主其能级在费米能级以下呈电中性，在费米能级以上带正电，而像 C_N 这样的受主其能级在费米能级以上呈电中性，在费米能级以下带负电。在热平衡态中必须满足电中性原理，即对于给定的掺杂分布只在一个能级上实现。如图 6.12b 所示，如果受主和施主杂质的浓度相同，所有掺入的杂质都发生电离，电离施主带正电，电离受主带负电。费米能级正好被钉扎在它们的能级之间，这被称为自动补偿。然而，这与实验结果相矛盾，例如观察到费米能级被钉扎在 $0.7eV$[96]。受主浓度被认为显著高于施主浓度，这被称为受主主导模式。如图 6.12c 所示，受主浓度是施主浓度的两倍，为了满足电中性条件，受主能级被电子占据一半而施主完全未被电子占据，这种情况只有在费米能级刚好被钉扎在受主能级位置处时才能实现，与报道的实验结果[96]非常吻合。尽管施主与受主之比必须远小于 1，建议的比值范围在 $0.4 \sim 1.0$ 之间，而准确的比值仍然存在争议[99]。

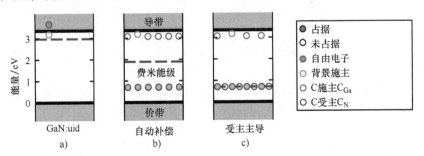

图 6.12 能带示意图展示了能级、施主与受主之比 $r_{d/a}$，并从这些参数导出了缺陷、导带和价带的占据概率，以及计算出的费米能级。将这些计算结果进行比较，对于 a) 未掺杂的 GaN，认为仅存在浅能级的背景施主；b) 对于 $r_{d/a}$ 为 1 的 GaN：C，引起自动补偿；c) 对于 $r_{d/a}$ 为 0.5 的 GaN：C，即受主主导。虽然为了直观起见，使用施主与受主之比，但背景施主在所有施主中所占的比例高于实际情况

6.3.1.2 GaN 缓冲层的时间相关介电击穿（TDDB）

通常情况下，碳掺杂能够使 GaN 缓冲层绝缘，但在高偏压时，仍然存在一定的泄漏电流，在一定条件下 GaN 仍然会发生击穿。关于缓冲层泄漏电流的本质仍然存在争议，主要认为是空间电荷限制电流或是普尔-弗伦克（Poole-Frenkel）传导[100]。器件在温度升高的关断状态时，缓冲层的失效最为严重，尽管失效模式与 Si 基器件不同，但可以通过类似于 Si 基功率器件中的高温反向偏置（HTRB）进行测试。图 6.13a 比较了额定电压为 650V 的 Si 基超结金属氧化物半导体场效应晶体管（MOSFET）和额定电压

为 600V 的 GaN HEMT 的典型 I_D-V_{DS} 特性[6]。在 Si 器件中仅仅超过额定电压几伏特就会导致雪崩击穿，这是由于电流增大，温度升高，最终导致热损坏。众所周知不同于雪崩击穿，GaN 器件表现出栅氧化物的 TDDB[86]，如 SiO$_2$[12]。

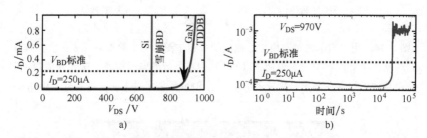

图 6.13　a）额定电压为 650V 的 Si 基超结 MOSFET 和额定电压为 600V 的 GaN HEMT 在 25℃ 时的 I_D-V_{DS} 比较，来源于 McDonald 2018 年的数据[6]；b）对于 GaN 器件，即使在 970V 的电压下，该电压远低于图 a）中用箭头标记的击穿电压，也会在一定时间后才发生击穿

由图 6.13a 可知，对于额定电压为 650V 的 GaN HEMT，I_D-V_{DS} 特性曲线中的电流仅在电压超过 800V 后才会增加，并且远高于 1000V 的快速扫描可能会导致破坏性的失效[6]。然而，图 6.13b 显示，即使所加电压远低于图 6.13a 中的击穿电压，在施加电压一段时间后，器件也会失效。

为了预测器件的寿命，在一定的样本量下测试失效时间与温度和电压的关系，模拟的样本集如图 6.14 所示。尽管具有实验数据[84,86]，但由于它们之间与寄生参数依赖关系和偏差较为复杂，尚未完全解释清楚。因此，本章是基于简化的仿真数据集进行定性的讨论。尽管电压加速对 Si 基器件的影响可以忽略不计，但 GaN 器件的寿命随着电压加速呈指数下降，与 Eyring 模型的描述一致。与 Si 一样，温度加速对材料的影响遵循 Arrhenius 定律，但不同之处在于 GaN 的活化能较小，通常小于 0.25eV[86]。Weibull 分布图中陡峭的斜率意味着大的 β 值，这表明损耗失效的失效率随时间延长而增大，因此图中 β 值随温度显著变化[86]。较大的 β 值通常被认为是有益的，因为它们意味着器件使用寿命内的失效率低。

导致失效的物理因素推断是 Ga-N 键的极性[86]。Ga-N 键类似于 SiO$_2$ 中的 Si-O 键，而在 Si 中，非极性 Si-Si 键可防止这种与时间相关的击穿[5]。在电场中，极性键会导致不对称的晶格畸变，从而使化学键拉紧，最终在一定时间后断裂。图 6.15 表明，随着时间的增加，越来越多的键断裂，形成一条漏电路径从而引起破坏性的击穿[84]。

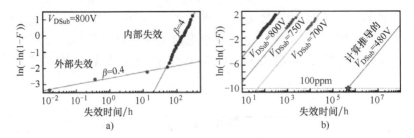

图 6.14　用于演示的带有模拟数据点的威布尔图；每个数据点代表一次失效。
a) 外在失效和内在失效的识别，以及 b) 内在失效的电压加速，这允许预测 480V
使用条件下的内在寿命。灰星表示在使用 500h 后的条件下，失效率低于 100ppm

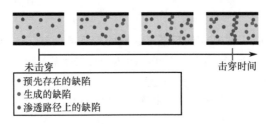

图 6.15　氧化膜中渗透路径的瞬态形成示意图，
以及通过该路径传导导致的最终击穿

6.3.1.3　缓冲区陷阱引起的动态 $R_{DS,ON}$

尽管碳原子具有使 GaN 绝缘的强大作用，但其也是形成 GaN HEMT 动态导通电阻（动态 $R_{DS,ON}$）的主要原因。电流瞬态光谱作为动态电阻最常见表征技术，通过对图 6.16 中电流瞬态光谱的两个阶段进行讨论，可以充分地理解动态电阻形成的原理。图 6.16a 中的测试流程包括施加应力和恢复两个阶段，在图 6.16b 和 c 中分别对这两个阶段进行了更详细的讨论。在施加应力阶段，器件通常处于关闭状态，漏极偏置在 GaN 缓冲层内形成电场（见图 6.16b）。该电场不仅会导致 TDDB，还会导致电子被缓冲层中的碳受主俘获[28]。问题在于，在器件从关态切换到开态后，这些电子仍被俘获在受主中，这会降低 2DEG 密度并因此增大 $R_{DS,ON}$。如图 6.16b 和 c 所示，被俘获的电子消失和 $R_{DS,ON}$ 恢复需要一定的时间。在采用 p-GaN 栅极的 HEMT（即 GIT）中，俘获的电子消失得很快，这是因为在导通状态下它们与由栅极注入的空穴相复合[101]。然而，在微秒和数小时之间变化的俘获时间常数取决于具体的设计、栅压和温度[102]。

术语"动态 $R_{DS,ON}$"和电流崩塌通常可以互换使用来描述这种现象。图 6.17 进行了更精确的区分：动态 $R_{DS,ON}$ 描述了输出特性斜率的减小，而电流崩塌是指饱和电流的减小。考虑到这两种现象都与载流子俘获相关，为简单起

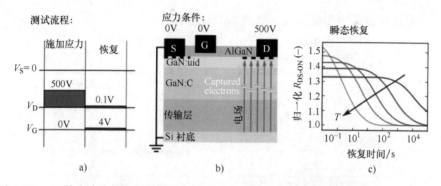

图 6.16 a）特定应力施加阶段和恢复阶段的电流瞬态光谱典型测试流程；b）施加特定
电场应力和 GaN：C 缓冲层中发生电子俘获条件下，HEMT 截面示意图；c）不同温度
下，在恢复阶段由于去俘获而引起的 $R_{DS,ON}$（即恢复）瞬态变化示意图（见彩插）

见，我们在本章中将这一现象称之为"动态 $R_{DS,ON}$"，同样也可以称为"电
流崩塌"。

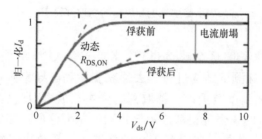

图 6.17 俘获前后的输出特性示意图，说明了电流崩塌和动态 $R_{DS,ON}$ 的常用定义

Uren 等人认为，在放电过程中，时间常数由空穴传输的过程决定，因此空
穴的传输还具有温度依赖性，这可以间接得出碳受主能级的信息[103]。通常来
说，这不能排除。图 6.16c 表明随着温度的升高，去俘获过程变得更快。在大
多数采用电流瞬态光谱的研究中，提取了与温度相关的时间常数，从而得出活
化能在 0.5～1.1eV 范围内[28,98]。传统俘获和去俘获的物理背景如图 6.18a 所
示：在右半部分，受主带电，即空穴从受主发射到价带。对于这个过程，需要
时间 $\tau^{h}_{em,VB}$ 并必须克服 E_{a} 的能量势垒。可以根据 $\tau^{h}_{em,VB}$ 的温度依赖性来提取
E_{a}。另一方面，在恢复过程中，受主放电，如图 6.18a 的左半部分所示。在这
种情况下，不必克服显著的能量势垒。最新的研究[98,103]指出，图 6.16c 中恢
复过程中温度依赖性并不直接相关于陷阱能级。相反，在图 6.18a 的左半部
分，恢复时间常数由传输过程（τ_{trans}）即电荷从 2DEG 传输到缺陷位置所耗费
的时间确定。俘获过程本身要快很多（$\tau^{h}_{cap,VB}$），因此可以忽略不计。Uren 等

人[103]建议在价带中传输空穴，如图 6.18a 所示。

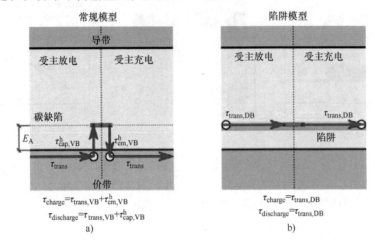

图 6.18　a）价带中常规的电荷输运[103] 和 b）缺陷带中的电荷输运[104]，碳受主放电（图 a）和 b）的左半部分）和充电（右半部分）过程的能带示意图。带有箭头的时间常数表示受主充电和放电的物理过程[98,104]

　　为了更深入地了解这个输运过程，Koller 等人[98]对能够用来表征单个 GaN:C 层[96]的特殊测试结构进行了去俘获实验和电导率测量。图 6.19a 展示了在 20~560K 的宽温度范围内，提取到的受主充放电时间常数以及该 GaN:C 层中的电流。所有的 3 个过程都显示出相同的非阿伦尼乌斯式（non-Arrhenius-like）温度依赖性。此外，在低至 20K 的低温下，俘获率仍然很高。两者都与图 6.18a[98]中所示的传统俘获模型有明显的矛盾。在图 6.19b 中，受主放电时间常数表示在阿伦尼乌斯（Arrhenius）图中，其表现出了非阿伦尼乌斯依赖性。然而，图中的插图也表明，在较小的温度范围内，这种非阿伦尼乌斯依赖性并不明显。

　　由于之前所有关于 GaN:C 的文献研究都是在图 6.19b 的灰色区域内进行的，因此对于 HEMT 尚未报告传统模型的差异。Koller 等人[96,98,104]提出，电荷不是在价带中传输，而是通过 GaN 能带内的缺陷能级进行传输，如图 6.18b 所示。这解释了相同的受主充放电时间常数以及俘获和泄漏电流具有的相同温度依赖性。

　　动态 $R_{DS,ON}$ 和电流崩塌存在问题，因为增大的 $R_{DS,ON}$ 会降低效率。效率降低表明热损失增加，这会导致温度升高，从而进一步增加 $R_{DS,ON}$。因此，该器件可能在关断和开启状态下很稳定，但不适用于开关操作。

　　通过对 HEMT 的简单结构进行稍加修改可以解决这个问题，如图 6.20[105-106]所示，在漏极金属旁边插入一个 p 掺杂区域。在这些称为混合漏

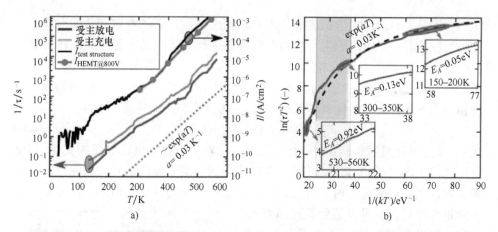

图 6.19　a) 针对特殊测试结构和 800V 电压下 HEMT 测试结果，分别比较其受主充放电速率和流过 GaN：C 层的泄漏电流，其中 HEMT 测试结构的泄漏电流指漏极和衬底之间垂直方向上的电流；b) 在大温度范围和插图中较小温度范围内，Arrhenius 图 a) 中的充电速率。灰色区域代表常规的温度范围（资料来源：Koller 等人 2017 年的数据[98]）

极嵌入式栅注入晶体管（HD-GIT）中，缓冲层中被俘获的电子引起动态 $R_{DS,ON}$，在高漏极偏置电压期间，空穴从 p 型掺杂的漏极注入缓冲层，在缓冲层中它们与被俘获的电子复合。图 6.16 中的电特性确实表明在关态应力期间没有出现显著的动态 $R_{DS,ON}$，即使在接近击穿电压的偏置电压下也是如此[102,106-107]。

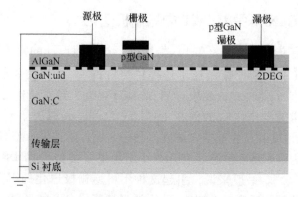

图 6.20　带有灰色 p 型 GaN 漏极的 GaN-on-Si HD-GIT 截面示意图（见彩插）

高的漏极偏压导致高的横向电场和纵向电场。正如在缓冲层中一样，高电流存在会产生能够被俘获的热电子，从而导致动态 $R_{DS,ON}$[102,107] 显著增加。在 HD-GIT 中，由于在开关过程中空穴被引入缓冲层，与没有混合漏极的结构相比，减少了热载流子退化。

为了保证 GaN 器件在其寿命周期内的安全运行，必须考虑开关的形式，并且必须在接近实际应用的应力序列中对器件进行测试。晶体管在升压转换器中或通过感应负载开关被施加压力，这通常称为动态高温工作寿命（D-HTOL）测试。参考文献［85］概述了不同制造商使用的技术。通过在不同的偏置、电流和温度下进行这些测量，可以开发如式（6.1）的寿命模型[108]。

$$L_{SW} = A \, \exp \, (-(\beta_V V + \beta_C I_{DP}))\qquad(6.1)$$

式中，L_{SW} 为开关寿命；A 为一个常数；I_{DP} 为峰值电流；电压加速因子 β_V 和电流加速因子 β_C 在参考文献［108］中能够得到。基于器件设计，当器件发生物理失效（例如热破坏）时，可能会达到其使用寿命的终点。但是，当 $R_{DS,ON}$ 不再满足规格时，也可以达到其使用寿命，例如，该寿命可以被定义为 $R_{DS,ON}$ 增加 50% 时对应的时间[85]。在此寿命模型的基础上，可以定义开关安全工作区（SSOA），如图 6.21 所示。正如在 Si 中一样，图中的指定阶段（1）、（2）和（4）分别受 $R_{DS,ON}$、饱和电流和击穿电压的限制。在 Si 中，阶段（3）受到热问题的限制，而对于 GaN，它受到硬

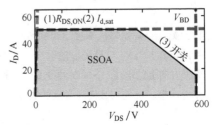

图 6.21　GaN HEMT 的开关安全工作区（SSOA）示意图，图中 4 个不同的区域标识了限制参数

开关的限制。因此，准确值不仅取决于温度，还取决于开关的具体形式和器件设计。

6.3.2　p 型 GaN 开关 HEMT 中的栅极退化

器件除了有良好的 $R_{DS,ON}$ 和 V_{BD} 指标外，与其他设计的常关型 GaN 开关器件相比，p 型（Al）GaN 栅极技术还提供更好的 V_{th} 可控性和稳定性[109]。在图 6.20描述的这个器件中，栅极金属和 AlGaN/GaN 异质结构之间插入的 p 型 GaN 层实现了常关操作。V_{th} 的值在 $1 \sim 2.5V$ 之间，其取决于 p 型 GaN 层的厚度、Mg 的掺杂浓度和产生的空穴浓度。另一方面，常关型 p 型 GaN HEMT 对栅极正向偏置应力（FBS）敏感，有几个小组报道了类似于 TDDB 机制的渐进式 I_G 退化[89-90,110-111]。一般来说，引起这种不可逆栅极退化的 V_G 似乎与栅极开启电压有关。然而，后者对金属/p 型 GaN 肖特基势垒高度（SBH）的依赖关系尚不完全清楚，此外，金属功函数与由此产生的 SBH 之间的关系存在一些争议。因此，我们将描述 FBS 引起栅极退化的特性，然后根据目前对 p 型 GaN HEMT 栅极工作模式的理解讨论可能的退化机制。

Tapajna 等人最先报道了在 FBS 下常关型 p 型 GaN/AlGaN/GaN HEMT 的退化[89-90]。在这些研究中，研究的器件具有 GaN-on-Si 异质结构、95nm 厚的 Mg

掺杂 p 型 GaN 层（Mg 浓度为 $2 \times 10^{19} cm^{-3}$，空穴密度为 $2 \times 10^{17} cm^{-3}$）和 Ni/Au 栅极金属，在各种栅极电压（$V_{GS} = 7V$，8V，9V；$V_{DS} = 0V$）和温度（25℃，75℃，125℃）下对器件进行 FBS 测试，同时监测与时间相关的 I_G 退化情况。从图 6.22a 可以推断，最初 I_G 的瞬态变化是连续的且可恢复的，这与俘获效应相关，随后 I_G 噪声大量增加，I_G 阶跃式增大，最终导致栅极击穿。这种行为归因于栅极结构中缺陷生成的渗流过程，这就类似于 TDDB。为了研究其动态，记录每个瞬态 I_G 突然骤增（称为软 BD）之前经过的时间，并将其定义为 t_{BD}。发现开始施加应力时的初始 I_G（$I_{G,init}$）与 t_{BD} 相关（见图 6.22b），这是渗流机制的一个典型特征。因为考虑到缺陷快速重叠形成泄漏路径[12]，因此 $I_{G,init}$（与缺陷密度有关）较高的器件预计具有更短的 t_{BD}。或者，假设缺陷产生率取决于电荷注入水平，则更高的 $I_{G,init}$ 会在栅极结构中引起更多的电荷注入，从而加速退化。基于这种解释，使用图 6.22c 所示的 Weibull 图分析了在 $T = 25$℃时 V_G 分别等于 7V、8V 和 9V 时获得的 t_{BD} 数据。在不同 V_G 下进行应力测试提取到相似的形状因子（0.7~0.8），这表明它们具有类似的退化机制。使用提取的 η 值（63.2% 故障）并假设它们与 V_G 线性相关（所谓的 V 模型），对于 $W_G = 0.25mm$ 且在 25℃下使用寿命为 10 年只有 1% 失效率的 p 型 GaN HEMT，使其安全工作的最大正偏 V_G 估计高达 3.7V（见图 6.22d）。对于更大的 W_G，需要通过缩放栅极外围区域 $\eta_1 = \eta_2 (W_{G1}/W_{G2})^{1/\beta}$[12] 来降低最大工作 V_G。通过在不同 T_B 下对测量的 t_{BD} 进行分析，在 E_a 为 0.1eV 时，发现退化过程与温度有弱相关性[90]。

Rossetto 等人在 FBS 诱导退化机制方面也观察到了类似的结果[110]。在这项研究中，具有 70nm 厚 Mg 掺杂 p 型 GaN 栅极层（$W_G = 0.1mm$ 和 $V_{th} \approx 2V$）的 p 型 GaN/AlGaN/GaN HEMT 还揭示了在 V_G 高达 10V 的 FBS 中 TDDB 的表现。不同于参考文献 [90]，器件的 I_G 在 $V_G = 1V$ 时开始出现（在半对数图中），此处器件的 I_G 在 $V_G = 8V$ 时才开始出现。t_{BD} 数据采用形状因子 $\beta > 1$ 的 Weibull 分布描述，估计在 7.2~7.5V 的最大 V_G 下运行 20 年。在 E_a 为 0.5eV 时，发现温度将加剧器件退化。此外，可以利用 EL 显微镜在退化的器件中识别出局部泄漏点，并且根据图 6.23c 所示的 EL 光谱可知，发射是因为黄色发光和/或韧致辐射。最近，Masin 等人[111] 研究了 W_G 为 130mm 的大功率器件（$I_D \approx 60A$），也观察到常关 p 型 GaN HEMT 表现出与时间相关的退化。与之前的研究相比，发现 t_{BD} 与击穿电荷相关，而不是 $I_{G,init}$，这表明临界电荷一旦注入栅极，就会发生 TDDB。此外，用 -331meV 的负 E_a 来评估 t_{BD} 对温度的正依赖性。

要了解 p 型 GaN/AlGaN/GaN HEMT 在 FBS 中的退化机制，分析金属/p 型 GaN 结的特性是必要的。如第 4 章所述，针对 p 型 GaN/AlGaN/GaN HEMT 已经提出了不同的金属栅极。由于 GaN 价带边缘的能级比常规金属的功函数深，因此金属/p 型 GaN 结主要形成肖特基接触，其中肖特基势垒高度（SBH）理论上

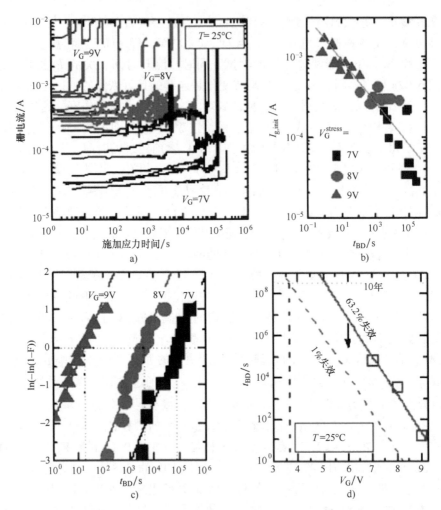

图 6.22 a) $T = 25$℃时，$V_G = 7V$，$8V$，$9V$ 时进行的 FBS 试验；b）在应力测试开始时初始 I_G 与 t_{BD} 的相关性；c）根据图 a）确定的 t_{BD} 威布尔分布，并对数据进行线性拟合；d）对 $\log (\eta)$ 与 V_G 的关系进行线性拟合，针对 10 年的周期按比例调制为 1% 的失效率，外推安全正偏 V_G，得出最高的 V_G 为 3.7V（资料来源：经 Tapajna 等人[90] 许可转载。版权所有© 2016，IEEE）

为金属功函数和 p 型 GaN 价带边缘之间的差值。金属功函数越低，SBH 越高。如仿真[112]和实验[113]所示，增大的 SBH 可以避免空穴从金属注入 p 型 GaN 层中，从而提高 V_{th} 和栅极开启电压。对于功函数较高的金属，其形成的 SBH 较小（类欧姆接触），空穴在正偏压下能够有效注入 p 型 GaN 层并在 p 型 GaN/AlGaN 界面处积累。然后注入的空穴拉低能带并增强来自 AlGaN 导带边缘上方晶

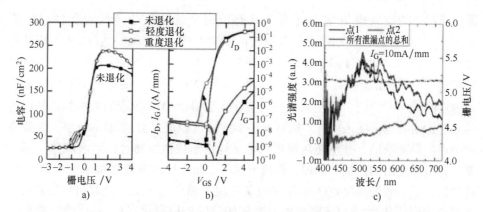

图 6.23　a）FBS 诱导退化前后在典型栅极二极管上测量到的 C_G-V_G 迟滞。b）p 型 GaN/AlGaN/GaN HEMT 在轻度和重度栅极退化后以半对数坐标绘制的转移特性和 I_G-V_{GS} 特性曲线。长期的应力导致在亚阈值区形成驼峰（资料来源：图 a）和 b）经 Ťapajna 等人[89] 许可重印。版权所有© 2015，AIP 出版社）。c）在 I_G = 10mA/mm 下测量的 p 型 GaN/AlGaN/GaN HEMT 在 FBS 诱导栅极退化后观察到的两个泄漏点发射光的光谱（资料来源：经 Rossetto 等人[110] 许可重印。版权所有© 2016，Elsevier）

体管沟道的电子注入[114]。因此，相比于 Ťapajna 等人的报道结果[90]（约 1.5V），Rossetto 等人研究[110] 的 p 型 GaN HEMT 器件具有略高的 V_{th} 以及相当高的栅极开启电压（约 8V），这可以解释为金属/p 型 GaN SBH 的差异。由于观察到 $I_{G,init}$（或击穿电荷）和 t_{BD} 之间的相关性，I_G 初值较高的器件在 FBS 中由于注入栅极结构的电荷更多而退化得更快。

图 6.23a 比较了 p-GaN/AlGaN/GaN HEMT 的 C_G-V_G 曲线（V_{ds} = 0）和 I-V 传输特性[89]。比较了在 FBS 中出现软 BD（标记为轻度和重度退化）后的正常和退化器件。对于正常器件，C_G-V_G 曲线最大值对应 V_G 接近 V_{th}。归一化 C_G 小于 AlGaN 层的势垒电容，表明 p 型 GaN 层部分耗尽。这与最近提出的栅极结构电路模型一致，该电路模型将肖特基金属/p 型 GaN 二极管和 AlGaN 电容器反平行连接[115]。这意味着，即使对于 I_G 开启电压低的类欧姆栅，也可能在金属/p 型 GaN 界面处形成势垒高度低的肖特基接触。退化的器件在 V_G 正偏时电容增大，这表明肖特基耗尽区缩小，因此该层中的电场增加。对于退化更严重的器件，在 I_{DS}-V_{GS} 转移特性曲线的亚阈值区和 C_G-V_G 曲线中出现驼峰，而在 I_G-V_G 特性曲线中不应该存在驼峰（见图 6.23a 和 b）。因此，出现这种驼峰可归因于源漏 I_D 泄漏增大，这可能是由于器件发生严重退化后较大的栅极泄漏点引起 V_{th} 空间不均匀性。

基于上述数据和讨论，可以提出描述 p 型 GaN/AlGaN/GaN 栅极退化机制的两步模型。在 FBS 中，金属/p 型 GaN 肖特基势垒被反向偏置，因此势垒变薄，流过结的空穴电流增大（对于具有较高金属栅极功函数的器件，I_G 更大[113]）。由于 SBH 波动形成局部增大的空穴电流，从而在 p 型 GaN 肖特基势垒中产生缺陷，这些缺陷通过渗流过程形成局部泄漏路径，这与在退化的栅极中观察到的 C_G 增加一致（见图 6.23a）。虽然 AlGaN 层中的电场随着正向偏压增加而降低[89,113,115]，但注入的空穴会在 p 型 GaN/AlGaN 界面处积累，从而增强来自沟道的电子注入[114]。然后，更多的注入载流子穿过 AlGaN 层，导致该层中产生局部缺陷，并最终在栅极堆叠结构内形成泄漏路径，该泄漏路径穿过整个栅极堆叠结构。换句话说，栅极退化似乎始于反向偏置金属/p 型 GaN 结的耗尽区，而失效是由穿过 AlGaN 层的局部泄漏路径造成的。这就可以解释在 p 型 GaN HEMT 中受到 FBS 影响的与时间相关的栅极退化[90]，和反向偏置肖特基栅极[36]引起的常开型 HEMT 的 AlGaN 层退化之间的一些相似性。此外，该模型也与图 6.23c 所示的 EL 光谱一致。尽管初步成形的泄漏点注入载流子（电子和/或空穴）会在 p 型 GaN 层中引起韧致辐射，但由于 GaN 沟道中的陷阱，流过完全成形泄漏点的较大栅极电流是引起黄光的主要原因。

文献中还提出了 FBS 作用下 p 型 GaN 栅极退化的其他可能机制。Meneghini 等人[116]指出，观察到的 p 型 GaN 栅极渗透退化可能源于靠近栅极边缘的 SiN 钝化层的 TDDB，在 FBS 中该钝化层处在高电场中。Wu 等人[91]提出了 p 型 GaN 栅极退化的雪崩击穿机制。在这项工作中，发现正向偏压下的栅极击穿随温度升高而增加。栅极击穿电压的正温度依赖性与雪崩机制有关，雪崩机制指反向偏置金属/p 型 GaN 肖特基结耗尽区内电子/空穴倍增。在破坏性栅极击穿之前，较大的正偏 V_G 下观察到的发光进一步支持了该模型，发光的产生归因于电子-空穴对的复合。

6.3.3　GaN MIS HEMT 中阈值电压不稳定性

抑制肖特基势垒栅 HEMT 相对较高的栅极泄漏电流的有效方法是应用栅极电介质，形成金属-绝缘体-半导体（MIS）/金属-氧化物-半导体（MOS）栅极结构。许多报道显示，与肖特基栅器件相比，使用各种栅极电介质（包括 Al_2O_3、Si_3N_4、SiO_2、AlN、HfO_2 等）的 MIS HEMT，其 I_G 降低了几个数量级（见参考文献 [117]）。通过抑制 I_G，特别是在正向偏置条件下，MIS HEMT 的栅控性能和稳定性在直流和射频工作模式下得到改善[62]。此外，MIS 栅极结构提供了几种方法来实现 GaN HEMT 开关器件的常关操作。提出的概念基于增大的栅极电容，通过采用部分[118]或全部势垒凹陷[119]结构，生长超薄势垒层[120]，在电介质/势垒界面[121]或电介质层本身[122]引入足够高的负电荷，能够耗尽栅极下方的 2DEG。另一方面，MIS 栅极结构不可避免地具有密度相对较高的陷阱[123-125]。根据这些陷阱分布，MIS HEMT 会受到正向偏压引起 V_{th} 漂移，从而导致常见的 PBTI[88]，或者在某些情况下，也会出现 NBTI[92,126]。虽然在文献中可以发现相似的 PBTI 效应，但针对这些观察到的效应，其起因仍需要进一步研究。因此，在这一部分中，我们将总结 MIS HEMT 栅极结构中的陷阱分布模型及其对 V_{th} 不稳定性的影响，并回顾 GaN MIS HEMT 中 PBTI 的一些最新研究。

由于 V_{th} 不稳定性主要受栅堆叠结构中各种陷阱态动力学的影响，因此总结目前 GaN-MIS HEMT 结构中陷阱的性质及其空间分布是有意义的。在晶体半导体和（非晶、多晶或纳米晶）电介质的界面上不可避免地会形成介质/Ⅲ-N 半导体界面陷阱（IT），这已经被许多研究人员表征。通常，假设 IT 在能带间隙中形成连续态 D_{it} (E)，其中以受主陷阱的形式出现在带隙上部或以施主陷阱的形式出现在带隙下部，带隙的上下部根据电荷中性能级（E_{CNL}）划分[123,127]。由于缺乏类似于用在 SiO_2/Si 界面的 IT 钝化有效方案，基于不同测试手段的报道（包括 CV[117]、CV-T[128]、光辅助 C-V[124]、C 瞬态[92]、DLTS[129] 和交流导纳（C-ω 和 G-ω）技术[130-131]）都显示 GaN MIS HEMT 结构具有相对较高的 D_{it}（$10^{12} \sim 10^{13} eV^{-1} cm^{-2}$）。然而值得一提的是，由于势垒电导率对栅极偏压和温度的依赖性会影响 C 和 G 频率响应，因此必须谨慎应用导纳技术进行 D_{it} 评估[132]。Matys 等人[133] 提出存在无序诱导带间态（DIGS），其 U 形能量分布从电介质/Ⅲ-N 界面向电介质体呈指数衰减。此外，Bakeroot 等人[134] 建议在薄纳米晶体和非晶 SiN 层之间的过渡区形成"边界"陷阱。Zhu 等人[135] 在 Al_2O_3/AlGaN/GaN MOS HEMT 中通过分析最大 V_G 增加后的 CV 迟滞，也发现了"边界"陷阱。此外，Ťapajna 等人[92] 早前就提出了分布在电介质 BT 中的陷阱影响了 NBTI 和 PBTI。最近，在 Al_2O_3/GaN MOS 电容器[136]，以及同时具有 SiN 和 Al_2O_3 栅介质的全凹型 MIS HEMT[137] 中，清楚地观察到电介质体陷阱（BT）对 PBTI 的影响。虽然陷阱密度可能会发生一些变化，但在分析 GaN MIS HEMT 中的 V_{th} 不稳定性时，显然应该同时考虑绝缘层/势垒 IT 和电介质中可能具有复杂分布的 BT。

图 6.24 示意性地描述了导致 MIS HEMT 中 V_{th} 不稳定性的过程，显示了在热平衡和施加 V_G 下整个栅极结构的能带图。在这个简化图中，考虑了介质/势垒 IT 和介质 BT，而忽略了Ⅲ-N 外延层中的任何陷阱态。与 MOS 栅 HEMT 相比，肖特基栅 HEMT 中的 V_{th} 不稳定性几乎可以忽略，因此这一假设是合理的[92,138]。在施加正偏 V_G 的情况下，自由电子从沟道溢出进入势垒，并被 IT 和 BT 俘获（见图 6.24b）。无论陷阱的性质如何（即施主或受主），这都会使 V_{th} 向正方向漂移。值得注意的是，除了考虑势垒和 IT 中的自由电子，在有 BT 的情况下，俘获率还取决于隧穿过程。在典型的应力-恢复测试中[88,125]（6.3.3.1 节中讨论），栅极偏置为零，恢复过程通过测量 I_D 来监测，其中来自

IT 和 BT 的电子发射通常会导致 V_{th} 负向移动而趋于平衡。在电容瞬变等其他技术中，当陷阱填充后施加负压 V_G（见图 6.24c），可以通过测量电容来监测场增强陷阱发射[126]。这两种技术的监测窗口都受到测量系统反应时间的限制。如图 6.24c 所示，在 V_G 为负时，可能会发生另一种 V_{th} 漂移机制。如果 BT 能级与金属费米能级一致，则金属中的电子可以注入 BT，这引起 V_{th} 正向漂移，从而抵消了位于界面附近的 IT 和 BT 电子发射的影响[92]。从静电学角度来看，这种效应对 V_{th} 变化的影响相比于 IT 俘获/发射的影响小得多。然而，图 6.24c 所示的共同效应导致不可忽略的明显 CV 弛豫[126]。

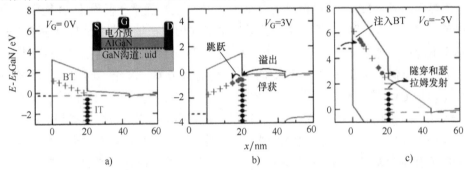

图 6.24　在 a）热平衡态和施加 b）正、c）负 V_G 情况下 MIS HEMT 栅极下方的能带图，其中还展示了电介质/势垒界面陷阱和介质层体陷阱，以及可能的俘获和发射过程，从而诱导不同的 V_{th} 漂移（图 b）~c））

　　直接影响 GaN MIS HEMT V_{th} 不稳定性的一个重要方面是因为势垒（或 Ga 或 N 面或Ⅲ-N 表面[139]）表面极化电荷补偿。这种情况如图 6.25a 所示，显示了 Ga 面 AlGaN/GaN MOS HEMT 栅极结构下方的电荷分布和相应的能带图。根据电中性的描述，AlGaN 表面的极化电荷（P_S）必须由一些密度相似、极性相反的电荷来补偿。否则，未补偿的 P_S 将耗尽沟道，并导致 V_{th} 随着栅氧化层厚度的增加而增加（见图 6.25b 中的灰色虚线），这与实验数据[126]显示的 GaN MIS HEMT 中常见行为（蓝色实线标出）形成鲜明对比。正如 Ibbetson 等人最初提出的模型一样[17]，人们普遍认为是表面施主态（SD）补偿了 P_S，其具有单能级且密度（N_{DS}）远高于 10^{13} cm^{-2}，还能为 2DEG 提供自由电子。Ibbetson 的模型后来被 Higashiwaki 等人重新进行了讨论[18]。作者建议在 AlGaN CB 下方 1~2eV 处分布密度为 $4×10^{12}$~$6×10^{12}$cm^{-2}SD 态。在 MIS HEMT 结构中，这些 SD 应作为界面态。然而，D_{it} 和 P_S 补偿所需的 N_{DS} 之间缺乏相关性[20,134,140]，因此引入了新模型来解释 P_S 补偿电荷的来源。这些模型认为，固定电荷由势垒 CB 底部和电介质层[141-142]之间的电离施主态形成，或者是由上述位于电介质中具有高态密度（$3.7 \times 10^{13} \mathrm{cm}^{-2}$）的"边界"陷阱形成，这些形成的固定电荷分布在 SiN CB 边缘下方 $2.4 \mathrm{eV}$ 位置处[134]。最近，Ber 等人[138]还得出结论，D_{it} 不足以解释 P_S 补偿，并提出了表面极化自补偿机制。作者推测，对于刚性较低的表面离子，其位移可能是 P_S 自我补偿的原因[138]。根据从高质量 GaN-on-GaN-MOS 结构获得的最新数据，固定电荷补偿或极化自补偿的概念似乎是相关的，数据显示出几乎为零的平带电压（即被补偿的 P_S）和数量级为 $10^{11} \mathrm{eV}^{-1} \mathrm{cm}^{-2}$ 的 D_{it}（紫外线 UV 照射下进行评估）[143]。显然，不够高的 D_{it} 似乎可以说明 IT 并没有完全补偿 P_S。这也是为什么我们在图 6.25a 所示的电荷图中正式将"表面施主"电荷与界面陷阱电荷（N_{it}）分离，因为后者可能因不同的栅极介质生长技术和势垒表面处理而有很大差异。

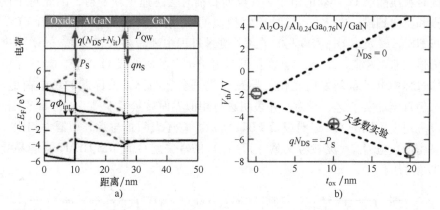

图 6.25　a）利用泊松方程计算金属/Al_2O_3/AlGaN/GaN MIS HEMT 栅极结构的电荷分布图（上半部分）和能带图（下半部分）；b）使用参考文献［127］中的分析模型计算 V_{th} 对介电厚度的依赖性。灰色虚线表示未补偿的表面势垒极化电荷 P_S，黑色实线表示 P_S 完全由"表面施主"补偿的情况（$N_{DS} = -P_S/q$）（资料来源：b）改编自 Tapajna 等人 2014 年[126]，Tapajna 和 Kuzmík 2012 年的研究结果[127]）

为了比较各种 MIS HEMT 技术，有必要定义介质/势垒净电荷 $Q_{int} = P_S + q(N_{DS} + N_{it})$，其中 N_{DS} 代表固定电荷，N_{it} 代表时变电荷。如参考文献［20］所述，对于薄层电荷在栅极结构中占主导的情况，可以通过实验从具有不同介质厚度（t_{ox}）的 MIS HEMT 中确定 Q_{int}。从 V_{th} 与 t_{ox} 关系的斜率来看，$Q_{int} = \varepsilon_{ox}(\mathrm{d}V_{th}/\mathrm{d}t_{ox}) - P_{QW}$，其中 ε_{ox} 是介电常数，P_{QW} 是 QW 中的极化电荷。Q_{int} 与界面固定电荷和可变电荷（取决于测量技术）之间的划分无关，它直接决定了势垒界面势 Φ_{int}，如图 6.25a 所示。然后，界面势定义了 IT 陷阱占据水平，并对 PBTI 的评估产生重大影响。正电 Q_{int}（数量级为 $10^{12} \mathrm{cm}^{-2}$）引起较低的 Φ_{int} 和能级更浅的 IT，浅能级 IT 在 FBS 后的恢复过程中具有更快的响应。相反，相同

密度的负电 Q_{int} 会导致较高的 Φ_{int} 和能级更深的 IT，深能级 IT 在 FBS 上具有更长的恢复响应。

参考文献［144］最近分析了 Q_{int} 对 CV 迟滞的影响，研究发现，Ni/Al$_2$O$_3$/AlGaN/GaN MOS HEMT 具有相同的异质结构，但由于氧化物沉积后退火工艺（PDA）不相同而具有不同的 Q_{int}/q，分别为 $-1\times10^{13}\,cm^{-2}$ 和 $1\times10^{12}\,cm^{-2}$。这两种结构相同工艺不同的器件，其相应能带图如图 6.26a 所示，对于进行 PDA 的 MOS HEMT，其具有更浅且为空的 IT 能级，而对于未进行 PDA 的器件，则具有更深的 IT 能级。尽管实验测得这两种器件都具有相对较高的 D_{it}（在能带顶部，数量级为 $10^{12}\,eV^{-1}\,cm^{-2}$），随着正偏 V_G 最大值的增大，进行 PDA 的 MOS HEMT 在 CV 测量期间表现出可忽略的 CV 迟滞（见图 6.26b）。这是因为正向扫描时被浅能级 IT 俘获的电子，在反向扫描时会迅速重新发射，因此对于正向扫描和反向扫描，在 $V_G \sim V_{th}$ 时产生相似的 IT 数量。相比之下，没有 PDA 的 MOS HEMT（负电 Q_{int} 密度高）在 CV 测量过程中随着最大正偏 V_G 的增大表现出增强的 CV 迟滞。此处，V_G 在正偏时电子被空的深能级 IT 俘获，然后在反向扫描过程中电子重新发射较慢，导致与热平衡态相比，被俘获的负电荷更高。瞬态仿真也证实了这一行为，并表明具有相似界面质量但不同 Q_{int} 的 MIS HEMT 可以表现出不同的 CV 迟滞以及 PBTI 特性。它还表明，与常开型器件相比，具有高密度负电 Q_{int}（见参考文献［121］）的常关型 GaN MIS HEMT 更容易受到 PBTI 的影响。

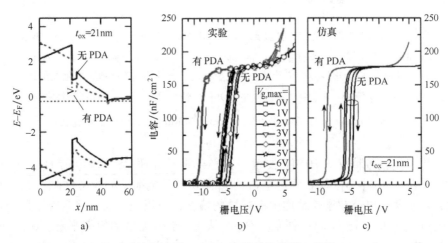

图 6.26 泊松方程计算获得的 MIS HEMT 结构能带图，假设 Q_{int}/q 为 -1×10^{13}（不带 PDA）和 $1\times10^{12}\,cm^{-2}$（带 PDA）。针对有/无 PDA 的情况，通过 b）实验和 c）仿真得到的 $0\sim7V$ 最大 V_G 对应的 MOS HEMT 结构 CV 迟滞（资料来源：经 Tapajna 等人许可转载[144]。版权所有© 2019，Elsevier）

6.3.3.1　MIS HEMT 中的 PBTI

许多研究小组在不同电介质的 GaN MIS HEMT 中对 PBTI 进行了研究。下面内容将重点介绍一些特定的研究工作，旨在更深入地理解 PBTI 的物理特性，以及介电材料和Ⅲ-N 异质结构对 V_{th} 不稳定性的影响。我们将不讨论改进 GaN MIS HEMT V_{th} 稳定性方面的最新技术进展。

研究晶体管电压不稳定性的一种有效方法是测量-应力-测量（MSM）技术，该技术被 Lagger 等人用于 GaN MIS HEMT[125] 的研究。图 6.27a[145] 中对 MSM 流程进行了描述。被测器件首先在正向偏置 $V_{G,stress}$ 下受力，应力为一个周期 t_{stress}（$V_{DS} = 0V$）。然后，V_G 阶跃至零（$V_{DS} = 0V$），在特定恢复时间间隔（t_{rec}）和小的 $V_{D,meas}$ 下通过测量 V_D 的瞬态响应来监测器件的恢复。根据 V_D 相对于最初器件特性的瞬态响应来评估 V_{th} 漂移（ΔV_{th}）。保持 $V_{G,stress}$ 恒定，t_{stress} 对数增加进行测量。MSM 技术允许在大范围的应力和恢复时间内评估 V_{th} 瞬态漂移。图 6.27b 和 d 举例说明了在不同电压和时间下进行 FBS 之后恢复阶段的 V_{th} 漂移，由此可见，陷阱态的俘获和发射时间常数分布在较大的范围内。对于这些数据的解释，研究者认为堆叠栅的活化能区（Φ_{int} 和热平衡态 E_F 之间的空陷阱）中的所有缺陷都能够与 2DEG 交换电荷，这些缺陷并不特指 IT 或 BT。由关系式 $\Delta N_{it} = -C_{ox}$（$\Delta V_{th}/q$）可知，测量的 ΔV_{th} 与界面态浓度的变化量（ΔN_{it}）相关。除了计算 D_{it} 分布或 BT 密度外，ΔN_{it} 可由俘获发射时间（CET）图来解释，该图最初是为分析 Si MOSFET 中的 NBTI 而提出的[146]。图 6.27c 显示了根据图 6.27b 和 d 中列出的恢复数据计算的 CET 图。这里，对于给定的 $V_{G,stress}$ 和温度，所有陷阱态都是通过它们在相应俘获和发射时间常数的三维空间中，每 10 年 ΔV_{th}（ΔN_{it}）的变化来描述的[145]。

在一阶过程中，从 CB 俘获/发射电子到 CB 并伴随着相应的晶格弛豫，此时 CET 图应仅包含正项。然而，图 6.27c 所示的 CET 图也包括负值，这些负值对应于在增加 t_{stress} 时，恢复曲线曲率的变化（见图 6.26b 和 d）。这种效应也可以从恢复时间为 1ms 的 CET 图中推断出来，其中 ΔN_{it} 首先随 t_{stress} 增加而增加，当 $t_{stress} > 100ms$ 时开始减少。这种行为可以通过二阶缺陷动力学来解释，二阶缺陷动力学源于多态缺陷，其中针对更大的 t_{stress} 或带电缺陷状态的库仑效应，不同缺陷态之间发生电荷转换[145]。

MSM 技术与 CET 数据图相结合的分析方法已用于研究各种电介质材料的 MIS HEMT[147]。对给定的 t_{stress} 和 t_{rec}，虽然不同的栅极材料会导致不同的 ΔV_{th}，但研究者认为，在比较中也必须考虑栅极静电，它会影响自由电子的俘获。事实上，研究表明，对于不同材料的电介质，ΔN_{it} 对栅极位移电荷（$Q_D = C_{dielectric} \times V_G$）的依赖趋于相同，即达到其上限[147]。这个结果后来被用于定义实际的 MIS HEMT 寿命，该要求由常关器件的两个通用标准定义：1）在工作电

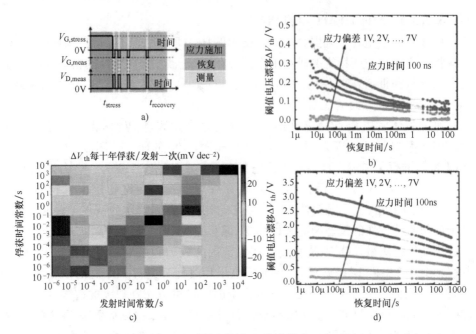

图 6.27　a）MSM 技术中用于应力恢复周期的脉冲模式。为了测量 V_D 的瞬态响应，将偏压脉冲化为 $V_G = V_{G,meas}$ 和 $V_D = V_{D,meas}$。应力时间为 100ns c）和 100s d）时，$V_{G,stress}$ 由 1~7V 对应的恢复瞬态。b）从 c）~d）的恢复瞬态中提取的俘获发射时间（CET）图

（资料来源：经 Lagger 等人许可转载[145]。版权所有© 2014，IEEE）

压下具有足够低的 ΔV_{th}，以确保寿命结束时规定的最大 $R_{DS,ON}$ 和最小 I_D 必须满足；2）必须在寿命结束时，最大 V_G 情况下确保栅极介质的稳定性[88]。对于薄层沟道密度为 $0.5×10^{12} ~ 1×10^{12}$ cm^{-2} 的典型值，利用临界电场的实验值可以估计最大 ΔN_{it} 在 $4×10^{12} ~ 8×10^{12}$ cm^{-2} 范围。

　　栅极介质生长技术也对 MIS HEMT 的稳定性有很大影响。例如，Meneghesso 等人[148]对具有 SiN 栅极介质的部分凹槽势垒 MIS HEMT 的可靠性进行了全面研究，其中 SiN 栅极介质通过快速热化学气相沉积（RTCVD）和等离子体增强原子层沉积（PEALD）技术生长。根据 MSM 测量结果推断，与采用 RTCVD 电介质的 MIS HEMT（ΔN_{it} 约为 $2×10^{12}$ cm^{-2}）相比，采用 PEALD 电介质的 MIS HEMT 表现出更低的 V_{th} 漂移，由此产生的 ΔN_{it} 约为 $3.5×10^{11}$ cm^{-2}（$t_{stress} = 1000$s）。有趣的是，当 $V_{G,stress} = 2.5$V 时，两种器件的恢复时间都远远大于 1000s。与 Bisi 等人报道的结果[136]类似，发现 V_{th} 漂移与正向 I_G 相关，这意味着俘获过程由电介质 BT 主导。此外，正向偏置下的栅极鲁棒性可以通过阶跃应力和 TDDB 测量来检测[148]。与 RTCVD SiN 相比，通过 PEALD 生长的 SiN 栅极介质其栅极鲁棒性得到了改善，这是因为渗流泄漏路径形成的概率较低，因此该电介质中的 BT 密度更

低。这些结果强调了栅极介质生长技术的重要性，因为以非最佳生长条件生成高密度的 BT，因此在 V_{th} 稳定性和栅极鲁棒特性方面，器件的可靠性较差。

到目前为止，我们只讨论了一种预期的 PBTI 行为，即 FBS 下 V_{th} 正偏移，然后在恢复期间 V_{th} 负偏移。然而，在具有特殊栅极结构的常关型器件中，可能发生相反的 V_{th} 偏移。最新研究[149]中，使用 MSM 实验研究了 Al$_2$O$_3$/InGaN/AlGaN/GaN MOS HEMT（见图 6.28a）中的 PBTI。如图 6.28b 所示的能带图，InGaN/AlGaN 界面处高密度的负极化电荷使能带升高，从而在该界面处形成二维空穴气（2DHG），进而产生正的 V_{th}[121]。在施加应力（左图，t_{stress} 为 100ms~50s）和恢复期（右图，$t_{rec}=50$s）内，MSM 的测量结果如图 6.28c 所示。有趣的是，我们的器件在施加应力期间 V_{th} 负向漂移，在恢复期间 V_{th} 正向漂移。然而，相比刚开始施加应力，施加应力到后期的 V_{th} 漂移更大。这种特殊的行为可以用一个模型来解释，即假设在热平衡时 InGaN 层中存在 2DHG。当栅极上施加正的 $V_{G,stress}$ 时，位于 AlGaN/GaN 界面的 2DEG 中的电子注入光学活性 InGaN 层。这些电子与 InGaN 中的空穴复合，发射能量约为 3eV 的光子，3eV 也是 InGaN 的能带间隙。光子被 Al$_2$O$_3$/InGaN 界面态和 AlGaN 层中的深能级态吸收。从这些态释放出来的电子要么隧穿通过氧化物朝栅极方向移动（针对界面态），要么回到沟道 2DEG 中（针对 AlGaN 的杂质态）。空态形成正电荷，使 V_{th} 变成负值。在恢复过程中，器件逐渐回到热平衡状态；然而，一些来自 2DHG 的空穴被耗尽。因此，与预应力条件相比，最终的 V_{th} 具有更大的正值。

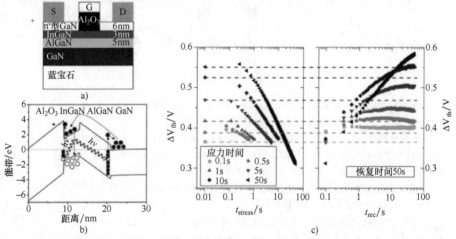

图 6.28　a）Ni/Al$_2$O$_3$/InGaN/AlGaN/GaN MOS HEMT 横截面示意图；b）栅极下方区域，施加应力/恢复期间 V_{th} 漂移模型对应的能带图；c）连续的 MSM 应力（左）-恢复（右）周期，从最短的 t_{stress}（0.1s）开始，然后继续增加 t_{stress}。虚线表示每个测量周期开始时的 ΔV_{th}（资料来源：改编自 Pohorelec 等人 2019 参考文献 [149] 结果）

6.4 总结

本章全面讨论了功率 GaN HEMT 的可靠性问题和退化模式。对微波应用的 AlGaN/GaN 和 InAlN/GaN HEMT 进行了广泛研究，从而加深了对与栅极边缘物理退化，以及热电子和热声子相关退化有关的主要失效模式的理解。国际上已经开发出包括势垒 GaN 遮盖、原位 SiN 钝化和电场削弱的设计方法，以保证这些器件能够可靠运行。然而，用于 GaAs 基技术的可靠性测试需要针对 GaN HEMT 特有的退化模式进行修正。主要的长期热加速机制仍需确定。必须特别注意被测 GaN 器件的热特性，以验证 HTOL 测试数据。

阻碍 GaN 功率开关器件进入大众市场的一个主要原因是不可避免的点缺陷及其俘获效应。通过采用复杂的外延结构设计和器件概念，这些问题可以得到缓解。由于时间问题，并非所有失效模式都是已知的。因此，只有充分应用相关应力测试（D-HTOL）和增强安全裕度，才能确保整个使用寿命期间的可靠运行。虽然 p 型 GaN HEMT 中正向偏置下的栅极可靠性似乎不是主要的可靠性问题，但显然有必要进一步了解这种失效模式。对于 GaN MIS HEMT 而言，PBTI 目前是一个关键的可靠性问题，这些器件的稳定运行需要进一步的技术改进。然而，当前进行的研究工作可以致力于开发制备高质量电介质/Ⅲ-N 界面，也可以深入理解 PBTI 物理机理。

致 谢

感谢 F. Gucmann 博士对第 6.1 节的准备工作进行了有益的讨论。

参 考 文 献

1 Rosina, M. (2018). GaN and SiC power device: market overview. *Semicon Europa*, Munich, Germany (13–16 November 2018).

2 Pomeroy, J.W., Uren, M.J., Lambert, B., and Kuball, M. (2015). Operating channel temperature in GaN HEMTs: DC versus RF accelerated life testing. *Microelectron. Reliab.* 55 (12): 2505–2510.

3 JESD22-A108 (2017). *Temperature, bias, and operating life*. Joint Electron Device Engineering Council (JEDEC).

4 JEP118A (2018). *Guidelines for GaAs MMIC PHEMT/MESFET and HBT reliability accelerated life testing*. Joint Electron Device Engineering Council (JEDEC).

5 McPherson, J.W. (2018). Brief history of JEDEC qualification standards for silicon technology and their applicability(?) to WBG semiconductors. *2018 IEEE International Reliability Physics Symposium (IRPS)*, Burlingame, CA, USA (11–15 March 2018), pp. 3B.1-1–3B.1-8.

6 McDonald, T. (2018). Reliability and qualification of CoolGaN TM. Infineon Technologies AG, White Paper.

7 Marcon, D., Kang, X., Viaene, J. et al. (2011). GaN-based HEMTs tested under high temperature storage test. *Microelectron. Reliab.* 51 (9–11): 1717–1720.

8 Dammann, M., Baeumler, M., Brückner, P. et al. (2015). Degradation of 0.25 μm GaN HEMTs under high temperature stress test. *Microelectron. Reliab.* 55 (9–10): 1667–1671.

9 Kuball, M. and Pomeroy, J.W. (2016). A review of Raman thermography for electronic and opto-electronic device measurement with sub-micron spatial and nanosecond temporal resolution. *IEEE Trans. Device Mater. Reliab.* 16 (4): 667–684.

10 Marcon, D., Kauerauf, T., Medjdoub, F. et al. (2010). A comprehensive reliability investigation of the voltage-, temperature- and device geometry-dependence of the gate degradation on state-of-the-art GaN-on-Si HEMTs. *2010 International Electron Devices Meeting*, San Francisco, CA, USA (6–8 December 2010), pp. 20.3.1–20.3.4.

11 Meneghini, M., Stocco, A., Bertin, M. et al. (2012). Time-dependent degradation of AlGaN/GaN high electron mobility transistors under reverse bias. *Appl. Phys. Lett.* 100 (3): 033505-1–033505-3.

12 Degraeve, R., Kaczer, B., and Groeseneken, G. (1999). Degradation and breakdown in thin oxide layers: mechanisms, models and reliability prediction. *Microelectron. Reliab.* 39 (10): 1445–1460.

13 Meneghesso, G., Verzellesi, G., Danesin, F. et al. (2008). Reliability of GaN high-electron-mobility transistors: state of the art and perspectives. *IEEE Trans. Device Mater. Reliab.* 8 (2): 332–343.

14 del Alamo, J.A. and Joh, J. (2009). GaN HEMT reliability. *Microelectron. Reliab.* 49 (9–11): 1200–1206.

15 Trew, R., Green, D., and Shealy, J. (2009). AlGaN/GaN HFET reliability. *IEEE Microwave Mag.* 10 (4): 116–127.

16 Zanoni, E., Meneghini, M., Chini, A. et al. (2013). AlGaN/GaN-based HEMTs failure physics and reliability: mechanisms affecting gate edge and Schottky junction. *IEEE Trans. Electron Devices* 60 (10): 3119–3131.

17 Ibbetson, J.P., Fini, P.T., Ness, K.D. et al. (2000). Polarization effects, surface states, and the source of electrons in AlGaN/GaN heterostructure field effect transistors. *Appl. Phys. Lett.* 77 (2): 250–252.

18 Higashiwaki, M., Chowdhury, S., Miao, M.-S. et al. (2010). Distribution of donor states on etched surface of AlGaN/GaN heterostructures. *J. Appl. Phys.* 108 (6): 063719.

19 Hua, M., Wei, J., Tang, G. et al. (2017). Normally-off LPCVD-SiN$_x$/GaN MIS-FET with crystalline oxidation interlayer. *IEEE Electron Device Lett.* 38 (7): 929–932.

20 Ťapajna, M., Stoklas, R., Gregušová, D. et al. (2017). Investigation of 'surface donors' in Al$_2$O$_3$/AlGaN/GaN metal-oxide-semiconductor heterostructures:

correlation of electrical, structural, and chemical properties. *Appl. Surf. Sci.* 426 (12): 656–661.

21 Ťapajna, M., Simms, R.J.T., Pei, Y. et al. (2010). Integrated optical and electrical analysis: identifying location and properties of traps in AlGaN/GaN HEMTs during electrical stress. *IEEE Electron Device Lett.* 31 (7): 662–664.

22 Vetury, R., Zhang, N.Q., Keller, S., and Mishra, U.K. (2001). The impact of surface states on the DC and RF characteristics of AlGaN/GaN HFETs. *IEEE Trans. Electron Devices* 48 (3): 560–566.

23 Faramehr, S., Kalna, K., and Igić, P. (2014). Drift-diffusion and hydrodynamic modelling of current collapse in GaN HEMTs for RF power application. *Semicond. Sci. Technol.* 29 (2): 025007-1–025007-11.

24 Meneghesso, G., Meneghini, M., Bisi, D. et al. (2013). Trapping phenomena in AlGaN/GaN HEMTs: a study based on pulsed and transient measurements. *Semicond. Sci. Technol.* 28 (7): 074021-1–074021-8.

25 Ťapajna, M., Jimenez, J.L., and Kuball, M. (2012). On the discrimination between bulk and surface traps in AlGaN/GaN HEMTs from trapping characteristics. *Phys. Status Solidi A* 209 (2): 386–389.

26 Faqir, M., Verzellesi, G., Fantini, F. et al. (2007). Characterization and analysis of trap-related effects in AlGaN–GaN HEMTs. *Microelectron. Reliab.* 47 (9–11): 1639–1642.

27 Joh, J. and del Alamo, J.A. (2008). Impact of electrical degradation on trapping characteristics of GaN high electron mobility transistors. *2008 IEEE International Electron Devices Meeting*, San Francisco, CA, USA (15–17 December 2008), pp. 1–4.

28 Bisi, D., Meneghini, M., de Santi, C. et al. (2013). Deep-level characterization in GaN HEMTs-Part I: advantages and limitations of drain current transient measurements. *IEEE Trans. Electron Devices* 60 (10): 3166–3175.

29 Look, D.C., Fang, Z.-Q., and Claflin, B. (2005). Identification of donors, acceptors, and traps in bulk-like HVPE GaN. *J. Cryst. Growth* 281 (1): 143–150.

30 Joh, J. and del Alamo, J.A. (2006). Mechanisms for electrical degradation of GaN high-electron mobility transistors. *2006 International Electron Devices Meeting*, San Francisco, CA, USA (11–13 December 2006), pp. 1–4.

31 Joh, J., Xia, L., and del Alamo, J.A. (2007). Gate current degradation mechanisms of GaN high electron mobility transistors. *2007 IEEE International Electron Devices Meeting*, Washington, DC, USA, pp. 385–388.

32 Chowdhury, U., Jimenez, J.L., Lee, C. et al. (2008). TEM observation of crack- and pit-shaped defects in electrically degraded GaN HEMTs. *IEEE Electron Device Lett.* 2 (10): 1098–1100.

33 Bajo, M.M., Hodges, C., Uren, M.J., and Kuball, M. (2012). On the link between electroluminescence, gate current leakage, and surface defects in AlGaN/GaN high electron mobility transistors upon off state stress. *Appl. Phys. Lett.* 101 (3): 033508-1–033508-4.

34 Joh, J. and del Alamo, J.A. (2008). Critical voltage for electrical degradation

of GaN high-electron mobility transistors. *IEEE Electron Device Lett.* 29 (4): 287–289.

35 Chini, A., Esposto, M., Meneghesso, G., and Zanoni, E. (2008). Evaluation of GaN HEMT degradation by means of pulsed *I-V*, leakage and DLTS measurements. *Electron. Lett.* 45 (8): 426–427.

36 Marcon, D., Viaene, J., Favia, P. et al. (2012). Reliability of AlGaN/GaN HEMTs: permanent leakage current increase and output current drop. *Microelectron. Reliab.* 52 (9–10): 2188–2193.

37 Zanoni, E., Danesin, F., Meneghini, M. et al. (2009). Localized damage in AlGaN/GaN HEMTs induced by reverse-bias testing. *IEEE Electron Device Lett.* 30 (5): 427–429.

38 Batten, T., Pomeroy, J.W., Uren, M.J. et al. (2009). Simultaneous measurement of temperature and thermal stress in AlGaN/GaN high electron mobility transistors using Raman scattering spectroscopy. *J. Appl. Phys.* 106 (9): 094509-1–094509-4.

39 Ancona, M.G., Binari, S.C., and Meyer, D. (2011). Fully-coupled electromechanical analysis of stress-related failure in GaN HEMTs. *Phys. Status Solidi C* 8 (7–8): 2276–2278.

40 Li, L., Joh, J., del Alamo, J.A., and Thompson, C.V. (2012). Spatial distribution of structural degradation under high-power stress in AlGaN/GaN high electron mobility transistors. *Appl. Phys. Lett.* 100 (17): 172109-1–172109-3.

41 Christiansen, B.D., Coutu, R.A., Heller, E.R. et al. (2011). Reliability testing of AlGaN/GaN HEMTs under multiple stressors. *2011 International Reliability Physics Symposium*, Monterey, CA, USA,break pp. CD.2.1–CD.2.5.

42 Ťapajna, M., Mishra, U.K., and Kuball, M. (2010). Importance of impurity diffusion for early stage degradation in AlGaN/GaN high electron mobility transistors upon electrical stress. *Appl. Phys. Lett.* 97 (2): 023503-1–023503-3.

43 Makaram, P., Joh, J., del Alamo, J.A. et al. (2010). Evolution of structural defects associated with electrical degradation in AlGaN/GaN high electron mobility transistors. *Appl. Phys. Lett.* 96 (23): 233509-1–233509-3.

44 Gao, F., Lu, B., Li, L. et al. (2011). Role of oxygen in the OFF-state degradation of AlGaN/GaN high electron mobility transistors. *Appl. Phys. Lett.* 99 (22): 223506-1–223506-3.

45 Brazzini, T., Sun, H., Sarti, F. et al. (2016). Mechanism of hot electron electroluminescence in GaN-based transistors. *J. Phys. D: Appl. Phys.* 49 (43): 435101-1–435101-6.

46 Hui, K., Hu, C., George, P., and Ko, P.K. (1990). Impact ionization in GaAs MESFETs. *IEEE Electron Device Lett.* 11 (3): 113–115.

47 Simms, R.J.T., Pomeroy, J.W., Uren, M.J. et al. (2010). Electric field distribution in AlGaN/GaN high electron mobility transistors investigated by electroluminescence. *Appl. Phys. Lett.* 97 (3): 033502-1–033502-3.

48 Meneghini, M., Stocco, A., Silvestri, R. et al. (2012). Degradation of

AlGaN/GaN high electron mobility transistors related to hot electrons. *Appl. Phys. Lett.* 100 (16): 12–15.

49 Shigekawa, N., Shiojima, K., and Suemitsu, T. (2001). Electroluminescence characterization of AlGaN/GaN high electron mobility transistors. *Appl. Phys. Lett.* 79 (8): 1196–1198.

50 Nakao, T., Ohno, Y., Akita, M. et al. (2002). Electroluminescence in AlGaN/GaN high electron mobility transistors under high bias voltage. *Jpn. J. Appl. Phys.* 41 (4A): 1990–1991.

51 Gütle, F., Polyakov, V.M., Baeumler, M. et al. (2012). Radiative inter-valley transitions as a dominant emission mechanism in AlGaN/GaN high electron mobility transistors. *Semicond. Sci. Technol.* 27 (12): 125003-1–125003-7.

52 Van de Walle, C.G. (1997). Interactions of hydrogen with native defects in GaN. *Phys. Rev. B* 56 (15–16): R10020–R10023.

53 Wright, A.F. (2001). Interaction of hydrogen with gallium vacancies in wurtzite GaN. *J. Appl. Phys.* 90 (3): 1164–1169.

54 Puzyrev, Y.S., Roy, T., Beck, M. et al. (2011). Dehydrogenation of defects and hot-electron degradation in GaN high-electron-mobility transistors. *J. Appl. Phys.* 109 (3): 034501-1–034501-8.

55 Kuzmik, J. (2001). Power electronics on InAlN/(In)GaN: prospect for a record performance. *IEEE Electron Device Lett.* 22 (11): 510–512.

56 Matulionis, A., Liberis, J., Matulionienė, I. et al. (2003). Hot-phonon temperature and lifetime in a biased $Al_xGa_{1-x}N$/GaN channel estimated from noise analysis. *Phys. Rev. B* 68 (3): 035338-1–035338-7.

57 Kuzmik, J., Vitanov, S., Dua, C. et al. (2012). Buffer-related degradation aspects of single and double-heterostructure quantum well InAlN/GaN high-electron-mobility transistors. *Jpn. J. Appl. Phys.* 51 (5R): 054102-1–054102-5.

58 Ťapajna, M., Killat, N., Palankovski, V. et al. (2014). Hot-electron-related degradation in InAlN/GaN high-electron-mobility transistors. *IEEE Trans. Electron Devices* 61 (8): 2793–2801.

59 Kayis, C., Ferreyra, R.A., Wu, M. et al. (2011). Degradation in InAlN/AlN/GaN heterostructure field-effect transistors as monitored by low-frequency noise measurements: hot phonon effects. *Appl. Phys. Lett.* 99 (6): 063505-1–063505-3.

60 Zhu, C.Y., Wu, M., Kayis, C. et al. (2012). Degradation and phase noise of InAlN/AlN/GaN heterojunction field effect transistors: implications for hot electron/phonon effects. *Appl. Phys. Lett.* 101 (10): 103502-1–103502-4.

61 Kuzmik, J., Pozzovivo, G., Ostermaier, C. et al. (2009). Analysis of degradation mechanisms in lattice-matched InAlN/GaN high-electron-mobility transistors. *J. Appl. Phys.* 106 (12): 124503-1–124503-7.

62 Downey, B.P., Meyer, D.J., Roussos, J.A. et al. (2015). Effect of gate insulator thickness on RF power gain degradation of vertically scaled GaN MIS-HEMTs at 40 GHz. *IEEE Trans. Devise Mater. Reliab.* 15 (4): 474–477.

63 Matulionis, A., Liberis, J., Matulionienė, I. et al. (2009). Plasmon-enhanced heat dissipation in GaN based two-dimensional channels. *Appl. Phys. Lett.* 95 (19): 192102-1–192102-3.

64 Dyson, A. and Ridley, B.K. (2008). Phonon-plasmon coupled-mode lifetime in semiconductors. *J. Appl. Phys.* 103 (11): 114507-1–114507-4.

65 Leach, J.H., Zhu, C.Y., Wu, M. et al. (2010). Effect of hot phonon lifetime on electron velocity in InAlN/AlN/GaN heterostructure field effect transistors on bulk GaN substrates. *Appl. Phys. Lett.* 96 (13): 133505-1–133505-3.

66 Leach, J.H., Zhu, C.Y., Wu, M. et al. (2009). Degradation in InAlN/GaN-based heterostructure field effect transistors: role of hot phonons. *Appl. Phys. Lett.* 95(22): 223504 (3pp).

67 Nazari, M., Hancock, B.L., Piner, E.L., and Holtz, M.W. (2015). Self-heating profile in an AlGaN/GaN heterojunction field-effect transistor studied by ultraviolet and visible micro-Raman spectroscopy. *IEEE Trans. Electron Devices* 62 (5): 1467–1472.

68 Michaud, J., Del Vecchio, P., Bechou, L. et al. (2015). Precise facet temperature distribution of high-power laser diodes: unpumped window effect. *IEEE Photonics Technol. Lett.* 27 (9): 1002–1005.

69 Kuzmík, J., Bychikhin, S., Neuburger, M. et al. (2005). Transient thermal characterization of AlGaN/GaN HEMTs grown on silicon. *IEEE Trans. Electron Devices* 52 (8): 1698–1705.

70 Batten, T., Manoi, A., Uren, M.J. et al. (2010). Temperature analysis of AlGaN/GaN based devices using photoluminescence spectroscopy: challenges and comparison to Raman thermography. *J. Appl. Phys.* 107 (7): 074502-1–074502-5.

71 McAlister, S.P., Bardwell, J.A., Haffouz, S., and Tang, H. (2006). Self-heating and the temperature dependence of the dc characteristics of GaN heterostructure field effect transistors. *J. Vac. Sci. Technol., A* 24 (3): 624–628.

72 Kuzmík, J., Javora, P., Alam, A. et al. (2002). Determination of channel temperature in AlGaN/GaN HEMTs grown on sapphire and silicon substrates using dc characterization method. *IEEE Trans. Electron Devices* 48 (8): 1496–1498.

73 Joh, J., del Alamo, J.A., Chowdhury, U. et al. (2009). Measurement of channel temperature in GaN high-electron mobility transistors. *IEEE Trans. Electron Devices* 56 (12): 2895–2901.

74 Florovič, M., Szobolovszký, R., Kováč, J. Jr., et al. (2019). Rigorous channel temperature analysis verified for InAlN/AlN/GaN HEMT. *Semicond. Sci. Technol.* 34 (6): 065021-1–065021-1.

75 Pavlidis, G., Pavlidis, S., Heller, E.R. et al. (2017). Characterization of AlGaN/GaN HEMTs using gate resistance thermometry. *IEEE Trans. Electron Devices* 64 (1): 78–83.

76 Mion, C., Muth, J.F., Preble, E.A., and Hanser, D. (2006). Accurate dependence of gallium nitride thermal conductivity on dislocation density. *Appl. Phys. Lett.* 89 (9): 092123-1–092123-3.

77 Pearton, S.J. (ed.) (2000). *GaN and Related Materials II*, (692 p). CRC Press. ISBN: 9789056996864.

78 Killat, N., Montes, M., Pomeroy, J.W. et al. (2012). Thermal properties of AlGaN/GaN HFETs on bulk GaN substrates. *IEEE Electron Device Lett.* 33 (3): 366–368.

79 Manoi, A., Pomeroy, J.W., Killat, N., and Kuball, M. (2010). Benchmarking of thermal boundary resistance in AlGaN/GaN HEMTs on SiC substrates: implications of the nucleation layer microstructure. *IEEE Electron Device Lett.* 31 (12): 1395–1397.

80 Kuzmík, J., Ťapajna, M., Válik, L. et al. (2014). Self-heating in GaN transistors designed for high-power operation. *IEEE Trans. Electron Devices* 61 (10): 3429–3434.

81 Kuball, M., Pomeroy, J.W., Gucmann, F., and Oner, B. (2019). Thermal analysis of semiconductor devices and materials - why should I not trust a thermal simulation?. *BCICTS 2019 IEEE BiCMOS and Compound Semiconductor Integrated Circuits and Technology Symposium*, Nashville, USA, 2019.

82 Liu, W. and Balandin, A.A. (2005). Thermal conduction in $Al_xGa_{1-x}N$ alloys and thin films. *J. Appl. Phys.* 97 (7): 073710-1–073710-6.

83 Gucmann, F., Pomeroy, J.W., Sarua, A., and Kuball, M. (2019). Channel temperature determination for GaN HEMT lifetime testing – impact of package and device layout. *2019 International Conference on Compound Semiconductor Manufacturing Technology (CS MANTECH)*, Minneapolis, USA, 2019.

84 Meneghini, M., Rossetto, I., Hurkx, F. et al. (2015). Extensive investigation of time-dependent breakdown of GaN-HEMTs submitted to OFF-state stress. *IEEE Trans. Electron Devices* 62 (8): 2549–2554.

85 Lin, M. (2019). New circuit topology for system-level reliability of GaN. *2019 31st International Symposium on Power Semiconductor Devices and ICs (ISPSD)*, Shanghai, China, 2019, pp. 299–302.

86 Borga, M., Meneghini, M., Rossetto, I. et al. (2017). Evidence of time-dependent vertical breakdown in GaN-on-Si HEMTs. *IEEE Trans. Electron Devices* 64 (9): 3616–3621.

87 Zagni, N., Puglisi, F., Pavan, P. et al. (2019). Insights into the off-state breakdown mechanisms in power GaN HEMTs. *Microelectron. Reliab.*: 100–101.

88 Ostermaier, C., Lagger, P., Reiner, M., and Pogany, D. (2018). Review of bias-temperature instabilities at the III-N/dielectric interface. *Microelectron. Reliab.* 82: 62–83.

89 Ťapajna, M., Hilt, O., Bahat-Treidel, E. et al. (2015). Investigation of gate-diode degradation in normally-off p-GaN/AlGaN/GaN high-electron-mobility transistors. *Appl. Phys. Lett.* 107 (19): 193506-1–193506-4.

90 Ťapajna, M., Hilt, O., Würfl, J., and Kuzmík, J. (2016). Gate reliability investigation in normally-off p-type-GaN cap/AlGaN/GaN HEMTs under forward bias stress. *IEEE Electron Device Lett.* 37 (4): 385–388.

91 Wu, T.-L., Marcon, D., You, S. et al. (2015). Forward bias gate breakdown mechanism in enhancement-mode p-GaN gate AlGaN/GaN high-electron mobility transistors. *IEEE Electron Device Lett.* 36 (10): 1001–1003.

92 Ťapajna, M., Jurkovič, M., Válik, L. et al. (2013). Bulk and interface trapping in the gate dielectric of GaN based metal-oxide semiconductor high-electron-mobility transistors. *Appl. Phys. Lett.* 102 (24): 243509.

93 Hashizume, T., Ootomo, S., Inagaki, T., and Hasegawa, H. (2003). Surface passivation of GaN and GaN/AlGaN heterostructures by dielectric films

and its application to insulated-gate heterostructure transistors. *J. Vac. Sci. Technol., B* 21 (4): 1828–1838.

94 Rossetto, I., Meneghini, M., Pandey, S. et al. (2017). Field-related failure of GaN-on-Si HEMTs: dependence on device geometry and passivation. *IEEE Trans. Electron Devices* 64 (1): 73–77.

95 Parish, G., Keller, S., Denbaars, S.P., and Mishra, U.K. (2000). SIMS investigations into the effect of growth conditions on residual impurity and silicon incorporation in GaN and Al$_x$Ga$_{1-x}$N. *J. Electron. Mater.* 29 (1): 15–20.

96 Koller, C., Pobegen, G., Ostermaier, C. et al. (2017). The interplay of blocking properties with charge and potential redistribution in thin carbon-doped GaN on n-doped GaN layers. *Appl. Phys. Lett.* 111 (3): 032106-1–032106-5.

97 Seager, C.H., Wright, A.F., Yu, J., and Götz, W. (2002). Role of carbon in GaN. *J. Appl. Phys.* 92 (11): 6553–6560.

98 Koller, C., Pobegen, G., Ostermaier, C., and Pogany, D. (2017). Evidence of defect band in carbon-doped GaN controlling leakage current and trapping dynamics. *2017 IEEE International Electron Devices Meeting (IEDM)*, San Francisco, CA, USA, 2017, pp. 33.4.1–33.4.4.

99 Rackauskas, B., Uren, M.J., Stoffels, S. et al. (2018). Determination of the self-compensation ratio of carbon in AlGaN for HEMTs. *IEEE Trans. Electron Devices* 65 (5): 1838–1842.

100 Uren, M.J., Cäsar, M., Gajda, M.A., and Kuball, M. (2014). Buffer transport mechanisms in intentionally carbon doped GaN heterojunction field effect transistors. *Appl. Phys. Lett.* 104 (26): 263505.

101 Uemoto, Y., Hikita, M., Ueno, H. et al. (2007). Gate injection transistor (GIT): a normally-off AlGaN/GaN power transistor using conductivity modulation. *IEEE Trans. Electron Devices* 54 (12): 3393–3399.

102 Padovan, V., Koller, C., Pobegen, G. et al. (2019). Stress and recovery dynamics of drain current in GaN HD-GITs submitted to DC semi-ON stress. *Microelectron. Reliab.* 100–101: 113482.

103 Uren, M., Karboyan, S., Chatterjee, I. et al. (2017). "Leaky dielectric" model for the suppression of dynamic R_{ON} in carbon-doped AlGaN/GaN HEMTs. *IEEE Trans. Electron Devices* 64 (7): 2826–2834.

104 Koller, C., Pobegen, G., Ostermaier, C., and Pogany, D. (2018). Effect of carbon doping on charging/discharging dynamics and leakage behavior of carbon-doped GaN. *IEEE Trans. Electron Devices* 65 (12): 5314–5321.

105 Kaneko, S., Kuroda, M., Yanagihara, M. et al. (2015). Current-collapse-free operations up to 850 V by GaN-GIT utilizing hole injection from drain. *IEEE 27th International Symposium on Power Semiconductor Devices & IC's (ISPSD)*, Hong Kong, 2015, pp. 41–44.

106 Tanaka, K., Morita, T., Umeda, H. et al. (2015). Suppression of current collapse by hole injection from drain in a normally-off GaN-based hybrid-drain-embedded gate injection transistor. *Appl. Phys. Lett.* 107 (16): 163502-1–163502-4.

107 Fabris, E., Meneghini, M., De Santi, C. et al. (2019). Hot-electron trapping and hole-induced detrapping in GaN-based GITs and HD-GITs. *IEEE Trans. Electron Devices* 66 (1): 337–342.

108 Ikoshi, A., Toki, M., Yamagiwa, H. et al. (2018). Lifetime evaluation for Hybrid-Drain-embedded Gate Injection Transistor (HD-GIT) under practical switching operations. *2018 IEEE International Reliability Physics Symposium (IRPS)*, Burlingame, CA, USA, 2018, pp. 4E.2-1–4E.2-7.

109 Roccaforte, F., Greco, G., Fiorenza, P., and Iucolano, F. (2019). An overview of normally-off GaN-based high electron mobility transistors. *Materials* 12 (10): 1599-1–1599-18.

110 Rossetto, I., Meneghini, M., Rizzato, V. et al. (2016). Study of the stability of e-mode GaN HEMTs with p-GaN gate based on combined DC and optical analysis. *Microelectron. Reliab.* 64: 547–551.

111 Masin, F., Meneghini, M., Canato, E. et al. (2019). Positive temperature dependence of time-dependent breakdown of GaN-on-Si E-mode HEMTs under positive gate stress. *Appl. Phys. Lett.* 115 (5): 052103-1–052103-4.

112 Efthymiou, L., Longobardi, G., Camuso, G. et al. (2017). On the physical operation and optimization of the p-GaN gate in normally-off GaN HEMT devices. *Appl. Phys. Lett.* 110 (12): 123502-1–123502-5.

113 Hwang, I., Kim, J., Choi, H.S. et al. (2013). p-GaN gate HEMTs with tungsten gate metal for high threshold voltage and low gate current. *IEEE Electron Device Lett.* 34 (2): 202–204.

114 Lee, F., Su, L.-Y., Wang, C.-H. et al. (2015). Impact of gate metal on the performance of p-GaN/AlGaN/GaN high electron mobility transistors. *IEEE Electron Device Lett.* 36 (3): 232–234.

115 Wu, T.-L., Bakeroot, B., Lian, H. et al. (2017). Analysis of the gate capacitance–voltage characteristics in p-GaN/AlGaN/GaN heterostructures. *IEEE Electron Device Lett.* 38 (12): 1696–1699.

116 Meneghini, M., Rossetto, I., Rizzato, V. et al. (2016). Gate stability of GaN-based HEMTs with p-type gate. *Electronics* 5 (4): 14-1–14-8.

117 Yatabe, Z., Asubar, J.T., and Hashizume, T. (2016). Insulated gate and surface passivation structures for GaN-based power transistors. *J. Phys. D: Appl. Phys.* 49 (39): 393001-1–393001-19.

118 Saito, W., Takada, Y., Kuraguchi, M. et al. (2006). Recessed-gate structure approach toward normally off high-voltage AlGaN/GaN HEMT for power electronics applications. *IEEE Trans. Electron Devices* 53 (2): 356–362.

119 Capriotti, M., Fleury, C., Bethge, O. et al. (2015). E-mode AlGaN/GaN True-MOS, with high-k ZrO_2 gate insulator. *45th European Solid-State Device Research Conference (ESSDERC)*, Graz, Austria, 2015, pp. 60–63.

120 Gregušová, D., Jurkovič, M., Haščík, Š. et al. (2014). Adjustment of threshold voltage in AlN/AlGaN/GaN high-electron mobility transistors by plasma oxidation and Al_2O_3 atomic layer deposition overgrowth. *Appl. Phys. Lett.* 104 (1): 013506-1–013506-4.

121 Blaho, M., Gregušová, D., Haščík, Š. et al. (2015). Self-aligned normally-off metal-oxide-semiconductor n^{++}GaN/InAlN/GaN high-electron mobility transistors. *Phys. Status Solidi A* 112 (5): 1086–1090.

122 Zhang, Y., Sun, M., Joglekar, S.J. et al. (2013). Threshold voltage control by gate oxide thickness in fluorinated GaN metal-oxide-semiconductor high-electron-mobility transistors. *Appl. Phys. Lett.* 103 (3): 033524-1–033524-5.

123 Miczek, M., Mizue, C., Hashizume, T., and Adamowicz, B. (2008). Effects of interface states and temperature on the *C-V* behavior of metal/insulator/AlGaN/GaN heterostructure capacitors. *J. Appl. Phys.* 103 (10): 104510-1–104510-11.

124 Matys, M., Stoklas, R., Kuzmik, J. et al. (2016). Characterization of capture cross sections of interface states in dielectric/III-nitride heterojunction structures. *J. Appl. Phys.* 119 (20): 205304-1–205304-7.

125 Lagger, P., Ostermaier, C., Pobegen, G., and Pogany, D. (2012). Towards understanding the origin of threshold voltage instability of AlGaN/GaN MIS-HEMTs. *2012 International Electron Devices Meeting*, San Francisco, CA, USA, 2012, pp. 13.1.1–13.1.4.

126 Ťapajna, M., Jurkovič, M., Válik, L. et al. (2014). Impact of GaN cap on charges in Al$_2$O$_3$/(GaN/)AlGaN/GaN metal-oxide-semiconductor heterostructures analyzed by means of capacitance measurements and simulations. *J. Appl. Phys.* 116 (10): 104501-1–104501-7.

127 Ťapajna, M. and Kuzmík, J. (2012). A comprehensive analytical model for threshold voltage calculation in GaN based metal-oxide-semiconductor high-electron-mobility transistors. *Appl. Phys. Lett.* 100 (11): 113509-1–113509-4.

128 Shih, H.-A., Kudo, M., and Suzuki, T. (2014). Gate-control efficiency and interface state density evaluated from capacitance-frequency-temperature mapping for GaN-based metal-insulator-semiconductor devices. *J. Appl. Phys.* 116 (18): 184507-1–184507-9.

129 Jackson, C.M., Arehart, A.R., Cinkilic, E. et al. (2013). Interface trap characterization of atomic layer deposition Al$_2$O$_3$/GaN metal-insulator-semiconductor capacitors using optically and thermally based deep level spectroscopies. *J. Appl. Phys.* 113 (20): 204505-1–204505-6.

130 Hori, Y., Yatabe, Z., and Hashizume, T. (2013). Characterization of interface states in Al$_2$O$_3$/AlGaN/GaN structures for improved performance of high-electron-mobility transistors. *J. Appl. Phys.* 114 (1): 244503-1–244503-8.

131 Yang, S., Tang, Z., Wong, K.-Y. et al. (2013). Mapping of interface traps in high-performance Al$_2$O$_3$/AlGaN/GaN MIS-heterostructures using frequency- and temperature-dependent *C-V* techniques. *2013 IEEE International Electron Devices Meeting*, Washington, DC, USA, 2013, pp. 6.3.1–6.3.4.

132 Capriotti, M., Lagger, P., Fleury, C. et al. (2015). Modeling small-signal response of GaN-based metal-insulator- semiconductor high electron mobility transistor gate stack in spill-over regime: effect of barrier resistance and interface states. *J. Appl. Phys.* 117 (2): 024506-1–024506-7.

133 Matys, M., Kaneki, S., Nishiguchi, K. et al. (2017). Disorder induced gap states as a cause of threshold voltage instabilities in Al$_2$O$_3$/AlGaN/GaN metal-oxide-semiconductor high-electron-mobility transistors. *J. Appl. Phys.* 122 (22): 224504-1–224504-7.

134 Bakeroot, B., You, S., Wu, T.-L. et al. (2014). On the origin of the two-dimensional electron gas at AlGaN/GaN heterojunctions and its

influence on recessed-gate metal-insulator-semiconductor high electron mobility transistors. *J. Appl. Phys.* 116 (13): 134506-1–134506-10.

135 Zhu, J., Hou, B., Chen, L. et al. (2018). Threshold voltage shift and interface/border trapping mechanism in Al_2O_3/AlGaN/GaN MOS-HEMTs. *2018 IEEE International Reliability Physics Symposium (IRPS)*, Burlingame, CA, USA, 2018, pp. P-WB.1-1–P-WB.1-4.

136 Bisi, D., Chan, S.H., Liu, X. et al. (2016). On trapping mechanisms at oxide-traps in Al_2O_3/GaN metal-oxide-semiconductor capacitors. *Appl. Phys. Lett.* 108 (11): 112104-1–112104-5.

137 Wu, T.-L., Franco, J., Marcon, D. et al. (2016). Toward understanding positive bias temperature instability in fully recessed-gate GaN MISFETs. *IEEE Trans. Electron Devices* 63 (5): 1853–1860.

138 Ber, E., Osman, B., and Ritter, D. (2019). Measurement of the variable surface charge concentration in Gallium Nitride and implications on device modeling and physics. *IEEE Trans. Electron Devices* 66 (5): 2100–2105.

139 Yang, J., Eller, B.S., and Nemanich, R.J. (2014). Surface band bending and band alignment of plasma enhanced atomic layer deposited dielectrics on Ga- and N-face gallium nitride. *J. Appl. Phys.* 116 (12): 123702-1–123702-12.

140 Matys, M., Stoklas, R., Blaho, M., and Adamowicz, B. (2017). Origin of positive fixed charge at insulator/AlGaN interfaces and its control by AlGaN composition. *Appl. Phys. Lett.* 110 (24): 243505-1–243505-5.

141 Esposto, M., Krishnamoorthy, S., Nathan, D.N. et al. (2011). Electrical properties of atomic layer deposited aluminum oxide on gallium nitride. *Appl. Phys. Lett.* 99 (13): 133503-1–133503-3.

142 Ganguly, S., Verma, J., Li, G. et al. (2011). Presence and origin of interface charges at atomic-layer deposited Al_2O_3/III-nitride heterojunctions. *Appl. Phys. Lett.* 99 (19): 193504-1–193504-3.

143 Hashizume, T., Kaneki, S., Oyobiki, T. et al. (2018). Effects of postmetallization annealing on interface properties of Al_2O_3/GaN structures. *Appl. Phys. Express* 11 (12): 124102-1–124102-4.

144 Ťapajna, M., Drobný, J., Gucmann, F. et al. (2019). Impact of oxide/barrier charge on threshold voltage instabilities in AlGaN/GaN metal-oxide-semiconductor heterostructures. *Mater. Sci. Semicond. Process.* 91: 356–361.

145 Lagger, P., Reiner, M., Pogany, D., and Ostermaier, C. (2014). Comprehensive study of the complex dynamics of forward bias-induced threshold voltage drifts in GaN based MIS-HEMTs by stress/recovery experiments. *IEEE Trans. Electron Devices* 61 (4): 1022–1030.

146 Reisinger, H., Grasser, T., Gustin, W., and Schluandnder, C. (2010). The statistical analysis of individual defects constituting NBTI and its implications for modeling DC- and AC stress. *2010 IEEE International Reliability Physics Symposium (IRPS)*, Anaheim, CA, USA, 2010.

147 Lagger, P., Steinschifter, P., Reiner, M. et al. (2014). Role of the dielectric for the charging dynamics of the dielectric/barrier interface in AlGaN/GaN

based metal-insulator-semiconductor structures under forward gate bias stress. *Appl. Phys. Lett.* 105 (3): 033512-1–033512-5.

148 Meneghesso, G., Meneghini, M., Bisi, D. et al. (2016). Trapping and reliability issues in GaN-based MIS HEMTs with partially recessed gate. *Microelectron. Reliab.* 58: 151–157.

149 Pohorelec, O., Ťapajna, M., Gregušová, D. et al. (2019). Investigation of threshold voltage instabilities in MOS-gated InGaN/AlGaN/GaN HEMTs. *Proceedings of Advances in Electronic and Photonic Devices*, High Tatras, Slovakia (24–27 June 2019).

第 7 章

发光二极管

Amit Yadav[1]，Hideki Hirayama[2] 和 Edik U. Rafailov[1]

1 英国阿斯顿大学，阿斯顿光子技术研究所（AIPT）光电和生物医学光子组
2 日本 RIKEN 量子光器件实验室，先驱研究集群（CPR）

7.1 引言

发光二极管（LED）在过去 15 年时间取得了巨大的进步，已经达到了重塑和重新定义人工照明的程度。LED 的高效率和对光质量和参数更好的控制，使得 LED 成为优于现有照明解决方案的关键。然而对于 LED 本身，存在的问题是效率会在更高电流条件时下降，即称为"效率衰退（或效率下降）"现象。因此，进一步了解导致效率下降的机制至关重要。此外，通过现有或替代方案以及器件的优化设计，可以进一步激发 LED 器件在光质量方面的全部潜力，包括显色指数（CRI）和相关色温（CCT）。

无机 LED 是目前应用于室内外照明最高效的光源。这些器件基于 InGaN/GaN 和 AlGaInP 双材料系统的单色光发射。实现从蓝光（基于 InGaN）到红光（基于 AlGaInP）全可见光谱的发光需要，这是根据各自材料中 In 和 Al 的组分而决定。LED 单色发光（发射光谱宽度为 20~50nm）这一特性因光的参数可控，可使照明更加高效且通用。另一方面，白光的产生需要可见光谱内宽带光源，或者两个甚至多个适当波长的单色光源组合。考虑到 LED 较窄的发射光谱宽度，白光的产生可用几种不同的方法实现。目前的方式有单二极管和荧光粉发光二极管。这些光源使物体呈现出真实的颜色，而且重要的是对被照物能有适当的视觉外观。

除了照明，LED 还用于汽车、室内非白色照明、标示牌、显示器等方面。这些应用中的 LED 器件，不论发射波长多少，其内部量子效率（IQE）都是最关键的参数之一。高效率 InGaN/GaN 器件发射蓝光，然而存在效率下降现象，即发光效率随电流密度的增加而下降。导致效率下降的物理过程仍在探究，然而针对效率下降机理已经提出了几种机制，包括俄歇复合、载流子漏电

和器件自加热情况下的载流子移位。基于 AlGaInP 的 LED 也出现了类似效率随电流变化下降的问题。由于材料性质的不同，这种情况下效率下降的主要机制被认为是载流子漏电。然而，为了更好地理解蓝光 LED 和红光 LED 效率下降的物理机制，还需要更多的实验研究和理论计算。

另一方面，AlGaN 深紫外发光二极管（DUV LED）具有广泛的潜在应用，包括杀菌、净水、紫外线固化，以及医疗和生物化学领域的应用。然而 AlGaN DUV LED 的效率相比 InGaN 蓝光 LED 仍然较低。生长 AlN 和 AlGaN 宽禁带晶体材料技术已经开发出来，使用该技术可以实现 220~350nm 波段的 DUV LED。通过开发生长低刃位错密度（TDD）的 AlN，AlGaN 量子阱（QW）的 IQE 得到了显著提升。通过优化电子阻挡层（EBL），电子注入效率（EIE）得到了显著提高。通过使用透明 p 型 AlGaN 接触层、高反射（HR）p 型电极和图形化蓝宝石衬底制作的 AlN，光提取效率（LEE）也得到了提升。通过应用反射光子晶体（PhC）p 型接触层进一步进行了改进。275nm AlGaN UVC LED 的外量子效率（EQE）达到了 20.3%。

7.2 最先进的 GaN 发光二极管

LED 的关键特性之一就是高能效和低能耗，从而为气候变化做出贡献。理想情况下，当每个注入的电子都能产生一个光子时将达成 100% 的效率。这将转化为光输出与注入电流的线性关系，表明 EQE 与电流（线性坐标系下）的关系是非参数且守恒的。然而在现实情况中很少有这样的理想条件，尤其是当能量转换成为主要时。这方面 LED 也不例外，实现全部潜能所需要解决的关键挑战之一就是众所周知的效率下降现象[1]。效率在电流密度升高到一定程度后逐渐下降，这对于两种 InGaN LED 来说是一个严重的问题。该现象可以用式（7.1）计算：

$$EQE_{droop} = \frac{EQE_{peak} - EQE_I}{EQE_{peak}} \tag{7.1}$$

在光致发光（PL）和电致发光（EL）两种情况下，三族氮化物 LED 都观察到了效率下降现象，学术界对此进行了研究和讨论。过去十年时间，有研究者提出了几种不同的物理过程作为可能的原因，但并未达成共识。下面内容简要介绍了一些已经提出的机制。

（1）俄歇复合

作为一个三粒子过程，俄歇复合是关于 GaN LED 效率下降现象最有争议的机制。直接俄歇复合是一种非辐射过程，当电子和空穴结合时，能量不会以光子的形式释放，而是转移到第三个载流子，即电子或空穴，将其激发到另一个能级，即电子到更高的导带或空穴到更深更低的价带。该现象依赖载流子的空间密度，因此随电流增加对效率下降的贡献更大。这由 ABC 模型中的系数 C 计算。关于俄歇复合对效率下降影响的争论实际上集中在俄歇系数（C）的不同实验值上。Shen 等人[2]通过在双异质结构（DH）InGaN 层上进行共振激发得到 $10^{-30}\,cm^6/s$ 量级的数据，而 Ryu[3] 等人报道了量级为 $10^{-27} \sim 10^{-24}\,cm^6/s$ 的数据。忽略载流子泄露的情况下，使用 ABC 模型提取 C 值的大量研究已经在单个或多量子阱上进行，Piprek[1]对此进行了总结。另一方面，也有研究计算出了量级在 $10^{-34}\,cm^6/s$[4]的更低俄歇系数理论值。较低的理论值（基于 ABC 模型）与实验值形成对比，难以与实验数据良好拟合。因此，为了解释理论值和实验数据的差异，又提出了另外的俄歇复合机制。Kioupakis 等人[5]将声子辅助的间接俄歇复合与直接俄歇复合一起进行解释，其中第三载流子需要声子跃迁，产生的俄歇系数为 $(0.5 \sim 2) \times 10^{-31}\,cm^6/s$。然而这个范围足以解释实验中报道的最低值 $1.8 \times 10^{-31}\,cm^6/s$[6]，不足以支持大多数实验观察到的 $1.4 \times 10^{-30} \sim 1 \times 10^{-30}\,cm^6/s$ 数值范围[2,3,7-9]。另一方面，Delaney 和同事利用密度泛函和多体微扰理论，从第一性原理出发计算得到了俄歇系数的范围从 $1 \times 10^{-34} \sim 5 \times 10^{-28}\,cm^6/s$。他们考虑对于宽禁带半导体，导带上的另一个能带，将这些值的一致性归因于带间俄歇复合，并估算出一个系数值 $2 \times 10^{-30}\,cm^6/s$，与 Shen 等人[2]的结论一致。

（2）载流子离域

大多数 GaN 器件生长在蓝宝石衬底上，由于晶格常数失配较大导致存在大量缺陷，其主要是密度约为 $10^9\,cm^{-2}$ 的点缺陷和刃位错。尽管如此，三族氮化物器件仍展现出较高的 IQE[10-14]。这可以通过位错处载流子复合前面内局部势极小值的载流子局域化解释。对于这种局域化，已经提出了几种机制：1）QW 宽度波动[15-18]；2）载流子聚集[19-20]；3）随机合金波动[21-22]；4）由螺位错引起的六边 V 形凹坑（漏斗）[23]。前三种机制分别或共同造成了局部势极小值，而螺位错周围的 V 形凹坑是反局域化的。有人认为六边形坑边上的极窄量子阱在位错位置周围形成了一个高势垒，从而使它们与这些刃位错保持物理距离。

因此可以合理地假设，局部电势波动使载流子和非辐射中心物理上保持分离。因此，当有源区（AR）注入低电流密度时，这些电势极低点能够局部限制载流子。然而，在更高的电流密度下，这些电势低点被载流子过度填充，电子开始逃逸，即转变为离域，仅被位错俘获并损失在非辐射复合中，从而降低效率[10-11,13,24-25]。这些载流子会进一步导致结温升高，这是因为由刃位错导致的寄生隧穿电流引起了热阻[26]。这只会随载流子注入的增加而增加，从而促进声子辅助隧穿[26]。

Haider 等人在研究中提出了密度激活缺陷复合（DADR）作为效率下降的可能机制。他们认为由 In 成分波动或量子阱宽度波动造成的电势极小处在低载流子密度下屏蔽了载流子缺陷，然而在更高的密度下，载流子逃逸到了其余的

QW 中，因此在缺陷复合中心很容易复合。他们模拟了由于载流子离域产生的非辐射损耗，并证明与 410nm 和 530nm 发光的 LED 实验数据良好吻合。

Wang 等人[13]提出了更多关于离域的证据。他们研究了用不同衬底（GaN 和 InGaN）生长的两个 LED 的效率下降现象。基于 PL 研究，结果表明 InGaN 衬底的 LED 具有更高的局域化强度。分析过程中，EQE(I) 被分为三部分。他们将较低电流密度下高的峰值 IQE，即 EQE(I) 的第（1）部分，和电流密度增加时产生的快速下降，即 EQE(I) 的第（2）部分，都归因于载流子离域。研究进一步指出，大于 24A/cm² 电流密度，即 EQE(I) 的第（3）部分，效率下降更可能由载流子泄漏引起的。Hammersly 等人[27]在 InGaN QE LED 的 PL 温度依赖性研究中也对载流子离域进行了类似的观察。

另一方面，与所有这些观察结果相反，Schubert 等人[28]基于两个不同位错密度（$5.3×10^8 cm^{-2}$ 和 $5.7×10^9 cm^{-2}$）的 InGaN LED 符合速率方程分析，认为高电流密度下的载流子泄漏是效率下降的主要机制。文献给出的实验结果清晰表明，低位错密度的 LED 具有更高的峰值效率和更大的衰减。

此外，Smeeton 等人[29]对因 InGaN 分离而形成的富 In 岛或集群提出了质疑。他们描述了在透射电镜（TEM）测试中观察到的这种结构是由于电子束造成的损伤，而不是成分波动。Galtrey 等人[30]后来通过 3D 原子探针测量证实了这些观察结果，并将观察到的 In 分布描述为随机合金分布。

（3）电子泄漏

电子泄漏是一个术语，用于解释所有在有源区域内逃离量子阱的注入电子，因此这些电子也不会导致光致发光，并且与非辐射复合导致电子损失的物理机制无关。这些电子随后在 p 型 GaN 或 p 型电极中重新复合。为限制载流子泄漏到器件的 p 侧，器件结构中 AlGaN EBL 被应用在 p 型 GaN 附近。这个想法的目的是创造一个足够高的势垒让电子反射回量子阱。然而该器件的 p 型掺杂区域观察到了超出 EBL 的发光[31-32]。一方面，这一观察肯定了 EBL 的无效；另一方面，这也将电子泄漏直接联系到电子效率的下降。关于效率下降和电子泄漏的主要观察结果为：1）自发辐射随电流增加；2）较低的峰值 EQE；3）效率下降的开始节点向高电流转移。EBL 的无效主要归因于 c 面蓝宝石衬底上生长的极性 GaN LED 极化场[33]。由于 GaN 势垒和 AlGaN EBL 界面之间自发极化和压电极化程度的差异，片状正电荷会积累在 GaN 势垒和 AlGaN EBL 的界面处。这使 EBL 的能带发生了相当负向的倾斜，从而降低了其在能量方面的有效高度。增加 EBL 势垒高度的一种方法是增加 AlGaN EBL 层的 Al 含量；然而由于 GaN 间隔层和 AlGaN EBL 之间的导带偏移量增加较大，势垒高度的增加将无效[34]。

其他机制中，空穴注入不良[35-36]，以及不对称载流子浓度和迁移率被认为是电子泄漏的原因[37]。这两种机制的共同根源在于，由于 Mg 掺杂自我补偿无法实现高空穴浓度，从而限制了 GaN 的 p 型掺杂。这导致空穴的数量比掺 Si 的 n 型 GaN 获得的电子数量少，这是因为电子的低电离能约为 17meV[38]，相比之下 GaN 中的 Mg 受体需要 170meV 的电离能[39]。此外，用于限制电子逃逸的 EBL 由于 AlGaN 和 GaN 间隔区的价带偏移而阻碍空穴移动，从而导致空穴注入有源区的效果不佳。通过用一个三端二极管，器件中两个阳极用于改善空穴注入[40]，已经证明了上述内容就是导致效率下降的一个因素。另一方面，由于上述原因，电子和空穴浓度差异导致的载流子浓度不对称，以及由于其较高的有效质量导致的空穴迁移率较低，已被认为导致电子泄漏并因此降低效率的机制[41]。

7.2.1　蓝光二极管

基于 InGaN 的蓝光 LED 是荧光粉覆盖的白光 LED 的核心。近年来，随着芯片设计、生长和制造技术的改进，这些器件的量子效率有了显著的提高。尽管此类器件的 IQE 已提高到了 80% 以上[42]，但随着工作电流的增加，其效率仍会下降，即存在效率下降现象。这是 InGaN 基高功率器件被设计达到更高单位面积发光功率的根本障碍，因为它们在不同峰值效率的电流/电流密度下工作。

研究者对 InGaN LED 的效率下降进行了仔细研究，并报道了各种导致效率下降的机制。在这些过程中，俄歇复合[2,43-44]被认为是主要机制，文献的实验证明了这一点[45-47]。另一方面，由于不对称 p-n 结[41,48]和/或极化效应[34,49]、饱和辐射复合[50]、不良的空穴注入[51]和缺陷辅助隧穿导致的有源区外载流子泄漏都是导致效率下降的可能机制。然而研究者仍尚未达成共识。但这并不妨碍解决这一问题的进展。c 面蓝宝石上生长的 LED 中，QW 和 EBL 结构减少或克服了载流子泄漏[13,52-56]、偏振效应[34,57-59]和 QW 载流子密度[60-61]。但了解效率下降的具体过程对于进一步改善 InGaN LED 的 EQE 仍至关重要。

外部量子效率本质上是内部量子效率（η_{int}）和光提取效率（η_{ext}）的结果（假设载流子泄漏可以忽略不计），外部量子效率提供了有关辐射和非辐射复合过程的信息。因此，IQE 和 LEE 的单独评估将有助于确定器件结构和复合过程之间的相关性。对于 LEE 和温度相关可变激发光致发光[63-64]以及 IQE 温度相关电致发光（TDEL）[65-66]的情况下，IQE 和 LEE 通常理论上利用时域有限差分（FDTD）建模[62]确定。虽然 FDTD 需要大量的资源和时间，但 PL 和 TDEL 基于温度对 LEE 没有影响，并且在低温下可以忽略非辐射复合。对于后一种情况，根据参考文献［67-68］的数据导致近 100% 的 IQE 峰值。这表明在一定电流范围内，IQE 峰值即使在低温下似乎也不太可能，需要进一步的实验来证明假设。若考虑因施主与受主热激活使光吸收影响 LEE，则之前关于 LEE 不受温度影响的假设是错误的。

最近，更多实用的方法用来确定 IQE[69-70]，这些基于 ABC 模型的方法仅需要很小的计算量或几乎不需要。本节介绍了蓝光 LED 在 13～440K 温度范围内的效率演变和光谱行为。为此,采用参考文献 [67] 中所述的基于 ABC 模型逐步程序。

蓝光 LED 的电流电压 (I-V) 特性如图 7.1 所示。LED 在所有温度下的 I-V 特性与典型二极管类似,因此表明芯片中的 p-n 结以及其他层具有优异的电学特性。

对于所有温度,测量的 I-V 曲线可以用于分析低驱动电流和高驱动电流。通常在 I-V 图中,正向电压小于 2.2V 的部分与低驱动电流有关。另一方面,对于大电流,典型的正向电压大于 2.7V。不同机制或过程归因于不同的电压水平。

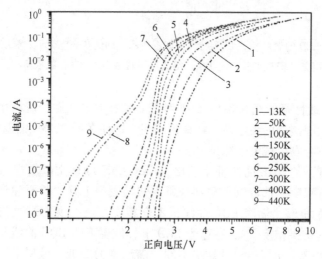

图 7.1　蓝光 LED 的温度相关电流-电压特性 (资料来源:经 Titkov 等人许可转载 2014[67],版权所有,IEEE)

图 7.2 描述了实验测得的 EQE 在不同温度下随电流的变化。从图 7.2 可以看出,对于几乎所有温度,可测量 EQE 的最小电流远高于载流子隧穿的 I-V 曲线低电流区域 ($>10^{-8}$A,对于温度 13K 和 50K)。对于更高的温度,I-V 曲线的低电流和高电流部分的电流值小于或等于可测量的 EQE 电流值。这表明低电流载流子损耗不会影响 EQE 测量,因此使用上述过程处理 EQE 数据是合理的。

另一方面,无论工作温度如何,在 I-V 曲线的高电流部分,有源区中的载流子注入占主导地位。对于这一部分 I-V 曲线,斜率随温度变化。这种变化由依赖于电流的 p-n 结电阻和二极管串联电阻影响。LED 串联电阻是在 13～440K 温度范围,考虑肖特基二极管方程中的串联电阻估计得到。用调整后的二极管电流方程拟合实验曲线,结果表明,当温度从 13K 升高到 440K 时,串联电阻

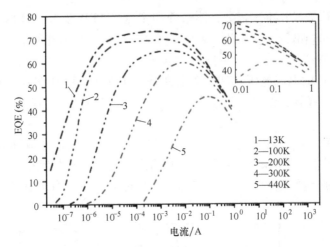

图 7.2　蓝光 LED 的温度相关 EQE 特性：如图所示，即使在高电流下，温度与 EQE 曲线
也不会相交（资料来源：经 Titkov 等人许可转载 2014[67]，版权所有，IEEE）

分别从 7.1Ω 线性降低至 6.0Ω。此外对于 n 型和 p 型接触，LED 串联电阻的微
小变化影响欧姆接触的稳定性。结果还表明，即使在低至 13K 的温度，n 型和 p
型接触层也不会发生载流子冻结。

　　所有温度下的 EQE 曲线都呈现出 InGaN/GaN LED 文献所报道的典型圆顶
形状。在所有温度下都可以观察到众所周知的效率下降。需要注意的是，即使
高达 800mA 的电流，温度 EQE 曲线也不会相交。这一观察结果与之前在蓝光
LED 上报道的结果相反[68]，在蓝光 LED 上，低温下的 EQE 曲线与高温曲线相
交。与参考文献［68］给出的结果不同，随温度的降低，效率下降开始转移到
较低的电流，从而导致曲线相交。

　　图 7.3 显示了温度变化下 EQE 的最大值和 350mA 时的 EQE。EQE 的最大
值从 13K 的约 74% 开始随温度下降至 440K 的约 45%。另一方面，处于工作电
流情况下的 EQE 受温度影响较小，温度从 13K 变化到 440K 仅下降了 9%。

　　光谱分析

　　图 7.4 显示了蓝光 LED 在 3mA 测得的 EL 光谱。从 13~300K 温度范围均在
约 452nm 处观察到了尖峰。该峰值对应量子阱的带间激子发射。此外，存在两
个声子分别表示为 1LO 和 2LO，其中 LO 表示温度 ≤150K 的纵光学声子，可作
为器件上高质量有源区的指示。

　　从图 7.4 中可以观察到，较高温度下 EL 光谱在约 452nm 的主发射峰两侧
EL 变化较缓，存在翼区。高能的翼区是因为随温度升高有源区能带中的载流子
演化，而较大波长范围的翼区只是 LO 声子与峰值的合并。

　　EL 激发下，随温度的升高，主要的发射波长发生红移，然后蓝移，最后再

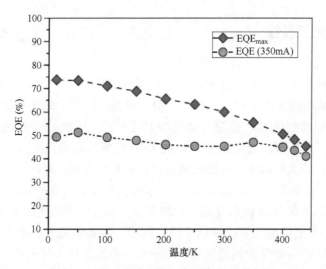

图 7.3　蓝光 LED EQE（350mA）和 EQE$_{max}$ 受温度影响特性（资料来源：
经 Titkov 等人许可转载，2014 年[67]。版权所有，IEEE）

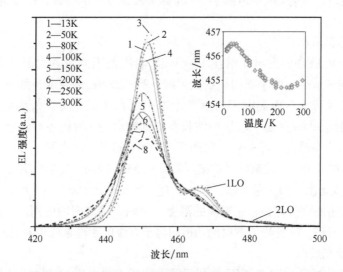

图 7.4　温度 ≤150K 时蓝光 LED 和清晰可见的 LO 声子（第一和第二）的
发射光谱。插图：主波长的 S 形依赖性（资料来源：经 Titkov 等人
许可转载，2014 年[67]。版权所有，IEEE）

次红移，从而表现出 S 形的温度相关性。这种相关性可以通过因载流子局域化
和不均匀性而改变的载流子动态解释。13~300K 温度范围中存在一个相当小的
约 3nm 漂移，因此显示出了极弱的温度相关性和稳定的发射性能。

7.2.2 绿光二极管

高效的绿光 LED 对于固态照明有重要的意义。近十年来，这些 LED 的 EQE 已经取得了相当大的进步。由于改进了载流子传输和芯片设计，以及多量子阱（MQW）有源区的应变工程，这种改变成为可能。目前，绿光 LED 的效率超过了 30%，可以通过内部转换提升至 50% 以上[71]。与 EQE>70% 更先进的蓝光 LED 相比，经过所有改进的绿光 LED 的 EQE 仍然落后很大距离[71]。绿光 LED EQE 中的这一巨大鸿沟主要是因为有源区内部的极化场、QW 中的 In 成分波动导致的载流子局域化，以及高 In 成分时实现绿光 LED 发光所需的非最佳晶体质量。这种 InGaN 基 LED EQE 在较长的波长下，从蓝光到橙光的下降被称为"绿色缺口"。为了更好地理解"绿色缺口"问题，需要研究上述不同机制的影响。在这方面，EQE 与温度的相关性是一个非常有用的工具。与蓝光 LED 相比，绿光 LED 的 EQE 与电流的相关性不对称[7]。为了解释这种不对称 EQE 相关性，包括载流子离域[72]、量子阱中的电子空穴不平衡[73]、InGaN 合金中的抑制非辐射复合[74]以及电子泄漏[75]等机制均被引用。本节将介绍绿光 LED 的光谱和效率特性。

（1）光谱分析

商用绿光 LED 的发射光谱在 13~300K 温度范围测量。大范围工作电流时进行的研究显示存在两个不明显的发射峰。高达 200K 的温度条件下，可以清晰地观察到这种行为。更高温度时这两个峰值无法明显区分。发射峰值在 535~545nm 之间约 10nm 区域。较短的波长在较低输出功率时占主导地位，而较长的波长在较高功率时占主导地位，如图 7.5 所示。这种强度在两个峰值之间的转变发生在从 $10^{-6} \sim 10^{-5}W$ 较窄的光功率区间。从 535~545nm 发射峰转变的观察由标准的 EL 强度得出，如参考文献［76］所述。对于高达 200K 的温度，可以观察到标准发射光谱的类似行为。在更高的温度下，两个峰之间的区别，以及由此产生的转变无法辨识。这种峰值发射的切换归因于有源区在垂直或横向上的不均匀。

（2）发光效率

为了评估绿光 LED 的 EQE，利用了大范围工作电流时的输出功率和发射波长。图 7.6 显示了在 13~300K 不同温度下电流的 EQE 转变。与蓝光 LED 的对称圆顶形状 EQE-电流关系不同，75K 时可以清晰地观察到绿光 LED EQE 的非平坦双峰现象。当 EQE 作为输出功率的函数时，可以观察到类似的情况，如图 7.7所示。这两个峰值明确位于不同的电流/输出功率处。对于温度大于 75K 的情况，较低电流/输出功率下的峰值开始减小，直到温度大于 250K 时与高电流/输出功率的峰值合并。为了计算 EQE，将采用重心波长（由如上所述的峰值转换）。

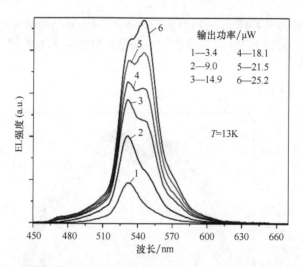

图 7.5 绿光 LED 低温时发射光谱中的双峰现象，以及从短波到长波输出功率的转变
（资料来源：经 Titkov 等人许可转载，2017 年[76]）

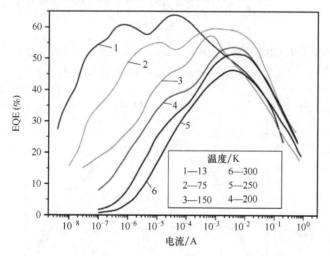

图 7.6 绿光 LED 在 13~300K 温度范围不同温度下的 EQE
（资料来源：经 Titkov 等人许可转载，2017 年[76]）

从图 7.7 中也可以明显看出，简单的 ABC 模型不能提供双峰 EQE 实验数据
的最佳拟合，因此 IQE 的准确评估会很困难。为了缓解简单 ABC 模型的不
足，必须使用修正后的模型，参考文献［76］讨论了此类方法。参考文献
［76］描述的模型解释了量子阱不均匀特性。使用这种模型可以更好地拟合考
虑峰值和高电流/输出功率的实验数据，如图 7.8 所示。从该表述可以进一步确

定，低功率和高功率 EQE 分别归因于 535nm 和 545nm 处的两种光谱发射。参考文献［76］给出的模型假设，不同条件下不同发射波长的有源区（AR）的不同子区域用于解释有源区的不均匀性。这种不均匀性可能是垂直的，也可能是平面内的，或两者兼有。

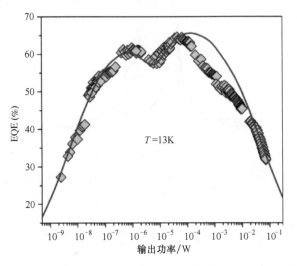

图 7.7　实验数据（方块）的简单 ABC 模型拟合结果（曲线）
（资料来源：经 Titkov 等人许可转载，2017 年[76]）

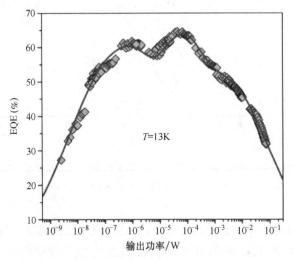

图 7.8　用于解释不均匀性修正后的 ABC 模型（曲线）描述了 EQE 的实验数据（方块）（资料来源：经 Titkov 等人许可转载，2017 年[76]）

7.3 GaN 白光 LED：制备方法和特性

人眼有三种视锥细胞，它们分别对特定波长范围敏感。三种主要波长或颜色范围分别为 420~440nm、530~540nm 和 600~630nm。每个范围分别相当于蓝光、绿光和红光区域。当以适当的光谱比混合时，包括白色在内的其他颜色都可以从这些主要波长中得到。

另一方面，白光的色度坐标位于色度等强度点的中心。因此，有许多光谱组合可以得到所需的白光。为此，可以分别利用二个、三个和四个发射峰的 LED 二色、三色和四色方法产生白光。这些方法可以在多种方法中实现。最常用的商用器件是荧光粉覆盖 LED。大多数光源使用 InGaN/GaN 基蓝光 LED 泵浦宽带黄光荧光粉（YAG：Ce^{3+}）产生白色荧光。这些光源的 CRI 值为 70~80，CCT 值在 4000~8000K[77] 范围，发光效率为 160lm/W[78]。该配置 CRI 较低的主要原因是缺乏红光成分。对此，一种多荧光剂的方法被采纳，其中泵浦 LED 可以发射紫外光或蓝光，但磷光体的光子循环是两到三种基于钇铝石榴石（YAG：540~560nm）、镥铝石榴石（520~540nm）、氧氮化物（500~650nm）和氮化物（615~660nm）的荧光剂混合产物，这使得约 95 的 CRI 为 LED 实现了商业化[79-80]。虽然高 CRI 光源可以用多种荧光剂实现，但也存在一些问题。首先，众所周知的斯托克斯损耗会随着第二种荧光剂的加入而增加，从而影响光源的整体效率。其次，光线发射角度的均匀性取决于荧光粉颗粒大小引起的光散射，而荧光粉的效率也与颗粒大小密切相关。因此，使用多磷法在实现一定效率和发光均匀性上存在优化问题。尽管如此，较宽的发射光谱和吸收强度、稳定的发射光谱、较宽温度范围内维持的效率，以及更强通量水平下的饱和耐受性等优势，正推动着 LED 的开发和应用。

能够产生白光的无磷方式为多芯片和单片 LED。多芯片光源是三个或三个以上 LED（三色或四色）在红光、绿光和蓝光范围内发射不同波长的光线。虽然添加更多的 LED 将改善 CRI，但这些光源的发光效率将受到限制，主要是由于"绿色缺口"问题，即人眼较为敏感的波长范围内 EQE 较低。此外，由于两种不同材料系统（如前文所述）负责光谱中高能和低能部分的发射，它们的最佳工作参数不同，导致需要复杂的电路驱动。AlGaInP LED 的强温度相关性也会影响高温时的性能，导致非最佳效率以及颜色变化[81]。

由于 InGaN/GaN 在原理上可以通过改变 In 组分发射整个可见光谱，因此启发了研究者开发具有多波长发光的单个 LED。这种单片方法正处于研发中。2001 年，Damilano 等人提出了 InGaN/GaN 多量子阱单片白光 LED[82]。自此，这些 LED 就一直致力于提高效率和颜色参数的研发过程。这种方案中，基于通过适量比例（强度）混合不同波长（颜色）的基本原理，使用发射多个不同波长的 InGaN 量子阱（QW）实现白光。MQW（多量子阱）在 GaN 的 p 型和 n 型层之间，为本征未掺杂。为实现短波长和长波长的发射，叠层中的 In 含量不同，并在生长时就预先确定。由于这种方法没有使用荧光剂，所以不存在与荧光剂相关的效率损失，而且 LED 制备过程中也减少了一个工艺步骤（荧光粉沉积）。虽然这种方法遵循与多芯片混色方法相同的原则，但根本区别是单个芯片发射不同波长，而非分别使用驱动电路和反馈机制控制多个单色芯片共同维持恰当的颜色混合。另外，由于这种方式使用单一的材料系统，所以解决了多芯片方案中老化时间不同的问题。因此，单片式 LED 展现出了良好的前景，在不久的将来可以成为固态照明（SSL）的发展方向。除了 QW，纳米金字塔型 GaN[83] 和异质结构 ZnO 纳米线[84] 也在研究中。其他方法，如 QW 光转换器[85] 和分布式布拉格反射器（DBR）谐振腔也已研究[86]。

　　基于 LED 的照明解决方案以及卓越的效率迅速取代了室内和室外应用的传统光源。这些光源呈现物体真实色彩的能力对于艺术馆、博物馆、医院和展览馆等场所实现充分和适当的视觉外观至关重要。图 7.9 描述了不同 CRI 光源时，使用 Munsell 色板的颜色感知情况，CRI 为 99 的光源（见图 7.9）能更好地区分颜色，因此发展的重点是具有终极色彩表现力和最大功效的 LED 光源。

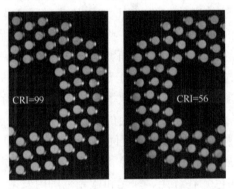

图 7.9　不同 CRI 光源（99 和 56）照明下的 Munsell 样品

7.3.1　单片发光二极管

　　基于 InGaN 的白光 LED 用于移动显示器背光、一般照明等许多领域[77-78] ⊖。对白光发射的特性和质量的要求因应用而异。改进 CRI 和发光效率的荧光粉覆盖蓝光 LED 正在取代办公室、博物馆和类似应用领域的传统光源，但高 CRI 对于指示器和标牌来说不重要。对于室外街道照明、工业用和停

　　⊖　Cree 公司第一个打破 300 流明/瓦的障碍。

车场，CRI≥60 和 CCT≤8000K 的光源被认为是足够的[88-89]。因此，具有可调控 CRI 和 CCT 的白光源是可取的。然而，这种方法需要复杂的制造程序、驱动电路和器件设计，从而影响可靠性，并增加生产成本[77]。使用 CdSe/ZnS 纳米晶体，并通过在 InGaN QW 中掺入 Si 和 Zn 也实现了白光发射[79-80]。这些方法除了有多芯片方法的缺点还具有一个额外的缺点，即不可调谐性。同时，也有研究说明了 In 在 0.7~3.5eV 之间发射的可能性[82,90-92]。这种半导体单片方法可以制成高显色性、高能效的可调控光源。

设计纳米结构工程的单片方法已经用于白光发射。Funato 等人展示了一种双波长、5000~20000K 颜色可调的多面 QW LED[93]。Nguyen 等人报道了 Si 衬底上颜色可调 CRI 大于 90 的芯壳 LED[94]。然而，这种方法需要一个复杂的生长和制造过程，对线直径和网点大小进行精确控制，这对于大规模生产并不理想。此外，这些器件的发光效率仍未达到磷光体覆盖 LED 的水平[94]。Li 等人展示了双波长 MQW LED，其中 In 的含量为 46%，红色发射峰值为 2.12eV，因此实现了从红光到黄光，再到白光的发射颜色，CRI 为 85.6[95]。然而，GaN 衬底上高 In 组分 InGaN 红光 QW 的较大晶格失配导致了电荷分离和缺陷密度增加[96]。有报道发表了以两种不同波长发射的垂直堆叠量子阱的简单制造方法。此类器件的有源区可以由 1) 有源蓝光量子阱[97] 泵浦的波长较长的发射被动量子阱组成，或 2) 由全电泵浦的有源量子阱[82,91,98] 组成。第一种方法类似于荧光粉覆盖的 LED，总发射光谱取决于有源区的被动量子阱。此外由于被动量子阱设计为在绿隙光谱范围内工作，因此在该范围内它们的效率低于磷光体，并且它们对主动量子阱发射波长的灵敏度是一个缺点[99]。据报道，此类器件的最佳 CRI 为 41[97]。所有 CCT 约为 6000K 的电泵浦量子阱白光发射在此前已被报道[100]。

这一节介绍了一个全点泵浦无荧光粉、可调色的单片白光 LED。该器件设计用于在 450nm 和 550nm 进行二色发射。发射波长的选择是为了使连接 CIE 1931 色度图上相应的 x-y 坐标线能经过白色区域。

CRI 和光谱分析

单片白光 LED 以 EL 行为在室温（RT）连续波（CW）条件下被广泛研究。图 7.10 显示了电流增加至 550mA 时这些器件的 EL 光谱。图 7.10 中的两个明显峰值表明，浅和深 In 浓度的 QW 都在各自的蓝光和绿光光谱区工作。从图 7.10 可以看出，小于 80mA 的较低电流时，发射光谱以绿光峰值为主，蓝光发射随载流子浓度的增加而增加。这是由于注入空穴分布不均匀造成的。主要是由于较低的迁移率和较高的有效质量，空穴将在靠近 p 侧的量子阱中进行辐射复合。然而，随着电流的进一步增加，更多的空穴穿过阻挡层，可在蓝光量子阱中产生复合。

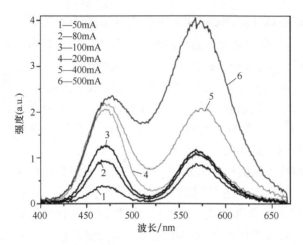

图 7.10 在 50~500mA 连续电流下泵浦的单片白光 LED 电致发光（EL）光谱
（资料来源：经 Yadav 等人许可转载，2018 年[101]）

　　当电流进一步增加到 100mA 时，绿光量子阱的发射被钳制，蓝光量子阱中的辐射复合增强。对于非常高的 CW 电流注入，即大于 300mA，观察到绿光量子阱和饱和蓝光发射峰中的辐射复合增加（见图 7.11）。这被认为是由载流子重新分布引起的，因为蓝光量子阱的带填充导致电子溢出，从而使更多载流子，即绿光量子阱中的电子可用于复合。

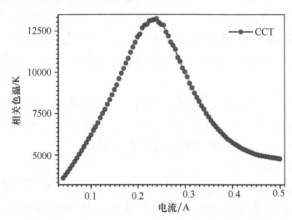

图 7.11 作为电流函数的 CCT 调谐（资料来源：经 Yadav 等人许可转载，2018 年[101]）

　　随着电流的变化，CCT 和 G/B 调整如图 7.11 所示。从图 7.11 和图 7.12 可以看出，从该器件获得的最高 CCT 和最低绿/蓝（G/B）积分强度比发生在几乎相同的电流值下。这表明蓝光峰值在器件运行时占主导地位。对于 100 ~ 350mA 之间的注入电流，G/B 比小于 1（见图 7.12），蓝光峰值占主导地位,导致冷白色发光。对于其他区域,绿光强度的增加会导致发射向更高的色温调整。

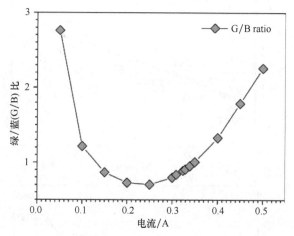

图 7.12 绿/蓝 (G/B) 比随 CW 电流变化关系 (资料来源:
经 Yadav 等人许可转载,2018 年[101])

国际照明委员会 (CIE 1931) 的不同电流色度与相关 CCT 关系如图 7.13 所示。40mA 时的坐标 (0.4172, 0.4375) 变化到 240mA 时的坐标为 (0.2686, 0.2716),CCT 从 3600K 增加到 13240K (见图 7.13a)。随电流进一步增加,可以看到在 500mA 时 4775K (0.3607, 0.4278) 的 CCT 值向暖色方向改变 (见图 7.13b)。这清晰地显示了可调色温的简单单片式白光 LED。被测器件在电流小于 70mA 时 CRI 小于 40。然而,随着载流子密度的增加,绿光峰值的光谱变宽是不对称的,较长波长 (见图 7.10) 大于 600nm 区域的光谱发射提高了可见光谱范围的覆盖率,从而将 CRI 值提升到了大于 60,电流为 335mA 处达到了这类器件报道的最大值 67.3 (见图 7.14)。

尽管电流的进一步增加使绿光峰变宽,但当电流从 400mA 增加到 500mA 时,观察到峰值波长蓝移了 4nm。此外,这种展宽是不对称的,在较短波长下发射量增加。这种转变可以归因于更高电流下量子级联斯塔克效应的带填充和屏蔽。当电流由大于 300mA 升至 500mA 时,蓝光发射的峰值波长也会出现 7nm 的红移,其本应保持在 469nm 恒定值,这通常表明结温升高。电流大于 350mA 时 CRI 的降低 (见图 7.14) 可以通过蓝/绿 (G/B) 光谱功率密度比的变化以及蓝和绿量子阱峰值发射波长的偏移来解释。这表明,除了光谱展宽外,这种器件的 CRI 对 G/B 比也很敏感,因为 G/B 比在 0.84~1 之间时 CRI 最大。该区域的光谱如图 7.14 (插图) 所示。

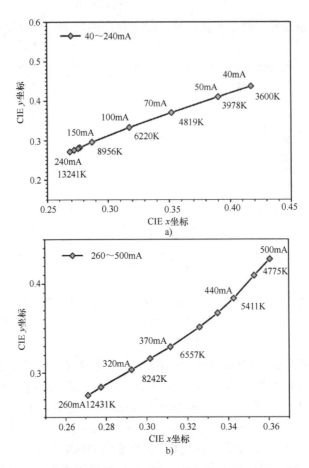

图 7.13 CIE 色度坐标和不同注入电流的关系 a) I 从 40~240mA；
b) I 从 260~500mA 的相应 CCT（资料来源：经 Yadav 等人许可转载，2018 年[101]）

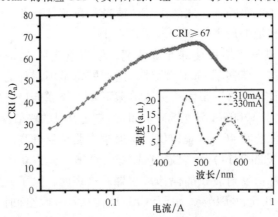

图 7.14 随电流增加 CRI 的变化（插图：CRI 67 的 EL 光谱在 335mA 时的
最大值为 67.3）（资料来源：经 Yadav 等人许可转载，2018 年[101]）

7.3.2　磷光体覆盖的发光二极管

最常见的白光产生方法是具有黄光荧光粉（YAG：Ce^{3+}）涂层的蓝光 LED。这些器件已经实现了大于 $250lm/W^{[102]}$ 的 LER；然而，总体来讲 CRI<$75^{[103-105]}$。低 CRI 归因于发射光谱中缺少红光成分，这也使得 CCT≥$6000K^{[103-105]}$。一项理论研究表明，CRI 可以通过使用多个宽带荧光粉优化发射光谱提高到 96 ~ 98，同时将 LER 保持在 234 ~ 285lm/W 之间[106]。基于所讨论的方法，Fukui 等人[107]通过近紫外（405nm）光源实现了 CRI 为 99.1 且发光效率为 59lm/W 的白光源。他们采用了一种多层方法，将红光、绿光和蓝光磷光体堆叠在一起，以抑制级联激发，即一种磷光体的激发光谱与另一种磷光体的 PL 光谱重叠。

然而，使用 UV LED 作为泵浦源需要三个磷光体获得相对均匀的光谱发射，并且重要的是，使用的磷光体数量应保持在最小值，首先是因为每个添加的磷光体斯托克斯位移会导致损耗增加，其次是为了抑制级联激发。每种磷光体降解时间的差异以及磷光体量子效率的温度依赖性表明，应尽量减少使用的磷光体数量。此外，使用蓝光 LED 作为泵浦源会提高发光效率，因为与 UV 不同，LED 的发射光谱在视觉敏感光谱范围内，并且具有更高的量子效率。因此，需要进行的研究是，通过使用最小化磷光体，并提高功效产生一个优秀的显色源[89]。

为此，最近的一项理论研究提出了一种中间方法，即使用荧光粉（YAG：Ce^{3+}）覆盖双色 LED 进一步提高 CRI，使 CRI 从使用蓝光（λ = 475nm）发光二极管的 78 提高到使用双波长（λ_1 = 475nm，λ_2 = 490nm）发光二极管的 91[108]。Stauss 等人[109]对这种方法进行了实验测试，在不牺牲效率的情况下 CRI 从 67 提高到 76。在本节中，通过仅使用两种荧光粉（红光和绿光）和双色蓝青光 LED 进一步探究该方法，以获得更好的光质参数[110]。

（1）光谱分析

单片蓝青光（MBC）LED 的质心波长和半高宽（FWHM）随电流和归一化光功率变化如图 7.15 所示。从图中可以看出，随着电流的增加，质心波长向更高的发射能量移动，即观察到蓝移，而发射光谱宽度在电流小于 30mA 范围内的变化几乎可以忽略。这个结果是由于量子阱内的极化诱导电场导致的[111]。随着电流进一步增加（见图 7.15），质心发射波长开始向可见光谱的低能侧移动，即红移开始，当电流大于 70mA 时开始增强。在这些操作条件下，还必须注意光谱宽度显著增加。

图 7.16 所示为对这些条件下的光谱进行研究和观察。

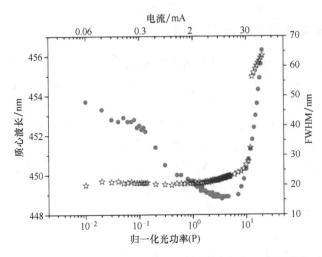

图 7.15 单片蓝青光 LED 质心波长和光谱半高宽与归一化光功率（P）和
电流（mA）的函数关系（资料来源：经 Titkov 等人许可转载，2016 年[110]。
版权所有，John Wiley 和 Sons）

1）当 I < 30mA 时，蓝光发射峰占主导，蓝光和青色光发射的峰值波长均发生蓝移。

2）当 30mA < I < 130mA 时，蓝光发射峰逐渐饱和，而青色光发射稳步增加，其峰值波长相比 I 约为 30mA 时有可忽略不计的轻微红移。

3）当 I>130mA 时，蓝光峰值的光谱功率降低，峰值波长明显红移。另一方面，虽然青色光发射的峰值波长没有出现红移，但光谱功率随电流增加而不断增加。

因此，光谱宽度增加和质心波长红移的同时出现青色光发射峰的强度增加。此外，由于两个发射峰的峰值发射波长都显示出可忽略不计的红移，这可以排除是因为器件自加热导致的效率降低。因此可以得出结论，青色光量子阱靠近"绿隙"区域效率较低，也因此可知 I>30mA 增加的青色光发射强度导致了实验和预测的 EQE 之间存在差异。

（2）pc-LED 的特征

为了实现 MBC LED 的白光发射，采用了磷光体混合物覆盖方法。图 7.17 描述了这种 pc-LED 的光谱随电流的变化。对比 MBC LED（见图 7.16）和 pc-LED（见图 7.17）的发射光谱，可以看出随着电流的增加，MBC LED 蓝光发射在电流增加的过程中被磷光体混合物大量吸收，即使蓝光发射约为 435nm 而非预期用于所用磷光体的 450nm，因此表明所用泵浦波长非常接近磷光体混合物的激发光谱峰值。另一方面，青色光发射（见图 7.17）峰值随电流的增大而增大，因此吸收强度不如蓝光发射。观察到的选择性吸收允许 pc-LED 的总发

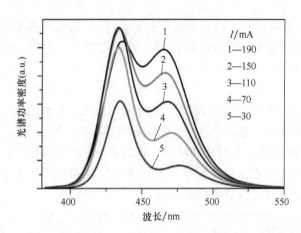

图 7.16　单片蓝青光 LED 发光光谱（资料来源：经 Titkov 等人
许可转载，2016 年[110] 版权所有，John Wiley 和 Sons）

射覆盖几乎整个可见光发射光谱，并且有利于实现此类器件的最大显色性。图
7.17 还显示了 3400K 色温下的部分黑体辐射光谱和类似 CCT（70mA < I <
190mA）的 pc-LED 发射光谱。很明显，pc-LED 的发射光谱必须有一个显著的
青色光发射峰，其光谱幅度大于蓝光峰值，才能达到这样的色温。

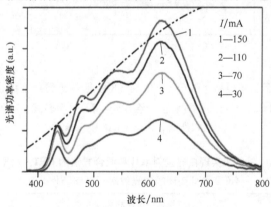

图 7.17　荧光粉覆盖 MBC LED 的发射光谱；3400K 时黑体辐射光谱如虚线所示
（资料来源：经 Titkov 等人许可转载，2016 年[110]。版权所有，John Wiley 和 Sons）

图 7.18 和图 7.19 分别描述了颜色参数、CCT、CRI 和 pc-LED 色度坐标随
电流的变化。CCT 的变化从 3500~3300K 且在 1~200mA 电流范围内相对稳定。
图 7.19 说明了在 30~150mA 范围内，随着电流的增加，色度坐标合理稳定地改
变。此外，该器件的 LER 在 282~262lm/W 范围内变化，在 10mA 时达到最大
值 282lm/W。LER 值在部分太阳光谱的预期范围内[112]。

CRI 由八个基本（Ra(8)）和扩展（Ra(14)）孟塞尔参考色样本确定。图 7.18 描述了 CRI Ra(8) 和 Ra(14) 随电流的变化。作为电流的函数，Ra(8) 和 Ra(14) 在质量上具有相似性。CRI Ra(8) 在低电流下约为 96，这是供应商提供的，因为在该工作电流下主要是蓝光发射。从图 7.18 可以看出，Ra(8) 和 Ra(14) 都随电流的增加而增加，这与青色光发射的增加一致。80mA 时达到最大 Ra(8)= 98.6。电流的进一步增加导致 Ra(8) 急剧下降。在相近的电流下，还观察到 MBC 光谱的展宽和红移。这表明，这种器件的显色性可随电流调节。对于白光 LED，正常色温下显示出最佳显色性和效率非常重要。表 7.1 简单总结了不同方法白光发射的相关特性。

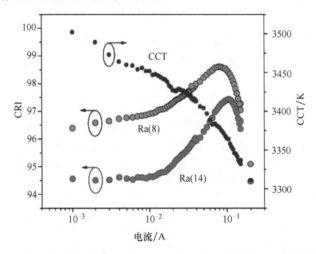

图 7.18　标准 8 孟塞尔样品 ［Ra(8)］ 和 14（8 标准+6 扩展）孟塞尔样品 ［Ra(14)］
的 CRI 和 CCT 测定（资料来源：经 Titkov 等人许可转载，2016 年[110]。
版权所有，John Wiley 和 Sons）

表 7.1　总结了实现白光发射单片和混合方法的 CRI、发光效率、
CCT 和可实现的发光效率（90%LEE 下）

总结表格：单片和多片方法						
LED 类型和 技术方法	CRI Ra (8)	最大 LE（lm/W） {meas}	CCT/K	最大 WPE （%）{meas}	最大 LE（lm/W）{LEE=90%下可实现}	—
单片蓝绿色	67.3	19	3000～12000	4.5	65	[101]
MBC LED+R/G 磷光体（混合）	98.6	33	3300	13	161	[110]
蓝色 LED+Y 磷光体（混合）	85	198.9	4000	70	203	—

注：LE，发光效率；WPE，电光转换效率；LEE，光提取效率；MBC，单片蓝青色光；R/G，红/绿；CRI，显色指数；CCT，相关色温；meas，经过测试。

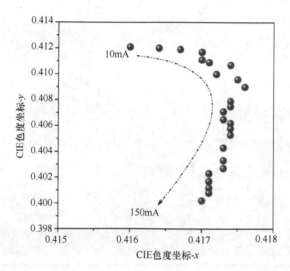

图 7.19　荧光粉覆盖的 MBC LED *x*, *y* CIE 1931 色度坐标随电流的变化

（资料来源：经 Titkov 等人许可转载，2016 年[110]。版权所有，John Wiley 和 Sons）

7.4　AlGaN 深紫外 LED

深紫外（DUV）区域工作的半导体光源，如 DUV LED 和激光二极管（LD）的开发是一个重要课题，因为这些器件均有广泛的应用场景需求。图 7.20 给出了这些应用的概述。UVC 和 UVB 光源的潜在应用包括杀菌、水净化、医学和生物化学、农业，以及作为高密度光存储器的光源。UVC 波段 265nm 处的峰值波长被称为杀菌曲线，它与 DNA（脱氧核糖核酸）的吸收光谱非常匹配。波长在 260~280nm 之间，对杀菌、水净化和表面消毒有效。UVA、UVB 和 UVC 光源也具有应用于固化、黏合剂、印刷和涂层的潜力[113-114]。而 AlGaN LED 的波长范围从 UVA 到 UVC 均有覆盖。

AlGaN 的直接跃迁能量覆盖了 6.2（AlN）~3.4eV[114] 范围。AlGaN 是一种直接过度半导体，发射波长范围为 200~360nm。因此 AlGaN 被认为是开发 DUV LED 最合适的半导体[114]。

1996—1999 年，几个研究小组已经开始了波长低于 360nm 的 AlGaN UV LED[115-117] 研究。2002—2006 年，南卡罗来纳大学的一个小组实现了低于 300nm 的 DUV LED[118-120]。2006 年报道了使用 AlN 发射层的最短波长（210nm）LED[121]。我们于 1997 年开始研究 AlGaN 量子阱 LED，并于 1999 年报道了 AlGaN/AlN 量子阱[122] 高效 DUV（230nm）LED 和 330nm 波段的 AlGaN 量子阱 UV LED[116]。通过在 AlGaN 中加入 In 开发高效 UV LED[113,123-124]。我们

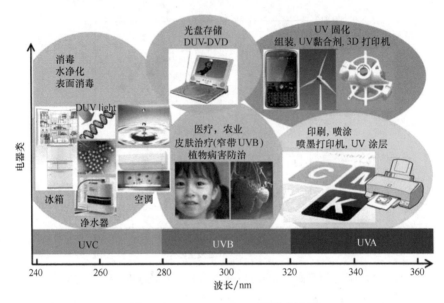

图 7.20　DUV LED 和 LD 的潜在应用

在 GaN 单晶衬底[125]和蓝宝石衬底[126]上展现了几个功率为 340～350nm 的 InAlGaN QW UV LED。

2005—2010 年研发的 260～280nm AlGaN DUV LED 是灭菌应用进展的重要一步。2007 年通过使用脉冲流生长方法在蓝宝石衬底上开发低 TDD AlN 缓冲层[127-129]，实现了 AlGaN 和四元 InAlGaN 量子阱的高 IQE。通过引入多量子势垒（MQB）[130]，EIE 显著增加。AlGaN 和 InAlGaN LED 显示了 222～351nm 的宽范围发射[129-133]。我们开始通过引入透明 p 型 AlGaN 接触层和发射光线的 p 型电极改善 UVC LED 的 LEE[134-136]。2014 年，还开发了用于灭菌的商用 DUV LED 模块[137-138]。

传感器电子技术（SET）开发了第一批波长在 240～360nm 之间的商用 LED[139-140]。他们于 2012 年报告了最大 EQE 为 11%的 278nm LED[140]，还对 AlGaN 外延层和 UVC LED 器件的特性进行了详细研究[141-143]。

自 2010 年以来，许多公司已经开始开发针对灭菌应用的 UVC LED。Nikkiso 已经开发出高效的 UVC LED[144-146]，并报告了超过 10%的 EQE[144]。他们通过引入一种在 UVC 辐射下不会变质的封装树脂来改善 LED 的性能[146]。Crystal IS 通过升华方法在制造的大块 AlN 衬底上开发了有效 265nm LED[147-148]，Tokuyama 在 AlN 衬底，厚透明 AlN 外延上通过氢化物气相外延（HVPE）开发了 UVC LED[149-151]。Nichia 利用透镜键合技术开发了高电光转化效率（WPE）的 UVC LED[152-153]。此外，柏林工业大学 M. Kneissl 团队对 AlGaN 外延层、

AlGaN 和 InAlGaN 紫外 LED 特性进行了一系列研究[114,154-157]。参考文献 [114，157] 总结了 AlGaN 和 InAlGaN UVA-UVC LED 报道的 EQE。

尽管 AlGaN DUV LED 不断发展，但是 WPE 仍低至 3%，远低于 InGaN 蓝光 LED。DUV LED 的效率有限主要由于以下三个因素：

1) AlGaN 的 IQE 对 TDD 敏感。

2) p 型 AlGaN 的空穴浓度低，由此带来低载流子注入效率（IE）和高工作电压。

3) p 型 GaN 接触层的光吸收使得 LEE 较低。

在蓝宝石上形成低 TDD（$5 \times 10^8 \mathrm{cm}^{-2}$）AlN 后，50%~60% 的 IQE 值就成了标准值。AlN 沉底在高于 80% 的 IQE 上有优势。UVC LED 中 p 型 AlGaN 由于其深受主能级，空穴浓度低至 $1 \times 10^{14} \mathrm{cm}^{-3}$，即 240（GaN）~590meV（AlN）。电子溢出到 p 侧层导致 UVC LED 的 IE 降低。由于 p 型 AlGaN 的空穴密度不是很高，所以使用 p 型 GaN 作为接触层。由于 DUV 光的强烈吸收导致 LEE 显著降低，通常降至 8% 以下。

280nm DUV LED 的 EQE 典型值约为 5%，由 60% 的 IQE、80% 的 EIE 和 10% 的 LEE 确定。预计 EQE 将进一步改进。以下内容介绍了提高效率的技术。

7.4.1　生长高质量 AlN 和提高内量子效率（IQE）

为了在蓝宝石上获得低 TDD、表面原子平坦的无裂纹 AlN 缓冲层，我们引入了"氨（NH_3）脉冲流多层（ML）生长方法"[127]。图 7.21 显示了生长控制方法的示意图，以及使用脉冲和连续生长模式的典型气流序列。

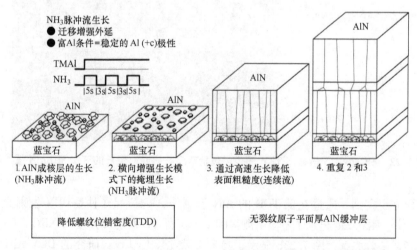

图 7.21　用于 NH_3 脉冲流多层（ML）-AlN 生长技术的气体流动顺序和生长控制方法示意图

首先，通过 NH₃ 脉冲流生长法沉积了 AlN 成核层和"埋置"AlN 层。由于前驱体的迁移增加，脉冲流模式对于蓝宝石上高质量 AlN 的初始生长是有效的。第一层生长之后，引入连续流动模式的 AlN 生长降低表面粗糙度。通过重复脉冲和连续流动模式，可以获得无裂纹、原子表面平坦的厚 AlN 层。通过保持富 Al 生长条件，可以获得稳定的 Al（+c）极性，这对于抑制从 Al 到 N 的极性反转是必要的。具体的生长条件在参考文献［127，131］中描述。X 射线衍射的半高宽$(10\text{-}12)\omega$-扫描摇摆曲线执行脉冲流模式，扫描摇摆曲线（XRC（10-12））显著减小。

图 7.22 显示了 AlGaN/AlN 横截面 TEM 图像，其中包括蓝宝石衬底上生长的 ML AlN 缓冲层。ML AlN（10-12）和（0002）XRC 的半高宽分别约为 330in 和 180in。该样品在 3in×2in 的 MOCVD 反应器内生长。刃型位错和螺旋位错的最小密度分别在 TEM 图像中观察到低于 $5\times10^8\,cm^{-2}$ 和 $4\times10^7\,cm^{-2}$。

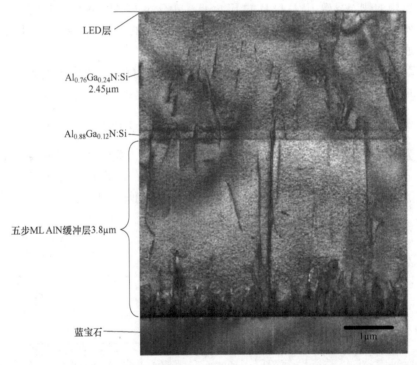

图 7.22　AlGaN/AlN 横截面 TEM 图像，包括蓝宝石衬底上生长的五步 ML AlN 缓冲层

研究观察到，通过在低 TDD 的 AlN 上制作 AlGaN 量子阱，DUV 发射显著增加[128-129]。图 7.23a 显示了室温下测得的 255nm 处 PL 发射峰强度与 XRC（10—12）的半高宽函数关系，图 7.23b 显示了参考文献［139，159］研究的 DUV AlGaN 量子阱中 IQE 和 TDD 之间的关系。随着 XRC 半高宽的减小，PL 强度显著增加。可以看到，通过将半高宽从 1400in 降低到 500in，光致发光强度增加了约 80 倍。

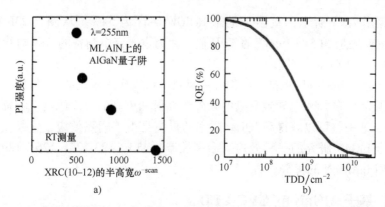

图 7.23　a) 室温下测得的 255nm 处 PL 发射峰强度与 XRC（10—12）半高宽的函数关系；
b) DUV AlGaN 量子阱中 IQE 和 TDD 之间的关系（资料来源：经 Shatalov 等人 2010 年[139]，
Yun 和 Hirayama2017 年[158]许可转载）

　　关于 IQE 的估算，通过检查低温（4K）和室温下 PL 发射的激发功率密度依赖性获得了一个可靠的值[160]。图 7.24 显示了在 270nm 处发射的 AlGaN 量子阱边缘发射强度作为 4K、100K、200K 和 300K 下测量的激发功率密度函数。如图 7.24 所示，当低温（4K）下的激发相对较弱时，发射效率较高。这种情况下，可以假设非辐射复合很小，辐射复合发射占主导地位[160]。还可以看出，室温下相对较强的激发功率密度可以获得较高的效率。室温下的 IQE 是在假设低温（4K）弱激发功率密度的发光效率几乎为 100%[160]的情况下计算获得。

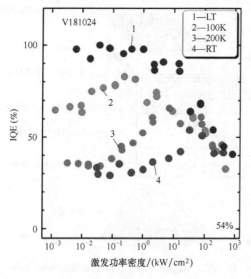

图 7.24　270nm 发射的 AlGaN 量子阱边缘发射强度与在 4K、100K、200K 和 300K 下测得的激发功率密度函数关系

根据图 7.24 所示，室温下的最高 IQE 估计为 54%。从图 7.23b 可以看出，该 IQE 对应约 $5×10^8\,\mathrm{cm}^{-2}$ 的 TDD 值。因为本研究中制备的 AlN 边缘型 TDD 在 $2×10^8 \sim 1×10^9\,\mathrm{cm}^{-2}$ 范围内，最大 IQE 被认为可能达到最大 70% 左右。

四元合金 InAlGaN 也是一种很好的材料，可以作为真正的 DUV LED 选择用材料，因为 In 的加入会导致高效的紫外线发射和更高的空穴浓度。只需要少量 In 在 AlGaN 中就可以获得高 IQE，效率的提高是由于间隔效应，这是之前针对三元合金 InGaN 研究的一种效应。参考文献［113，123-124，126，129］中描述了使用 InAlGaN 的优势。

7.4.2 基于 AlGaN 的 UVC LED

参考文献［127-138］在低 TDD AlN 上制作了基于 AlGaN 的 DUV LED。图 7.25 显示了在蓝宝石衬底上制造的基于 AlGaN 基 DUV LED 结构示意图。使用 AlGaN 中的大量 Al 成分获取短波长的 DUV LED。LED 的详细层结构和设备几何结构如参考文献［127，129］所述。使用位于 LED 样品后面的 Si 光电探测器测量输出功率，该探测器通过测量倒装芯片（FC）LED 的光通量进行校准。裸晶片和 FC 样品的正向电压（V_F）分别约为 15V 和 7V，注入电流为 20mA。图 7.26 显示了室温下测量的 AlGaN 和 InAlGaN 多量子阱 LED EL 光谱。获得了发射波长为 222～351nm 的 LED 样品单峰工作状态。

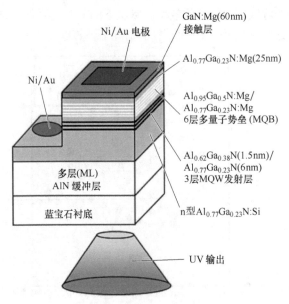

图 7.25 蓝宝石衬底上制作的典型 AlGaN 基
DUV LED 结构示意图

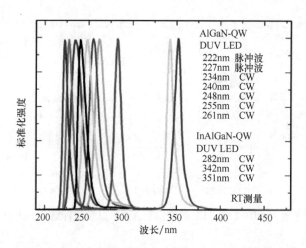

图 7.26　AlGaN 和 InAlGaN 多量子阱 LED 电致发光（EL）光谱，发射波长在
222~351nm 之间，均在室温下测量，注入电流约为 50mA

日本理化研究所（RIKEN）和松下公司已于 2014 年开发出用于灭菌的商用
UVC LED 模块[137-138]。为了开发具有恒定高 EQE 和长器件寿命的商用器
件，需要保持 AlN 和 AlGaN LED 层结构的可重复性和均匀性。通过 MOCVD 反
应器在 3in×2in 蓝宝石上获得了高均匀性的 ML AlN 衬底。我们一如既往地获得
了这些样品的 XRC（10-12）340in 的半高宽。具有 270nm 的 10mW DUV LED 模
块被开发用于灭菌。EQE 为 2%～3% 的器件实现了超过 10000h 的使用
寿命[137-138]。

7.4.3　提高光提取效率（LEE）

改善 LEE 对于 AlGaN DUV LED 的发展尤为重要。然而，由于缺乏合适的
透明导电 p 型接触层和透明 p 型电极，以及缺乏适用于 UVB-UVC 范围的高反射
p 型电极，增加 LEE 并非易事。

图 7.27 显示了为改善 LEE 而设计的几种结构，以及计算的 LEE 近似
值[136]。对于传统 DUV LED，从 QW 向上的光被 p 型 GaN 接触层完全吸收，向
下的光通过全内反射在蓝宝石/空气界面反射，因此 LEE 不到 8%。虽然我们在
蓝宝石衬底表面使用了光子纳米结构，但 LEE 的改善程度并不高。为了改善
LEE，引入透明接触层和高反射 p 型电极是有效的方式。如果研究者能够使用透
明 p 型 AlGaN 接触层和反射率为 80% 的电极，可以获得 20% 以上的 LEE。进一步
的提升可以通过使用 PSS 上生长的 AlN 缓冲层获得的光散射效应。然而，通过具
有背表面光子结构的垂直 LED 可以实现更多改进，这可以通过移除蓝宝石衬底来
实现。如参考文献［158］所分析此类 LED 的 LEE 预计大于 70%。

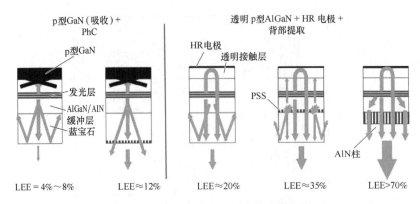

图 7.27　用于改善 DUV LED LEE 的结构示意图，以及每种结构 LEE 值的粗略估计

我们展示了一种具有透明 p 型 AlGaN 接触层和反射 p 型电极的 DUV LED[136]。用高反射 Ni（1nm）/Al（200nm）电极取代了传统的 Ni（20nm）/Au（100nm）p 型电极[161]。使用高反射 Ni（1nm）/Al（200nm）代替传统的 Ni（20nm）/Au（100nm）电极，由于 LEE 的增加，EQE 从 5% 增加到 9%[161]。我们还验证了 Ni（1nm）/Mg 和铑（Rh）p 型电极可有效增加 UVC LED 的 LEE[162]。

使用透明的 p 型 AlGaN 接触层、Rh 镜像电极、PSS 上生长的 AlN 缓冲层和封装树脂，在 275nm UVC FC LED 上证明可增加 LEE。这几种方法的效果都存在系统研究。为研究上述特性对 LEE 的影响，制作了常规和增强 LEE 的 LED 结构。它们的示意图分别如图 7.28a 和 b 所示。图 7.29 显示了 FC LED 样品的照片[163]。FC LED 采用了镀铝硅基台。芯片被硅树脂封装在半球形透镜中。我们确认了即使 Mg 掺杂浓度经二次离子质谱（SIMS）测量得到高达 $8 \times 10^{19} cm^{-3}$，p 型 AlGaN 接触层仍近乎完全透明。

图 7.30a 和 b 显示了室温 CW 条件下传统和 LEE 增强型 UVC LED 电流-光输出（I-L）和电流-EQE（I-EQE）特性[163]。图 7.30a 中的插图显示了 20mA 时的 EL 光谱。两种样品的输出功率线性良好，EQE 几乎恒定到 50mA。通过引入 LEE 增强结构，输出功率在 20mA 时从 3.9mW 增加到 18.3mW，在 50mA 时从 9.3mW 增加到 44.2mW，两者都增加了 5 倍。这些值分别对应于 4.3% 和 20.3% 的 EQE。因此，通过包括透明的 p 型 AlGaN 接触层、Rh 镜像电极、PSS 和透镜状封装，EQE 得到了显著改善[163]。

为了阐明对 EQE 的个别影响，逐步介绍了 LEE 增强的每种结构。表 7.2 总结了器件结构和 LED 特性研究发现，引入透明 p 型 AlGaN 接触层和 Rh 电极、PSS 和透镜状封装的增强因数分别约为 3、1.5 和 1.5[163]。

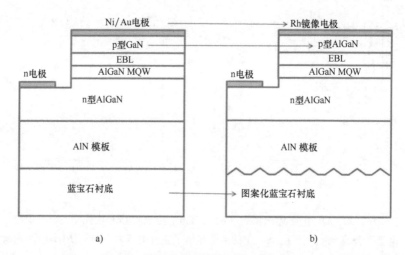

图 7.28　a）传统和 b）LEE 增强 UV LED 结构示意图，在 LEE 增强型 UV LED 结构中，
引入了透明 p 型 AlGaN：Mg 接触层、Rh 镜像电极、PSS 和封装树脂

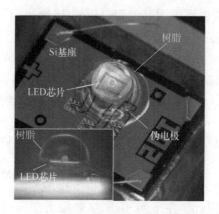

图 7.29　倒装芯片（FC）LED 安装在带有 Al 涂层的 Si 基台上的照片，芯片尺寸为
（0.5×0.5）mm^2，封装在半球形树脂中（插图显示了封装树脂的侧视图）

表 7.2　器件结构和 LED 特性总结

样品编号	器 件 结 构				LED 特性	
	衬底	p 型接触层	p 型电极	形态	20mA 时输出功率/mW	最大 EQE（%）
1	Flat	GaN：Mg	NiAu	仅 FC	3.9	4.3
2	Flat	AlGaN：Mg	Rh	仅 FC	11.6	12.7
3	PSS	AlGaN：Mg	Rh	仅 FC	14.5	16.1
4	PSS	AlGaN：Mg	Rh	FC+树脂涂层	18.3	20.3

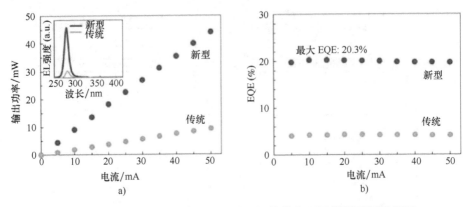

图 7.30 a) 电流-输出功率（I-L）和 b) 传统和 LEE 增强型 UVC LED
电流-EQE（η_{ext}）特性，a) 中的插图显示了直流电流为 20mA 时 LED EL 光谱

通过引入 p 型 AlGaN 接触层，LED 的驱动电压在 20mA 时从 9V 提高到 16V。驱动电压升高的主要原因是 p 型 AlGaN 接触层的引入增加了接触电阻。提高 p 型 AlGaN 接触层的导电性是未来获得高 WPE 的一个重要问题。

如前所述，为了改善 UVB 和 UVC LED 的 LEE，引入透明接触层和高反射电极非常重要。具有高 Al 成分 50%～70% 的 p 型 AlGaN 层用于 UVC LED 的透明 p 型接触层；然而，该层的低空穴浓度导致接触电阻增加，从而产生更高的工作电压。

为了在 DUV LED 中实现高 LEE 和低电压操作，我们建议使用高反射光子晶体（HR PhC）[164-167]。通过在 p 型 GaN 顶部接触层的表面上使用二维 PhC，可以有效反射紫外光。我们可以获得低接触电阻，因为顶部的 p 型 GaN 层具有高空穴浓度。因此，在 p 型 GaN 接触层上制作的 HR PhC 不仅可以在 DUV LED 中实现高 LEE，还可以实现高 WPE[164]。

图 7.31a 显示了横截面结构示意图，图 7.31b 所示为电子场（E 场）映射图，图 7.31c 所示为计算的 LEE 值作为距离 HR PhC 和 QW 的函数，通过使用 FDTD 方法计算 280nm UVC LED。为了从 QW 发射区获得高反射率的 UV 辐射，我们将 PhC 底部和 QW 之间的距离设置为约 60nm[164]。可以从图 7.31b 中看到，来自 QW 的辐射不会穿透 PhC，从而实现辐射光的高反射。通过 FDTD 分析发现，在 p 型 GaN 和 p 型 AlGaN 接触层中分别引入 HR PhC，LEE 的最大值分别增加了约 2.8 倍和 1.8 倍。

基于这些设计，我们在 p 型 AlGaN 接触层上制备了具有 HR PhC 的 DUV LED。使用纳米压印和电感耦合等离子体（ICP）干法刻蚀制备了低损伤 PhC。图 7.32a 显示了 HR PhC 空气孔横截面 TEM 图像，图 7.32b 所示为采用 Ni/Mg

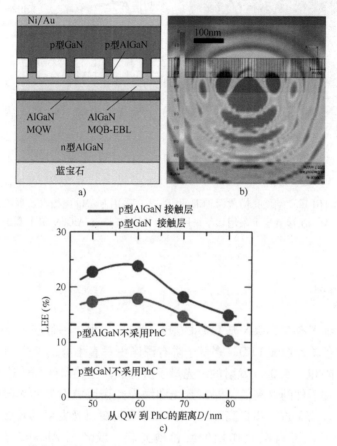

图 7.31 a) 横截面结构示意图；b) 电子场（E 场）映射；c) LEE 值与 HR PhC 和量子阱（QW）距离的函数，通过使用 FDTD 方法计算 280nm UVC LED（见彩插）

电极（反射率大于 80%），在透明接触层上采用及不采用 HR PhC 的 283nm AlGaN DUV LED *I*-EQE 特性。

气孔的周期、直径和深度分别为 252nm、100nm 和 64nm。采用倾斜蒸发法沉积了 Ni/Mg p 型电极。具有和不具有 HR PhC 的 LED 最大 EQE 分别为 10% 和 7.9%。PhC 的引入使 EQE 增加了 1.23 倍，这几乎与 FDTD 模拟得到的结果相同[164]。如果我们使用更大的 R/a 值，即 $R/a = 0.4$，其中 R 和 a 是气孔的半径和晶格常数，我们预计会获得更高的 LEE。通过采用 FC 技术和封装，可以进一步提高 LEE。通过在接触层中引入 PhC 并降低工作电压，有望获得 WPE 更高的 LED。

265

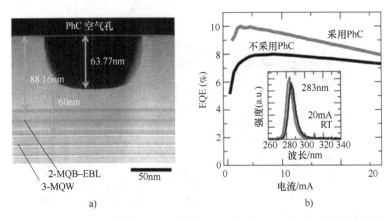

图 7.32 a）HR PhC 空气孔横截面 TEM 图像；b）采用 Ni/Mg 电极（反射率大于 80%），在透明 P 型 AlGaN 接触层上采用和不采用 HR PhC 的 283nm AlGaN DUV LED I-EQE 特性

7.5 总结

本章介绍了有关 InGaN 基 LED 的最新研究。提出了一种基于 InGaN/GaN 多量子阱的双色单片白光 LED。多量子阱有源区由垂直堆叠的两个约 450nm 发射的蓝光量子阱和约 550nm 发射的绿光量子阱构成。上述器件 CRI 达到 67，这是迄今为止此类器件的最高值，即在蓝光和绿光光谱区域发射的无磷单片双色多量子阱 LED。为了进一步提高 CRI，将 CCT 限制在白光发射的较暖区域，可使用一种在蓝光范围有吸收作用的红色磷光粉，或者用 AlGaInP 红色 LED 增强，也可以在不影响 CCT 可调性的情况下实现更暖的发射。

为了寻求更好的 CRI 值，提出了一种新的包括双波长 LED 和两种荧光粉混合方法产生暖白光。使用这种方法，在 3400K 的 CCT 条件下，展示了暖白光的最大显色性，Ra 为 98.6。此外，通过在外延结构中调整蓝光和青色光发射带的振幅以调整工作电流，可调整颜色特性。

随后，研究了一种商用高亮度蓝光 LED 在 13～440K 的大范围温度特性，显示了不同温度下光学和电学性能的改变。根据实验数据确定的最大 EQE 从 13K 的约 74% 降低到了 440K 的约 45%。然而，对于 350mA 的工作电流，EQE 与温度相关性较弱，在整个温度范围内仅下降 9%。

最后，介绍了商用绿光 LED 在不同温度和工作电流下的性能。该研究揭示了 $10^{-6}～10^{-5}W$ 范围光功率下的双峰发射光谱。在该功率水平之上，这些器件在约 535nm 或约 545nm 处发射。作为电流/光功率的函数，EQE 也观察到了这种双峰行为。如参考文献［76］所述，简单的 ABC 模型不能准确拟合这种 EQE

行为，需要进行修改，以解释量子阱的不均匀特性。

　　我们还从提高 IQE、IE 和 LEE 的角度展示了开发高效 AlGaN 基 DUV LED 的技术。通过在蓝宝石衬底上生长低 TDD 的 AlN 层，AlGaN 量子阱的 DUV 发射 IQE 显著提高。利用这项技术，制作了 222~351nm 的 DUV LED。我们还展示了通过使用透明的 p 型 AlGaN 接触层、高反射的 p 电极、PSS 上的 AlN 缓冲层和封装树脂改善 LEE。使用 275nm UVC LED 获得的最大 EQE 为 20.3%，这是迄今为止报道的最高 EQE。研究还证明，在 p 型接触层上制作 HR PhC 可以提高效率。

致　　谢

　　作者 AY 和 ER 感谢欧盟第七框架计划（NEWLED 计划）为这项工作提供的经济支持，该项目批准号为 318388，EPSRC（批准号为 EP/R024898/1）。

参 考 文 献

1　Piprek, J. (2010). Efficiency droop in nitride-based light-emitting diodes. *Phys. Status Solidi A* 207 (10): 2217–2225.

2　Shen, Y.C., Mueller, G.O., Watanabe, S. et al. (2007). Auger recombination in InGaN measured by photoluminescence. *Appl. Phys. Lett.* 91 (14): 141101.

3　Ryu, H.Y., Kim, H.S., and Shim, J.I. (2009). Rate equation analysis of efficiency droop in InGaN light-emitting diodes. *Appl. Phys. Lett.* 95 (2009): 081114.

4　Hader, J., Moloney, J.V., Pasenow, B. et al. (2008). On the importance of radiative and Auger losses in GaN-based quantum wells. *Appl. Phys. Lett.* 92 (26): 261103.

5　Kioupakis, E., Rinke, P., Delaney, K.T., and Van de Walle, C.G. (2011). Indirect Auger recombination as a cause of efficiency droop in nitride light-emitting diodes. *Appl. Phys. Lett.* 98 (16): 161107.

6　Brendel, M., Kruse, A., Jönen, H. et al. (2011). Auger recombination in GaInN/GaN quantum well laser structures. *Appl. Phys. Lett.* 99 (3): 031106.

7　Dai, Q., Shan, Q., Cho, J. et al. (2011). On the symmetry of efficiency-versus-carrier-concentration curves in GaInN/GaN light-emitting diodes and relation to droop-causing mechanisms. *Appl. Phys. Lett.* 98 (3): 033506.

8　David, A. and Grundmann, M.J. (2010). Droop in InGaN light-emitting diodes: a differential carrier lifetime analysis. *Appl. Phys. Lett.* 96 (10): 103504-1–103504-3.

9　Zhang, M., Bhattacharya, P., Singh, J., and Hinckley, J. (2009). Direct measurement of Auger recombination in $In_{0.1}Ga_{0.9}N$/GaN quantum wells and its impact on the efficiency of $In_{0.1}Ga_{0.9}N$/GaN multiple quantum well light emitting diodes. *Appl. Phys. Lett.* 95 (20): 201108.

10 Cao, X.A., Yang, Y., and Guo, H. (2008). On the origin of efficiency roll-off in InGaN-based light-emitting diodes. *J. Appl. Phys.* 104 (9): 093108.

11 Shatalov, M., Yang, J., Sun, W. et al. (2009). Efficiency of light emission in high aluminum content AlGaN quantum wells. *J. Appl. Phys.* 105 (7): 073103.

12 Sugahara, T., Sato, H., Hao, M. et al. (1998). Direct evidence that dislocations are non-radiative recombination centers in GaN. *Jpn. J. Appl. Phys.* 37 (4): L398–L400.

13 Wang, C.H., Chang, S.P., Chang, W.T. et al. (2010). Efficiency droop alleviation in InGaN/GaN light-emitting diodes by graded-thickness multiple quantum wells. *Appl. Phys. Lett.* 97 (18): 181101.

14 Watson-Parris, D., Godfrey, M.J., Dawson, P. et al. (2011). Carrier localization mechanisms in $In_xGa_{1-x}N$/GaN quantum wells. *Phys. Rev. B: Condens. Matter Mater. Phys.* 83 (11): 1–7.

15 Dhar, S., Jahn, U., Brandt, O. et al. (2002). Effect of exciton localization on the quantum efficiency of GaN/(In,Ga)N multiple quantum wells. *Phys. Status Solidi A* 192 (1): 85–90.

16 Graham, D.M., Soltani-Vala, A., Dawson, P. et al. (2005). Optical and microstructural studies of InGaN/GaN single-quantum-well structures. *J. Appl. Phys.* 97 (10): 103508.

17 Grandjean, N., Damilano, B., and Massies, J. (2001). Group-III nitride quantum heterostructures grown by molecular beam epitaxy. *J. Phys. Condens. Matter* 13 (32): 6945–6960.

18 Narayan, J., Wang, H., Ye, J. et al. (2002). Effect of thickness variation in high-efficiency InGaN/GaN light-emitting diodes. *Appl. Phys. Lett.* 81 (5): 841–843.

19 Cheng, Y.C., Lin, E.C., Wu, C.M. et al. (2004). Nanostructures and carrier localization behaviors of green-luminescence InGaN/GaN quantum-well structures of various silicon-doping conditions. *Appl. Phys. Lett.* 84 (14): 2506–2508.

20 Gerthsen, D., Hahn, E., Neubauer, B. et al. (2000). Composition fluctuations in InGaN analyzed by transmission electron microscopy. *Phys. Status Solidi A* 177 (1): 145–155.

21 Bellaiche, L., Mattila, T., Wang, L.W. et al. (1999). Resonant hole localization and anomalous optical bowing in InGaN alloys. *Appl. Phys. Lett.* 74 (13): 1842–1844.

22 Nguyen, D.P., Regnault, N., Ferreira, R., and Bastard, G. (2004). Alloy effects in $Ga_{1-x}In_xN$/GaN heterostructures. *Solid State Commun.* 130 (11): 751–754.

23 Hangleiter, A., Netzel, C., Fuhrmann, D. et al. (2007). Anti-localization suppresses non-radiative recombination in GaInN/GaN quantum wells. *Philos. Mag.* 87 (13): 2041–2065.

24 Hader, J., Moloney, J.V., and Koch, S.W. (2010). Density-activated defect recombination as a possible explanation for the efficiency droop in GaN-based diodes. *Appl. Phys. Lett.* 96 (22): 221106.

25 Kaneta, A., Funato, M., and Kawakami, Y. (2008). Nanoscopic recombination processes in InGaN/GaN quantum wells emitting violet, blue, and green spectra. *Phys. Rev. B* 78 (12): 125317.

26 Monemar, B. and Sernelius, B.E. (2007). Defect related issues in the "current roll-off" in InGaN based light emitting diodes. *Appl. Phys. Lett.* 91 (18): 181101–181103.

27 Hammersley, S., Badcock, T.J., Watson-Parris, D. et al. (2011). Study of efficiency droop and carrier localisation in an InGaN/GaN quantum well structure. *Phys. Status Solidi C* 8 (7–8): 2194–2196.

28 Schubert, M.F., Chhajed, S., Kim, J.K. et al. (2007). Effect of dislocation density on efficiency droop in GaInN/GaN light-emitting diodes. *Appl. Phys. Lett.* 91 (23): 231114.

29 Smeeton, T.M., Kappers, M.J., Barnard, J.S. et al. (2003). Analysis of InGaN/GaN single quantum wells by X-ray scattering and transmission electron microscopy. *Phys. Status Solidi B* 240 (2): 297–300.

30 Galtrey, M.J., Oliver, R.A., Kappers, M.J. et al. (2007). Three-dimensional atom probe studies of an $In_xGa_{1-x}N$/GaN multiple quantum well structure: assessment of possible indium clustering. *Appl. Phys. Lett.* 90 (6): 061903.

31 Chang, L.B., Lai, M.J., Lin, R.M., and Huang, C.H. (2011). Effect of electron leakage on efficiency droop in wide-well InGaN-based light-emitting diodes. *Appl. Phys. Express* 4 (1): 012106.

32 Vampola, K.J., Iza, M., Keller, S. et al. (2009). Measurement of electron overflow in 450 nm InGaN light-emitting diode structures. *Appl. Phys. Lett.* 94 (6): 061116.

33 Piprek, J., Farrell, R., DenBaars, S., and Nakamura, S. (2006). Effects of built-in polarization on InGaN-GaN vertical-cavity surface-emitting lasers. *IEEE Photonics Technol. Lett.* 18 (1): 7–9.

34 Kim, M.H., Schubert, M.F., Dai, Q. et al. (2007). Origin of efficiency droop in GaN-based light-emitting diodes. *Appl. Phys. Lett.* 91 (18): 183507.

35 Liu, J.P., Ryou, J.H., Dupuis, R.D. et al. (2008). Barrier effect on hole transport and carrier distribution in InGaN/GaN multiple quantum well visible light-emitting diodes. *Appl. Phys. Lett.* 93 (2): 021102.

36 Xie, J., Ni, X., Fan, Q. et al. (2008). On the efficiency droop in InGaN multiple quantum well blue light emitting diodes and its reduction with p-doped quantum well barriers. *Appl. Phys. Lett.* 93 (12): 121107.

37 Verzellesi, G., Saguatti, D., Meneghini, M. et al. (2013). Efficiency droop in InGaN/GaN blue light-emitting diodes: physical mechanisms and remedies. *J. Appl. Phys.* 114 (7): 071101.

38 Götz, W., Johnson, N.M., Chen, C. et al. (1996). Activation energies of Si donors in GaN. *Appl. Phys. Lett.* 68 (22): 3144–3146.

39 Nam, K.B., Nakarmi, M.L., Li, J. et al. (2003). Mg acceptor level in AlN probed by deep ultraviolet photoluminescence. *Appl. Phys. Lett.* 83 (5): 878–880.

40 Hwang, S., Jin Ha, W., Kyu Kim, J. et al. (2011). Promotion of hole injection

enabled by GaInN/GaN light-emitting triodes and its effect on the efficiency droop. *Appl. Phys. Lett.* 99 (18): 181115.

41 Meyaard, D.S., Shan, Q., Dai, Q. et al. (2011). On the temperature dependence of electron leakage from the active region of GaInN/GaN light-emitting diodes. *Appl. Phys. Lett.* 99 (4): 041112.

42 Sano, T., Doi, T., Inada, S.A. et al. (2013). High internal quantum efficiency blue-green light-emitting diode with small efficiency droop fabricated on low dislocation density GaN substrate. *Jpn. J. Appl. Phys.* 52 (8S): 08JK09.

43 Bulashevich, K.A. and Karpov, S.Y. (2008). Is Auger recombination responsible for the efficiency rollover in III-nitride light-emitting diodes? *Phys. Status Solidi C* 5 (6): 2066–2069.

44 Laubsch, A., Sabathil, M., Bergbauer, W. et al. (2009). On the origin of IQE-'droop' in InGaN LEDs. *Phys. Status Solidi C* 6 (S2): S913–S916.

45 Binder, M., Nirschl, A., Zeisel, R. et al. (2013). Identification of *nnp* and *npp* Auger recombination as significant contributor to the efficiency droop in (GaIn)N quantum wells by visualization of hot carriers in photoluminescence. *Appl. Phys. Lett.* 103 (7): 071108.

46 Galler, B., Lugauer, H.J., Binder, M. et al. (2013). Experimental determination of the dominant type of Auger recombination in InGaN quantum wells. *Appl. Phys. Express* 6 (11): 112101.

47 Iveland, J., Martinelli, L., Peretti, J. et al. (2013). Direct measurement of Auger electrons emitted from a semiconductor light-emitting diode under electrical injection: identification of the dominant mechanism for efficiency droop. *Phys. Rev. Lett.* 110 (17): 177406.

48 Meyaard, D.S., Lin, G.B., Shan, Q. et al. (2011). Asymmetry of carrier transport leading to efficiency droop in GaInN based light-emitting diodes. *Appl. Phys. Lett.* 99 (25): 251115.

49 Xu, J., Schubert, M.F., Noemaun, A.N. et al. (2009). Reduction in efficiency droop, forward voltage, ideality factor, and wavelength shift in polarization-matched GaInN/GaInN multi-quantum-well light-emitting diodes. *Appl. Phys. Lett.* 94 (1): 011113.

50 Jong-In, S., Hyungsung, K., Dong-Soo, S., and Han-Youl, Y. (2011). An explanation of efficiency droop in InGaN-based light emitting diodes: saturated radiative recombination rate at randomly distributed in-rich active areas. *J. Korean Phys. Soc.* 58 (3): 503.

51 Rozhansky, I.V. and Zakheim, D.A. (2006). Analysis of the causes of the decrease in the electroluminescence efficiency of AlGaInN light-emitting-diode heterostructures at high pumping density. *Semiconductors* 40 (7): 839–845.

52 Han, S.H., Lee, D.Y., Shim, H.W. et al. (2010). Improvement of efficiency droop in InGaN/GaN multiple quantum well light-emitting diodes with trapezoidal wells. *J. Phys. D: Appl. Phys.* 43 (35): 354004.

53 Kuo, Y.K., Tsai, M.C., Yen, S.H. et al. (2010). Effect of p-type last barrier on efficiency droop of blue InGaN light-emitting diodes. *IEEE J. Quantum Electron.* 46 (8): 1214–1220.

54 Tu, P.M., Chang, C.Y., Huang, S.C. et al. (2011). Investigation of efficiency droop for InGaN-based UV light-emitting diodes with InAlGaN barrier. *Appl. Phys. Lett.* 98 (21): 211107.

55 Yen, S.H., Tsai, M.C., Tsai, M.L. et al. (2009). Effect of n-type AlGaN layer on carrier transportation and efficiency droop of blue InGaN light-emitting diodes. *IEEE Photonics Technol. Lett.* 21 (14): 975–977.

56 Zhang, Y.Y. and Yao, G.R. (2011). Performance enhancement of blue light-emitting diodes with AlGaN barriers and a special designed electron-blocking layer. *J. Appl. Phys.* 110 (9): 093104.

57 Kuo, Y.K., Chang, J.Y., and Tsai, M.C. (2010). Enhancement in hole-injection efficiency of blue InGaN light-emitting diodes from reduced polarization by some specific designs for the electron blocking layer. *Opt. Lett.* 35 (19): 3285.

58 Schubert, M.F. and Schubert, E.F. (2010). Effect of heterointerface polarization charges and well width upon capture and dwell time for electrons and holes above GaInN/GaN quantum wells. *Appl. Phys. Lett.* 96 (13): 131102.

59 Xu, J., Schubert, M.F., Zhu, D. et al. (2011). Effects of polarization-field tuning in GaInN light-emitting diodes. *Appl. Phys. Lett.* 99 (4): 041105.

60 Maier, M., Köhler, K., Kunzer, M. et al. (2009). Reduced nonthermal rollover of wide-well GaInN light-emitting diodes. *Appl. Phys. Lett.* 94 (4): 041103.

61 Zakheim, D.A., Pavluchenko, A.S., and Bauman, D.A. (2011). Blue LEDs – way to overcome efficiency droop. *Phys. Status Solidi C* 8 (7–8): 2340–2344.

62 Zhmakin, A. (2011). Enhancement of light extraction from light emitting diodes. *Phys. Rep.* 498 (4–5): 189–241.

63 Hangleiter, A., Fuhrmann, D., Grewe, M. et al. (2004). Towards understanding the emission efficiency of nitride quantum wells. *Phys. Status Solidi A* 201 (12): 2808–2813.

64 Watanabe, S., Yamada, N., Nagashima, M. et al. (2003). Internal quantum efficiency of highly-efficient In$_x$Ga$_{1-x}$N-based near-ultraviolet light-emitting diodes. *Appl. Phys. Lett.* 83 (24): 4906–4908.

65 Chen, G., Craven, M., Kim, A. et al. (2008). Performance of high-power III-nitride light emitting diodes. *Phys. Status Solidi A* 205 (5): 1086–1092.

66 Peter, M., Laubsch, A., Bergbauer, W. et al. (2009). New developments in green LEDs. *Phys. Status Solidi A* 206 (6): 1125–1129.

67 Titkov, I.E., Karpov, S.Y., Yadav, A. et al. (2014). Temperature-dependent internal quantum efficiency of blue high-brightness light-emitting diodes. *IEEE J. Quantum Electron.* 50 (11): 911–920.

68 Fujiwara, K., Jimi, H., and Kaneda, K. (2009). Temperature-dependent droop of electroluminescence efficiency in blue (In,Ga)N quantum-well diodes. *Phys. Status Solidi C* 6 (S2): S814–S817.

69 Kivisaari, P., Riuttanen, L., Oksanen, J. et al. (2012). Electrical measurement of internal quantum efficiency and extraction efficiency of III-N light-emitting diodes. *Appl. Phys. Lett.* 101 (2): 021113.

70 Lin, G.B., Shan, Q., Birkel, A.J. et al. (2012). Method for determining

the radiative efficiency of GaInN quantum wells based on the width of efficiency-versus-carrier-concentration curve. *Appl. Phys. Lett.* 101 (24): 241104.

71 Broell, M., Sundgren, P., Rudolph, A. et al. (2014). New developments on high-efficiency infrared and InGaAlP light-emitting diodes at OSRAM Opto Semiconductors. *Proceedings of SPIE 9003, Light-Emitting Diodes: Materials, Devices, and Applications for Solid State Lighting XVIII*, San Francisco, CA, 90030L (27 February 2014), https://doi.org/10.1117/12.2039078.

72 Wang, J., Wang, L., Wang, L. et al. (2012). An improved carrier rate model to evaluate internal quantum efficiency and analyze efficiency droop origin of InGaN based light-emitting diodes. *J. Appl. Phys.* 112 (2): 023107.

73 Kisin, M.V. and El-Ghoroury, H.S. (2015). Inhomogeneous injection in III-nitride light emitters with deep multiple quantum wells. *J. Comput. Electron.* 14 (2): 432–443.

74 Karpov, S.Y. (2010). Effect of localized states on internal quantum efficiency of III-nitride LEDs. *Phys. Status Solidi RRL* 4 (11): 320–322.

75 Lin, G.B., Meyaard, D., Cho, J. et al. (2012). Analytic model for the efficiency droop in semiconductors with asymmetric carrier-transport properties based on drift-induced reduction of injection efficiency. *Appl. Phys. Lett.* 100 (16): 161106.

76 Titkov, I., Karpov, S., Yadav, A. et al. (2017). Efficiency of true-green light emitting diodes: non-uniformity and temperature effects. *Materials* 10 (11): 1323.

77 Crawford, M. (2009). LEDs for solid-state lighting: performance challenges and recent advances. *IEEE J. Sel. Top. Quantum Electron.* 15 (4): 1028–1040.

78 Lundin, W.V., Nikolaev, A.E., Sakharov, A.V. et al. (2010). High-efficiency InGaN/GaN/AlGaN light-emitting diodes with short-period InGaN/GaN superlattice for 530–560 nm range. *Tech. Phys. Lett.* 36 (11): 1066–1068.

79 Chang, S., Wu, L., Su, Y. et al. (2003). Si and Zn co-doped InGaN-GaN white light-emitting diodes. *IEEE Trans. Electron Devices* 50 (2): 519–521.

80 Nizamoglu, S., Ozel, T., Sari, E., and Demir, H.V. (2007). White light generation using CdSe/ZnS core–shell nanocrystals hybridized with InGaN/GaN light emitting diodes. *Nanotechnology* 18 (6): 065709.

81 Chhajed, S., Xi, Y., Gessmann, T. et al. (2005). Junction temperature in light-emitting diodes assessed by different methods. In: *Proceedings Volume 5739, Light-Emitting Diodes: Research, Manufacturing, and Applications IX*, 16–24. San Jose, CA, United States: SPIE.

82 Damilano, B., Grandjean, N., Pernot, C., and Massies, J. (2001). Monolithic white light emitting diodes based on InGaN/GaN multiple-quantum wells. *Jpn. J. Appl. Phys.* 40 (Part 2, No. 9A/B): L918–L920.

83 Kim, T., Kim, J., Yang, M. et al. (2013). Polychromatic white LED using GaN nano pyramid structure. In: *Proceedings Volume 8641, Light-Emitting Diodes: Materials, Devices, and Applications for Solid State Lighting XVII; 86410E* (eds. K.P. Streubel, H. Jeon, L.W. Tu and M. Strassburg). San Francisco, CA, USA: SPIE.

84 Sadaf, J.R., Israr, M.Q.M., Kishwar, S. et al. (2010). White electrolumines-
cence using ZnO nanotubes/GaN heterostructure light-emitting diode.
Nanoscale Res. Lett. 5 (6): 957–960.

85 Damilano, B., Trad, N., Brault, J. et al. (2012). Color control in monolithic
white light emitting diodes using a (Ga,In)N/GaN multiple quantum well
light converter. *Phys. Status Solidi A* 209 (3): 465–468.

86 Yu, C., Lirong, H., and Shanshan, Z. (2009). Monolithic white LED based on
$Al_xGa_{1-x}N/In_yGa_{1-y}N$ DBR resonant-cavity. *J. Semicond.* 30 (1): 014005.

87 Schubert, E.F. (2005). Solid-state light sources getting smart. *Science* 308
(5726): 1274–1278.

88 Schubert, E.F. (2006). *Light-Emitting Diodes*, 2e. Cambridge: Cambridge Uni-
versity Press.

89 Tsao, J.Y., Crawford, M.H., Coltrin, M.E. et al. (2014). Toward smart and
ultra-efficient solid-state lighting. *Adv. Opt. Mater.* 2 (9): 809–836.

90 Lu, C.-F., Huang, C.-F., Chen, Y.-S. et al. (2009). Phosphor-free monolithic
white-light LED. *IEEE J. Sel. Top. Quantum Electron.* 15 (4): 1210–1217.

91 Tsatsulnikov, A.F., Lundin, W.V., Sakharov, A.V. et al. (2012). Effect of stim-
ulated phase separation on properties of blue, green and monolithic white
LEDs. *Phys. Status Solidi C* 9 (3–4): 774–777.

92 Yamada, M., Narukawa, Y., and Mukai, T. (2002). Phosphor free
high-luminous-efficiency white light-emitting diodes composed of InGaN
multi-quantum well. *Jpn. J. Appl. Phys.* 41 (Part 2, No. 3A): L246–L248.

93 Funato, M., Hayashi, K., Ueda, M. et al. (2008). Emission color tunable
light-emitting diodes composed of InGaN multifacet quantum wells. *Appl.
Phys. Lett.* 93 (2): 19–22.

94 Nguyen, H.P.T., Zhang, S., Cui, K. et al. (2011). p-Type modulation doped
InGaN/GaN dot-in-a-wire white-light-emitting diodes monolithically grown
on Si(111). *Nano Lett.* 11 (5): 1919–1924.

95 Li, H., Li, P., Kang, J. et al. (2013). Phosphor-free, color-tunable monolithic
InGaN light-emitting diodes. *Appl. Phys. Express* 6 (10): 102103.

96 Tan, C.K. and Tansu, N. (2015). Nanostructured lasers: electrons and holes
get closer. *Nat. Nanotechnol.* 10 (2): 107–109.

97 Damilano, B., Demolon, P., Brault, J. et al. (2010). Blue-green and white color
tuning of monolithic light emitting diodes. *J. Appl. Phys.* 108 (7): 073115.

98 Titkov, I.E., Yadav, A., Zerova, V.L. et al. (2014). Internal quantum efficiency
and tunable colour temperature in monolithic white InGaN/GaN LED. In:
Proceedings Volume 8986, Gallium Nitride Materials and Devices IX; 89862A
SPIE OPTO (eds. J.I. Chyi, Y. Nanishi, H. Morkoç, et al.). International
Society for Optics and Photonics.

99 Karpov, S.Y., Cherkashin, N.A., Lundin, W.V. et al. (2016). Multi-color
monolithic III-nitride light-emitting diodes: factors controlling emission
spectra and efficiency. *Phys. Status Solidi A* 213 (1): 19–29.

100 Tsatsulnikov, A.F., Lundin, W.V., Sakharov, A.V. et al. (2010). A mono-
lithic white LED with an active region based on InGaN QWs separated by
short-period InGaN/GaN superlattices. *Semiconductors* 44 (6): 808–811.

101 Yadav, A., Titkov, I., Sakharov, A. et al. (2018). Di-chromatic InGaN based color tuneable monolithic LED with high color rendering index. *Appl. Sci.* 8 (7): 1158.

102 Narukawa, Y., Ichikawa, M., Sanga, D. et al. (2010). White light emitting diodes with super-high luminous efficacy. *J. Phys. D: Appl. Phys.* 43 (35): 354002.

103 Krames, M.R., Shchekin, O.B., Mueller-Mach, R. et al. (2007). Status and future of high-power light-emitting diodes for solid-state lighting. *J. Disp. Technol.* 3 (2): 160–175.

104 Nakamura, S. (1997). Present performance of InGaN-based blue/green/yellow LEDs. In: *Proceedings Volume 3002, Light-Emitting Diodes: Research, Manufacturing, and Applications* (ed. E.F. Schubert), 26–35.

105 Setlur, A. (2009). Phosphors for LED-based solid-state lighting. *Electrochem. Soc. Interface* 16 (4): 32.

106 Žukauskas, A., Vaicekauskas, R., Ivanauskas, F. et al. (2008). Špectral optimization of phosphor-conversion light-emitting diodes for ultimate color rendering. *Appl. Phys. Lett.* 93 (5): 051115.

107 Fukui, T., Kamon, K., Takeshita, J. et al. (2009). Superior illuminant characteristics of color rendering and luminous efficacy in multilayered phosphor conversion white light sources excited by near-ultraviolet light-emitting diodes. *Jpn. J. Appl. Phys.* 48 (11): 112101.

108 Mirhosseini, R., Schubert, M.F., Chhajed, S. et al. (2009). Improved color rendering and luminous efficacy in phosphor-converted white light-emitting diodes by use of dual-blue emitting active regions. *Opt. Express* 17 (13): 10806–10813.

109 Stauss, P., Mandl, M., Rode, P. et al. (2011). Monolitically grown dual wavelength InGaN LEDs for improved CRI. *Phys. Status Solidi C* 8 (7–8): 2396–2398.

110 Titkov, I.E., Yadav, A., Karpov, S.Y. et al. (2016). Superior color rendering with a phosphor-converted blue-cyan monolithic light-emitting diode. *Laser Photonics Rev.* 10 (6): 1031–1038.

111 Young, N.G., Farrell, R.M., Oh, S. et al. (2016). Polarization field screening in thick (0001) InGaN/GaN single quantum well light-emitting diodes. *Appl. Phys. Lett.* 108 (6): 1–6.

112 Murphy, T.W. (2012). Maximum spectral luminous efficacy of white light. *J. Appl. Phys.* 111 (10): 104909.

113 Hirayama, H. (2005). Quaternary InAlGaN-based high-efficiency ultraviolet light-emitting diodes. *J. Appl. Phys.* 97 (9): 091101.

114 Kneissl, M. and Rass, J. (eds.) (2016). *III-Nitride Ultraviolet Emitters*, Springer Series in Materials Science, vol. 227. Cham: Springer International Publishing.

115 Han, J., Crawford, M.H., Shul, R.J. et al. (1998). AlGaN/GaN quantum well ultraviolet light emitting diodes. *Appl. Phys. Lett.* 73 (12): 1688–1690.

116 Kinoshita, A., Hirayama, H., Ainoya, M. et al. (2000). Room-temperature operation at 333 nm of $Al_{0.03}Ga_{0.97}N/Al_{0.25}Ga_{0.75}N$ quantum-well light-emitting diodes with Mg-doped superlattice layers. *Appl. Phys. Lett.* 77 (2): 175–177.

117 Nishida, T., Saito, H., and Kobayashi, N. (2001). Efficient and high-power AlGaN-based ultraviolet light-emitting diode grown on bulk GaN. *Appl. Phys. Lett.* 79 (6): 711–712.

118 Sun, W., Adivarahan, V., Shatalov, M. et al. (2004). Continuous wave milliwatt power AlGaN light emitting diodes at 280 nm. *Jpn. J. Appl. Phys.* 43 (No. 11A): L1419–L1421.

119 Adivarahan, V., Wu, S., Zhang, J.P. et al. (2004). High-efficiency 269 nm emission deep ultraviolet light-emitting diodes. *Appl. Phys. Lett.* 84 (23): 4762–4764.

120 Adivarahan, V., Sun, W.H., Chitnis, A. et al. (2004). 250 nm AlGaN light-emitting diodes. *Appl. Phys. Lett.* 85 (12): 2175–2177.

121 Taniyasu, Y., Kasu, M., and Makimoto, T. (2006). An aluminium nitride light-emitting diode with a wavelength of 210 nanometres. *Nature* 441 (7091): 325–328.

122 Hirayama, H., Enomoto, Y., Kinoshita, A. et al. (2002). Efficient 230–280 nm emission from high-Al-content AlGaN-based multiquantum wells. *Appl. Phys. Lett.* 80 (1): 37–39.

123 Hirayama, H., Kinoshita, A., Yamabi, T. et al. (2002). Marked enhancement of 320–360 nm ultraviolet emission in quaternary $In_xAl_yGa_{1-x-y}N$ with In-segregation effect. *Appl. Phys. Lett.* 80 (2): 207–209.

124 Hirayama, H., Enomoto, Y., Kinoshita, A. et al. (2002). Room-temperature intense 320 nm band ultraviolet emission from quaternary InAlGaN-based multiple-quantum wells. *Appl. Phys. Lett.* 80 (9): 1589–1591.

125 Hirayama, H., Akita, K., Kyono, T. et al. (2004). High-efficiency 352 nm quaternary InAlGaN-based ultraviolet light-emitting diodes grown on GaN substrates. *Jpn. J. Appl. Phys.* 43 (No. 10A): L1241–L1243.

126 Fujikawa, S., Takano, T., Kondo, Y., and Hirayama, H. (2008). Realization of 340-nm-band high-output-power (>7 mW) InAlGaN quantum well ultraviolet light-emitting diode with p-type InAlGaN. *Jpn. J. Appl. Phys.* 47 (4): 2941–2944.

127 Hirayama, H., Yatabe, T., Noguchi, N. et al. (2007). 231–261 nm AlGaN deep-ultraviolet light-emitting diodes fabricated on AlN multilayer buffers grown by ammonia pulse-flow method on sapphire. *Appl. Phys. Lett.* 91 (7): 071901.

128 Hirayama, H., Yatabe, T., Ohashi, T., and Kamata, N. (2008). Remarkable enhancement of 254–280 nm deep ultraviolet emission from AlGaN quantum wells by using high-quality AlN buffer on sapphire. *Phys. Status Solidi C* 5 (6): 2283–2285.

129 Hirayama, H., Fujikawa, S., Noguchi, N. et al. (2009). 222–282 nm AlGaN and InAlGaN-based deep-UV LEDs fabricated on high-quality AlN on sapphire. *Phys. Status Solidi A* 206 (6): 1176–1182.

130 Hirayama, H., Tsukada, Y., Maeda, T., and Kamata, N. (2010). Marked enhancement in the efficiency of deep-ultraviolet AlGaN light-emitting diodes by using a multiquantum-barrier electron blocking layer. *Appl. Phys. Express* 3 (3): 031002.

131 Hirayama, H., Noguchi, N., Yatabe, T., and Kamata, N. (2008). 227 nm AlGaN light-emitting diode with 0.15 mW output power realized using

a thin quantum well and AlN buffer with reduced threading dislocation density. *Appl. Phys. Express* 1: 051101.

132 Hirayama, H., Noguchi, N., and Kamata, N. (2010). 222 nm deep-ultraviolet AlGaN quantum well light-emitting diode with vertical emission properties. *Appl. Phys. Express* 3 (3): 032102.

133 Fujikawa, S., Hirayama, H., and Maeda, N. (2012). High-efficiency AlGaN deep-UV LEDs fabricated on a- and m-axis oriented c-plane sapphire substrates. *Phys. Status Solidi C* 9 (3–4): 790–793.

134 Maeda, N. and Hirayama, H. (2013). Realization of high-efficiency deep-UV LEDs using transparent p-AlGaN contact layer. *Phys. Status Solidi C* 10 (11): 1521–1524.

135 Hirayama, H., Maeda, N., Fujikawa, S. et al. (2014). Recent progress and future prospects of AlGaN-based high-efficiency deep-ultraviolet light-emitting diodes. *Jpn. J. Appl. Phys.* 53 (10): 100209.

136 Hirayama, H., Maeda, N., Fujikawa, S. et al. (2014). Development of AlGaN deep-UV LEDs with high light-extraction efficiency by introducing transparent layer structure. *Optronics* 33: 58.

137 Mino, T., Hirayama, H., Takano, T. et al. (2012). Highly-uniform 260 nm-band AlGaN-based deep-ultraviolet light-emitting diodes developed by 2-inch×3 MOVPE system. *Phys. Status Solidi C* 9 (3–4): 749–752.

138 Mino, T., Hirayama, H., Takano, T. et al. (2013). Development of 260 nm band deep-ultraviolet light emitting diodes on Si substrates. In: *Proceedings Volume 8625, Gallium Nitride Materials and Devices VIII; 86251Q*, SPIE OPTO (eds. J.I. Chyi, Y. Nanishi, H. Morkoç, et al.). San Francisco, CA, USA: SPIE.

139 Shatalov, M., Sun, W., Bilenko, Y. et al. (2010). Large chip high power deep ultraviolet light-emitting diodes. *Appl. Phys. Express* 3 (6): 062101.

140 Shatalov, M., Sun, W., Lunev, A. et al. (2012). AlGaN deep-ultraviolet light-emitting diodes with external quantum efficiency above 10%. *Appl. Phys. Express* 5 (8): 082101.

141 Mickevicius, J., Tamulaitis, G., Shur, M. et al. (2012). Internal quantum efficiency in AlGaN with strong carrier localization. *Appl. Phys. Lett.* 101 (21): 211902.

142 Moe, C.G., Garrett, G.A., Rotella, P. et al. (2012). Impact of temperature-dependent hole injection on low-temperature electroluminescence collapse in ultraviolet light-emitting diodes. *Appl. Phys. Lett.* 101 (25): 253512.

143 Mickevicius, J., Tamulaitis, G., Shur, M. et al. (2013). Correlation between carrier localization and efficiency droop in AlGaN epilayers. *Appl. Phys. Lett.* 103 (1): 011906.

144 Pernot, C., Kim, M., Fukahori, S. et al. (2010). Improved efficiency of 255–280 nm AlGaN-based light-emitting diodes. *Appl. Phys. Express* 3 (6): 061004.

145 Inazu, T., Fukahori, S., Pernot, C. et al. (2011). Improvement of light extraction efficiency for AlGaN-based deep ultraviolet light-emitting diodes. *Jpn. J. Appl. Phys.* 50: 122101.

146 Yamada, K., Furusawa, Y., Nagai, S. et al. (2015). Development of underfilling and encapsulation for deep-ultraviolet LEDs. *Appl. Phys. Express* 8 (1): 012101.

147 Grandusky, J.R., Gibb, S.R., Mendrick, M.C. et al. (2011). High output power from 260 nm pseudomorphic ultraviolet light-emitting diodes with improved thermal performance. *Appl. Phys. Express* 4 (8): 082101.

148 Grandusky, J.R., Chen, J., Gibb, S.R. et al. (2013). 270 nm pseudomorphic ultraviolet light-emitting diodes with over 60 mW continuous wave output power. *Appl. Phys. Express* 6 (3): 032101.

149 Kinoshita, T., Hironaka, K., Obata, T. et al. (2012). Deep-ultraviolet light-emitting diodes fabricated on AlN substrates prepared by hydride vapor phase epitaxy. *Appl. Phys. Express* 5 (12): 122101.

150 Kinoshita, T., Obata, T., Nagashima, T. et al. (2013). Performance and reliability of deep-ultraviolet light-emitting diodes fabricated on AlN substrates prepared by hydride vapor phase epitaxy. *Appl. Phys. Express* 6 (9): 092103.

151 Kinoshita, T., Obata, T., Yanagi, H., and Inoue, S.I. (2013). High p-type conduction in high-Al content Mg-doped AlGaN. *Appl. Phys. Lett.* 102 (1): 012105.

152 Fujioka, A., Misaki, T., Murayama, T. et al. (2010). Improvement in output power of 280-nm deep ultraviolet light-emitting diode by using AlGaN multi quantum wells. *Appl. Phys. Express* 3 (4): 041001.

153 Ichikawa, M., Fujioka, A., Kosugi, T. et al. (2016). High-output-power deep ultraviolet light-emitting diode assembly using direct bonding. *Appl. Phys. Express* 9 (7): 072101.

154 Li, X.H., Detchprohm, T., Kao, T.T. et al. (2014). Low-threshold stimulated emission at 249 nm and 256 nm from AlGaN-based multiple-quantum-well lasers grown on sapphire substrates. *Appl. Phys. Lett.* 105 (14): 141106.

155 Mehnke, F., Kuhn, C., Stellmach, J. et al. (2015). Effect of heterostructure design on carrier injection and emission characteristics of 295 nm light emitting diodes. *J. Appl. Phys.* 117 (19): 195704.

156 Susilo, N., Hagedorn, S., Jaeger, D. et al. (2018). AlGaN-based deep UV LEDs grown on sputtered and high temperature annealed AlN/sapphire. *Appl. Phys. Lett.* 112 (4): 041110.

157 Kneissl, M., Seong, T.Y., Han, J., and Amano, H. (2019). The emergence and prospects of deep-ultraviolet light-emitting diode technologies. *Nat. Photonics* 13 (4): 233–244.

158 Yun, J. and Hirayama, H. (2017). Investigation of the light-extraction efficiency in 280 nm AlGaN-based light-emitting diodes having a highly transparent p-AlGaN layer. *J. Appl. Phys.* 121 (1): 013105.

159 Ban, K., Yamamoto, J.I., Takeda, K. et al. (2011). Internal quantum efficiency of whole-composition-range AlGaN multiquantum wells. *Appl. Phys. Express* 4 (5): 052101.

160 Kohno, T., Sudo, Y., Yamauchi, M. et al. (2012). Internal quantum efficiency and nonradiative recombination rate in InGaN-based near-ultraviolet light-emitting diodes. *Jpn. J. Appl. Phys.* 51: 072102.

161 Maeda, N., Jo, M., and Hirayama, H. (2018). Improving the efficiency of AlGaN deep-UV LEDs by using highly reflective Ni/Al p-type electrodes. *Phys. Status Solidi A* 215 (8): 1700435.

162 Maeda, N., Yun, J., Jo, M., and Hirayama, H. (2018). Enhancing the light-extraction efficiency of AlGaN deep-ultraviolet light-emitting diodes using highly reflective Ni/Mg and Rh as p-type electrodes. *Jpn. J. Appl. Phys.* 57 (4S): 04FH08.

163 Takano, T., Mino, T., Sakai, J. et al. (2017). Deep-ultraviolet light-emitting diodes with external quantum efficiency higher than 20% at 275 nm achieved by improving light-extraction efficiency. *Appl. Phys. Express* 10 (3): 031002.

164 Kashima, Y., Maeda, N., Matsuura, E. et al. (2018). High external quantum efficiency (10%) AlGaN-based deep-ultraviolet light-emitting diodes achieved by using highly reflective photonic crystal on p-AlGaN contact layer. *Appl. Phys. Express* 11 (1): 012101.

165 Kashima, Y., Matsuura, E., Kokubo, M. et al. (2015). Deep-UV LED device and its fabrication method, Patent 5757512, Japan.

166 Kashima, Y., Matsuura, E., Kokubo, M. et al. (2016). Deep-UV LED device and its fabrication method. Patent 5999800, Japan.

167 Kashima, Y., Matsuura, E., Kokubo, M. et al. (2017). Deep-UV LED device and its fabrication method. Patent 6156898, Japan.

第 8 章

分子束外延生长激光二极管

Greg Muziol，Henryk Turski，Marcin Siekacz，Marta Sawicka 和
Czeslaw Skierbiszewski

波兰科学院高压物理研究所（Unipress-PAS）

8.1 引言

　　基于Ⅲ族氮化物材料系统的激光二极管（LD）已经实际应用，并在深紫外[1]、近紫外[2]、紫色[3]、蓝色[4]和绿色[5-6]光谱区域得到应用。这些器件由于高效率[7-8]和高可靠性[9-10]的特点，使得从首次出现后的十年内实现了商业化。最近的研究进展促进了 LD 的进一步开发，而且电光转化效率超过40%[11]，使用寿命超过 20000h[12]，单个器件的最大输出功率超过 7W[13]。由于 LD 的高性能，衍生出基于Ⅲ族氮化物的 LD 许多应用，例如投影、显示、点照明、医疗设备和光谱学。随着 LD 进一步的发展，将会带来更多新的应用。LD 甚至被认为是普通照明的可能候选，作为发光二极管（LED）的继任者[14]。

　　包括 LD 在内的绝大多数光电器件，都是通过金属有机物化学气相沉积（MOCVD）[15-16]工艺制备。MOCVD 过程中所制备的高质量 GaN 是基于 $1000 \sim 1050\,℃$ 温度，其中Ⅴ/Ⅲ比率控制在 $1000 \sim 5000$ 范围内。使用氨和金属有机物作为前驱体会导致缺陷，这与 MOCVD 生长过程中氢的存在有关。在掺杂有 Mg 层的生长过程中引入氢，添加氢获得 p 型导电性，并形成受主型补偿。研究者已经提出在氮气中进行生长后，通过电子辐照[17]或热退火[18]来激活 Mg 受主。结果表明，氢在高温下会从生长层中扩散出来[19]。然而，激活过程仅限于具有未覆盖的 Mg 掺杂层结构[20]，因为氢原子不会在 n 型材料中扩散[21]。这将 MOCVD 生长器件的设计限制在没有掩埋 p 型层的器件上。

　　这个缺点可以通过使用一种替代技术，即分子束外延（MBE）来解决。在分子束外延中，没有氢的掺入，而 Mg 受主提供 p 型导电性而无需生长后激活。有趣的是，通过 MBE 生长的质量与 MOCVD 相当，可以实现在富含金属的条件

下[22-23]生长温度为 700~750℃，且 V/Ⅲ 比率为 0.5。理论上已经证明，薄金属层为横向吸附原子传输打开了一个有效的扩散通道[24-25]，这导致平滑的生长形态。低生长温度有利于长波长发射器，因为高 In 含量的 InGaN 量子阱（QW）使用 MOCVD 层生长过程的温度分解[26]。在 MBE 中，使用两种类型的氮前驱体：氨或分子氮。两种 MBE 技术的发展最终导致由氨 MBE[27] 和射频等离子体辅助分子束外延（PAMBE）[28] 生长的 LD 的出现。

图 8.1a 显示了射频等离子体辅助分子束外延生长的 LD 标准结构示意图。它由标准 AlGaN 外延层、AlGaN：Mg 电子阻挡层（EBL）和具有 InGaN 有源区的 InGaN 波导组成[29]。PAMBE 技术的优势在于能够生长厚的高 In 含量 InGaN 波导。参考文献［30］已经实现了 160nm 厚的 $In_{0.08}Ga_{0.92}N$ 波导，并完全在 GaN 衬底上应变。这种波导不仅增强了光限制因子[31]，也可以设计为完全消除光模泄漏到 GaN 衬底[32]。

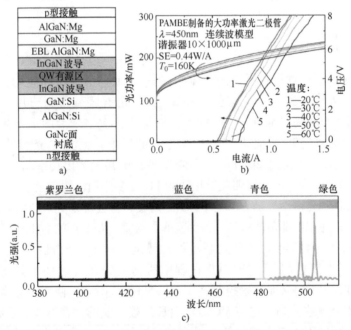

图 8.1　a）射频等离子体辅助分子束外延（PAMBE）生长的 LD 结构，具有厚的高 In 含量波导；b）不同温度下测量的由射频等离子体辅助分子束外延（PAMBE）生长的高功率 LD *L-I-V*（光-电流-电压）特性；c）PAMBE 生长的器件从近紫外发射的激光光谱为青色（资料来源：波兰科学院高压物理研究所）

光泄漏到 GaN 衬底是恶化光束质量的不利影响[33]。图 8.1b 显示了在 $\lambda = 450nm$ 下工作的宽脊蓝色 LD 光-电流-电压（*L-I-V*）特性。这种器件的最大输出功率为 0.5W[34]。由波兰科学院高压物理研究所的 PAMBE 以连续波（CW）模式运行的 LD 光谱如图 8.1c 所示，范围从近紫外[35]到青色[36]。绿色光谱区域的发射仅在脉冲操作下实现。

本章将重点介绍等离子体辅助分子束外延（PAMBE）技术制备的 LD 特征。首先，8.2 节将讨论 InGaN 的生长机制及其对量子阱（QW）和 LD 光学特性的影响。8.3 节将演示在激发态下运行的 LD。研究表明，具有高的压电性材料中，量子阱（QW）中的激发态可以具有比基态高得多的振荡器强度。8.4 节将介绍 PAMBE 生长的 LD 寿命研究，将识别导致退化的缺陷类型。8.5 节将介绍具有隧道结（TJ）的 LD。将演示 TJ 在设备堆栈和分布式反馈 LD 上的应用。

8.2 等离子体辅助分子束外延（PAMBE）III-N 族材料的生长原理

与其他半导体不同，在 III 族氮化物（III-N）材料的 PAMBE 中，通常采用富含金属的生长条件。其主要原因是氮化物在真空中的分解率相当高[37]。这将可用的生长温度限制在吸附原子在富氮生长条件下具有低的迁移率的状态[24]。幸运的是，可以通过在晶体表面的 In 或 Ga 润湿层下形成有效的扩散通道来增强吸附原子的迁移率[25]。然而，这种方法会产生非常严格的生长窗口，并且需要精确控制金属通量。使用不足的金属助熔剂会出现不存在润湿层的粗糙区域。另一方面，过量的金属助熔剂会形成液滴，从而导致厚度和合金成分不均匀。对于其他生长技术，例如 MOCVD 或氨 MBE，使用较高的生长温度。在这样的条件下，高氨超压对于阻止晶体分解很重要。

在 PAMBE 中，活性氮是通过射频电磁场激发注入空腔的氮分子获得的。这种方法的最大优点是：1) 生长过程中没有任何外来原子（例如由氨产生的氢）；2) 氮通量对生长温度的独立性（与使用氨作为氮源的技术相反），其中氨的分解强烈依赖于生长温度。缺点是氮分子的激发效率相当低。据估计，注入生长室的 N_2 分子中只有大约 1% 参与了生长过程。如此庞大的背景压力下，即使是由惰性 N_2 分子引起的压力，也是从积液池中弹道运输材料的重要障碍。这就是为什么对于 PAMBE 的高增长率，高抽速能力很重要。尽管等离子体源普遍存在低效率问题，但据报道，使用 PAMBE 的 GaN 生长速率超过 8μm/h（133nm/min）[38-39]。

最近的研究还表明，在富氮条件下 PAMBE 中可以获得光滑的表面，但只能在错切角为 2° 或更大角度的 N 极性（000-1）GaN 衬底上获得[40]。对于相同的生长条件和在 Ga 极性衬底上的错切角，获得了粗糙的三维生长形貌。同样，富 N 生长条件也被用于在 N 极性衬底上生长 InGaN 量子阱[41]。实现了比在富 In 生长条件下获得的更高的发射[41]。尽管在使用富 N 生长条件时，N 极性结构有明显改善，但这种结构的效率仍然落后于在 Ga 极性衬底上以富含金属的方式生长的结构。这就是为什么本章的剩余部分将只分析 Ga 极性器件。

8.2.1 N 通量在高效 InGaN 量子阱材料中的作用

众所周知，真空中 InN 比 GaN 分解得更快[37,42-43]。因此，为了将 In 掺入 GaN 晶格中，并保持较高的晶体质量，需要使用不同的生长条件。之前的研究已经表明，可以通过两种方式增加 InGaN 层中的 In 含量。第一种也是最常用的方法是降低生长温度[44-45]以最大限度地减少晶体分解并增强 In 的掺入量。图 8.2a 显示了 In 含量对生长温度的依赖性。这种方法的优点是，如果使用足够低的生长温度和 Ga 通量，则可以获得整个 InGaN 成分范围。另一方面，对于蓝绿色发射器，仅需要高达 20%~25% 的 In 含量，随着生长温度的降低，观察到 InGaN 量子阱材料中的光学质量会显著下降[47]。或者，较高的 N 通量可以通过减缓晶体分解来增加 In 的掺入量（见图 8.2b）[44,46]。从技术角度来看，这种方法要复杂得多。正如已经提到的，更高的活性 N 通量需要更高的泵送能力。

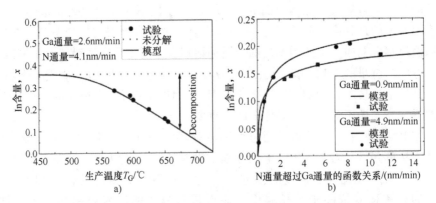

图 8.2 InGaN 层中的 In 含量与 a) 生长温度和 b) N 通量超过
Ga 通量的函数关系。实验获得的成分值使用参考文献 [46]
提出的唯象方程获得（资料来源：经 Turski 等人[46]
许可转载，版权所有 2013，Elsevier）

在波兰科学院高压物理研究所，我们为 PAMBE 反应器配备了三个 CTI CT10 低温泵，每个泵的抽速为 3000L/s。这种设置促进了 N 通量的获得，并允许在不降低生长温度的情况下实现高 In 含量。重要的是，高 N 通量提高了 InGaN 层的质量。图 8.3a 显示了使用各种 N 通量生长的量子阱半宽峰（FWHM）对发射波长的依赖性。使用较高 N 通量生长的具有相同发射波长的量子阱具有较低的 FWHM[36]。通过获得光泵浦激光器进一步证实了随着 N 通量增加而生长的量子阱的光学质量得到改善。如图 8.3b 中的空心圆所示，活性 N 通量从 4~10nm/min 的增加导致了 500nm 以上的激光发射[47]。由于电泵浦结构会因 p 型层中的光吸收而遭受额外的光学损耗，因此需要更高的活性 N 通量才能将 LD 操作推入青色波长[36]。图 8.3b 中的实心圆表示电驱动 LD 获得的最长激光作用波长，它是生长量子阱活性 N 通量的函数。

本章介绍的氮化物结构进展是使用上述高活性氮通量生长的量子阱为基础。

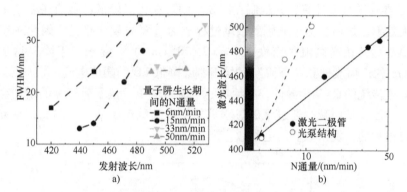

图 8.3　a）使用指定 N 通量生长的量子阱室温 PL 发射的半宽峰（FWHM）；b）光泵浦激光器结构（空心圆）和全激光二极管（实心圆）的激光波长半对数依赖性作为活性区域生长的活性 N 通量函数

8.3　宽 InGaN 量子阱——超越量子约束的斯塔克效应

本节将描述在 Ga 极性（0001）GaN 上生长的宽量子阱特性。我们将展示反常的实验数据，并表明尽管存在高的压电场，但宽量子阱依然可以成为 LD 有效有源区的替代方案。

本节将提出一个基于激发态复合模型描述宽量子阱的高效率[48]。此外，研究表明宽 InGaN 量子阱应用于 LD 可以提高性能[49]。使用宽 QW 有两个原因：1）光学限制因子（Γ）的增强；2）量子阱效率的增加。Γ 的增加很重要，因为一般而言，Ⅲ族氮化物 LD 中它较低，并且很难通过增加 QW 的数量来增加 Γ。原因在于 QW[50] 之间的孔分布不均匀，导致光学增益不均匀[51]。基于Ⅲ族氮化物的 LD 中，通过使用宽量子阱来提高效率可能是反常的，我们将在下面广泛讨论。内部量子效率（IQE）由[52]下式给出：

$$IQE = \frac{\Gamma_{eh}Bn^2}{\Gamma_{eh}An+\Gamma_{eh}Bn^2+\Gamma_{eh}Cn^3} \qquad (8.1)$$

式中，Γ_{eh} 是电子和空穴波函数的重叠；n 是载流子密度；A、B 和 C 分别是肖克利-里德-霍尔、辐射和俄歇复合系数。众所周知，所有的复合过程都依赖于波函数重叠[53-54]。因为事实上，对于宽量子阱，波函数重叠的变化将是数量级的，所以在这个模型中包括这一点很重要。晶体相空间填充也会影响 B 和 C 参数[55]；然而，在这个模型中，忽略了这种影响。$In_{0.17}Ga_{0.83}N$（蓝色区域）和 $In_{0.30}Ga_{0.70}N$（绿色区域）的内部量子效率（IQE）已针对参考文献［56］报告的 ABC 参数进行了计算，并绘制在图 8.4 中。在相对较低的载流子密度下观察到最大效率；之后，由于非辐射俄歇过程成为重要的复合路径，因此效率"下降"。LD 通常在高载流子密度区（$n>2\times10^{19}\,cm^{-3}$）[57] 处于"下降"区域。因此，IQE 的任何改进和"下降"的缓解都会降低 LD 的阈值电流。

对于传统的Ⅲ-Ⅴ半导体，在给定的电流密度下，量子阱厚度的增加会降低载流子密度，从而减少通过俄歇过程重新组合的载流子部分。然而，Ⅲ族氮化物具有极大的自发常数和压电常数[58-61]。

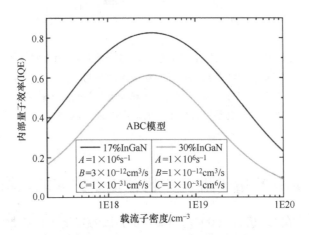

图 8.4 $In_{0.17}Ga_{0.83}N$ 和 $In_{0.30}Ga_{0.70}N$ 量子阱内量子效率
与载流子密度的关系。需要强调的是与量子阱的厚度
无关（资料来源：经 Muziol 等人许可转载[48]，版权
所有 2019，美国化学学会）

由于晶格失配，它们会导致异质结构中出现内建电场，这对光电器件是有害的。内建电场有两个主要影响：1）量子限制斯塔克效应（QCSE），它导致发射光谱红移；2）电子和空穴波函数的空间分离，将减少波功能重叠[60,62-71]。由于载流子复合的概率较低，波函数重叠的减少导致载流子密度

增加。这反过来又导致大部分载流子通过非辐射俄歇过程重新组合，从而导致量子效率降低[72-76]。这似乎限制了器件中可行的量子阱（QW）厚度。另一方面，载流子密度可以通过增加 QW 的数量来降低。然而，如前所述，QW 之间是不均匀的，这将减少载流子密度降低的影响[50]。由于 QW 中的 In 含量更高，因此该问题在更长的波长处变得更加明显，因此偏振场也更高。这被认为是 LED 在绿色光谱范围内效率降低的主要原因，通常称为"绿色间隙"问题[77-78]。

　　参考文献［63，66，71，79-80］报道研究了极性 c 面向上的厚 InGaN 量子阱，参考文献［63，71］报道计算预测转换概率会严重降低，但另外有一些结果显示效率会提高[80]。此外，目前最先进的紫色 LD 包含宽（6.6nm 厚）InGaN QW[13]。理论上的理解与实验结果之间显然存在差异。

　　为了解释这种行为，需要考虑 QW 的能带结构在厚度增加时会发生什么。图 8.5 显示了计算得到的薄（2.6nm）和宽（10.4nm）QW 的能带结构，图 8.5a 是没有激发的情况，图 8.5b 为激发-电流密度 $j = 1.6kA/cm^2$。激发可以是光学也可以是电学，但不会改变总体情况。在薄（2.6nm）QW 情况下，由于压电场的部分屏蔽，激发时波函数重叠从 $<e_1|h_1> = 0.19$ 增加到 0.39。这是一个大幅度的增长；但是，转换的定性行为不会改变。另一方面，在宽（10.4nm）QW 中，载流子复合的性质有根本的不同。没有激发，宽的 QW 就像薄的 QW 一样是三角形的。电子和空穴波函数是分开的，它们的重叠非常小 $<e_1|h_1> = 10^{-13}$。然而，几乎为零的重叠导致激发时载流子密度增加，因为载流子不能复合。只有当复合路径出现时，载流子密度的持续增加才会停止。当压电极化接近完全屏蔽时，该路径出现。令人惊讶的是，跃迁路径不通过基态，因为它们的波函数重叠 $<e_1|h_1> = 0.0006$ 太低，不支持高效复合。相反，有一个通过激发态的高效复合路径[48]。激发态之间的重叠为 $<e_2|h_2> = 0.56$。据我们所知，这是一个特殊的 QW 系统的首次结果，该系统在基态和激发态之间的跃迁概率为零，而在激发态之间的跃迁概率极高。基态和激发态之间重叠的巨大差异在于它们的局域化。尽管有压电场的屏蔽，基态仍局限在 QW 的三角形部分，如图 8.5b 所示。另一方面，激发态具有更高的能量，并充满 QW 的整个宽度。激发态可以被认为表现出几乎矩形的 QW，在界面上只有很小的扰动。因此，对于矩形 QW，重叠几乎等于 1。波函数与电流密度重叠的完整表现如图 8.5c 所示。非常高的电流密度 $j > 1.6kA/cm^2$ 时，$<e_2|h_1>$ 开始具有比 $<e_2|h_2>$ 更高的值。首先，这可能是反常的，因为在矩形 QW 的情况下，这是一个禁止的跃迁。然而，在带有压电片电荷的量子阱中，对称性被打破，这样的跃迁是允许的。

　　现在让我们研究一下填充激发态和利用它们的高振子强度所需的载流子和

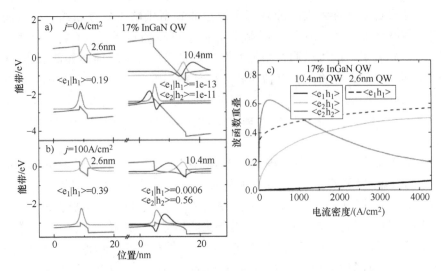

图 8.5　计算出的薄（2.6nm）和宽（10.4nm）17% InGaN QW 的能带结构：
a）无激励和 b）有激励（资料来源：经 Muziol 等人许可转载，版权
所有 2019，日本应用物理学会）；c）波函数重叠对电流密度的依赖性
（资料来源：经 Muziol 等人许可转载。版权所有 2019，美国化学学会）

电流密度。在 17% InGaN QW 的两个界面处，由应变引起的表面电荷等于 $1.7\times$ $10^{13}\,cm^{-2}$。为了屏蔽它们，需要在量子阱中引入一定匹配数量的电子和空穴。相应的载流子密度将等于 $5\times10^{19}\,cm^{-3}$，这个值非常高。如此高的载流子密度只有在非常高的电流密度下才能实现，例如 LD 中的阈值[57]。然而，这仅在薄量子阱的情况下正确。使用 SiLENSe 5.4 软件[81]对 LED 能带结构进行了计算，揭示了载流子积累和损失之间的相互作用。与直觉相反，宽量子阱中压电场的屏蔽发生在相对较低的电流密度下。使用图 8.5c 可以很容易地解释这一点。当电流密度为 16A/cm^2 时，宽量子阱中的 $<e_2\mid h_2>$ 波函数重叠高于薄量子阱中的 $<e_1\mid h_1>$。该电流密度相对较低，并且与标准发光二极管的工作状态相当。因此，具有宽量子阱的发光二极管可以利用载流子密度和更高的"下垂"开始。在更高的电流密度下运行还可以减少器件的尺寸。

　　宽 QW 开始显示真正潜力的光谱区域对应于观察到"绿色间隙"的长波波段。即使在高激发态，标准薄 QW 也表现出波函数重叠的大幅减少，如图 8.6a 所示。另一方面，10.4nm 宽 QW 的最高波函数重叠为 $<e_2\mid h_2>=0.63$，并且恰好在 30% 的 InGaN 成分时实现（见图 8.6b），这对应于绿光发射。令人惊讶的是，这样的振子强度值远高于压电场低得多的薄 QW。与直觉相反，高振子强度的原因在于压电极化本身的高值。在界面处产生的片电荷越高，QW 在筛选后出现的矩形越多。因此，激发态具有较高的波函数重叠。

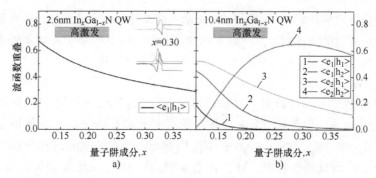

图 8.6　高激发（$j = 2\text{kA/cm}^2$）时波函数重叠对 a) 薄 2.6nm 和 b) 宽 10.4nm QW 成分的依赖性。两种情况下，$<e_1 | h_1>$ 跃迁概率随 In 含量的增加而降低，而对于宽 QW，$<e_2 | h_2>$ 跃迁概率则显著增加。a) 的插图显示了 30% InGaN QW 的能带轮廓和载波函数。h_1 和 h_2 能级之间的能量距离足够大，以防止占据 h_2 能级（资料来源：经 Muziol 等人[48] 许可转载。版权所有 2019，美国化学学会）

为了显示激发态之间的高波函数重叠如何影响 IQE，需要通过式（8.2）将电流密度与载流子密度联系起来：

$$j = qd_{QW}(\Gamma_{eh}An + \Gamma_{eh}Bn^2 + \Gamma_{eh}Cn^3) \tag{8.2}$$

式中，q 是基本电荷；d_{QW} 是量子阱厚度，可以从方程式推导出来。

式（8.2）对于给定的电流密度，载流子密度可以通过增加量子阱厚度和/或波函数重叠来降低。检查了四个系列的量子阱以显示厚度和成分对内部量子效率（IQE）的影响：1）2.6nm $\text{In}_{0.17}\text{Ga}_{0.83}\text{N}$；2）10.4nm $\text{In}_{0.17}\text{Ga}_{0.83}\text{N}$；3）2.6nm $\text{In}_{0.30}\text{Ga}_{0.70}\text{N}$；4）10.4nm $\text{In}_{0.30}\text{Ga}_{0.70}\text{N}$。对于每种 QW，只考虑了具有最高值波函数重叠的跃迁，表明对于 2.6nm $\text{In}_{0.17}\text{Ga}_{0.83}\text{N}$，载流子密度的计算仅假设 $<e_1 | h_1>$ 跃迁。对于 10.4nm 的 $\text{In}_{0.17}\text{Ga}_{0.83}\text{N}$，最初仅取 $<e_2 | h_2>$ 跃迁，并在 $j = 1.6\text{kA/cm}^2$ 以上改变为 $<e_2 | h_1>$ 跃迁（请比较图 8.5c 以查看 $<e_2 | h_1>$ 超过 $<e_2 | h_2>$）。在 2.6nm QW 的情况下，这种近似非常好。在宽 QW 情况下，两种跃迁都应该存在，这将导致载流子密度的进一步降低和内部量子效率（IQE）的增加。因此，对于宽 QW，计算的载流子密度将被高估。在整个电流密度范围内，2.6nm 和 10.4nm 的 $\text{In}_{0.30}\text{Ga}_{0.70}\text{N}$ 跃迁分别为 $<e_1 | h_1>$ 和 $<e_2 | h_2>$。

计算出的载流子密度与电流密度关系如图 8.7a 所示。在薄 QW 的情况下，当 In 含量从 17% 变为 30% 时，对于给定的电流密度，载流子密度增加。这将转化为更高部分的载流子通过非辐射的俄歇过程复合，从而导致更低的效率。在厚 10.4nm QW 情况下，载流子密度低得多，并且对于两种组合来说是相当的。

IQE 与电流密度的计算关系如图 8.7b 所示。结果显示，众所周知，所有量子阱的 IQE 随电流密度的增加而降低（通常称为"压降"），IQE 随 QW 含量的增加而降低（通常称为"绿隙"）。此外，可以看出，对于发射蓝光（$In_{0.17}Ga_{0.83}N$）和绿光（$In_{0.30}Ga_{0.70}N$）LED，宽 QW 在高电流范围内提供了高得多的 IQE。原因是宽量子阱中载流子密度降低。在较低的载流子密度下，IQE 较高，如图 8.4 所示，因为通过非辐射俄歇过程复合损失的载流子部分减少了。对于 $In_{0.17}Ga_{0.83}N$ 和 $In_{0.30}Ga_{0.70}N$ QW，在 $j=1kA/cm^2$ 下使用宽 QW 导致的 IQE 增加分别为 40% 和 70%。令人惊讶且违反常识，对于 In 含量较高的 QW，IQE 的增加较高。

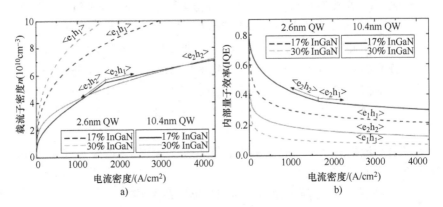

图 8.7　a）考虑到有源区体积和波函数重叠的变化，计算了四种量子阱的载流子密度与电流密度的关系。内量子效率与电流密度的关系，只考虑具有最高波函数重叠的一个跃迁。在 10.4nm 的 $In_{0.17}Ga_{0.83}N$ QW 情况下，主导转变从 <$e_2|h_2$> 变为 <$e_2|h_1$>，这展现在 a）和 b）中

（资料来源：经 Muziol 等人许可转载。版权所有 2019，美国化学学会）

为了测试通过激发态的有效辐射跃迁，研究者生长了一组具有不同厚度的 17% InGaN QW 样品（样品结构见图 8.8a 的插图）。图 8.8a 显示了 325nm 工作的 He-Cd 激光器在 CW 激发下测量的光致发光（PL）强度。图 8.8b 显示了其中一个宽 QW 的透射电子显微镜图像，显示了 QW 和量子势垒之间尖锐的底部和顶部界面。对于高激发，我们确实观察到 PL 强度随 QW 宽度的增加而增加，这支持了宽 QW 中有效跃迁的观点。然而，如果激发功率密度低，则可以观察到相反的趋势。如果在模型中添加一个小的载波损耗机制，这正是人们所期望的。在宽 QW 的情况下，载流子最初不会复合，因为需要基态中的高载流子浓度来屏蔽压电片电荷。在基态载流子积累过程中，一部分载流子将被热离子发射到 QW 周围的势垒上。载流子的这种损失阻止了密度的增加。我们将低激发下宽 QW 的低 PL 强度归因于这种机制。

除了增加波函数重叠外，宽 QW 还受益于 QW 界面的鲁棒性和锐度。QW 宽

度的波动对薄 QW 发出光的 FWHM 有很大影响。一个单层水平的波动是不可避免的，并导致不希望的展宽。这对光学增益应尽可能窄的 LD 具有不良影响。图 8.8c 显示了 PL 的测量 FWHM 对 QW 宽度的依赖性。我们观察到 PL 光谱从 2.6nm 薄 QW 的 FWHM = 23nm 到厚度为 15nm 以上的 FWHM = 14nm 的强烈变窄。

从载流子动力学可以观察到另一个证明载流子复合中薄和宽 QW 之间质量差异的证据。图 8.8d 显示了使用时间分辨 PL 测量的衰减时间。QW 厚度的初始增加导致 PL 衰减时间的大幅增加。对于 5.2nm QW，观察到高达 $3\mu s$ 的值。在振荡器强度依赖于 QW 厚度的系统中，PL 衰减时间的这种强烈增加是已知的。5.2nm 厚 QW 的计算波函数重叠小至 $<e_1 \mid h_1> = 0.0006$。然而，达到一定厚度后，衰减时间开始下降。这种情况下，激发态开始在重组中起主要作用。厚度大于 10nm 的 QW PL 衰减时间比常用的薄 2.6nm 厚 QW 的衰减时间短。这不是由于非辐射复合的增加，因为发射强度更高，如图 8.8a 所示，而是由于激发态之间有很好的重叠。

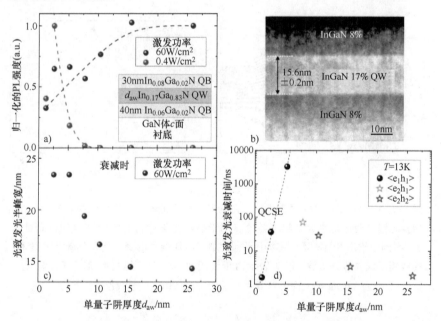

图 8.8　a）两种激发功率下 QW 厚度的光致发光强度依赖性，插图显示了样本的结构；b）15.6nm QW TEM 图像，显示尖锐的底部和顶部界面；c）$60W/cm^2$ 激发功率下测量的光致发光半峰宽依赖性（资料来源：经 Muziol 等人许可转载[49]。版权所有 2019，日本应用物理学会）；d）光致发光衰减时间对 QW 宽度的依赖性。这个给出了对观察到的过渡性质的解释。虚线是引导识图的数据标线，显示了波函数下降与 QW 厚度重叠所预测的行为（资料来源：经 Muziol 等人许可转载[48]。版权所有 2019，美国化学学会）

我们制造了蓝色（$\lambda = 450\mathrm{nm}$）和青色（$\lambda = 490\mathrm{nm}$）LD 说明有源区厚度的影响。在一种情况下，LD 具有三个厚度为 2.6~3.0nm 的 QW，在另一种情况下，有源区由单个 10.4nm 宽的 QW 组成。使用 Hakki-Paoli 方法测量光学增益。图 8.9a 显示了具有 10.4nm 厚 $In_{0.24}Ga_{0.76}N$ QW 的 LD 示例性光学增益光谱。在图 8.9b 中收集每个电流密度处的最大增益值并绘制为电流密度的函数。光增益随电流密度的增加取决于 QW 的效率和光限制因子。这两者都通过在有源区使用宽 QW 得到增强。对于由三个 2.6nm QW 和单个 10.4nm 宽 QW 组成的有源区域，蓝光 LD 中光学增益随电流密度增加的速率分别为 10.4cm/kA 和 12.7cm/kA。在这种情况下，差分增益增加了 22%。另一方面，对于有源区中 In 含量较高的 LD，三个 3.0nm 厚 QW 和单个 10.4nm QW 的差分增益分别为 2.2cm/kA 和 6.5cm/kA。增加更为明显，达到 195%。该结果证明，长波长器件的效率有更高的提高。我们希望这一结果将有助于缓解"绿光间隙"问题。

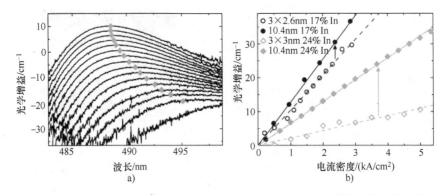

图 8.9　a）以 $0.33\mathrm{kA/cm^2}$ 为步长，在 0.33~5.33 的电流密度范围内收集的光学增益光谱。菱形是最大光学增益值，用于显示光学增益对电流密度的依赖性；b）图例中给出的具有不同有源区设计的四个 LD 测量的最大光学增益。实线和虚线用于提取差分增益。箭头表示由于使用宽 QW 而获得的增量（资料来源：经 Muziol 等人许可转载[48]。版权所有 2019，美国化学学会）

8.4　Ammono-GaN 衬底制备的长寿命激光二极管

由 PAMBE 生长的第一支 LD 寿命为数小时[82]。外延生长和器件加工的进步使得寿命延长至 2000h[83]。Bojarska 等人最近的一项研究比较了 MOCVD 和 PAMBE 生长的 LD 退化问题，显示出不同的退化速率活化能[84]。这一发现非常重要，因为它指出通过 MOCVD 和 PAMBE 生长的器件可靠性限制可能不同。本节中我们将讨论 PAMBE 生长的 LD 存在的退化机制。对这种机制的理解导致了估计寿命为 100000h 的 LD 的出现[85]。

在这项研究中，高质量的 GaN 衬底是用氨热法生长的[86]，其线位错密度（TDD）仅为 $10^4 \sim 10^5 \mathrm{cm}^{-2}$。低 TDD 衬底的使用使我们能够研究外延过程中产生的缺陷对器件退化的影响。比较了三个 LD 在应力电流下的不同行为。LD 结构包括 n 型 700nm AlGaN 覆盖层，100nm GaN 和内部具有多量子阱（MQW）的 InGaN 波导。在 InGaN 波导末端，形成 20nm 电子阻挡层（EBL）。接着是 100nm GaN:Mg 和 400nm AlGaN:Mg 覆盖层。多量子阱区由三个 2.6nm $\mathrm{In}_{0.17}$ $\mathrm{Ga}_{0.83}\mathrm{N}$ 量子阱组成，用 8nm 量子势垒（QB）隔开。QB 中的 In 含量为 8%，保持与整个 InGaN 波导中的 In 含量相同。$\mathrm{Al}_{0.14}\mathrm{Ga}_{0.86}\mathrm{N}$:Mg 电子阻挡层放在多量子阱后面，在导带中形成一个高能势垒，可以防止电子溢出。下面，将比较三种具有不同电子阻挡层设计的 LD。这些 LD 中的电子阻挡层由 1）激光器 A-$\mathrm{In}_{0.01}\mathrm{Al}_{0.14}\mathrm{Ga}_{0.85}\mathrm{N}$:Mg（Mg:$5\times10^{19}\mathrm{cm}^{-3}$），2）激光器 B-$\mathrm{Al}_{0.14}\mathrm{Ga}_{0.86}\mathrm{N}$:Mg（Mg:$5\times 10^{19}\mathrm{cm}^{-3}$）和 3）激光器 C-$\mathrm{Al}_{0.14}\mathrm{Ga}_{0.86}\mathrm{N}$:Mg（Mg:$1\times10^{19}\mathrm{cm}^{-3}$）。电子阻挡层与 InGaN 波导在相同的温度（$T_\mathrm{g}=650℃$）下生长。所有三种情况的生长过程都提供了 In，但仅在激光器 B 和 C 中充当表面活性剂。之所以没有加入，是因为 Ga 和 Al 的总流量被设定为高于 N 流量，并且两种元素优先在 In 之前加入。然而，In 作为一种表面活性剂，允许在优先阶跃流动状态下生长[25]。在电子阻挡层生长之后，温度升高使 GaN:Mg 进一步生长。升温过程中，过量的 In（激光器 A、B 和 C 的情况）和 Ga（激光器 B 和 C 情况）被解吸。激光器 B 和 C 的区别仅在于所提供的 Mg 含量以及由此引入的 Mg 含量。

低 TDD GaN 衬底的使用允许通过缺陷选择性刻蚀（DSE）简单技术识别外延期间产生的缺陷密度，这些缺陷产生位错[87-88]。在这种技术中，使用熔融 NaOH-KOH 共晶添加 MgO 粉末（比例 3：2：1）之后用作刻蚀剂。在 450℃ 的温度下，对激光器 A 和 B 样品刻蚀 30min，对激光器 C 样品刻蚀 60min。图 8.10a~c 分别显示了激光器 A、B 和 C 进行 DSE 后表面的扫描电子显微镜（SEM）图像。图 8.10c 为放大 100 倍区域中显示的缺陷图像。在激光器 C 样品中，发现了两种位错。第一种显示为大的六边形凹坑，与激光器 A 和 B 中的缺陷相同。但是，由于刻蚀时间较长，它们会被刻蚀掉。然而，由于腐蚀时间较长，它们腐蚀到 EBL，并开始在水平方向腐蚀，形成对称结构。另一种缺陷在图 8.10c 中用深灰色箭头标出。这些是源于衬底的螺旋位错。样品之间显示出巨大的位错密度差距。对于激光器 A、B 和 C，来自外延的位错密度分别为 $5\times 10^8\mathrm{cm}^{-2}$、$2\times10^7\mathrm{cm}^{-2}$ 和 $1\times10^5\mathrm{cm}^{-2}$。

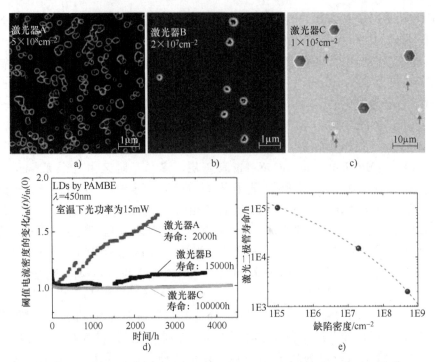

图 8.10   a)~c) 缺陷选择性刻蚀后，EBL 在不同条件下生长的三种 LD 结构 SEM 图像。请注意 c) 中的不同比例。这些值体现了刻蚀暴露的缺陷密度；c) 中的箭头描绘了源自衬底的穿透位错；d) 可靠性试验期间阈值电流密度变化相关性；e) LD 寿命对缺陷密度的依赖性。有引导识图的数据标线（资料来源：经 Muziol 等人许可转载[85]。版权所有 2019，Elsevier）

　　当前应力电流下的测试表明，选择性刻蚀暴露的缺陷是导致器件退化的原因。对安装在 TO-56 封装中的 LD 进行了可靠性测试。测试条件是在性能恶化期间保持 15mW 的恒定输出功率，调整工作电流。测试是在温度稳定为 22℃ 的情况下进行的。图 8.10d 测量显示了阈值电流密度的变化。器件的寿命定义为 j_{th} 增加 50% 后的时间。在整个测试过程中，只有一个设备（激光器 A）的 j_{th} 下降了 50% 以上。在激光器 B 和 C 的情况下，假设线性退化率，寿命是近似的。激光器 B 和 C 的寿命分别为 15000h 和 100000h。从图 8.10d 中可以看出，激光器 C 在 4000h 的测试中几乎没有退化，这给出了极高的估计寿命。激光器 C 的寿命与 MOCVD[12,14] 生长的 LD 寿命一样，甚至更长。图 8.10e 显示了提取的寿命值与 DSE 中显示的缺陷密度的关系。缺陷密度较低的器件表现出较低的退化率，因此寿命较长。

　　使用高角度环形暗场扫描透射电子显微镜（HAADF STEM）深入了解 DSE 中显示的位错来源。图 8.11a 和 b 分别显示了沿激光器 A 和 B 的区域轴拍摄的图像[11-20]。在激光器 A 中，发现穿透位错起源于 EBL。图 8.11a 中观察到的穿透位错始于 I_1 基底堆垛层错（BSF）畴[89]。当引进这样的 BSF 时，这个领域就随着第二个 I_1 BSF 的引进而关闭了上一个 BSF。

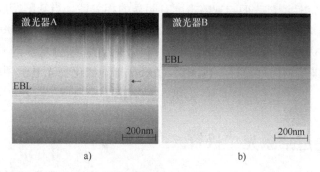

图 8.11 LD 大面积 HAADF STEM 图像：a) InAlGaN EBL 和 b) AlGaN EBL。a) 中的箭头描绘了通过 BSF 畴在 EBL 中产生的螺旋位错（资料来源：经 Muziol 等人许可转载[85]。版权所有 2019, Elsevier）

这取决于两个堆垛层错（SF）之间引入的纤锌矿（0002）平面的数量，BSF 畴可能被棱形堆垛层错或肖克利 1/3<1-100> 不全位错包围。部分位错之间的相互作用导致产生完美的 1/3<11-20> 位错半环，然后在层的生长过程中传播到表面。然后，用选择性刻蚀（DSE）可以观察到这些位错。即使 In 含量低，四元 InAlGaN 层也表现出惊人的大量 BSF。通过 MOCVD 生长的 InAlGaN 层中观察到类似的效应[89-90]。

利用透射电子显微镜（TEM）对激光器 B 样品进行观察，未发现这种缺陷。然而，这仅仅是由于其缺陷的密度低，故在 TEM 中观察到它们的概率很低。有研究已经表明，通过 MOCVD 生长的 Mg 掺杂层中，BSF 的形成发生在 Mg 原子附近[91]。因此，尽管我们没有直接确定激光器 B 和 C 在 DSE 中暴露的位错来源，但我们得出结论，这些缺陷是由 BSF 引起的。在这两种情况下，形成 BSF 的机制可能是相似的——在 AlGaN 层中添加 In 或 Mg。进入晶体中的 In 和 Mg 原子局部改变了晶格排列，原子经历了局部晶格变形，进而可能导致 BSF 的形成。另一方面，在高达 15% 的浓度下，单纯 Al 原子似乎不会引起 BSF 的产生。我们之前的报告证实了这一点，报告显示 Al 的存在对 LD 的退化没有影响[30]。

总之，我们研究了 EBL 的生长参数对缺陷形成的影响以及它们对 PAMBE 生长的 LD 退化的影响。已经发现，由于使用了不利的生长条件，在 EBL 区域会形成大量的缺陷。发现即使 In 含量低至 1%，四元 InAlGaN:Mg 层也能产生

$5\times10^8\,cm^{-2}$的 TDD。在三元 AlGaN:Mg EBL 情况下,TDD 降低到 $2\times10^7\,cm^{-2}$。通过优化 Mg 掺杂水平,它进一步降低到 $1\times10^5\,cm^{-2}$。此外,通过 TEM 研究发现,螺旋位错起源于由两个 I_1 BSF 形成的畴。

LD 的可靠性测试表明与缺陷密度有明显的相关性。当缺陷密度从 $5\times10^8\,cm^{-2}$ 减少到 $1\times10^5\,cm^{-2}$时,器件的寿命从 2000h 增加到 100000h。100000h 的寿命至少与 MOCVD 生长的器件报道的寿命一样。因此,结合 8.5 节中讨论的隧道结,整合实现新型器件设计,PAMBE 技术在Ⅲ族氮化物光电子领域的重要性正在增加。

8.5 隧道结激光二极管

在基于Ⅲ族氮化物的器件中要解决的最具挑战性问题是相对较差的 p 型导电性和具有低欧姆电阻 p 型接触的难题。最近,越来越多的注意力集中在带间隧道结(TJ)[92]上,以便在Ⅲ族氮化物器件中实现从 p 型到 n 型的高效导电转换[20,93-96]。TJ 的应用为器件设计创造了更多自由空间,例如,消除了对 p 型接触沉积的需求[95,97-99]。然而,在宽带半导体中利用 TJ 是一种违反直觉的方法。众所周知,反向通过 p-n 结的载流子隧穿随能带间隙呈指数增长。减缓氮化物 TJ 发展进程的额外复杂性由使用 MOCVD 的 p 型掺杂程序引起,MOCVD 是氮化物光电器件制造的主要技术。在 MOCVD 中,激活(In)GaN:Mg 层中的 p 型导电性需要破坏 Mg-H 复合物并去除氢。对于埋在 n 型层下方的(In)GaN:Mg层,p 型激活非常困难,因为氢的扩散完全被 n 型层阻挡[21]。对于 GaAs 和 Si 半导体,还观察到氢在 p 型材料中的迁移比在 n 型材料中更容易[100]。

对于无氢 PAMBE 技术,不存在 Mg 掺杂的 p 型层激活问题。对于 PAMBE工艺,不需要生长后退火。因此,PAMBE 似乎比 MOCVD 更适合实现具有掩埋p 型层的垂直型器件[101]。最近,通过 PAMBE 发现,利用结区域的压电场可以显著降低宽能带间隙半导体的 TJ 电阻[93,96]。压电场和重 p 型和 n 型掺杂水平的使用允许将 PAMBE 生长的 TJ 电阻率降低到适合展示氮化物 LD 的 CW 模式操作水平[101]。

TJ 能够通过将它们垂直互连制造 LD,是 LD 堆一种廉价可行的替代品。高功率脉冲激光器在许多应用中非常有吸引力,例如气体传感、印刷和环境污染控制。最近,一个广泛发展的领域是制图、汽车和工业系统中的光探测和测距(LIDAR)[102]。出于安全原因,激光雷达系统需要高光功率(10~100W)和极短的光脉冲。来自 LD 堆的光与外部光学器件的耦合比来自 LD 阵列的光容易得多,因为器件之间的空间间隔可以小两个数量级。n 个 LD 的级联同时操作将整个器件的斜率效率(SE)增加了 n 倍,这使得对于较小的电流可以获得高功率激光条件。此外，与单个 LD 相比，灾难性光学损伤（COD）的水平高 n 倍。尽管对这种器件设计越来越感兴趣，但是只有一个关于由 MOCVD 生长的两个 Ⅲ-N LD 叠层的报道（可能是因为氢钝化问题），这显示了来自两个活性区域同时发生激光作用的证据非常微弱[103]。特别地，对于该器件，没有观察到激光光谱中的额外峰值，也没有观察到 SE 的改善。这可能是由于掩埋 p 型层中 Mg 受体激活困难导致的。

　　本节将描述氮化物 TJ 的特性并给出见解，以及 TJ 如何用于改变 LD 设计。特别地，我们将演示由 PAMBE 生长的 LD 叠层和分布式反馈（DFB）LD。TJ 可用于氮化物 LD 的概念证明。我们比较了 PAMBE 生长的两种 LD。一种是 p 型标准 LD 接触。第二个实验中，在 p 型包层的顶部生长 TJ（见图 8.12a）。

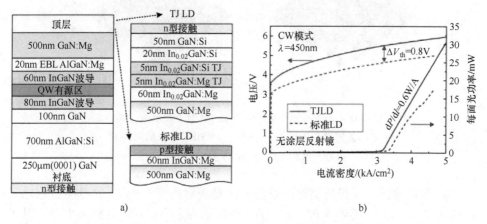

图 8.12　a）标准 LD 和 TJ LD 示意图；b）标准 LD（虚线）和 TJ LD（实线）LIV 特性。两个 LD 都在 450nm 波长下以连续波模式工作（资料来源：经 Skierbiszewski 等人许可转载。[101] 版权所有 2018，日本应用物理学会）

　　LD 覆盖层上应用 TJ（见图 8.12a）不应影响基本的激光器参数，如内部损耗、SE 和阈值电流。我们可以预期，与 TJ 电阻相关的 LD 器件上的电压降只会略有增加。图 8.12b 中展示了标准（虚线）和 TJ LD（实线）在 CW 模式下发射 450nm 的 LIV 特性。对于两种 LD，阈值电流密度约为 $3kA/cm^2$，SE 为 $0.5 \sim 0.6W/A$。从相似的 SE 可以得出结论，内部损耗保持不变。事实上，当 TJ 远离有源区时，光模与重掺杂 TJ 区基本上没有重叠。TJ 的应用不影响 LD 的光学性能；然而，略微增加了 LD 的工作电压。所提供的示例中，TJ 增加了大约 0.6V 的开启电压和一个串联电阻，两者加起来在激光阈值处增加了 0.8V。

　　为了增加 TJ 的隧道电流，参考文献［96］假设插入 InGaN QW，由于压电场的作用，它减小了 TJ 的耗尽宽度。我们已经发现，在该 QW 内部的额外掺杂进一步增强了隧穿[104]。然而，TJ 区域的重掺杂产生了一些挑战。对于器件堆叠应用，最关键的是与极高掺杂层的生长相关的表面形态恶化。图 8.13a 中展示了 TJ LD 表面的原子力显微镜（AFM）图像。我们观察到，高 Si 掺杂（5× 10^{20} cm^{-3} 以上）一方面会降低 TJ 的电阻，但另一方面会导致表面形貌变得粗糙，不允许器件堆叠。此外，众所周知，对于 p 型掺杂，作为受体的 Mg 原子的最大水平被限制在 $(2 \sim 7) \times 10^{19}$ cm^{-3}[105]。高于这些值（取决于增长细节），就会产生与 Mg 双供体创建相关的自动补偿。氮化物的 Mg 掺杂另一个缺点是在高 Mg 浓度下观察到的极性反转。

图 8.13　AFM 图像显示了 a）单个 TJ LD 的表面形貌，其中 TJ 中
的 Si 掺杂超过 5×10^{20} cm^{-3}；b）由 PAMBE 生长的两个 LD 的
堆叠，其中 TJ 中的 Si 掺杂为 2×10^{20} cm^{-3}

降低 TJ 电阻率并保持层高质量的方法是理解用于产生 TJ 的 QW 参数之间的相互作用，即 1）QW 宽度；2）QW 的 In 含量和 3）QW 的掺杂水平。对于具有中等掺杂水平的 Mg 和 Si 足够薄的层，我们能够实现具有原子级台阶的平滑形貌，如图 8.13b 所示。TJ 生长后的原子级平坦表面使后续器件的外延和互连器件堆叠的实现成为可能。

8.5.1　垂直互连的激光二极管堆

图 8.14a 显示了与 TJ 互连的两个 LD 堆叠示意图。通过 TJ 互连两个 LD 结构外延之后，获得了平滑的表面形态，如图 8.13b 中的 AFM 图像所示。图 8.14b 给出了这种 LD 堆叠的能带图。电子被注入 LD1 中，并在有源区中与从相对侧注入的空穴复合。空穴由电子从 LD1 的价带隧穿到 LD2 的导带产生，这发生在 LD1 和 LD2 之间的 TJ 中。然后这些电子被注入 LD2 的有源区，与空穴复合，使得整个结构起到级联的作用。

图 8.14c 显示了外延结构的细节，其中层的顺序标记在所研究的 LD 叠层 STEM 图像上。这种结构结合了无 Al LD[30] 的理念和宽单量子阱（SQW）[48] 性能的提高。LD 和 TJ 的波导结构如图 8.14d~f 所示。底部 LD（LD1）包含 Al$_{0.05}$GaN

包层、220nm $In_{0.04}Ga_{0.96}N$ 波导和 25nm 宽 $In_{0.17}Ga_{0.83}N$ QW[48]。顶部 LD(LD2)是 Al 覆盖层,不减少结构中的拉伸应变[30,106]。它具有 GaN 覆盖层、120nm 的 $In_{0.08}Ga_{0.92}N$ 波导和 25nm 宽的 $In_{0.18}Ga_{0.82}N$ QW。我们有意设计了两种激光二极管 SQW 存在含量细微差异,以便能够通过观察激光光谱中的两个峰值来验证它们的激光。

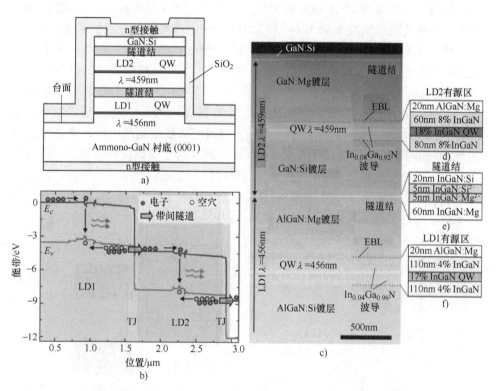

图 8.14 a)示意图和 b)两个Ⅲ族氮化物 LD 与隧道结互连堆叠能带图;c)通过 PAMBE 生长的具有层序列的两个 LD 堆叠 STEM 图像;d)459nm 发射激光的顶部 LD2 有源区;e)用于互连 LD 并生长在 LD 叠层顶部的隧道结;f)456nm 发射激光的底部 LD1 有源区细节
(资料来源:经 Siekacz 等人许可转载。[104]版权所有 2019,光学学会)(见彩插)

TJ 区由 60nm $In_{0.02}GaN$:Mg 组成,随后为 10nm $In_{0.17}GaN$ QW 和 20nm $In_{0.02}GaN$:Si,如图 8.14e 所示。QW 两侧的层分别以 $5×10^{19}cm^{-3}$ 和 $4×10^{19}cm^{-3}$ 的水平掺杂 Mg 和 Si。QW 之前 5nm 以 $1×10^{20}cm^{-3}$ 的水平重掺杂 Mg,而 QW 的后 5nm 以 $1.8×10^{20}cm^{-3}$ 的水平 n 型掺杂。TJ 中 Mg 和 Si 掺杂剖面经过优化,以实现无缺陷的原子级平坦表面,这对于堆叠顶部的后续器件生长至关重要。

LD 以 200ns 长的脉冲和 1kHz 的重复率运行。两个 LD 级联的光电流(L-I)特性如图 8.15a 所示。已经观察到两个激光阈值。第一个电流密度为 $2.8kA/cm^2$,SE

为 0.7W/A。第二个电流密度发生在 4.4kA/cm^2，观察到 SE 增加到 1.4W/A。SE 加倍表明相同的电子（空穴）在两个 LD 中被使用两次产生光。获得的 SE 超过了单个 LD 的理论极限，这证明我们观察到了两个 LD 的激光发射。假设内部损耗和注入效率分别等于 0cm^{-1} 和 100%，波长为 460nm 时 SE 最大值等于 2.7W/A。我们的器件没有表面涂层。因此，光线一半通过正面发射，一半通过背面发射，导致一个侧面的 SE 限制为 1.35W/A。此外，为了验证从两个 LD 观察到的激光，发射光谱分别在 3.7kA/cm^2 和 5.3kA/cm^2 时收集，并分别显示在图 8.15b 和 c 中。图 8.15b 和 c 的插图显示了使用高斯望远镜装置[107]在这些电流密度时收集的近场模式。正如预期那样，对于宽脊 LD[108]，观察到强烈的丝状化。当 $j=3.7$kA/cm^2 时，光谱中只有一个峰位于 $\lambda=459$nm 处，并且可见单个近场图案。在第二个阈值之上，光谱中出现第二个峰值 $\lambda=456$nm，并出现第二个近场图案。SE 倍增之前观察到光谱中一个峰，倍增之后观察到两个峰，清楚地表明两个 LD 同时在电流密度高于 4.4kA/cm^2 时工作。对于所研究的结构，获得的最大光功率为每个激光面 2.2W，并且可以通过使用介电涂层进一步增加。将这种设计应用于由 ($n-1$) TJ 互连的 n-LD 将允许 SE 增加 n 倍。这种结构为实现激光雷达应用的 III 族氮化物高功率脉冲 LD 堆栈铺平了道路。

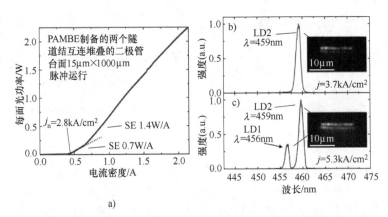

图 8.15　a）由 PAMBE 生长的两个 LD 堆叠光电流特性，观察到两个激光
阈值。在第二个 LD 开始发射激光后，SE 加倍。对于 b）3.7kA/cm^2 和
c）5.3kA/cm^2 获得的两个 LD 堆叠激光光谱。插图显示了收集的近场模式
（资料来源：经 Siekacz 等人许可转载。[104]版权所有 2019，光学学会）

8.5.2　分布式反馈激光二极管

分布式反馈激光二极管（DFB LD）被设计用于提供具有高光谱纯度的单模操作，这使其成为通信、粒子检测、干涉测量和原子钟等应用的理想选择。如

今，DFB LD 可在 760nm~16μm 的宽光谱范围内商用[109]。缺乏基于Ⅲ族氮化物的 DFB LD。最初演示基于 InGaN 的 LD[110-111]后不久，就进行了制造 DFB LD 的首次尝试。使用了一种Ⅲ族磷化物中的技术，该技术包括在有源区之后生长中断、图案化以及折射率发生变化层的再生。然而，由于 AlGaN/GaN 合金之间的大失配和低折射率对比，获得的边模抑制比（SMSR）低。直到 2016 年才提出新的方法解决材料问题。提出了一种 DFB LD 的后生长方法，将光栅放置在脊的侧面，这使得光栅横向耦合到光学模式[112-113]。在这些方法中，GaN 波导与空气或 SiN 钝化之间存在高折射率对比。然而，由于光学模式与光栅的低重叠使得耦合很弱，金属化的沉积具有挑战性。仅实现了脉冲操作，得到的 SMSR 约为 20dB。该技术的最新进展获得了 CW 模式和 35dB[114]的 SMSR。有关该技术的更多详细信息请参见 9.2 节。最近已经提出了新的方法，例如 DFB 光栅电子束光刻：1）完全处理的设备脊侧面[115]和 2）激光脊顶部氧化铟锡包层[116]。

我们提出了一种不同的解决方案，该解决方案利用将金属化移动到激光脊[95]侧面。这是可能的，因为应用 TJ 将顶层的导电性改变为 n 型，从而使脊暴露在空气中。DFB 光栅放置在脊的顶部，如图 8.16a 所示。空气和 GaN 之间的高折射率对比，以及由于横向耦合导致的光学模式与光栅的高重叠应该导致

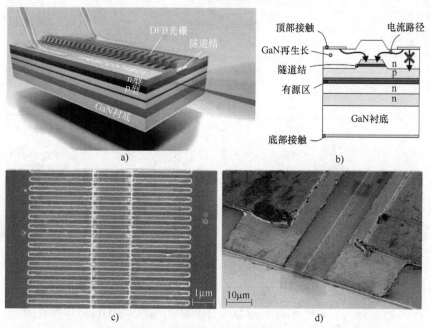

图 8.16 a）鸟瞰图和 b）DFB LD 示意侧视图；c）刻蚀的五阶光栅俯视 SEM；d）器件的鸟瞰图，显示了脊两侧的金属化（见彩插）

优异的模式选择性。为了实现这个概念，标准 LD 的外延用 TJ 完成。之后，对台面结构进行了刻蚀。重要的是需要足够的深度才能将 TJ 移出脊。然后，执行高导电性 GaN:Si 的再生长，并将金属化放置在脊的外部。这种配置使我们能够限制电流从金属化层水平流过 GaN:Si，然后进入 TJ，并在那里发生从 n 型到 p 型的转变，然后到有源区，如图 8.16b 中黑色箭头所示。

我们设计了一个 DFB LD，工作波长为 λ=450nm，在脊顶部有一个五阶光栅。脊上光栅的俯视图如图 8.16c 所示。光栅的周期为 Λ=456nm，顶部（未刻蚀）和底部（刻蚀）部分的尺寸相同且等于 228nm。刻蚀深度为 100nm。计算出的 κL 参数等于 0.6。重要的是将光栅放置在脊顶部确保了大的耦合，即使对于非常小的刻蚀深度也是如此。图 8.16d 显示了经过处理的器件鸟瞰图，包括带有图案的脊、分裂的镜子和侧面的金属化。谐振器长度为 700μm，台面宽度为 2μm，刻面未镀膜。

DFB LD 安装在 TO-56 外壳中并以准 CW 模式运行。脉冲长度为 1ms，占空比高达 20%，超过上述指标，该器件停止发射激光。图 8.17a 和 b 分别显示了

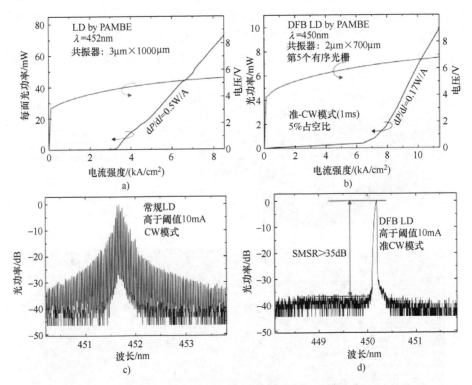

图 8.17 a）常规 Fabry-Pérot LD 的 LIV 特性；b）DFB LD 的 LIV 特性；
c）常规 Fabry-Pérot LD 和 d）DFB LD。Fabry-Pérot LD 以 CW
模式运行，而 DFB LD 以准 CW 模式运行

常规 Fabry-Pérot LD 和 DFB LD 之间的 LIV 特性比较。标准 LD 和 DFB LD 的阈值电流密度分别为 3.3kA/cm² 和 7kA/cm²。这是增加了两倍多，表示 DFB LD 有很大的改进空间。此外，SE 从 0.5W/A 降至 0.17W/A。j_{th} 和 SE 的变化都表明 DFB LD 的内部损耗增加。光栅可能在整个脊的长度上不均匀，这将导致内部损耗增加。为了获得 CW 操作，阈值电流密度的降低是必要的。

Fabry-Pérot 和 DFB 激光二极管的光谱分别如图 8.17c 和 d 所示。由于 Fabry-Pérot LD 在 CW 模式下工作，可以看到清晰的纵模。相比之下，DFB LD 只有一个峰值。FWHM 只有 40pm。然而，激光模式高度不对称，这是由于准连续波工作模式。脉冲期间，DFB 激光二极管变热，使其发射波长红移，通过整个脉冲宽度收集光谱。因此，产生的峰值不自然地变宽。预期获得 CW 操作之后，峰值将对称并变窄。然而，真实的 SMSR 超过 35dB，这对于脉冲操作的器件是异常高的。如此高的 SMSR 是光学模式与放置在脊顶部光栅高度重叠的结果。

8.6 总结

本章介绍了用等离子体辅助分子束外延生长 III 族氮化物激光二极管（LD）的特性。讨论了在 PAMBE 中 InGaN 的生长机理，并指出使用高活性氮通量的必要性。研究了 InGaN 有源区的设计。结果表明，在宽量子阱中存在通过激发态的高效跃迁路径。此外，还分析了量子阱厚度对激光二极管的影响，提出了可靠性研究。确定了导致器件退化的缺陷类型。这使得缺陷密度大大降低时，激光二极管的寿命大幅提高至 100000h。最重要的是，讨论了 PAMBE 技术的最强属性——引入氢，这是通常使用 MOCVD 不可避免的缺点。本章还介绍了掩埋 TJ 在新型器件中的应用，如用于高功率 LD 堆栈和高纯光谱 DFB LD。

尽管通过 MOCVD 生长的传统 LD 具有更好的效率，但是对于通过 PAMBE 生长的器件来说，可能存在一定的应用，例如需要极长寿命、来自单个芯片的高光功率应用，所述单个芯片的高光功率只能通过器件堆叠或分布式反馈激光二极管来实现。

致 谢

这项工作得到了 TEAM-TECH POIR. 04. 04. 00-00-210C/16-00 的部分支持和 HOMING POIR. 04. 04. 00-00-5D5B/18-00 和 POWROTY POIR. 04. 04. 00-00-4463/17-00 波兰科学基金会在欧洲区域项目下由欧盟共同资助的项目发展基金国家研

究和发展中心赠款 LIDER/29/0185/L-7/15/NCBR/2016 和 LIDER/35/0127/L-9/17/NCBR/2018。

参 考 文 献

1 Zhang, Z., Kushimoto, M., Sakai, T. et al. (2019). A 271.8 nm deep-ultraviolet laser diode for room temperature operation. *Appl. Phys. Express* 12 (12): 124003.

2 Nagahama, S.-i., Yanamoto, T., Sano, M., and Mukai, T. (2001). Ultraviolet GaN single quantum well laser diodes. *Jpn. J. Appl. Phys.* 40(part 2, no. 8A): L785–L787.

3 Nakamura, S., Senoh, M., Nagahama, S.-i. et al. (1996). InGaN-based multi-quantum-well-structure laser diodes. *Jpn. J. Appl. Phys.* 35 (1B): L74–L76.

4 Nakamura, S., Senoh, M., Nagahama, S.-i. et al. (2000). Blue InGaN-based laser diodes with an emission wavelength of 450 nm. *Appl. Phys. Lett.* 76 (1): 22–24.

5 Miyoshi, T., Masui, S., Okada, T. et al. (2009). 510–515 nm InGaN-based green laser diodes on c-plane GaN substrate. *Appl. Phys. Express* 2: 062201.

6 Enya, Y., Yoshizumi, Y., Kyono, T. et al. (2009). 531 nm green lasing of InGaN based laser diodes on semi-polar {20\bar21} free-standing GaN substrates. *Appl. Phys. Express* 2: 082101.

7 Kuramoto, M., Sasaoka, C., Futagawa, N. et al. (2002). Reduction of inter-nal loss and threshold current in a laser diode with a ridge by selective re-growth (RiS-LD). *Phys. Status Solidi A* 192 (2): 329–334.

8 Uchida, S., Takeya, M., Ikeda, S. et al. (2003). Recent progress in high-power blue-violet lasers. *IEEE J. Selec. Top. Quantum Electron.* 9 (5): 1252–1259.

9 Nakamura, S., Senoh, M., Nagahama, S.-i. et al. (1998). High-power, long-lifetime InGaN/GaN/AlGaN-based laser diodes grown on pure GaN substrates. *Jpn. J. Appl. Phys.* 37(part 2, no. 3B): L309–L312.

10 Nagahama, S.-i., Iwasa, N., Senoh, M. et al. (2000). High-power and long-lifetime InGaN multi-quantum-well laser diodes grown on low-dislocation-density GaN substrates. *Jpn. J. Appl. Phys.* 39(part 2, no. 7A): L647–L650.

11 Strauss, U., Somers, A., Heine, U. et al. (2017). GaInN laser diodes from 440 to 530nm: a performance study on single-mode and multi-mode R&D designs. In: *Novel In-Plane Semiconductor Lasers XVI*, vol. 10123, 101230A. International Society for Optics and Photonics.

12 Murayama, M., Nakayama, Y., Yamazaki, K. et al. (2018). Watt-class green (530 nm) and blue (465 nm) laser diodes. *Phys. Status Solidi A* 215 (10): 1700513.

13 Kawaguchi, M., Imafuji, O., Nozaki, S. et al. Optical-loss suppressed InGaN laser diodes using undoped thick waveguide structure. In: *Gallium Nitride Materials and Devices XI, (Proceedings SPIE, 2016), 974818.* San Francisco, California, USA.

14 Wierer, J.J., Tsao, J.Y., and Sizov, D.S. (2013). Comparison between blue lasers and light-emitting diodes for future solid-state lighting. *Laser Photonics Rev.* 7 (6): 963–993.

15 Nakamura, S., Harada, Y., and Seno, M. (1991). Novel metalorganic chemical vapor deposition system for GaN growth. *Appl. Phys. Lett.* 58 (18): 2021–2023.

16 Amano, H., Sawaki, N., Akasaki, I., and Toyoda, Y. (1986). Metalorganic vapor phase epitaxial growth of a high quality GaN film using an AlN buffer layer. *Appl. Phys. Lett.* 48 (5): 353–355.

17 Amano, H., Kito, M., Hiramatsu, K., and Akasaki, I. (1989). P-type conduction in Mg-doped GaN treated with low-energy electron beam irradiation (LEEBI). *Jpn. J. Appl. Phys* 28(part 2, no. 12):: L2112–L2114.

18 Nakamura, S., Mukai, T., Senoh, M., and Iwasa, N. (1992). Thermal annealing effects on P-type Mg-doped GaN films. *Jpn. J. Appl. Phys.* 31(part 2, no. 2B):: L139–L142.

19 Nakamura, S., Iwasa, N., Senoh, M., and Mukai, T. (1992). Hole compensation mechanism of P-type GaN films. *Jpn. J. Appl. Phys.* 31(part 1, no. 5A): 1258–1266.

20 Kuwano, Y., Funato, M., Morita, T. et al. (2013). Lateral hydrogen diffusion at p-GaN layers in nitride-based light emitting diodes with tunnel junctions. *Jpn. J. Appl. Phys.* 52 (8S): 08JK12.

21 Czernecki, R., Grzanka, E., Jakiela, R. et al. (2018). Hydrogen diffusion in GaN:Mg and GaN:Si. *J. Alloys Compd.* 747: 354–358.

22 Heying, B., Averbeck, R., Chen, L.F. et al. (2000). Control of GaN surface morphologies using plasma-assisted molecular beam epitaxy. *J. Appl. Phys.* 88 (4): 1855–1860.

23 Tarsa, E.J., Heying, B., Wu, X.H. et al. (1997). Homoepitaxial growth of GaN under Ga-stable and N-stable conditions by plasma-assisted molecular beam epitaxy. *J. Appl. Phys.* 82 (11): 5472–5479.

24 Zywietz, T., Neugebauer, J., and Scheffler, M. (1998). Adatom diffusion at GaN (0001) and (000$\bar{1}$) surfaces). *Appl. Phys. Lett.* 73 (4): 487–489.

25 Neugebauer, J., Zywietz, T.K., Scheffler, M. et al. (2003). Adatom kinetics on and below the surface: the existence of a new diffusion channel. *Phys. Rev. Lett.* 90 (5): 056101.

26 Oh, M.-S., Kwon, M.-K., Park, I.-K. et al. (2006). Improvement of green LED by growing p-GaN on In0.25GaN/GaN MQWs at low temperature. *J. Cryst. Growth* 289 (1): 107–112.

27 Hooper, S.E., Kauer, M., Bousquet, V. et al. (2004). InGaN multiple quantum well laser diodes grown by molecular beam epitaxy. *Electron. Lett.* 40 (1): 33–34.

28 Skierbiszewski, C., Wasilewski, Z.R., Siekacz, M. et al. (2005). Blue-violet InGaN laser diodes grown on bulk GaN substrates by plasma-assisted molecular-beam epitaxy. *Appl. Phys. Lett.* 86 (1): 011114.

29 Skierbiszewski, C., Turski, H., Muziol, G. et al. (2014). Nitride-based laser diodes grown by plasma-assisted molecular beam epitaxy. *J. Phys. D: Appl. Phys.* 47 (7): 073001.

30 Muziol, G., Turski, H., Siekacz, M. et al. (2017). Aluminum-free nitride laser diodes: waveguiding, electrical and degradation properties. *Opt. Express* 25 (26): 33113–33121.

31 Muziol, G., Turski, H., Siekacz, M. et al. (2015). Enhancement of optical confinement factor by InGaN waveguide in blue laser diodes grown by plasma-assisted molecular beam epitaxy. *Appl. Phys. Express* 8 (3): 032103.

32 Muziol, G., Turski, H., Siekacz, M. et al. (2016). Elimination of leakage of optical modes to GaN substrate in nitride laser diodes using a thick InGaN waveguide. *Appl. Phys. Express* 9 (9): 092103.

33 Nakamura, S. (1997). RT-CW operation of InGaN multi-quantum-well structure laser diodes. *Mater. Sci. Eng., B* 50 (1): 277–284.

34 Muziol, G., Siekacz, M., Turski, H. et al. (2015). High power nitride laser diodes grown by plasma assisted molecular beam epitaxy. *J. Cryst. Growth* 425: 398–400.

35 Sawicka, M., Muziol, G., Turski, H. et al. (2013). Ultraviolet laser diodes grown on semipolar (20$\bar{2}$1) GaN substrates by plasma-assisted molecular beam epitaxy. *Appl. Phys. Lett.* 102 (25): 251101.

36 Turski, H., Muziol, G., Wolny, P. et al. (2014). Cyan laser diode grown by plasma-assisted molecular beam epitaxy. *Appl. Phys. Lett.* 104 (2): 023503.

37 Ambacher, O., Brandt, M.S., Dimitrov, R. et al. (1996). Thermal stability and desorption of group III nitrides prepared by metal organic chemical vapor deposition. *J. Vac. Sci. Technol., B* 14 (6): 3532–3542.

38 McSkimming, B.M., Chaix, C., and Speck, J.S. (2015). High active nitrogen flux growth of GaN by plasma assisted molecular beam epitaxy. *J. Vac. Sci. Technol. A* 33 (5): 05e128.

39 Gunning, B.P., Clinton, E.A., Merola, J.J. et al. (2015). Control of ion content and nitrogen species using a mixed chemistry plasma for GaN grown at extremely high growth rates >9 μm/h by plasma-assisted molecular beam epitaxy. *J. Appl. Phys.* 118 (15): 155302.

40 Turski, H., Krzyżewski, F., Feduniewicz-Żmuda, A. et al. (2019). Unusual step meandering due to Ehrlich-Schwoebel barrier in GaN epitaxy on the N-polar surface. *Appl. Surf. Sci.* 484: 771–780.

41 Turski, H., Feduniewicz-Żmuda, A., Sawicka, M. et al. (2019). Nitrogen-rich growth for device quality N-polar InGaN/GaN quantum wells by plasma-assisted MBE. *J. Cryst. Growth* 512: 208–212.

42 Gallinat, C.S., Koblmüller, G., Brown, J.S., and Speck, J.S. (2007). A growth diagram for plasma-assisted molecular beam epitaxy of in-face InN. *J. Appl. Phys.* 102 (6): 064907.

43 Grandjean, N., Massies, J., Semond, F. et al. (1999). GaN evaporation in molecular-beam epitaxy environment. *Appl. Phys. Lett.* 74 (13): 1854–1856.

44 Averbeck, R. and Riechert, H. (1999). Quantitative model for the MBE-growth of ternary nitrides. *Phys. Status Solidi A* 176 (1): 301–305.

45 Fabien, C.A.M., Gunning, B.P., Alan Doolittle, W. et al. (2015). Low-temperature growth of InGaN films over the entire composition range by MBE. *J. Cryst. Growth* 425: 115–118.

46 Turski, H., Siekacz, M., Wasilewski, Z.R. et al. (2013). Nonequivalent atomic step edges-role of gallium and nitrogen atoms in the growth of InGaN layers. *J. Cryst. Growth* 367: 115–121.

47 Siekacz, M., Sawicka, M., Turski, H. et al. (2011). Optically pumped 500 nm InGaN green lasers grown by plasma-assisted molecular beam epitaxy. *J. Appl. Phys.* 110 (6): 063110.

48 Muziol, G., Turski, H., Siekacz, M. et al. (2019). Beyond quantum efficiency limitations originating from the piezoelectric polarization in light-emitting devices. *ACS Photonics* 6 (8): 1963–1971.

49 Muziol, G., Hajdel, M., Siekacz, M. et al. (2019). Optical properties of III-nitride laser diodes with wide InGaN quantum wells. *Appl. Phys Express* 12 (7): 072003.

50 David, A., Grundmann, M.J., Kaeding, J.F. et al. (2008). Carrier distribution in (0001)InGaN/GaN multiple quantum well light-emitting diodes. *Appl. Phys. Lett.* 92 (5): 053502.

51 Scheibenzuber, W.G. and Schwarz, U.T. (2012). Unequal pumping of quantum wells in GaN-based laser diodes. *Appl. Phys. Express* 5 (4): 042103.

52 Coldren, L.A., Corzine, S.W., and Mashanovitch, M.L. (2012). *Diode Lasers and Photonic Integrated Circuits*. New York, NY: Wiley.

53 David, A., Young, N.G., Hurni, C.A., and Craven, M.D. (2017). All-optical measurements of carrier dynamics in bulk-GaN LEDs: beyond the ABC approximation. *Appl. Phys. Lett.* 110 (25): 253504.

54 David, A., Hurni, C.A., Young, N.G., and Craven, M.D. (2017). Field-assisted Shockley-read-hall recombinations in III-nitride quantum wells. *Appl. Phys. Lett.* 111 (23): 233501.

55 David, A. and Grundmann, M.J. (2010). Droop in InGaN light-emitting diodes: a differential carrier lifetime analysis. *Appl. Phys. Lett.* 96 (10): 103504.

56 Schiavon, D., Binder, M., Peter, M. et al. (2013). Wavelength-dependent determination of the recombination rate coefficients in single-quantum-well GaInN/GaN light emitting diodes. *Phys. Status Solidi B* 250 (2): 283–290.

57 Scheibenzuber, W.G., Schwarz, U.T., Sulmoni, L. et al. (2011). Recombination coefficients of GaN-based laser diodes. *J. Appl. Phys.* 109 (9): 093106.

58 Bernardini, F., Fiorentini, V., and Vanderbilt, D. (1997). Spontaneous polarization and piezoelectric constants of III–V nitrides. *Phys. Rev. B* 56 (16): R10024–R10027.

59 Takeuchi, T., Wetzel, C., Yamaguchi, S. et al. (1998). Determination of piezoelectric fields in strained GaInN quantum wells using the quantum-confined stark effect. *Appl. Phys. Lett.* 73 (12): 1691–1693.

60 Langer, R., Simon, J., Ortiz, V. et al. (1999). Giant electric fields in unstrained GaN single quantum wells. *Appl. Phys. Lett.* 74 (25): 3827–3829.

61 Ambacher, O., Majewski, J., Miskys, C. et al. (2002). Pyroelectric properties of Al(In)GaN/GaN hetero- and quantum well structures. *J. Phys. Condens. Matter* 14 (13): 3399–3434.

62 Fiorentini, V., Bernardini, F., Della Sala, F. et al. (1999). Effects of macroscopic polarization in III–V nitride multiple quantum wells. *Phys. Rev. B* 60 (12): 8849–8858.

63 Della Sala, F., Di Carlo, A., Lugli, P. et al. (1999). Free-carrier screening of polarization fields in wurtzite GaN/InGaN laser structures. *Appl. Phys. Lett.* 74 (14): 2002–2004.

64 Chichibu, S.F., Abare, A.C., Minsky, M.S. et al. (1998). Effective band gap inhomogeneity and piezoelectric field in InGaN/GaN multiquantum well structures. *Appl. Phys. Lett.* 73 (14): 2006–2008.

65 Grandjean, N., Damilano, B., Dalmasso, S. et al. (1999). Built-in electric-field effects in wurtzite AlGaN/GaN quantum wells. *J. Appl. Phys.* 86 (7): 3714–3720.

66 Lefebvre, P., Morel, A., Gallart, M. et al. (2001). High internal electric field in a graded-width InGaN/GaN quantum well: accurate determination by time-resolved photoluminescence spectroscopy. *Appl. Phys. Lett.* 78 (9): 1252–1254.

67 Leroux, M., Grandjean, N., Laügt, M. et al. (1998). Quantum confined Stark effect due to built-in internal polarization fields in (Al, Ga)N/GaN quantum wells. *Phys. Rev. B* 58 (20): R13371–R13374.

68 Seo Im, J., Kollmer, H., Off, J. et al. (1998). Reduction of oscillator strength due to piezoelectric fields in GaN/Al$_x$Ga$_{1-x}$N quantum wells. *Phys. Rev. B* 57 (16): R9435–R9438.

69 Takeuchi, T., Sota, S., Katsuragawa, M. et al. (1997). Quantum-confined Stark effect due to piezoelectric fields in GaInN strained quantum wells. *Jpn. J. Appl. Phys.* 36 (4A): L382–L385.

70 Chichibu, S., Azuhata, T., Sota, T., and Nakamura, S. (1996). Spontaneous emission of localized excitons in InGaN single and multiquantum well structures. *Appl. Phys. Lett.* 69 (27): 4188–4190.

71 Young, N.G., Farrell, R.M., Oh, S. et al. (2016). Polarization field screening in thick (0001) InGaN/GaN single quantum well light-emitting diodes. *Appl. Phys. Lett.* 108 (6): 061105.

72 Kim, M.-H., Schubert, M.F., Dai, Q. et al. (2007). Origin of efficiency droop in GaN-based light-emitting diodes. *Appl. Phys. Lett.* 91 (18): 183507.

73 Piprek, J. (2010). Efficiency droop in nitride-based light-emitting diodes. *Phys. Status Solidi A* 207 (10): 2217–2225.

74 Kioupakis, E., Rinke, P., Delaney, K.T., and Van de Walle, C.G. (2011). Indirect auger recombination as a cause of efficiency droop in nitride light-emitting diodes. *Appl. Phys. Lett.* 98 (16): 161107.

75 Iveland, J., Martinelli, L., Peretti, J. et al. (2013). Direct measurement of Auger electrons emitted from a semiconductor light-emitting diode under electrical injection: identification of the dominant mechanism for efficiency droop. *Phys. Rev. Lett.* 110 (17): 177406.

76 Shen, Y.C., Mueller, G.O., Watanabe, S. et al. (2007). Auger recombination in InGaN measured by photoluminescence. *Appl. Phys. Lett.* 91 (14): 141101.

77 Krames, M.R., Shchekin, O.B., Mueller-Mach, R. et al. (2007). Status and future of high-power light-emitting diodes for solid-state lighting. *J. Disp. Technol.* 3 (2): 160–175.

78 Auf der Maur, M., Pecchia, A., Penazzi, G. et al. (2016). Efficiency drop in green InGaN/GaN light emitting diodes: the role of random alloy fluctuations. *Phys. Rev. Lett.* 116 (2): 027401.

79 Li, Y.L., Huang, Y.R., and Lai, Y.H. (2007). Efficiency droop behaviors of InGaN/GaN multiple-quantum-well light-emitting diodes with varying quantum well thickness. *Appl. Phys. Lett.* 91 (18): 181113.

80 Gardner, N.F., Müller, G.O., Shen, Y.C. et al. (2007). Blue-emitting InGaN–GaN double-heterostructure light-emitting diodes reaching maximum quantum efficiency above 200 A/cm^2. *Appl. Phys. Lett.* 91 (24): 243506.

81 STR Group. (2008). SiLENSe 5.4 package. http://www.str-soft.com/products/SiLENSe (accessed 30 March 2020).

82 Skierbiszewski, C., Wiśniewski, P., Siekacz, M. et al. (2006). 60 mW continuous-wave operation of InGaN laser diodes made by plasma-assisted molecular-beam epitaxy. *Appl. Phys. Lett.* 88: 221108.

83 Skierbiszewski, C., Siekacz, M., Turski, H. et al. (2012). True-blue nitride laser diodes grown by plasma-assisted molecular beam epitaxy. *Appl. Phys. Express* 5 (11): 112103.

84 Bojarska, A., Muzioł, G., Skierbiszewski, C. et al. (2017). Influence of the growth method on degradation of InGaN laser diodes. *Appl. Phys. Express* 10 (9): 091001.

85 Muzioł, G., Siekacz, M., Nowakowski-Szkudlarek, K. et al. (2019). Extremely long lifetime of III-nitride laser diodes grown by plasma assisted molecular beam epitaxy. *Mater. Sci. Semicond. Process.* 91: 387–391.

86 Dwiliński, R., Doradziński, R., Garczyński, J. et al. (2009). Bulk ammonothermal GaN. *J. Cryst. Growth* 311 (10): 3015–3018.

87 Weyher, J.L., Brown, P.D., Rouvière, J.L. et al. (2000). Recent advances in defect-selective etching of GaN. *J. Cryst. Growth* 210 (1): 151–156.

88 Kamler, G., Weyher, J.L., Grzegory, I. et al. (2002). Defect-selective etching of GaN in a modified molten bases system. *J. Cryst. Growth* 246 (1): 21–24.

89 Smalc-Koziorowska, J., Bazioti, C., Albrecht, M., and Dimitrakopulos, G.P. (2016). Stacking fault domains as sources of a-type threading dislocations in III-nitride heterostructures. *Appl. Phys. Lett.* 108 (5): 051901.

90 Meng, F.Y., Rao, M., Newman, N. et al. (2008). Stacking faults in quaternary In$_x$Al$_y$Ga$_{1-x-y}$N layers. *Acta Mater.* 56 (15): 4036–4045.

91 Khromov, S., Hemmingsson, C.G., Amano, H. et al. (2011). Luminescence related to high density of mg-induced stacking faults in homoepitaxially grown GaN. *Phys. Rev. B* 84 (7): 075324.

92 Esaki, L. (1958). New phenomenon in narrow germanium p–n junctions. *Phys. Rev.* 109 (2): 603–604.

93 Krishnamoorthy, S., Akyol, F., and Rajan, S. (2014). InGaN/GaN tunnel junctions for hole injection in GaN light emitting diodes. *Appl. Phys. Lett.* 105 (14): 141104.

94 Leonard, J.T., Young, E.C., Yonkee, B.P. et al. (2015). Demonstration of a III-nitride vertical-cavity surface-emitting laser with a III-nitride tunnel junction intracavity contact. *Appl. Phys. Lett.* 107 (9): 091105.

95 Malinverni, M., Tardy, C., Rossetti, M. et al. (2016). InGaN laser diode with metal-free laser ridge using n$^+$-GaN contact layers. *Appl. Phys. Express* 9 (6): 061004.

96 Krishnamoorthy, S., Nath, D.N., Akyol, F. et al. (2010). Polarization-engineered GaN/InGaN/GaN tunnel diodes. *Appl. Phys. Lett.* 97 (20): 203502.

97 Malinverni, M., Martin, D., and Grandjean, N. (2015). InGaN based micro light emitting diodes featuring a buried GaN tunnel junction. *Appl. Phys. Lett.* 107 (5): 051107.

98 Diagne, M., He, Y., Zhou, H. et al. (2001). Vertical cavity violet light emitting diode incorporating an aluminum gallium nitride distributed Bragg mirror and a tunnel junction. *Appl. Phys. Lett.* 79 (22): 3720–3722.

99 Kurokawa, H., Kaga, M., Goda, T. et al. (2014). Multijunction GaInN-based solar cells using a tunnel junction. *Appl. Phys. Express* 7 (3): 034104.

100 Pearton, S.J., Corbett, J.W., and Borenstein, J.T. (1991). Hydrogen diffusion in crystalline semiconductors. Physica B Condens. *Matter* 170 (1-4): 85–97.

101 Skierbiszewski, C., Muziol, G., Nowakowski-Szkudlarek, K. et al. (2018). True-blue laser diodes with tunnel junctions grown monolithically by plasma-assisted molecular beam epitaxy. *Appl. Phys. Express* 11 (3): 034103.

102 Schwarz, B. (2010). Mapping the world in 3D. *Nat. Photonics* 4 (7): 429–430.

103 Okawara, S., Aoki, Y., Kuwabara, M. et al. (2018). Nitride-based stacked laser diodes with a tunnel junction. *Appl. Phys. Express* 11 (1): 012701.

104 Siekacz, M., Muziol, G., Hajdel, M. et al. (2019). Stack of two III-nitride laser diodes interconnected by a tunnel junction. *Opt. Express* 27 (4): 5784–5791.

105 Obloh, H., Bachem, K.H., Kaufmann, U. et al. (1998). Self-compensation in mg doped p-type GaN grown by MOCVD. *J. Cryst. Growth* 195 (1): 270–273.

106 Skierbiszewski, C., Siekacz, M., Turski, H. et al. (2012). AlGaN-free laser diodes by plasma-assisted molecular beam epitaxy. *Appl. Phys. Express* 5 (2): 022104.

107 Rogowsky, S., Braun, H., Schwarz, U.T. et al. (2009). Multidimensional near- and far-field measurements of broad ridge (Al, In)GaN laser diodes. *Phys. Status Solidi C* 6 (S2): S852–S855.

108 Scholz, D., Braun, H., Schwarz, U.T. et al. (2008). Measurement and simulation of filamentation in (Al, In)GaN laser diodes. *Opt. Express* 16 (10): 6846–6859.

109 Zeller, W., Naehle, L., Fuchs, P. et al. (2010). DFB lasers between 760 nm and 16 μm for sensing applications. *Sensors* 10 (4): 2492.

110 Hofstetter, D., Thornton, R.L., Romano, L.T. et al. (1998). Room-temperature pulsed operation of an electrically injected InGaN/GaN multi-quantum well distributed feedback laser. *Appl. Phys. Lett.* 73 (15): 2158–2160.

111 Masui, S., Tsukayama, K., Yanamoto, T. et al. (2006). First-order AlInGaN 405 nm distributed feedback laser diodes by current injection. *Jpn. J. Appl. Phys.* 45 (29): L749–L751.

112 Slight, T.J., Odedina, O., Meredith, W. et al. (2016). InGaN/GaN distributed feedback laser diodes with deeply etched sidewall gratings. *IEEE Photonics Technol. Lett.* 28 (24): 2886–2888.

113 Kang, J.H., Martens, M., Wenzel, H. et al. (2017). Optically pumped DFB lasers based on GaN using 10th-order laterally coupled surface gratings. *IEEE Photonics Technol. Lett.* 29 (1): 138–141.

114 Slight, T.J., Stanczyk, S., Watson, S. et al. (2018). Continuous-wave operation of (Al, In)GaN distributed-feedback laser diodes with high-order notched gratings. *Appl. Phys. Express* 11 (11): 112701.

115 Holguín-Lerma, J.A., Ng, T.K., and Ooi, B.S. (2019). Narrow-line InGaN/GaN green laser diode with high-order distributed-feedback surface grating. *Appl. Phys. Express* 12 (4): 042007.

116 Zhang, H., Cohen, D.A., Chan, P. et al. (2019). Continuous-wave operation of a semipolar InGaN distributed-feedback blue laser diode with a first-order indium tin oxide surface grating. *Opt. Lett.* 44 (12): 3106–3109.

第 9 章

边缘发射激光二极管和
超辐射发光二极管

Szymon Stanczyk[1,2], Anna Kafar[1,3], Dario Schiavon[1,2], Stephen Najda[2], Thomas Slight[4] 和 Piotr Perlin[1,2]

1 波兰科学院高压物理研究所（Unipress-PAS），光电子设备实验室

2 TopGaN Sp. z o. o.

3 日本京都大学电子科学与工程系

4 化合物半导体技术全球有限公司

9.1 激光二极管的历史与发展

9.1.1 光电子学背景

数据是现代经济的命脉。数据需要以高效和经济的方式传输、存储和显示。在过去的三十年里，很明显，几乎总是光最有效率地完成这项工作。首选光源是半导体激光二极管（LD），因为 LD 具有出色的光束质量、易于耦合到光纤、形状因子小、高可靠性和低生产成本。目前，LD 在通信、光学数据存储（CD、DVD 和蓝光）、数字印刷中不可或缺，尤其在现代显示系统的 RGB 光源新兴应用中。红外垂直腔面发射激光器（VCSEL）是自动驾驶汽车激光雷达成像系统的首选解决方案。传统的红外 LD 仍被用作固态激光器，尤其是光纤激光器的泵浦。可见光二极管将用于专门的金属焊接，如应用于下一代电池的微焊接。

半导体光源的历史可以追溯到 1961 年。Bob Biard 和 Gary Pittman 曾在德州仪器公司（TI）工作，开发了砷化镓（GaAs）p-n 二极管。使用红外显微镜，他们发现这些器件在红外区域发出明显的光。德州仪器很快获得了世界上第一支红外发光二极管（LED）器件的专利[1]。1962 年，德州仪器公司开始生产早期的 GaAs LED。在 1960 年早期，休斯公司的 Theodore Maiman 演示了基于

红宝石晶体发射的可见激光工作原理[2]。使用半导体 p-n 结作为激光介质的想法几乎立即被科学家采纳（例如 Basov 等人[3]）。随后的 1962 年，几乎在同一时间，四个美国研究小组宣布从半导体 p-n 结发出相干光[4-7]。这些器件基于 GaAs p-n 同质结，但 GaAsP 器件是个明显的例外，它发出红色相干光。使用三元 GaAsP 半导体的想法是 Nick Holonyak[6] 设想的结果，他认为新的发射器应该在可见光下工作，以产生更大的商业影响。GaAsP[6] 器件的推出也是三元半导体化合物实用化的第一款产品，并对现代半导体光电子学至关重要的能带工程铺平了道路。第一支 GaAs 激光二极管是小型半导体芯片，具有平行端面，形成了 Fabry-Pérot 谐振器，并且是通过锌扩散制造的 p-n 结。这类器件的特点是阈值电流大，需要低温冷却，并且比气体和固体激光器效率低，因此缺乏实际应用的潜力。同时，许多研究人员预测这类器件没有商业前景。然而，这种看法受到了德国研究人员 Herbert Kroemer 的质疑，他认为使用半导体异质结构可能会显著提高半导体激光二极管的性能[8-9]。这个想法最初被忽视（这篇论文被一家主流杂志拒绝），一直到 1970 年外延生长的进一步发展，才实现了室温 GaAs/GaAlAs 异质结构激光二极管[10-11]。Kroemer 和 Alferov 因此而获得了诺贝尔奖。

这些成就很快产生了新的实际应用，索尼和飞利浦（1977 年）发明了光学数据记录和光纤通信。1977 年 4 月，通用电话电子公司在加利福尼亚州的长滩测试并部署了世界上第一个通过光纤系统以 6Mbit/s 速度运行的实时电话业务系统。1977 年 5 月，贝尔公司紧随其后，在芝加哥市区安装了光纤电话通信系统，覆盖 1.5 英里⊖的距离。半导体激光二极管的进一步发展是通过在器件结构中引入量子阱实现的。J. P. van der Ziel 于 1975 年[12]首次实现了这种器件，Russel Dupuis 于 1978 年紧随其后[13]。单量子阱和多量子阱激光二极管已经逐渐成为光电行业的标准解决方案。

大多数半导体激光二极管基于 III-V 半导体，尤其是 GaInAsP 系列。然而，这些材料的最大缺点是无法获得能够发射黄光、绿光或蓝光的宽能带间隙半导体。当与 Al 或 P 形成合金时，GaAs 半导体会增加能带间隙；然而，在一定的成分比例下，它们会不可避免地变成停止发光的间接半导体。例如，当 $x = 0.46$[14]时，$GaAs_{1-x}P_x$ 会变为间接半导体，对应的能带间隙为 2.09eV（593nm）。类似地，对于 $Ga_{1-x}Al_xAs$ 体系[15]，直接与间接跃迁大致发生在 $x = 0.45$ 的成分处，这对应于 1.98eV（625nm）的波长。显然，基于经典 III-V 半导体的器件短波长光谱范围限于红色/黄色。这个非常基本的物理限制已经阻止了更短波长激光二极管的发展。研究人员已经在寻找更新颖的宽能带间隙材料，特别是 II-VI 族含锌化合物材料，如 ZnMgCdSeS。

⊖　1 英里 = 1609.344m。——编辑注

这些器件在蓝绿色光谱区发射，并显示出有趣的激光参数，但缺乏可靠性[16]，仅限于数百小时的寿命[17]。非常短的器件寿命归因于 II-VI 化合物晶格的低内聚能、相对高的光子能、高工作电压和缺乏理想的衬底。大多数上述问题在氮化物激光二极管中将再次出现。AlGaInN 为紫外和可见光区域的宽能带间隙光电应用提供了一个非常有趣的 III-V 半导体材料体系（见图 9.1）。然而，用于光电领域氮化物系统的发展是一个漫长而复杂的过程。

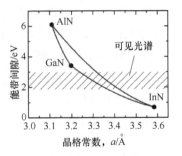

图 9.1　三种二元氮化物晶格常数与能带间隙对比关系

9.1.2　GaN 技术突破

GaN 是第三族氮化物家族的重要成员，大约 70 年前（1938 年）由 Juza 和 Hahn[18] 通过将氨通入热镓而合成。20 世纪 60 年代中期，发明第一支半导体光发射器之后，美国无线电公司（RCA）研究人员开始寻找一种适合蓝光发射的材料，这种材料是制造基于 LED 平板电视所需要的材料（令人惊讶的是，它与激光电视的现代概念如此接近）。RCA 的董事 James Tietjen 找到年轻的同事 Herbert Maruska，提议开发一种新的 GaN 晶体生长方法，即卤化物法（现在更普遍的说法是氢化物气相外延［HVPE］）。Maruska 接受了挑战，成功开发了 HVPE 法，这是 GaN 生长最重要的技术之一。HVPE 方法仍然是目前生产 GaN 厚层和自支撑晶体的主要技术。然而，在 Maruska 早期研究中，薄膜的质量很低，掺杂控制手段非常有限。1970 年，Jacques Pankove 从加州大学伯克利分校休假回来后，立即加入 Tietjen 和 Maruska 小组。他们一起展示了第一个蓝光 GaN LED[19]，但他们未能获得 p 型材料。1973 年和 1974 年，由于商业政策的调整，RCA 在 GaN 方面的研究停止了，GaN 逐渐变得默默无闻。

GaN 技术的复兴在很大程度上归功于 Isamu Akasaki 的才华和毅力，他多年来一直在努力实现 GaN 基蓝光发光二极管。Akasaki 和 Hiroshi Amano 一起探索了金属有机物气相外延（MOVPE）在蓝宝石衬底上生长 GaN 层的可能性。他们发明了一种新的生长方法，包括在非常低的温度下生长（使用低温缓冲层）。这种低温缓冲层（最初由 AlN 制成）[20] 使 GaN 能够形成平滑的二维生长，并消除了形成器件级层的第一个障碍。紧接着这一最初的重要研究成果，1989 年同一小组通过 Mg 掺杂和电子辐射后生长激活[21] 制造了 p 型 GaN。第一个实用器件的制造之路由此开启。值得一提的是，第一个实用 GaN 低温缓冲层专利申请是由波士顿大学的 Theodore Moustakas 于 1991 年提交的。

日本日亚化学公司的研究人员 Shuji Nakamura 没有错失这个机会。Nakamura 及同事通过热处理方式引入了一种新的、更实用的 p 型 GaN 激活方法[22]。不久之后，他们展示了第一支高效蓝光发光二极管[23]，实现了 RCA 公司 Tietjen、Maruska 和 Pankove 研究团队的梦想。Nakamura[24]的蓝光和不久之后的绿光 InGaN 发光二极管成为光电学历史上的一个转折点。他们使得制造全彩色显示器和最重要的白色发光二极管成为可能[25]。白光 LED 是蓝光发光二极管和黄光磷光体的组合[26]，如今是电视和计算机显示器背光系统的关键元件，在普通照明应用中也很重要。蓝光/绿光/白光发光二极管是氮化物器件中产量最多的。

GaN 激光二极管是 Shuji Nakamura 公司发展的下一个必然选择，并具有明显的技术挑战。商业动机是制造适用于新系统的激光器，如光学数据存储和高分辨率电视所需的高密度视频光盘。虽然使用短波长激光二极管的概念已经存在了一段时间，但索尼和先锋在 2000 年日本千叶的 CEATEC 电子展上首次展示了一种称为 BluRay 的新标准。然而，20 世纪 90 年代初，尽管蓝光 LED 已经大量生产，但制造氮化物激光二极管还是一项困难的任务。主要原因是蓝宝石衬底上生长的氮化物层质量相对较低。GaN 和蓝宝石之间的横向失配接近 16%，导致高密度的失配位错。通常，生长在蓝宝石衬底上的 GaN 层中的位错密度为 $10^8 \sim 10^{10} \, \text{cm}^{-2}$。出乎意料的是，这种高密度的缺陷并没有阻止 InGaN 二极管有效的发光。Chichibu 等人的一篇论文[27]解释了这一非常令人惊讶的观察结果，论文的观点是通过铟波动上的载流子定位，阻止光生载流子扩散到非辐射复合中心。同样，氮化物激光二极管研究之初，人们不清楚是否能在蓝宝石衬底上制造激光二极管。此外，由于蓝宝石不导电，必须在结构顶部制作 n 型和 p 型电极，这导致了激光二极管设计的复杂性。

9.1.3　氮化物激光二极管的发展

1995 年秋，Nakamura 和他的团队[28]展示了第一支基于氮化物的激光二极管，在 417nm 实现了有史以来最短波长半导体激光二极管。这种早期氮化物激光器的结构很复杂，例如，有源区由 26 个 InGaN 量子阱组成。激光是在接近 30V 的高压下实现的，这显然阻止了连续波（CW）的激发。通过引入脊形几何结构并将量子阱的数量减少到 5 个[29]，激光器设计得到了改进，电压提高了 20V，阈值电流密度为 3kA/cm^2。1996 年底，Nakamura 等人首次演示了紫色 InGaN 激光二极管的 CW 激发[30]。然而，器件的寿命只有 1s，但器件的阈值电压进一步降低到 8V。到 1996 年底，CW 激发的器件寿命延长到 27h[31]，阈值电压降低到 5.5V，阈值电流密度保持在 3.6kA/cm^2 水平。1997 年期间，激光器寿命进一步延长至 300h[32]。此时，激光性能离商业应用只有一步之遥。然而，由于生长在蓝宝石上的氮化物结构低结晶质量，可靠性并不令人满意。1997 年，Nakamura 和其他小组的研究人员清楚地认识到，需要大幅提高激光结构的结晶质量；否则，将无法获得可商业应用的器件。由于当时无法获得高质量的 GaN 衬底，研究人员转而开发一种称为 ELOG（外延横向过度生长）的位错过滤方法，也有 ELO 和 LEO 等其他缩写（见图 9.2）。这项技术过去曾用于 Si 上 GaAs 层的生长，并被加利福尼亚大学圣塔芭芭拉分校的研究人员重新用于氮化物的研究[33]。该方法包括通过沉积条纹式氧化物或金属掩模来中断 GaN 层生长（例如，宽度为 5μm、重复周期为 13μm 的条纹[33]）。在这个开始步骤之后，晶片返回到 MOVPE 腔体，并被掩模相对厚的 GaN 覆盖层（例如 12~20μm[33]）。掩模（翼）上方区域的特点是位错密度比未被氧化物掩蔽区域低得多。以这种方式制备的结构被称为"ELOG 衬底"，是激光二极管制造的起点。

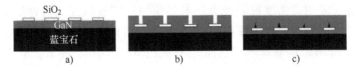

图 9.2 外延横向生长不同阶段示意图 a）带有 SiO₂ 掩模的 GaN；
b）逐渐聚结的 GaN 过生长；c）完全聚结的 GaN 层

GaN 激光二极管技术中存在的另一个挑战与 $Al_xGa_{1-x}N$ 覆盖层的生长有关，它将光（横向方向）限制在器件周围的有源层周围。这个解决方案就是众所周知的 GaAs/AlGaAs 器件；然而，AlN 和 GaN 之间存在的大量应变（约 2.5%）引起了应变松弛问题。处于拉伸应变下的 AlGaN 覆层具有破裂的趋势，使得该结构不能用于器件制造。提高激光器质量的一种方法是用超晶格代替厚 AlGaN 层[34]。这种超晶格是从厚度约为 25Å 的 GaN 和 Al 成分 x 约为 0.16 的 $Al_xGa_{1-x}N$ 薄层上生长出来的[34]。超晶格结构的引入很大程度上有助于消除由激光二极管包层引起的大拉伸应变裂纹。上述改进（1997—1998 年间实现）帮助激光二极管寿命达到 10000h[34]。与此同时，日本和美国其他的研究小组，包括东芝[35]、富士通[36]、施乐[37]、Cree 和北卡罗来纳州立大学（1998 年）[38]，成功制造了脉冲式 InGaN 激光器。

然而，ELOG 技术的进步并没有消除氮化物激光二极管技术发展的所有障碍。蓝宝石上生长的氮化物 ELOG 结构太厚导致晶片弯曲，这使得激光二极管加工非常困难。此外，干法刻蚀不能制造出与标准材料切割反射镜同等质量、足够多的反射镜（至少此时）。因此，激光二极管外延对真正的 GaN 衬底需求在当时已经非常明显。

日亚团队[34] 可能是第一个为激光二极管制造准备独立式 GaN 衬底的团队。这些晶片最初是作为 ELOG 衬底制造的，但随后被厚（如 80μm）GaN 层覆盖，最终，蓝宝石衬底被抛光，留下独立的 GaN 晶体。

然而，氮化物基激光二极管的大规模生产需要新的 GaN 衬底制造技术。令人惊讶的是，该技术是由 Maruska 早期 HVPE 方法发展而来，并由东京农业技术大学和住友商事大学进行了改进[39]。为了提高这种材料的结晶质量，使用了一种通过六角形凹坑减少位错的方法。这种消除位错的方法被称为 DEEP。与住友方法类似，其他公司也开发了各种类型的 HVPE GaN 晶圆，包括日本的古川和三菱化学、法国的圣戈班-Lumilog 和波兰的 Ammono。目前，市场上可以找到 2~4in GaN 衬底晶体，位错密度为 $10^4 ~ 10^7 cm^{-2}$ 之间。然而，这些衬底的价格仍然是氮化物激光二极管发展的一个限制因素。

随着高质量 GaN 衬底的出现，可以制造脊波导 GaN 激光二极管。图 9.3 中可以观察到 GaN 衬底上制造的激光二极管典型结构，其中 InGaN 量子阱形成有源层。

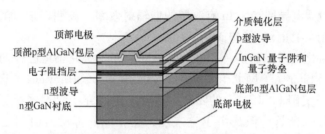

图 9.3　典型氮化物基半导体激光二极管结构示意图（见彩插）

市场需求进一步推动了激光二极管的发展，包括用于显示和照明应用的高功率二极管、用于全色显示的绿色激光器、用于光刻和化学传感的紫外半导体光源，以及最终用于可见光通信的组件开发。最新的目标是开发真正的单模激光器，如分布式反馈（DFB）激光器和相应的半导体光放大器（SOA）。

高功率器件的快速发展使得氮化物激光器的 SE 有了很大的提高。索尼展示了近 1W 的光功率，$10\mu m$ 宽条纹的 SE 超过 $1.1W/A$[40]。

类似的器件 2010 年被日亚化学公司商业化。TopGaN 的研究小组还证明了多发射体氮化物系统（三条纹微型阵列）在 CW 范围内的高光学输出功率为 $2.5W$[41]。欧司朗展示了 8W 的极高脉冲功率[42]。日本东北大学研究小组和索尼公司使用锁模 InGaN 激光器和光学半导体放大器[43]实现了 300W 皮秒脉冲光功率。2019 年最近的激光二极管具有高达 90% 的高注入效率和 $2 ~ 10cm^{-1}$ 数量级的低内部损耗（见参考文献［44］中的报告数据）。这些技术使得在蓝色波长发射 3.5W 光功率单条纹器件（日亚公司和欧司朗光电）成为可能[45]，并充分实现 GaN 材料体系的特殊性能的潜力。

氮化物激光二极管技术的最终挑战是充分利用（InAlGa）N 能带间隙（$0.7 ~ 6.2eV$）的极宽可调性。基本上没有其他半导体材料体系能够覆盖如此宽的波长范围。目标激光波长的选择很大程度上取决于潜在应用的需求。因此，405nm 波长被选择用于新一代 DVD，450nm 成为 RGB 激光显示器的组成部分，而 530nm 器件被期望成为 RGB 显示器的绿光组成部分。真正的蓝色和绿色氮化物激光器的制造难度很大，因为高 In 含量量子阱的生长很复杂，包括大应变、高压电场、InGaN 自然相分离趋势，以及最重要的一点，即用于长波长发射的横向波导的设计难度。日亚化学于 2000 年实现了首个蓝光（450nm）InGaN 激光二极管[46]。绿光氮化物激光二极管的研究耗费了相当长的时间。但是，直到 2009 年或 2010 年才有几个研究小组演示了绿光二极管，最著名的是日亚的 515nm 激光[47]，住友的 531nm 激光[48]，以及欧司朗的 524nm 激光[49]。

紫外区的激光也吸引了荧光透视和化学传感领域相当大的关注；然而，将发射波长降低到深紫外区域使问题变得非常复杂，其原因在于应变管理、AlGaN 合金的低电导率和无 In 有源层的低辐射效率。长期以来，滨松保持着最短波长的激光发射记录（343nm）[50]。

深紫外氮化物激光器是一个更大的难题，许多研究小组已经向这个难题发起挑战，包括 Sitar（美国北卡罗来纳州立大学）[51]、Hirayama（日本理研）[52]和 Wunderer（美国 PARC）[53]的团队。尽管三个研究小组都展示了优异的光泵浦深紫外激光二极管，但是由于空穴注入差，他们都没有研制出电注入激光器，这在某种程度上是对超宽能带间隙半导体期望的，例如 Al 含量高于 40% 的 AlGaN。首次成功研制出 271.8nm 波长电注入深紫外氮化物激光器的是名古屋大学的研究小组 Ziyi Zhang 等人[54]。在这项研究中，值得注意的是 p 型掺杂通过不含 Mg 受体的极化掺杂实现。Wang 等人[55]实现了高 Al 含量 AlGaN 经典 p 型掺杂的突破，并认为纳米棒中的 p 型 Mg 掺杂比传统激光二极管中使用的"块状"材料更有效。

一种有意义的可能是 InGaN 量子点器件，特别是对于长波长氮化物激光二极管。通常来说，对于绿色和红色氮化物激光器，InGaN 量子点可能是理想的，因为它具有更好的应变管理、低缺陷浓度和有限的量子限制斯塔克效应。然而，问题在于 InGaN 量子点的均匀性、最终过度生长期间的稳定性以及足够高的密度。2011 年，Pallab Bhattacharya 小组展示了一种发射绿光（524nm）、低阈值电流密度（$\approx 1\mathrm{kA/cm^2}$）的 InGaN 量子点激光器[56]；2013 年，这个研究小组[57]展示了一种工作在 630nm 的量子点红色激光器，同样具有出色的阈值参数（$J_{\mathrm{th}} = 2.5\mathrm{kA/cm^2}$）。这些杰出的成果为现代光电子学带来了无限可能，但令人遗憾的是，迄今为止还没有任何其他研究小组重现这些成果。

研究高壁塞激光二极管的另一个关键是引入氧化铟锡（ITO）层来代替顶部的 AlGaN:Mg 包层。图 9.4[58]给出了这种解决方案的示意图。

引入 ITO 层的优点是具有比 p 型 AlGaN 好得多的导电性，同时能够提供高折射率和低光损耗。参见文献［58］报道的光损耗低于 $1\mathrm{cm^{-1}}$，而 AlGaN p 包层激光二极管的典型谐振器损耗为 $5 \sim 15\mathrm{cm^{-1}}$。

氮化物激光器结构的外延生长历来都是在 c 面 GaN 衬底上进行。尽管这是 MOVPE 外延的自然生长方向，但是（Al，In）GaN 异质结构的极性导致 InGaN 量子阱中出现高的内置电场，这通过量子受限斯塔克效应（QCSE）显现出来。QCSE 对激光器性能的影响并不直接。从一个角度来看，QCSE 导致光学增益降低，因为跃迁矩阵元素取决于波函数重叠。另一方面，长载流子寿命促进了快速泵浦并在相对低的电流下达到透明条件。然而，特别是对于高 In 含量的量子阱（绿色和红色区域），消除 QCSE 似乎非常有益。由于压电效应取决于量子阱平面相对于晶体衍射方向的位置，因此可以选择适当的生长方向来降低内部电场。这种降低内部电场的方法由 Northrup[59] 等人提出，加利福尼亚大学圣塔芭芭拉分校及住友、索尼等公司的研究团队紧随其后。

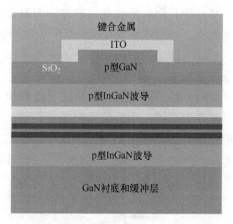

图 9.4 生长在半极性 GaN 衬底上的 ITO 包层激光器结构（数据来源：Murayama 等人 2018 年发表文献 [58]，经 John Wiley 和 Sons 许可转载）（见彩插）

由于在非极性和半极性平面上生长的 InGaN 量子阱受到压电和热释电小得多的电场，过去 15 年中，在 GaN 半极性和非极性方向上生长氮化物基光电器件引起了极大的关注。电场的降低会导致辐射复合增强、光学增益变大以及更厚量子阱生长的可能。此外，在相对低的温度下生长的高 In 含量 InGaN 层（量子阱）与在 c 平面衬底上的生长相比，质量更好。住友电气[60] 实现了基于半极性平面 GaN 的光电器件开发重大突破，他们也成功获得了生长在 GaN（20-21）平面上的绿光（520nm）InGaN 激光二极管。由于加利福尼亚大学圣塔芭芭拉分校和住友集团的大量研究工作，最终揭示了半极性结构在发光器应用中的巨大潜力[60-62]。

尽管在 GaN 半极性和非极性平面上制造蓝色和绿色激光二极管的良好参数已经被证实，但大多数情况下，这些器件的电特性仍是一个问题。例如，Kelchner 等人[61] 成功研制了 GaN 非极性 m 面上的蓝光激光二极管，其阈值电流密度约为 10kA/cm²，但阈值电压接近 32V，这排除了 CW 激发。Tyagi 等人[62] 在 GaN（2021）半极性平面上研制了绿色激光二极管，阈值电压为 16V，对于获得 CW 激发来说太高了。在半极性 GaN 上生长高性能绿色激光二极管需要相对较长的时间，工作电压为 4V，最大光功率为 2W，电流为 2.5A[58]。

9.2 分布式反馈激光二极管

另一种有趣而且具有独特性能的氮化物光电器件是 DFB 激光器。DFB 激光二极管的工作原理最早是在 1971 年由 Kogelnik 和 Shank[63-64] 利用耦合波理论解释。这种激光二极管的独特性不需要 Fabry-Pérot 腔镜，因为正反馈由许多周期性分布在增益介质中的弱反射平面通过反向布拉格散射提供。因此，与基于 Fabry-Pérot 腔的激光二极管相比，在 DFB 激光器中，行波到达反射镜之前会对其自身产生干扰，而行波通过波导传播过程会相互耦合。反射平面通过引入有效折射率的周期性变化制成，这可以通过几种不同的方法来实现。图 9.5 显示了 Fabry-Pérot 和 DFB 激光二极管之间的区别。

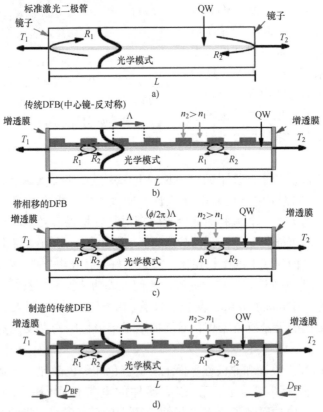

图 9.5 a）Fabry-Pérot 激光二极管；b）AR/AR 涂层 DFB 激光器——通常称为传统 DFB，设计为中心镜面反对称装置（L/Λ=常数）；c）在器件中间具有相移的 AR/AR 涂覆 DFB 激光器；d）更接近实际的"切割后" DFB 设计，包括光栅和前（DFF）和后（DBF）小平面之间的相位关系。由于通过光栅不同位置实现 DFB 激光器的方法不同，因此没有特意展示激光二极管的完整结构。因子 Λ 表示折射率变化的周期，（$\varphi/2\pi$）Λ 表示相移的位置，黑色箭头表示光的反射方向，$n_{1,2}$ 是有效模态指数

与标准的 Fabry-Pérot 激光二极管相比，最初的 DFB 二极管（有相移和无相移）假定激光没有来自端面的额外反射（无反射镜）。从图 9.5 中可以看出，基于 Fabry-Pérot 的激光二极管和 DFB 的区别在于 DFB 引入了折射率的周期性变化，其中光学模式与这种变化重叠，并垂直于折射率波纹传播。在这种波导中，将有来自 n 个折射率变化的 n 个反射子波，并且如果这些子波之间的相位差是 2π 的倍数，这些子波将互相干涉，满足布拉格条件（见式 9.1）：

$$\Lambda = \frac{\lambda m}{2 n_{\text{eff}}} \tag{9.1}$$

式中，Λ 是光栅周期；λ 是发射波长；n_{eff} 是激光二极管结构的有效折射率；m 是光栅的阶数。

DFB 激光二极管最重要的参数之一是传播光模和光栅之间的相互作用强度以及光反馈量（每个周期反射回来的光强度分数），这由耦合系数 $\kappa^{[65]}$ 决定，它可以由式（9.2）进行估算：

$$\kappa = \frac{\Gamma_{\text{grating}} (n_2^2 - n_1^2)}{\lambda_B n_{\text{eff}}} \sin\left(m \, \frac{w}{\Lambda} \pi \right) \tag{9.2}$$

式中，Γ_{grating} 是光栅的光学限制因子；$n_{1,2}$ 是有效模态指数（见图 9.5）；w/Λ 是占空比；λ_B 是布拉格波长。需要注意的是，对于（Al, In）GaN 基横向耦合 DFB，比如发射波长为 400nm，一阶光栅尺寸约为 40nm，这对制造来说非常具有挑战性。

因此，正如后面要展示的，在（Al, In）GaN 基 DFB 激光二极管中，通常采用更高阶的光栅。

图 9.6 显示了图 9.5 中介绍的 Fabry-Pérot 和不同类型的 DFB 激光二极管的光谱特性。

传统 DFB 激光二极管的光谱（见图 9.6b）显示了模式的简并，这些模式相对于布拉格波长是对称的。这两种模式之间的空间称为阻带。阻带的存在是光在每个折射率周期的高反射率结果，在布拉格波长处光的反射率最高。因此，布拉格波长处的光子穿透最短。

由于传播光模式能同时遇到光栅和增益区域，在布拉格波长处将获得最小的净增益，并且对于高 κ 材料，它达不到阈值增益。然而，对于具有零反射率的波长，从端面和光栅的透射率更高，但是由于零反射率，即使净增益最高，也不能形成谐振。因此，对于被光栅部分反射的波长，将出现激射模式，这足以建立共振，并且同时具有足够的增益来支持该模式。

可以推断，激光将发生在对应于阻带边缘的波长上。

传统折射率耦合 DFB 中的双模操作来自于这样一个事实，即在这样一个腔体中，存在两个相同的驻波图案，它们在器件中的传播方向不同，一个从后到前，一个从前到后。两者共享相同的增益，并具有相同的镜/腔损耗。然而，它

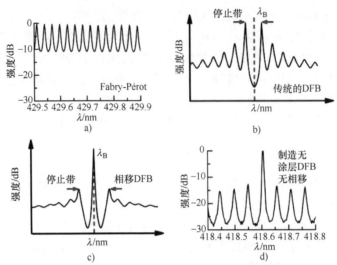

图 9.6　ASE 光谱（低于阈值）比较 a）Fabry-Pérot 无涂层激光二极管（测量值）；b）传统 AR/AR 涂层 DFB 激光器（方案）；c）AR/AR 涂层相移 DFB 激光器（方案）；d）典型的Ⅲ-N 基无涂层 DFB 激光二极管（测量值）之间的 ASE 光谱比较（低于阈值）。虚线表示光栅的布拉格波长，箭头表示阻带的边缘

们在栅结构中峰值强度的位置上有所不同：其中一个波具有与高折射率区域对齐的峰值强度，而另一个波具有与低折射率区域对齐的峰值强度。因此，从图 9.6b 中可以看出，其中一个波的有效折射率较高，发射的激光波长较长，而另一个波的有效折射率较低，发射的激光波长也较短。然而，这种双重简并的对称性很容易被破坏，例如，一个小平面反射率的轻微增加或者有源区增益谱的不均匀形状。然而，在这种结构中，激光将倾向于出现在具有低边模抑制比（SMSR）的一个波长上。

DFB 激光二极管光谱中的传统光栅和简并性类似于晶体中电子能谱中的能带间隙，而这里的折射率扰动在一维光子晶体中产生。

因此，要在布拉格波长处获得单模，必须中断光子晶体折射率的周期性，这可以通过在光子晶格中引入额外的周期来实现。为了在布拉格波长处获得精确的激光发射（见图 9.6c），这个额外的特征必须等于光子晶格周期的一半，这相当于四分之一波长的相移（见图 9.5c）。然而，从器件发射的光功率来看，这种方法的作用是有限的。一方面，如果 λ/4 位移位置在器件的中间，SMSR 将是最高的[66]。另一方面，该器件将从两个面发射相同量的光功率，而不可能像 Fabry-Pérot 激光二极管那样，增加或重定向从背面到正面的光，这可以通过在背面对器件进行 HR 涂层来实现。

另一种方法是制造具有标准光栅、没有 λ/4 相移、并在背面进行 HR 涂覆的器件，已报道的（Al, In）GaN DFB 激光二极管选择都采用这种方法。采用这种方法，由于 400nm 的一阶光栅波纹周期为 40nm，而切割精度为几微米，因此几乎不可能切割到光栅相位所需的容差。

这种情况如图 9.5d 所示，其中 D_{BF} 和 D_{FF} 代表相对于光栅周期的前后端面对准误差。光栅波纹和端面的相位关系可以定义为

$$\varphi_{D_{BF,FF}} = \frac{D_{BF,FF} \cdot 360°}{\Lambda} \tag{9.3}$$

式中，D_{BF} 和 D_{FF} 是前后端面相对于光栅的对称误差厚度（见图 9.5d）。为了增加光功率，可以用 HR 涂层覆盖背面。然而，因为这种器件对端面相位的值敏感，并且因为这些端面相位在条纹之间随机分布，具有理想参数的 DFB 激光二极管的产量有限。

从研究历程上看，Hofmann 等人[67]于 1996 年实现了首个 DFB 氮化物基激光二极管，并基于二阶光栅进行了光泵浦，激光波长为 390nm。通过电子束光刻和反应离子刻蚀在脊的顶部制造光栅。三年后，报道了首个电注入脉冲操作 DFB GaN 激光二极管[68]。这种情况下，光栅被重新定义，采用干法刻蚀脊作为三阶光栅，其周期为 240nm，低至 1.1。阈值电流激发在 402.5nm 波长处。这种情形下，光栅的实现不是以脊顶部的齿状结构形式实现，而是通过过度生长实现。生长厚的 GaN 缓冲层、底部包层、底部波导、量子阱和上部波导之后，停止外延以在最后一层的顶部制造"具有圆形顶部的矩形齿几何形状"光栅。通过光泵浦制造和匹配光栅谐振和增益光谱的峰值之后，将晶圆放入反应器中以生长其余层：p 掺杂包层和 p 掺杂 GaN 次级接触层。值得注意的是，激光二极管结构生长在蓝宝石上，这导致高质量反射镜的形成存在问题，并使低阈值和高效激光二极管的制造变得复杂。因此，开发 DFB 激光器的动机之一是避免反射镜制造问题。因为，如上所述，与 Fabry-Pérot 激光器相比，DFB 可以在无反射镜系统中发射激光。

研究的突破出现在 2006 年，当时来自日亚的 Masui 等人[69]报道了一种 DFB GaN 激光二极管，能够在室温下以优良的参数连续工作。与他们之前的工作[70]相反，在之前的工作中，光栅形成在 p 侧波导的顶部，器件仅在脉冲电流作用下工作，该器件具有在 n 型包层中制造的一阶光栅。

此外，研究人员在块体 GaN 而不是蓝宝石上生长外延结构。尽管 DFB 通过最复杂的方法之一（过生长）制造，但他们报告称，通过电子束光刻和 ICP 干法刻蚀在 n 型包覆盖层表面获得了"细齿形一阶光栅"，并在结构的其余部分（包括量子阱）重新生长。光栅的位置并不是制造 DFB 过程中唯一的难题。从电子束光刻和刻蚀的质量和分辨率角度来看，最低的一阶光栅也具有挑战性。对于 300μm 腔长的 404nm 波长 DFB GaN 器件，具有重复周期为 80nm 和光栅深度为 100nm 的 2μm 脊波导，在 63mA 下输出单模功率为 60mW，阈值电流仅为 22mA（$J_{th} = 3.7kA/cm^2$），其 SE 为 1.44W/A。然而，尽管取得了良好的研究结

果和较长的工作寿命（估计约为 4000h），DFB 并没有商业化，并且在接下来的
十年里，没有报道关于氮化物基 DFB 的重要工作。其原因可能是块体 GaN 衬底
可用性增加，使得激光器结构的生长不再依赖于蓝宝石衬底。至此，避免需要
形成高质量反射镜不再是推动 DFB 激光器发展的原因。此外，需要 DFB 激光二
极管且无法被外腔激光二极管取代的重要应用并不多。

2018 年和 2019 年取得了另一项突破，当时许多研究小组发表了他们对氮化
物基 DFB 制造方法和特性的研究结果。研究者对（Al，In）GaN DFB 激光二极
管，特别是发射波长为 399nm、422nm、457nm 和 461nm 的二极管突然产生广
泛兴趣的原因是原子光学时钟的快速发展，特别是基于锶中性原子（光学冷却
波长为 $\lambda = 460.9nm$）和离子（光学冷却波长为 $\lambda = 421.7nm$）的时钟[71]。此
外，几年前已经报道了基于氮化物的 SOA[72-73]，这可能也刺激了科学家重新研
究 DFB 激光二极管。

这些研究中最有趣的是用不同方法制造布拉格光栅。例如，Kang 等人[74]
报道了一种基于 10 阶横向耦合表面光栅电脉冲激发、404.6nm 波长的 DFB，该
光栅具有通过 i-line 步进光刻和 ICP 刻蚀获得 V 形凹槽。另一个有趣的结果是
Muziol 等人[75]采用 MBE 方法生长 DFB 激光二极管脉冲激发，在脊的顶部制作
有 5 阶布拉格光栅（见 8.6 节）。这种方法中，DFB 的成功实现要归因于在 p 侧
层中引入了隧道结，这允许顶部结构的其余部分进行 n 型过度生长。顶部厚的
n 型层起到了电流扩散器作用，并且使得有可能避免脊顶部及其附近的金电接
触，而不用制作光栅。

Zhang 等人[76]在脊顶部实现了一种类似的光栅。然而，该器件是在没有隧道
结的半极性衬底上生长的。使用 ITO 代替隧道结，并对其进行处理，以在其顶部
获得 1 阶光栅，该器件在 442.6nm 波长处以 445mA 的阈值电流连续激光输出。

TopGaN 和 CST Global 成功实现了具有 39 阶光栅的 DFB 激光二极管连续激
光输出，在室温下具有相对较低的阈值电流（$I_{th} = 130mA$）和 408.55nm 单模发
射[77]。它基于沿着脊形波导的侧壁形成光栅，这是获得单模发射的最简单方式
之一。这种方法比掩埋光栅方法具有一些优势，因为它不需要难度较大的过度
生长步骤，而过度生长步骤会引入外延缺陷。此外，与表面光栅相比，侧壁光
栅不会损伤 p 型顶部接触[78]。此外，与由隧道结或 ITO 形成的光栅相比，除了
电子束光刻之外，侧壁光栅方法不需要任何特殊的技术，并且可以在 MBE 和
MOVPE 生长的晶圆上完成。然而，需要注意的是，从热管理的角度来看，隧道
结方法和侧壁光栅的组合可能会令人感兴趣。p 侧隧道结的引入使得用高导电
性 n 型 AlGaN 覆盖层[79]代替高电阻 p 型 AlGaN 覆盖层，从而减少焦耳热。这使
得器件自身发热更少，从而降低器件中量子阱温度随电流的升高，从而降低增
益谱的红移（增益失谐）。由于增益谱的红移通常比阻带的红移大 3 倍左

右[67,76]，因此基本 Fabry-Pérot 模式开始激发时，可以减少两者之间的重叠。器件自身发热的降低应该允许增加单模电流工作范围。图 9.7 中可以看出，单模 DFB 工作中，减少器件自身发热可以提高最大输出光功率。

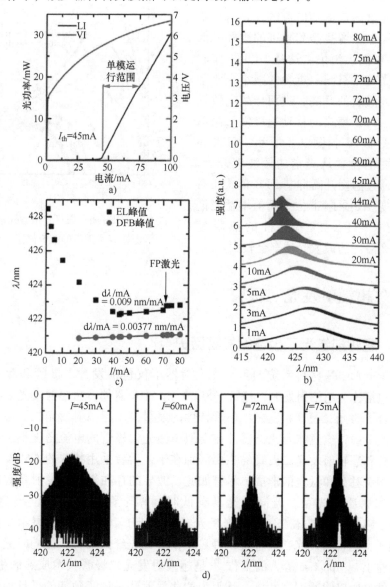

图 9.7 安装在 TO 5.6mm 上的 3 阶 1000μm 波长连续波 RT DFB 激光二极管光电参数：a）L-I-V 特性。灰色箭头显示了 DFB 单模运行范围；b）不同驱动电流的电致发光光谱；c）电致发光峰值的偏移，以及 DFB 模式随电流的变化。灰色箭头表示器件开始在基本 Fabry-Pérot 模式下发射激光电流；d）窄波长范围内的激光光谱，以及几种泵浦电流的分贝标度，显示了从 DFB 单模激光转换到多纵模 Fabry-Pérot 模式

如图 9.7b 所示，低于阈值电流时，器件会出现 QCSE 引起的蓝移。达到阈值电流后，准费米能级固定，内置电场屏蔽作用暂时消失，最终只剩下热红移。

图 9.7c 显示了 DFB 单模移动和电致发光光谱的峰值随电流的变化。随着电流的增加，增益谱和阻带的重叠降低使得 DFB 模式消失。这是 DFB 工作时的最大光功率极限。重叠的减小主要是由于器件温度的升高，进而导致电致发光红移。DFB 模式的移动速度慢了两倍多，如图 9.7d 和图 9.8 所示，阻带和 DFB 模式的位置从光谱的短波端开始。因此，通过温度升高抑制 DFB 模式相对容易实现。如果阻带位于阈值增益光谱的长波长一侧，或者器件的热阻较低，那么器件的最大光功率会较大。

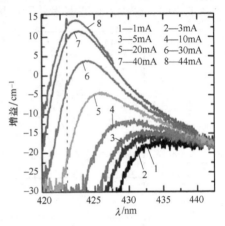

图 9.8　DFB 激光二极管增益光谱，虚线表示阻带的波长位置

9.3　超辐射发光二极管

9.3.1　超辐射发光二极管的发展历史

基于 InAlGaN 材料系统的可见光发射器不仅包括发光二极管和激光二极管，还包括称为超辐射发光二极管（SLD）和 SOA 器件。超辐射发光二极管是一种结合了激光二极管和发光二极管特性的发射器。超辐射发光二极管发射器利用受激发射，这意味着此类器件在类似于激光二极管的电流密度下工作。激光二极管和超辐射发光二极管的主要区别在于，后者采用特殊的方式设计器件波导以避免驻波和激光的形成。尽管如此，波导的存在保证了发射具有高空间相干性的高质量光束，但同时光具有低时间相干性特征。20 世纪 70 年代初，基于砷化物半导体[80-81]超辐射发光二极管于 1970 年初首次展示，与标准 LED 相比，超辐射发光二极管是一种易于耦合到光纤的器件，但同时显示出时间相干性小。Alphonse 等人的工作[82]是超辐射发光二极管技术成熟的里程碑。这类器件之所以能达到高性能，是因为这些发射器采用了独特的设计，利用了精确选择倾斜角的倾斜波导几何结构，有效地将端面反射率降低到 10^{-4} 以下。通过器件的优化实现了 100mW 的光功率[83-84]。研究的一个重要方面是优化光谱质量，以满足光学相干断层成像（OCT）和光纤陀螺仪（FOG）等应用的需求，这些应用受益于 SLD 的低时间相干性（宽发射光谱）和 SLD 发出的高质量

光束。在这两种情况下，应该优化器件以达到尽可能宽且平滑的发射光谱。

Feltin 等人于 2009 年报告了首个Ⅲ-N 族 SLD[85]。从那时起，这类器件进入了快速发展阶段。许多研究小组开展的研究都集中在对这类器件物理特性和制造过程的科学理解上[86-104]。早期研制的多数器件都存在热问题，与脉冲模式相比，这导致 CW 操作下的光功率大幅下降[85-88]。与激光二极管相比，SLD 更容易受到热问题的影响，因为它们需要在整个工作过程中持续增加载流子密度。Ohno 等人于 2011 年报道了首个高功率 CW 输出 SLD，其光功率达到 200mW，发射波长约为 400nm[89]。接下来的几年里[92-94,96]，出现了更多的高功率器件报道，图 9.9a 显示了几乎所有文献报告的比较。2019 年，Cahill 等人报道了脉冲操作下创纪录的 2000mW 高输出功率，使用了一种新型表面发射 SLD 几何结构[104]。

由于使用了双通弯曲波导几何结构，许多研究小组都获得了这一结果，这将在下面内容中详细描述。随着光功率达到 100mW 以上，科学家们更加关注 SLD 的应用领域，这反映在器件的光谱质量上。

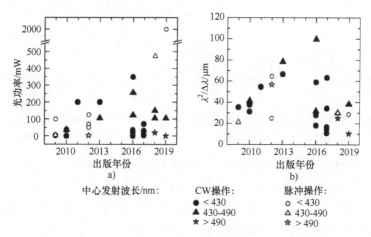

图 9.9　氮化物超辐射发光二极管参数在不同发表年份的对比：a）光功率和 b）OCT 的质量参数（图中数据来自参考文献［85-104］）

图 9.9b 对比了质量参数 $\lambda^2/\Delta\lambda$，即中心发射波长除以光谱的半峰宽，这通常用于估计 OCT 深度分辨率（参数越小，分辨率越高）。从图 9.9b 中可以看出，2016 年之后，$\lambda^2/\Delta\lambda$ 的值停止了明显增长，由于缺乏公开信息，图 9.9a中的点没有全部显示出来。在应用方面，可见光通信做了大量工作，有超过 1Gbit/s 数据传输的报道[100]。然而，也有研究侧重于 OCT 的应用，主要以光谱优化形式[98]。最重要的是在 OCT 系统中直接使用氮化物 SLD 光源检测[99]。

9.3.2　基本 SLD 特性

有许多方法可以用来抑制波导两端之间的光振荡，从而产生 SLD。通常，通过大幅增加一个波导的损耗来实现。目前，氮化物 SLD 最成功的设计是弯曲、弧形或倾斜的波导几何形状以及倾斜的小平面几何形状，而在所有情况下，波导的前端以倾斜方式与器件端面相遇，如图 9.10 所示。倾斜的波导通过将光从外部引导至器件芯片有损耗、未泵浦区域来抑制光从端面到波导的反射。由于波导尺寸较小，其末端的作用类似于狭缝，引起干涉效应并导致端面反射率对波导弯曲角度的复杂依赖性（器件特性的详细信息在参考文献 [92] 和 [105] 中描述）。选择合适的倾斜角可以获得极低的有效反射率值，比如低至 10^{-4} 以下[82]。

通过有效的空腔抑制，SLD 显示出平滑且相对宽的发射光谱。随着工作电流的增加，光谱随着光放大的增强而变窄，并且经常出现 Fabry-Pérot 腔调制。这是因为完全的空腔抑制非常困难。高功率器件的光谱通常具有 3~6nm 的半峰宽。图 9.11 给出了光谱演化的例子。

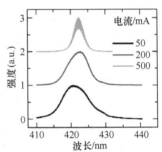

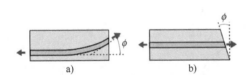

图 9.10　典型氮化物 SLD 波导几何形状：
a）弯曲波导和 b）倾斜端面

图 9.11　氮化物超辐射发光二极管
不同电流值的发射光谱

图 9.12 显示了激光二极管和弯曲波导 SLD 的光电流相关性比较，这两种二极管 SLD 制作在同一个晶圆上，总面积相同。从图中可以看出 SLD L-I 曲线的典型指数形状。这种形状与单通 SLD 中振幅增长随着光学增益增加的指数特性有关。经典的 SLD 方程[106] 很好地解释了这一特性：

$$P_{\text{opt}} = P_{\text{sp}}(\lambda)\{\exp[(\Gamma g(\lambda) - \alpha_i)L] - 1\} \tag{9.4}$$

式中，P_{opt} 是光功率；Γ 是限制因子；g 是增益系数；α_i 是波导的内部损耗；L 是芯片长度。因为指数的值很大，所以 "-1" 项常常可以省略。P_{sp} 表示自发辐射的导向分量，可以表示为

$$P_{\text{sp}}(\lambda) = \frac{\Delta\nu \cdot n_{\text{sp}}}{\eta} \frac{hc}{\lambda} \tag{9.5}$$

式中，$\Delta\nu$ 是发射的带宽；h 是普朗克常数；ν 是光学频率；η 是量子效率；n_{sp} 是自发发射因子。

虽然对于式（9.4）的理论预测，L-I 曲线的初始部分如其所料并不令人惊讶，令人惊讶的部分在于图 9.12 所示的大电流部分。大电流情况下，L-I 呈线性关系，达到与对应的激光二极管一样的差分效率。这种现象的唯一解释是

SLD 中的光学增益正在饱和，导致式（9.4）中的指数不变。式（9.4）待修正。值得注意的是，*L-I* 曲线的线性化与 SLD 的激光作用无关光谱仍然很宽（详细论述见参考文献［93］）。

　　SLD 的典型特征是缺乏费米钉扎，或者缺乏电子浓度稳定性，从图 9.13 可以看出，它显示了发射峰值位置与驱动电流的关系。可以看出，对于激光二极管，发射峰值波长随着电流的增加而缩短，这意味着 QCSE 载流子屏蔽。当达到激光阈值后，发射峰开始向光谱的红光部分移动，这是因为 QCSE 在一定值保持不变，自热效应开始缩小半导体能带间隙。对于 SLD 可以观察到发射线的持续移动（当校正热效应时），这意味着这些器件中没有费米能级钉扎[107]。器件发射的光谱蓝移也可能由频带填充效应引起。然而，对于 SLD，工作电流密度远高于已报道的带填充饱和状态[108]。

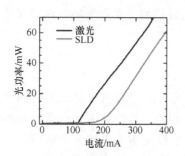

图 9.12　同一晶圆上紫色氮化物
SLD 与发光二极管
光电特性比较

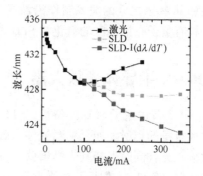

图 9.13　激光二极管和 SLD 的发射峰
测量值。附加曲线显示了针对自热
效应校正的 SLD 发射波长

9.3.3　SLD 优化面临的挑战

　　为了从 SLD 获得高输出功率，需要尽力避免出现费米能级钉扎，即防止器件达到增益饱和，以及 *L-I* 线性化。饱和的开始取决于外延结构设计和加工的细节。从结构角度来看，应该确保尽可能高的载流子注入效率。同样重要的是，这些器件容易发生电子逃逸或溢出，由于温度升高，这种情况会随着工作电流的增加而增加。如果饱和仅仅与载流子注入问题相关，一个完美的解决方案是增加波导宽度，最好只在受激发射过程载流子消耗最快的波导前部，这种方式可以降低载流子密度。目前，有许多关于高光功率氮化物 SLD 的报道，蓝紫色区域达到数百 mW[92-94,96,100-101,103-104]，绿色区域获得几到几十 mW[101]。在这个阶段，蓝光和紫色光器件似乎已经可以用作投影系统中的光源。

　　SLD 研究的另一个挑战是实现长寿命，这与高载流子浓度直接相关。许多氮化物激光二极管的研究表明，载流子密度越高，老化速度越快。不幸的是

SLD 要在更高的电流和载流子密度下工作，这意味着预期寿命可能会比激光寿命短。尽管如此，目前报道的激光二极管最长寿命只有 LD 预期寿命的一部分，但从应用角度，SLD 仍然具有吸引力。目前为止，由于 p 型掺杂分布的优化，Castiglia 等人报道了寿命为 5000h 的 SLD[94]。

为了满足 OCT 或 FOG 等典型 SLD 的应用需求，需要非常宽的发射光谱。在砷化物和磷酸盐材料体系中，提出了许多解决方案人为增加发射的光谱宽度并提高器件的质量。已经报道的方法包括制造具有不同宽度、不同成分或量子点活性区域的量子阱[109-110]。这样的优化在氮化物 SLD 研究领域并不常见，但为了扩大应用范围，未来很可能会成为常见方法。与氮化物材料体系相关的特征是空穴迁移率低，这可能阻碍这一发展方向，而且通常会导致量子阱的不均匀泵浦。Kafar 等人[95,98]提出了一种替代解决方案，该方案利用衬底基板取向错误和 In 掺入之间的关系制作沿波导的 In 含量分布。此外，2019 年报道了第一支具有量子点活性区的氮化物 SLD[102]，这可能标志着一个新发展方向的开始。

9.4 半导体光放大器

9.3 节讨论了 SLD 的特性，SLD 不发射激光，但它们利用受激发射的机制放大自身的辐射。如果将激光注入设计良好的 SLD，可以利用受激发射原理放大输入光，同时保持其光学模式和光谱质量。这种光学元件被称为半导体光学放大器（SOA），如果与激光器结合，则被称为 MOPA（主振荡器功率放大器）。图 9.14 给出了这样一个系统的示意图，它不是整体式。

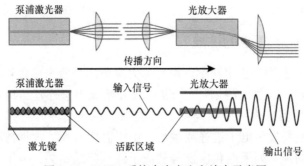

图 9.14　MOPA 系统中光产生和放大示意图

Koda 等人于 2010 年实现了首个电泵浦的氮化物基 SOA（用于放大外部光信号）[111]。当时，在蓝紫色区域开发这种系统的主要原因是将其用于双光子 3D 光学存储[112]。与庞大的 Nd：钒酸盐记录系统解决方案相比，（Al，In）GaN 基 MOPA 系统在这种应用中的主要优点是紧凑性。第一个 SOA 具有与锁模主振荡激光器相同的结构，包括量子阱的数量和厚度。除了器件结构之外，基于半导体的光放大器最重要的参数之一是脊形几何结构，它决定了光和载流子在器件中横向和纵向的分布。这种情况下，放大器是喇叭形几何结构，脊的输入和输出宽度分别为 1.4μm 和 1.5μm。该器件的长度为 2mm，张开角为 5°。为了抑制放大器内部的纵向模式，相对于端面，整个脊是弯曲的。采用这种结构，5℃ 直流输入情况下，研究人员成功地放大了 3ps 光脉冲，锁模主振荡器峰值功率为 3W，峰值功率可达 103~119W，增益为 15~16dB。

光电器件优化的常规方向是增加光功率。对于每种 SOA 器件，都有一个饱和输出功率，它是可实现的最高值。饱和输出功率定义为单通增益减半（3dB）时的输出光功率。这种现象由载流子注入速率与受激发射速率相比不够快造成，而载流子注入速率取决于施加于放大器的电流。目前的供应商对电子-空穴对的数量设置了限制，这些电子-空穴对可能在一定时间内重新复合。因此，它限制了光子产生的速度。换句话说，恒流状态下工作，放大器提供有限数量的光子，可以从中提取光子。因此，对于某些特定的输入光功率，由于上述限制，光放大器在整个器件长度内不能提供呈指数增长的光子数量。饱和输出功率可通过式（9.6）计算：

$$P_{sat} = hv \frac{A}{\Gamma \alpha \tau} \qquad (9.6)$$

式中，A 是有源区的横截面（脊的宽度乘以一个或多个量子阱的厚度）；Γ 是限制因子；α 是差分增益；τ 是载流子寿命。显然，脊的几何形状是直接影响器件功率极限的重要参数。饱和输出功率可以通过增加有效横截面积来增加，例如 Koda 等人[111]通过使用锥形或喇叭形波导。此外，该参数也可以通过降低限制因子（较厚的波导外延层）、差分增益或载流子寿命（增加电子和空穴波函数的重叠）来提高。值得注意的是，饱和输出功率与器件长度无关。还值得注意的是，当 SOA 用作 SLD，光放大器甚至可以在高效发光的情况下使自身饱和。

两年后的 2012 年，相同的研究人员[43]成功地将改进的锁模激光二极管峰值脉冲增加到 8W（1.6ps 脉冲持续时间；1GHz 重复）。接下来，通过改进的 SOA 将光功率放大到 308W（1.9ps 脉冲持续时间）。由于锁模激光二极管和光放大器脊结构和形状的优化，这一改进才得以实现。放大器的改进包括光学限制因子的降低和放大器长度的增加（从 2mm 增加到 2.5mm）。即使放大器在 5℃ 环境温度下以 CW 模式驱动（与之前报道的器件条件类似），总输出峰值功率增加了近三倍，增益与之前报道的 15.9dB 相近。值得注意的是，当该放大器作为 SLD 工作时，没有外部光信号的情况下，2A 电流（λ = 405nm）下实现了约 0.5W 的光功率。这使得该器件成为截至本文发表之日功率最大的 CW 工作 SLD 器件之一。

Koda 等人报道的最新 MOPA 系统实现了 1.1kW（3nJ）的未压缩光峰值功率。SOA 以脉冲工作模式驱动，电流为 8A（重复率为 100kHz，占空比为

20%），输入光脉冲的放大倍数为 17.6dB[72]。通过将限制因子降低 20%、放大器长度增加（从 2.5mm 到 3mm），以及有效面积体积增加，峰值功率再次得到提高。通过将脊的形状从狭窄的 15μm 脊改为向外展开的 117μm 宽输出孔径，有效面积体积得以增加。

可见光通信和光学原子钟的最新发展也引起了其他研究团队的兴趣。比如 Shen 等人[113] 报道了基于（Al，In）GaN 量子阱的双节器件，由激光二极管和集成放大器组成，为可见光通信应用而设计。激光二极管部分长 1190μm，SOA 部分长 300μm，脊形波导宽 2μm。已经实现光功率从 8.2mW 增加到 30.5mW，404.3nm 的放大倍数为 5.7dB。此外，该器件还实现了 Gbit/s 量级的数据传输速率。该报道强烈建议未来可见光通信系统中可以使用 LD-SOA 集成器件。

氮化物 SOA（以及基于氮化物的 DFB 激光二极管）另一个重要应用是用于光学原子钟。人们的兴趣主要集中在基于中性原子（及其同位素），以及离子的原子钟，例如 ^{87}Sr、^{88}Sr、^{88}Sr$^+$、^{40}Ca$^+$、^{24}Mg、^{171}Yb 和 ^{171}Yb$^+$。最相关的跃迁波长和线宽见表 9.1。相当多的冷却或时钟跃迁位于波长范围内，可以通过（Al，In）GaN 基器件实现。因此，通过更紧凑的Ⅲ-N 体系，产生了取代固态激光光源或基于 GaAs/InP 的倍频激光二极管可能性。基于这一原因，研究小组为 MOPA 系统开发了具有双"J 型"波导的蓝光放大器[73]，放大器长 2.5mm，有三个发射 450nm 波长光的量子阱，可以在室温下连续工作。获得的放大率是 29dB，饱和输出功率超过 20dBm，稳定性高，这证明了基于氮化物的 MOPA 光学系统在现代紧凑型光学原子钟中有很大的潜力。

表 9.1 光学时钟原子和离子最相干的跃迁波长和线宽

原子	冷却/检测的波长和线宽	时钟跃迁波长和线宽
^{88}Sr	**460.9nm，32MHz**	698.4nm，1mHz
^{88}Sr$^+$	**421.7nm，20.2MHz**	674.0nm，0.4Hz
^{40}Ca$^+$	**396.8nm，23.4MHz**	729.1nm，140mHz
^{24}Mg	285.2nm，79MHz	**457.1nm，36Hz**
^{171}Yb	**398.9nm，29MHz**	578.4nm，10mHz
^{171}Yb$^+$	**369.5nm，19.6MHz**	**435.5nm，3.1Hz**

注：粗体数据显示了当前（Al，In）GaN 基激光二极管波长范围内的波长。

资料来源：Mg 数据来自 2014 年 Goncharov 等人的研究工作[114]，其余原子/离子的数据来自 2015 年 Ludlow 等人的研究工作[71]。

9.5 总结

Ⅲ-N 族半导体的出现带来的变革不仅仅局限于 LED 技术和照明。基于单一材料体系制造了从深紫外到红光发射激光二极管，不仅开启了许多新的应用方向，而且也改进了现有的应用方向。氮化物激光器的研究始于 20 多年前，由传统光学数据存储的发展而推动。如今，汽车前灯、微型和电影放映机、印刷技术、量子技术和许多其他技术都需要使用氮化物激光二极管。除了性能更好的激光器，我们还开发了其他光学元件，如光放大器和 SLD，或许在不久的将来还会开发光子集成电路。氮化物激光光电子学的未来确实很光明！

参 考 文 献

1 Biard, J.R. and Pittman, G.E. (1966). Semiconductor radiant diode. US Patent 3,293,513, filed 8 August 1962 and issued 20 December 1966.

2 Maiman, T.H. (1960). Optical and microwave-optical experiments in ruby. *Phys. Rev. Lett.* 4 (11): 564–566.

3 Basov, N.G., Krokhin, N., and Popov, Y.M. (1961). Possibility of using indirect transitions to obtain negative temperatures in semiconductors. *J. Exp. Theor. Phys.* 12 (5): 1033.

4 Quist, T.M., Rediker, R.H., Keyes, R.J. et al. (1962). Semiconductor maser of GaAs. *Appl. Phys. Lett.* 1 (4): 91–92.

5 Hall, R.N., Fenner, G.E., Kingsley, J.D. et al. (1962). Coherent light emission from GaAs junctions. *Phys. Rev. Lett.* 9 (9): 366–368.

6 Holonyak, N. and Bevacqua, S.F. (1962). Coherent (visible) light emission from $Ga(As_{1-x}P_x)$ junctions. *Appl. Phys. Lett.* 1 (4): 82–83.

7 Nathan, M.I., Dumke, W.P., Burns, G. et al. (1962). Stimulated emission of radiation from GaAs p–n junctions. *Appl. Phys. Lett.* 1 (3): 62–64.

8 Kroemer, H. (1963). A proposed class of hetero-junction injection lasers. *Proc. IEEE* 51 (12): 1782–1783.

9 Kroemer, H. (1967). Solid state radiation emitters. US Patent 3,309,553, filed 16 August 1963 and issued 14 March 1967.

10 Alferov, Z.I., Andreev, V.M., Garbuzov, D.Z. et al. (1971). Investigations of the influence of the AlAs-GaAs heterostructure parameters on the laser threshold current and the realization of continuous emission at room temperature. *Sov. Phys.* 4 (9): 1573–1575.

11 Hayashi, I., Panish, M.B., Foy, P.W., and Sumski, S. (1970). Junction lasers which operate continuously at room temperature. *Appl. Phys. Lett.* 17 (3): 109–111.

12 van der Ziel, J.P., Dingle, R., Miller, R.C. et al. (1975). Laser oscillation from quantum states in very thin $GaAs-Al_{0.2} Ga_{0.8}$ as multilayer structures. *Appl. Phys. Lett.* 26 (8): 463–465.

13 Dupuis, R.D., Dapkus, P.D., Holonyak, N. et al. (1978). Room-temperature laser operation of quantum-well $Ga_{(1-x)} Al_x$ as-GaAs laser diodes grown by metalorganic chemical vapor deposition. *Appl. Phys. Lett.* 32 (5): 295–297.

14 Onton, A. and Foster, L.M. (1972). Indirect, $\Gamma_{8\,v}$-$X_{1\,c}$, band gap in $GaAs_{1-x}P_x$. *J. Appl. Phys.* 43 (12): 5084–5090. https://doi.org/10.1063/1.1661076.

15 Adachi, S. (1992). *Physical Properties of III-V Semiconductor Compounds: InP, InAs, GaAs, GaP, InGaAs, and InGaAsP*. Chichester: Wiley.

16 Gunshor, R.L. and Nurmikko, A.V. (eds.) (1997). *II-VI Blue/Green Light Emitters: Device Physics and Epitaxial Growth*. San Diego: Academic Press.

17 Adachi, M., Yukitake, H., Watanabe, M. et al. (2002). Mechanism of slow-mode degradation in II–VI wide bandgap compound based blue-green laser diodes. *Phys Status Solidi (b)* 229 (2): 1049–1053.

18 Juza, R. and Hahn, H. (1938). Über die Kristallstrukturen von Cu_3N, GaN und InN Metallamide und Metallnitride. *Z. Anorg. Allg. Chem.* 239 (3): 282–287.

19 Pankove, J.I., Miller, E.A., and Berkeyheiser, J.E. (1972). GaN blue light-emitting diodes. *J. Lumin.* 5 (1): 84–86.

20 Amano, H., Sawaki, N., Akasaki, I., and Toyoda, Y. (1986). Metalorganic vapor phase epitaxial growth of a high quality GaN film using an AlN buffer layer. *Appl. Phys. Lett.* 48 (5): 353–355.

21 Amano, H., Kito, M., Hiramatsu, K., and Akasaki, I. (1989). P-type conduction in Mg-doped GaN treated with low-energy electron beam irradiation (LEEBI). *Jpn. J. Appl. Phys.* 28 (part 2, no. 12): L2112–L2114.

22 Nakamura, S., Iwasa, N., Senoh, M., and Mukai, T. (1992). Hole compensation mechanism of P-type GaN films. *Jpn. J. Appl. Phys.* 31 (part 1, no. 5A): 1258–1266.

23 Nakamura, S., Senoh, M., and Mukai, T. (1993). P-GaN/N-InGaN/N-GaN double-heterostructure blue-light-emitting diodes. *Jpn. J. Appl. Phys.* 32 (part 2, no.1A/B): L8–L11.

24 Nakamura, S., Senoh, M., Iwasa, N. et al. (1995). Superbright green InGaN single-quantum-well-structure light-emitting diodes. *Jpn. J. Appl. Phys.* 34 (part 2, no. 10B): L1332–L1335.

25 Narukawa, Y., Niki, I., Izuno, K. et al. (2002). Phosphor-conversion white light emitting diode using InGaN near-ultraviolet chip. *Jpn. J. Appl. Phys.* 41 (part 2, no. 4A): L371–L373.

26 Narukawa, Y., Narita, J., Sakamoto, T. et al. (2007). Recent progress of high efficiency white LEDs. *Phys. Status Solidi (a)* 204 (6): 2087–2093.

27 Chichibu, S., Azuhata, T., Sota, T., and Nakamura, S. (1996). Spontaneous emission of localized excitons in InGaN single and multiquantum well structures. *Appl. Phys. Lett.* 69 (27): 4188–4190.

28 Nakamura, S., Senoh, M., Nagahama, S. et al. (1996). InGaN-based multi-quantum-well-structure laser diodes. *Jpn. J. Appl. Phys.* 35 (part 2, no. 1B): L74–L76.

29 Nakamura, S., Senoh, M., Nagahama, S. et al. (1996). Ridge-geometry InGaN multi-quantum-well-structure laser diodes. *Appl. Phys. Lett.* 69 (10): 1477–1479.

30 Nakamura, S., Senoh, M., Nagahama, S. et al. (1996). Room-temperature continuous-wave operation of InGaN multi-quantum-well structure laser diodes. *Appl. Phys. Lett.* 69 (26): 4056–4058.

31 Nakamura, S., Senoh, M., Nagahama, S. et al. (1997). Room-temperature continuous-wave operation of InGaN multi-quantum-well structure laser diodes with a lifetime of 27 hours. *Appl. Phys. Lett.* 70 (11): 1417–1419.

32 Nakamura, S., Senoh, M., Nagahama, S. et al. (1997). High-power, long-lifetime InGaN multi-quantum-well-structure laser diodes. *Jpn. J. Appl. Phys.* 36 (part 2, no. 8B): L1059–L1061.

33 Kapolnek, D., Keller, S., Vetury, R. et al. (1997). Anisotropic epitaxial lateral growth in GaN selective area epitaxy. *Appl. Phys. Lett.* 71 (9): 1204–1206.

34 Nakamura, S. (1999). InGaN/GaN/AlGaN-based laser diodes grown on epitaxially laterally overgrown GaN. *J. Mater. Res.* 14 (7): 2716–2731.

35 Itaya, K., Onomura, M., Nishio, J. et al. (1996). Room temperature pulsed operation of nitride based multi-quantum-well laser diodes with cleaved facets on conventional C-face sapphire substrates. *Jpn. J. Appl. Phys.* 35 (part 2, no. 10B), L1315: –L1317.

36 Kuramata, A., Domen, K., Soejima, R. et al. (1997). InGaN laser diode grown on 6H-SiC substrate using lo-pressure metal organic vapor phase epitaxy. *Jpn. J. Appl. Phys.* 36 (part 2, no. 9A/B: L1130–L1132.

37 Kneissl, M., Bour, D.P., Johnson, N.M. et al. (1998). Characterization of AlGaInN diode lasers with mirrors from chemically assisted ion beam etching. *Appl. Phys. Lett.* 72 (13): 1539–1541.

38 Brown, J.D., Swindell, J.T., Johnson, A.L. et al. (1998). Nitride-semiconductors-symposium. *Mater. Res. Soc.* 482: 1179–1184.

39 Motoki, K., Okahisa, T., Matsumoto, N. et al. (2001). Preparation of large freestanding GaN substrates by hydride vapor phase epitaxy using GaAs as a starting substrate. *Jpn. J. Appl. Phys.* 40 (part 2, no. 2B): L140–L143.

40 Goto, S., Ohta, M., Yabuki, Y. et al. (2003). Super high-power AlGaInN-based laser diodes with a single broad-area stripe emitter fabricated on a GaN substrate. *Phys. Status Solidi (a)* 200 (1): 122–125.

41 Perlin, P., Marona, L., Holc, K. et al. (2011). InGaN laser diode mini-arrays. *Appl. Phys. Express* 4 (6): 062103.

42 Brüninghoff, S., Eichler, C., Tautz, S. et al. (2009). 8 W single-emitter InGaN laser in pulsed operation. *Phys. Status Solidi (a)* 206 (6): 1149–1152.

43 Koda, R., Oki, T., Kono, S. et al. (2012). 300 W peak power picosecond optical pulse generation by blue-violet GaInN mode-locked laser diode and semiconductor optical amplifier. *Appl. Phys. Express* 5 (2): 022702.

44 Kawaguchi, M., Imafuji, O., Nozaki, S. et al. (2016). Optical-loss suppressed InGaN laser diodes using undoped thick waveguide structure. In: *Proceedings Volume 9748, Gallium Nitride Materials and Devices XI, 974818.* San Francisco, CA.

45 Strauss, U., Somers, A., Heine, U. et al. (2017). GaInN laser diodes from 440 to 530 nm: a performance study on single-mode and multi-mode R&D designs. In: *Proceedings SPIE 10123, Novel In-plane Semiconductor Lasers XVI, 101230A.* San Francisco, California (20 February 2017).

46 Nakamura, S., Senoh, M., Nagahama, S. et al. (2000). Blue InGaN-based laser diodes with an emission wavelength of 450 nm. *Appl. Phys. Lett.* 76 (1): 22–24.

47 Miyoshi, T., Masui, S., Okada, T. et al. (2009). 510–515 nm InGaN-based green laser diodes on *c*-plane GaN substrate. *Appl. Phys. Express* 2: 1, 062201–3.

48 Enya, Y., Yoshizumi, Y., Kyono, T. et al. (2009). 531 nm green lasing of InGaN based laser diodes on semi-polar {20-21} free-standing GaN substrates. *Appl. Phys. Express* 2: 1, 082101–3.

49 Avramescu, A., Lermer, T., Müller, J. et al. (2010). True green laser diodes at 524 nm with 50 mW continuous wave output power on *c*-plane GaN. *Appl. Phys. Express* 3 (6): 061003.

50 Yoshida, H., Yamashita, Y., Kuwabara, M., and Kan, H. (2008). A 342-nm ultraviolet AlGaN multiple-quantum-well laser diode. *Nat. Photonics* 2 (9): 551–554.

51 Kirste, R., Guo, Q., Dycus, J.H. et al. (2018). 6 kW/cm^2 UVC laser threshold in optically pumped lasers achieved by controlling point defect formation. *Appl. Phys. Express* 11 (8): 082101.

52 Hirayama, H., Yatabe, T., Noguchi, N., and Kamata, N. (2010). Development of 230-270 nm AlGaN-based deep-UV LEDs. *Electron. Commun. Jpn.* 93 (3): 24–33.

53 Wunderer, T., Jeschke, J., Yang, Z. et al. (2017). Resonator-length dependence of electron-beam-pumped UV-A GaN-based lasers. *IEEE Photonics Technol. Lett.* 29 (16): 1344–1347.

54 Zhang, Z., Kushimoto, M., Sakai, T. et al. (2019). A 271.8 nm deep-ultraviolet laser diode for room temperature operation. *Appl. Phys. Express* 12 (12): 124003.

55 Wang, Q., Nguyen, H.P.T., Cui, K., and Mi, Z. (2012). High efficiency ultraviolet emission from Al$_x$ Ga$_{1-x}$ N core-shell nanowire heterostructures grown on Si (111) by molecular beam epitaxy. *Appl. Phys. Lett.* 101 (4): 043115.

56 Zhang, M., Banerjee, A., Lee, C.-S. et al. (2011). A InGaN/GaN quantum dot green (λ = 524 nm) laser. *Appl. Phys. Lett.* 98 (22): 221104.

57 Frost, T., Banerjee, A., Sun, K. et al. (2013). InGaN/GaN quantum dot red λ = 630 nm laser. *IEEE J. Quantum Electron.* 49 (11): 923–931.

58 Murayama, M., Nakayama, Y., Yamazaki, K. et al. (2018). Watt-class green (530 nm) and blue (465 nm) laser diodes. *Physica Status Solidi (a)* 215 (10): 1700513.

59 Northrup, J.E. (2009). GaN and InGaN(11$\underline{2}$2) surfaces: group-III adlayers and indium incorporation. *Appl. Phys. Lett.* 95 (13): 133107.

60 Yoshizumi, Y., Adachi, M., Enya, Y. et al. (2009). Continuous-wave operation of 520 nm green InGaN-based laser diodes on semi-polar {20-21} GaN substrates. *Appl. Phys. Express* 2 (9): 092101.

61 Kelchner, K.M., Lin, Y.-D., Hardy, M.T. et al. (2009). Nonpolar AlGaN-cladding-free blue laser diodes with InGaN waveguiding. *Appl. Phys. Express* 2: 1, 071003–3.

62 Tyagi, A., Farrell, R.M., Kelchner, K.M. et al. (2010). AlGaN-cladding free green semipolar GaN based laser diode with a lasing wavelength of 506.4 nm. *Appl. Phys. Express* 3 (1): 011002.

63 Kogelnik, H. and Shank, C.V. (1972). Coupled-wave theory of distributed feedback lasers. *J. Appl. Phys.* 43 (5): 2327–2335.

64 Kogelnik, H. and Shank, C.V. (1971). Stimulated emission in a periodic structure. *Appl. Phys. Lett.* 18 (4): 152–154.

65 Venghaus, H. and Grote, N. (eds.) (2017). *Fibre Optic Communication: Key Devices*. Cham: Springer International Publishing.

66 Coldren, L.A., Corzine, S.W., and Mashanovitch, M. (2012). *Diode Lasers and Photonic Integrated Circuits*. Hoboken, NJ: Wiley.

67 Hofmann, R., Gauggel, H.-P., Griesinger, U.A. et al. (1996). Realization of optically pumped second-order GaInN-distributed-feedback lasers. *Appl. Phys. Lett.* 69 (14): 2068–2070.

68 Hofstetter, D., Thornton, R.L., Romano, L.T. et al. (1999). Characterization of InGaN/GaN-based multi-quantum well distributed feedback lasers. *MRS Internet J. Nitride Semicond. Res.* 4 (S1): 69–74.

69 Masui, S., Tsukayama, K., Yanamoto, T. et al. (2006). First-order AlInGaN 405 nm distributed feedback laser diodes by current injection. *Jpn. J. Appl. Phys.* 45 (29): L749–L751.

70 Masui, S., Tsukayama, K., Yanamoto, T. et al. (2006). CW operation of the first-order AlInGaN 405 nm distributed feedback laser diodes. *Jpn. J. Appl. Phys.* 45 (46): L1223–L1225.

71 Ludlow, A.D., Boyd, M.M., Ye, J. et al. (2015). Optical atomic clocks. *Rev. Mod. Phys.* 87 (2): 637–701.

72 Kono, S., Koda, R., Kawanishi, H., and Narui, H. (2017). 9-kW peak power and 150-fs duration blue-violet optical pulses generated by GaInN master oscillator power amplifier. *Opt. Express* 25 (13): 14926.

73 Stanczyk, S., Kafar, A., Grzanka, S. et al. (2018). 450 nm (Al, In)GaN optical amplifier with double 'j-shape' waveguide for master oscillator power amplifier systems. *Opt. Express* 26 (6): 7351.

74 Kang, J.H., Wenzel, H., Hoffmann, V. et al. (2018). DFB laser diodes based on GaN using 10th order laterally coupled surface gratings. *IEEE Photonics Technol. Lett.* 30 (3): 231–234.

75 Muziol, G., Turski, H. , Hajdel, M. et al. (2019). III-N tunnel junctions as an enabling technology for efficient distributed feedback laser diodes. *13th International Conference on Nitride Semiconductors 2019 (ICNS-13)* (7–12 July 2019), Bellevue, Washington.

76 Zhang, H., Cohen, D.A., Chan, P. et al. (2019). Continuous-wave operation of a semipolar InGaN distributed-feedback blue laser diode with a first-order indium tin oxide surface grating. *Opt. Lett.* 44 (12): 3106.

77 Slight, T.J., Stanczyk, S., Watson, S. et al. (2018). Continuous-wave operation of (Al, In)GaN distributed-feedback laser diodes with high-order notched gratings. *Appl. Phys. Express* 11 (11): 112701.

78 Pearton, S.J., Lee, J.W., MacKenzie, J.D. et al. (1995). Dry etch damage in InN, InGaN, and InAlN. *Appl. Phys. Lett.* 67 (16): 2329–2331.

79 Piprek, J. (2017). Internal power loss in GaN-based lasers: mechanisms and remedies. *J. Opt. Quant. Electron.* 49 (10): 329.

80 Kurbatov, L.N., Shakhidzhanov, S.S., Bystrova, L.V. et al. (1971). Investigation of superluminescence emitted by a gallium arsenide diode. *Sov. Phys.* 4 (11): 1739.

81 Lee, T.-P., Burrus, C., and Miller, B. (1973). A stripe-geometry double-heterostructure amplified-spontaneous-emission (superluminescent) diode. *IEEE J. Quantum Electron.* 9 (8): 820–828.

82 Alphonse, G.A., Gilbert, D.B., Harvey, M.G., and Ettenberg, M. (1988). High-power superluminescent diodes. *IEEE J. Quantum Electron.* 24 (12): 2454–2457.

83 Zang, Z., Minato, T., Navaretti, P. et al. (2010). High-power (>110 mW) superluminescent diodes by using active multimode interferometer. *IEEE Photonics Technol. Lett.* 22 (10): 721–723.

84 Zang, Z., Mukai, K., Navaretti, P. et al. (2012). Thermal resistance reduction in high power superluminescent diodes by using active multi-mode interferometer. *Appl. Phys. Lett.* 100 (3): 031108.

85 Feltin, E., Castiglia, A., Cosendey, G. et al. (2009). Broadband blue superluminescent light-emitting diodes based on GaN. *Appl. Phys. Lett.* 95 (8): 081107.

86 Hardy, M.T., Kelchner, K.M., Lin, Y.-D. et al. (2009). *m*-plane GaN-based blue superluminescent diodes fabricated using selective chemical wet etching. *Appl. Phys. Express* 2 (12): 121004.

87 Rossetti, M., Dorsaz, J., Rezzonico, R. et al. (2010). High power blue-violet superluminescent light emitting diodes with InGaN quantum wells. *Appl. Phys. Express* 3 (6): 061002.

88 Holc, K., Marona, Ł., Czernecki, R. et al. (2010). Temperature dependence of superluminescence in InGaN-based superluminescent light emitting diode structures. *J. Appl. Phys.* 108 (1): 013110.

89 Ohno, H., Orita, K., Kawaguchi, M. et al. (2011). 200 mW GaN-based superluminescent diode with a novel waveguide structure. *IEEE Photonic Society 24th Annual Meeting*, Arlington, VA, USA (9–13 October 2011), 505–506.

90 Kafar, A., Stańczyk, S., Grzanka, S. et al. (2012). Cavity suppression in nitride based superluminescent diodes. *J. Appl. Phys.* 111 (8): 083106.

91 Kopp, F., Lermer, T., Eichler, C., and Strauss, U. (2012). Cyan superluminescent light-emitting diode based on InGaN quantum wells. *Appl. Phys. Express* 5 (8): 082105.

92 Kopp, F., Eichler, C., Lell, A. et al. (2013). Blue superluminescent light-emitting diodes with output power above 100 mW for Picoprojection. *Jpn. J. Appl. Phys.* 52 (8S): 08JH07.

93 Kafar, A., Stanczyk, S., Targowski, G. et al. (2013). High-optical-power InGaN superluminescent diodes with "j-shape" waveguide. *Appl. Phys. Express* 6 (9): 092102.

94 Castiglia, A., Rossetti, M., Matuschek, N. et al. (2016). GaN-based superluminescent diodes with long lifetime. In: *Proceedings SPIE 9748, gallium nitride materials and devices XI, 97481V*. San Francisco, California, (26 February 2016).

95 Kafar, A., Stanczyk, S., Sarzynski, M. et al. (2016). Nitride superluminescent diodes with broadened emission spectrum fabricated using laterally patterned substrate. *Opt. Express* 24 (9): 9673.

96 Shen, C., Ng, T.K., Leonard, J.T. et al. (2016). High-brightness semipolar $(20\bar{2}1)$ blue InGaN/GaN superluminescent diodes for droop-free solid-state lighting and visible-light communications. *Opt. Lett.* 41 (11): 2608.

97　Shen, C., Lee, C., Ng, T.K. et al. (2016). High-speed 405-nm superluminescent diode (SLD) with 807-MHz modulation bandwidth. *Opt. Express* 24 (18): 20281.

98　Kafar, A., Stanczyk, S., Sarzynski, M. et al. (2018). InAlGaN superluminescent diodes fabricated on patterned substrates: an alternative semiconductor broadband emitter: publisher's note. *Photonics Res.* 6 (6): 652–652.

99　Goldberg, G.R., Boldin, A., Andersson, S.M.L. et al. (2017). Gallium nitride superluminescent light emitting diodes for optical coherence tomography applications. *IEEE J. Sel. Top. Quantum Electron.* 23 (6): 1–11.

100　Alatawi, A.A., Holguin-Lerma, J.A., Kang, C.H. et al. (2018). High-power blue superluminescent diode for high CRI lighting and high-speed visible light communication. *Opt. Express* 26 (20): 26355–26364.

101　Rossetti, M., Castiglia, A., Malinverni, M. et al. (2018). 3-5: RGB superluminescent diodes for AR micro-displays. *SID Symp. Dig. Tech. Pap.* 49 (1): 17–20.

102　Wang, L., Wang, L., Yu, J. et al. (2019). Abnormal Stranski–Krastanov mode growth of green InGaN quantum dots: morphology, optical properties, and applications in light-emitting devices. *ACS Appl. Mater. Interfaces* 11 (1): 1228–1238.

103　Shen, C., Holguin-Lerma, J.A., Alatawi, A.A. et al. (2019). Group-III-nitride superluminescent diodes for solid-state lighting and high-speed visible light communications. *IEEE J. Sel. Top. Quantum Electron.* 25 (6): 1–10.

104　Cahill, R., Maaskant, P.P., Akhter, M., and Corbett, B. (2019). High power surface emitting InGaN superluminescent light-emitting diodes. *Appl. Phys. Lett.* 115 (17): 171102.

105　Kafar, A., Stanczyk, S., Schiavon, D. et al. (2020). Review—review on optimization and current status of (Al, In)GaN superluminescent diodes. *ECS J. Solid State Sci. Tech.* 9 (1): 015010.

106　Henry, C. (1986). Theory of spontaneous emission noise in open resonators and its application to lasers and optical amplifiers. *J. Lightwave Technol.* 4 (3): 288–297.

107　Kafar, A., Stanczyk, S., Grzanka, S. et al. (2019). Screening of quantum-confined stark effect in nitride laser diodes and superluminescent diodes. *Appl. Phys. Express* 12 (4): 044001.

108　Ji, Y., Liu, W., Erdem, T. et al. (2014). Comparative study of field-dependent carrier dynamics and emission kinetics of InGaN/GaN light-emitting diodes grown on (11$\bar{2}$2) semipolar versus (0001) polar planes. *Appl. Phys. Lett.* 104 (14): 143506.

109　Lin, C.-F. and Lee, B.-L. (1997). Extremely broadband AlGaAs/GaAs superluminescent diodes. *Appl. Phys. Lett.* 71 (12): 1598–1600.

110　Li, L.H., Rossetti, M., Fiore, A. et al. (2005). Wide emission spectrum from superluminescent diodes with chirped quantum dot multilayers. *Electron. Lett.* 41 (1): 41–43.

111　Koda, R., Oki, T., Miyajima, T. et al. (2010). 100 W peak-power 1 GHz repetition picoseconds optical pulse generation using blue-violet GaInN diode laser mode-locked oscillator and optical amplifier. *Appl. Phys. Lett.* 97 (2): 021101.

112 Walker, E., Dvornikov, A., Coblentz, K., and Rentzepis, P. (2008). Terabyte recorded in two-photon 3D disk. *Appl. Opt.* 47 (22): 4133.

113 Shen, C., Ng, T.K., Lee, C. et al. (2018). Semipolar InGaN quantum-well laser diode with integrated amplifier for visible light communications. *Opt. Express* 26 (6): A219.

114 Goncharov, A.N., Bonert, A.E., Brazhnikov, D.V. et al. (2014). Precision spectroscopy of Mg atoms in a magneto-optical trap. *Quantum Electron.* 44 (6): 521–526.

第 **10** 章

绿光和蓝光垂直腔面发射激光器

Yang Mei, Rong-Bin Xu, Huan Xu, Bao-Ping Zhang

厦门大学电子科学与技术学院，微纳光电子研究室

10.1 引言

10.1.1 GaN VCSEL 的特性和应用

与传统的边发射激光器（EEL）从芯片的侧边发射激光相比，垂直腔面发射激光器（VCSEL）是一种发射激光光束垂直于表面/界面的半导体激光器。这种特性为 VCSEL 提供了独特的优势，其中包括了圆形低发散输出光束、晶圆级测试和密集排列的二维阵列[1]。得益于腔长短、有源区体积小等特点，VCSEL 可实现低阈值单纵模激光，在激光波长上具有较好的温度稳定性，调制速率也远高于 EEL[2]。与已经广为接受的、激射波长位于红外波段[3]的 GaAs 基和 InP 基 VCSEL 不同，GaN 基 VCSEL 的发射波长覆盖从紫外到可见光波段，因而这种光源可以有更新颖的应用。GaN VCSEL 的一个重要应用是固态照明（SSL）[4]，因为激光器可以在更高的电流密度下达到峰值效率，并可能突破商业蓝光 LED 效率下降的限制[5-7]。GaN VCSEL 可以提供圆形对称和定向光束，更容易被捕捉和聚焦，从而有可能开发出新的、更紧凑的系统。高速可见光通信（VLC）[8]是 GaN VCSEL 的另一个重要应用，因为其调制速度比 LED 高得多。因为 GaN VCSEL 的发光波长从紫外到可见光可调，且功耗低，因此也必不可少地会应用在下一代全彩显示器[9]、微型投影仪[10]和近眼显示器[11]领域。此外，GaN VCSEL 在高密度光存储[12]、生物传感器[13]、原子钟[14]和医疗领域[15]也有很好的应用前景。

10.1.2 GaN VCSEL 的简史和现状

VCSEL 的概念是由 Kenichi Iga 教授及其同事于 1977 年首次提出[16]。1979 年，第一个 VCSEL 器件来自于 GaAs 材料系统[17]，随后在 1994 年被商业化。

然而，GaN VCSEL 的发展要慢得多，因为当时 GaN 薄膜的生长仍然非常困难，直到 Nakamura 等[18]在 20 世纪 90 年代开发了两步生长方法并解决了 GaN 中的 p 型掺杂问题。最早的 GaN VCSEL 相关研究可追溯到 1995 年，Honda 等人[19]从理论上研究了 UVGaN VCSEL 的阈值特性。1996 年，Redwing 等人[20]报道了首个光泵浦 GaN VCSEL，其具有全外延 VCSEL 结构，包含 30 个周期的 $Al_{0.12}Ga_{0.88}N/Al_{0.4}Ga_{0.6}N$ 基分布布拉格反射镜（DBR）及 DBR 之间的 $10\mu m$ 厚 GaN 本征层有源区。DBR 相对较低的反射率和厚的 GaN 增益层使得器件的阈值较高（约 $2.0MW/cm^2$）。此后，在接下来的 10 年里，包括了东京大学[21-23]、俄罗斯科学院（RAS）[24]、布朗大学[25]、NTT 公司[26]、首尔国立大学（SNU）[27]、加利福尼亚大学圣塔芭芭拉分校（UCSB）[28]、台湾交通大学（NCTU）[29-33]、埃尔科尔理工学院洛桑分校（EPFL）[34]、厦门大学（XMU）[35-37]等不同团队的研究人员利用 InGaN 量子阱（QW）有源层和不同结构的 DBR 研制了一系列的光泵浦 GaN VCSEL。随着光泵浦 GaN VCSEL 的实现，电泵 GaN VCSEL 的研究越来越受到重视。NCTU 在 2008 年第一个实现了电注入 GaN VCSEL[38]。它由底部外延 AlN/GaN DBR、顶部介质 DBR 作为反射镜，并采用 240nm 氧化铟锡（ITO）层作为电流扩展层，在低温 77K 实现了连续波（CW）激射，波长为 462.8nm。同年，日亚公司[39]利用激光剥离（LLO）和晶圆键合技术成功制备了两个介质膜 DBR 结构 VCSEL 并实现了室温（RT）下的 CW 激射，波长为 414nm，阈值电流密度为 $13.9kA/cm^2$，输出功率为 0.14mW。此后，GaN VCSEL 进入了一个快速发展阶段，包括了日亚[40-41]、松下[42]、索尼[43-45]、斯坦雷电气[46-48]等多家公司和 NCTU[49-50]、UCSB[51-57]、EPFL[34]、XMU[58-61]、名城大学[62-66]、台湾大学[67]和新墨西哥大学[68]等多家研究机构，都实现了电注入激射。至今，与首次实现的电注入 VCSEL 相比，器件的性能已有了很大提高。2015 年，索尼[43]报道了采用侧向外延生长（ELO）法制作的双介质 DBR GaN VCSEL。该器件的发射波长为 454nm，输出功率首次超过 1mW。2018 年，斯坦雷电气和名城大学[46]联合报道了 GaN VCSEL 在 441nm 处的激射，输出功率超过 6mW，器件可在 110℃ 条件下保持工作。该器件采用 AlInN/GaN 底部外延 DBR 和顶部介质膜 DBR，并利用埋置的 SiO_2 引导层来限制电流和横向光场。同年晚些时候，通过增加腔长来改善散热，器件的输出功率进一步增加到 16mW[47]。2019 年，斯坦雷电气[48]报道了总输出功率为 1.19W 的 16×16 蓝光 VCSEL 阵列，使 GaN VCSEL 接近实际应用阶段。对于发射波长较长的 GaN VCSEL，XMU[60]报道了基于 InGaN 量子点（QD）的 VCSEL，将 GaN VCSEL 的发射推向绿光。所得器件的发射波长从 491.8 ~ 565.7nm，覆盖了部分"绿光间隙"。

10.1.3　不同 DBR 结构 GaN VCSEL

GaAs VCSEL 能够迅速商业化的一个主要原因，是由于 AlAs 和 GaAs 晶格几乎能完全匹配，很容易获得高反射率和导电的半导体 DBR。因此，通过一步外延生长就可以形成整个 VCSEL 结构。然而，对于 GaN VCSEL，将腔体与高反射 DBR，尤其是与半导体 DBR 结合起来很具有挑战性。到目前为止，已经发展出两种主流的方法来制备高反射率 DBR GaN VCSEL。一种是使用外延氮化物半导体 DBR 作为底部 DBR，而顶部使用介质膜 DBR，即所谓的混合 DBR 结构[34,38,40-41,49]，如图 10.1a 所示；另一种是顶部和底部都使用具有 99.9%高反射率的介质膜（例如 SiO$_2$/ZrO$_2$）DBR，即所谓的全介质膜 DBR 结构[37,39,41-42,51]，如图 10.1b~d 所示，但这两种方法都有各自的挑战。对于混合 DBR 结构 VCSEL，外延底部 DBR 的使用使得制备过程简单，并且可以精确地控制腔长，但是高晶体质量和高反射率的氮化物 DBR 的生长仍具有挑战性。对于全介质膜 DBR 结构的 GaN VCSEL，由于介质层之间的折射率差很大，很容易实现极高的反射率。然而，为了在衬底侧形成 DBR，通常需要完成额外的复杂制备工艺，例如在顶侧键合支撑衬底，并移除用来进行外延生长的原始衬底[39,41-42,51]，来实现垂直结构。本节讨论了这两种结构的 GaN VCSEL 的发展和现状。

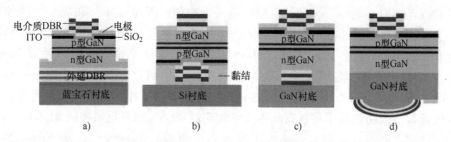

图 10.1　a）混合 DBR 结构 GaN VCSEL；b）通过衬底移除和转移制作的全介质膜
DBR 结构 GaN VCSEL；c）利用 ELO 技术制造的全介质膜 DBR 结构 GaN VCSEL；
d）底部曲面反射镜和平面顶部反射镜的全介膜 DBR 结构 GaN VCSEL（见彩插）

10.1.3.1　混合 DBR 结构 GaN VCSEL

与红外 VCSEL 所用的 AlGaAs/GaAs DBR 相似，AlGaN/GaN DBR 已被开发用于 GaN VCSEL[3]。然而，AlN 和 GaN 之间存在高达 2.4%的晶格失配和较大的热膨胀系数差异。这将在外延层的生长和冷却过程中引起显著的拉伸应变，导致在具有高 Al 摩尔分数的 AlGaN/GaN DBR 中形成裂纹。AlGaN 中 Al 摩尔分数的降低有利于减少 DBR 生长过程中的应变累积和抑制裂纹的形成，但折射率差异也会降低，需要更多对 DBR 才能保持高反射率。因此，如之前所报道，这类 DBR 的峰值反射率被限制在 99%[69-73]。实际上，Redwing 等人在 1996 年首次报道了光泵浦 GaN VCSEL[20]，采用的是基于 $Al_{0.12}Ga_{0.88}N/Al_4Ga_6N$ 的 DBR，同时用于底部和顶部 DBR。但反射率相对较低的 DBR 导致了约为 2.0MW/cm² 的极高阈值泵浦功率。1999 年，Arakawa 等[23] 报道了光泵浦混合 DBR 结构的 GaN VCSEL，它由 43 对 $Al_{0.34}GaN/GaN$ 底部 DBR 和 15 对 ZrO_2/SiO_2 顶部 DBR 组成。采用 InGaN 多量子阱作为有源区，阈值能量为 43nJ。2000 年[25]，布朗大学的研究人员报告了由 30 对 $Al_{0.25}Ga_{0.75}N/GaN$ 底部 DBR 和一对 HfO_2/SiO_2 顶部 DBR 组成的光泵浦混合型 DBR VCSEL。2005 年[29]，台湾交通大学报道了一种光泵浦的混合型 DBR VCSEL，底部 DBR 采用了 25 对 AlN/GaN。为了获得无裂纹和高反射率的 AlN/GaN DBR，在 AlN/GaN DBR 中插入 AlN/GaN 超晶格，以减少双轴拉伸应变。Wang 等人[38]于 2008 年报道的首个电注入 GaN VCSEL 也有类似的结构。另一方面，AlInN/GaN DBR 又是一种为混合 DBR 结构 GaN VCSEL 开发的氮化物 DBR。当 InN 摩尔分数约为 18% 时，AlInN 与 GaN 晶格匹配。因此，在 $Al_{0.82}In_{0.18}N/GaN$ DBR 的生长过程中可以避免巨大的拉伸应变。2007 年[74]，南安普顿大学的研究人员报告了一种具有 39.5 对 $Al_{0.82}In_{0.18}N/GaN$ 底部 DBR 的光泵混合型 DBR VCSEL，DBR 的反射率超过 99%。然后，在 2012 年，来自 EPFL 的研究人员[34]报道了一种电注入混合 DBR VCSEL，其具有 41.5 对 $Al_{0.8}In_{0.2}N/GaN$ 底部 DBR。虽然 AlInN/GaN DBR 有益于 GaN VCSEL，但 AlInN 的外延生长是一个难题，因为 AlN[75] 和 InN[76] 的外延生长参数明显不同，很难选择 AlInN 合金的外延生长的最佳生长参数和精确控制 InN 的摩尔分数。除此之外，AlInN 晶体的生长速率也非常低（约 0.2μm/h）[77]。最近几年，名城大学和斯坦雷电气公司的研究人员在基于 AlInN/GaN DBR 的 GaN VCSEL 方面付出了很多的努力并且取得了相当大的进展。通过优化生长参数，成功制备了具备高晶体质量和超过 99.9% 的高反射率的 $Al_{0.82}In_{0.18}N/GaN$ DBR，同时具有相对较高的生长速率，约为 0.5μm/h[63]。从 2016—2019 年，他们报道了一系列基于 $Al_{0.82}In_{0.18}N/GaN$ DBR 的混合结构 GaN VCSEL，包括横向引导型混合 GaN VCSEL[46]，电导型 $Al_{0.82}In_{0.18}N/GaN$ 底部 DBR 结构 GaN VCSEL[66]，具有高输出功率的 GaN VCSEL[47]，以及总输出功率超过 1W 的混合结构 GaN VCSEL 阵列[48]。最近，报道了具有气隙[78]或多孔[68] GaN DBR 的混合结构 GaN VCSEL。气隙或多孔 GaN 被用作低折射率层，以提供大的折射率差。然而，这种 DBR 的制备难以控制，空气引起的更高热阻也预计会恶化 VCSEL 的温度特性。

10.1.3.2　全介质膜 DBR 结构 GaN VCSEL

受益于介电材料系统中较高的折射率差异，很容易制造具有高反射率和宽高反带的 DBR。然而，要在 GaN VCSEL 中实现全介质膜 DBR 配置，器件通常需要倒装芯片键合在临时基板上，然后将原始衬底移除以允许在原衬底侧沉积 DBR。原始衬底的去除可以通过 LLO[38-39]、化学机械抛光（CMP）[40-41]，以及牺牲层的光电化学蚀刻（PEC）[79]来实现。在 1996—2009 年间，布朗大学[25]，首尔国立大学[27]、NTT 公司[26]、NCTU[26,29-33] 和 XMU[35-37] 的研究人员报道了光泵浦全介质膜 DBR VCSEL，用到了不同的介质材料，包括 SiO_2/HfO_2、SiO_2/ZrO_2 和 SiO_2/TiO_2。日亚公司在 2008 年报道了首个具有全介质膜 DBR 结构电泵浦 GaN VCSEL[39]。该激光器材料结构是外延生长在蓝宝石衬底上。为了制造全介质膜结构，首先将表面沉积了 DBR 的外延片键合在 Si 临时基板上，并通过 LLO 方法去除蓝宝石，然后在外延片另一侧沉积第二个 DBR。在接下来的几年中，松下[39]、XMU[58-61] 和 UCSB[52-55] 还报道了具有类似结构的电注入 GaN VCSEL。2015 年，索尼报道了由 ELO 法制造的具有全介质膜 DBR 结构的 GaN VCSEL，通过这种方式不再需要复杂的衬底去除转移过程[44]。在这种情况下，首先在 GaN 衬底上沉积和图形化底部介质膜 DBR，然后将衬底放入金属有机物化学气相沉积（MOCVD）炉中，生长接下来的外延激光器结构，这样底部介质膜 DBR 就被埋在 n 型 GaN 层中。在这种结构中可以精确控制腔长，因为所有的外延层都是通过 MOCVD 生长完成的。通过 ELO 制造的电注入全介质膜 DBR VCSEL 的结构示意图如图 10.1c 所示。2018 年，他们进一步提出了基于全介质膜 DBR 的新结构 GaN VCSEL，也不需要去除衬底[45]。该器件包含一个在减薄的 GaN 衬底表面上形成的原子级光滑的弯曲介质膜反射镜和一个位于器件顶部的平面介质膜反射镜，如图 10.1d 所示。用曲面镜和平面镜包覆的谐振器可以形成稳定的无衍射损耗的谐振腔，使光束刚好从平面镜出射，因此尽管该器件具有约 $30\mu m$ 相对较长的谐振腔长度，但仍实现了激光发射。

10.2　不同器件结构的散热效率

由于体积小，电流密度大，有源区域的自发热是不可避免的。热效应会导致材料和器件特性的衰退，包括有源介质的增益、阈值电流、最大输出功率和光谱线宽[80-81]。更严重的是，它使 GaN VCSEL 不稳定并缩短了器件寿命，这阻碍了它们的实际应用。GaN VCSEL 必须具有良好的热性能、散热能力，使热量可以有效地排出腔体。在本节中，通过有限元法（FEM）采用稳态准三维圆柱散热模型研究了具有三种典型结构的 GaN VCSEL 的热特性。分析了这些结构的热通量、热阻和内部温度分布等热性能，并且提出了几种改善 GaN VCSEL 散热的方法。

10.2.1　器件热分布模拟

研究了 GaN VCSEL 的热特性，其中包括了混合 DBR 结构（定义为结构

A)，具有由衬底去除和转移技术制造的全介质膜 DBR 结构（定义为结构 B）和由 ELO 制造的全介质膜 DBR 结构（定义为结构 C）。在模拟模型中，假设热能主要是从器件向基板传导，并且器件和空气之间的界面是绝热的。这里讨论的 GaN VCSEL 具有腔内接触，电流不流过具有大电阻的 DBR。因此，器件中的所有热量假设都是通过有源区的非辐射复合和光子的自由载流子吸收产生，以及在 p 型 GaN 中的焦耳热。因为 p 型 GaN 层的厚度相对 n 型 GaN 和衬底的厚度较小，在模拟过程中，我们将所有热源集中到有源区。稳态准 3D 热耗散模型由参考文献 [82-83] 给出。

$$- \nabla (k \nabla T) = Q \tag{10.1}$$

$$k \nabla T = h (T_{inf} - T) \tag{10.2}$$

式中，Q、k、T、h 和 T_{inf} 分别是热源密度、热导率、器件温度、传热系数和热沉温度（293K）。假设有源区中的电流均匀流动，阈值处的热源密度 Q 可以通过 $Q = U_{th} \cdot I_{th} / V$ 获得，其中 U_{th}、I_{th} 和 V 分别为阈值电压、阈值电流和由电流限制孔径定义的有源区体积。在本研究中，因为目前 GaN VCSEL 的功率转换效率仍然很低，我们假设注入器件的所有电能都转换为热能。在本研究中，U_{th} 设置为 4.5V，I_{th} 设置为 8mA。三种结构的腔长相同，有关器件的其他详细信息，包括每层的厚度和导热率，可以在参考文献 [84] 中找到。

对于结构 A 型 GaN VCSEL，AlN/GaN DBR 和 AlInN/GaN DBR 是最常用的两种外延底部氮化物 DBR。然而，因为这些材料的热导率不同，这两种不同类型的 DBR 会对器件的热特性产生很大影响 [AlN 和 $Al_{0.82}In_{0.18}N$ 的热导率分别为 200W/(m·K) 和 4.5W/(m·K)]。图 10.2a 和 b 分别显示具有 AlN/GaN 和 AlInN/GaN 底部 DBR，结构 A GaN VCSEL 的热流分布。这两个 DBR 的有源区域内的温升 ΔT 分别为 14.3K 和 29K，利用 $R_{th} = \Delta T / (U_{th} \cdot I_{th})$ 计算得到热阻 R_{th} 分别为 397K/W 和 806K/W。$Al_{0.82}In_{0.18}N$/GaN DBR 器件的 R_{th} 几乎是 AlN/GaN DBR 器件的两倍，这主要是由于 $Al_{0.82}In_{0.18}N$/GaN DBR 在垂直方向上具有更低的热导率。结构 B 和 C 的 GaN VCSEL 的热流分布分别如图 10.2c 和 d 所示。温升分别为 39K 和 37K，对应的 R_{th} 分别为 1083K/W 和 1027K/W。对于结构 B，垂直方向的热传递是热量传导到基板的主要路径，由于它们的低热导率，介质膜底部 DBR 和 SiO_2 电流限制层都会阻碍热传递，如图 10.2c 中的热流所示。类似地，结构 C 具有介质膜底部 DBR，并且热量直接通过 DBR 传递到基板也很困难。然而，结构 C 的有源区下方没有 SiO_2 电流限制层，允许热能横向扩散，然后绕过底部 DBR 传导到衬底，如图 10.2d 所示。通常，全介质 DBR 结构的 GaN VCSEL 的 R_{th} 比混合 DBR 结构的 R_{th} 大，这是因为底部介质膜 DBR 的热导率低。

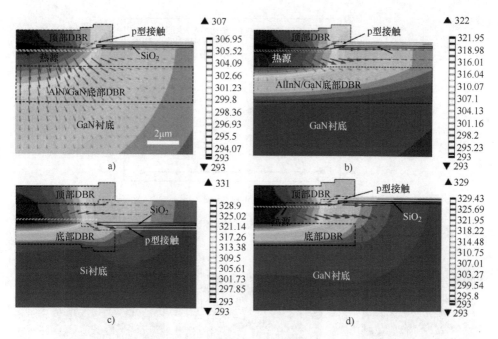

图 10.2　GaN VCSEL 中的热流分布 a) 具有 AlN/GaN DBR 的结构 A；
b) 具有 AlInN/GaN DBR 的结构 A；c) 结构 B；d) 结构 C

10.2.2　热阻 R_{th} 对谐振腔长度的依赖性

腔长是 GaN VCSEL 的一个重要参数，本节将讨论其对 R_{th} 的影响。研究了不同腔长的 GaN VCSEL 的热特性，所有器件中 p 型 GaN 的厚度固定为 120nm，仅改变 n 型 GaN 的厚度以获得不同的腔长。具有结构 A、B 和 C 的 GaN VCSEL 的 R_{th} 与 n 型 GaN 厚度的关系如图 10.3 所示。所有器件的 R_{th} 都随着腔体的增大而降低。当 n 型 GaN 的厚度从 1μm 增加到 6μm 时，具有 $Al_{0.82}In_{0.18}N/$GaN DBR 的结构 A 的 R_{th} 从 825K/W 降低到 468K/W，降低了约 43%。在结构 B 和 C 中，R_{th} 分别从 1033K/W 降低到 565K/W，降低了约 45%，从 988K/W 降低到 549K/W，降低了约 44%。图 10.4a～f 显示了具有 $Al_{0.82}In_{0.18}N/$GaN DBR 的结构 A、结构 B 和结构 C 的热流分布。较厚的 n 型 GaN 层可改善所有结构的散热，因为 GaN 具有较大的热导率，有利于热能从有源区向外扩散。这种效应在底部 DBR 的热导率较低的结构中更为明显。在结构 C 中，采用更厚的 n 型 GaN 能使热能更容易地传递出底部 DBR，从而增强散热。根据仿真结果，增加腔长是优化 GaN VCSEL 散热的有效方法。通过使用这种方法，斯坦雷电气公司和名城大学在他们的基于 AlInN DBR VCSEL 中将最大输出功率翻了一番，达到 16mW[47]。

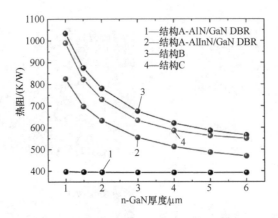

图 10.3   A、B、C 结构 GaN VCSEL 的热阻与 n 型 GaN 厚度的关系

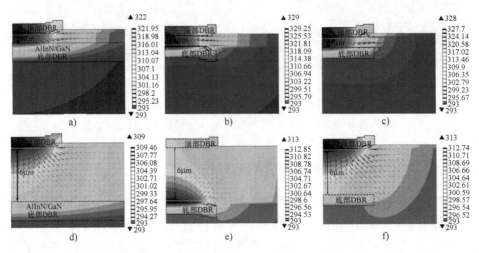

图 10.4   a)~c) n 型 GaN 厚度为 1μm 时 A、B、C 结构 GaN VCSEL 的热流分布；
d)~f) n 型 GaN 厚度为 6μm 时 A、B、C 结构 GaN VCSEL 的热流分布

10.3   基于 InGaN 量子点的绿光 VCSEL

10.3.1   量子点相对于量子阱的优势

InGaN 量子阱已成功用于蓝光 LED 和激光二极管，InGaN 量子阱作为有源层的 405~450nm 激光二极管已经商业化。然而，在绿光区域，量子阱结构通常存在发射效率低的问题，也被称为"绿光间隙"。为了将发射波长扩展到绿光，必须提高 InGaN 量子阱层中的 In 含量。为此，量子阱通常需要在低温下生长，而在低温下生长的晶体质量不是很高。同时，由于 GaN 和 InN 之间存在较

大的晶格失配，较高的 In 含量将导致更多的缺陷和较大的应变诱导内建电场。缺陷是非辐射复合中心，内建电场会导致量子限制斯塔克效应（QCSE），它将电子和空穴分开到量子阱的不同侧，从而降低它们的复合效率[85]。此外，GaN 基材料体系中载流子的有效质量较大，导致透明载流子密度较高，这是利用 In-GaN 量子阱实现高性能绿光激光器的另一个障碍。

对于量子点结构，情况则有所不同。众所周知，使用量子点作为有源区可以有效地降低激光器中的阈值电流。GaN 基量子点是零维纳米晶体，其中电子和空穴被限制在很小的体积内，诱导出一种独特的类似原子能级的离散态，其态密度类似 δ 函数。由于这种类型的态密度，在量子点结构中可以产生非常高的增益峰值。此外，如果量子点足够小，高次能带中的载流子数可以忽略，量子点的发射性质类似于两个原子能级系统。当量子点被用作半导体激光器的有源介质时，其激射特性最终与载流子的有效质量无关。因此，在 GaN 基激光器中使用量子点能更有效地实现低阈值电流[87]。除此之外，量子点中载流子的局域化会阻止它们被缺陷和位错俘获。用作发光器件的有源区的量子点通过 Stran-ski-Krastanov（SK）模式生长，该模式由应变驱动，因此与二维 QW 外延层的情况相比，量子点中剩余的应变可以显著减少，因此也有利于降低 QCSE。这些特性表明了通过采用 InGaN 量子点作为有源区来制造激射波长位于"绿光间隙"中的 VCSEL 的潜力。

10.3.2　InGaN 量子点的生长及其光学特性

本研究中使用的 InGaN 自组装量子点外延片是通过 MOCVD 系统在（0001）取向的蓝宝石衬底上外延生长的[88]。外延层依次包括未掺杂的 GaN、n 型 GaN、两层 InGaN/GaN 量子点、一层 p 型 AlGaN 电子阻挡层和 p 型 GaN。使用两步法在量子点上沉积 GaN 包覆层：首先，在与量子点相同的生长温度（670℃）下沉积 2nm 厚的 GaN 基质层，以保护它们在随后的升温过程中不分解。然后，将温度升至 850℃，生长 8nm 厚的 GaN 垒层。量子点的 In 含量约为 27%。其他详细的生长程序见参考文献［88］。图 10.5a 所示为未包覆的 InGaN 量子点的原子力显微镜（AFM）图像。密度约为 $1.5 \times 10^{10} \mathrm{cm}^{-2}$ 的量子点沿台阶边缘排列，量子点直径范围为 20～60nm，量子点的平均高度约为 2.5nm，如图 10.5b 所示。量子点外延片在 450～600nm 之间显示出宽的自发发射光谱。由于量子点尺寸的不均匀性和 In 含量的波动，PL 谱线较宽。另一方面，量子点的宽增益谱有望通过调节腔长，从而实现不同波长的 VCSEL 激光。VCSEL 的腔长决定腔纵向模式的波长，并且还可以移动腔中的光场，从而调制腔模的光场和有源层之间的耦合强度。对单层覆盖的 InGaN 量子点样品的低温（4K）空间分辨阴极发光（CL）特性进行了研究，结果如图 10.5c 所示。单层包覆量子点样品的生长条件与制造 VCSEL 量子点晶圆的生长条件相同。CL 测量的焦点直径为 200nm。在 CL 光谱中的 2.3653eV 和 2.3811eV 处，观察到线宽小于 3meV 的尖锐发射峰，并且随着激发功率的增加，较高的能量峰占主导地位。由于类似 δ 型的态密度，这些尖峰被认为来自单个量子点的激子和双激子发射。图 10.5d 显示了 5K 下不同激发功率下量子点外延片的归一化 PL 谱。随着泵浦水平的增加，PL 光谱出现轻微的蓝移。然而，值得注意的是，峰值波长的移动主要是由较短波长侧的光谱展宽引起的，而较长波长侧的蓝移可以忽略不计。这一现象表明量子点中的 QCSE 很弱，光谱的展宽主要是由能带填充效应引起的。如果 QCSE 发挥作用，随着激发功率的增加，QCSE 的屏蔽效应将导致整个 PL 光谱在短波长和长波长侧发生蓝移[89]。量子点样品中的弱 QCSE 主要是由于量子点生长过程中的应力释放，这无疑增强了电子和空穴波函数的重叠，从而提高了内量子效率。依赖于温度的 PL 测量表明，本研究中使用的量子点外延片具有 105.9meV 的大局域化能量和 41.1% 的高内量子效率[90]。强的载流子局域化可以阻止载流子被量子点外部的缺陷所捕获，因而可以抑制非辐射复合。

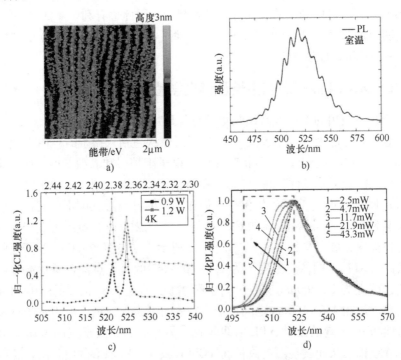

图 10.5　a）未包覆的 InGaN 量子点的 AFM 图像；b）量子点外延片的室温 PL 谱；c）不同激发功率下单层包覆 InGaN 量子点样品的低温 CL 光谱；d）量子点外延片的低温归一化变激发功率 PL 谱

10.3.3　VCSEL 的制备过程

基于 InGaN 量子点的 GaN VCSEL 采用全介质膜 DBR 结构。我们首先在外延片表面沉积 100nm 厚的 SiO_2 电流绝缘层，并制备 10μm 直径的电流注入孔。然后，沉积 30nm 厚的铟锡氧化物（ITO）欧姆接触层和电流扩展层，接着生长 Cr/Au p 型电极和 12.5 对 TiO_2/SiO_2 底部介质膜 DBR。DBR 被选择性地沉积在电流限制孔径上。然后用金属键合技术将样品倒装键合在铜板上，用 LLO 工艺去除蓝宝石衬底。采用电感耦合等离子体（ICP）刻蚀和 CMP 去除未掺杂 GaN 层，然后减薄 n 型 GaN 层。最后制备了 n 型接触金属和 11.5 对 TiO_2/SiO_2 顶部介质膜 DBR。绿光 InGaN 量子点 VCSEL 的结构示意图如图 10.6 所示。

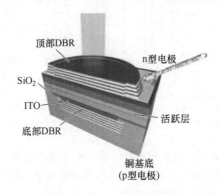

图 10.6　量子点 VCSEL 结构示意图（见彩插）

10.3.4　绿光量子点 VCSEL 特性

图 10.7a 和 b 所示为某量子点 VCSEL 的室温 CW 电注入激光光谱，以及相应的光输出-电流-电压（L-I-V）曲线。在 560.4nm 波长处观察到单纵模激射，其波长进入了黄绿光区域。L-I 曲线在 0.61mA 时出现明显的拐点，对应的阈值电流密度为 0.78kA/cm^2，发射强度在阈值以上显著增加。由于量子点晶片的宽发射光谱，可以在不同腔长的器件上获得不同波长的激光。图 10.7c 显示了从同一量子点晶圆制成的不同 VCSEL 获得的激光光谱。激光波长从 480～565nm 不等，其中很大一部分"绿光间隙"已经被覆盖。图 10.7d 所示为不同研究小组报道的 GaN VCSEL 的波长对应阈值电流的分布情况。本工作所展示的 InGaN 量子点 VCSEL 不仅具有较长的绿光发射，而且具有较低的阈值电流。我们认为绿光的低阈值激射主要是归因于利用量子点作为有源层，以及腔内低的光学损耗。

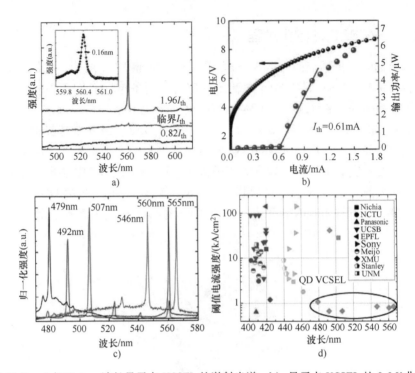

图 10.7　a）560.4nm 波长量子点 VCSEL 的激射光谱；b）量子点 VCSEL 的 *L-I-V* 曲线；
c）由同一量子点外延片制成的不同 VCSEL 的激射光谱；d）不同研究组报道的
GaN VCSEL 的阈值电流与波长的关系

10.4　基于蓝光 InGaN 量子阱局域态和腔增强发光效应的绿光 VCSEL

10.4.1　谐振腔效应

在微型光学腔中，光被限制在一个很小的体积内，形成不同的谐振模式。如果将发光介质放置在一个小的谐振腔内，谐振模式处的自发发射速率会得到增强，这被称为光学谐振腔效应（Purcell 效应）。基于微光学腔体的器件已经受到广泛的关注[91]。Purcell 因子，即自发辐射增强的幅度，可由下式给出：

$$P = \frac{3}{4\pi^2}\left(\frac{\lambda}{n}\right)^3\frac{Q}{V} \tag{10.3}$$

式中，λ/n 为腔内折射率为 n 的材料对应的波长；Q 和 V 分别为腔的品质因子和模式体积。众所周知，自发发射的概率（SE）与初始和最终电子态之间的跃迁矩阵元成正比，与光学模式密度成正比[92]。在 Fabry-Pérot 腔中，共振波长处的光模式密度被强烈增强。因此，微腔器件的共振跃迁得到增强。此外，由于谐振腔效应，共振波长处的光跃迁的寿命比无腔时的自发辐射寿命短得多。曾经对腔体内 InGaN/GaN 量子阱辐射动力学的影响展开研究。发现无腔结构、半腔结构和全腔结构的发射寿命分别在 155ps、约 100ps 和<25ps（系统极限）[93]。值得注意的是，当自发辐射寿命较小时，载流子复合速度要快得多，而非辐射的 Shockley-Read 过程对量子阱发射特性的影响也较小。对于嵌在单片光学腔内的金刚石的硅空位中心，当谐振腔模式调谐到与空位的光学跃迁谐振时，能够观察到 10 倍的寿命衰减和 42 倍的发射强度增强[94]。尽管有巨大的位错密度，基于 InGaN/GaN 量子阱的蓝光 LED 近来已经显示出高亮度特性。普遍接受的观点是，量子阱生长过程中的相分离导致富 In 局域中心的形成[95]，这些局域中心是类似于量子点结构，可以局域载流子并阻止它们被非辐射复合中心捕获。因此，InGaN/GaN 量子阱 LED 可以获得高的外部量子效率[96]。在本节中，我们介绍了一种带有 $In_{0.18}Ga_{0.82}N$/GaN 量子阱有源区的绿光 VCSEL。虽然 $In_{0.18}Ga_{0.82}N$ 量子阱的主要发射峰位于蓝光区域，但器件在绿光区域实现了激光发射。这被认为是由富 In 局域中心和谐振腔效应共同作用的结果。

10.4.2　谐振腔增强的绿光 VCSEL 的特性

该器件具有全介质膜 DBR 结构，类似于 10.3.3 节中介绍的 InGaN 量子点绿光 VCSEL。图 10.8 所示为模拟的谐振腔反射谱和无顶部 DBR 器件的实测 EL 谱。由于 EL 光谱近似等于增益分布，多个腔模覆盖宽的发射谱并且满足增益与腔膜匹配条件。发射光谱由底部 DBR 和顶部 GaN/空气界面之间形成的谐振腔调制。对于光谱中的蓝光发射，它来自于二维量子阱。另一方面，绿光发射源于生长过程中 InGaN/GaN 量子阱中 In 凝聚形成的富 In 局域中心，这类似于量子点或色心等零维结构[97]。

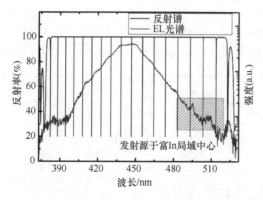

图 10.8　计算所得的微腔反射谱和无顶部 DBR 器件的 EL 光谱。EL 光谱以对数比例绘制在 y 轴上

　　图 10.9a 显示了在不同注入电流下全腔器件中测量的 EL 光谱。有了谐振腔，谐振波长同时覆盖蓝光和绿光波段的腔模发射得到了大幅增强。通常，量子阱中的载流子可以在阱平面内自由移动，并且很容易被局域中心捕获。在相对较小的电流下，蓝光发射比绿光强。这类似于没有谐振腔的情况，可以理解为载流子优先填充局域中心并发生辐射复合。随着电流的增大，更多的载流子可以通过局域中心被捕获和复合，并且，由于谐振腔效应大幅度增加了局域中心的辐射效率，光发射具有更快的增长速度。最终，近绿光发射峰的强度随着注入电流的增加呈超线性增加，从而实现了激射。图 10.9b 和 c 分别显示了器件在 20mA 和 40mA 下的近场模式。当达到阈值条件时，从电流注入孔径发出的绿光会显著增强。另一方面，来自圆形 DBR 边缘的漏光由于是无谐振腔作用的 SE（自发辐射）引起的，所以一直显示为蓝光，这一现象清楚地表明，绿光发射源于谐振腔效应。图 10.10a 显示了器件的 L-I-V 曲线，该器件的输出功率约为 $178\mu W$，阈值电流 I_{th} 约为 32mA。如图 10.10b 所示，在 $1.09I_{th}$ 的注入电流下，发射光谱的偏振度约为 71%。

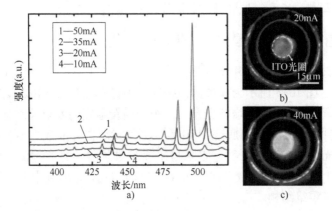

图 10.9　a）器件在不同电流下的 EL 光谱；b）20mA 和 c）40mA 时的近场模式。这些图像是在低增益设置下拍摄的，以避免电荷耦合设备（CCD）饱和。在照片中，从内到外的发光圈分别是 ITO 光圈、n 型电极的内边界和顶部 DBR 边缘

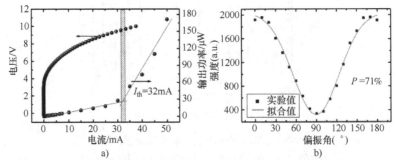

图 10.10　a）在 300K 下 CW 工作条件下，直径为 $15\mu m$ 电流孔径的 VCSEL 的 L-I-V 特性；b）注入电流为 $1.09I_{th}$ 时激光发射的偏振特性

在室温下测量了无顶部 DBR 器件的时间分辨光致发光光谱（TRPL）。脉冲激光激发后不同时间的发射光谱以及蓝光和绿光发射区域的衰减曲线如图 10.11 所示。对于衰减曲线，蓝光和绿光发射区域的归一化 PL 强度以对数标度绘制，如图 10.11b 所示。在初始阶段有一个较短的时间范围，在最终阶段有一个相对较长的时间范围，其中曲线可以用单指数函数拟合。这个 τ-初始阶段和 τ-最终阶段分别代表初始阶段和最终阶段的寿命。在 Kim 之前的研究[98-99]中，辐射复合载流子寿命 τ_r 可以通过初始和最终阶段的寿命来计算，其关系可以写成

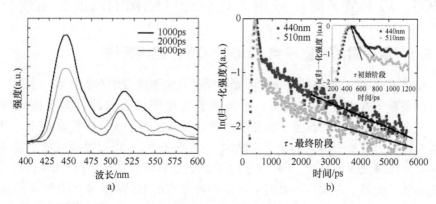

图 10.11　a）脉冲激光激发后不同时间的发射光谱；b）蓝光和绿光发射区域的 TRPL 曲线

$$\tau_r = \frac{2\tau_{\text{initial}} \times \tau_{\text{final}}}{\tau_{\text{final}} - \tau_{\text{initial}}} \tag{10.4}$$

上式，对于绿光发射衰减曲线拟合得到的 τ_{initial} 和 τ_{final} 分别为 124ps 和 7075ps，以及蓝光发射衰减曲线的 τ_{initial} 和 τ_{final} 分别为 252ps 和 4296ps。然后，绿光发射和蓝光发射的 τ_r 值通过计算分别为 252ps 和 535ps。绿光区域中更小的 τ_r 意味着富 In 局域中心的辐射复合效率更高。这得益于它们类似量子点的载流子局域和限制。然而，绿光区的发射强度仍然小于蓝光区域，这可能是由于局域中心的低密度造成的。在完成全腔结构制作后，谐振腔效应更加明显，当光发射与腔模重合时，深局域发光中心激子的发射寿命有望显著缩短。这种效应可以补偿发射中心的低密度，从而实现更强的发射强度，并最终在大电流注入下实现绿光区的激射。此外，模拟结果表明有源区和 493nm 腔模的光场波腹显示出良好的空间重叠。腔模与发射中心之间的空间重叠或耦合越好，意味着增益增强因子越大，可以有效地降低 VCSEL 的阈值增益。增益增强因子，定义为有源层中的平均光密度与整个谐振腔的平均光密度之比，如下式[100]

$$\Gamma_r = \frac{L\int_{d_a} |E(z)|^2 \mathrm{d}z}{d_a\int_L |E(z)|^2 \mathrm{d}z} \tag{10.5}$$

式中，L、d_a 和 $E(z)$ 分别是谐振腔长度、有源区的厚度和腔内光场驻波分布。对于腔内 493nm 模式，Γ_r 约为 1.82。谐振腔模式与发射中心良好的耦合对器件的激光特性有很大的影响。

10.5 基于量子阱内嵌量子点有源区结构的双波长激射

10.5.1 量子阱内嵌量子点（QD-in-QW）结构特性

量子点（QD）在降低半导体激光器阈值电流密度方面有着巨大的潜力。然而，如果量子点密度不是很高，那么量子点在样品表面的覆盖范围通常很小，就会影响量子点对载流子的捕获效率。另一方面，量子点和量子阱（QW）的混合结构，即量子阱内嵌量子点结构（QD-in-QW），可以提高载流子捕获的效率，从而降低阈值电流，同时获得更高的发射效率，这已经在 GaAs 材料体系得到证实。此外，在大注入电流下可以获得更宽的增益谱。本节介绍了通过在应变 InGaN 量子阱中插入量子点材料来实现双波长 InGaN 激光器的首次尝试。

采用 MOCVD 技术在 c 面（0001）蓝宝石衬底上生长器件外延层。有源区由两对 $In_{0.27}Ga_{0.73}N$（2.5nm）量子点嵌入 $In_{0.1}Ga_{0.9}N$（2nm）量子阱组成，并覆盖了 8nm 厚 GaN 层。这种薄的有源层可以避免影响载流子注入的一些现象，特别是在氮化物基材料中。GaN 中空穴的有效质量较大，且迁移率较低，因此如果有源层太厚，靠近 n 型 GaN 侧的量子阱中无法有效地注入空穴，并且会导致较大的吸收损耗。AFM 扫描显示量子点密度约为 $1.5 \times 10^{10} \mathrm{cm}^{-2}$。我们测量了在室温下不同电流下的无顶部 DBR 器件的自发辐射光谱，如图 10.12 所示。在 100μA 电流注入下，只在 525nm 处观察到一个宽峰。宽谱是由于量子点在尺寸和合金组分上的不均匀性造成的。随着电流的增大，525nm 处的发射峰在波长较短的一侧比在波长较长的一侧进一步展宽，这可以解释为量子点中的能带填充效应。随着电流的进一步增大，来自量子阱在 425nm 处的另一个发射峰变得更强。两个峰之间的能量差约为 556meV。

结合量子点和量子阱的能态模型可以解释不同注入电流下的光谱演变，如图 10.13 所示。在低电流下，载流子从高能量的量子阱到低能量状态的量子点的弛豫占主导，导致发射峰在 525nm 处。随着电流的增加，量子点的能带填充效应占主导地位，导致发射峰的展宽。同时部分局域载流子从量子点热逃逸出量子阱，导致量子阱中的载流子增加，在 425nm 处出现发射峰。在更高的注入电流下，量子点达到饱和，载流子的复合主要发生在量子阱中，因此在 425nm 处的发射峰变得明显。

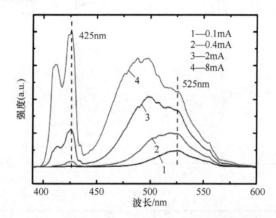

图 10.12 不同电流下无顶部 DBR 器件的 EL 光谱

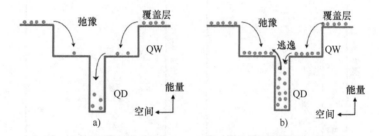

图 10.13 量子点和量子阱中载流子传输和弛豫过程示意图。
低电流 a) 和高电流 b) 下的载流子分布

10.5.2 VCSEL 激射特性

该器件具有全介质膜 DBR 结构，图 10.14a 所示为室温 CW 条件下的激光光谱。可以清晰地观察到 545nm（定义为 M1）和 430nm（定义为 M2）处的两个明显的激光峰。可以看出，在 0.03mA 的电流下，只有 M1 存在，M2 出现在更大的电流下。然后，两种激光模式同时共存，M1 比 M2 更强。当电流为 10mA 时，两个激光峰值的强度几乎持平，当电流进一步增大时，M2 占主导。两种模态之间的能量差为 609meV。根据图 10.12 的 EL 光谱和图 10.13 的能态模型，在图 10.14 中观察到的两种激光模式分别来自量子点和量子阱的发射。图 10.14b 和 c 所示为两种激光模式的 L-I 特性。从非线性曲线中可以清楚地观察到自发辐射向受激辐射的转变。M1 的阈值电流为 2μA，M2 的阈值电流为 5mA。M1 的阈值电流远小于 M2，表明在两种能态中载流子间存在竞争。

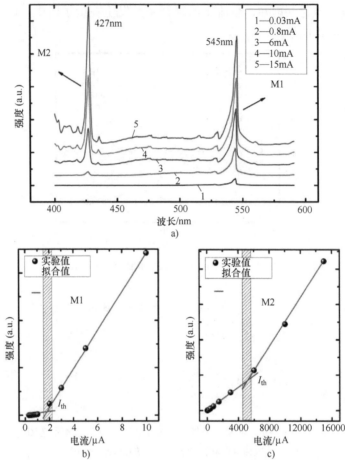

图 10.14 a）室温下测量的不同注入电流下的激光发射光谱；

b）M1 和 c）M2 的强度随电流变化

请注意，M1 的阈值电流只有 2μA。据我们所知，这是迄今为止基于 GaN 的 VCSEL 报道的最低值。在低注入电流水平下，由于量子点起到类似窄化电流路径的作用，电流的分布是不均匀的，通过工作状态的量子点的载流子密度远远高于周围材料。事实上，量子点的实际阈值电流密度可能相对较高，用"密度"来描述器件的阈值应该是不准确的。

10.6 具有不同横向光限制的蓝光 VCSEL

10.6.1 折射率限制结构的设计

在早期的电注入 GaN VCSEL 的研究中，电流约束孔的主要关注点是电流的横向限制，而没有过多关注其对光学特性的影响。然而，GaN VCSEL 中使用的典型腔内接触结构会在台面中心形成折射率的凹陷，从而对光产生反波导效应[104]。结果表明，凹陷的程度直接决定了激光腔在横向的波导效果。为了实现光模和载流子之间良好的横向重叠，最小化横向衍射和辐射损耗，具有正波导效应的光学腔的优化设计至关重要。

有效折射率模型可用于计算横向有效折射率[105]。相对折射率差 $\Delta n/n$ 可以通过 VCSEL 台面中心和外围区域的局部共振波长偏移来估计，如下式所述

$$\frac{\lambda_c - \lambda_p}{\lambda_c} = \frac{\Delta\lambda}{\lambda_c} = \frac{\Delta n}{n} \tag{10.6}$$

式中，λ_c 和 λ_p 分别是中心和外围区域的共振波长。当 $\lambda_c - \lambda_p$ 为正时，可以获得光学波导。λ_c 和 λ_p 可以通过计算整个 VCSEL 腔的反射谱获得。

如图 10.15a 所示，具有横向光限制（LOC）的 VCSEL 采用了全介质膜 DBR 设计和 SiO_2 孔/ITO 电极结构。采用 ICP 蚀刻，将 p 型 GaN 层图形化并刻蚀出 200nm 的深度，接着通过磁控溅射沉积 200nm SiO_2 薄膜来形成 SiO_2 埋层结构。我们计算了中心和外围区域的共振波长，以估计具有 LOC 结构的 VCSEL 中的 $\Delta n/n$，如图 10.15b 所示。计算表明，中心区和外围区的共振波长分别为 469.3nm 和 457.5nm。由式（10.1）可知，SiO_2 埋层结构 VCSEL 的 $\Delta n/n$ 为 0.026，实现了正向光波导效应。

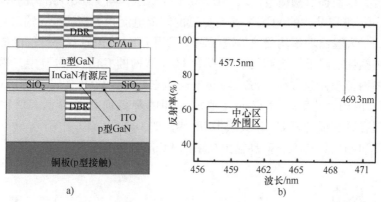

图 10.15　a）SiO_2 埋层结构 VCSEL 的横截面示意图；b）计算的具有 LOC 结构的 VCSEL 腔体的中心及外围区的反射谱（见彩插）

10.6.2　LOC 结构 VCSEL 的发光特性

对电流限制孔径为 15μm 的 VCSEL 在室温下用 CW 模式进行测试，图 10.16a 显示了具有 SiO_2 埋层结构的器件在不同电流水平下的发射光谱。由于所提出的浅蚀刻台面结构的横向约束，可以观察到与每一个纵向模式相关联的多

个横向模式，并且最低能量的基模始终占主导地位。当达到激射条件后，横向模式更加清晰。

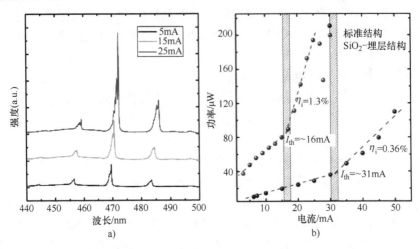

图 10.16　a）SiO$_2$ 埋层结构 VCSEL 在不同注入电流下的发射光谱；b）在 300K 及 CW 模式下两种不同结构 VCSEL 的输出功率与注入电流的关系

　　图 10.16b 显示了有无 LOC 结构的 VCSEL 的 I-L 曲线。我们对 I-L 数据进行线性拟合，以便提取阈值电流。如图 10.16b 所示，与无 LOC 结构的 VCSEL 相比，有 SiO$_2$ 埋层结构的 VCSEL 具有更低的阈值电流和更高的最大输出功率。两种器件的最大输出功率均受热效应限制，采用 LOC 结构后器件性能的提高可归因于腔内损耗的降低。据报道，在没有 LOC 结构的 GaN VCSEL 中，横向光泄漏造成的内部损耗非常高，占总内部损耗的三分之二以上[106]。采用 LOC 结构的 VCSEL 的内部损耗由于横向光泄露损耗的降低而显著降低。值得一提的是，通过在具有混合外延/介质膜 DBR 结构的 GaN VCSEL 中引入 SiO$_2$ 埋层结构，已经研制出具有 16mW 高输出功率的 VCSEL[46]。

10.7　总结

　　本章概述了 GaN 基 VCSEL 的发展现状，介绍了混合 DBR VCSEL 和全介质膜 DBR VCSEL 等不同结构的 GaN VCSEL 的技术方法、制造工艺和关键性能特征。电注入 GaN VCSEL 的实现具有挑战性，但近年来的进展令人鼓舞。单个 GaN 蓝光 VCSEL 的输出功率已超过 16mW，GaN 蓝光 VCSEL 阵列的输出功率已超过 1W。我们重点介绍了在蓝光和绿光全介质膜 DBR VCSEL 方面的研究。利用 InGaN 量子点作为有源区，实现了绿光间隙的 GaN VCSEL 的室温连续激射。该量子点 VCSEL 阈值电流密度低，波长范围从 491.8nm（蓝绿光）覆盖到

565.7nm（黄绿光）波段的不同激射波长，覆盖了大部分的"绿光间隙"。受益于谐振腔效应和富 In 局域中心，也实现了基于蓝光量子阱的绿光 VCSEL。此外，利用量子阱内嵌量子点的有源区结构，成功地实现了绿光和蓝光同时发光 VCSEL。这些结果为设计和制造出具有优异性能的绿光 VCSEL 提供了更多可能性，将有可能实现宽色域的紧凑型显示器和投影仪。

参 考 文 献

1 Guenter, J.K., Lei, C., and Tatum, J.A. (2014). Evolution of VCSELs. In: *Vertical-Cavity Surface-Emitting Lasers XVIII*. San Francisco, California: International Society for Optics and Photonics.

2 Feezell, D.F. (2015). Status and future of GaN-based vertical-cavity surface-emitting lasers. In: *Gallium Nitride Materials and Devices X*. San Francisco, California: International Society for Optics and Photonics.

3 Yu, H.c., Zheng, Z.w., Mei, Y. et al. (2018). Progress and prospects of GaN-based VCSEL from near UV to green emission. *Prog. Quantum Electron.* 57: 1–19.

4 Panajotov, K., Sciamanna, M., Valle, A. et al. (2016). Progress and challenges in electrically pumped GaN-based VCSELs. In: *Semiconductor Lasers and Laser Dynamics VII*. Brussels: International Society for Optics and Photonics.

5 Ryu, H.Y. and Shim, J.I. (2011). Effect of current spreading on the efficiency droop of InGaN light-emitting diodes. *Opt. Express* 19 (4): 2886–2894.

6 Kim, M.H., Schubert, M.F., Dai, Q. et al. (2007). Origin of efficiency droop in GaN-based light-emitting diodes. *Appl. Phys. Lett.* 91 (18): 183507.

7 Shin, D.S., Han, D.P., Oh, J.Y., and Shim, J.I. (2012). Study of droop phenomena in InGaN-based blue and green light-emitting diodes by temperature-dependent electroluminescence. *Appl. Phys. Lett.* 100 (15): 153506.

8 Habib, B. and Baz, B. (2016). Hardware MIMO channel simulator for cooperative and heterogeneous 5G networks with VLC signals. In: *International Conference on Wired/Wireless Internet Communication*. Thessaloniki: Springer.

9 Huang, S.J. and Yen, S.T. (2007). Improvement in threshold of InGaN/GaN quantum-well lasers by p-type modulation doping. *J. Appl. Phys.* 102 (11): 113103.

10 Wagner, T., Werner, C.F.B., Miyamoto, K. et al. (2011). A high-density multi-point LAPS set-up using a VCSEL array and FPGA control. *Procedia Chem.* 154 (2): 124–128.

11 Hainich, R.R. and Bimber, O. (2016). *Displays: Fundamentals & Applications*. New York: AK Peters/CRC Press.

12 Shinada, S., Koyama, F., Nishiyama, N. et al. (1999). Fabrication of micro-aperture surface emitting laser for near field optical data storage. *Jpn. J. Appl. Phys.* 38 (11B): L1327.

13 Birkbeck, A.L., Flynn, R.A., Ozkan, M. et al. (2003). VCSEL arrays as micro-manipulators in chip-based biosystems. *Biomed. Microdevices* 5 (1): 47–54.

14 Miah, M.J., Al-Samaneh, A., Kern, A. et al. (2013). Fabrication and characterization of low-threshold polarization-stable VCSELs for Cs-based miniaturized atomic clocks. *IEEE J. Sel. Top. Quantum Electron.* 19 (4): 1701410–1701410.

15 Mahadevan-Jansen, A., Hibbs-Brenner, M.K., Jansen, E.D. et al. (2009). VCSEL technology for medical diagnostics and therapeutics. In: *Photons and Neurons*. San Jose, California: International Society for Optics and Photonics.

16 Iga, K. (2000). Surface-emitting laser-its birth and generation of new opto-electronics field. *IEEE J. Sel. Top. Quantum Electron.* 6 (6): 1201–1215.

17 Soda, H., Iga, K., Kitahara, C., and Suematsu, Y. (1979). GaInAsP/InP surface emitting injection lasers. *Jpn. J. Appl. Phys.* 18 (12): 2329.

18 Nakamura, S. (1991). GaN growth using GaN buffer layer. *Jpn. J. Appl. Phys.* 30 (10A): L1705.

19 Honda, T., Katsube, A., Sakaguchi, T. et al. (1995). Threshold estimation of GaN-based surface emitting lasers operating in ultraviolet spectral region. *Jpn. J. Appl. Phys.* 34 (7R): 3527.

20 Redwing, J.M., Loeber, D.A., Anderson, N.G. et al. (1996). An optically pumped GaN–AlGaN vertical cavity surface emitting laser. *Appl. Phys. Lett.* 69 (1): 1–3.

21 Chen, S.Q., Okano, M., Zhang, B.P. et al. (2012). Blue 6-ps short-pulse generation in gain-switched InGaN vertical-cavity surface-emitting lasers via impulsive optical pumping. *Appl. Phys. Lett.* 101 (19): 191108.

22 Someya, T., Tachibana, K., Lee, J. et al. (1998). Lasing emission from an In0.1Ga0.9N vertical cavity surface emitting laser. *Jpn. J. Appl. Phys.* 37 (12A): L1424.

23 Someya, T., Werner, R., Forchel, A. et al. (1999). Room temperature lasing at blue wavelengths in gallium nitride microcavities. *Science* 285 (5435): 1905–1906.

24 Krestnikov, I.L., Lundin, W.V., Sakharov, A.V. et al. (1999). Room-temperature photopumped InGaN/GaN/AlGaN vertical-cavity surface-emitting laser. *Appl. Phys. Lett.* 75 (9): 1192–1194.

25 Song, Y.-K., Zhou, H., Diagne, M. et al. (2000). A quasicontinuous wave, optically pumped violet vertical cavity surface emitting laser. *Appl. Phys. Lett.* 76 (13): 1662–1664.

26 Tawara, T., Gotoh, H., Akasaka, T. et al. (2003). Low-threshold lasing of InGaN vertical-cavity surface-emitting lasers with dielectric distributed Bragg reflectors. *Appl. Phys. Lett.* 83 (5): 830–832.

27 Park, S.H., Kim, J., Jeon, H. et al. (2003). Room-temperature GaN vertical-cavity surface-emitting laser operation in an extended cavity scheme. *Appl. Phys. Lett.* 83 (11): 2121–2123.

28 Geske, J., Gan, K.G., Okuno, Y.L. et al. (2004). Vertical-cavity surface-emitting laser active regions for enhanced performance with optical

pumping. *IEEE J. Quantum Electron.* 40 (9): 1155–1162.

29 Kao, C.-C., Peng, Y.C., Yao, H.H. et al. (2005). Fabrication and performance of blue GaN-based vertical-cavity surface emitting laser employing AlN/GaN and Ta$_2$O$_5$/SiO$_2$ distributed Bragg reflector. *Appl. Phys. Lett.* 87 (8): 081105.

30 Chu, J.T., Lu, T.c., Yao, H.H. et al. (2006). Room-temperature operation of optically pumped blue-violet GaN-based vertical-cavity surface-emitting lasers fabricated by laser lift-off. *Jpn. J. Appl. Phys.* 45 (4A): 2556–2560.

31 Chu, J.T., Lu, T.C., You, M. et al. (2006). Emission characteristics of optically pumped GaN-based vertical-cavity surface-emitting lasers. *Appl. Phys. Lett.* 89 (12): 121112.

32 Chih-Chiang, K., Lu, T.C., Huang, H.W. et al. (2006). The lasing characteristics of GaN-based vertical-cavity surface-emitting laser with AlN-GaN and Ta$_2$/O$_5$/SiO$_2$ distributed Bragg reflectors. *IEEE Photonics Technol. Lett.* 18 (7): 877–879.

33 Lu, T., Kao, C., Huang, G. et al. (2007). Optically and electrically pumped GaN-based VCSELs. In: *Conference on Lasers and Electro-Optics/Pacific Rim.* Seoul: Optical Society of America.

34 Cosendey, G., Castiglia, A., Rossbach, G. et al. (2012). Blue monolithic AlInN-based vertical cavity surface emitting laser diode on free-standing GaN substrate. *Appl. Phys. Lett.* 101 (15): 151113.

35 Cai, L.E., Zhang, J.Y., Zhang, B.P. et al. (2008). Blue-green optically pumped GaN-based vertical cavity surface emitting laser. *Electron. Lett.* 44 (16): 972–974.

36 Zhang, J.Y., Cai, L.E., Zhang, B.P. et al. (2008). Low threshold lasing of GaN-based vertical cavity surface emitting lasers with an asymmetric coupled quantum well active region. *Appl. Phys. Lett.* 93 (19): 191118.

37 Liu, W.J., Chen, S.Q., Hu, X.L. et al. (2013). Low threshold lasing of GaN-based VCSELs with sub-nanometer roughness polishing. *IEEE Photonics Technol. Lett.* 25 (20): 2014–2017.

38 Lu, T.C., Kao, C.C., Kuo, H.C. et al. (2008). CW lasing of current injection blue GaN-based vertical cavity surface emitting laser. *Appl. Phys. Lett.* 92 (14): 141102.

39 Higuchi, Y., Omae, K., Matsumura, H., and Mukai, T. (2008). Room-temperature CW lasing of a GaN-based vertical-cavity surface-emitting laser by current injection. *Appl. Phys Express* 1: 121102.

40 Omae, K., Higuchi, Y., Nakagawa, K. et al. (2009). Improvement in lasing characteristics of GaN-based vertical-cavity surface-emitting lasers fabricated using a GaN substrate. *Appl. Phys. Express* 2: 052101.

41 Kasahara, D., Morita, D., Kosugi, T. et al. (2011). Demonstration of blue and green GaN-based vertical-cavity surface-emitting lasers by current injection at room temperature. *Appl. Phys. Express* 4 (7): 072103.

42 Onishi, T., Imafuji, O., Nagamatsu, K. et al. (2012). Continuous wave operation of GaN vertical cavity surface emitting lasers at room temperature. *IEEE J. Quantum Electron.* 48 (9): 1107–1112.

43 Izumi, S., Fuutagawa, N., Hamaguchi, T. et al. (2015). Room-temperature

continuous-wave operation of GaN-based vertical-cavity surface-emitting lasers fabricated using epitaxial lateral overgrowth. *Appl. Phys. Express* 8 (6): 062702.

44 Hamaguchi, T., Fuutagawa, N., Izumi, S. et al. (2016). Milliwatt-class GaN-based blue vertical-cavity surface-emitting lasers fabricated by epitaxial lateral overgrowth. *Phys. Status Solidi A* 213 (5): 1170–1176.

45 Nakajima, H., Hamaguchi, T., Tanaka, M. et al. (2019). Single transverse mode operation of GaN-based vertical-cavity surface-emitting laser with monolithically incorporated curved mirror. *Appl. Phys. Express* 12 (8): 084003.

46 Kuramoto, M., Kobayashi, S., Akagi, T. et al. (2018). Enhancement of slope efficiency and output power in GaN-based vertical-cavity surface-emitting lasers with a SiO$_2$-buried lateral index guide. *Appl. Phys. Lett.* 112 (11): 111104.

47 Kuramoto, M., Kobayashi, S., Akagi, T. et al. (2018). High-output-power and high-temperature operation of blue GaN-based vertical-cavity surface-emitting laser. *Appl. Phys. Express* 11 (11): 112101.

48 Kuramoto, M., Kobayashi, S., Akagi, T. et al. (2019). Watt-class blue vertical-cavity surface-emitting laser arrays. *Appl. Phys. Express* 12 (9): 091004.

49 Lu, T.C., Chen, S.W., Wu, T.T. et al. (2010). Continuous wave operation of current injected GaN vertical cavity surface emitting lasers at room temperature. *Appl. Phys. Lett.* 97 (7): 071114.

50 Chang, T.C., Kuo, S.Y., Lian, J.T. et al. (2017). High-temperature operation of GaN-based vertical-cavity surface-emitting lasers. *Appl. Phys. Express* 10 (11): 112101.

51 Holder, C., Speck, J.S., DenBaars, S.P. et al. (2012). Demonstration of nonpolar GaN-based vertical-cavity surface-emitting lasers. *Appl. Phys. Express* 5 (9): 092104.

52 Holder, C., Leonard, J., Farrell, R. et al. (2014). Nonpolar III-nitride vertical-cavity surface emitting lasers with a polarization ratio of 100% fabricated using photoelectrochemical etching. *Appl. Phys. Lett.* 105 (3): 031111.

53 Leonard, J.T., Cohen, D.A., Yonkee, B.P. et al. (2015). Nonpolar III-nitride vertical-cavity surface-emitting lasers incorporating an ion implanted aperture. *Appl. Phys. Lett.* 107 (1): 011102.

54 Leonard, J.T., Young, E.C., Yonkee, B.P. et al. (2015). Demonstration of a III-nitride vertical-cavity surface-emitting laser with a III-nitride tunnel junction intracavity contact. *Appl. Phys. Lett.* 107 (9): 091105.

55 Leonard, J.T., Yonkee, B.P., Cohen, D.A. et al. (2016). Nonpolar III-nitride vertical-cavity surface-emitting laser with a photoelectrochemically etched air-gap aperture. *Appl. Phys. Lett.* 108 (3): 031111.

56 Forman, C.A., Lee, S., Young, E.C. et al. (2018). Continuous-wave operation of m-plane GaN-based vertical-cavity surface-emitting lasers with a tunnel

junction intracavity contact. *Appl. Phys. Lett.* 112 (11): 111106.

57 Forman, C.A., Lee, S., Young, E.C. et al. (2018). Continuous-wave operation of nonpolar GaN-based vertical-cavity surface-emitting lasers. In: *Gallium Nitride Materials and Devices XIII*. San Francisco, California: International Society for Optics and Photonics.

58 Liu, W.J., Hu, X.L., Ying, L.Y. et al. (2014). Room temperature continuous wave lasing of electrically injected GaN-based vertical cavity surface emitting lasers. *Appl. Phys. Lett.* 104 (25): 251116.

59 Weng, G.E., Mei, Y., Liu, J.P. et al. (2016). Low threshold continuous-wave lasing of yellow-green InGaN-QD vertical-cavity surface-emitting lasers. *Opt. Express* 24 (14): 15546–15553.

60 Xu, R., Mei, Y., Zhang, B. et al. (2017). Simultaneous blue and green lasing of GaN-based vertical-cavity surface-emitting lasers. *Semicond. Sci. Technol.* 32 (10): 105012.

61 Mei, Y., Weng, G.E., Zhang, B.P. et al. (2017). Quantum dot vertical-cavity surface-emitting lasers covering the 'green gap'. *Light Sci. Appl.* 6 (1): e16199.

62 Furuta, T., Matsui, K., Kozuka, Y. et al. (2016). 1.7-mW nitride-based vertical-cavity surface-emitting lasers using AlInN/GaN bottom DBRs. In: *2016 International Semiconductor Laser Conference (ISLC)*. Kobe: IEEE.

63 Ikeyama, K., Kozuka, Y., Matsui, K. et al. (2016). Room-temperature continuous-wave operation of GaN-based vertical-cavity surface-emitting lasers with n-type conducting AlInN/GaN distributed Bragg reflectors. *Appl. Phys. Express* 9 (10): 102101.

64 Furuta, T., Matsui, K., Horikawa, K. et al. (2016). Room-temperature CW operation of a nitride-based vertical-cavity surface-emitting laser using thick GaInN quantum wells. *Jpn. J. Appl. Phys.* 55 (5S): 05FJ11.

65 Matsui, K., Kozuka, Y., Ikeyama, K. et al. (2016). GaN-based vertical cavity surface emitting lasers with periodic gain structures. *Jpn. J. Appl. Phys.* 55 (5S): 05FJ08.

66 Takeuchi, T., Kamiyama, S., Iwaya, M., and Akasaki, I. (2019). GaN-based vertical-cavity surface-emitting lasers with AlInN/GaN distributed Bragg reflectors. *Rep. Prog. Phys.* 82 (1): 012502.

67 Yeh, P.S., Chang, C.C., Chen, Y.T. et al. (2016). GaN-based vertical-cavity surface emitting lasers with sub-milliamp threshold and small divergence angle. *Appl. Phys. Lett.* 109 (24): 241103.

68 Mishkat-Ul-Masabih, S.M., Aragon, A.A., Monavarian, M. et al. (2019). Electrically injected nonpolar GaN-based VCSELs with lattice-matched nanoporous distributed Bragg reflector mirrors. *Appl. Phys. Express* 12 (3): 036504.

69 Yagi, K., Kaga, M., Yamashita, K. et al. (2012). Crack-free AlN/GaN distributed Bragg reflectors on AlN templates. *Jpn. J. Appl. Phys.* 51 (5R): 051001.

70 Huang, G.S., Lu, T.C., Yao, H.H. et al. (2006). Crack-free GaN/AlN dis-

tributed Bragg reflectors incorporated with GaN/AlN superlattices grown by metalorganic chemical vapor deposition. *Appl. Phys. Lett.* 88 (6): 061904.

71 Ng, H.M., Moustakas, T.D., and Chu, S.N.G. (2000). High reflectivity and broad bandwidth AlN/GaN distributed Bragg reflectors grown by molecular-beam epitaxy. *Appl. Phys. Lett.* 76 (20): 2818–2820.

72 Someya, T. and Arakawa, Y. (1998). Highly reflective GaN/Al0.34Ga0.66N quarter-wave reflectors grown by metal organic chemical vapor deposition. *Appl. Phys. Lett.* 73 (25): 3653–3655.

73 Waldrip, K.E., Han, J., Figiel, J.J. et al. (2001). Stress engineering during metalorganic chemical vapor deposition of AlGaN/GaN distributed Bragg reflectors. *Appl. Phys. Lett.* 78 (21): 3205–3207.

74 Feltin, E., Christmann, G., Dorsaz, J. et al. (2007). Blue lasing at room temperature in an optically pumped lattice-matched AlInN/GaN VCSEL structure. *Electron. Lett.* 43 (17): 924–926.

75 Imura, M., Nakano, K., Fujimoto, N. et al. (2006). High-temperature metal-organic vapor phase epitaxial growth of AlN on sapphire by multi transition growth mode method varying V/III ratio. *Jpn. J. Appl. Phys.* 45 (11): 8639–8643.

76 Yamamoto, A., Murakami, Y., Koide, K. et al. (2001). Growth temperature dependences of MOVPE InN on sapphire substrates. *Phys. Status Solidi B* 228 (1): 5–8.

77 Lobanova, A.V., Segal, A.S., Yakovlev, E.V., and Talalaev, R.A. (2012). AlInN MOVPE: growth chemistry and analysis of trends. *J. Cryst. Growth* 352 (1): 199–202.

78 Wang, J., Tsou, C.W., Jeong, H. et al. (2019). III-Nitride vertical resonant cavity light-emitting diodes with hybrid air-gap/AlGaN-dielectric distributed Bragg reflectors. In: *Gallium Nitride Materials and Devices XIV*. San Francisco, California: International Society for Optics and Photonics.

79 Youtsey, C., McCarthy, R., Reddy, R. et al. (2017). Wafer-scale epitaxial lift-off of GaN using bandgap-selective photoenhanced wet etching. *Phys. Status Solidi B* 254 (8): 1600774.

80 Chen, G. (1995). A comparative study on the thermal characteristics of vertical-cavity surface-emitting lasers. *J. Appl. Phys.* 77 (9): 4251–4258.

81 Osinski, M. and Nakwaski, W. (1995). Thermal analysis of closely-packed two-dimensional etched-well surface-emitting laser arrays. *IEEE J. Sel. Top. Quantum Electron.* 1 (2): 681–696.

82 Lee, H.K. and Yu, J.S. (2010). Thermal analysis of InGaN/GaN multiple quantum well light emitting diodes with different mesa sizes. *Jpn. J. Appl. Phys.* 49 (4): 04DG11.

83 Wang, J.H., Savidis, I., and Friedman, E.G. (2011). Thermal analysis of oxide-confined VCSEL arrays. *Microelectron. J.* 42 (5): 820–825.

84 Mei, Y., Xu, R.B., Xu, H. et al. (2018). A comparative study of thermal characteristics of GaN-based VCSELs with three different typical structures. *Semicond. Sci. Technol.* 33 (1): 015016.

85 Waltereit, P., Brandt, O., Trampert, A. et al. (2000). Nitride semiconductors

free of electrostatic fields for efficient white light-emitting diodes. *Nature* 406 (6798): 865.

86 Tao, R. and Arakawa, Y. (2019). Impact of quantum dots on III-nitride lasers: a theoretical calculation of threshold current densities. *Jpn. J. Appl. Phys.* 58 (SC): SCCC31.

87 Arakawa, Y. (2002). Progress in GaN-based quantum dots for optoelectronics applications. *IEEE J. Sel. Top. Quantum Electron.* 8: 823–832.

88 Li, Z.C., Liu, J.P., Feng, M.X. et al. (2013). Effects of matrix layer composition on the structural and optical properties of self-organized InGaN quantum dots. *J. Appl. Phys.* 114 (9): 093105.

89 Chtanov, A., Baars, T., and Gal, M. (1996). Excitation-intensity-dependent photoluminescence in semiconductor quantum wells due to internal electric fields. *Phys. Rev. B* 53: 4704.

90 Weng, G.E., Zhao, W.R., Chen, S.Q. et al. (2015). Strong localization effect and carrier relaxation dynamics in self-assembled InGaN quantum dots emitting in the green. *Nanoscale Res. Lett.* 10 (1): 31.

91 Purcell, E.M., Torrey, H.C., and Pound, R.V. (1946). Resonance absorption by nuclear magnetic moments in a solid. *Phys. Rev.* 69 (1–2): 37–38.

92 Schubert, E.F., Wang, Y.H., Cho, A.Y. et al. (1992). Resonant cavity light-emitting diode. *Appl. Phys. Lett.* 60 (8): 921–923.

93 Liu, L., Wang, L., Liu, N.Y. et al. (2012). Investigation of the light emission properties and carrier dynamics in dual-wavelength InGaN/GaN multiple-quantum well light emitting diodes. *J. Appl. Phys.* 112 (8): 083101.

94 Zhang, J.L., Sun, S., Burek, M.J. et al. (2018). Strongly cavity-enhanced spontaneous emission from silicon-vacancy centers in diamond. *Nano Lett.* 18 (2): 1360–1365.

95 De, S., Layek, A., Raja, A. et al. (2011). Two distinct origins of highly localized luminescent centers within InGaN/GaN quantum-well light-emitting diodes. *Adv. Funct. Mater.* 21 (20): 3828–3835.

96 Huh, C., Schaff, W.J., Eastman, L.F., and Park, S.J. (2004). Temperature dependence of performance of InGaN/GaN MQW LEDs with different indium compositions. *IEEE Electron Device Lett.* 25 (2): 61–63.

97 Chichibu, S.F., Uedono, A., Onuma, T. et al. (2006). Origin of defect-insensitive emission probability in In-containing (Al,In,Ga)N alloy semiconductors. *Nat. Mater.* 5 (10): 810.

98 Kim, H., Han, D.P., Oh, J.Y. et al. (2012). Estimate of the nonradiative carrier lifetime in InGaN/GaN quantum well structures by using time-resolved photoluminescence. *J. Korean Phys. Soc.* 60 (11): 1934–1938.

99 Kim, H., Shin, D.S., Ryu, H.Y., and Shim, J.I. (2010). Analysis of time-resolved photoluminescence of InGaN quantum wells using the carrier rate equation. *Jpn. J. Appl. Phys.* 49 (11R): 112402.

100 Rhodes, W.T. (2003). *Fundamentals, Technology and Applications of Vertical-Cavity Surface-Emitting Lasers*. Heidelberg, New York, Dordrecht, Londres: Springer Series in Optical Sciences.

101 Lester, L., Stintz, A., Li, H. et al. (1999). Optical characteristics of 1.24-μm

InAs quantum-dot laser diodes. *IEEE Photonics Technol. Lett.* 11 (8): 931–933.

102 Liu, G.T., Stintz, A., Li, H. et al. (1999). Extremely low room-temperature threshold current density diode lasers using InAs dots in In0.15Ga0.85As quantum well. *Electron. Lett.* 35 (14): 1163–1165.

103 Ustinov, V.M., Maleev, N.A., Zhukov, A.E. et al. (1999). InAs/InGaAs quantum dot structures on GaAs substrates emitting at 1.3 μm. *Appl. Phys. Lett.* 74 (19): 2815–2817.

104 Hashemi, E., Gustavsson, J., Bengtsson, J. et al. (2013). Engineering the lateral optical guiding in gallium nitride-based vertical-cavity surface-emitting laser cavities to reach the lowest threshold gain. *Jpn. J. Appl. Phys.* 52 (8S): 08JG04.

105 Hadley, G.R. (1995). Effective index model for vertical-cavity surface-emitting lasers. *Opt. Lett.* 20 (13): 1483–1485.

106 Hashemi, E., Bengtsson, J., Gustavsson, J. et al. (2014). Analysis of structurally sensitive loss in GaN-based VCSEL cavities and its effect on modal discrimination. *Opt. Express* 22 (1): 411–426.

第 11 章

新型电子和光电应用的 2D 材料与氮化物集成

Filippo Giannazzo[1], Emanuela Schilirò[1], Raffaella Lo Nigro[1], Pawel Prystaw-ko[2], Yvon Cordier[3]

1 意大利国家研究委员会微电子与微系统研究所（CNR-IMM）
2 波兰科学院高压物理研究所（Unipress-PAS）
3 法国国家科学研究中心蔚蓝海岸大学，显示及其应用研究中心（CNRS-CRHEA）

11.1 引言

2004 年，石墨烯（Gr）[1]的分离引发了对整个二维（2D）材料的研究[2]，这是目前凝聚态物理学的热门话题之一。Gr 是 C 原子的二维层，其 sp^2 杂化以六方晶格排列。Gr 是一种由碳原子以 sp^2 杂化六方晶格排列的二维晶体（见图 11.1a）。从电子的角度来看，价带和导带在倒易空间的奇点（即狄拉克点）处合并，其附近能量和波矢量之间呈线性色散关系[3]，它表现出半金属特性。这种特殊的能带结构是 Gr 许多有趣的电子输运和光学性质的原因，包括大电子平均自由程[4-6]、高载流子迁移率 [取决于衬底从 $10^3 \sim 10^5 cm^2/(V \cdot s)$][7-8]、场效应可调双极载流子输运，以及高光学透明度（约 97.7% 在宽波长范围内，从紫外线到近红外）[9-10]。优良的电子迁移率已被应用于高频（截止频率高达 300GHz）下工作的 Gr 场效应晶体管（GFET）[11-12]。然而，由于缺乏能带间隙，GFET 传输特性的开/关电流比较低（通常小于 10），因此这些器件不适合逻辑电路。

除了半金属 Gr，半导体过渡金属二硫化物（TMD）在过去几年一直是深入研究的对象[13]。单层 TMD，一般用化学式 MX_2 表示，由一层过渡金属原子 M（如 Mo、W、Te 等）嵌入（共价键合）在硫族原子 X（如 S、Se 等），如图 11.1b 所示。单独的 TMD 层没有悬空键，并且可以相互堆叠形成多层，这些多层受到范德华力作用（vdW）束缚。迄今为止，二硫化钼（MoS_2）是 TMD 家族中研究最广泛的成员。特别是，其依赖于层数的半导体行为（单层的直接能带间隙为 1.8eV，多层或块体 MoS_2 的间接能带间隙为 1.2eV），而且室温环境下具有良好的化学/结构稳定性，使场效应晶体管[14-16]和光电应用[13]对这种材料很感兴趣。表 11.1 概述了 Gr 和 MoS_2 的主要电子和热性能。

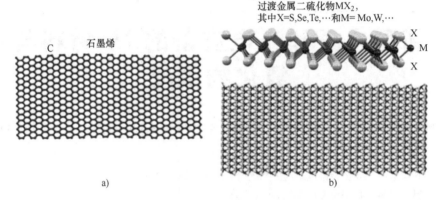

图 11.1　a）单层石墨烯和 b）单层过渡金属二硫化物晶格结构示意图（侧视图和俯视图）

表 11.1　Gr 和 MoS_2 的主要电特性和热特性

	能带间隙/eV	电子有效质量	饱和速度/ $(10^7 cm/s)$	300K 时电子迁移率/ $[cm^2/(V \cdot s)]$	临界击穿电场/(V/cm)	热导率/ $[W/(m \cdot K)]$
Gr（1L）	0	约 0	$5.5^{[17]}$	$10^3 \sim 10^{5[7]}$	$10^{5[18]}$	$5000^{[19]}$
MoS_2 1L	1.8 直接的[13]	$0.41m_0^{[20]}$		$1 \sim 200^{[14]}$		$34.5^{[21]}$
多层	1.2 间接的[13]	$0.57m_0^{[22]}$	$0.28^{[18]}$	约 $100^{[15]}$	$1.15 \times 10^{5[18]}$	约 $50^{[23]}$

最近，通过将不同的 2D 材料组合成垂直范德华异质结构[2]或通过 2D 材料与体三维（3D）半导体集成[24]，已经制备出先进的或新型电子/光电器件。特别是，后一种方法充分展示了将 2D 材料的功能特性与具有良好电子质量的 3D 衬底相结合的优势，它目前代表了在电子/光电子领域开发 2D 材料最可行的方案[25]。国际上不同研究小组对 2D 材料与Ⅲ族氮化物半导体（Ⅲ-N）的集成也进行了深入探索[26-28]，旨在提高现有 GaN 基器件的性能，并设计新型器件。由于其优异的导电性和高透明度，Gr 被认为可以替代目前使用的氧化铟锡（ITO）成为 GaN-LED[29-31]的透明电极（TCE）。单层或多层 Gr 也被用作插入层，通过调节 GaN 外延层和蓝宝石衬底之间晶格和热膨胀系数不匹配引起的应变，从而降低通过金属有机物化学气相沉积（MOCVD）在蓝宝石上生长 GaN 的位错密度。此外，Gr 插入层还被用于在（100）晶向的 Si 衬底上生长高质量 GaN（通

常用于制造 Si 电子器件，这是 GaN 与 Si CMOS（互补金属氧化物半导体）技术单片集成的重要一步[33]。由于其出色的导热性（高达 5000W/（m·K），是所有已知材料中最高的）[19]，Gr 也被认为是解决基于 AlGaN/GaN 异质结构的高功率高电子迁移率晶体管（HEMT）器件以及高功率固态光电器件中的自加热问题的候选材料[34]。最后，Gr 电极的最终单原子厚度（允许横向弹道电子传输），以及具有 Al（Ga）N/GaN 异质结构的 Gr 结的高质量整流特性，最近被用来实现超高频（THz）应用垂直热电子晶体管（HET）[28,36]。

TMD 的集成，尤其是 MoS$_2$ 与 GaN 的集成，在过去几年研究中也受到了越来越多的关注。特别是，两个六角晶体之间极低的晶格失配（<1%）允许通过化学气相沉积（CVD）在 GaN 上高质量外延生长 MoS$_2$[37]。MoS$_2$/GaN 异质结构在电子学和光电子学中有着广泛的应用。例如，p$^+$型 MoS$_2$ 和 n$^+$型 GaN 之间的异质结最近被用于实现带间隧道二极管[38]，这是一种能够以非常低的功耗快速切换的器件[39]。此外，还证明了基于 n 型 MoS$_2$/p 型 GaN 异质结的高响应度和自供电深紫外光电探测器[40]，它结合 GaN 的宽能带间隙和 MoS$_2$ 的适当能带对准优势。本章将概述这个研究领域的最新进展。

11.2 节将讨论 2D 材料与氮化物半导体集成的主要方法，包括在异质衬底上生长 Gr 或 MoS$_2$ 层的转移技术，以及这些层在 AlN 或 GaN 上的直接生长技术（通过 CVD）。还将报道在 Gr 和 MoS$_2$ 上沉积氮化物半导体薄膜的最新进展。

11.3 节将介绍基于 2D 材料/Ⅲ-N 异质结构的新型电子器件，例如用于 THz 的具有 Gr 基极和 Al（Ga）N/GaN 发射极的 HET 器件，以及用于超低功耗数字电子产品的基于 p$^+$型 MoS$_2$/n$^+$型 GaN 异质结的带间隧道二极管。

11.4 节将介绍基于 GaN 2D 材料的光电器件，例如具有 Gr 透明电极的 GaN LED 和基于 MoS$_2$/GaN 结的深紫外光电探测器。

最后，11.5 节将讨论在大功率 AlGaN/GaN HEMT 中使用 Gr 散热片进行热管理。

11.2　用氮化物半导体制造 2D 材料异质结构

大面积使用 2D 材料异质结构的氮化物半导体使得这些材料应用于系统工业。目前采用的两种制备方法包括：1）转移在外部衬底上生长的 2D 材料层；2）在 GaN 上直接生长 2D 材料。尽管第二种方法非常理想，但通过 CVD 等可扩展技术在 GaN 上直接生长 Gr，在沉积条件（温度和前驱体）与 GaN 结构和成分稳定性的兼容性方面，以及与器件工艺集成的兼容性方面，提出了严峻的挑战。因此，迄今为止报道的大多数用于基础研究或概念验证的 Gr/Ⅲ-N 异质结构都是通过转移方法制造的。另一方面，尽管已经证明了在相对较低的温度（700~900℃）下可以通过 CVD 方法在 GaN 上直接沉积 MoS$_2$，但仍需对工艺集成进一步研究。这些方面将在接下来的内容中详细讨论。

11.2.1 转移在其他衬底上生长的 2D 材料

在 Gr 生长时，通常在催化衬底（一般为多晶薄膜或箔形式的镍或铜）上使用碳-气相前驱体（如 CH4，…）CVD 生长，这可以降低前驱体分解的势垒，允许在 1000℃ 左右的温度下形成 Gr[41-42]。生长后转移过程通常需要在 Gr 上使用保护性聚合物层，以便处理这种超薄膜。通过金属的完全化学刻蚀或使用电解方法进行 Gr 分层，可以实现 Gr 从天然基底上分离[43]。聚合物/Gr 堆叠在目标衬底上的转移可以通过沾附、打印或卷对卷进行[43-44]。然后使用合适的溶剂从 Gr 表面去除聚合物载体层，最后进行热处理以消除聚合残留物。

尽管转移是一种通用且广泛使用的 Gr 与任意衬底整合的方法，但它在搬运过程中可能会出现与 Gr 损坏（裂纹、褶皱和折叠）等一些缺点，以及不希望的污染，包括催化金属衬底产生金属污染[45]，这只能通过无需衬底刻蚀的 Gr 分层部分减少[43]。由于转移的 Gr 和衬底之间的黏附问题，最终的器件结构可能缺乏稳定性。

在过去几年中，参考文献 [28，46] 已经证明了 Gr 在 GaN 或 $Al_xGa_{1-x}N$/GaN 异质结构上的优化转移方法。图 11.2 示意性地说明了参考文献 [46] 中的转移过程和采用的步骤顺序。

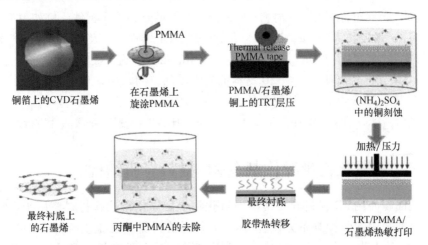

图 11.2 将 CVD 石墨烯从初级 Cu 衬底转移到最终 AlGaN 衬底的优化过程示意图
（资料来源：经 Giannazzo 等人许可转载[46]。版权所有 2017，Wiley）

在 Gr/Cu 表面旋涂聚甲基丙烯酸甲酯（PMMA）作为 Gr 膜的保护层。此外，层压在 PMMA 上的热释放带（TRT）用作载体层，因此允许 PMMA/Gr 从 Cu 上分离后进行处理。通过在过硫酸铵（$NH_4)_2SO_4$ 水溶液中长时间浸泡将 Cu

衬底完全刻蚀。用去离子水清洗后，通过热压印刷将 TRT/PMMA/Gr 堆栈转移到目标衬底上，在该过程的加热期间释放 TRT[43]。最后，在丙酮中去除 PMMA 载体层。随后在 Ar 环境中 400℃进行退火，以消除溶剂清洗后仍留在 Gr 表面的纳米聚合残留物。研究发现，Gr 在目标衬底上的附着力严重依赖于衬底的水接触角，即其表面能[46]。由于这种材料的疏水性，高度亲水表面具有非常低接触角，通常不适合 Gr 黏附。另一方面，衬底上存在水有助于减少热压印刷初始阶段 Gr 膜所承受的机械应力。实现 Gr 在目标衬底上黏附的最佳折中方案是接触角的中间值（40°~45°）。对于 AlGaN 表面，初始水接触角约为 80°，研究发现，软氧等离子体处理可将该值降低至约 40°，这对转移的 Gr 形貌有利。

图 11.3a 显示了用作 Gr 转移的衬底，Si 基 $Al_{0.22}Ga_{0.78}N$/GaN 异质结构的典型原子力显微镜（AFM）图像（$d_{AlGaN}=21nm$）[46]。样品呈现光滑的形态，方均根（RMS）粗糙度为 0.45nm。样品表面上存在的小凹坑可能与表面密度低于 $2×10^9\,cm^{-2}$ 的螺纹位错有关。图 11.3b 显示了转移到 AlGaN 上的 Gr AFM 形态，显示出 Gr 膜均匀覆盖，没有针孔和裂纹。相对于纯 AlGaN 而言，RMS 粗糙度更高的主要原因与褶皱的存在有关，即 Gr 膜的纳米高度波纹。其中一些从 CVD 生长开始出现在 Gr 中[47]，而另一部分是转移过程中引入的。拉曼光谱分析表明，转移的 Gr 具有很高的结构质量，即非常低的缺陷密度。此外，拉曼和电学分析揭示了 Gr 与 AlGaN 接触的特殊高 n 型掺杂（$1.1×10^{13}\,cm^{-2}$），这可以通过 AlGaN 表面态的费米能级钉扎和电荷转移的综合效应来解释[36]。

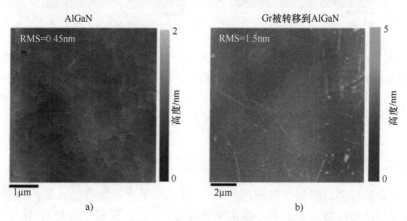

图 11.3　a）Si 上生长的 AlGaN/GaN 异质结构 AFM 形貌；b）AlGaN 表面上转移单层 Gr 转移后的形貌（资料来源：经 Giannazzo 等人许可转载[36]。版权所有 2019，美国化学学会）

通过导电原子力显微镜（CAFM）[48-49]在纳米尺度上研究了 Gr/AlGaN/GaN 异质结的载流子注入，如图 11.4a 所示。图 11.4b 显示了在该装置中测量的典型电流-电压（I-V）特性，显示了在负偏压值时电流可忽略而在正偏压值时电流开启的整流特性。图 11.4c 和 d 显示了在 Gr 膜上扫描尖端时测量的典型形态和相应的垂直电流图。忽略褶皱上的电流局部减少，从图 11.4d 可以推断出电流均匀注入。这种效应可以归因于在 Gr 膜的这些褶皱中，AlGaN 衬底诱导的掺杂局部减少。

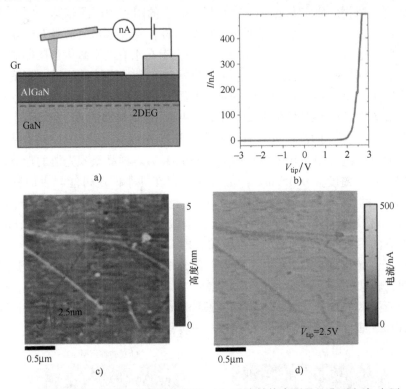

图 11.4 a) CAFM 垂直电流测量装置示意图；b) 垂直结构中测量的典型电流-电压 (*I-V*) 显示整流特性，负偏压值下的电流可忽略不计，正偏压值下电流开启。Gr 膜上尖端测量的 c) 形态和 d) 垂直电流图。图 c) 中显示了线扫描的 Gr 褶皱高度（资料来源：经 Giannazzo 等人许可转载[36]。版权所有 2019，美国化学学会）

11.2.2 2D 材料在Ⅲ族氮化物上的直接生长

尽管转移是目前最广泛使用的 Gr 与氮化物半导体集成的方法，但参考文献[50-51] 已经报道了一些关于碳前驱体在Ⅲ-N 衬底/模板上直接 CVD 生长 Gr 的研究。在这些非催化表面上沉积 Gr 是一项具有挑战性的任务，因为与传统的金属沉积相比，它需要更高的温度。第一个解决这个问题的实验工作表明，温度大于 1250℃ 时，在大块 AlN（Al 和 N 面）或在不同衬底上生长的 AlN（如 Si (111) 和 SiC）上沉积多层 Gr 是可能的。使用丙烷（C_3H_8）作为碳源不会显著降低 Al 衬底/模板的形态[50-51]。图 11.5a 示意性地说明了 Gr 在 AlN/SiC 模板表面上的 CVD 生长条件，即 C_3H_8 和 N_2 气体流量，压力 $p = 800mbar$，温度 $T = 1350℃$。图 11.5b 显示了 Gr 沉积后在 AlN 表面不同位置收集的拉曼光谱，表明存在少量小区域大小为 30nm 的 Gr。图 11.5c 显示了具有沉积 Gr 的 AlN 典型表面形态。白色箭头突出显示了褶皱，即 Gr 膜的典型波纹。

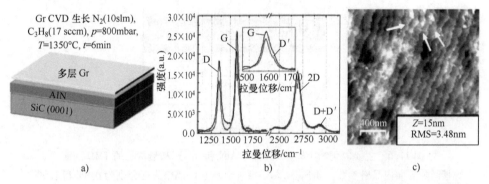

图 11.5　a) 高温（$T = 1350℃$）条件下，在以丙烷（C_3H_8）为碳前驱体的 AlN/SiC 模板表面直接（非催化）CVD 生长 Gr 的示意图；b) Gr 沉积后在 AlN 表面的两个不同位置收集的拉曼光谱；c) 沉积了 Gr 的 Al 表面形态。Gr 表面的褶皱用白色箭头突出显示（资料来源：经 Dagher 等人许可转载[51]。版权所有 2017，Wiley）

　　尽管在 AlN 上直接 CVD 生长 Gr 有这些有趣的成果，但仍需要进一步的工作来评估类似工艺对 AlN/GaN 或 AlGaN/GaN 异质结构的可行性和影响。此外，这些高温工艺在 GaN 的器件制造流程中的集成仍然是一个重要障碍。在这种情况下，Gr 的等离子体增强化学气相沉积（PECVD）有助于降低工艺温度。

　　与 Gr 不同，最近证明了在相对较低的温度（700～900℃）条件下，TMD（尤其是 MoS_2）在非催化绝缘或半导体衬底（包括 SiO_2[52]、蓝宝石[53] 和 GaN[37]）上的直接 CVD 生长是可行的。此外，目前正在探索替代化学沉积方法，例如原子层沉积（ALD）[54]，或物理沉积，例如分子束外延（MBE）[55] 和脉冲激光沉积（PLD）[56-58]，以实现大面积、晶圆规模的 MoS_2 逐层生长。

　　图 11.6 显示了氮化物半导体（GaN、AlN 和 InN）和最常见的 TMD（MoS_2、WS_2、$MoSe_2$ 和 WSe_2）能带间隙随面内晶格参数的变化。从该图可以推断出，由于两个六角晶体之间的面内晶格失配低（<1%），有利于 MoS_2 在 GaN 面上的外延生长。此外，两种材料之间热膨胀系数相差很小，预计会使从 MoS_2 生长温度冷却到室温时，应变降低[59-60]。

　　最近，Ruzmetov 等人[37] 报道了在 GaN 基面上外延定向 MoS_2 岛的成核和生长，使用来自硫（S）和氧化钼（MoO_3）固体源的蒸汽进行 CVD。图 11.7a 显示了 CVD 装置的示意图，该装置由一个单区熔炉组成，MoO_3 坩埚（800℃ 的温度）放置在 GaN 样品的正下方、S 粉末（温度为 130℃）置于上游，Ar 用作载气。图

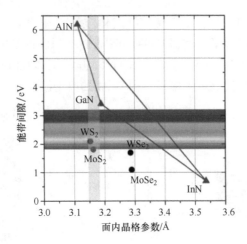

图 11.6　主要氮化物半导体（GaN、AlN 和 InN）和最常见的 TMD 的能
带间隙与面内晶格参数。MoS_2 和 WS_2 相对于 GaN 的晶格失配分别为 0.8% 和 1.0%

11.7b 显示了 GaN 表面上生长 MoS_2 的扫描电子显微镜（SEM）图像，该图像由单
层 MoS_2 三角形区域组成（经拉曼光谱和光致发光［PL］分析证实），典型尺寸约
为 1μm。这些三角形的侧面与纤锌矿 GaN 衬底的 m 面（1-100）完全对齐，表明
GaN 和 MoS_2 晶格的面内外延对齐。由于这种旋转顺序，这些小区域合并形成的较
大尺寸的单层 MoS_2 岛中没有观察到晶界的迹象。这是在 GaN 上生长 MoS_2 的优
势，相对于更常见的在非晶态 SiO_2 上使用 CVD 生长 MoS_2，非晶 SiO_2 是一种具有
大晶界密度的多晶材料。事实上，晶界已被证明是 MoS_2 迁移率退化的主要来源之
一[61-62]。最后，X 射线光电子能谱（XPS）分析证实了沉积 MoS_2 的化学计量组成
（S/Mo 比 2.05±0.1），并排除沉积过程中 GaN 表面的硫化影响。

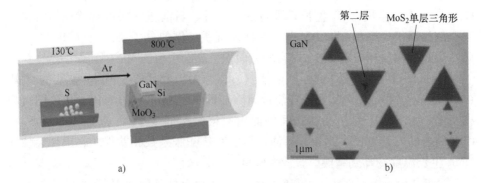

图 11.7　a）GaN 上用 CVD 系统生长 MoS_2 的示意图；b）与六方 GaN 衬底的 m 面
（1-100）旋转对齐的外延单层 MoS_2 三角形小区域 SEM 图像（资料来源：经 Ruzmetov
等人许可转载[37]。版权所有 2016，美国化学学会）

分别用 CAFM 和开尔文探针力显微镜（KPFM）研究了 CVD 生长的 MoS_2/GaN 异质结电学特性（特别是流经异质界面的垂直电流和表面电位）[37]。图 11.8a 示意性地说明了用于测量局部电流的 AFM 设置，图 11.8b 显示了单个单层（1L）MoS_2 结构上的电流与尖端偏置特性，显示了尖端/MoS_2/GaN 结的整流行为。图 11.8c 显示了部分被单层 MoS_2 小区域覆盖的 GaN 区域上的 KPFM 表面电位图，而图 11.8d 显示了沿图中虚线的表面电位线扫描，显示在非故意掺杂的 n 型 MoS_2 和 n 型 GaN 之间的表面电势差约为 360meV[37]。最后，图 11.8e 示意性显示了从表面电势图推导出来的能带图，单 MoS_2 和 GaN 之间 I 型能带排列。正如本章 11.3 节和 11.4 节所讨论的，可以在多种 MoS_2/GaN 异质结的器件应用中使用这种特殊的能带排列。

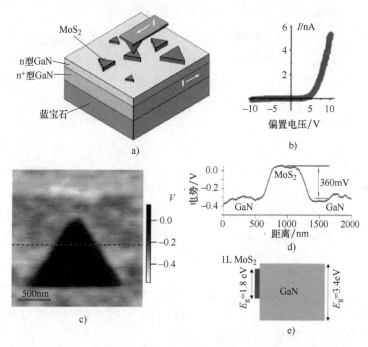

图 11.8　a）用于对 MoS_2/GaN 结局部 I-V 分析的 CAFM 装置示意图；b）单个小区域 MoS_2 上的 I-V 特性；c）通过 KPFM 在 GaN 基单层 MoS_2 小区域上测量的表面电位图和 d）沿图中虚线的电位线扫描显示出单层 MoS_2 和 GaN 之间的表面电位差为 360mV；e）根据表面电位图推断单层 MoS_2/GaN 界面的能带排列（资料来源：经 Ruzmetov 等人许可转载[37]。版权所有 2016，美国化学学会）（见彩插）

11.2.3　氮化物半导体薄膜的 2D 材料生长

由于其六方对称性，Gr 可以成为任意衬底上生长高质量氮化物半导体薄膜的中间层。Araki 等人[33]采用 Gr 作为缓冲层来改善 Si（100）衬底上生长的 GaN 质量，其最终目的是实现 Si（100）上成熟的 Si 基电子器件与 GaN 基光电器件的单片集成。通过 CVD 在 Cu 上生长的 Gr 被转移到 Si（100）上，并通过射频分子束外延（RF-MBE）进行 GaN 沉积，利用等离子体在 Gr 中诱导的 sp^3 键作为 GaN 生长的成核点。在有和没有 Gr 中间层的 Si（100）衬底上生长厚（约 400nm）GaN 薄膜比较表明，这两种情况都显示出柱状结构，但在有 Gr/Si（100）衬底的情况下晶粒明显更大。此外，X 射线衍射测量表明生长在 Gr/Si（100）上的 GaN 柱具有 c 轴向六方纤锌矿结构。

最近，Chen 等人[32]使用蓝宝石衬底上直接通过 CVD 生长的 Gr 薄膜作为衬底，MOCVD 生长的高质量 GaN 具有低应力和低位错密度，可用于高亮度蓝光 LED。图 11.9 示意性地说明了 GaN 层生长的工艺步骤。

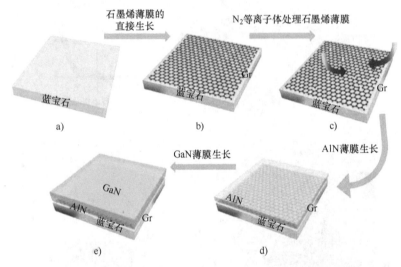

图 11.9 蓝宝石衬底的 Gr 缓冲层上生长高质量 GaN 薄膜的关键步骤示意图：a）蓝宝石衬底；b）采用 CVD 法在蓝宝石衬底上直接生长 Gr 薄膜；c）N_2 等离子体中处理 Gr 薄膜；d）用 MOCVD 在 Gr/蓝宝石衬底上生长高温 AlN 薄膜；e）在 AlN/Gr/蓝宝石上生长 GaN 薄膜（资料来源：经 Chen 等人许可转载[32]。版权所有 2018，Wiley）

图 11.10a 显示了蓝宝石上 CVD 生长 Gr 的 SEM 图像（使用 1050℃ 的 CH_4/H_2 前驱体），表明获得的 Gr 膜覆盖均匀，褶皱密度大。之后，对 Gr 表面进行 N_2 等离子体处理，以增加 Gr 晶格中 sp^3 键的密度，这可以通过 N_2 等离子体后 Gr 拉曼光谱中较大的 D/G 强度比证明（见图 11.10b）。由于 Ga 原子在 Gr 上的吸附能低，在等离子体处理的 Gr 上直接生长 GaN 易导致粗糙且不规则的形貌。因此，由于 Al 原子在 Gr 上的吸附能较高，首先在高温（1200℃）下沉积 AlN 薄膜，随后在较低温度（1045℃）下生长 GaN。图 11.10c 所示为生长的 GaN

表面 AFM 图像，显示出光滑的形态，表面粗糙度为 0.67nm。最后，图 11.10d 和 e 显示了在蓝宝石衬底上生长 GaN 外延层有无 Gr 插入层的（0002）和（10-12）X 射线摇摆曲线。由于使用了 Gr 插入层，螺旋（边缘）位错密度从 $6.33\times10^8\,cm^{-2}$（$1.07\times10^{10}\,cm^{-2}$）降低至 $9.46\times10^7\,cm^{-2}$（$5.07\times10^9\,cm^{-2}$）。这些结果表明，Gr 薄膜可以大大降低压应力和位错密度，从而提高 GaN 外延层的质量。

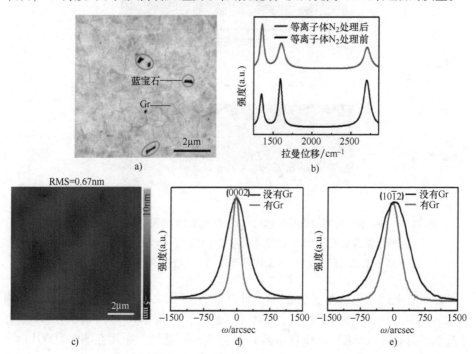

图 11.10　a）蓝宝石衬底上 CVD 沉积 Gr 膜的扫描电子显微镜（SEM）图像；b）蓝宝石衬底上 Gr 膜在等离子体 N₂ 处理前（黑色线）和处理后（灰色线）的拉曼光谱；c）AlN/Gr/蓝宝石上生长的 GaN 薄膜的原子力显微镜（AFM）图像。在蓝宝石衬底上生长的没有（黑色线）和有（灰色线）Gr 插入层 GaN 薄膜的（0002）d）和（10-12）e）X 射线摇摆曲线
（资料来源：经 Chen 等人许可转载[32]。版权所有 2018，Wiley）

Kovács 等人[63]最近证明了在 6H SiC（0001）高温分解获得的多层石墨烯（FLG）上 MOCVD 生长 GaN。在 MOCVD 生长之前，通过光刻和 Ar/O₂ 等离子体刻蚀对 FLG 进行预图形化，以留下未被 Gr 覆盖的微米宽 SiC 区域。SiC 上的 AlN 缓冲层成核首先从这些裸露的 SiC 区域开始，然后横向生长过度到 FLG 覆盖区域。缓冲层形成后，生长中间 Al₀.₂Ga₀.₈N 层和较厚的 GaN 层。图 11.11a 和 b 显示了在图形化 FLG 上生长的最终异质结构示意图和亮场透射电子显微镜（TEM）截面图。垂直箭头标记了 Gr 层在 1μm 宽的条纹中被部分刻蚀掉的区域。GaN 层包含 Gr 层上方的半圆形多晶区。垂直的暗线是反转域，从 AlN/GaN

直接在 SiC 上生长的区域垂直到表面。对该样品中位错密度（约 $3 \times 10^9 \mathrm{cm}^{-2}$）进行评估，与在相同参数没有 Gr 插入层的参考样品上获得的结果非常相似。这证明在 SiC 衬底和 GaN 之间引入图形化外延 Gr 插入层是可行的，可以利用该插入层改善 SiC 上高功率 GaN HEMT 的散热[63]。

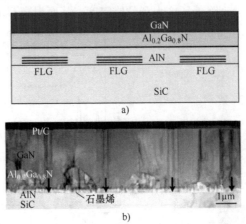

图 11.11   a）SiC 衬底图形化外延的 Gr 上生长 GaN 沉积层的工艺顺序示意图；
b）异质结构的亮场 TEM 图像。垂直箭头标记了 Gr 层被刻蚀掉的区域
（资料来源：经 Kovács 等人许可转载[63]。版权所有 2015，Wiley）

在所有上述讨论的生长方法中，III-N 薄膜沉积之前需要对 Gr 结构（等离子体、预图形化、功能化等）进行修改。最近，Kim 等人[64]探索了在 Gr 上直接范德华外延（vdWE）高质量单晶 GaN 薄膜的可能性。采用在 SiC（0001）上生长的外延 Gr 作衬底，因为它在整个衬底上保持独特的晶向。

图 11.12a 显示了 SiC 基上生长的 Gr 外延 AFM 表面形态。因为高温石墨化过程发生 SiC 台阶聚束现象，表现出平行且几乎等距的台阶。台阶边缘对利用 MOCVD 在 Gr 上获得均匀的单晶 GaN 层起着关键作用。这可以通过优化后的两步沉积工艺获得，该工艺包括一个较低的温度步骤（1100℃），允许沿着周期性台阶边缘优先形成 GaN 成核层，然后进行更高的温度处理（1250℃），允许 GaN 成核层横向（2D）生长和合并。第一个沉积过程为 1100℃ 形成沿 SiC 相邻台阶排列的连续 GaN 条纹（见图 11.12b）。两步沉积法形成了连续光滑的 GaN 薄膜（见图 11.12c）。这归因于沿 1100℃ 形成周期性平台边缘的 GaN 核，在 1250℃ 更高生长温度条件下，横向生长速度更快。在这些最佳条件下生长的 GaN 薄膜的最终厚度约为 2.5μm。通过高分辨率 AFM 获得的其形貌如图 11.12d 所示，说明 GaN 表面具有低粗糙度（RMS 约为 0.3nm）。该薄膜的螺纹位错密度约为 $4 \times 10^8 \mathrm{cm}^{-2}$。这些结果表明，即使不使用任何缓冲层，也可以在 Gr 薄膜上获得与常规 SiC 或蓝宝石上相同晶体质量的 GaN 外延层，常规 SiC 或蓝宝石生长是通过 AlN 缓冲辅助 GaN 外延生长方法。

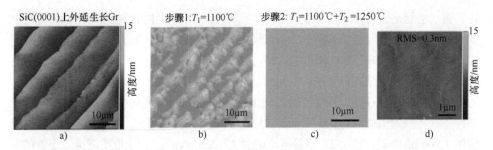

图 11.12　a）SiC（0001）上外延生长的 Gr AFM 表面形貌；b）1100℃条件下通过一步沉积在 Gr 上生长的 GaN SEM 平面图；c）两步沉积：1100℃高温成核，1250℃生长；d）最佳条件下生长的 GaN 高分辨率 AFM 形貌（资料来源：经 Kim 等人许可转载[64]。版权所有 2014，自然出版集团）

除了 Gr，一些 TMD 特别是 MoS_2 和 WS_2，由于与 GaN 的晶格失配非常低，也可以成为 GaN 生长的衬底[65-66]（见图 11.6）。最近，Gupta 等人[65]报道了通过金属有机气相外延在机械剥离的 WS_2 和 MoS_2 薄片上生长 GaN 的详细研究。结构和光学特性表明，在底层硫化物薄片上获得了无应变的单晶 GaN 岛。Tangi 等人[66]报道了通过 CVD 沉积在蓝宝石衬底的单层 MoS_2 上 MBE 生长 GaN 层。

根据图 11.6 所示，MoS_2 有望与 $In_{0.15}Al_{0.85}N$ 合金进行晶格匹配。众所周知，$In_{0.15}Al_{0.85}N$ 合金具有与 GaN 相同的晶格参数。最近，Tangi 等人[67]证明了可以在 MBE 生长的 $In_{0.15}Al_{0.85}N$ 薄膜上通过晶格匹配 CVD 生长大面积单层 MoS_2。反之可以在 MoS_2 上 MBE 生长 $In_{0.15}Al_{0.85}N$。还展示了两种晶格匹配半导体之间的 I 型能带排列，MoS_2 的导带边缘比 $In_{0.15}Al_{0.85}N$ 的导带边缘低 0.6eV。最后，实现了在两个 $In_{0.15}Al_{0.85}N$ 薄膜之间嵌入 MoS_2 量子阱[67]。所有这些研究为 MoS_2/氮化物异质结工程开辟了新的前景。

11.3　基于 2D 材料/GaN 异质结的电子器件

11.3.1　基于 MoS_2/GaN 异质结的带间隧道二极管

异质结隧道二极管基于 p^+ 和 n^+ 简并掺杂半导体的异质结带间隧道效应，是一类有望能够以非常低的功耗进行快速开关的器件[39]。过去几年，使用传统的半导体系统（Si、Ge 和Ⅲ-V）已经进行了多次尝试来实现这种器件，但收效甚微[39]。获得高效隧道二极管的一个关键方面是实现没有界面态的理想突变半导体异质结。在这种情况下，无悬空键的 MoS_2 与 GaN 集成可能是实现大面积 2D/3D 半导体异质结，进而实现异质结隧道二极管的可行方法。

最近，Krishnamoorthy 等人[38]报道了一种 p^+ 型 MoS_2/n^+ 型 GaN 带间隧道二极

管，该二极管是通过将 p⁺掺杂的 MoS₂ 薄膜转移到 MBE 生长的高 n⁺掺杂 GaN 衬底上制成的。通过对蓝宝石上溅射的 Mo/Nb/Mo 进行高温（1100℃）硫化，获得具有空穴密度为 $7.6\times10^{13}\,cm^{-2}$ 的 p⁺型掺杂 MoS₂。MoS₂ 晶格中掺入的 Nb 原子充当受体。图 11.13a 显示了异质结二极管结构的示意图，而图 11.13b 显示了在室温下测量的器件的电流密度-偏置（J-V）特性。低反向偏压下测量到非常高的电流密度。正向偏压条件下，观察到负微分电阻（Esaki 二极管带间隧穿的特征），在 0.8V 下峰值电流密度 $J_p=446A/cm^2$，在 1.2V 下谷电流密度 $J_v=368A/cm^2$。为了说明隧道二极管的电特性，图 11.13c 和 d 还显示了多层 p⁺型 MoS₂/n⁺型 GaN 结在正向和反向偏置下的能带示意图。正向偏置条件下，GaN 导带中的电子能够隧道进入多层 MoS₂ 价带中可用的空位（空穴）。随着正向偏压的增加，隧穿电流增加至峰值 J_p（对应于 GaN 导带边缘与 MoS₂ 价带边缘的完美对准），随后由于更大偏压的带失准而降低至 J_p。电流减小会导致负微分电阻。随着正向偏置的进一步增加，隧穿电流的贡献可以忽略不计。扩散电流是贯穿整个 p⁺/n⁺ 的主要传导机制。在反向偏压下（见图 11.13d），MoS₂ 价带中的电子能够隧穿到 GaN 导带中的空态，这种机制称为齐纳隧穿。

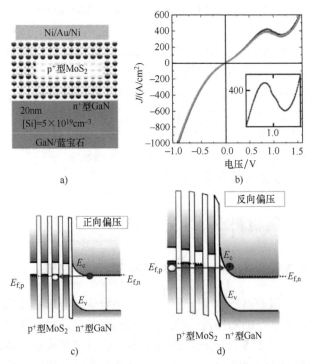

图 11.13 a）p⁺型 MoS₂/n⁺型 GaN 异质结二极管示意图；b）室温下测量的器件电流密度-电压（J-V）特性，显示负差分电阻，即正向偏压下的 Esaki 二极管特性（见插图）。正向偏置 c）和反向偏置 d）下的能带示意图，说明了带间隧穿过程（资料来源：经 Krishnamoorthy 等人许可转载[38]。版权所有 2016，AIP）

11.3.2　具有 Gr 基和 Al（Ga）N/GaN 发射极的热电子晶体管

现代电子学的主要挑战之一是开发能够在 THz 范围内工作的晶体管，THz 指的是介于微波与红外之间的电磁频谱范围，对通信、医疗诊断和安全等应用领域具有战略意义。目前，基于Ⅲ-Ⅴ半导体异质结构中横向电流传输的场效应调制 HEMT 是此类应用的主要器件[68]。特别是，与窄带化合物半导体（GaAs、InP 等）制成的 HEMT 相比，AlGaN/GaN HEMT 的关键优势在于优越的通态电流和较低的关态功耗。到目前为止，在Ⅲ-Ⅴ基具有经过优化沟道几何形状和低源漏接触电阻的 HEMT 截止频率已超过 400GHz[69]。然而，这些器件高频性能的进一步改进将受到与沟道横向缩短相关技术和物理问题的限制。在这种情况下，提出了一种可替代 HET 器件，它基于热电子通过超薄基底层的横向弹道传输，长期以来，人们一直认为它是在 THz 频率范围内工作的潜在候选器件[70-71]。

图 11.14 显示了 HET 的横截面示意图和相应的能带图，说明了器件在导通时的工作原理。HET 是一种单极性多数载流子垂直器件，由三个电极（发射极、基极和集电极）组成，发射极-基极和基极-集电极势垒隔开。在基极-发射极正偏下，热电子（即能量大于基极中载流子费米能量的电子）从发射极注入基极。当基极厚度低于电子平均自由程，大多数热载流子穿过基极并没有能量损失，并且在克服受集电极偏压调制的基极-集电极势垒后可以到达集电极。

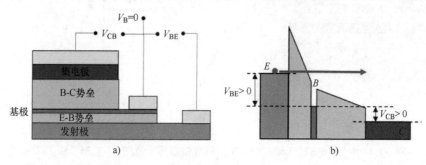

图 11.14　a）热电子晶体管（HET）横截面示意图；b）器件在导通状态下的能带图（见彩插）

长期以来，实现这种器件的主要障碍之一是制造超薄高导电基底。最近，2D 材料的出现为实现高性能 HET 的制备提供了新的解决方案[72-74]。特别是，Gr 被认为是一种理想的基底材料，因为它结合了单原子厚度，能够在横向上实现弹道电子传输，并具有优异的面内传输性能[4-6]。理论研究已经预测，Gr 基 HET（GBHET）具有优异的高频性能，截止频率（f_T）高达数太赫兹[75-77]。

除了超薄基底之外，实现 HET 器件的关键因素之一是发射极-基极势垒允许有效的热电子注入（通过势垒上的热离子发射或通过势垒隧道）。最近，学者们考虑了通过 Gr 与Ⅲ族氮化物半导体的集成来实现高导通电流的 GBHET 可行性[26-28]。特别是通过 MOCVD 或 MBE 在 GaN 上外延生长 AlN 或 $Al_xGa_{1-x}N$ 薄膜证明是 GBHET 的优良发射极-基极势垒[28,78]。这些材料系统还具有其他优点，在 $Al_xGa_{1-x}N/GaN$ 界面具有高密度（$10^{13}cm^{-2}$）二维电子气（2DEG）可作热电子发射器，而且可以改变 Al 含量来调整 $Al_xGa_{1-x}N$ 和 GaN 之间导带的不连续性。

最近，已经证明生长在 n+ 型 GaN 上具有 AlN（3nm）[28] 或高 Al 的 $Al_{0.65}Ga_{0.35}N$（4.7nm）[78]，Gr 结有 Fowler-Nordheim（FN）隧穿机制引起的高效电流注入现象。可以使用位错密度小于 10^5cm^{-2} 的高质量体 GaN 衬底来生长这些非常薄的势垒层，其质量足以避免缺陷引起的漏电流。

图 11.15a 显示了通过 Gr 转移到 $Al_{0.66}Ga_{0.34}N$ 势垒层/GaN 上制造的二极管结构示意图。图 11.15b 显示了在室温（25℃）和 75℃ 下测量的该二极管典型电流-电压特性。值得注意的是，从这些测量中可以观察到在正向和反向偏压下，对温度的依赖性都非常小。这是 Gr 触点通过势垒层电流注入受隧道机制控制的第一个迹象。图 11.15c 显示了 Fowler-Nordheim（FN）$\ln(J/E^2)$ 与 $1/E$ 的关系，其中 J 是正向电流密度，$E = V_{BE}/d$ 是穿过势垒层的电场。从该图中可以观察到高电场下具有良好线性相关系数（$R = 0.998$），表明 FN 隧穿高 Al 的三势垒是该高偏压区的主要输运机制。

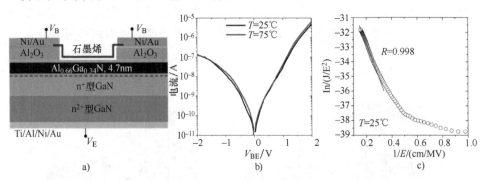

图 11.15　a）GaN 上 Gr/$Al_{0.66}Ga_{0.34}N$/GaN 二极管横截面示意图；b）25℃ 和 75℃ 温度下测量的二极管电流-电压特性，显示出对温度的依赖性非常小；c）正向偏置下的 Fowler-Nordheim 图（资料来源：经 Prystawko 等人许可转载[78]。版权所有 2019，Elsevier）（见彩插）

图 11.16a 显示了将单层 Gr 转移到优质 Si（111）基 $Al_xGa_{1-x}N$/GaN 异质结构（$x = 0.22$，$t_{AlGaN} = 21nm$）上，制造的 Gr/AlGaN/GaN 二极管横截面示意图[36]。图 11.16b 显示了在温度 $T = 25℃$ 时测得的典型电流-电压特性。该曲线显示出良好的整流性能，在反向（负）偏压下电流非常低，在正向（正）偏压下，开启后 0.8V 范围内线性增加（半对数刻度）。25～175℃ 范围内进行温度相关 I-V 表征，研究了该异质结的电流注入机制，如图 11.16c 所示。电流对温度的强烈依赖性表明热电子发射是主要的电流注入机制。为了评估 Gr/AlGaN 界面

的肖特基势垒高度 Φ_B，在低偏压区对图 11.16c 中的 I-V 曲线进行了线性拟合。此拟合电流轴上的截距是热电子发射方程 $I = I_s \exp (qV/nkT)$ 的饱和电流项 $I_s = AA^* T^2 \exp (-q\Phi_B/kT)$，其中 A 是肖特基二极管面积，A^* 是理查森常数，k 是玻尔兹曼常数，q 是电子电荷，T 是温度，n 是理想因子。图 11.16d 显示了 I_s/T^2 与 $1000/T$ 的半对数刻度图。Gr/AlGaN 肖特基势垒高度 ($\Phi_B = 0.62 \pm 0.03\text{eV}$) 是这些数据线性拟合的斜率。值得注意的是，该势垒高度远低于理想 Gr/AlGaN 肖特基势垒的肖特基-莫特理论预期值，即 $\Phi_B = W_{Gr} - \chi_{AlGaN} = 1.9\text{eV}$，其中本征 Gr 的功函数 $W_{Gr} = 4.5\text{eV}$，$Al_{0.22}Ga_{0.78}N$ 的电子亲和能 $\chi_{AlGaN} = 2.6\text{eV}$[79]。这种巨大的差异可以归因于 Gr 和 AlGaN 之间界面上的费米能级钉扎效应[36,64]。

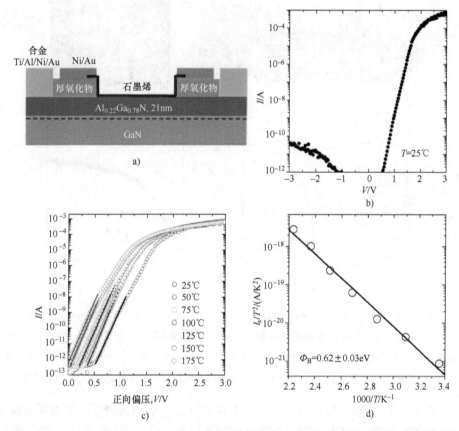

图 11.16 a) Gr/AlGaN/GaN 二极管横截面示意图；b) 25℃温度条件下，正向和反向条件工作时，该二极管上测量的电流-电压 (I-V) 特性；c) 不同温度下测量的正向偏置 I-V 曲线（范围为 25~175℃），对于每条曲线，都在低偏置区域进行了线性拟合，以提取饱和电流值 I_s；d) I_s/T^2 与 $1000/T$ 的半对数比例图和数据线性拟合，从中获得 Gr/AlGaN 肖特基势垒高度值（$\Phi_B = 0.62 \pm 0.03\text{eV}$）（资料来源：经 Giannazzo 等人许可转载[36]。

版权所有 2019，美国化学学会）（见彩插）

Gr/AlGaN/GaN 肖特基结是 GBHET 器件的关键结构。完整器件的横截面示意图如图 11.17a 所示。相较于图 11.16a 所示的二极管结构,包括通过优化的 ALD 工艺在 Gr 上生长 Al_2O_3 薄膜(10nm)[80-81]。该绝缘层用作形成 GBHET 的基极-集电极势垒。图 11.17b 是该器件的俯视光学显微镜图像,其中显示了沉积在薄 Al_2O_3 膜上的 Ni/Au 集电极触点(C)、与 Gr 基底相连的 Ni/Au 焊盘(B)以及 AlGaN/GaN 发射极(E)上的 Ti/Al/Ni/Au 合金欧姆接触。器件有源区面积(100μm×100μm),即发射极、基极和集电极重叠的区域,由虚线分隔。

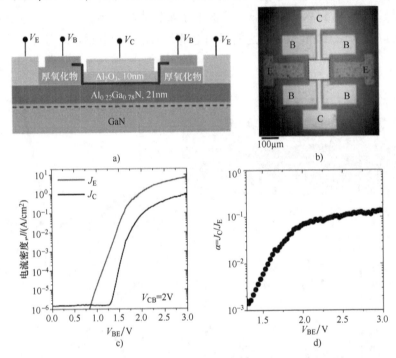

图 11.17 a)热电子晶体管结构横截面示意图;b)HET 俯视光学显微镜图像;c)发射极(J_E)和集电极(J_C)在固定共基极偏置($V_B = 0V$)和固定集电极偏置($V_{CB} = 2V$)条件下,测量的电流密度与发射极-基极偏置(V_{BE} 从 0~3V)的函数;d)晶体管的共基极电流增益(资料来源:经 Giannazzo 等人许可转载[36]。版权所有 2019,美国化学学会)(见彩插)

图 11.17c 显示了发射极(J_E)和集电极(J_C)的电流密度,该电流密度是在共基极配置($V_B = 0V$)和固定集电极偏置($V_{CB} = 2V$)条件下,发射极-基极偏置 V_{BE} 的函数。在发射极端(J_E)测得的注入电流与 V_{BE} 呈指数关系,这与 Gr/AlGaN 肖特基二极管的行为一致。J_C-V_{BE} 特性显示开启电压约为 1.3V,低关断状态电流密度 $J_C \approx 1\mu A/cm^2$(当 $V_{BE} < 1.3V$),这与通过 Al_2O_3 势垒的冷电子泄漏电流有关。当 $V_{BE} > 1.3V$ 时,J_C 呈指数增长,这与从发射极注入 Gr 基极的热电子电流有关,此时热电子能够到达集电极。由于在 Gr/AlGaN/GaN 异质结

处有效的热电子注入，实现了开/关电流密度比 $J_{C,ON}/J_{C,OFF} \approx 10^6$，其中 $J_{C,ON} = 1A/cm^2$。图 11.17d 显示了晶体管的共基极电流增益，即比率 $\alpha = J_C/J_E$，当 $V_{BE} > 2V$ 时达到 $0.1 \sim 0.15$。该器件的导通电流和增益受到 Gr 基和 Al_2O_3 材料之间高能势垒的限制。通过在 Gr 上开发更有利的能带排列和合适结构的基极-集电极势垒层，器件性能将有很大的改进空间。例如，进一步在 Gr 上范德华外延 GaN 或 InGaN 薄层应该能够满足这些要求[33]。

11.4　基于 2D 材料与 GaN 结的光电器件

过去几年，将 Gr 和其他 2D 材料与 GaN 用于光电应用集成一直是多项研究的目标。许多学者致力于开发用于 GaN LED 的 Gr 基 TCE，以改善电流注入和光发射[29]。最后，研究了 MoS_2/GaN 异质结，展示了深紫外波长范围内的高响应度光电探测器[40]。这些光电器件的示例将在下一节讨论。

11.4.1　具有 Gr 透明导电电极的 GaN LED

作为 TCE 材料的第一个要求是在光学透射率（Tr）和薄片电阻（R_s）之间进行最佳的"权衡"。目前，光电器件中最常用的 TCE 由导电氧化物表示，如 ITO[82-83]。然而，由于 In 供应不足，ITO 的成本不断增加，因此迫切需要寻找可替代解决方案。其中，考虑了由半导体氧化物和金属薄膜（如 ZnO/Ag/ZnO[81] 或 TiO_2/Ag/TiO_2[70] 堆栈）、单壁碳纳米管（SWCNT）[84] 或金属纳米线[82] 网络制成的混合系统。图 11.18a 显示了单层 Gr 与 ITO 和上述替代 TCE 材料的透射率测量结果[10]。值得注意的是，单层 Gr 在从 200（6.2eV）~ 900nm（1.38eV）的宽波长（能量）范围内显示出几乎恒定的 $Tr \approx 97.7\%$。在紫外频率范围内，Gr 相对于更常用的 ITO 和 ZnO/Ag/ZnO 电极，表现出明显的优势，其中观察到透射率显著降低。

参考文献 [9] 从理论上预测了单层和多层 Gr 透射率的恒定值是辐射波长的函数，发现它取决于 Gr 层的数量（N_{Gr}）和基本物理常数，即精细结构常数 $\alpha = q^2/(4\pi\varepsilon_0\hbar c) \approx 1/137$（$q$ 是电子电荷，$\hbar$ 约化普朗克常数，ε_0 表示绝对介电常数，c 表示光速），根据以下关系式

$$Tr = \left(1 + \frac{\pi}{2}\alpha N_{Gr}\right)^{-2} \approx 1 - \pi\alpha N_{Gr} \tag{11.1}$$

另一方面，已发现几层 Gr 的薄层电阻 R_s 取决于载流子密度 n、迁移率 μ 和层数，如下所示

$$R_s = \frac{1}{qn\mu N_{Gr}} \tag{11.2}$$

应该注意的是，Gr 迁移率取决于几个因素，包括缺陷密度、掺杂和衬底的介电常数[6]。特别对于 Gr TCE 的典型掺杂水平，μ 随载流子密度 n 的增加而减小。

图 11.18b 显示了 ITO、银纳米线网、SWCNT 层和最先进的 Gr TCE[44] 测量透射率与方块电阻的文献结果对比。在该图中，通过改变薄膜厚度可以改变每个透明导体的透射率和方块电阻。通过在铜箔上进行 CVD 生长和湿化学掺杂，然后进行卷对卷转移[44]制备 Gr TCE。通过后续转移，Gr 膜厚度从 $N_{Gr} = 1$ 增加到 4。结合式（11.1）和式（11.2）计算多层 Gr 的 Tr 与 R_s 折中理论，图中也有报道。计算的两种极限情况为：具有高迁移率（$\mu = 2 \times 10^4 \, cm^2/V \cdot s$）低掺杂的 Gr（$n = 3.4 \times 10^{12} cm^{-2}$）和具有低迁移率（$\mu = 2 \times 10^3 cm^2/V \cdot s$）高掺杂的 Gr（$n = 10^{13} cm^{-2}$）。

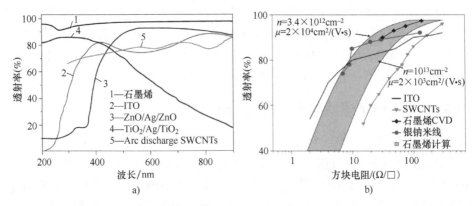

图 11.18　a）单层 Gr、ITO、$ZnO/Ag/ZnO$、$TiO_2/Ag/TiO_2$ 和单壁碳纳米管（SWCNT）透射光谱与辐射波长的函数关系；b）不同 TCE 的透射率和薄层电阻之间"折中"的实验数据：采用卷对卷和 CVD 方法制备 Gr；ITO 是一种由银纳米线和单壁碳纳米管组成的网状结构。还报道了理想 Gr TCE 计算 Tr 和 R_{sh} 的关系（资料来源：经 Bonaccorso 等人许可转载[10]。版权所有 2010，自然出版集团）

这一对比表明，基于高质量单层或多层 Gr 的 TCE 已经可以胜过目前使用的 ITO 和其他透明导体。

由于这些优良的电学和光学特性，几个研究小组探索了将 Gr 用作 GaN 基 LED 的 TCE 可行性，以改善电流扩散和发光[29-31]。图 11.19a 显示了 GaN LED 结构示意图，其中 Gr TCE 与最顶层的 p 型 GaN 层接触。如图 11.19b 所示，在 Gr 情况下，可以利用方块电阻和光学透射率之间的最佳权衡来优化 TCE 中的横向电流扩展和 LED 的光发射。然而，影响垂直电流注入的关键因素是 Gr 和 p 型 GaN 之间的接触电阻，这与两种材料界面处的肖特基势垒高度有关。

图 11.20 说明了单层 Gr 和 p 型 GaN 在接触形成之前和接触形成之后平衡条件下的能带。为简单起见，假设 Gr 最初是中性，即费米能级与狄拉克点重合（$E_{F,Gr} = E_D$）。在接触形成后，由于界面处的电荷转移，Gr 的费米能级相对于狄

拉克点（$E_D - E_F = 0.3 \sim 0.4\text{eV}$）向下移动，导致 Gr 功函数增加[85-87]。在图 11.20b 能带图中，Gr/p 型 GaN 肖特基势垒高度的理论值为 $2.5 \sim 2.6\text{eV}$，可以根据以下关系估算

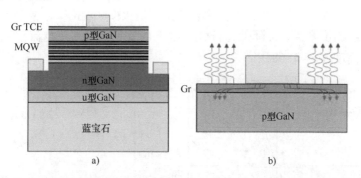

图 11.19　a）带有 Gr 透明导电电极（TCE）的 GaN 基 LED 横截面示意图；b）图示涉及 Gr TCE 的主要物理机制，即 TCE 中的横向电流扩展、Gr/p 型 GaN 界面处的垂直电流注入，以及 LED 有源区的光传输（见彩插）

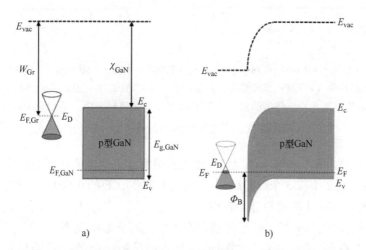

图 11.20　a）单层 Gr 和 p 型 GaN 的能带图；b）结形成后的能带图

$$\Phi_B = \left[W_{Gr} + (E_D - E_F) \right] - \left[\chi_{GaN} + E_{g,GaN} - (E_F - E_V) \right]$$

式中，$W_{Gr} = 4.5\text{eV}$ 是中性 Gr 的功函数；$\chi_{GaN} = 4.1\text{eV}$ 是 GaN 电子亲和力；$E_{g,GaN}$ 是 GaN 能带间隙；对于 10^{18}cm^{-3} 的 GaN p 型掺杂，$E_F - E_V \approx 0.1\text{eV}$。

最近，Chandramohan 等人[30]研究了 CVD Gr 转移到蓝宝石上 MOCVD 生长的 p 型 GaN（空穴浓度为 $p \approx 6.9 \times 10^{17}\text{cm}^{-3}$）接触界面的电流注入机制。图 11.21a 显示了在圆形传输线模型（cTLM）测试结构上测量的两条典型 $I\text{-}V$ 曲线：将 CVD Gr 转移到 p 型 GaN 上，以及在 Ar 环境中 550℃ 进行快速热退火（RTA）处理后。RTA 工艺前 $I\text{-}V$ 特性的非线性归因于 Gr 湿转移在 p 型 GaN 上

的黏附性差。退火后产生了接近线性的特性，注入电流显著增大。由于未观察到 Gr 触点和基板的结构或化学变化，因此该改善主要原因为 Gr 与 p 型 GaN 附着力的增强[30]。评估了该退火 Gr/p 型 GaN 接触的室温比接触电阻值 $\rho_c \approx 0.5\Omega \cdot cm^2$。图 11.21b 显示了接触电阻 ρ_c 对退火 Gr/p 型 GaN 接触的温度依赖性。随测量温度升高，ρ_c 降低，符合热电子场发射（TFE）电流注入机制，肖特基势垒高度 $\Phi_B \approx 1.68eV$[30]。

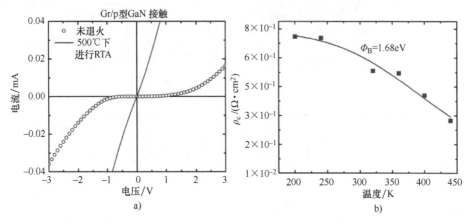

图 11.21 a）将 CVD-Gr 转移到 p 型 GaN 上，在 550℃下进行快速热退火（RTA）处理后，圆形传输线模型（cTLM）测试结构上测量的典型 I-V 曲线；b）退火 Gr/p 型 GaN 比接触电阻的温度依赖性 ρ_c，并将实验数据与 TFE 模型拟合（资料来源：经 Chandramohan 等人许可转载[30]。版权所有 2013，美国化学学会）

值得注意的是，p 型 GaN 上 Gr 触点的接触电阻值比通常为 ITO 或 Ni/Au 触点测量的 ρ_c 高 2 个或 3 个数量级[29]。与具有 ITO TCE 的相同 LED 结构相比，Gr TCE 电极的 GaN-LED 通常会导致更高的开启电压[88-89]。另一方面，相对于具有 ITO TCE 的 LED，Gr TCE 的出色透射率可以提高光输出功率（LOP）[89]。

显然，在 Gr 和 p 型 GaN 之间形成具有低接触电阻的欧姆接触是实现 GaN LED 最佳电流注入的主要挑战。因此，过去的几年里已经探索了不同的解决方案来降低 p 型 GaN 上 Gr TCE 的 ρ_c。一种常见的方法是在 Gr 和 p 型 GaN 之间插入一个额外的透明导电插入层[30]。显然，这样的插入层对于 p 型 GaN 和 Gr 应该都具有较低的 ρ_c。到目前为止，已经考虑了几种适用于此目的的插入层材料，包括非常薄的 Ni[90] 或 NiO$_x$[91] 薄膜，ZnO[92] 或 Ag[93] 纳米棒，以及 Ag[94] 或 Au[95] 纳米颗粒。插入层通常会减少 ρ_c 和开启电压。例如，在 Gr 和 p 型 GaN 之间使用 Au 插入层导致 ρ_c 为 0.1~0.2$\Omega \cdot cm^2$。然而，该插入层的存在通常也会降低透射率，导致光输出功率降低。

例如，图 11.22a 显示了在具有不同 TCE 的 InGaN/GaN 蓝色 LED 上测量的正向电流-电压特性比较：即 Ni/Au 薄膜、Gr 层、NiO$_x$/Gr 混合电极（使用 NiO$_x$ 作为 Gr 和 p 型 GaN 之间的插入层），以及只有 NiO$_x$ 层。这里，NiO$_x$ 插入层 （2nm）是氧气环境中通过 RTA 沉积在 p 型 GaN 上的 Ni 薄膜获得的。很明显，所考虑的 TCE 中，Gr 层有最高的开启电压（V_{on} = 4.5V，20mA），在 NiO$_x$/Gr 混合电极情况下，该电压显著降低（降至 3.16V），并且非常接近带有 Ni/Au 电极的参考器件值（3.04V）。

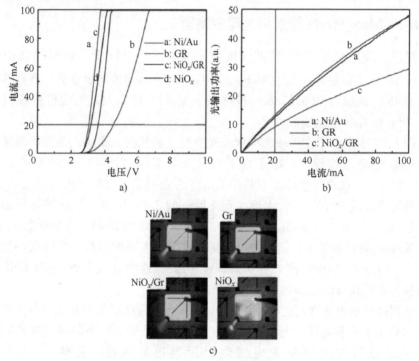

图 11.22　a）具有不同透明导电电极的 GaN LED 电流-电压特性：Ni/Au、Gr、NiO$_x$/Gr 和 NiO$_x$；b）光输出功率，与带有 Ni/Au、Gr 和 NiO$_x$/Gr 电极的 LED 测量注入电流的函数关系；c）具有不同 TCE LED 发光的光学图像显示了不同电极的电流扩散能力（资料来源：经 Chandramohan 等人许可转载[30]。版权所有 2013，美国化学学会）

图 11.22b 显示了 LOP 与具有 Ni/Au、Gr 和 NiO$_x$/Gr 电极的 LED 上测量的注入电流的函数关系。很明显，尽管接触电阻很大，但带有 Gr 电极的 LED 提供的 LOP 与采用 Ni/Au 电极的参考 LED 相当。然而，功率消耗的巨大差异（对于带有 Ni/Au 和 Gr 电极的 LED，分别为 $P = VI = 61$mW 和 90mW）仍然导致 Gr/p 型 GaN LED 的功率效率较低[96]（定义为 $\eta = LOP/VI$，其中 LOP 是光输出功率）。当注入电流为 20mA 时，功率效率比 Gr/p 型 GaN LED 低约 30%。

由于退火后引起 NiO$_x$/Gr 堆栈中的结构变化和相关透射率退化，采用 NiO$_x$/

Gr 混合电极的 GaN LED，LOP 较低[30]。

最后，图 11.22c 显示了所考虑的蓝光 LED（在 200μA 相同注入电流下捕获）发光的光学图像比较，表明了不同电极的电流扩散能力[30]。对于使用参考 Ni/Au 电极，Gr 和 NiO$_x$/Gr 电极器件，观察到整个器件区域的发射均匀，从而证实了 Gr 的良好横向电流传输。另一方面，单独的薄（2nm）NiO$_x$ 接触不能用作电流扩展电极。

11.4.2 MoS$_2$/GaN 深紫外光电探测器

最近，基于 MoS$_2$/GaN 结的光电探测器显示出对深紫外辐射的高响应特性[40]。图 11.23a 显示了 n 型 MoS$_2$/p 型 GaN 异质结器件的示意图，该器件通过将多层 MoS$_2$ 薄膜（约 3.67nm）转移在 p 型 GaN 衬底上，然后将接触沉积到 MoS$_2$ 和 p 型 GaN 上制造。

图 11.23b 显示了在黑暗和深紫外光照射（波长为 265nm）条件下测量的器件典型电流-电压特性。黑暗条件下观察到非常好的整流特性（整流比超过 10^4，±5V），并且在深紫外光下获得了出色的光响应。值得注意的是，0V 时的电流从黑暗中的 3×10^{-12}A 大大增加到光照下的 2.7×10^{-7}A，这表明异质结具有显著的光伏行为，这在图 11.23c 中得到了很好的说明，265nm 波长强度 2.4mW/cm^2 辐射条件下，测量的电流是器件偏置电压的函数。可以观察到开路电压 V_{OC} = 1.3V，短路电流 I_{SC} = 0.27mA。因此，这种 n 型 MoS$_2$/p 型 GaN 异质结器件可以用作自供电深紫外光电探测器。

该器件显示出非常高的响应度 187mA/W（响应度定义为光电流与入射光强度之间的比率）和对脉冲光的快速响应速度。这些性能优于其他宽能带间隙半导体异质结自供电紫外光电探测器所报道的性能，包括 Gr/ZnO[97] 和 Ga$_2$O$_3$/ZnO[98]。

图 11-23d 所示的能带图解释了 n 型 MoS$_2$/p 型 GaN 异质结的光响应特性。正如本章前面所讨论的，MoS$_2$ 和 GaN 表现出 I 型能带，MoS$_2$ 导带位于 GaN 导带下方 0.3~0.4eV。当 n 型掺杂的 MoS$_2$ 和 p 型掺杂的 GaN 接触时，由于两种半导体之间的费米能级差，MoS$_2$ 薄膜中的电子向 GaN 一侧移动，而 GaN 中的空穴向 MoS$_2$ 薄膜一侧移动。在平衡时，MoS$_2$ 和 GaN 费米能级相等，GaN 界面附近的能带向下弯曲，而 MoS$_2$ 能带向上弯曲。因此，MoS$_2$/GaN 界面附近会出现一个内建电场，如图 11.23d 所示。紫外光照射条件下，吸收入射光的能量会产生电子-空穴对，电子-空穴对被该内置电场迅速分离并被电极收集，即使在零偏置电压下也会产生光电流。除了内建电场之外，MoS$_2$ 光电探测器的快速响应速度得益于 MoS$_2$ 的无键悬空特性，从而减少了 MoS$_2$/GaN 界面上的电荷俘获。

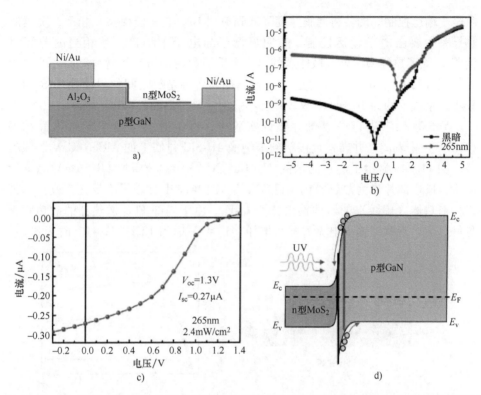

图 11.23　a) 基于 n 型 MoS₂/p 型 GaN 异质结的深紫外光电探测器示意图；b) 黑暗条件下以
及深紫外光（波长 265nm）照射下测量的异质结器件电流-电压特性；c) MoS₂/GaN 异质结
器件光伏效应；d) 异质结能带图，说明了器件中的光生电流和电荷收集（资料来源：经
Zhuo 等人许可转载[40]。版权所有 2018，英国皇家化学学会）（见彩插）

11.5　Gr 在 GaN HEMT 热管理中的应用

目前有大量方法可以改善 GaN 器件的散热。室温下，用具有较高热导率 $\kappa = 100 \sim 350\text{W}/(\text{m} \cdot \text{K})$ 的 SiC 衬底取代低热导率 $\kappa = 30\text{W}/(\text{m} \cdot \text{K})$ 的传统蓝宝石衬底。然而，即使在 SiC 衬底上的 GaN 晶体管，自热效应也会导致温度 ΔT 升高超过 180℃。这是由于在栅极边缘产生高电场同时增加了晶体管的漏极偏置。这种情况下，非常需要针对高功率密度器件局部热管理的解决方案，特别是针对纳米和微米尺度的热点。

Yan 等人[34]研究表明，通过引入额外的散热通道，可以显著改善 AlGaN/GaN 晶体管的局部热管理，这些通道由 FLG 制成的上表面散热片组成。与普通金属膜相比，FLG 膜的热传导器有许多优点。事实上，FLG 薄膜中的热传导由声子输运控制，即使将薄膜厚度降低到单层 Gr，它仍能保持。相反，金属的热导率主要由电子输运控制，它明显低于与电子平均自由程相当的薄膜厚度[99]。除了热导率之外，散热器的另一个重要参数是与其他材料界面处的热边界电阻（TBR）。值得注意的是，Gr 或石墨与各种基材之间的界面处 TBR 相对较小，室温下约为 $10^{-8}\,m^2K/W$，并且不强烈依赖于界面材料[100-102]。

Yan 等人[34]进行的概念性验证实验中，FLG 薄膜从高度定向热解石墨（HOPG）中剥离，并转移且接触到半绝缘 4H-SiC 衬底上的 AlGaN/GaN 器件漏极。图 11.24a 显示了经过测试的 $Al_{0.2}Ga_{0.8}N$（30nm）/GaN（0.5μm）晶体管结构，FLG 薄片作为散热器转移到其顶部。图 11.24b 比较了不带（实线）和带 FLG 散热器（虚线）的器件输出特性 I_D-V_D。由于局部 FLG 散热器的散热效果更好，可以观察到输出电流 I_D 显著增加（$V_G=2V$ 时为 12%，$V_G=0V$ 时为 8%）。

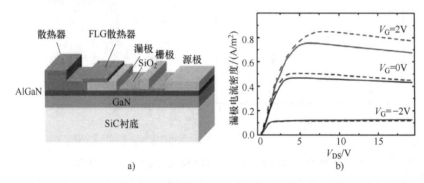

图 11.24　a）AlGaN/GaN 异质结构晶体管方案，其顶部转移 FLG 薄片作为表面散热材料；b）比较没有（实线）和有（虚线）Gr 散热片晶体管的 I-V 特性（资料来源：经 Yan 等人许可转载[34]。版权所有 2012，自然出版集团）（见彩插）

工作时（即偏置）AlGaN/GaN 晶体管的沟道区自热效应导致的温升 ΔT 也通过微拉曼光谱进行实时监测。激光探针聚焦在栅极和漏极之间（更靠近栅极），这里 ΔT 预计最高，ΔT 是根据 GaN 的 E_2 模式下的 $567cm^{-1}$ 处特征拉曼峰位置偏移来评估的[103]。例如，在 12.8W/mm 功率密度下，具有和不具有 Gr 散热器的 AlGaN/GaN 晶体管，ΔT 分别为 92℃ 和 118℃。这些实验直接证明了使用顶面 FLG 散热器提高了器件性能。

尽管这些概念性验证实验是使用从 Gr 剥离的 FLG 进行的，但 Gr 散热器的实际应用可以通过直接在 GaN 和氮化物半导体上 CVD 生长 Gr 来实现。因为散热器的 FLG 质量不需要像电学特性应用那样高，这可能是 CVD 生长的 Gr 首次应用于氮化物。此外，最近在 GaN 上直接低温生长合成金刚石的结果[104]可以促进异质 FLG 金刚石横向散热器的发展，其中金刚石层可以提供电绝缘和额外的热扩散[105]。

11.6　总结

总之，本章概述了电子和光电子领域 2D 材料（特别是 Gr 和 MoS_2）与氮化物半导体集成的最新进展。

讨论了在这两类材料之间制造异质结的最先进方法和它们的优点和局限性。尽管最近报道了高温（大于 1250℃）下 AlN 上 CVD 生长 Gr，但在催化金属上生长的 Gr 转移仍然是 Gr 与 GaN 材料集成的主要途径。在 GaN 上晶格匹配 CVD 生长单层 MoS_2，以及使用 MoS_2 作为无应变 GaN 沉积衬底方面，已经报道了许多进展。并展示了基于 2D 材料/氮化物异质结构的后 CMOS 电子器件示例，例如用于 THz 电子器件具有 Gr 基极和 Al（Ga）N/GaN 发射极的 HET，以及用于超低功耗的数字电路的 p^+ 型 MoS_2/n^+ 型 GaN 异质结带间隧道二极管。此外，还讨论了 GaN 蓝光 LED 中使用 Gr 或 Gr 基透明导电电极的进展和挑战，重点讨论了与 Gr/p 型 GaN 肖特基势垒相关的问题。讨论了最近报道的基于 n 型 MoS_2/p 型 GaN 异质结的自供电深紫外光电探测器实例。最后，介绍了在功率 AlGaN/GaN HEMT 中使用 Gr 散热器进行热管理的一些成果。

所有这些结果为未来下一代电子和光电子器件的 2D 材料/氮化物混合技术发展提供了参考。

致　谢

作者要感谢以下同事的有益讨论：F. Roccaforte、P. Fiorenza、G. Greco、S. Di Franco、I. Deretzis、A. La Magna、G. Nicotra（CNR-IMM，卡塔尼亚，意大利）、F. Iucolano 和 S. Ravesi（意法半导体，卡塔尼亚，意大利），A. Michon（CNRS-CRHEA，瓦尔博内，法国），P. Kruszewski 和 M. Leszczynski（IHPP-PAS UNIPRESS，华沙，波兰），B. Pecz（MFA，布达佩斯，匈牙利），A. Kakanakova 和 R. Yakimova（瑞典林雪平大学）。这项工作得到了 Flag-ERA JTC 2015 项目"GraNitE：用于高频电子的具有氮化物石墨烯异质结构"（MIUR Grant No. 0001411），由 Flag-ERA JTC 2019 项目"ETMOS：用于先进电子器件的宽禁带六方半导体外延过渡金属二卤化物"，以及由国家 PON 项目"EleGaNTe：基于 GaN 技术的电子器件"（ARS01_01007）的支持。

参 考 文 献

1 Novoselov, K.S., Geim, A.K., Morozov, S.V. et al. (2004). Electric field effect in atomically thin carbon films. *Science* 306: 666.

2 Geim, A.K. and Grigorieva, I.V. (2013). Van der Waals heterostructures. *Nature* 499: 419–425.

3 Giannazzo, F. and Raineri, V. (2012). Graphene: synthesis and nanoscale characterization of electronic properties. *Rivista del Nuovo Cimento* 35: 267–304.

4 Mayorov, A.S., Gorbachev, R.V., Morozov, S.V. et al. (2011). Micrometer-scale ballistic transport in encapsulated graphene at room temperature. *Nano Lett.* 11: 2396–2399.

5 Sonde, S., Giannazzo, F., Vecchio, C. et al. (2010). Role of graphene/substrate interface on the local transport properties of the two-dimensional electron gas. *Appl. Phys. Lett.* 97: 132101.

6 Giannazzo, F., Sonde, S., Lo Nigro, R. et al. (2011). Mapping the density of scattering centers limiting the electron mean free path in graphene. *Nano Lett.* 11: 4612–4618.

7 Bolotin, K.I., Sikes, K.J., Hone, J.H. et al. (2008). Temperature-dependent transport in suspended graphene. *Phys. Rev. Lett.* 101: 096802.

8 Dean, C.R., Young, A.F., Meric, I. et al. (2010). Boron nitride substrates for high-quality graphene electronics. *Nat. Nanotechnol.* 5: 722–726.

9 Nair, R.R., Blake, P., Grigorenko, A.N. et al. (2008). Fine structure constant defines transparency of graphene. *Science* 320: 1308–1308.

10 Bonaccorso, F., Sun, Z., Hasan, T., and Ferrari, A.C. (2010). Graphene photonics and optoelectronics. *Nat. Photonics* 4: 611–622.

11 Lin, Y.-M., Dimitrakopoulos, C., Jenkins, K.A. et al. (2010). 100-GHz transistors from wafer-scale epitaxial graphene. *Science* 327: 662.

12 Wu, Y., Jenkins, K.A., Valdes-Garcia, A. et al. (2012). State-of-the-art graphene high-frequency electronics. *Nano Lett.* 12: 3062–3067.

13 Wang, Q.H., Zadeh, K.K., Kis, A. et al. (2012). Electronics and optoelectronics of two-dimensional transition metal dichalcogenides. *Nat. Nanotechnol.* 7: 699–712.

14 Radisavljevic, B., Radenovic, A., Brivio, J. et al. (2011). Single-layer MoS_2 transistors. *Nat. Nanotechnol.* 6: 147–150.

15 Kim, S., Konar, A., Hwang, W.S. et al. (2012). High-mobility and low-power thin-film transistors based on multilayer MoS_2 crystals. *Nat. Commun.* 3: 1011.

16 Giannazzo, F., Fisichella, G., Greco, G. et al. (2017). Ambipolar MoS_2 transistors by nanoscale tailoring of Schottky barrier using oxygen plasma functionalization. *ACS Appl. Mater. Interfaces* 9: 23164–23174.

17 Meric, I., Han, M.Y., Young, A.F. et al. (2008). Current saturation in zero-bandgap, top-gated graphene field-effect transistors. *Nat. Nanotechnol.* 3: 654.

18 Fiori, G., Szafranek, B.N., Iannaccone, G., and Neumaier, D. (2013). Velocity saturation in few-layer MoS_2 transistor. *Appl. Phys. Lett.* 103: 233509.

19 Balandin, A.A. (2011). Thermal properties of graphene and nanostructured carbon materials. *Nat. Mater.* 10: 569.

20 Yoon, Y., Ganapathi, K., and Salahuddin, S. (2011). How good can monolayer MoS_2 transistors be? *Nano Lett.* 11: 3768.

21 Yan, R., Simpson, J.R., Bertolazzi, S. et al. (2014). Thermal conductivity of monolayer molybdenum disulfide obtained from temperature-dependent Raman spectroscopy. *ACS Nano* 8: 986.

22 Tosun, M., Fu, D., Desai, S.B. et al. (2015). MoS_2 heterojunctions by thickness modulation. *Sci. Rep.* 5: 10990.

23 Jo, I., Pettes, M.T., Ou, E. et al. (2014). Basal-plane thermal conductivity of few-layer molybdenum disulfide. *Appl. Phys. Lett.* 104: 201902.

24 Giannazzo, F., Greco, G., Roccaforte, F., and Sonde, S.S. (2018). Vertical transistors based on 2D materials: status and prospects. *Crystals* 8: 70.

25 Jariwala, D., Marks, T.J., and Hersam, M.C. (2017). Mixed-dimensional van der Waals heterostructures. *Nat. Mater.* 16: 170–181.

26 Fisichella, G., Greco, G., Roccaforte, F., and Giannazzo, F. (2014). Current transport in graphene/AlGaN/GaN vertical heterostructures probed at nanoscale. *Nanoscale* 6: 8671–8680.

27 Giannazzo, F., Fisichella, G., Greco, G. et al. (2017). Graphene integration with nitride semiconductors for high power and high frequency electronics. *Phys. Status Solidi A* 214: 1600460.

28 Zubair, A., Nourbakhsh, A., Hong, J.-Y. et al. (2017). Hot electron transistor with van der Waals base-collector heterojunction and high-performance GaN emitter. *Nano Lett.* 17: 3089–3096.

29 Wang, L., Liu, W., Zhang, Y. et al. (2015). Graphene-based transparent conductive electrodes for GaN-based light emitting diodes: challenges and countermeasures. *Nano Energy* 12: 419–436.

30 Chandramohan, S., Kang, J.H., Ryu, B.D. et al. (2013). Impact of interlayer processing conditions on the performance of GaN light-emitting diode with specific NiO_x/graphene electrode. *ACS Appl. Mater. Interfaces* 5: 958–964.

31 Wang, L., Zhang, Y., Li, X. et al. (2013). Improved transport properties of graphene/GaN junctions in GaN-based vertical light emitting diodes by acid doping. *RSC Adv.* 3: 3359.

32 Chen, Z., Zhang, X., Dou, Z. et al. (2018). High-brightness blue light-emitting diodes enabled by a directly grown graphene buffer layer. *Adv. Mater.* 30: 1801608.

33 Araki, T., Uchimura, S., Sakaguchi, J. et al. (2014). Radio-frequency plasma-excited molecular beam epitaxy growth of GaN on graphene/Si(100) substrates. *Appl. Phys Express* 7: 071001.

34 Yan, Z., Liu, G., Khan, J.M., and Balandin, A.A. (2012). Graphene quilts for thermal management of high-power GaN transistors. *Nat. Commun.* 3: 827.

35 Han, N., Cuong, T.V., Han, M. et al. (2013). Improved heat dissipation in gallium nitride light-emitting diodes with embedded graphene oxide pattern. *Nat. Commun.* 4: 1452.

36 Giannazzo, F., Greco, G., Schilirò, E. et al. (2019). High-performance graphene/AlGaN/GaN Schottky junctions for hot electron transistors. *ACS Appl. Electron. Mater.* 1: 2342–2354.

37 Ruzmetov, D., Zhang, K., Stan, G. et al. (2016). Vertical 2D/3D semiconductor heterostructures based on epitaxial molybdenum disulfide and gallium nitride. *ACS Nano* 10: 3580–3588.

38 Krishnamoorthy, S., Lee, E.W., Hee Lee, C. et al. (2016). High current density 2D/3D MoS$_2$/GaN Esaki tunnel diodes. *Appl. Phys. Lett.* 109: 183505.

39 Ionescu, A.M. and Riel, H. (2011). Tunnel field-effect transistors as energy-efficient electronic switches. *Nature* 479: 329–337.

40 Zhuo, R., Wang, Y., Wu, D. et al. (2018). High-performance self-powered deep ultraviolet photodetector based on MoS$_2$/GaN p–n heterojunction. *J. Mater. Chem. C* 6: 299.

41 Reina, A., Jia, X., Ho, J. et al. (2009). Large area few-layer graphene films on arbitrary substrates by chemical vapor deposition. *Nano Lett.* 9: 30.

42 Li, X., Cai, W., An, J. et al. (2009). Large-area synthesis of high-quality and uniform graphene films on copper foils. *Science* 324: 1312–1314.

43 Fisichella, G., Di Franco, S., Roccaforte, F. et al. (2014). Microscopic mechanisms of graphene electrolytic delamination from metal substrates. *Appl. Phys. Lett.* 104: 233105.

44 Bae, S., Kim, H., Lee, Y. et al. (2010). Roll-to-roll production of 30-inch graphene films for transparent electrodes. *Nature Nanotech.* 5 (8): 574–578.

45 Lupina, G., Kitzmann, J., Costina, I. et al. (2015). Residual metallic contamination of transferred chemical vapor deposited graphene. *ACS Nano* 9: 4776–4785.

46 Giannazzo, F., Fisichella, G., Greco, G. et al. (2017). Fabrication and characterization of graphene heterostructures with nitride semiconductors for high frequency vertical transistors. *Phys. Status Solidi A*: 1700653.

47 Fisichella, G., Di Franco, S., Fiorenza, P. et al. (2013). Micro- and nanoscale electrical characterization of large-area graphene transferred to functional substrates. *Beilstein J. Nanotechnol.* 4: 234.

48 Giannazzo, F., Fisichella, G., Greco, G. et al. (2017). Conductive atomic force microscopy of two-dimensional electron systems: from AlGaN/GaN heterostructures to graphene and MoS$_2$. In: *Conductive Atomic Force Microscopy: Applications in Nanomaterials*, 1–28. Wiley-VCH.

49 Sonde, S., Giannazzo, F., Raineri, V. et al. (2009). Electrical properties of the graphene/4H-SiC (0001) interface probed by scanning current spectroscopy. *Physiol. Rev.* B 80: 241406(R).

50 Michon, A., Tiberj, A., Vezian, S. et al. (2014). Graphene growth on AlN templates on silicon using propane-hydrogen chemical vapor deposition. *Appl. Phys. Lett.* 104: 071912.

51 Dagher, R., Matta, S., Parret, R. et al. (2017). High temperature annealing and CVD growth of few-layer graphene on bulk AlN and AlN templates. *Phys. Status Solidi A* 214: 1600436.

52 Lee, Y.-H., Zhang, X.Q., Zhang, W. et al. (2012). Synthesis of large-area MoS$_2$ atomic layers with chemical vapor deposition. *Adv. Mater.* 24: 2320–2325.

53 Dumcenco, D., Ovchinnikov, D., Marinov, K. et al. (2015). Large-area epitaxial monolayer MoS$_2$. *ACS Nano* 9: 4611–4620.

54 Tan, L.K., Liu, B., Teng, J.H. et al. (2014). Atomic layer deposition of a MoS$_2$ film. *Nanoscale* 6: 10584.

55 Barton, A.T., Yue, R., Anwar, S. et al. (2015). Transition metal dichalcogenide and hexagonal boron nitride heterostructures grown by molecular beam epitaxy. *Microelectron. Eng.* 147: 306–309.

56 Serrao, C.R., Diamond, A.M., Hsu, S.-L. et al. (2015). Highly crystalline MoS$_2$ thin films grown by pulsed laser deposition. *Appl. Phys. Lett.* 106: 052101.

57 Serna, M.I., Yoo, S.H., Moreno, S. et al. (2016). Large-area deposition of MoS$_2$ by pulsed laser deposition with in situ thickness control. *ACS Nano* 10: 6054–6061.

58 Chromik, S., Sojková, M., Vretenár, V. et al. (2017). Influence of GaN/AlGaN/GaN (0001) and Si (100) substrates on structural properties of extremely thin MoS$_2$ films grown by pulsed laser deposition. *Appl. Surf. Sci.* 395: 232–236.

59 Huang, L.F., Gong, P.L., and Zeng, Z. (2014). Correlation between structure, phonon spectra, thermal expansion, and thermomechanics of single-layer MoS$_2$. *Phys. Rev. B* 90: 045409.

60 Leszczynski, M., Suski, T., Teisseyre, H. et al. (1994). Thermal expansion of gallium nitride. *J. Appl. Phys.* 76: 4909–4911.

61 Ly, T.H., Perello, D.J., Zhao, J. et al. (2016). Misorientation-angle-dependent electrical transport across molybdenum disulfide grain boundaries. *Nat. Commun.* 7: 10426.

62 Giannazzo, F., Bosi, M., Fabbri, F. et al. (2020). Direct probing of grain boundary resistance in chemical vapor deposition-grown monolayer MoS$_2$ by conductive atomic force microscopy. *Phys. Status Solidi RRL* 14: 1900393.

63 Kovács, A., Duchamp, M., Dunin-Borkowski, R.E. et al. (2015). Graphoepitaxy of high-quality GaN layers on graphene/6H–SiC. *Adv. Mater. Interfaces* 2: 1400230.

64 Kim, J., Bayram, C., Park, H. et al. (2014). Principle of direct van der Waals epitaxy of single-crystalline films on epitaxial graphene. *Nat. Commun.* 5: 4836.

65 Gupta, P., Rahman, A.A., Subramanian, S. et al. (2016). Layered transition metal dichalcogenides: promising near lattice-matched substrates for GaN growth. *Sci. Rep.* 6: 23708.

66 Tangi, M., Mishra, P., Ng, T.K. et al. (2016). Determination of band offsets at GaN/single-layer MoS$_2$ heterojunction. *Appl. Phys. Lett.* 109: 032104.

67 Tangi, M., Mishra, P., Li, M.-Y. et al. (2017). Type-I band alignment at MoS$_2$/In$_{0.15}$Al$_{0.85}$N lattice matched heterojunction and realization of MoS$_2$ quantum well. *Appl. Phys. Lett.* 111: 092104.

68 Rode, J.C., Chiang, H.-W., Choudhary, P. et al. (2015). Indium phosphide heterobipolar transistor technology beyond 1-THz bandwidth. *IEEE Trans. Electron Devices* 62 (9): 2779–2785.

69 Tang, Y. et al. (2015). Ultrahigh-speed GaN high-electron-mobility transistors with f_T/f_{max} of 454/444 GHz. *IEEE Electron Device Lett.* 36: 549–551.

70 Mead, C.A. (1961). Operation of tunnel-emission devices. *J. Appl. Phys.* 32: 646–652.

71 Atalla, M.M. and Soshea, R.W. (1963). Hot-carrier triodes with thin-film metal base. *Solid-State Electron.* 6: 245–250.

72 Vaziri, S., Lupina, G., Henkel, C. et al. (2013). A graphene-based hot electron transistor. *Nano Lett.* 13: 1435.

73 Zeng, C., Song, E.B., Wang, M. et al. (2013). Vertical graphene-base hot-electron transistor. *Nano Lett.* 13: 2370.

74 Giannazzo, F., Greco, G., Roccaforte, F. et al. (2018). Hot electron transistors with graphene base for THz electronics. In: *Low Power Semiconductor Devices and Processes for Emerging Applications in Communications, Computing, and Sensing* (ed. S. Walia), 95–115. CRC Press.

75 Mehr, W., Dabrowski, J., Scheytt, J.C. et al. (2012). Vertical graphene base transistor. *IEEE Electron Device Lett.* 33: 691–693.

76 Kong, B.D., Jin, Z., and Kim, K.W. (2014). Hot-electron transistors for terahertz operation based on two-dimensional crystal heterostructures. *Phys. Rev. Appl.* 2: 054006.

77 Di Lecce, V., Grassi, R., Gnudi, A. et al. (2013). Graphene-base heterojunction transistor: an attractive device for terahertz operation. *IEEE Trans. Electron Devices* 60: 4263–4268.

78 Prystawko, P., Giannazzo, F., Krysko, M. et al. (2019). Growth and characterization of thin Al-rich AlGaN on bulk GaN as an emitter-base barrier for hot electron transistor. *Mater. Sci. Semicond. Process.* 93: 153–157.

79 Grabowski, S.P., Schneider, M., Nienhaus, H. et al. (2001). Electron affinity of $Al_xGa_{1-x}N(0001)$ surfaces. *Appl. Phys. Lett.* 78: 2503–2505.

80 Schilirò, E., Lo Nigro, R., Roccaforte, F., and Giannazzo, F. (2019). Recent advances in seeded and seed-layer-free atomic layer deposition of high-K dielectrics on graphene for electronics. *C – J. Carbon Res.* 5: 53.

81 Fisichella, G., Schilirò, E., Di Franco, S. et al. (2017). Interface electrical properties of Al_2O_3 thin films on graphene obtained by atomic layer deposition with an in situ seedlike layer. *ACS Appl. Mater. Interfaces* 9: 7761–7771.

82 Minami, T. (2005). Transparent conducting oxide semiconductors for transparent electrodes. *Semicond. Sci. Technol.* 20: S35–S44.

83 Lee, J.Y., Connor, S.T., Cui, Y., and Peumans, P. (2008). Solution-processed metal nanowire mesh transparent electrodes. *Nano Lett.* 8: 689–692.

84 Geng, H.Z., Kim, K.K., So, K.P. et al. (2007). Effect of acid treatment on carbon nanotube-based flexible transparent conducting films. *J. Am. Chem. Soc.* 129: 7758–7759.

85 Tongay, S., Lemaitre, M., Miao, X. et al. (2012). Rectification at graphene-semiconductor interfaces: zero-gap semiconductor-based diodes. *Phys. Rev. X* 2: 011002.

86 Tongay, S., Lemaitre, M., Schumann, T. et al. (2011). Graphene/GaN Schottky diodes: stability at elevated temperatures. *Appl. Phys. Lett.* 99: 102102.

87 Zhong, H., Liu, Z., Xu, G. et al. (2012). Self-adaptive electronic contact between graphene and semiconductor. *Appl. Phys. Lett.* 100: 122108.

88 Jo, G., Choe, M., Cho, C.Y. et al. (2010). Large-scale patterned multi-layer graphene films as transparent conducting electrodes for GaN light-emitting diodes. *Nanotechnology* 21 (17): 175201.

89 Seo, T.H., Oh, T.S., Chae, S.J. et al. (2011). Enhanced light output power of GaN light-emitting diodes with graphene film as a transparent conducting electrode. *Jpn. J. Appl. Phys.* 50: 125103.

90 Shim, J.-P., Hoon Seo, T., Min, J.-H. et al. (2013). Thin Ni film on graphene current spreading layer for GaN-based blue and ultra-violet light-emitting diodes. *Appl. Phys. Lett.* 102 (15): 151115.

91 Zhang, Y., Li, X., Wang, L. et al. (2012). Enhanced light emission of GaN-based diodes with a NiO$_x$/graphene hybrid electrode. *Nanoscale* 4 (19): 5852–5855.

92 Min Lee, J., Yi, J., Woo Lee, W. et al. (2012). ZnO nanorods-graphene hybrid structures for enhanced current spreading and light extraction in GaN-based light emitting diodes. *Appl. Phys. Lett.* 100 (6): 061107.

93 Seo, T.H., Park, A.H., Lee, G.H. et al. (2014). Efficiency enhancement of nanorod green light emitting diodes employing silver nanowire-decorated graphene electrode as current spreading layer. *J. Phys. D: Appl. Phys.* 47 (31): 315102.

94 Shim, J.P., Kim, D., Choe, M. et al. (2012). A self-assembled Ag nanoparticle agglomeration process on graphene for enhanced light output in GaN-based LEDs. *Nanotechnology* 23 (25): 255201.

95 Choe, M., Cho, C.-Y., Shim, J.-P. et al. (2012). Au nanoparticle-decorated graphene electrodes for GaN-based optoelectronic devices. *Appl. Phys. Lett.* 101 (3): 031115.

96 Schubert, E.F. (2006). *Light-Emitting Diodes*, 87. Cambridge: Cambridge University Press.

97 Duan, L., He, F., Tian, Y. et al. (2017). Fabrication of self-powered fast-response ultraviolet photodetectors based on graphene/ZnO:Al nanorod-array-film structure with stable Schottky barrier. *ACS Appl. Mater. Interfaces* 9: 8161–8168.

98 Zhao, B., Wang, F., Chen, H. et al. (2017). *Adv. Funct. Mater.* 27: 1700264.

99 Chen, G. and Hui, P. (1999). Thermal conductivities of evaporated gold films on silicon and glass. *Appl. Phys. Lett.* 74: 2942–2944.

100 Mak, K.F., Liu, C.H., and Heinz, T.F. (2010). Thermal conductance at the graphene-SiO$_2$ interface measured by optical pump-probe spectroscopy. *Appl. Phys. Lett.* 97: 221904.

101 Koh, Y.K., Bae, M.-H., Cahill, D.G., and Pop, E. (2010). Heat conduction across monolayer and few-layer graphenes. *Nano Lett.* 10: 4363–4368.

102 Schmidt, A.J., Collins, K.C., Minnich, A.J., and Chen, G. (2010). Thermal conductance and phonon transmissivity of metal-graphite interfaces. *J. Appl. Phys.* 107: 104907.

103 Liu, M.S., Bursill, L.A., Prawer, S. et al. (1999). Temperature dependence of Raman scattering in single crystal GaN films. *Appl. Phys. Lett.* 74: 3125–3127.

104 Goyal, V., Sumant, A.V., Teweldebrhan, D., and Balandin, A.A. (2012). Direct low-temperature integration of nanocrystalline diamond with GaN substrates

for improved thermal management of high-power electronics. *Adv. Funct. Mater.* 22: 1525–1530.

105 Tadjer, M.J., Anderson, T.J., Hobart, K.D. et al. (2012). Reduced self-heating in AlGaN/GaN HEMTs using nanocrystalline diamond heat-spreading films. *IEEE Elec. Dev. Lett.* 33: 23–25.

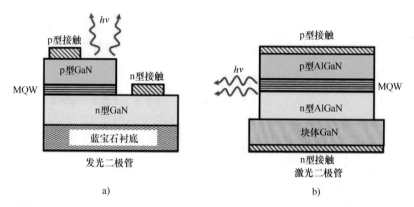

图 1.7 两种常见 GaN 光电子器件结构示意图：a）发光二极管（LED）和
b）边缘发射激光二极管（LD）。对于 LED，发光既可以通过背面也可以
通过表面。对于 LD，光被限制两层之间，并在芯片两侧之间循环

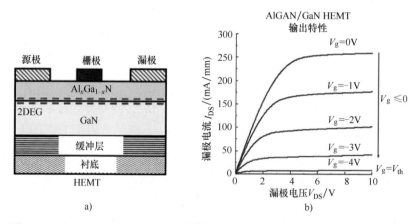

图 1.14 a）AlGaN/GaN HEMT 器件结构示意图；b）器件输出 I_{DS}-V_{DS} 特性曲线

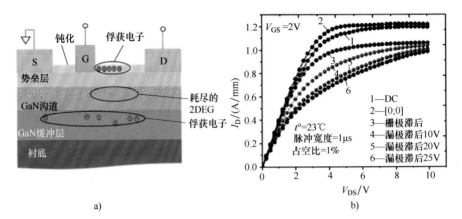

图 3.8 a) AlN/GaN HEMT 的横截面示意图，显示了电子俘获位置；b) 具有各种静态偏置点的脉冲 I_D-V_{DS} 特性：冷点：$V_{DS0} = 0V$，$V_{GS0} = 0V$，栅极滞后：$V_{DS0} = 0V$，$V_{GS0} = -6V$；和漏极滞后：$V_{DS0} = 10 \sim 25V$，$V_{GS0} = -6V$（资料来源：Harrouche 等人，2019 年[54]）

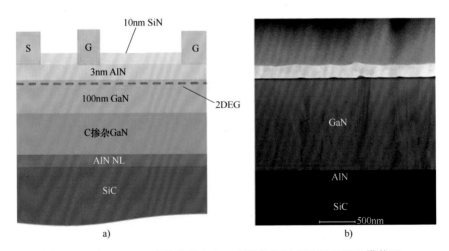

图 3.12 a) MOCVD 生长的具有 3nm AlN 势垒层 AlN/GaN/SiC 横截面；
b) 透射电子显微镜（TEM）结果

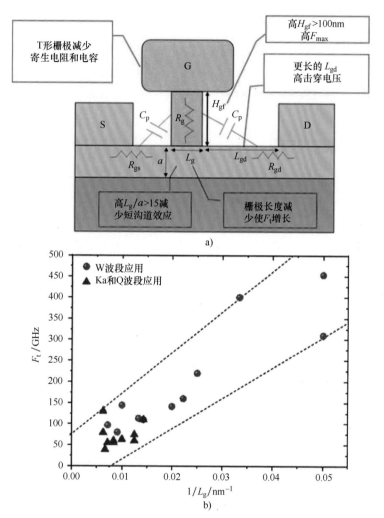

图 3.16   a）T 形栅极 GaN HEMT 横截面；b）GaN HEMT 截止频率
（F_t）与栅极长度（L_g）的比例关系

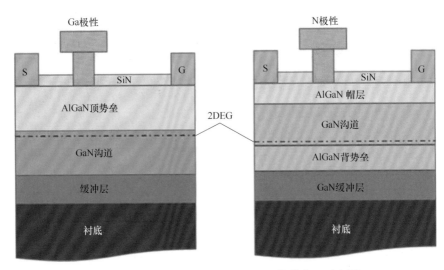

图 3.17 Ga 极性和 N 极性 HEMT 器件横截面示意图

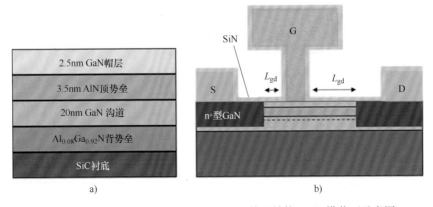

图 3.18 a) AlN/GaN HEMT HRL Gen-Ⅳ外延结构；b) 横截面示意图

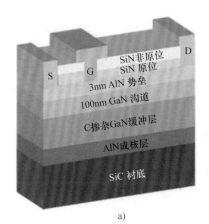
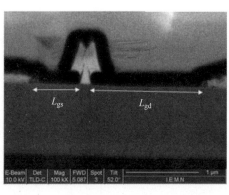

a)   b)

图 3.19   a) AlN/GaN HEMT 横截面示意图;
b) 110nm T 形栅极聚焦离子束 (FIB) 视图

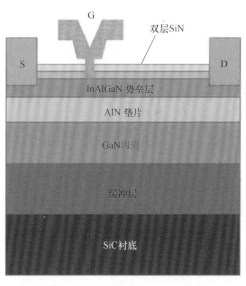

图 3.22   InAlGaN/GaN HEMT 器件
横截面示意图

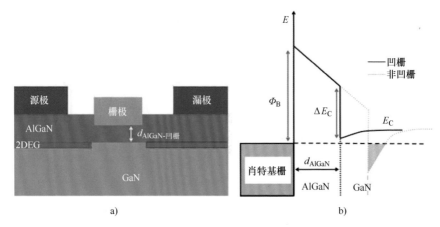

图 4.4 a）凹栅常关型 AlGaN/GaN HEMT 截面示意图；b）势垒层凹陷之前（虚线）
和之后（连续线）栅区下 AlGaN/GaN 异质结构导带图

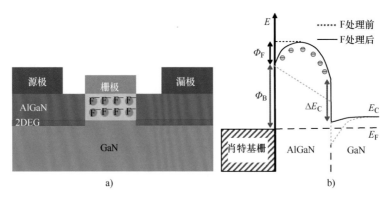

图 4.6 a）常关型 F 注入 AlGaN/GaN HEMT 器件横截面示意图；b）F 注入
HEMT 结构导带图（连续线），同时也显示了 F 处理前 AlGaN/GaN 异质
结构的导带图以进行比较（虚线）

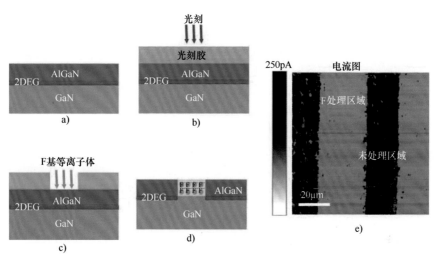

图 4.9 a~d）AlGaN/GaN 异质结构表面选择区域中 F 离子工艺步骤示意图；
e）样品的 C-AFM 电流图，显示出 F 处理区域和未处理区域之间有不同的
电行为（资料来源：经 Greco 等人许可转载[45]。参考文献[45]是一篇根据
知识共享署名许可条款发布的开放性获取文章，版权归作者所有；
许可证持有人 Springer）

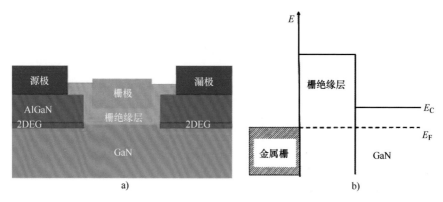

图 4.10 a）常关凹栅混合 GaN MIS HEMT 截面示意图；b）凹栅区导带示意图

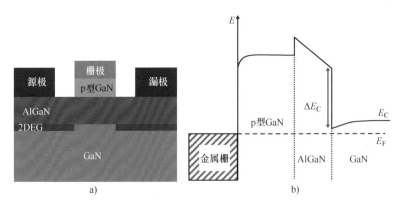

图 4.15 a）p 型 GaN 栅 HEMT 横截面示意图；
b）p 型 GaN/AlGaN/GaN 异质结构导带图

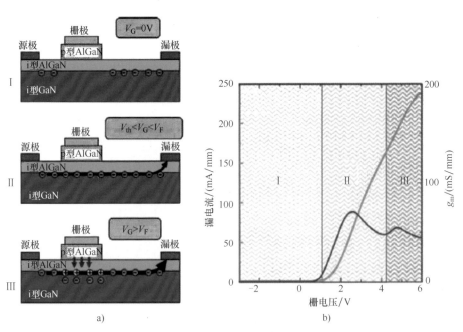

图 4.17 a）栅极注入晶体管（GIT）常关 p 型 AlGaN/n-AlGaN/GaN 工作原理示意图；
b）器件的相应漏电流和跨导 g_m（资料来源：经 Greco 等人许可转载[90]。
版权所有© 2018，Elsevier Ltd）

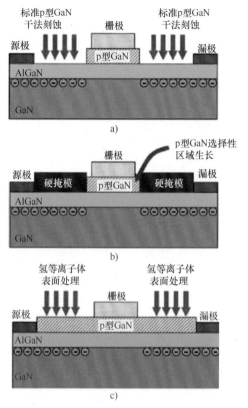

图 4.20 由不同工艺制备的常关 p 型 GaN HEMT 横截面示意图：a）标准 p 型 GaN 干法刻蚀工艺；b）p 型 GaN 选择性区域生长（SAG）；c）氢等离子体表面处理以实现局部 Mg 钝化（资料来源：经 Greco 等人许可转载[90]。版权所有© 2018，Elsevier）

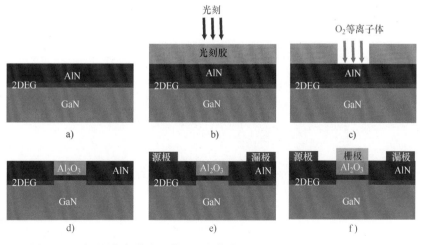

图 4.22 采用局部氧等离子体处理制作常关型 AlN/GaN HEMT 工艺流程

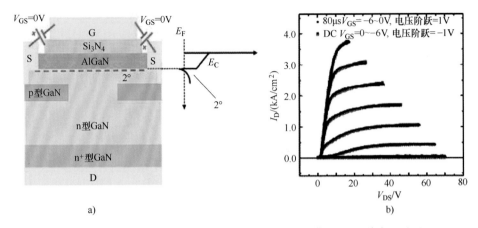

图 5.1　a）导通状态下 GaN CAVET 的截面图和导带图；b）首次显示了
GaN 垂直型器件（CAVET）的无离散漏极特性对其开关性能的影响
（资料来源：经 Chowdhury 等人许可转载[2]，版权所有 2012，IEEE）

图 5.2　沟槽型 CAVET 示意图

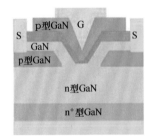

图 5.7　具有 p 型 GaN 栅极层
的沟槽型 CAVET

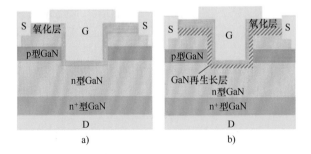

图 5.8　a）GaN MOSFET 结构；b）GaN OGFET 结构

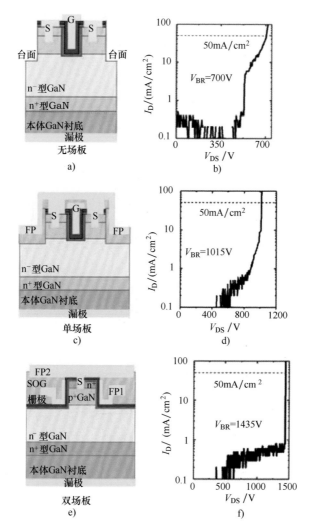

图 5.11　a）无场板 OGFET 器件结构（只刻蚀台面）；b）无场板 OGFET 器件关断状态特性；
c）单场板 OGFET 器件结构；d）单场板 OGFET 器件关断状态特性；e）双场板 OGFET 器件
结构；f）双场板 OGFET 器件关断状态特性。利用双场板结构可使击穿电压达到 1.4kV
（资料来源：经 Li 等人许可转载[10]。版权所有 2017，IEEE）

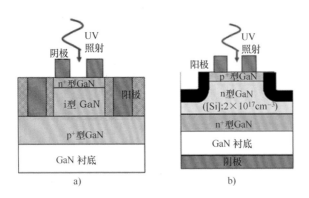

图 5.15　采用实验方法确定器件中 GaN 的碰撞电离系数：a）n-p 二极管；
b）p-n 二极管（资料来源：经 Ji 等人许可转载[12]。版权所有 2019，AIP 出版）

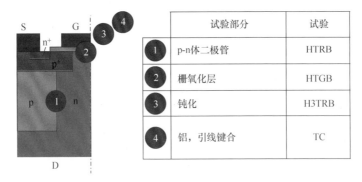

试验部分		试验
①	p-n 体二极管	HTRB
②	栅氧化层	HTGB
③	钝化	H3TRB
④	铝，引线键合	TC

图 6.2　超结 MOSFET 的横截面示意图，确定了几种失效机制及其相关区域[6]

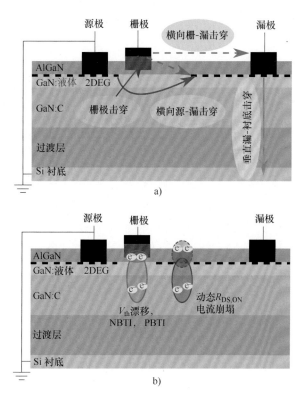

图 6.10　GaN-on-Si HEMT 的示意图横截面表明 a）相关击穿路径以及
　　　b）容易发生电荷俘获的区域，影响了器件性能

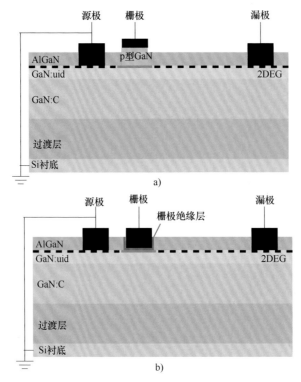

图 6.11 常开型 GaN-on-Si HEMT 两种最常见的栅极堆叠设计截面图：
a) p-GaN 栅和 b) MIS HEMT

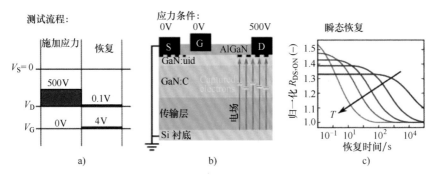

图 6.16 a) 特定应力施加阶段和恢复阶段的电流瞬态光谱典型测试流程；b) 施加特定
电场应力和 GaN：C 缓冲层中发生电子俘获条件下，HEMT 截面示意图；c) 不同温度
下，在恢复阶段由于去俘获而引起的 $R_{DS,ON}$（即恢复）瞬态变化示意图

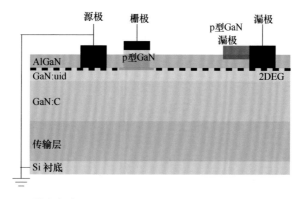

图 6.20　带有灰色 p 型 GaN 漏极的 GaN-on-Si HD-GIT 截面示意图

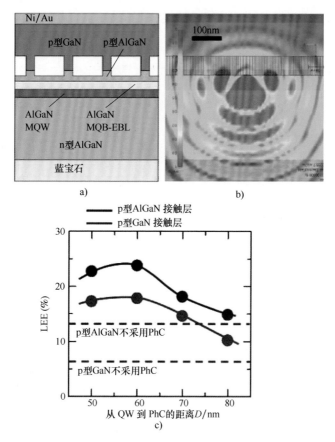

图 7.31　a）横截面结构示意图；b）电子场（E 场）映射；c）LEE 值与 HR PhC
和量子阱（QW）距离的函数，通过使用 FDTD 方法计算 280nm UVC LED

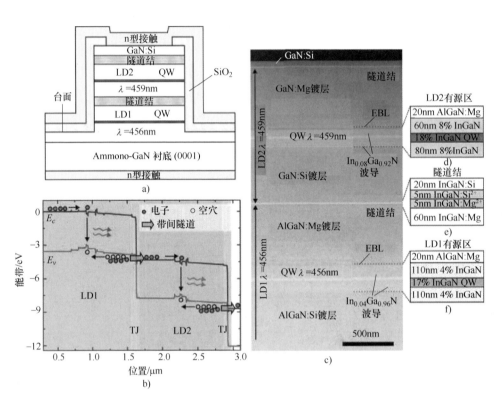

图 8.14 a）示意图和 b）两个Ⅲ族氮化物 LD 与隧道结互连堆叠能带图；c）通过 PAMBE
生长的具有层序列的两个 LD 堆叠 STEM 图像；d）459nm 发射激光的顶部 LD2 有源区；
e）用于互连 LD 并生长在 LD 叠层顶部的隧道结；f）456nm 发射激光的底部 LD1 有源区
细节（资料来源：经 Siekacz 等人许可转载。[104]版权所有 2019，光学学会）

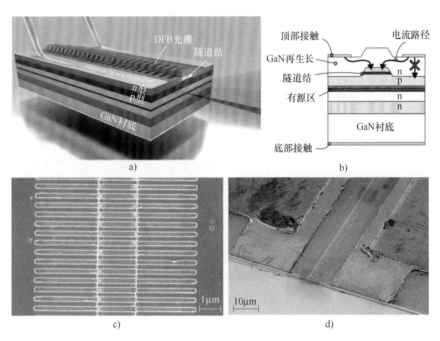

图 8.16 a) 鸟瞰图和 b) DFB LD 示意侧视图；c) 刻蚀的五阶光栅
俯视 SEM；d) 器件的鸟瞰图，显示了脊两侧的金属化

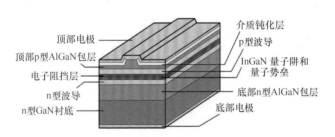

图 9.3 典型氮化物基半导体激光二极管结构示意图

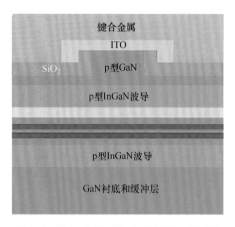

图 9.4 生长在半极性 GaN 衬底上的 ITO 包层激光器结构（数据来源：Murayama 等人 2018 年发表文献 [58]，经 John Wiley 和 Sons 许可转载）

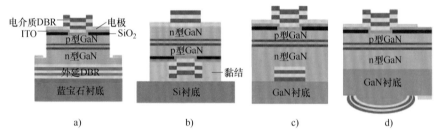

图 10.1 a）混合 DBR 结构 GaN VCSEL；b）通过衬底移除和转移制作的全介质膜 DBR 结构 GaN VCSEL；c）利用 ELO 技术制造的全介质膜 DBR 结构 GaN VCSEL；d）底部曲面反射镜和平面顶部反射镜的全介膜 DBR 结构 GaN VCSEL

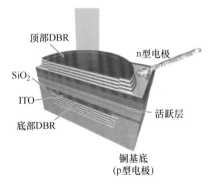

图 10.6 量子点 VCSEL 结构示意图

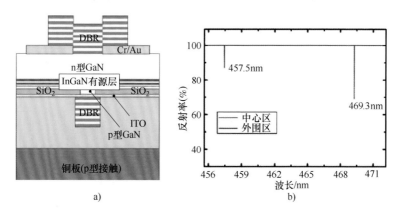

图 10.15　a）SiO$_2$ 埋层结构 VCSEL 的横截面示意图；b）计算的具有 LOC
结构的 VCSEL 腔体的中心及外围区的反射谱

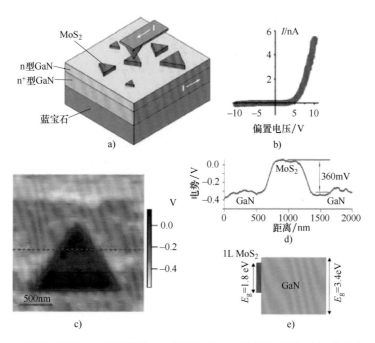

图 11.8　a）用于对 MoS$_2$/GaN 结局部 I-V 分析的 CAFM 装置示意图；b）单个小区域 MoS$_2$
上的 I-V 特性；c）通过 KPFM 在 GaN 基单层 MoS$_2$ 小区域上测量的表面电位图和 d）沿
图中虚线的电位线扫描显示出单层 MoS$_2$ 和 GaN 之间的表面电位差为 360mV；e）根据表面电
位图推断单层 MoS$_2$/GaN 界面的能带排列（资料来源：经 Ruzmetov 等人许可转载[37]。版权
所有 2016，美国化学学会）

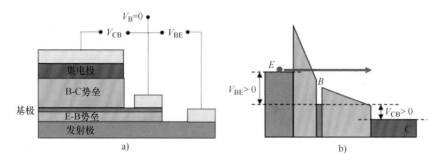

图 11.14　a）热电子晶体管（HET）横截面示意图；b）器件在导通状态下的能带图

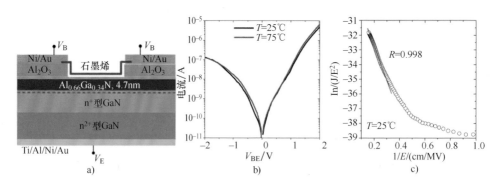

图 11.15　a）GaN 上 Gr/Al$_{0.66}$Ga$_{0.34}$N/GaN 二极管横截面示意图；b）25℃ 和 75℃ 温度下测量的二极管电流-电压特性，显示出对温度的依赖性非常小；c）正向偏置下的 Fowler-Nordheim 图（资料来源：经 Prystawko 等人许可转载[78]。版权所有 2019，Elsevier）

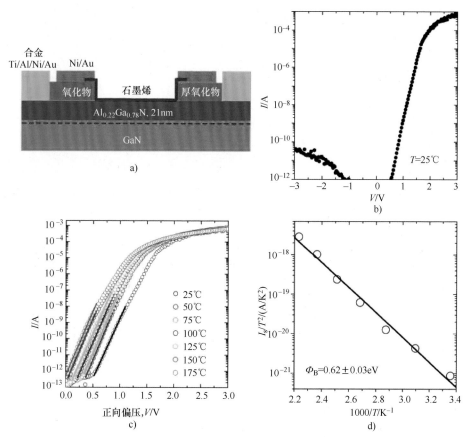

图 11.16 a) Gr/AlGaN/GaN 二极管横截面示意图；b) 25℃温度条件下，正向和反向条件工作时，该二极管上测量的电流-电压（I-V）特性；c) 不同温度下测量的正向偏置 I-V 曲线（范围为 25～175℃），对于每条曲线，都在低偏置区域进行了线性拟合，以提取饱和电流值 I_s；d) I_s/T^2 与 1000/T 的半对数比例图和数据线性拟合，从中获得 Gr/AlGaN 肖特基势垒高度值（$\Phi_B = 0.62 \pm 0.03 \mathrm{eV}$）（资料来源：经 Giannazzo 等人许可转载[36]。版权所有 2019，美国化学学会）

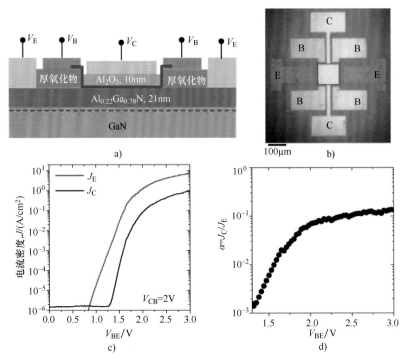

图 11.17　a）热电子晶体管结构横截面示意图；b）HET 俯视光学显微镜图像；c）发射极（J_E）和集电极（J_C）在固定共基极偏置（$V_B = 0V$）和固定集电极偏置（$V_{CB} = 2V$）条件下，测量的电流密度与发射极-基极偏置（V_{BE} 从 0~3V）的函数；d）晶体管的共基极电流增益（资料来源：经 Giannazzo 等人许可转载[36]。版权所有 2019，美国化学学会）

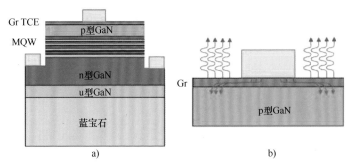

图 11.19　a）带有 Gr 透明导电电极（TCE）的 GaN 基 LED 横截面示意图；b）图示涉及 Gr TCE 的主要物理机制，即 TCE 中的横向电流扩展、Gr/p 型 GaN 界面处的垂直电流注入，以及 LED 有源区的光传输

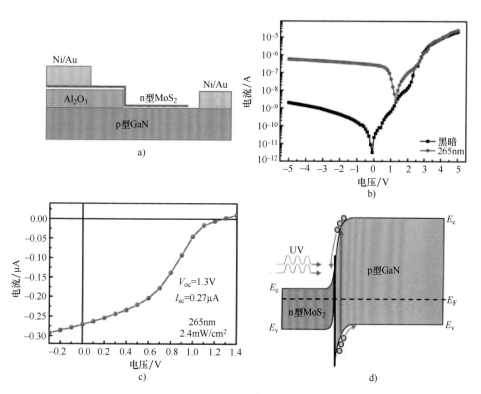

图 11.23 a）基于 n 型 MoS$_2$/p 型 GaN 异质结的深紫外光电探测器示意图；b）黑暗条件下以及深紫外光（波长 265nm）照射下测量的异质结器件电流-电压特性；c）MoS$_2$/GaN 异质结器件光伏效应；d）异质结能带图，说明了器件中的光生电流和电荷收集（资料来源：经 Zhuo 等人许可转载[40]。版权所有 2018，英国皇家化学学会）

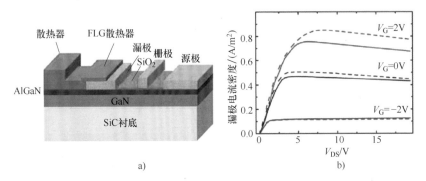

a)   b)

图 11.24 a）AlGaN/GaN 异质结构晶体管方案，其顶部转移 FLG 薄片作为表面散热材料；
b）比较没有（实线）和有（虚线）Gr 散热片晶体管的 I-V 特性（资料来源：经 Yan 等
人许可转载[34]。版权所有 2012，自然出版集团）